KB040183

물리학자 유진 위그너는 "이해할 수 없는 자연과학에서의 수학의 효율성(The Unreasonable Effectiveness of Mathematics in the Natural Sciences)"이라는 말로 자연의 법칙이 수학으로 너무나 잘 설명되는 것에 놀라움을 표시했다. 이 책의 저자인 맥스 테그마크는 이것이 우연이 아니라 우주가 궁극적으로 수학적이기 때문이라고 보고 있다. 우주의 실체는 무엇이고 그것은 어떻게 존재하게 되었을까? 이 궁극적인 질문에 감히 답을 내놓을 수 있는 과학자는 많지 않을 것이다.

테그마크는 우주의 궁극적 실체는 수학적 구조이고 이것은 궁극적 다중우주를 통해 실현된다고 주장한다. 그는 MIT 교수이며 진지한 우주론 학자이지만 현재의 받아들여지고 있는 우주론을 훨씬 더 넘어선 곳으로 우리를 안내하고 있다. 그가 생각하는 물질, 생명, 우주의 궁극적 실체에 접근해가는 과정에는 신선하면서 독특한 그의 향기가 묻어 있다. 현재의 표준 우주론과 영원한 급팽창에 의한 다중우주, 초끈 지형에 의한 다중우주를 넘어 양자역학의 다세계 해석에 근거한 다중우주와 수학적 구조에 의한 다중우주까지, 다중우주에 대한 놀라운 제안들과 이를 통해 궁극적 실체를 밝혀가는 과학과 철학을 넘나드는 여정이 담겨 있다. 이 책은 누구나 읽어볼 수 있게 잘 쓰인 책이고, 누가 읽어도 배울 것이 있다. 우주의 궁극적 실체에 관심이 있는 독자라면 반드시 읽어볼 책이다. 전문가의 손길이 꼭 필요한 이 책의 번역은 초끈 이론가인 김낙우 교수가 맡아서 매끄럽게 다듬어내었다.

_김항배(한양대학교 물리학과 교수)

이 책은 인간의 지적 탐험에 대한 책이다. 거시적 우주의 궁극에 대한 방향과 미시의 실체를 파헤치는 방향이 결국 수학적 구조로 만나는 경험을 이 탐험의 여정에서 만날 것이다. 이미 고대 그리스에서는 우로보로스라는 자신의 꼬리를 물고 있는 뱀의 형상을 생각했던 적이 있다. 수학적 구조라는 뱀으로 입자 물리학의 머리와 우주의 꼬리가 하나가 된다는 생각은 지난 50년간 이론 물리학에서의 가장 큰 화두였다. 이 책은 한 걸음 더 나아간 생각을 생생하게 독자들에게 전하는 멋있는 책이다.

_남순건(경희대학교 물리학과 교수)

물리법칙이 수학적 구조에 따른 결과라면 우연은 환상일 뿐이다. 전능한 신이라도 1+1=2라는 자명한 논리를 바꿀 수는 없기 때문이다. 테그마크의 수학적 다중우주 가설은 설명되지 않는 신비를 거부하는 과학적 결정론의 종착지이다. 저자의 주장에 격렬히 저항하고 싶은 유혹에 사로잡히다 보면 어느새 그가 쳐놓은 덫에 걸렸다는 것을 깨닫는다. 매력적인 책이다.

_윤성철(서울대학교 물리천문학부 교수)

역동적이고 드라마틱하면서도 읽기 쉬운 최고의 과학책. _《뉴욕 타임스》

다중우주 시나리오를 다룬 매력적인 책. _《네이처》

우주론과 양자론의 최첨단, 흥미진진한 일화와 현실적인 비유가 가득하다.
_《가디언》

매력적이고 드라마틱한 주장을 훌륭하게 풀어 쓰다. _《월스트리트 저널》

우주에 관한 깜짝 놀랄 만한 책. 스티븐 호킹보다 훨씬 더 지적이다.
_《타임스》

양자 우주론과 평행우주 이론에 대한 최신 논의를 다룬 훌륭한 지침서.
_《뉴 사이언티스트》

리처드 파인먼에 가장 가까운 후계자, 맥스 테그마크. _《BBC 포커스 매거진》

오늘날 다중우주가 학술적으로 존중받는 것은 테그마크의 연구 덕분이다.
_《파이낸셜 타임스》

우주를 수학으로 이해하는 것을 놀라울 정도로 쉽게 설명한다.
_브라이언 그린(물리학자, 『엘러건트 유니버스』, 『멀티 유니버스』 저자)

대담하고 급진적이며 혁신적이다. 우주에 관심이 있다면 반드시 읽어야 한다.
_미치오 카쿠(『마음의 미래』 저자)

물리적 실체와 생명 자체의 구조에 대해 신선하고 매혹적인 관점을 제시한다.
_레이 커즈와일(『특이점이 온다』 저자)

우리 우주뿐만 아니라 모든 가능한 우주에 대한 권위 있는 설명을 제공한다.
_세스 로이드(『프로그래밍 유니버스』 저자)

맥스 테그마크의 다중우주

우주의 궁극적 실체를 찾아가는 수학적 여정

Our Mathematical Universe

맥스 테그마크의 유니버스

초판 1쇄 펴낸날 2017년 4월 26일
초판 4쇄 펴낸날 2022년 8월 5일
지은이 맥스 테그마크
옮긴이 김낙우
펴낸이 한성봉
편집 안상준·하명성·조유나·이지경
책임편집 조서영
디자인 유지연
본문 조판 윤수진
마케팅 박신용
경영지원 국지연
펴낸곳 도서출판 동아시아
등록 1998년 3월 5일 제1998-000243호
주소 서울시 중구 퇴계로30길 15-8 [필동1가 26]
페이스북 www.facebook.com/dongasiabooks
전자우편 dongasiabook@naver.com
블로그 blog.naver.com/dongasiabook
인스타그램 www.instagram.com/dongasiabook
전화 02) 757-9724, 5
팩스 02) 757-9726

ISBN 978-89-6262-181-5 93400

이 도서의 국립중앙도서관 출판예정도서목록(CIP)은
서지정보유통지원시스템 홈페이지(http://seoji.nl.go.kr)와
국가자료공동목록시스템(http://www.nl.go.kr/kolisnet)에서
이용하실 수 있습니다. (CIP제어번호: CIP2017008796)

잘못된 책은 구입하신 서점에서 바꿔드립니다.

맥스 테그마크의 다중우주

우주의 궁극적 실체를 찾아가는 수학적 여정

이 책을 쓰도록 내게 영감을 준 메이아에게

머리말

이 책을 쓰는 데 격려와 도움을 준 사람들 모두에게 진심으로 감사한다.

지난 세월 나를 지지하고 영감을 준 내 가족, 친구, 선생님, 동료 및 공동연구자들, 인생의 큰 질문에 대한 그녀의 열정과 호기심을 나눠주신 어머니, 수학의 매력을 알려주고 그 의미와 그의 지혜를 공유해주신 아버지, 내게 우주에 대한 훌륭한 질문을 던져 의도치 않게 이 책에 일화를 제공해준 내 아들 필립Philip과 알렉산더Alexander, 내게 질문하고 자신의 의견을 밝히고 내 아이디어를 추구해서 책으로 내도록 격려해준, 나와 연락을 주고받았던 세계 곳곳의 과학 애호가들, 이 책을 쓰도록 나를 격려하고 모든 일을 실행해준 출판사의 존John과 맥스 브록만Max Brockman에게 감사한다.

또한 이 원고를 읽고 의견을 준 어머니, 내 동생 퍼Per, 조시 딜런Josh Dillon, 마티 애셔Marty Asher, 데이비드 도이치David Deutsch, 루이 헬름Louis Helm, 안드레이 린데Andrei Linde, 조너선 린드스트룀Jonathan Lindström, 로이 링크Roy Link, 데이비드 라우브David Raub, 쉬본 미즈라히Shevaun Mizrahi, 메

리 뉴Mary New, 산드라 심프슨Sandra Simpson, 칼 슐만Carl Shulman, 얀 탈린Jaan Tallinn에게 감사한다.

초고 전체에 의견을 준 메이아Meia, 아버지, 폴 아몬드Paul Almond, 줄리언 바버Julian Barbour, 필립 헬빅Phillip Helbig, 에이드리언 류Adrian Liu, 하워드 메싱Howard Messing, 댄 로버츠Dan Roberts, 에드워드 위튼Edward Witten, 그리고 편집자인 댄 프랭크Dan Frank, 이들은 내게 슈퍼히어로와 같다.

무엇보다 내 아내이며 뮤즈이자 동반자이고 내게 상상을 뛰어넘는 격려, 지지 그리고 영감을 준 메이아에게 감사한다.

차례

일러두기

- 본문 괄호 안의 글은 옮긴이라는 표시가 있는 경우를 제외하고는 모두 저자가 쓴 것이다.
- 본문 중 고딕체는 원서에서 강조한 부분이다.
- 책은 『 』, 논문집, 저널, 신문은 《 》, 논문, 기사는 「 」, 예술작품, 방송프로그램, 영화는 〈 〉로 구분했다.

1

실체란 무엇인가?

… 나무는 주로 공기로 이루어져 있다. 나무가 타면 공기로 되돌아가며, 공기가 나무로 전환될 때 묶여 들어갔던 태양의 이글거리는 열기가 화염 속에서 방출된다. 그리고 재 속에는 공기가 아니라 땅에서 유래했던 적은 부분이 남게 된다.

– 리처드 파인먼

호레이쇼여, 자네의 철학이 상상하는 것보다 훨씬 더 많은 것들이 하늘과 땅에 존재한다네.

– 윌리엄 셰익스피어, 『햄릿』, 1장, 5막

겉보기와 다른 것

1초 후, 나는 숨이 끊어졌다. 페달을 멈추고 브레이크를 잡았지만 너무 늦었다. 전조등, 방열판. 마치 현대판 용처럼 맹렬히 경적을 울리는 40톤의 쇳덩어리. 나는 트럭 운전수의 눈에서 공포를 보았다. 시간이 느려지고 내 일생이 눈앞에서 지나가는 것이 느껴졌으며, 마지막으로 든 생각은 "이것이 꿈이었으면 좋겠다"라는 것이었다. 아, 그러나 나는 직감적으로 이것이 현실이라는 것을 느꼈다.

하지만 그것이 꿈이 아니라는 것을 어떻게 확신할 수 있었을까? 만약 충돌 직전에 꿈속이 아니고서는 일어나지 않았을 일, 예를 들어 이제는 돌아가신 어릴 적 잉그리드 선생님이 건강하게 살아서 내 자전거

뒷자리에 앉아 있는 것을 알게 되었다면? 아니면 5초 전 내 시야 우측 상단에 "오른쪽을 살피지 않고 이 지하도를 벗어나는 것이 잘하는 것일까요?"라는 팝업창이, 계속 혹은 취소를 클릭할 버튼 위에 나타났다면? 만약 내가 〈매트릭스〉나 〈13층〉 같은 영화를 많이 보았다면, 내 인생 모두가 혹시 컴퓨터 시뮬레이션은 아닌지, 현실의 속성에 대한 가장 기본적인 가정에 대해 의심하기 시작할 것이다. 하지만 나는 그런 경험을 하지 않았고, 내게 일어난 일은 분명한 현실이라고 확신한 채로 죽었다. 어쨌든, 40톤의 트럭 정도면 더 확고하고 현실적일 것도 별로 없을 것이다.

그러나 첫인상이 언제나 완전히 들어맞는 것은 아니며, 그것은 트럭과 현실성에 대해서도 마찬가지이다. 그런 생각은 철학자와 SF 소설가만 하는 것이 아니며, 물리 실험에서도 나온다. 물리학자들은 약 100년 전부터 강철의 경우 질량의 99.95퍼센트에 해당하는 원자핵이 단지 0.000000000001퍼센트의 부피를 차지하기 때문에 사실은 대부분 텅 빈 공간으로 되어 있다는 것, 그리고 이렇게 거의 진공이나 마찬가지인 것을 단단하다고 느끼는 이유는 핵을 고정하는 전기력이 매우 강하기 때문이라는 것을 알고 있었다. 게다가 아원자 입자에 대한 정밀한 측정을 통해, 아원자 입자가 동시에 다른 장소에 존재할 수 있는 것처럼 보인다는 것이 밝혀졌다. 이것은 양자 물리학의 핵심이 되는 유명한 수수께끼이다(7장에서 자세히 다룰 예정이다). 그런데 만약 그 입자들이 한 번에 두 군데 존재할 수 있다면 그런 입자들로 이루어진 나도 그럴 수 있지 않을까? 실제로 그 사고가 발생하기 약 3초 전에, 나는 잠재의식 속에서 내가 스웨덴에서 다녔던 고등학교인 블래키베르그 김나지움으로 가는 길에 항상 지나가는, 붐비는 일은 거의 없는 그 교차로에서 그냥 왼쪽만 쳐다볼지, 아니면 만약을 위해 오른쪽도 확인할지 결정을 내리고 있었다. 1985년 그 아침에 일어난 내 불운한 순간적 결정은 매우 아슬아슬한 것이었다. 결정은 내 전두엽 피질에 있는 특정 신경 접합부에 칼슘 원자 하나가 들어갈 것인지에 달려 있는데, 칼슘 원자는 특정 뉴런이 전기 신호를 발생시키고 일련의 단계를 거쳐 내 뇌에 있는 다른 뉴런들이 집합적으로 "상관없어"라는 뜻을 가진 행동을 유발하게 되어 있었다. 따라서 만약 그 칼슘 원자가 약간 다른 두 장소에서 동시에 출발했다면, 약 0.5초쯤 뒤에 내 눈동자는 다른 두 방향을 동시에 향하고 있었을 것이며, 2초 뒤에 내 자전거는 다른 두 장소에 동시에 있었을 것이고, 머지않아, 나는 동시에 살아 있기도 하고 사망하기도 했을 것이다. 세계적인 양자 물리학 연구자들은 이러한 일이 실제로 일어나며 그때마다 우리의 세상이 다른 역사를 가진 평행우주로 나뉘는지, 혹은 양자역학적 운동의 대원칙인 슈뢰딩거 방정식이 모종의 방식으로 수정되어야 하는지에 대해 열정적으로 논의하고 있다. 그러면 나는 정말 죽었던 것인가? 이 특정 우주에서는 아슬아슬하게 피했지만, 또 다른 현실의 우주에서는 죽었고 이 책은 쓰이지 않았던 것일까? 만약 내가 죽기도 하고 살아 있기도 한 거라면, 실체란 무엇인가에 대한 개념을 수정해서 모순이 없도록 할 수 있는 걸까?

만약 당신이, 내가 앞에서 한 이야기가 터무니없으며 물리학 때문에 내 정신이 오락가락하는 것이라고 생각한다면, 내가 어떻게 이런 생각을 하게 되었는지 이야기하면 더 어처구니없게 느껴질 것이다. 만약 내가 서로 다른 두 평행우주에 존재한다면, 한쪽의 나는 살아남을 것이다. 만약 내가 미래에 죽을 수 있는 다른 모든 방법에 대해 같은 논의를 적용한다면, 내가 절대로 죽지 않는 평행우주가 적어도 하나는 항상 있을 것이다. 내 의식은 내가 살아 있는 곳에서만 존재하므로, 내가 주관적으로는 불멸이라는 뜻일까? 만약 그렇다면 독자도 주관적으로는 불멸이며 지구에서 가장 나이가 많은 사람일까? 우리는 8장에서 이런 질문들에 답할 것이다.

물리학 이론이 밝혀낸 우리의 실체가 당신의 상상보다 훨씬 더 기묘하다는 점이 놀라운가? 하지만 다윈의 진화론을 진지하게 받아들인다면 그다지 놀라운 일도 아니다! 진화는 우리의 먼 조상에게 생존과 관련된 물리현상에 대해서만 직관을 부여했다. 예를 들면 돌멩이가 포물선을 그리며 날아가는 것은, 우리가 왜 야구에 열광하는지를 설명해준다. 원시인이 물질이 궁극적으로 무엇으로 이루어졌는지 너무 심각하게 고민했다면 호랑이가 몰래 다가오는 것을 알아채지 못하고 유전자 풀gene pool에서 곧바로 제거되었을 것이다. 즉, 다윈의 이론에 따라 우리가 발전된 기술을 사용해 인간의 스케일을 벗어난 영역에 대한 실체를 조사할 때, 진화된 직관이 작동하지 않을 것이라는 검증 가능한 예측을 할 수 있다. 우리는 이 예측을 반복적으로 테스트했으며, 그 결과는 압도적으로 다윈을 지지했다. 아인슈타인은 빠른 속도에서는 시간이 느려진다는 것을 알아냈는데, 스웨덴 노벨상 위원회의 고리타분한 사람들은 그것이 너무 이상하다고 생각했기에 상대론에 노벨상을 수여하는 것을 거부했다. 낮은 온도에서, 액체 헬륨은 위쪽으로 흐를 수 있다. 높은 온도에서, 입자는 충돌 후 다른 입자로 바뀐다. 전자가 양전자와 충돌해서 Z 보손이 되는 것이, 나는 마치 자동차 2대가 충돌해서 여객선이 되는 것처럼 느껴진다. 미시적 스케일에서 입자는 정신분열증에라도 걸린 것처럼 두 장소에 동시에 나타날 수 있기 때문에, 앞에서 이야기한 것과 같은 양자역학적 수수께끼들이 생겨난다. 천문학적인 스케일에서는 놀랍게도 이상한 일이 또다시 일어난다. 만약 당신이 블랙홀의 모든 성질을 직관적으로 이해할 수 있다면, 당신은 아주 특별한 존재이며 이 책을 읽는 것을 당장 그만두고 다른 사람이 양자 중력에 대한 노벨상을 채가기 전에 당신의 발견을 출판해야 할 것이다. 더 큰 스케일로 줌아웃하면, 최고 성능의 망원경으로 볼 수 있는 것보다 훨씬 더 장대한 현실이 더 기묘한 모습으로 기다리고 있다. 5장에서 자세히 알아보겠지만, 초기 우주에서 일어났던 것에 대한 가장 믿을 만한 이론은 우주론적 급팽창cosmological inflation으로, 이 이론에 의하면 우주는 아주, 아주 거대할 뿐 아니라 사실 무한하며, 당신과 정확히 동일한 무한히 많은 복제본과, 당신 인생의 모든 가능한 변주를 실현하고 있는 더욱더 많은 다른 당신들을 포함하고 있다. 만약 이 이론이 사실로 판명된다면, 내가 학교로 가지 못했던 삶에 해당하는 내 복제본에 대한 양자 물리학적 이야기에 문제가 있다 하더라도, 우주 저 멀리 어딘가 있는 다른 태양계에서 그 운명적인 순간까지 완전히 동일한 삶을 살고 있다가 오른쪽을 돌아보지 않았던 다른 맥스들이 수없이 많이 존재할 것이다.

다시 말해서 물리학 발견은 아주 작은 세계를 확대해볼 때나 아주 큰 세계를 축소해볼 때 모두, 실체에 대한 우리의 가장 기본적인 생각에 도전한다. 11장에서 자세히 알아보겠지만 실체에 대한 많은 아이디어들은, 신경과학을 이용해 뇌의 작동을 연구할 때와 마찬가지로, 중간 스케일의 세상에서도 도전에 직면한다.

마지막으로 그림 1.1이 비유적으로 나타내듯 우리는 수학적 방정식이 자연의 작동에 대한 하나의 시야를 제공한다는 것을 알고 있다. 그러나 천문학의 영웅인 갈릴레오 갈릴레이Galileo Galilei가 선포했듯 자연이 “수학의 언어로 쓰인 책”이라든지, 노벨상 수상자인 유진 위그너Eugene Wigner가 강조했듯 “자연과학에서 수학의 이해할 수 없는 효율성”이 설명을 요구하는 수수께끼라고 했을 정도로, 우리의 물리적 세계가 극단적인 수학적 규칙성을 나타내는 이유는 무엇일까? 제목에서 알 수

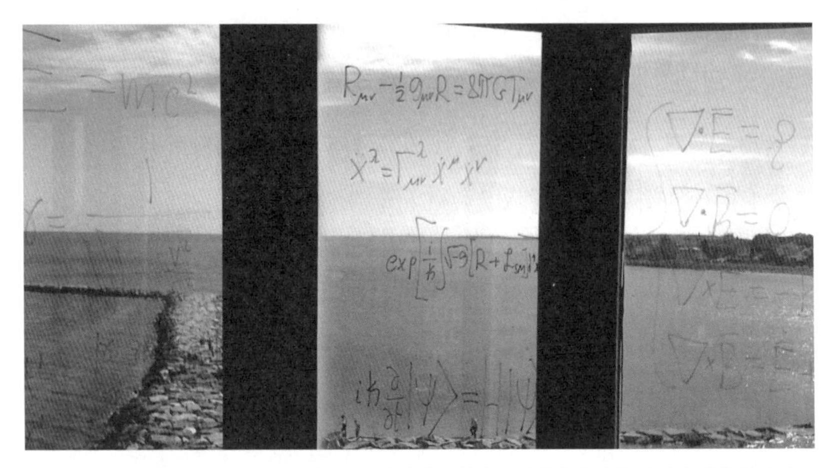

그림 1.1: 물리학 방정식으로 현실을 보면, 패턴과 규칙성을 발견하게 된다. 하지만 내게 있어서 수학은 바깥세계를 바라보는 창문 이상이다. 이 책에서, 나는 우리의 물리적 세계가 수학으로 **기술**될 뿐 아니라, 그 **자체**가 수학, 더 정확히 말해 수학적인 구조라고 주장할 것이다.

있듯 이 질문에 답하는 것이 이 책의 주된 목표이다. 10~12장에서는 계산, 수학, 물리학과 의식 사이의 매혹적인 관계에 대해 알아보고, 얼토당토않게 들리겠지만 우리의 물질세계가 수학으로 기술될 뿐만 아니라 그 자체가 수학이며 우리는 거대한 수학적 대상의 자각하는 일부분이라는 내 생각에 대해서도 알아볼 것이다. 우리는 수학적 관점이 평행우주의 새롭고 궁극적인 집단으로 이어지며, 평행우주는 앞에서 언급한 기묘함도 별것 아닌 것으로 느껴질 정도로 너무나 광대하고 색다르기에 우리에게 아주 깊게 각인되어 있는 실체에 대한 개념을 폐기할 수밖에 없다는 것을 알게 될 것이다.

궁극적 질문은 무엇인가?

우리의 선조들은 지구 위를 걸어 다닌 이래 분명히 깊은 실존적 질문을 숙고하며 실체가 무엇인지 궁금해했을 것이다. 이 모든 것은 어디에서 온 것일까? 이 모든 것의 끝은 무엇일까? 세상은 얼마나 큰가? 이 질문들은 너무나 매력적이어서 전 세계의 모든 문명은 이 문제와 씨름했고, 정교한 창조 신화, 전설, 종교적 교의와 같은 형태로 그 답이 세대를 거쳐 전해져왔다. 그림 1.2가 보여주듯이, 이런 질문은 너무 어렵기 때문에 세계적인 합의에 이르지 못했다. 문화권들이 궁극의 진실에 해

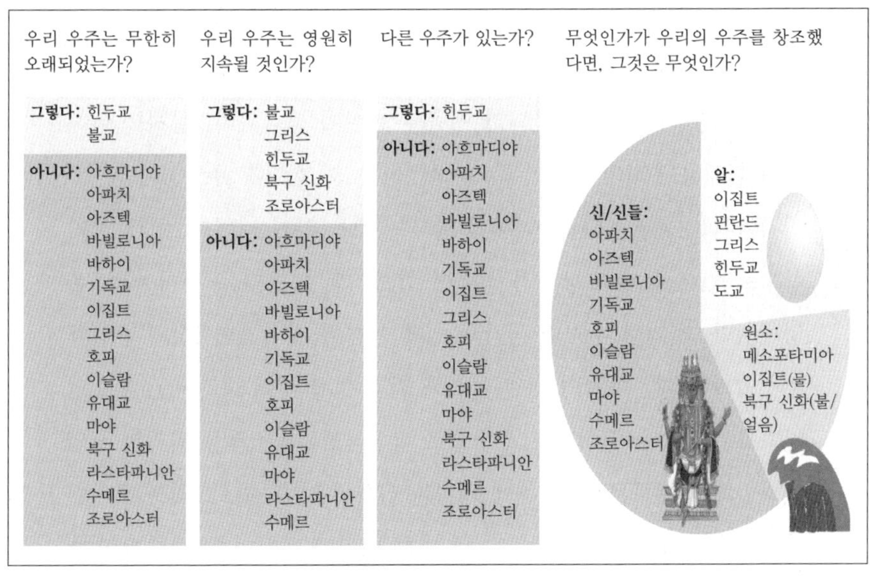

그림 1.2: 이 책에서 우리가 다룰 여러 우주론적 질문들은 역사적으로 사상가들을 매혹시켰지만, 전 세계적인 합의에는 이르지 못했다. 위의 분류는 내 우주론 강좌에서 MIT의 대학원생이었던 다비드 에르난데스David Hernandez가 준비한 발표 파일에 기초한 것이다. 이렇게 단순화한 분류란 엄밀히 불가능하므로, 크게 에누리해서 받아들일 필요가 있다. 많은 종교에 여러 분파와 해석이 있어서, 여러 범주에 속하는 종교도 있다. 예를 들어, 힌두교는 위에 있는 세 가지 창조 방식 모두를 포함한다. 전설에 의하면, 창조의 신 브라마(그림)와 우리 우주 모두 알에서 나왔는데, 그 알은 다시 물에서 근원했다고 한다.

당할 유일한 세계관에 도달하지 못했기 때문에 문화권마다 답이 크게 다른데, 몇몇 경우에는 생활방식의 차이로 나타난다. 예를 들어, 나일강이 땅을 비옥하게 했던 고대 이집트의 창조 신화에서는 우리 세상이 물에서 나온다. 반면 내 고향인 스웨덴에서는 불과 얼음이 생존을 좌우했고, 북구 신화는 (놀랍게도!) 불과 얼음에서 생명이 태어났다고 주장한다.

고대 문명이 답하려 했던 다른 큰 질문들도 근본적이다. 무엇이 진짜인가? 눈에 보이는 것 이상의 실체가 있는가? 이 질문에 2,000년 전 플라톤은 "그렇다!"라고 답했다. 유명한 동굴의 비유에서, 그는 우리를 동굴 안에서 평생 사슬에 묶여 등 뒤로 지나가는 것의 그림자가 비치는 벽만 바라보며 살아와서 그림자가 실체의 전부라고 믿게 된 사람들에 비유했다. 플라톤은 이와 마찬가지로 우리 인간이 일상에서 실체라고 하는 것도 진실의 단지 제한되고 왜곡된 표현에 불과하며, 실체를 이해하기 위해서 우리의 정신적 족쇄에서 벗어나야 한다고 주장했다.

물리학자로서 나는 플라톤이 옳다는 것을 알게 되었다. 현대 물리학으로 인해 실체의 궁극적 성질이 겉보기와 다르다는 것이 아주 분명해졌다. 하지만 우리의 생각과 실체가 다른 것이라면, 실체란 대체 무엇일까? 우리 마음의 내적 현실과 외적 현실 사이의 관계는 무엇인가? 모든 것은 궁극적으로 무엇으로 이루어졌을까? 작동 원리는 무엇인가? 왜 작동하는가? 실체에 의미는 있는가? 있다면, 그것은 무엇인가? 더글러스 애덤스Douglas Adams가 과학 패러디 소설인『은하수를 여행하는 히치하이커를 위한 안내서』에서 표현했듯이, "생명, 우주, 그리고 모든 것에 대한 궁극적 질문의 답은 무엇인가?"

여러 시대를 거쳐 사상가들은 "실체란 무엇인가?"라는 질문에 답하든지 무시하든지 간에 흥미롭고 다양한 반응을 보여왔다. 다음 표는 몇몇 예이다(이 목록은 완벽하지 않으며 모두 상호 배타적인 것은 아니다).

"실체란 무엇인가?"에 대한 몇몇 반응	
그 질문에 의미 있는 답이 있다.	물, 불, 흙, 공기 그리고 제5원소 운동하는 원자들 운동하는 기본 입자들 운동하는 끈 휜 시공간의 양자장 M-이론(또는 당신이 좋아하는 다른 대문자…) 신의 창조 사회적 구성 신경생리학적 구성 꿈 정보 시뮬레이션(〈매트릭스〉 스타일) 수학적 구조 4레벨 다중우주
그 질문에 의미 있는 답이 없다.	실체는 있지만, 우리 인간은 그것을 완전히 알 수 없다. 우리는 임마누엘 칸트Immanuel Kant가 "물자체物自體, das Ding an sich"라고 부른 것에 접근할 수 없다. 실체는 근본적으로 알 수 없는 것이다. 우리는 그것을 모를 뿐 아니라, 안다고 해도 표현할 수 없다. 과학은 그저 이야기일 뿐이다(자크 데리다Jacques Derrida 등 포스트모더니즘에서의 설명). 실체는 모두 우리 머릿속에 있다(구성주의 설명). 실체는 존재하지 않는다(유아론唯我論, solipsism).

이 책은 (그리고 내 과학자로서의 경력은) 이 질문에 답하기 위한 개인적 노력이다. 사상가들의 답이 무척이나 다양한 이유 중 하나는 그들이 그 질문을 다른 방식으로 해석했기 때문이며, 따라서 내 해석은 무엇이며 내 접근법은 무엇인지 설명할 의무가 있다. 실체라는 단어는 여러 가지 다른 의미를 함축할 수 있다. 나는 실체를 우리가 일부로 속한 외부 물질세계의 궁극적 성질을 의미하는 것으로 사용하며, 실체를 더

잘 이해하기 위한 탐험에 푹 빠져 있다. 그러면 내 접근법은 무엇인가?

고교시절로 돌아가서, 어느 날 저녁 나는 애거사 크리스티Agatha Christie의 추리소설인 『나일강의 죽음』을 읽기 시작했다. 나는 알람 시계가 오전 7시에 울린다는 것을 잘 알고 있었지만, 미스터리가 풀릴 때까지 도저히 책을 놓을 수 없어 새벽 4시까지 책을 읽었다. 나는 어릴 적부터 추리소설을 아주 좋아해서, 열두 살 무렵 학교 친구들인 안드레아스 베트Andreas Bette, 마티아스 보트너Matthias Bothner, 올라 한손Ola Hansson과 함께 추리 클럽을 만들었다. 우리가 범인을 잡지는 못했지만 수수께끼를 해결한다는 생각은 내 상상을 사로잡았다. 내게 있어서 "실체란 무엇인가?"라는 질문은 궁극의 추리소설이며, 나는 그것을 추구하며 많은 시간을 보낼 수 있게 된 것을 큰 행운으로 생각한다. 앞으로 나는 이 책에서 궁금증으로 인해 새벽까지 잠을 이루지 못하고 수수께끼가 풀릴 때까지 읽기를 멈추지 못했던 다른 일화를 이야기할 것이다. 이때 내가 읽었던 것은 책이 아니라 내 손으로 써내려가고 있던 것이었으며, 내가 쓴 것은 나를 답으로 이끌어갈 수학 방정식들이었다.

나는 물리학자이며, 따라서 실체의 본질에 대해 물리학적인 접근방법을 취한다. 내게 있어서, 이는 "우리의 우주는 얼마나 큰가?", "모든 것은 무엇으로 이루어져 있는가?"와 같은 큰 문제로 시작해서 마치 추리소설에서처럼, 즉 교묘한 관찰과 추론을 결합하며 끈질기게 단서를 따라가는 것을 의미한다.

여행의 시작

물리학적 접근이라고? 어쩐지 아주 흥미로운 일을 아주 따분하게 만들어버리는 것은 아닐까? 비행기 옆자리에 앉은 사람이 내 직업이 뭐냐고 물어올 때, 내게는 두 가지 선택지가 있다. 나는 대화하고 싶은 기분이면 "천문학"이라고 말하는데, 언제나 흥미로운 대화로 이어진다.* 그렇지 않은 경우, 나는 "물리학"이라고 답하는데 그때 나오는 전형적 반응은 "아, 그거 제가 고등학교 때 제일 싫어하던 과목이었는데요"이며 비행 중 더 이상 내게 말을 걸어오지 않는다.

사실, 물리학은 나도 고등학교 때 가장 싫어하는 과목이었다. 나는 아직도 첫 물리 수업시간을 기억한다. 우리 선생님은 단조롭고 졸린 목소리로 밀도에 대해 배울 거라고 말씀하셨다. 밀도는 질량 나누기 부피이다. 따라서 질량이 어떤 값이고 부피가 어떤 값이면, 우리는 밀도를 어떤 어떤 값이라고 계산할 수 있다. 그 시점에서, 내 기억은 흐릿해진다. 그리고 실험이 실패하면 선생님은 언제나 습도 탓이라며 "오늘 아침에는 제대로 되었는데"라고 하셨다. 그리고 내가 장난삼아 오실로스코프 밑에 숨겨둔 자석 때문에 친구들 실험이 제대로 안 되었던 일 등….

대학에 지원할 때가 되어서, 나는 물리와 다른 이공계 분야는 제쳐두고, 스톡홀름 경제대학에 가서 환경 문제를 공부하기로 했다. 나는 지구를 좀 더 살기 좋은 곳으로 만드는 데 작은 역할을 하고 싶었고, 우리에게 기술이 없어서 문제가 아니라 그 기술을 적절히 이용하지 못하는 것이 문제라고 생각하고 있었다. 나는 사람들의 행동을 바꾸는 가장 좋은 방법은 그들의 지갑을 통해서이며, 장려금을 통해 이기심과 공동선이 한쪽으로 향하도록 한다는 생각에 매력을 느꼈다. 아

---

* 이 대화는 가끔 "오, 점성술 말이죠? 나는 처녀자리예요"처럼 시작된다. 만약 내가 좀 더 정확한 용어인 "우주론cosmology"이라고 답했다면, "아, 화장술cosmetology?" 같은 반응에, 아이라이너와 마스카라에 대한 질문을 받게 되는 경우가 종종 있다.

아, 나는 얼마 지나지 않아 경제학이란 대부분 권력자가 듣고 싶은 것을 말해주고 보상을 받는 지적 매춘이라는 결론을 내리고 환멸을 느꼈다. 정치가는 무엇을 원하든지, 바로 그 일을 해야 한다고 주장했던 경제학자를 고문으로 위촉하기만 하면 되었다. 프랭클린 D. 루스벨트Franklin D. Roosevelt는 정부지출을 늘리고 싶어 했기에 존 메이너드 케인스John Maynard Keynes의 말을 들었고, 로널드 레이건Ronald Reagan은 정부지출을 줄이고 싶어 했기에 밀턴 프리드먼Milton Friedman에게 귀를 기울였다.

그때 내 급우인 요한 올드호프Johan Oldhoff는 내 인생을 바꾸게 될 책을 내게 주었다. 그 책은 『파인먼 씨, 농담도 잘하시네!』였다. 나는 리처드 파인먼Richard Feynman을 만난 적은 없지만, 그가 바로 내가 물리학으로 전공을 바꾼 이유이다. 그 책은 사실 물리학보다는 자물쇠를 따는 법이라든지 여자를 유혹하는 법 같은 내용을 담고 있지만, 나는 그 행간에서 글쓴이가 물리학을 무척 좋아한다는 것을 알 수 있었다. 그 책은 정말 매력적이었다. 만약 평범한 남자가 멋진 여자와 팔짱을 끼고 걷는 것을 보면, 무언가 숨은 이유가 있다고 생각할 것이다. 그녀는 아마도 그 남자의 숨은 장점을 발견했을 것이다. 갑자기 나는 물리학에 대해서도 똑같이 느끼기 시작했다. 파인먼은 내가 고등학교 때 놓친 어떤 것을 발견한 것일까?

나는 이 수수께끼를 풀어야 했기에, 아버지의 서재에서 발견한 『파인먼의 물리학 강의』 1권을 읽기 시작했다. "만약 어떤 큰 재앙으로 인해 모든 과학적 지식을 잃어버리고 단 하나의 문장만 다음 세대에게 전달할 수 있다면, 가장 짧은 문장에 가장 많은 정보를 담을 방법은 무엇일까?"

우아, 이 사람은 내 고등학교 물리 선생님과는 전혀 달랐다! 파인먼은 계속해서 설명했다. "나는 … 모든 것은 원자로 구성되어 있고 영원히 진동하며, 약간 떨어져 있을 때는 서로 끌어당기지만 한 곳에 밀어 넣으려 하면 서로 밀치는 작은 입자들로 되어 있다고 생각한다."

나는 내 머릿속에서 무언가 번쩍하는 것을 느꼈다. 나는 매료되어 읽고 계속 읽고 또 읽었다. 그것은 마치 종교적인 체험과도 같았다. 나는 결국 깨닫게 되었다. 나는 내가 놓쳤었고 파인먼은 알고 있던 어떤 것에 대해 통찰을 얻었다. 물리학은 우리 우주의 가장 깊은 미스터리를 이해하고자 하는 궁극적이고 지적인 모험과 탐구 활동이라는 것을 알게 되었다. 물리학이 어떤 것을 매력적이거나 따분하게 만드는 것이 아니다. 그 대신, 물리학은 우리가 보다 분명하게 볼 수 있도록 하여 우리를 둘러싼 세상에 아름다움과 경이를 더해준다. 가을에 나는 자전거를 타고 출근하면서 붉은색, 오렌지색과 황금색으로 물든 나무들의 아름다움을 느낀다. 하지만 그 나무들을 물리학의 렌즈를 통해서 보면 이 장의 첫머리에서 인용한 파인먼의 말처럼 더 큰 아름다움을 밝혀낼 수 있다. 그리고 더 깊이 보면 볼수록, 더 우아함을 느끼게 된다. 우리는 3장에서 어떻게 나무가 별들에서 오는지 알게 될 것이며, 8장에서는 그 구성 요소를 연구하는 것이 어떻게 평행우주의 존재를 시사하는지 보게 될 것이다.

그 무렵 나는 왕립 공과대학에서 물리학을 공부하는 여자 친구를 사귀었는데, 그녀의 교과서가 내 교과서보다 훨씬 더 재미있어 보였다. 우리의 연애는 오래가지 않았지만, 물리학에 대한 내 사랑은 지속되었다. 스웨덴에서는 대학 학비가 무료이기 때문에, 나는 스톡홀름 경제대학에 알리지 않은 채 여자 친구가 다니는 학교에 등록하고 이중생활을 시작했다. 내 추리 경력이 공식적으로 시작되었고 이 책은 그 사반세기 후에 내놓는 보고서이다.

그러면 실체란 무엇인가? 대담한 제목을 단 이 장의 목표는 오만하게 궁극적인 해답을 독자에게 억지로 주입하려는 것이 아니며(이 책의 마지막 부분에서 아주 흥미로운 가능성을 탐구하기는 하겠지만), 독자를 내 개인적 탐험 여정에 초대하고 의식을 확장하는 수수께끼에 대한 내 흥분과 숙고를 공유하려는 것이다. 나는 나와 마찬가지로 독자들도 실체가 무엇이든 간에 우리가 처음 생각한 것과는 아주 다르며, 우리의 일상생활의 핵심에 있는 환상적인 수수께끼라는 결론을 내리게 될 것이라 생각한다. 나는 당신이 나와 마찬가지로 이것이 주차증을 끊거나 마음 상하는 일 같은 일상의 문제를 수월하게 받아들이게 하고, 삶과 그 수수께끼들을 최대한 즐기는 데 집중할 수 있게 한다는 것을 발견하기 바란다.

이 책의 에이전트인 존 브록만과 이 책에 대한 아이디어를 처음 의논했을 때, 그는 내게 분명하게 요청했다. "나는 교과서를 원하는 것이 아니라, 당신의 생각을 담은 책을 원합니다." 즉, 이 책은 일종의 과학적 자서전이다. 비록 나 자신보다는 물리학에 대한 것이긴 하지만 물리학을 객관적으로 조망하고 학계의 합의점과 대립적인 모든 관점을 공평하게 소개하는 일반적인 대중과학 서적과는 분명히 다르다. 그보다 이 책은 실체의 궁극적 속성에 대한 내 개인적 탐구를 담고 있으며, 독자들이 내 눈을 통해 보는 것을 즐겼으면 좋겠다. 우리는 함께 내가 개인적으로 가장 매혹적이라고 생각하는 단서를 탐구하고 그것이 의미하는 바를 알아낼 것이다.

우리는 우선 "실체란 무엇인가?"라는 질문의 맥락이, 물리학이 우리의 외적 현실에 대해 가장 큰 스케일로부터(2~6장) 가장 작은 스케일에 이르기까지(7~8장) 던져준 실마리에 힘입어, 새로운 과학적 대발견들에 의해 최근에 어떻게 변화했는지 알아볼 것이다. 이 책의 1부에서는 가장 큰 우주적 스케일로 여행을 떠나 우리의 우주적 근원과 두 종류의 평행우주를 탐험하고 공간이 어떤 의미에서는 수학적이라는 힌트를 찾아냄으로써, "우리 우주는 얼마나 큰가?"라는 질문을 탐구하고 그에 대한 궁극적 결론을 탐색할 것이다. 이 책의 2부에서는 "모든 것은 무엇으로 이루어져 있는가?"라는 질문을 통해 아원자의 미시

대중과학의 하드코어 독자

이 책을 읽는 법:	과학에 흥미 있는 독자	(대중과학의 하드코어 독자)	물리학자	장의 제목	초점	상태
	1	1	1	실체란 무엇인가?	서론	
줌아웃 (가장 큰 스케일에서의 실체는 무엇인가?)	2	건너뜀	건너뜀	공간에서의 우리 위치	공간은 얼마나 큰가?	주류
	3	건너뜀	건너뜀	시간에서의 우리 위치	우리 우주의 역사	
	4	건너뜀	건너뜀	숫자로 본 우리 우주	정밀 우주론	
	5	5	건너뜀	우리의 우주적 근원	우주론적 급팽창	
	6	6	6	다중우주로 온 것을 환영합니다	1레벨과 2레벨 평행우주	논란의 여지가 있음
줌인 (가장 작은 스케일에서의 실체는 무엇인가?)	7	건너뜀	건너뜀	우주의 레고	양자역학	주류
	8	8	8	3레벨 다중우주	양자 평행우주	논란의 여지가 있음
물러서서 보기 (실체는 수학인가?)	9	9	9	내적 현실과 외적 현실	의식의 역할	
	10	10	10	물리적 실체와 수학적 실체	"실체는 수학이다"라는 아이디어	논란의 여지가 대단히 많음
	11	11	11	시간은 환상인가?	시간 이해하기	
	12	12	12	4레벨 다중우주	궁극적 다중우주	
	13	13	13	생명, 우리의 우주, 그리고 모든 것	우주와 인간의 미래	논란의 여지가 있음

그림 1.3: 이 책을 읽는 법. 만약 당신이 최근 대중과학 서적을 많이 읽었고 휜 공간, 빅뱅, 우주 마이크로파 배경 복사, 암흑 에너지, 양자역학 등에 대해 이미 잘 이해하고 있다고 생각한다면, 2, 3, 4, 7장은 "요점 정리"만 읽고 넘어가도 된다. 만약 당신이 전문 물리학자라면, 5장도 넘어가도 될 것이다. 하지만 익숙하게 들리는 많은 개념들이 사실은 뜻밖에 미묘하기 때문에, 당신이 2장의 질문 1~16에 잘 답하지 못한다면, 앞부분에서도 배울 것이 있을 것이며 뒷부분이 앞부분 내용을 바탕으로 어떻게 논리적으로 구축되었는지 더 잘 알 수 있을 것이다.

세계로 여행하고, 세 번째 종류의 평행우주를 조사하여 물질의 궁극적 구성 요소 또한 어떤 의미에서 수학적이라는 힌트를 찾음으로써 끈질기게 탐구할 것이다. 이 책의 3부에서는 한 발짝 뒤로 물러나 이 모든 것이 실체의 궁극적 속성에 대해 무엇을 의미하는지 생각해볼 것이다. 우선 우리가 의식을 이해하지 못하는 것이 외적 물리 실체에 대한 완벽한 이해에 걸림돌이 되지는 않는다는 것을 주장하려 한다. 다음으로 나의 가장 급진적이고 논쟁의 여지가 있는 아이디어, 즉 궁극적 실체란 순수하게 수학적이며, 우연, 복잡성 등의 익숙한 개념들을 격하하고 심지어 환상과 같은 수준으로 끌어내리며 궁극적인 단계의 4번째 평행우주가 있다는 아이디어를 깊이 알아볼 것이다. 13장에서는 여행을 정리하고 집으로 돌아와 이것들이 우리 우주에서 생명의 미래, 인간, 그리고 독자 개인에게 무엇을 의미하는지 알아볼 것이다. 그림 1.3에 여행 계획서와 도움말이 있다. 매혹적인 여행이 우리를 기다린다. 이제 떠나자!

요점 정리

- 나는 물리학이 실체의 궁극적 속성에 대해 우리에게 준 가장 중요한 가르침은 그것이 무엇이든 겉보기와는 매우 다르다는 점이라고 생각한다.
- 이 책의 1부에서, 우리는 줌아웃해서 행성에서 시작하여 별, 은하, 초은하단, 우리 우주와 두 가지 가능한 단계의 평행우주에 이르기까지 물리적 실체를 가장 큰 스케일에서 탐험할 것이다.
- 이 책의 2부에서, 우리는 줌인해서 원자에서 시작하여 가장 근본적인 구성 요소에 이르기까지 물리적 실체를 가장 작은 스케일에서 탐험하고 3단계의 평행우주를 만날 것이다.
- 이 책의 3부에서, 우리는 한 걸음 뒤로 물러나 이렇게 기묘한 물리적 실체의 궁극적 속성을 검토하고, 실체가 궁극적으로 순수하게 수학적이며 특히 4번째이자 궁극적인 단계의 평행우주의 일부분이 되는 수학적 구조일 가능성을 조사할 것이다.
- 실체는 사람에 따라 다른 것을 의미할 수 있다. 나는 실체를 우리가 일부분으로 속한 외부 물리 세계의 궁극적 속성을 의미하는 것으로 사용했다. 나는 어렸을 때부터 실체를 더 잘 이해하려는 탐색활동에 고무되고 매혹되곤 했다.
- 이 책은 실체의 속성을 탐구하는 내 개인적 여정에 대한 책이다. 독자들도 함께하기 바란다.

제1부

줌아웃

2

공간에서의 우리 위치

공간은 … 크다. 정말 크다. 당신은 그게 얼마나 엄청나게 어마어마하고 상상하기 어려울 정도로 큰지 믿기 어려울 것이다.

– 더글러스 애덤스, 『은하수를 여행하는 히치하이커를 위한 안내서』

우주에 대한 질문들

아이가 손을 들고, 나는 질문해도 좋다는 몸짓을 한다. "공간은 무한히 계속되나요?" 아이가 묻는다. 나는 놀라 입이 딱 벌어진다.

우아. 나는 윈체스터에서 열리는 우리 아이들이 다니는 방과 후 프로그램의 아이들 코너에서 막 발표를 마친 참이며, 엄청나게 귀여운 이 유치원생들은 바닥에 앉아 크고 궁금한 눈으로 나를 쳐다보며 대답을 기다리고 있다. 그리고 이 다섯 살짜리는 방금 내가 대답할 수 없는 질문을 했다! 정말이지 이 질문에는 세상 그 어떤 사람도 대답할 수가 없다. 하지만 가망 없는 형이상학적 질문이 아니라 중요한 과학적 질문으로, 나는 이 이론에 관한 구체적인 예측과 새로운 정보를 더해가고 있는 진행 중인 여러 실험들에 대해 곧 설명할 예정이다. 사실, 나는 이 질문이 물리적 실체의 근본적 속성에 대한 참으로 중요한 질문이라고 생각하며, 5장에서 이 질문은 우리를 두 가지 종류의 평행우주로 이끈다.

나는 지난 몇 년간 국제 뉴스를 보면서 인간을 점점 싫어하게 되었는데, 이 유치원생은 단 몇 초 만에 인류의 가능성에 대한 내 믿음을 크게 고양시켰다. 만약 다섯 살짜리가 그렇게 심오한 것을 이야기할 수 있다면, 적절한 환경에 놓인 성인들이 함께 어떤 것을 성취할 수 있을지 상상해보라! 그 아이는 또한 내게 좋은 가르침의 중요성을 환기시켜 주었다. 우리는 모두 호기심을 가지고 태어나는데, 보통 어느 시점에 이르면 학교가 우리에게서 호기심을 빼앗아간다. 나는 교사로서 내 주된 책임은 사실을 전달하는 것이 아니라 질문에 대한 잃어버린 열정에 다시 불을 붙이는 것이라고 느낀다.

나는 질문을 좋아한다. 특히 거창한 질문을 좋아한다. 나는 내 인생의 대부분을 흥미로운 질문들과 씨름하며 보내게 된 것을 특히 행운으로 생각한다. 내가 이러한 일을 천직으로 삼고 생계를 유지할 수 있다는 것은 예상을 완전히 뛰어넘는 행운이다. 다음은 내가 많이 받는 16가지 질문이다.

1. 어떻게 공간이 무한하지 않을 수 있는가?
2. 어떻게 무한한 공간이 유한한 시간에 만들어질 수 있었는가?
3. 우리 우주는 어디로 팽창해가는가?
4. 공간의 어디에서 빅뱅 폭발이 일어났는가?
5. 빅뱅은 한 지점에서 일어났는가?
6. 우리 우주의 나이가 140억 년이라면, 어떻게 300억 광년 떨어진 물체를 볼 수 있는가?
7. 은하가 광속보다 빠르게 멀어지는 것은 상대론에 모순되지 않는가?
8. 은하가 실제로 우리에게서 멀어지고 있는가, 아니면 단지 공간이 팽창할 뿐인가?

9. 은하수는 팽창하고 있는가?
10. 빅뱅 특이점에 대한 증거가 있는가?
11. 급팽창을 통해 무無로부터 우리 주위의 물질이 만들어졌다는 것은 에너지 보존에 어긋나지 않는가?
12. 빅뱅의 원인은 무엇인가?
13. 빅뱅 이전에는 무엇이 있었는가?
14. 우리 우주의 최종 운명은 무엇인가?
15. 암흑 물질과 암흑 에너지는 무엇인가?
16. 우리는 무의미한가?

이 질문들을 함께 고민해보자. 다음 4개의 장에서 11가지 질문에 답할 것이며, 나머지 5가지 질문에 대한 흥미로운 해법을 제시할 것이다. 하지만 먼저 이 책 전체의 중심 주제가 되는 유치원생의 질문으로 되돌아가자. 공간은 무한히 계속되는가?

공간은 얼마나 큰가?

한번은 아버지가 다음과 같은 조언을 해주셨다. "대답할 수 없는 어려운 질문에 부닥치면, 대답하지 못한 더 간단한 질문을 먼저 고민해보아라." 이 말씀에 따라, 우리의 관측 결과와 모순되지 않는 한도 내에서 공간이 가져야 하는 최소한의 크기가 얼마인지 먼저 물어보자. 그림 2.1은 이 질문에 대한 답이 지난 수백 년간 극적으로 증가해왔다는 것을 보여준다. 우리는 현재 우리 공간이 원시시대의 선조가 가장 멀리 도달했던 거리, 즉 그들이 일생 동안 걷는 거리보다 최소한 1조

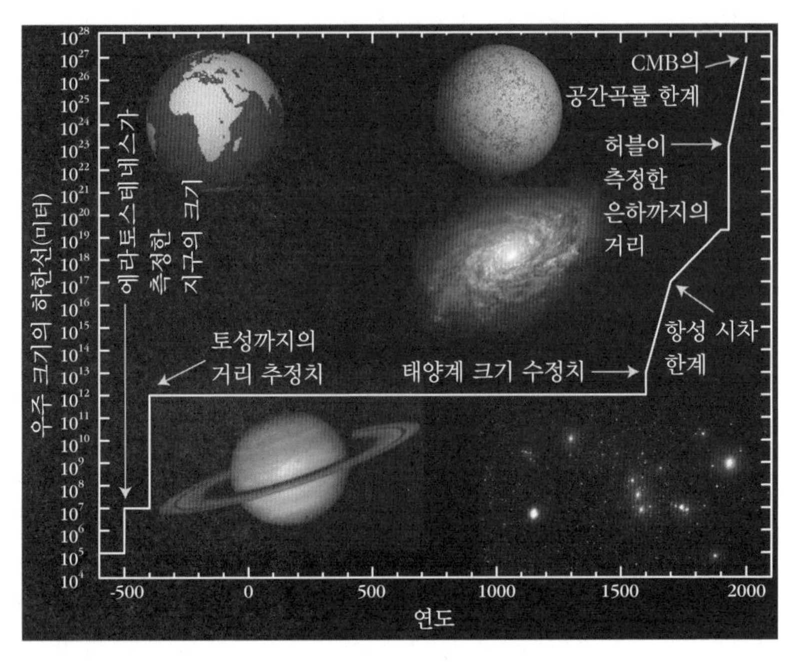

그림 2.1: 이 장에서 설명하듯, 우리 우주의 크기에 대한 하한선은 계속 커지고 있다. 수직축이 한 칸마다 10배씩 커지므로 그 척도가 광범위하다는 것에 주의하자.

의 10억 배(10^{21})만큼 크다는 것을 알고 있다. 게다가 그림은 우리 지평의 확장이 한 번이 아니라 되풀이하여 여러 번 일어났음을 알려준다. 인간이 줌아웃해서 우리 우주를 더 큰 스케일의 지도 속에 놓을 때마다, 우리는 이전에 알던 모든 것이 더 큰 무언가의 일부분이었음을 알게 되었다. 그림 2.2가 나타내듯, 우리나라는 행성의 일부이고, 행성은 태양계의 일부이고, 태양계는 은하의 일부이고, 은하는 은하단이 만드는 우주적 패턴의 일부이고, 은하단은 관측 가능한 우리 우주의 일부이며, 앞으로 우리는 관측 가능한 우리 우주가 몇 단계 평행우주들의 일부라고 주장할 것이다.

모래 속에 머리를 파묻은 타조처럼, 인간은 반복해서 우리가 볼 수

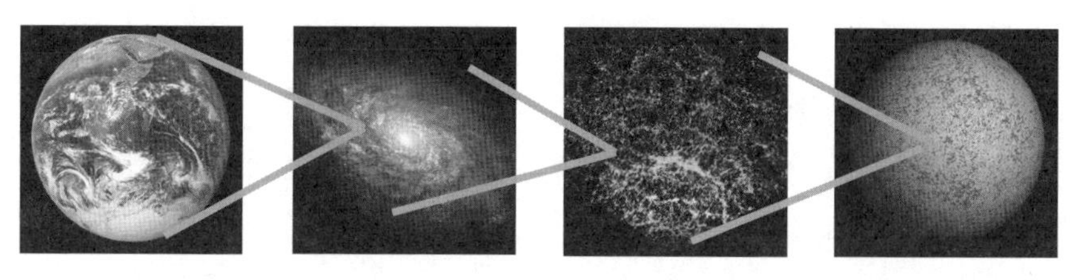

그림 2.2: 매번 더 큰 스케일로 줌아웃할 때마다, 우리가 알던 것이 무언가 더 거대한 것의 일부분이었음이 발견된다. 우리나라는 행성의 일부이고(왼쪽), 행성은 태양계의 일부이고, 태양계는 은하의 일부이고(가운데 왼쪽), 은하는 은하단이 만드는 우주적 패턴의 일부이고(가운데 오른쪽), 은하단은 관측 가능한 우리 우주의 일부이고(오른쪽), 우리 우주는 아마도 하나 혹은 그 이상의 단계가 있는 평행우주들의 일부일 것이다.

있는 것이 존재의 전부라고 간주했으며, 오만하게도 우리가 모든 것의 중심에 있다고 상상했다. 우주를 이해하기 위한 여정에서, 과소평가는 계속되는 테마였다. 그러나 그림 2.1이 보여주는 통찰력은 내게 영감을 불러일으키는 두 번째 테마를 반영한다. 우리는 우리 우주의 크기뿐 아니라, 그것을 이해하는 인간 정신의 위력도 반복적으로 과소평가해왔다. 동굴에 살던 선조들은 우리만큼 큰 뇌를 가지고 있었으며 저녁에 TV를 보며 시간을 보내지 않았기에, 나는 선조들이 "하늘에 있는 저것은 무엇일까?" 또는 "저것은 대체 어디서 온 것일까?"와 같은 질문을 했을 것이라고 확신한다. 선조들은 아름다운 신화와 이야기를 만들면서도 그것이 사실 이런 질문들에 대한 답을 스스로 만들어낸 것이라고 인식하지 못했다. 그리고 그 비밀을 밝혀내려면, 천체를 조사하기 위해 우주 공간으로 날아가는 법을 알아내야 하는 것이 아니라, 인간 정신을 자유롭게 비상하게 하면 된다는 것도 잘 몰랐다.

성공할 수 없으니 시도하지도 말자고 생각하는 것보다 더 확실히 실패를 보장하는 것은 없다. 돌이켜보면 물리학의 위대한 발전은 필요한 도구만 있었다면 더 일찍 일어날 수도 있었다. 아이스하키에 비유하자면, 채가 부러졌다고 착각하는 바람에 빈 골대에 골을 넣지 못하는 것이다. 다음에 올 내용에서, 나는 그러한 자신감 부족이 아이작 뉴턴Isaac Newton, 알렉산더 프리드먼Alexander Friedmann, 조지 가모프George Gamow와 휴 에버렛Hugh Everett에 의해서 극복된 놀라운 예화들을 제시할 것이다. 그 정신에 따른, 노벨 물리학상 수상자인 스티븐 와인버그Steven Weinberg의 말은 내게 반향을 불러일으킨다. "물리학에서는 이론을 너무 진지하게 받아들이는 것이 아니라, 이론을 충분히 진지하게 받아들이지 않는 잘못이 종종 일어난다."

먼저 지구의 크기와 달, 태양, 별들과 은하까지의 거리를 어떻게 구하는지부터 알아보자. 개인적으로 나는 이것이 역사상 가장 흥미진진한 추리소설이며, 현대 과학의 탄생 지점이라고 생각하기 때문에 주요리 전에 나오는 전채요리처럼 다루려 한다. 주요리는 물론 우주론의 최신 발전들이다. 곧 보게 될 처음 4가지 예는 그저 간단히 각도를 재는 정도밖에는 복잡할 게 없다. 그것은 또한 결정적 단서가 될 수도 있는 일상적인 관찰에 궁금증을 가지는 것의 중요성을 알려준다.

지구의 크기

항해술이 발달된 이후 사람들은 배가 수평선 너머로 멀어져갈 때, 선체가 돛보다 먼저 사라진다는 것을 알게 되었다. 이 사실로 인해 사람들은 대양의 표면이 휘어져 있으며 지구는 태양이나 달의 모습처럼 구면이라고 생각하게 되었다. 그림 2.3에서처럼 고대 그리스인들은 월식이 일어날 때 지구가 둥근 그림자를 드리우는 것에서 지구가 둥글다는 직접적 증거를 찾아냈다. 지구의 크기는 지평선 너머 사라지는 배의 돛대로부터 비교적 쉽게 유추할 수 있는데*, 에라토스테네스Eratosthenes는 2,200년 전에 간단한 작도를 통해 훨씬 더 정확한 값을 얻어냈다. 그는 이집트의 도시인 시에네에서는 하짓날 정오에 태양이 바로 머리 위에서 내리쬔다는 것을 알고 있었다. 그러나 북쪽으로 794킬로미터 떨어진 알렉산드리아에서는 남쪽으로 7.2도가 가장 높이 뜬 상태이다. 따라서 그는 794킬로미터가 360도 중에서 7.2도를 여행하는 것에 해당하므로, 지구 둘레가 794km×360°/7.2° ≈ 39,700km라고 결론지었는데, 이는 지금 우리가 알고 있는 4만 킬로미터에 놀랍도록 가까운 수치이다.

재미있는 것은, 훗날 크리스토퍼 콜럼버스Christopher Columbus가 이탈리아의 단위와 아랍의 단위를 혼동해서 1만 9,600킬로미터가 아니라 3,700킬로미터만 가면 동양에 다다를 수 있다고 완전히 잘못 생각했다는 것이다. 그가 제대로 계산했다면 분명 항해에 필요한 자금을 얻지 못했을 것이고, 아메리카 대륙이 존재하지 않았다면 그는 항해에서 살아남지 못했을 것이다. 행운은 종종 정확한 정보보다 중요하다.

달까지의 거리

일식과 월식은 오랫동안 공포와 경이, 신비함을 불러일으켰다. 자메이카에서 오도 가도 못하게 되었을 때 콜럼버스는 1504년 2월 29일의 월식을 예언함으로써 원주민들의 위협에서 벗어날 수 있었다. 그러나 월식은 우주의 크기에 대한 중요한 실마리를 알려준다. 2,000년 전

---

* 돛대의 높이가 h인 배를 마지막으로 볼 수 있는 거리를 d라고 하면, 지구의 반지름은 근사적으로 $d^2/2h$이다.

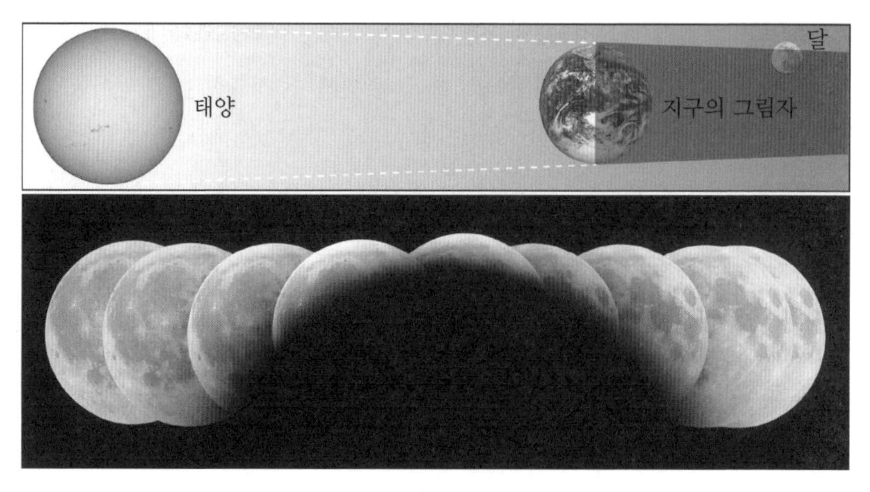

그림 2.3: 월식이 일어나는 동안, 달은 지구의 그림자를 통과한다(위 그림). 2,000년도 더 전에, 사모스의 아리스타르코스Aristarchos of Samos는 월식 때 달의 크기와 지구 그림자의 크기를 비교해서 달이 지구의 약 1/4 크기라는 것을 정확히 추론해냈다. (저속사진 촬영: 앤서니 애이오마미티스Anthony Ayiomamitis)

에, 사모스의 아리스타르코스는 그림 2.3의 내용을 알아냈다. 지구가 태양과 달 사이에 위치해서 월식이 생길 때, 달에 생긴 지구의 그림자는 둥근 모양이며 지구의 둥근 그림자는 달보다 몇 배 크다. 또한 아리스타르코스는 지구가 태양보다 작기 때문에 지구의 그림자가 지구보다 아주 약간이지만 작다는 것을 알아냈으며, 이 사실을 잘 해석해서 달의 반지름이 지구에 비해 약 3.7배 작다는 결론을 내렸다. 에라토스테네스가 이미 지구의 크기를 구했기 때문에, 아리스타르코스는 그것을 3.7로 나누어 간단하게 달의 크기를 구할 수 있었다! 내가 보기에 이것은 인간의 상상력이 지면을 떠나 우주를 정복하기 시작한 역사적인 순간이었다. 아리스타르코스 이전에 수없이 많은 사람들이 달을 쳐다보고 그 크기를 궁금해했을 테지만, 그것을 알아낸 것은 아리스타르코스가 최초였다. 게다가 그는 로켓이 아니라 단지 그의 지능을 사용했을 뿐이다.

과학에서 한 번 돌파구가 생기면 보통 다른 많은 일들이 가능해지는데, 이 경우 달의 크기는 곧바로 달까지의 거리로 이어졌다. 손을 앞으로 쭉 뻗고 주위의 어떤 물건이 새끼손가락으로 가려지는지 알아보자. 손가락은 대략 1도 정도에 해당하며, 그것은 달 크기의 2배 정도에 해당한다. 보름달이 뜰 때 확인해보기 바란다. 어떤 물건이 0.5도를 가린다면 거리가 크기의 약 115배에 해당하는 것이다. 예를 들어 당신이 비행기 창문을 통해 50미터 수영장을 새끼손가락 절반 정도로 가릴 수 있다면, 고도가 115×50m=6km라는 것을 알 수 있다. 정확히 같은 논리로, 아리스타르코스는 달까지의 거리가 달의 크기의 115배, 즉 지구 지름의 약 30배라는 결론을 얻었다.

태양과 행성까지의 거리

이제 태양에 대해 생각해보자. 태양을 손가락으로 가려보면 달과 거의 같은 각도를 차지한다. 개기일식 때 달이 태양을 거의 딱 맞게 가리기 때문에, 태양이 달보다 훨씬 더 멀리 있다는 것은 분명한데, 그 거리는 얼마일까? 그것은 물론 크기에 달렸다. 예를 들어, 태양이 달보다 3배 크다면, 같은 각도를 차지한다는 사실로부터 거리도 3배 멀리 떨어졌다고 할 수 있다.

사모스의 아리스타르코스는 놀랍게도 이 문제도 해결했다. 그는 정확히 "반달"이 되었을 때 태양, 달, 지구가 직각 삼각형을 이룬다는 데 착안했다(그림 2.4). 그때 달과 태양 사이의 각도가 대략 87도라고 측정한 그는 삼각형의 닮음을 이용해서 지구–태양 거리에 해당하는 변의

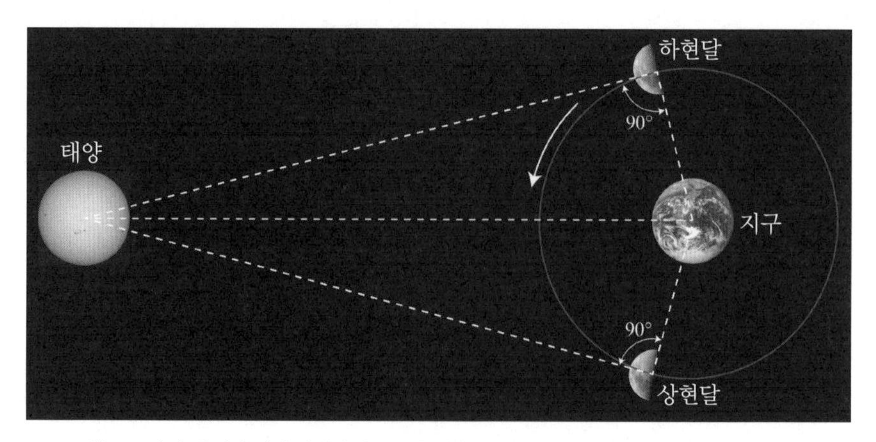

그림 2.4: 반달 때 달과 태양 사이의 각도를 측정함으로써, 아리스타르코스는 태양까지의 거리를 추정할 수 있었다. (정확히 말하자면 이 그림은 척도에 맞지 않는다. 실제로 태양은 지구보다 100배 이상 크고 달까지의 거리보다 약 400배 더 멀리 떨어져 있다.)

길이를 계산할 수 있었다. 그의 결론은 태양이 달에 비해 약 20배 정도 더 멀리 떨어져 있고, 따라서 크기도 20배 정도라는 것이었다. 다시 말하면, 태양은 거대하다. 지름으로 치면 지구보다 5배 이상 더 크다. 이 통찰력으로 아리스타르코스는 니콜라우스 코페르니쿠스Nicolaus Copernicus보다 훨씬 먼저 태양 중심설을 제안할 수 있었다. 그는 지구가 그보다 훨씬 큰 태양 주위를 도는 것이 그 반대의 경우보다 더 합리적이라고 생각했다.

이 일화는 교묘함의 힘을 알려준다는 면에서 고무적이고, 측정 오차를 제대로 정량화하는 것의 중요성을 알려준다는 면에서 교훈적이기도 하다. 고대 그리스인들은 후자에 대해 덜 능숙했고 아리스타르코스도 안타깝지만 예외가 아니었다. 달이 정확히 반달이 되는 시점을 결정하는 것은 어려운 일이다. 그 순간 달과 태양 사이의 각도는 사실 87도가 아니라 89.85도로서 거의 직각이 된다. 따라서 그림2.4의 삼각형은 아주 길고 가늘게 된다. 실제로 태양은 아리스타르코스가 어림잡은 것보다 20배나 더 멀리 있고, 지구보다 109배 더 크다. 따라서 부피로 치면 태양은 지구보다 100만 배 이상 크다. 불행히도 이 명백한 오류가 고쳐지는 데에는 거의 2,000년이 걸렸고, 코페르니쿠스가 태양계를 연구했을 때도 행성 궤도의 모양이나 상대적 크기는 정확히 알아냈지만 전체 크기는 약 20배 작게 생각했다. 마치 실제 집을 인형의 집 정도로 생각한 꼴이다.

별까지의 거리

별은 도대체 어떤 것이며 얼마나 멀리 있는 것일까? 개인적으로 이것이 역사상 가장 큰 "미제사건"에 대한 추리소설이라고 생각한다. 달과 태양까지의 거리를 알아낸 것은 대단한 일이었지만, 사실 달과 태양은 흥미로운 방식으로 위치가 변화하며 각도 크기를 쉽게 측정할 수 있다는 힌트가 있었다. 하지만 별은 완전히 가망이 없을 것 같다! 별이란 그저 희미한 흰색 점처럼 보인다. 더 자세히 살펴봐야 … 그저 희미한 점일 뿐이며 특정한 모양이란 없고 그저 빛이 나오는 점일 뿐이다. 그리고 별들은 지구의 자전에 의해 모두 함께 회전하는 것을 제외한다면 그 위치가 절대로 변하지 않는 것처럼 보인다.

어떤 고대인들은 별이 검은 구면에 작은 구멍이 뚫려서 멀리에서 빛이 새어나오는 것이라고 생각했다. 이탈리아의 천문학자인 조르다노 브루노Giordano Bruno는 별들이 사실 태양과 비슷하지만 단지 아주 멀리 떨어져 있을 뿐이고 아마도 각각 행성과 문명을 가지고 있을지도 모른다고 생각했다. 이 주장은 가톨릭교회가 좋아할 만한 것이 아니었고 결국 그는 1600년에 화형당하고 말았다.

1608년 돌연히 희망의 불빛이 번쩍였다. 망원경이 발명된 것이다! 갈릴레오 갈릴레이는 재빨리 구조를 개선하고 개량작업을 진행하면서 망원경으로 별들을 관측했지만 … 그저 흰색 점만 발견될 뿐이었다. 다시 원점으로 돌아가 보자. 나는 어릴 적 할머니의 피아노 반주에 맞춰 "반짝 반짝 작은 별" 노래를 부르던 행복한 추억이 있다. 이 노래가 처음 발표된 것이 1806년인데, 그때까지만 해도 "나는 네가 정말 궁금해"라는 가사는 많은 이들에게 공감을 일으키는 것이었고, 그 누구도 감히 그 답을 알고 있다고 주장할 수 없었다.(이 동요의 우리말 노래는 "반짝 반짝 작은 별/ 아름답게 비추네"로 시작하지만, 원래 영어 가사는 "Twinkle, Twinkle, Little Star/ How I wonder what you are"로 별이 무엇인지 궁금해하는 내용이다._옮긴이)

만약 별들이 브루노의 주장대로 정말 멀리 있는 태양이라면, 그렇게 희미하다는 것은 아주 멀리 떨어져 있다는 뜻이 된다. 그러면 도대체 얼마나 멀리 있다는 것일까? 그것은 물론 별이 원래 얼마나 밝은 것인가에 의해 결정되며, 바로 우리가 알고자 하는 것이다. 이 노래가 발표된 지 32년 후, 독일의 수학자이자 천문학자인 프리드리히 베셀 Friedrich Bessel이 결국 이 추리극의 돌파구를 만들어냈다. 팔을 뻗고 엄지를 올린 후 두 눈을 교대로 몇 번 감았다 떠보라. 배경과 비교할 때 엄지의 위치가 좌우로 바뀌는 것을 볼 수 있는가? 이제 엄지손가락을 눈쪽으로 좀 더 가깝게 놓고 다시 한쪽 눈으로 관찰하면 배경에 비교한 위치의 변화가 더 커지는 것을 알 수 있다. 천문학자들은 이 차이를 시차parallax라고 부르는데, 이것을 이용해서 엄지가 눈에서 얼마나 떨어져 있는지 알 수 있다. 사실 여기에는 수학도 별 필요가 없으며 우리의 두뇌가 부지불식간에 그 계산을 해내서 물체의 원근을 파악할 수 있다.

만약 우리의 두 눈이 더 멀리 떨어져 있다면, 멀리 떨어진 물체의 원근을 더 정밀하게 파악할 수 있을 것이다. 천문학에서는 이 같은 원리의 연주시차 기법을 써서 마치 우리가 지구 공전궤도 지름인 3억 킬로미터나 되는 거인인 것처럼 생각한다. 우리는 6개월의 시차를 두고 망원경으로 사진을 찍어 비교할 수 있다. 이를 통해 베셀은 대부분의 별들은 정확히 같은 위치에 있지만 별 하나가 그렇지 않다는 것을 발견했다. 그 별은 그다지 중요하지 않아 보이는 이름의 백조자리 61번 별이었다. 그 별은 아주 작은 각도만큼 움직였는데, 이를 통해 그 별이 태양보다 약 100만 배 정도 더 멀리 떨어져 있다는 것이 밝혀졌다. 이 거리는 그 별에서 나온 빛이 우리에게 도달하는 데 11년이나 걸릴 만큼 엄청난 거리이다. 반면, 태양에서는 약 8분이 걸린다.

오래지 않아 더 많은 별의 연주시차가 측정되었고, 따라서 미스터리했던 흰색 점까지의 거리도 밝혀졌다! 우리가 밤에 자동차가 멀어지는 것을 관찰해보면 그 후미등의 밝기가 거리의 제곱에 반비례해서 줄어드는 것을 알 수 있다. 베셀은 백조자리 61번 별까지의 거리를 이용해서 실제로 얼마나 밝은지 계산해보았다. 그가 얻은 값은 태양과 대략 비슷한 정도의 밝기였고, 이를 통해 조르다노 브루노의 주장이 터무니없는 것이 아니었음이 밝혀졌다!

대략 같은 시기에, 완전히 다른 방법을 사용한 두 번째 대발견이 일어났다. 1814년에 독일의 프라운호퍼Joseph von Fraunhofer는 광학을 연구하다가 분광기spectrograph라는 기구를 발명한다. 분광기를 사용하면 백색광을 그 구성 요소인 무지개빛 색깔들로 분리해서 아주 자세히 측정할 수 있다. 이 무지개를 스펙트럼이라 하는데 그는 거기에 불가사의한 어두운 선이 있는 것을 발견했고(그림 2.5), 또한 그 어두운 선들의 위치는 빛의 근원에 따라 달라지며 이것을 일종의 빛의 지문으로 사용할 수 있다는 것을 알게 되었다. 그 후 수십 년 동안 그는 여러 물질의 스

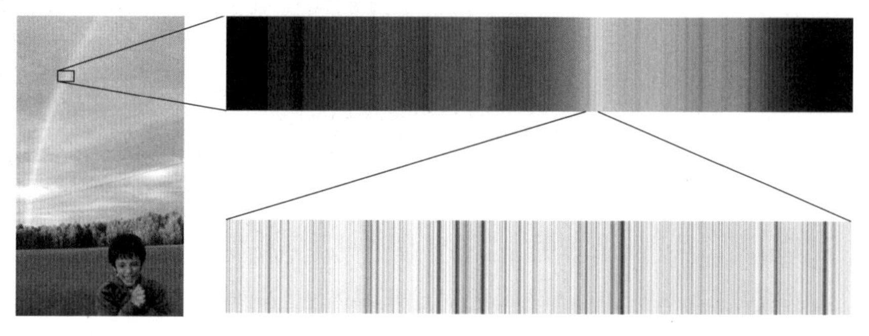

그림 2.5: 내 아들 알렉산더가 본 무지개는 금단지가 묻혀 있는 곳을 알려주지는 않지만 원자와 별이 어떻게 작동하는지에 대한 정보의 보고寶庫이다. 7장에서 더 자세히 알아보겠지만, 여러 색 빛의 상대적 밝기는 빛이 입자(광자)로 이루어졌다는 것으로 설명되고, 여러 가지 어두운 선의 위치와 두께는 양자역학의 슈뢰딩거 방정식으로 계산이 가능하다.

펙트럼을 측정하고 목록을 정리했다. 이것을 이용하면 빛을 분석하는 것만으로도 어떤 물질에서 빛이 나오는지 알아낼 수 있다. 놀랍게도, 태양 빛의 스펙트럼은 태양이 수소와 같이 지구에 흔히 존재하는 물질로 이루어져 있다는 것을 알려주었다. 게다가 별빛을 분광기에 통과시키면, 별빛이 태양과 거의 같은 기체들로 이루어져 있다는 것을 알 수 있다! 이것으로 승부는 브루노의 승리로 끝났다. 별들은 멀리 있는 태양이며 에너지 출력과 구성물이 유사하다는 것이다. 그리하여 고작 수십 년 만에, 설명할 수 없는 흰색 점이었던 별들은 뜨거운 가스로 이루어진 거대한 불덩어리이며 그 화학적 조성도 우리가 알 수 있는 존재가 되었다.

스펙트럼은 천문학 지식의 보고이다. 어느 순간 모든 알짜배기 정보를 빼냈다고 생각하지만, 다음 순간 그 안에 숨겨진 다른 실마리를 발견하게 된다. 우선, 스펙트럼을 이용하면 물체와 접촉하지 않고도 그 온도를 잴 수 있다. 붉은색으로 빛나는 금속보다 흰색으로 빛나는 금속이 더 뜨거운 이치로, 붉은색 별보다 흰색 별의 온도가 더 높다.

분광기를 이용하면 온도를 아주 정확히 알 수 있다. 놀랍게도 마치 십자말풀이에서 한 단어를 맞추면 다음 단어의 답도 결정할 수 있는 것처럼, 이 정보는 다음 단계로 별의 크기를 알려준다. 그 요령은 온도가 단위 면적당 방출하는 에너지를 결정하는 것을 이용하는 것이다. 별의 전체 표면에서 나오는 빛의 양을 알 수 있으므로, 거리와 겉보기 밝기 정보를 결합하면 이제 별의 전체 표면적을 알 수 있기 때문에 크기가 결정된다.

이것이 끝이 아니다. 별의 스펙트럼은 별의 운동에 대한 정보도 포함하고 있다. 별의 움직임은 이른바 도플러 효과에 의해 빛의 진동수, 즉 그 색깔을 변화시킨다. 도플러 효과란 자동차의 부릉거리는 소리의 높낮이가 바뀌도록 만드는 것과 같다. 자동차의 주파수는 우리에게 다가오는 동안에는 높아지고, 멀어지는 동안에는 낮아진다. 우리 태양과 달리, 대부분의 별들은 다른 별과 짝을 이루어 상대방 주위를 돈다. 별들의 이런 춤은 종종 도플러 효과로 감지되는데, 궤도를 한 번 돌 때마다 스펙트럼선들이 앞뒤로 이동하는 것을 이용한다. 이동의 정도는 운동의 속도를 알려주며, 두 별의 운동을 함께 분석하면 별들이 얼마나 떨어져 있는지도 계산할 수 있다. 이런 정보들을 종합하면 우리는 뉴턴의 운동 법칙과 중력 법칙을 이용하여 궤도 정보로부터 별들의 질량을 알아낼 수도 있다. 심지어 어떤 경우에는 도플러 이동을 이용해서 별 주위를 도는 행성을 발견하기도 한다. 행성이 별 앞으로 지나가면 별을 가려서 별의 밝기에 약간의 변화가 생긴다. 그리고 스펙트럼선의 미세한 변화로부터 행성에 대기가 있는지, 그 성분은 무엇인지 알아내기도 한다. 이처럼 스펙트럼선은 끊임없이 우리에게 무엇인가 알려주는 선물이라고 할 수 있다. 예를 들어, 스펙트럼선의 폭을 측정하면 온도 정보와 결합해서 별의 대기압을 알 수 있다. 그리고 스펙트럼선이 몇 개의 가는 선으로 분리되는 현상으로부터 별 표면의 자기장을 알아낼 수 있다.

결론을 내리면, 별에 대해 우리가 얻을 수 있는 데이터는 오직 그 희미한 빛뿐이지만 교묘한 추리를 통해 우리는 빛으로부터 거리, 크기, 질량, 성분, 온도, 압력, 자기장, 그리고 그 행성계에 대한 정보까지 알아낼 수 있다. 얼핏 보기에 의미 없는 흰 점으로부터 인간 지성의 힘이 이 모든 추론을 가능하게 한 것은 셜록 홈스Sherlock Holmes와 에르퀼 푸아로Hercule Poirot 같은 위대한 탐정들조차 감탄하게 할 일이다.

은하까지의 거리

내 할머니는 102세에 돌아가셨는데, 그때 나는 할머니의 인생에 대해 생각해보다가 할머니가 사실상 다른 우주에서 자라났었다는 것을 깨달았다. 할머니가 대학에 갔을 때, 우리에게 알려진 우주란 단지 태양계와 그 주위에 있는 일군의 별들뿐이었다. 할머니와 그 또래 사람들은 아마도 이 별들이 엄청나게 멀리 있으며 지구에 도착하기까지 몇 년에서 몇 천 년까지 걸린다고 알고 있었을 것이다. 이 모든 것이 지금 우리가 아는 우주를 기준으로 따지면 우리 뒷동산 정도에나 해당할 것이다.

할머니가 대학에 다닐 당시의 천문학자들은 밤하늘에 구름같이 펴져 있는 성운nebulae이라고 불리는 것과 마치 반 고흐van Gogh의 유명한 그림인 〈별이 빛나는 밤〉에 나오는 것 같은 아름다운 나선 모양에 대해 토론했을 것이다. 이것들은 무엇일까? 많은 천문학자들은 그것들이 그저 별들 사이에 있는 별것 아닌 가스구름이라고 생각했지만, 어떤 이들은 좀 더 급진적인 아이디어를 냈다. 그들은 성운이 "섬 우주island universe", 즉 우리가 현재 은하계galaxies라고 부르는 것이며 너무 멀리 떨어져 있어서 우리 망원경으로 잘 분간할 수 없어 뿌옇게 보이지만 사실은 엄청난 수의 별들이 모인 것이라고 추측했다. 이 논쟁의 승부를 위해, 천문학자들은 성운까지의 거리를 알아낼 필요가 있었다. 하지만 어떻게 할 것인가?

가까운 별에는 연주시차 기법을 쓰면 되지만 성운에는 쓸 수 없다. 성운은 너무 멀리 있기에 시차각이 너무 작아서 재는 것이 불가능하기 때문이다. 먼 거리를 잴 다른 방법은 무엇이 있을까? 멀리 있는 전구를 망원경으로 관측했더니 그 위에 "100와트"라고 써 있었다고 하면, 당연히 가능하다. 우리는 그저 거리 제곱 반비례 법칙을 이용해서 겉보기 밝기로부터 거리를 유추해낼 수 있다. 천문학자들에게도 그렇게 절대 밝기를 알고 있는 대상체들이 있는데, 그것을 표준 촉광standard candle이라고 한다. 위에서 설명한 추리 기법을 사용해서 천문학자들이 발견한 것은, 아쉽게도 대부분의 별들은 표준 촉광이 아니며 태양보다 100만 배 밝기도 하고 1,000배 어둡기도 할 뿐이라는 것이다. 그러나 어떤 별을 관측했더니 그 위에 "4×10^{26}와트"라고 쓰여 있었다면(이것은 우리의 태양 밝기에 해당한다), 표준 촉광을 발견한 것이고 위에서 말한 전구와 같은 방법으로 거리를 계산할 수 있다. 다행히도 자연에는 세페이드 변광성Cepheid variables이라고 하는 특정한 타입의 별들이 있다. 세페이드 변광성은 크기가 바뀌면서 밝기도 시간에 따라 진동하는데, 하버드의 천문학자인 헨리에타 스완 리비트Henrietta Swan Leavitt는 1912년에 그 진동 주기가 전력계처럼 작동한다는 것을 발견했다. 주기가 길수록, 더 많은 빛이 방출되는 것이다.

이런 세페이드 변광성은 아주 밝기 때문에 멀리 있어도 측정이 가능하다는 장점이 있다. 그중에는 우리 태양보다 10만 배나 밝은 것도 있다. 안드로메다성운은 도시의 빛 공해에서 멀리 떨어져 있다면 맨눈으로 볼 수 있는, 달 크기 정도의 희뿌연 빛 덩어리인데, 미국의 에드윈 허블Edwin Hubble은 그 안에서 세페이드 변광성을 몇 개 발견했다. 2.5미터짜리 거울을 장착해 당시로는 세계 최대였던, 그때 막 완성되어 캘리포니아에 설치된 후커 망원경을 사용해서 그는 밝기의 진동 주기를 쟀고, 리비트의 공식을 사용해서 절대 밝기를 알아내고, 겉보기 등급과 비교해서 거리를 계산했다. 1925년, 그가 관측 결과를 발표했을 때, 사람들은 경악했다. 그의 주장은 안드로메다가 약 100만 광년 떨어진 은하이며, 내 할머니가 밤에 보았던 대부분의 별들보다 수천 배나 멀리 떨어져 있다는 것이었다! 사실 안드로메다은하는 허블이 추측했던 것보다 훨씬 더 멀리, 약 300만 광년 정도 떨어져 있다. 허블도 아리스타르코스나 코페르니쿠스와 마찬가지로 자기도 모르게 관측 결과를 과소평가하는 잘못을 범했던 것이다.

그 이후, 허블은 다른 천문학자들과 함께 더 멀리 있는 은하들을 발견해서, 우주의 지평을 수백만 광년에서 수십억 광년으로 확장시켰다. 우리는 5장에서 수조 광년의 거리에 대해 논의할 것이다.

공간은 무엇인가?

이제 유치원생의 질문으로 돌아가 보자. 공간은 무한히 계속되는가? 우리는 이 질문에 관측과 이론, 두 가지 방법으로 접근할 수 있다. 이 장에서 지금까지 우리는 전자의 측면에서 교묘한 측정을 통해 어떻게 더 먼 영역을 우리가 볼 수 있게 되었는지 이야기했다. 그러나 이

그림 2.6: 공간이 유한하다는 것은 상상하기 어렵다. 만약 공간에 끝이 있다면, 그 너머에는 무엇이 있을까?

론 측면에서도 엄청난 발전이 이루어졌다. 첫째로, 공간이 무한히 크지 않다면 도대체 어떤 식으로 가능할까? 내가 유치원생들에게 말했듯이, 그림 2.6 같은 표지판을 보게 되는 것은 아주 이상한 일이다. 어렸을 때, 나는 표지판 너머에는 도대체 무엇이 있는 것일까 궁금해했던 적이 있다. 나는 공간의 끝에 도달한다는 상상이, 마치 고대의 뱃사람들이 땅 끝 절벽에서 추락을 걱정했던 것만큼이나 어리석게 여겨졌다. 따라서 나는 순수하게 논리에 기초해서 공간이란 당연히 영원히 계속되며 무한한 것이라는 결론을 내렸다. 실은 고대 그리스에서 유클리드Euclid는 기하학을 수학의 한 분야로서 발전시켜 3차원 공간이 숫자의 집합과 마찬가지로 엄밀하게 다루어질 수 있다는 것을 알아냈다. 그는 무한히 큰 3차원 공간과 그 기하학적 성질에 대한 아름다운 수학 이론을 발전시켰으며 많은 이들은 이것이 우리의 물리적 공간이 취할 수 있는 유일한 방식이라고 생각했다.

그러나 1800년대에 수학자 카를 프리드리히 가우스Carl Friedrich Gauss,

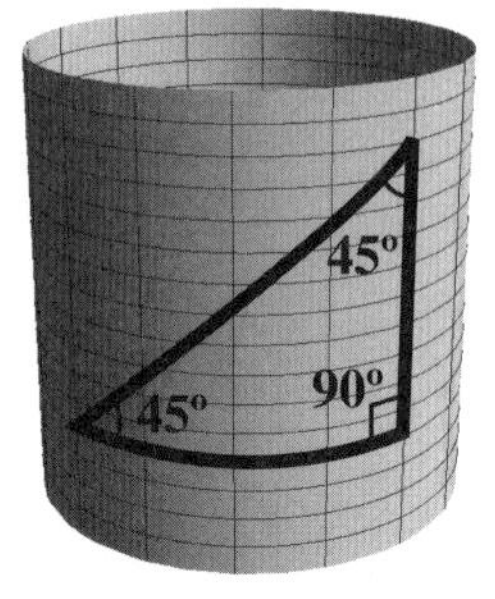

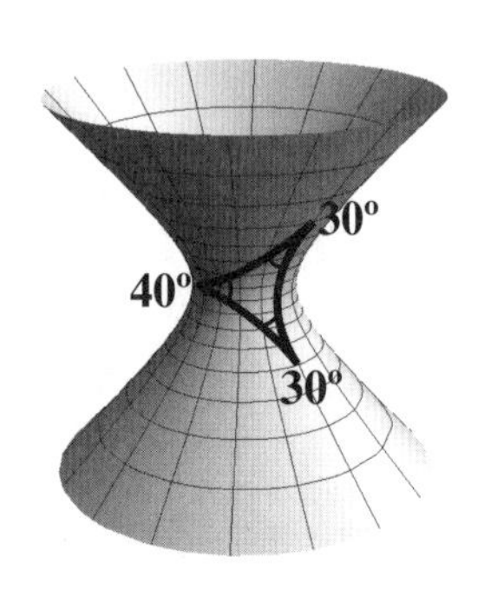

그림 2.7: 위 곡면들 위에 삼각형을 그리면, 각각 그 내각들이 180도보다 크거나(왼쪽), 정확히 180도이거나(가운데), 180도보다 작다(오른쪽). 아인슈타인은 이 세 가지 경우 모두 3차원 공간에 있는 삼각형에서도 가능하다는 것을 알려주었다.

야노시 보여이János Bolyai, 니콜라이 로바쳅스키Nikolai Lobachevsky는 각각 균일한 3차원 공간에 대해 다른 가능성이 있다는 것을 알아냈다. 보여이는 흥분해서 "제가 무無로부터 다른 신세계를 창조하였습니다"라고 아버지에게 편지를 보냈다. 이 새로운 공간들은 다른 규칙을 따른다. 예를 들어, 유클리드가 생각한 것처럼 무한히 클 필요가 없으며 삼각형 내각의 합은 더 이상 180도가 아니다. 그림 2.7처럼 3차원 공간 안에 있는 2차원 면 위에 있는 삼각형을 생각해보자. 내각의 합이 구에서는 180도보다 크고(왼쪽), 원통에서는 정확히 180도이며(가운데), 쌍곡면에서는 180도보다 작다(오른쪽). 게다가 2차원 구면은 경계면이 없으면서도 유한하다.

이 예는 평평하지 않은 곡면에서는 유클리드의 기하학이 성립하지 않는다는 것을 보여준다. 하지만 더 급진적으로 직관했던 가우스와 다른 사람들은 공간이 다른 공간 면에 포함되어 있지 않고도 그 자체로 휘어 있을 수 있다고 보았다! 당신이 눈 먼 개미가 되었다고 가정하고 지금 돌아다니고 있는 곡면이 그림 2.7 중 어떤 것에 해당하는지 알아내려 한다고 하자. 세 번째 차원의 존재를 알 방법이 없으므로, 당신은 실질적으로 2차원 공간 위에 살고 있는 것으로 느낄 것이다. 하지만 그렇다고 해서 당신의 추리 작업이 방해를 받지는 않는다. 직선은 두 점 사이의 최단 경로로 정의할 수 있고, 삼각형 내각의 합을 구할 수 있다. 예를 들어, 당신이 270도를 얻는다면, 당신은 "아하! 180도보다 크므로 나는 구면 위에 있어!"라고 말할 것이다. 친구들에게 으스대기 위해, 당신은 얼마나 걸어야 제자리로 돌아올지 예측할 수도 있다. 다시 말해서, 점, 선, 각도, 곡률 등과 같은 기하학적 개념들은 2차원 공간 안에 있는 것만으로도 엄밀하게 정의할 수 있으며, 굳이 세 번째 차원의 존재를 상정할 필요가 없다. 이는 세 번째 차원이 존재하지 않아도 휜 2차원 곡면을 다른 어떤 것의 표면이 아닌 그 자체의 휜 2차원 공간으로 정의할 수 있다는 것을 의미한다.

대부분의 사람들은 비유클리드 공간의 발견이 난해하고 추상적인 수학이며 물질적 세계와는 실질적인 관계가 전혀 없는 것으로 느낄 것이다. 하지만 그때 아인슈타인이 "우리가 개미다!"라는 내용의 일반 상대론을 들고 나타났다. 아인슈타인의 이론은 우리의 3차원 공간이 숨겨진 4번째 방향 없이도 휘어지는 것을 허용한다. 따라서 유클리드를 따르는 이라면 아쉽겠지만, 우리가 사는 공간이 어떤 종류의 것인지 논리로만은 답할 수 없게 된다. 그것은 오로지 측정으로, 예를 들어 빛을 사용해서 거대한 삼각형을 그리고 그 내각의 합이 180도가 되는지 확인하는 것과 같은 방식을 통해서만 결정할 수 있다. 4장에서는 내가 어떻게 동료들과 함께 이 작업을 즐겁게 수행했는지 이야기할 것이다. 우리는 우주 규모의 삼각형에 대해서는 거의 180도이지만, 중성자별이나 블랙홀이 삼각형 내부를 상당 부분 차지하고 있다면 180도를 크게 웃돌 수도 있다는 결과를 얻었다. 따라서 우리의 물리적 공간의 모양은 그림 2.7에 나온 세 가지 경우보다 더 복잡하다.

유치원생의 질문으로 돌아가서, 우리는 아인슈타인의 이론이 그림 2.6처럼 어리석지는 않은 방식으로 공간이 유한할 가능성을 허용한다는 것을 알게 되었다. 우주는 휘어짐으로써 유한해질 수 있다. 예를 들어, 만일 우리의 3차원 공간이 4차원 초구超球, hypersphere의 표면처럼 휘어져 있고 직선으로 여행하는 것이 얼마든지 가능하다면, 결국에는 반대 방향을 따라 제자리로 귀환하게 될 것이다. 가장자리가 없으므로, 3차원 공간의 가장자리에서 굴러 떨어지는 일이 불가능한 것은, 그림 2.7의 개미가 구 위를 기어 다녀도 가장자리를 만나지 않는 것과 마찬가지이다.

사실 아인슈타인은 우리의 3차원 공간이 휘어지지 않으면서도 유한한 경우도 허용한다! 그림 2.7의 원통은 수학적 의미로는 휘어 있지 않고 평평하다. 만약 당신이 종이 원통에 삼각형을 그리면, 그 내각의 합은 180도가 된다. 이것을 이해하려면, 그저 가위로 삼각형을 잘라낸 후, 책상 위에 평평하게 펼쳐서 확인하면 된다. 하지만 종이 공이나 쌍곡면으로는 종이를 찢거나 구기지 않는 한 그렇게 할 수 없다. 그림 2.7의 원통이 그 위 작은 부분을 기어 다니는 개미에게는 평평해 보이지만, 그럼에도 불구하고 그 원통은 그 자체와 다시 연결되어 있다. 즉, 개미는 수평선으로 기어가면 제자리에 돌아올 수 있다. 수학자들은 공간의 연결성을 위상位相, topology이라고 부른다. 모든 방향으로 자기 자신과 연결되어 있는 평평한 공간을 수학자들은 토러스torus(원환면圓環面이라고도 한다._옮긴이)라고 부른다. 2차원 토러스는 베이글 혹은 가운데 구멍이 있는 도넛과 같은 위상을 가진다. 아인슈타인은 우리가 거주하는 물리적 공간이 3차원 토러스일 가능성을 허용하는데, 그 경우 공간은 평평하며 동시에 유한하다. 물론 무한일 수도 있다.

요약하면, 우리가 사는 공간은 무한히 계속될 수도, 그렇지 않을 수도 있다. 두 가능성 모두가 공간의 속성에 대해 우리가 가진 최선의 이론인 아인슈타인의 일반 상대론에 의하면 완벽히 합당하다. 그러면 실제로는 어느 쪽일까? 우리는 4장과 5장에서 이 흥미로운 질문을 다시 다룰 것인데, 공간이 실제로는 무한하다는 증거를 보게 될 것이다. 그러나 그 유치원생이 던졌던 심오한 질문에 대한 우리의 탐구는 또 다른 질문을 제기한다. 공간은 정말로, 대체 무엇인가? 우리는 모두 처음에는 공간이 무언가 물리적인 것이며, 물질세계의 구조 자체를 형성하는 것이라고 생각했지만, 이제 수학자들이 어떻게 수학적인 대상으로서 공간을 다루는지 알게 되었다. 수학자들에게 공간을 연구한다는 것은 기하학을 연구하는 것이며, 기하학은 그저 수학의 한 분야일 뿐이다. 따라서 공간의 모든 내재적 성질들이 차원, 곡률, 위상 등과 같은 수학적인 성질이라는 의미에서, 공간이 수학적인 대상이라고 주장하는 것이 가능하다. 나는 10장에서 이 주장을 더 진전시켜, 잘 정의된 의미로 우리의 물리적 실체 전체가 순수하게 수학적인 대상이라고 주장할 것이다.

우리는 이 장에서 공간 안에 있는 우리의 위치를 탐구했으며, 우리 선조가 알고 있던 것보다 어마어마하게 더 큰 우주를 밝혀냈다. 하지만 망원경으로 관측할 수 있는 가장 먼 곳에서 벌어지고 있는 일들을 진정으로 이해하기 위해서는, 공간에서의 우리의 위치를 탐구하는 것만으로는 충분하지 않다. 우리는 시간에서의 우리의 위치 또한 탐구할 필요가 있다. 그것이 다음 장에서의 우리의 전투 구호이다.

요점 정리

- 반복해서 정리하면, 인류는 우리의 물리적인 실체가 우리가 상상했던 것보다 훨씬 크며, 우리가 알고 있던 모든 것들이 더 거대한 구조인 행성, 태양계, 은하, 초은하단 등의 일부라는 것을 깨달았다.
- 아인슈타인의 일반 상대론은 공간이 한없이 계속될 가능성을 허용한다.
- 아인슈타인의 일반 상대론은 또한 공간이 끝이 없으면서도 유한하다는 다른 가능성도 허용하는데, 이 경우 당신이 충분히 멀리 그리고 빨리 이동할 수 있다면, 반대 방향을 따라 출발한 곳으로 되돌아올 수 있다.
- 우리 물리 세계의 기본 구조는 공간 자체로서, 차원, 곡률, 위상 등 그 모든 내재적 성질이 수학적 성질이라는 의미에서 순수하게 수학적인 대상일 수 있다.

3

시간에서의 우리 위치

참된 지식은 자신의 무지가 어느 정도인지 아는 것이다.

– 공자

최고의 무지는 전혀 알지 못하는 어떤 것을 거부하는 경우이다.

– 웨인 다이어

우리의 태양계는 어디에서 왔을까? 내 아들 필립은 2학년 때 이 질문에 대해 열띤 토론을 했다.

"나는 신이 만들었다고 생각해." 필립과 같은 반 소녀가 말했다.

"하지만 우리 아빠는 거대한 분자구름이 태양계를 만들었다고 말씀하셨어." 필립이 참견했다.

"그럼 그 거대한 분자구름은 어디에서 온 거지?" 다른 소년이 물었다.

"아마 신이 거대한 분자구름을 만들었고 다음엔 그 거대한 분자구름이 우리 태양계를 만들었을 거야." 소녀가 말했다.

나는 인류가 지구 상에 존재했던 동안, 항상 하늘을 바라보며 그 모든 것이 어디에서 왔는지 궁금해했을 것이라고 장담한다. 과거와 마찬가지로, 우리가 아는 것도 있고 알지 못하는 것도 있다. 우리는 지금 여기에 대해서 많은 것을 알고 있으며, 우리 바로 뒤에 무엇이 있고 우리가 아침 식사로 무엇을 먹었는지처럼 공간과 시간에서 가까이 있는 사건에 대해서는 꽤 잘 알고 있다. 한편 훨씬 더 먼 곳, 그리고 아주 오래전에 대해서는, 결국 우리 지식의 최전선에 도달하며 미지의 영역이 시작된다. 앞 장에서 인류의 천재성이 어떻게 이런 지식의 공간적 경계를 점점 넓혀, 우리가 이해하는 영역을 우리의 지구 전체, 우리의 태양계, 우리의 은하, 그리고 심지어 모든 방향으로 수십억 광년에 이르기까지 확장시켰는지 알게 되었다. 이제 두 번째 지적인 탐험을 시작해서, 인류가 어떻게 시간적 경계를 점점 먼 과거로 되돌렸는지 탐구해보자.

왜 달은 떨어지지 않을까? 이 질문에 대한 답이 우리의 첫 번째 진전의 방아쇠를 당겼다.

우리의 태양계는 어디에서 왔는가?

400년 전까지만 해도, 이 질문의 답을 찾을 가망은 없어 보였다. 당시 인류는 맨눈으로 볼 수 있는 태양, 달, 수성, 금성, 화성, 토성과 목성의 핵심적 부분의 위치를 기발한 추리 작업을 통해 어떻게 밝혀낼 수 있는지 막 알게 되었다. 니콜라우스 코페르니쿠스, 튀코 브라헤Tycho Brahe, 요하네스 케플러Johannes Kepler 등은 꾸준한 탐구 작업으로 태양계의 운동을 밝혀냈다. 우리 태양계는 마치 시계같이, 그 부품들이 정확한 궤도를 따라 반복적으로 영원히 움직이는 것처럼 보였다. 앞으로 언젠가 시계가 멈추게 될지, 또는 시계가 과거의 어느 특정 시점에 움직이기 시작했었는지에 대한 징후는 전혀 없었다. 그러나 태양계는 정말 영원할까? 만약 그렇지 않다면, 태양계는 어디에서 왔을까? 우리에게는 여전히 아무 실마리가 없었다.

당시에 상업적으로 제조된 시계에 대해서는, 톱니바퀴, 스프링, 기타 부품의 움직임을 설명하는 법칙들을 아주 잘 이해하고 있었기 때문에 미래와 과거 모두 정확하게 예측할 수 있었다. 우리는 시계가 일정한 비율로 끊임없이 재깍거릴 것을, 그리고 마찰력 때문에 태엽을 감지 않으면 결국에는 멈춘다는 것을 예측할 수 있었다. 가령 유심히 관찰하면, 적어도 지난 한 달 안에 태엽이 감겼을 거라는 결론을 얻을 수 있었다. 만약 천체의 운동을 기술하고 설명하는 데에도 비슷하게 정밀한 법칙이 있다면, 거기에도 어떤 마찰력과 유사한 효과가 있어서 종국에는 태양계를 변화시키게 되고, 따라서 그것이 언제 그리고 어떻게 형성되었는지에 대한 실마리를 줄 수도 있는 것일까?

그 대답은 확실히 아니다라고 여겨졌다. 지상으로 내려오면, 우리는 힘껏 던진 돌멩이에서부터 로마의 투석기에서 발사된 바위 그리고 대포에서 발사된 포탄에 이르기까지, 물체들이 어떻게 공간에서 운동하는지에 대해 이미 상당히 잘 이해하고 있었다. 그러나 천체를 지배하는 법칙들이 무엇이든지 간에 지상의 물체를 지배하는 법칙과 다른 것처럼 생각되었다. 예를 들어, 달은 어떤가? 만약에 달이 하늘에 있는 일종의 거대한 바윗덩어리라면 왜 다른 바위들처럼 땅으로 떨어지지 않는 것일까? 고전적 답은 달은 천상의 물체이고, 천상의 물체는 단순히 다른 규칙을 따른다는 것이다. 마치 중력에 면역이라 떨어지지 않는다는 식으로 말이다. 어떤 이들은 거기에서 더 나아가, 천상의 물체들이 그런 이유는 완벽하기 때문이라고 설명했다. 천상의 물체들이 완벽한 구형인 이유는 구형이 완벽한 모양이기 때문이며, 천상의 물체들이 원 궤도를 따라 움직이는 이유 또한 원이 완벽하기 때문이다. 그리고 낙하하는 것은 완벽함과는 완전히 동떨어진 일이다. 지상에는 불완전함이 넘쳐난다. 마찰력으로 인해 사물은 점점 느려지고 불은 꺼지며 사람들은 죽는다. 천상에서는 그와 반대로, 운동에 마찰이 없고 태양은 꺼지지 않으며 끝이 보이지 않는다.

그러나 하늘의 이런 완벽한 명성은 더 까다로운 검증을 견뎌내지 못했다. 요하네스 케플러는 튀코 브라헤의 관측을 분석하여 행성의 운동이 원이 아니라 타원임을 확립했다. 타원은 원을 잡아 늘인 모양이고 당연히 원보다 덜 완벽하다. 갈릴레오는 망원경으로 흑점이라는 추한 흠을 발견하여 태양이 완벽하지 않음을 깨달았다. 그리고 달은 완벽한 구형이 아니고, 산과 거대한 분화구가 있는 장소인 것으로 드러났다. 그런데 왜 달은 떨어지지 않았을까?

아이작 뉴턴은 간단하면서도 급진적인 아이디어를 통해 마침내 이 질문의 답을 찾았다. 천상의 물체들도 땅 위의 물체와 정확히 동일한 법칙을 따른다는 것이다. 분명히 달은 떨어뜨린 돌처럼 땅에 낙하하지 않지만, 평범한 돌이 땅에 떨어지지 않도록 던질 수 있지 않을까? 뉴턴은 지상의 돌들이 훨씬 더 무거운 태양 쪽이 아니라 지구 쪽으로 떨어진다는 것을 알고 있었고, 그것은 태양이 지구보다 훨씬 더 멀리 있으며, 물체의 중력이 거리에 따라 약해지기 때문임에 틀림없다고 결론 내렸다. 그렇다면 돌을 위쪽으로 아주 빠르게 던져서 지구의 중력이 돌의 운동방향을 뒤집을 충분한 시간이 흐르기 전에 중력의 영향에서 벗어나게 할 수 있을까? 뉴턴은 자신의 힘으로는 그렇게 할 수 없지만, 돌에 충분한 속력을 줄 수 있는 가상의 고성능 포라면 분명히 그럴 수 있다는 것을 깨달았다. 그림 3.1은 수평으로 발사된 포탄의 운명이 속력에 따라 결정된다는 것을 의미한다. 포탄은 그 속력이 어떤 특정한 값보다 작을 때에만 땅에 떨어진다. 만약 당신이 포탄을 점점 빠른 속력으로 발사한다면 땅에 떨어지기까지 점점 더 멀리멀리 이동할 것이고, 어떤 특정한 값이 되면 지상에서의 높이가 정확히 일정하고 절대로 땅에 떨어지지 않으며, 마치 달처럼 지구 주위를 원으로 돌 것이

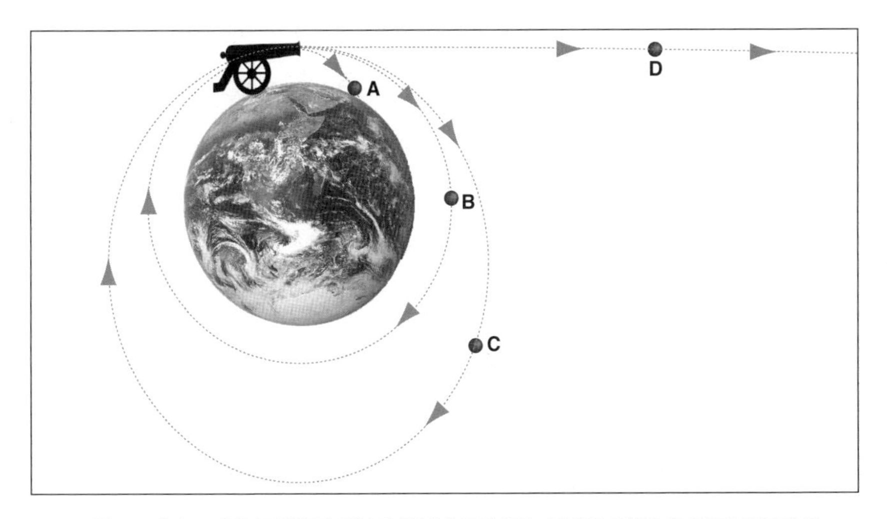

그림 3.1: 초속 11.2킬로미터보다 빠르게 발사된 포탄 (D)는 공기의 저항을 무시하면 지구에서 벗어나서 되돌아오지 않는다. 그보다 약간 느리게 발사되면 (C)로 지구 주위의 타원 궤도에 진입하게 된다. 만약 포탄이 수평으로 초속 7.9킬로미터로 발사되면 (B)처럼 완벽한 원 궤도로 돌며, 그보다 속력이 느리게 발사되면 (A)처럼 결국 땅으로 떨어진다.

다. 떨어지는 돌, 사과 등의 실험으로부터 지표면 근처의 중력의 세기를 이미 알고 있었으므로, 뉴턴은 그 특별한 속력 값을 계산할 수 있었다. 그것은 엄청나게 큰 값인 초속 7.9킬로미터였다. 달이 정말로 포탄과 같은 법칙을 따른다고 가정하고, 그는 원 궤도에 있기 위해 달의 속력이 얼마가 되어야 하는지 같은 방식으로 계산해보았다. 여기에서 모르는 것은 오로지 달이 있는 위치에서 지구의 중력이 얼마나 약해지는지에 대한 규칙이었다. 게다가 달은 아리스타르코스가 밝혔듯 둘레를 따라 이동하는데 한 달이 걸리므로, 뉴턴은 이미 그 속력이 M16 소총 탄환과 같은 초속 1킬로미터라는 것을 알고 있었다. 이제 그는 놀라운 발견을 했다. 중력이 지구 중심으로부터 거리의 제곱에 반비례하여 약해진다고 가정하면, 달이 원 궤도를 갖게 하는 이 마법의 속력은 정확히 그 측정값과 일치한다! 그는 중력 법칙을 발견했고 그것이 보편적이어서 지상에서뿐만 아니라 천상에서도 적용된다는 것을 알아냈다.

갑자기 퍼즐 조각이 맞춰지기 시작했다. 뉴턴은 중력 법칙을 그가 공식화한 수학적 운동 법칙과 결합함으로써, 달의 운동뿐만 아니라, 태양을 도는 행성들의 운동도 설명할 수 있게 되었다. 뉴턴은 심지어 일반적인 궤도가 원이 아니라 타원이라는 사실도 수학적으로 유도해 냈는데, 그것은 케플러가 설명할 수 없던 그저 신비로운 결과였다.

물리학의 위대한 발견 대부분과 마찬가지로, 뉴턴의 법칙은 그 발견을 촉발시켰던 것들보다 더 많은 질문에 대한 답을 제공했다. 예를 들어, 뉴턴의 법칙은 밀물과 썰물을 설명했다. 달과 태양의 중력은 이들과 가까운 쪽에서 더 크게 작용하기 때문에, 지구가 회전함에 따라 바닷물이 출렁거리게 된다. 또한 뉴턴의 법칙에 따라 에너지의 총량이 보존되기 때문에 만약 에너지가 어디엔가 나타났다면, 무無로부터 창조되었을 수 없으며, 어딘가 다른 곳에서 왔어야만 한다. 밀물과 썰물은 엄청난 에너지를 흩어지게 하는데(그중 일부는 조력 발전소에서 복구할 수 있다), 이 에너지는 도대체 어디에서 오는 것일까? 에너지는 대부분 지구의 회전에서 오며, 회전은 조력의 마찰에 의해서 점점 느려진다. 만약 당신이 하루가 충분히 길지 않다고 생각한다면, 2억 년만 기다려보라. 하루가 25시간이 될 것이다!

이는 마찰이 행성의 운동에도 영향을 미친다는 것을 의미하며, 따라서 영속적인 태양계라는 생각을 무너뜨린다. 지구는 과거에 틀림없이 더 빨리 회전했고, 현재의 지구와 달 시스템은 40~50억 년보다 더 오래되었을 수 없으며, 만약 그렇지 않다면 지구의 자전 속도가 너무 빨라서 원심력에 의해 스스로 분해되었을 것이라는 결과를 얻을 수 있다. 드디어 우리의 태양계의 시초에 대한 최초의 실마리를 찾게 되었다. 우리는 사건 발생 시간을 추정할 수 있게 되었다!

뉴턴의 발견으로 인류는 우주를 정복할 수 있는 힘을 갖게 되었다. 그는 먼저 지상에서 실험하여 물리 법칙을 발견하고 그다음에 그 법칙들을 적용해서 하늘에서 어떤 일이 벌어지는지 설명했다. 뉴턴은 처음에 이 아이디어를 운동과 중력에만 적용했지만, 그 개념은 들불처럼 퍼져나가 점차 빛, 기체, 액체, 고체, 전기와 자기 같은 주제에까지 적용되었다. 사람들은 대담하게 우주라는 거대세계뿐만 아니라 미시세계까지 추론했고, 뉴턴의 운동 법칙을 그 구성 원자에 적용함으로써 기체와 다른 물질들의 많은 성질을 설명할 수 있다는 것을 알아냈다. 과학 혁명은 시작되었다. 과학 혁명은 산업 혁명과 정보 시대의 막을 올렸다. 뒤이어 이 발전은 강력한 컴퓨터를 만들어 물리 방정식을 풀고 이전에 우리를 괴롭혔던 많은 흥미로운 물리 문제의 답을 계산해줌으로써 과학을 더 발전시켰다.

우리는 물리 법칙을 몇 가지 다른 방식으로 사용할 수 있다. 종종 우리는 일기 예보처럼, 현재의 지식을 사용해서 미래를 예측하기 원한다. 그러나 방정식을 반대 방향으로 풀 수도 있기 때문에, 현재의 지식을 이용해서 과거를 밝힐 수도 있다. 예를 들어, 자메이카에서 콜럼버스가 목격한 일식의 세부적 사항을 재구성한 것처럼 말이다. 세 번째 방식은 가상적 상황을 생각하고 물리 방정식을 이용하여 그것이 시간에 따라 어떻게 변하는지 계산하는 것이다. 가령 화성으로 발사된 로켓을 시뮬레이션하여 원하는 목적지에 도착할지를 판단할 때처럼 말이다. 이 세 번째 접근 방식으로 우리는 우리 태양계의 근원에 대한 새 실마리를 찾게 되었다.

우주 공간에 있는 거대한 가스구름을 상상해보자. 시간이 흐르면 어떤 일이 일어날까? 물리학 법칙은 두 힘 사이의 경쟁이 운명을 결정지을 것이라고 예측한다. 중력은 가스구름을 압축하고 압력은 가스구름을 팽창시킬 것이다. 만약 중력이 우세하면, 구름은 압축되어 더 뜨거워지고(이것이 자전거펌프를 사용하면 뜨거워지는 이유이다), 그러면 이번엔 압력이 증가하여 중력의 진격이 중지된다. 구름은 중력과 압력이 균형을 이루는 오랜 기간 안정하게 유지될 수 있지만, 이러한 불안한 휴전 상태는 결국 무너진다. 뜨겁기 때문에, 가스구름은 빛나고, 압력을 발생시키는 열에너지를 빛으로 방출한다. 이 때문에 중력은 구름을 더 압축하게 된다. 중력 방정식과 기체 물리학을 컴퓨터에 대입하면, 이러한 가상적인 경쟁을 자세히 시뮬레이션해서 어떤 일이 벌어지는지 볼 수 있다. 구름에서 가장 밀도가 높은 부분은 아주 뜨겁고 조밀해져서 결국 핵융합 반응로가 된다. 수소 원자들은 융합하여 헬륨이 되며, 강한 중력은 그 모든 것이 폭발해버리지 않게 유지시킨다. 별이 태어난 것이다. 어린 별의 바깥 부분은 아주 뜨거워서 강렬하게 빛나고, 이 별빛이 가스구름의 나머지 부분을 날려버리기 시작하면, 새로 태어난 별이 우리 망원경에 보이게 된다.

뒤로 돌려서, 다시 살펴보자. 가스구름이 점점 수축할 때, 구름의 미세한 회전이 증폭된다. 피겨스케이팅 선수가 팔을 몸에 붙이면 더 빨리 도는 것과 같은 이치이다. 점점 더 빨라지는 회전으로 발생한 원심력은 중력이 가스구름을 한 점으로 압축시키는 것을 막기 때문에 가스구름은 피자 모양으로 납작해진다. 마치 옛날 내가 다니던 초등학교 근처의 피자 가게 주방장이 반죽을 돌려서 넓게 펴던 것처럼 말이다. 이러한 우주 피자의 주재료는 수소와 헬륨이지만, 만약 재료에 탄소, 산소, 규소와 같은 무거운 원소가 포함되어 있다면, 가스 피자의 중심부가 별이 될 때, 바깥쪽은 다른 차가운 물체가 응고되어 행성들이 될 수 있으며, 이 행성들은 새로 태어난 별이 피자의 나머지 부분을 날려버릴 때 비로소 드러나게 된다. 모든 회전(물리학 용어로 각운동량angular momentum)이 구름의 원래 회전으로부터 생기기 때문에, 우리 태양계의 모든 행성들이 태양 주위를 같은 방향으로(북극 쪽에서 볼 때 시계반대 방향) 도는 것은 그리 놀라운 일이 아니다. 태양 자신도 같은 방향으로 대략 한 달에 한 번 자전한다.

우리 태양계의 근원에 대한 이런 설명은 이제 이론적 계산뿐만 아니라, 탄생 과정의 여러 단계에서 "포착된" 다른 많은 태양계들의 천문 관측으로도 뒷받침된다. 우리 은하에 포함된 엄청나게 많은 거대한 분자구름에는 열을 날려 보내어 식고 수축하도록 돕는 분자들이 포함되어 있다. 우리는 또한 많은 분자구름에서 새 별들이 태어나는 것을 목격할 수 있다. 심지어 어린 별들이 피자 모양의 원시 행성 원반 가스를 아직 가지고 있는 것이 관측되기도 한다. 천문학자들은 다른 많은 별들 주위의 태양계들에 대한 최근 발견으로부터 우리의 태양계가 어떻게 형성되었는지 이해를 높일 수 있는 많은 실마리를 얻었다.

만약 바로 이런 탄생 과정이 우리 태양계가 형성될 때도 일어났다면 정확히 언제일까? 약 100년 전만 해도 태양이 고작 2,000만 년 전에 형성되었다고 생각했는데, 왜냐하면 너무 오랜 시간이 흐르면 태양빛으로 발산되는 에너지 손실로 중력에 의해 우리가 지금 보는 것보다 훨씬 작은 크기로 태양이 압축될 것이라고 생각했기 때문이다. 비슷한 이유로, 지구 내부의 열도 너무 오랜 시간이 흐르면 화산이나 열수구 같은 형태로 다 식어버렸을 거라고 추산했다.

태양이 어떻게 뜨겁게 유지되는가 하는 수수께끼는 1930년대에 핵융합이 발견되고 나서야 풀렸다. 하지만 그 전인 1896년에 방사능이 발견되면서 지구 나이에 대한 옛 추측이 무너지고 더 훌륭한 방법을 찾게 되었다. 일반적으로 우라늄 동위원소는 약 44억 7,000만 년 동안 절반 정도의 원자가 쪼개지면서 토륨이나 다른 가벼운 원소들로 붕괴한다. 그러한 방사성 붕괴는 지구의 중심부를 수십억 년 동안이나 뜨겁게 유지할 만큼 충분한 열을 발생시키기에, 지구가 2,000만 년보다 훨씬 오래되었다는 것을 설명할 수 있다. 게다가 암석 안에 있는 붕괴된 우라늄 원소의 비율을 측정하여 암석의 나이를 결정할 수 있는데, 바로 이 방법으로 호주 서부 잭 힐즈의 어떤 암석들이 44억 400만 년보다 더 오래되었다는 것이 확인되었다. 운석의 최고 기록은 45억 6,000만 년이며, 이는 우리 행성과 태양계가 대략 45억 년 전에 형성되었다는 것을 의미한다. 이것은 조수潮水를 이용한 훨씬 대략적인 추산과 잘 들어맞는다.

요약하면, 물리 법칙을 발견하고 사용함으로써 우리 인간은 선조들의 가장 큰 질문이었던 어떻게 그리고 언제 우리 태양계가 창조되었는가에 대해 정성적이고 정량적인 답을 할 수 있게 되었다.

은하계는 어디에서 왔는가?

지금까지 우리는 우리 태양계가 거대한 분자구름의 중력 붕괴로부터 형성된 45억 년 전까지로 지식의 경계를 넓혔다. 하지만 필립의 친구가 질문했던 대로 그 거대한 분자구름은 어디에서 온 것일까?

은하의 형성

비록 채워 넣어야 할 중요한 세부 사항이 아직 남아 있기는 하지만, 망원경, 연필과 컴퓨터로 무장한 천문학자들은 이 수수께끼에 대해서도 그럴싸한 해결책을 찾아냈다. 기본적으로 피자 모양 태양계를 형성시켰던 바로 그 중력과 압력 사이의 경쟁이, 훨씬 더 큰 스케일에서 반복되면서 훨씬 큰 영역의 가스를 태양보다 수백만 배에서 수조 배 더 무거운 피자 모양으로 압축시킨다. 이 붕괴는 아주 불안정하기 때문에 하나의 초거대 태양이 여러 개의 초거대 행성들에 둘러싸인, 마치 스테로이드라도 복용한 것 같은 태양계는 만들어지지 않는다. 그 대신 무수한 작은 가스구름으로 분열되며 그 각각이 태양계를 형성한다. 그리하여 은하계가 탄생한다. 우리의 태양계는 이런 피자 모양 은하계 중 하나인 은하수에 들어 있는 수천억 개의 태양계 중 하나이다. 그리고 우리의 태양계는 은하수 중심으로부터 반지름의 절반쯤 되는 거리에서 수억 년에 한 바퀴씩 은하계의 중심 주위를 돈다(그림 2.2).

은하계에서는 종종 다른 은하와 서로 충돌하는 거대한 우주적 교통사고가 일어난다. 대부분의 별들은 그저 서로를 지나쳐가기 때문에 충돌이 그렇게 끔찍한 일은 아니다. 결국, 중력은 대부분의 별들을 더 거대한 새로운 은하로 통합한다. 은하수 그리고 우리의 이웃인 안드로메다은하는 모두 피자 모양 은하계이며, 그림2.2에서 볼 수 있듯 아름다운 나선형 팔 구조로 인해 보통 나선 은하라고 불린다. 2개의 나선 은하가 충돌할 때, 처음에는 그 결과가 아주 복잡해 보이지만, 결국에는 타원 은하라고 부르는, 별들의 둥근 덩어리가 될 것이다. 우리도 수십억 년 지나면 안드로메다은하와 충돌할 것이기에, 이것이 우리의 운명이다. 우리의 후손이 우리 은하를 "밀코메다Milkomeda(은하수Milky Way와 안드로메다Andromeda의 합성어로서, 저자가 만들어낸 신조어이다._옮긴이)"라고 부를지는 모르겠지만, 타원 은하가 될 것은 거의 확실하다. 왜냐하면 다양한 단계의 유사한 충돌이 관측되었고, 그 결과가 이론적 예측과 대략 일치하기 때문이다.

만약 오늘날의 은하계들이 더 작은 것들의 병합으로 이루어진 거라면, 최초에는 얼마나 작았을까? 이렇게 시간에 역행하여 우리의 지식의 최전선을 넓히려는 탐구는, 내가 처음으로 좌절을 경험했던 연구 주제였다. 내 계산의 핵심은 가스의 화학 반응이 어떻게 분자들을 생성해서 열에너지를 내놓고 압력을 줄일 수 있었는지 알아내는 것이었다. 그러나 계산을 끝냈다고 생각할 때마다, 내가 사용한 분자 공식에서 중대한 오류가 발견되어, 내 모든 결론은 무효가 되고 처음부터 다시 시작해야 하는 상황을 맞곤 했다. 대학원 지도교수인 조 실크Joe Silk에게서 이 문제를 받은 지 4년 후, 나는 너무 좌절하여 **"나는 분자를 증오한다"**라는 문장과 나를 가장 괴롭히던 수소 분자 위에 마치 금연 표지처럼 빨간 줄을 그은 것을 티셔츠에 프린트할 생각까지 했다. 그때 행운이 찾아왔다. 박사후과정으로 뮌헨에 갔을 때, 나는 톰 아벨Tom Abel이라는 친절한 학부생을 만났는데, 그는 내게 필요한 모든 분자 공식에 대한 백과사전적인 계산을 완수한 상태였다. 연구는 그가 우리 공동연구팀에 합류하고 24시간 만에 마무리되었다. 우리는 최초의 은하들의 무게가 태양의 "고작" 100만 배에 불과했을 것이라고 예측했다. 우리는 운이 좋았는데, 왜냐하면 이 결과는 톰이 오늘날 스탠퍼드 대학의 교수가 되어 훨씬 더 정교한 컴퓨터 시뮬레이션으로 얻은 결과와 기본적으로 일치하기 때문이다.

우리 우주는 팽창하고 있을지도 모른다

우리는 수많은 세대의 생명체가 태어나고 상호작용하고 죽어간 지구의 거대한 드라마가 약 45억 년 전에 시작되었다는 것을 알고 있다. 게다가 이것이 모두 훨씬 거창한 드라마의 일부분이라는 것을, 그리고 그 드라마는 일종의 우주적 생태계에서 은하들이 수 세대에 걸쳐 태어나고, 상호작용하고 결국 죽어간 이야기라는 것을 알게 되었다. 그러면 우주마저 창조되고 죽음을 맞는, 이 연출의 세 번째 단계가 가능할 것인가? 특히, 우리의 우주 자체에 일종의 시작이 있었다는 징후가 있는가? 만약 그렇다면, 언제, 무엇이 일어났는가?

은하계는 왜 무너지지 않는가? 이 질문에 대한 답은 우리 지식의 최전선을 더 오래된 과거로 이동시키는 계기가 되었다. 우리는 앞에서 달이 지구 주위를 빠른 속도로 돌기 때문에 떨어지지 않는다는 것을 알게 되었다. 은하계는 우리 우주의 모든 방향으로 풍부하게 있으며, 따라서 은하들에 같은 설명이 적용되지 않는다는 것은 아주 명백하다. 은하들 모두가 우리 주위를 돌고 있는 것은 아니다. 만약 우리의 우주가 영원하고 본질적으로 정적이어서 멀리 있는 은하들이 별로 움직이지 않는다면, 마치 그 궤도에서 멈춰졌다가 다시 놓인 달처럼 결국 우리에게로 떨어지지 않는 이유는 무엇일까?

뉴턴 시대의 사람들은 물론 은하계에 대해 알지 못했다. 그러나 만약 그들이 조르다노 브루노처럼 별들이 균일하게 가득 차 있는 무한하고 정적인 우주를 상상했다면, 우주가 왜 우리들 위로 무너져 내리지 않는지 걱정하지 않아도 될 만한, 적어도 조금은 그럴듯한 이유를 댈 수 있었을 것이다. 가령 뉴턴의 법칙에 의해 각각의 별은 모든 방향에서 강한 힘으로 당겨지며(사실은 무한대의 힘이다), 따라서 이런 반대 방향 힘들이 서로 상쇄되어 별들이 모두 멈춰 있는 것이라는 식으로 주장했을 것이다.

이 설명은 1915년에 알베르트 아인슈타인Albert Einstein의 새 중력 이론인 일반 상대론에 의해 논박되었다. 아인슈타인은 물질이 균일하게 가득 차 있는 정적이고 무한한 우주가 자신의 새로운 중력 방정식을 따르지 않는다는 것을 간파했다. 그래서 그는 무엇을 했을까? 그는 뉴턴으로부터 대담하게 추론해야 한다는 핵심 교훈을 얻었기 때문에, 어떤 우주가 실제로 그의 방정식을 따르는지 알아냈고, 우리가 그러한 우주에 살고 있는지 확인할 수 있는 관측이 가능한지 질문해보았다. 하지만 아이러니하게도 가장 창의적인 과학자 중의 한 사람이며, 당연하게 받아들여지던 가정과 권위에 도전하는 것이 트레이드마크였던 아인슈타인조차 꼭 도전해야 하는 중요한 권위에 의문을 던지는 데 실패했다. 그 권위란 바로 그 자신과 우리가 영원히 변치 않는 우주에 살고 있다는 편견이었다. 그 대신 아인슈타인은 자신의 방정식을 수정하여 우리의 우주가 정적靜的이고 영원할 수 있게 허용하는 항을 집어넣었는데, 후에 그는 이 행동을 자신의 일생에 있어 최대 실수라고 불렀다. 이중으로 아이러니한 것은, 그 새로운 항이 이제는 우리가 후에 논의하게 될 암흑 에너지의 형태로 실제 존재하는 것처럼 여겨진다는 점이다. 그러나 이는 우주를 정적이 되도록 하는 것과는 다른 값이다.

아인슈타인의 방정식을 결국 진정으로 경청할 만큼의 신념과 능력을 가진 사람은 러시아의 물리학자이며 수학자인 알렉산더 프리드먼이었다. 그는 물질로 균일하게 가득 찬 우주의 가장 일반적인 경우에 대해서 계산했고, 충격적인 결과를 얻었다. 해답의 대부분은 우주가 정적이지 않으며 시간에 따라 변화한다는 것이었다! 아인슈타인의 정적 우주는 단지 전형적인 행태의 예외인 정도가 아니라, 불안정하기 때문에, 그 해답과 유사하다고 해도 우주는 그런 상태로 그리 오래 유지될 수 없었다. 뉴턴의 연구에 따라 태양계가 운동 중인 것이 자연스러운(지구와 달이 영원히 정지한 상태로 남을 수 없는) 것과 마찬가지로, 프리드먼의 연구는 우리의 전체 우주가 움직이는 것이 자연스러운 상태라는 것을 보였다.

그러면 정확히 말해, 어떤 종류의 운동인가? 프리드먼은 당신이 팽

은하가 이동하며,
공간은 팽창하지 않는 경우:

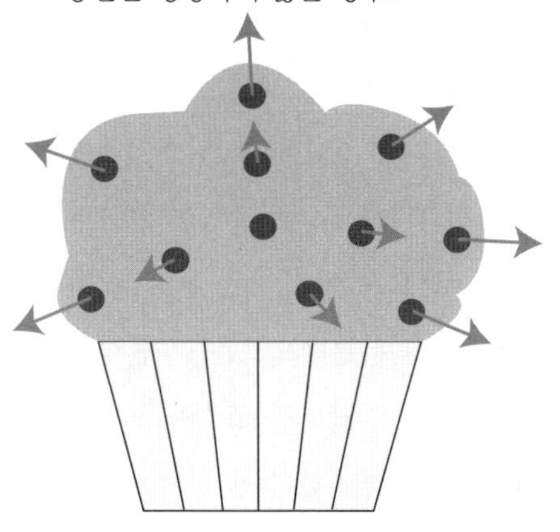

은하가 이동하지 않으며,
공간은 팽창하는 경우:

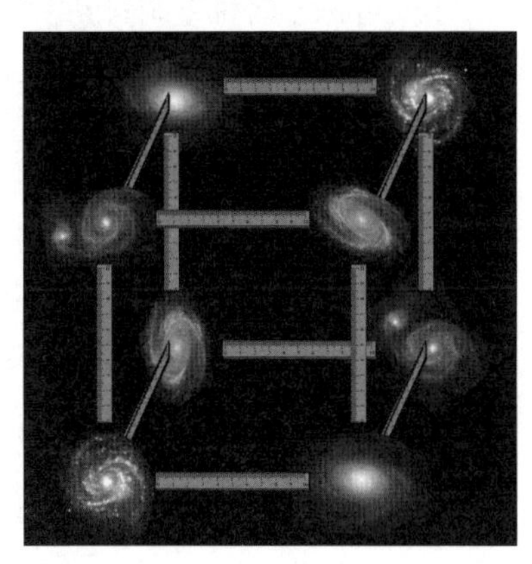

그림 3.2: 왼쪽 그림의 멀리 떨어진 은하들은 부풀어 오르는 머핀의 초콜릿 칩처럼 서로에게서 멀어진다. 초콜릿 칩 하나의 관점에서 보면, 다른 초콜릿 칩들이 그 거리에 비례하는 속도로 직선을 따라 멀어진다. 그러나 오른쪽 그림에서 머핀 반죽이 늘어나는 것처럼 공간이 늘어난다고 생각하면, 은하들은 공간에 대해 상대적으로 움직이는 것이 아니라, 공간 자체가 단순히 그 모든 거리에 균일하게 늘어나는 것이다. 이것은 마치 자에 있는 밀리미터 눈금을 센티미터로 다시 표기하는 것과 비슷하다.

창하거나 수축하는 우주 속에 있는 상황이 가장 자연스럽다는 것을 알아냈다. 만약 우주가 팽창한다면, 그것은 부풀어 오르는 머핀 속에 있는 초콜릿 칩처럼, 멀리 떨어진 모든 물체들이 서로 멀어지고 있다는 것을 의미한다(그림 3.2). 그런 경우에, 틀림없이 과거에는 모든 것들이 서로 가까이 있었을 것이다. 실제로 팽창하는 우주에 대한 프리드먼의 가장 간단한 해들에 따르면, 과거의 어떤 특정 시점에 오늘날 우리가 관측할 수 있는 모든 것이 같은 지점에 존재하며 밀도가 무한대이던 때가 있었다. 다시 말해 우리 우주에는 시작이 있었고 이 우주적 탄생은 밀도가 무한대이던 어떤 것의 격렬한 폭발이었다. 빅뱅이 태어났다.

프리드먼의 빅뱅에 대한 반응은 묵묵부답이었다. 그의 논문이 독일의 가장 저명한 물리학 학술지 중 한 곳에서 발표되었고 아인슈타인과 다른 이들에 의해 논의되었음에도 불구하고, 거의 무시되고 말았으며 당시의 주류 우주관에 본질적으로 아무런 영향을 주지 못했다. 위대한 영감을 무시하는 것은 우주론에서 (그리고 더 일반적으로 말해 과학에서) 유서 깊은 전통이다. 우리는 이미 아리스타르코스의 태양 중심설과 브루노의 멀리 있는 태양계를 논의했고, 앞으로 여러 예들을 더 보게 될 것이다. 나는 프리드먼이 무시당한 이유가 부분적으로는 그가 시대를 앞서갔기 때문이라고 생각한다. 1922년 당시 알려진 우주란 기본적으로 우리 은하였고(실제로는 그중에서도 우리가 관측할 수 있던 제한된 부분), 우리 은하는 팽창하고 있지 않으며, 수천억 개의 별들은 중력의 끌어당김에 의해 궤도에 속박되어 있었다. 이것이 앞 장에 있는 목록의 아홉째 질문인, **은하수는 팽창하고 있는가?**에 대한 답이다. 프리드먼의 팽창은 매우 큰 스케일에만 적용되기 때문에 물체가 뭉쳐서 은하와 은하단이 되는 것을 무시할 수 있다. 그림 2.2에서 우리는 은하의 분포가 1억 광년같이 거대한 스케일에서는 매끈하고 균일해지는 것을 볼 수 있는데, 그것은 프리드먼의 균질한 우주가 적용된다는 것, 그리고 그렇게 서로 멀리 떨어진 모든 은하들이 틀림없이 서로 멀어지고 있다는 것을 의미한다. 그러나 앞에서 설명했듯, 허블이 은하의 존재를 확립한 것은 3년 후인 1925년이었다! 이제 프리드먼의 시간이 마침내 무르익은 것이다. 그러나 불행히도 그의 시간이 다 되고 말아 프리드먼은 겨우 서른일곱 살이던 그해 장티푸스로 사망했다.

내 생각에, 프리드먼은 칭송받지 못한 위대한 우주론의 영웅들 중 한 명이다. 나는 이 책을 쓰는 동안 그의 1922년의 논문을 읽어보다가, 그가 마지막 부분에 태양의 50억 조 배만큼의 질량을 포함하는 거대한 우주라는 흥미로운 예를 제시했다는 것을 처음 알게 되었다. 그는 그 계산을 통해 우리가 현재 우주의 나이라고 받아들이는 것과 대략 일치하는 값인 약 100억 년의 수명을 얻었다. 은하가 발견되기 몇 년 전이던 당시, 그 값을 어떻게 고려하게 되었는지 설명은 없지만, 분명히 놀라운 사람이 지은 놀라운 논문에 걸맞은 결말이었다.

우리 우주는 실제로 팽창하고 있다

5년 후, 역사는 반복되었다. MIT 대학원생이었던, 벨기에 신부이며 천체 물리학자인 조르주 르메트르Georges Lemaître가 프리드먼의 빅뱅 해에 대해 모르던 상태에서 재발견한 것을 발표했다. 그리고 다시 한 번, 학계에서 거의 무시되었다.

사람들이 빅뱅 아이디어에 마침내 주목하게 된 것은 새로운 이론적 결과가 아니라, 새로운 측정 덕분이었다. 에드윈 허블이 은하들이 존재한다는 것을 확립한 이후, 다음 단계로 은하들이 공간에 어떻게 분포하는지 그리고 어떻게 움직이는지를 밝히는 과정이 이어졌다. 앞 장에서 언급했듯 어떤 것이 얼마나 빨리 우리 쪽 혹은 반대쪽으로 움직이는지를 측정하는 것은 쉬운 일인데, 왜냐하면 이런 운동이 스펙트럼선을 이동시키기 때문이다. 무지개의 모든 색깔들 중 빨간 빛의 진동수가 가장 낮기 때문에, 은하가 우리에게서 멀어지면 스펙트럼선의 모든 색깔들이 적색으로 이동할 것이고, 속도가 더 빨라지면 적색이동은 더 커질 것이다. 반대로 은하가 우리 쪽으로 움직이면, 스펙트럼선의 색깔들은 진동수가 더 높은 청색으로 이동할 것이다.

만약 은하들이 그저 무작위로 돌아다니는 것이라면, 그중 절반은 적색이동을 하고 나머지는 청색이동을 할 것으로 예상된다. 놀랍게도 허블이 조사했던 은하들 거의 모두가 적색이동을 했다. 왜 은하들 모두가 우리에게서 멀어지고 있었던 것일까? 우리를 좋아하지 않아서인가? 우리가 뭔가 그들 마음에 들지 않는 말을 했던가? 게다가 허블은 은하까지의 거리 d가 멀면 멀수록 우리에게서 멀어지는 속도 v가 더욱 빨라진다는 것을 발견했는데, 그 공식은 다음과 같다.

$$v = Hd$$

이것이 오늘날 우리가 허블의 법칙Hubble's law이라고 부르는 것이다. 여기에서 H는 일명 허블 상수로서, 허블은 이 분야의 시초가 된 1929년 논문에서 자신이 너무 거만하게 비춰지지 않도록 K라고 불렀다. 흥미롭게도 조르주 르메트르는 1927년에 무시당한 논문에서 팽창우주해가 허블 법칙을 예측한다는 것을 증명한 바 있었다. 만약 모든 것이 팽창하며 다른 모든 것들과 멀어진다면, 멀리 있는 은하들이 이처럼 우리에게서 팽창하며 멀어져가는 것을 관찰할 수 있다는 것이다.

이는 만약 은하가 우리로부터 직선을 따라서 멀어져 간다면, 과거에는 우리와 매우 가깝게 있었다는 뜻이다. 얼마나 오래전이었을까? 은행 강도가 차를 타고 속도를 내며 도망가는 것을 보면, 그 거리를 속도로 나누어 강도가 은행을 언제 떠났는지 추측할 수 있다. 이것을 멀어지는 은하들에 적용하면, 허블의 법칙은 모든 은하에 대해서 동일한 답인 $d/v = 1/H$을 제시한다! 최신 측정 결과에 의하면 $1/H \approx 140$억 년으로, 따라서 허블의 발견은 약 140억 년 전에 아주 극적인 사건이 일어났다는 사실을 암시하며, 그것은 바로 여기에 고밀도로 응축된 많은 물질을 수반하고 있다. 더 정확한 답을 얻으려면, 우리는 차/우주가 사건 현장을 떠난 이후 어느 정도의 일정 비율로 가속/감속/순항을 했는지 감안해야 한다. 오늘날 우리는 프리드먼의 방정식과 최신 측정 결과를 이용하여, 보정값이 아주 작으며 고작 몇 퍼센트 정도라는 것을 알게 되었다. 빅뱅 이후, 우리 우주는 생애의 전반부 동안 감속했고, 나머지는 가속되어, 보정값은 대략 상쇄된다.

팽창하는 우주 이해하기

허블의 측정이 발표된 후, 아인슈타인도 납득했고, 이제 우리 우주가 팽창한다는 것이 공식적으로 인정되었다. 그러나 우리 우주가 팽창한다는 것은 대체 무엇을 의미하는가? 우리는 이제 2장 도입부에 나왔던 질문들 중 4가지를 다룰 준비가 되었다.

첫째, **은하가 실제로 우리에게서 멀어지고 있는가, 아니면 단지 공간이 팽창할 뿐인가?** 편리하게도, 아인슈타인의 중력 이론(일반 상대론)은 그림 3.2에서 나타낸 두 가지 관점이 동일하며 모두 유효하다고 이야기하기 때문에 당신은 어느 쪽이건 더 직관적인 방식으로 생각하면 된다.* 첫 번째 관점(왼쪽)에서 공간은 변하지 않지만 은하들은 공간을 가로질러 움직이는데, 이는 마치 반죽에 넣은 베이킹파우더 때문에 부풀어 오르는 머핀 속 초콜릿 칩과 비슷하다. 모든 은하들/초콜릿 칩들은 서로에게서 멀어지며, 더 멀리 떨어진 것들이 더 빠르게 멀어진다. 특히, 당신이 만약 특정한 초콜릿 칩/은하 위에 서 있다면, 당신에 대한 다른 모든 것들의 상대적 운동이 허블의 법칙을 따르는 것을 확인하게 될 것이다. 그들은 모두 여러분으로부터 곧장 멀어지고 있으며, 2배 먼 것은 2배 더 빠르게 멀어진다. 놀랍게도 어떤 초콜릿 칩, 어떤 은하에서 관측하든지 모든 현상은 같게 관측되며, 따라서 은하들의 분포에

---

* 수학적으로, 두 관점은 서로 다른 공간 좌표를 선택하는 것에 해당한다. 아인슈타인의 이론에서는 시간과 공간에 대해 어떤 좌표계든 당신이 원하는 대로 선택할 수 있다.

끝이 없다면 팽창에는 중심이 없다. 어디서든 똑같이 보인다.

두 번째 관점에서, 공간은 머핀 반죽과 같다. 이 경우 초콜릿 칩들이 반죽에 대해서 움직이지 않는 것과 마찬가지로, 은하들도 팽창할 때 공간을 가로질러 움직이지 않는다. 그 대신, 우리는 은하들이 공간에서 머물러 있지만(그림 3.2 오른쪽) 그들 사이의 모든 거리가 다시 정의되는 것으로 간주할 수 있다. 그것은 마치 은하들을 잇는 상상의 자 위의 눈금들이 다시 표기되어 은하들 사이의 간격이 밀리미터에서 센티미터로 바뀌는 것과 비슷하다. 이제 은하들 사이의 거리는 예전보다 10배 더 크다.

이러한 관점은 다른 질문도 해결해준다. **은하가 광속보다 빠르게 멀어지는 것은 상대론에 모순되지 않는가?** 허블의 법칙 $v=Hd$에 의하면 우리에게서 $c/H \approx 140$억 광년보다 더 멀리 떨어진 은하는 광속보다 더 빠르게 멀어질 것이며, 그런 은하의 존재를 의심할 이유가 없는데, 이것은 그 어떤 것도 광속보다 빨리 움직일 수는 없다는 아인슈타인의 주장에 어긋나지 않는가? 대답은 그렇기도 하고 아니기도 하다. 그것은 1905년에 나온 아인슈타인의 특수 상대론에는 어긋나지만 1915년에 나온 일반 상대론에는 어긋나지 않는데, 물론 일반 상대론이 그 문제에 대한 아인슈타인의 최종 결론이므로, 여기에는 문제가 없다. 일반 상대론은 속도 제한을 완화한다. 특수 상대론은 그 어떤 상황에서도 두 물체가 서로에 대해 빛보다 빠르게 움직일 수 없다고 하지만, 일반 상대론은 오로지 같은 장소에 있을 때 서로에 대해 빛보다 빠르게 움직이는 것이 불가능하다고 한다. 대조적으로, 우리에게서 빛보다 빠른 속도로 멀어지는 은하들은 모두 우리에게서 매우 멀리 있다. 즉, 공간이 팽창하는 상황에서는 그 어떤 것도 빛보다 빠르게 공간을 가로질러 움직일 수 없지만, 공간 그 자체는 얼마든지 원하는 만큼 빠르게 늘어날 수 있다고 바꾸어 표현할 수 있다.

멀리 있는 은하에 대해 말하자면, 나는 우리로부터 300억 광년이나 떨어진 곳에 있는 은하에 대한 신문 기사를 본 적이 있다. **우리 우주의 나이가 140억 년이라면, 어떻게 300억 광년 떨어진 물체를 볼 수 있는가?** 그 빛이 어떻게 우리한테 도달할 시간이 있었을까? 게다가 우리는 방금 은하들이 광속보다 더 빠르게 멀어지고 있다는 것을 알게 되었는데, 이제는 그것을 볼 수 있다고까지 하니 더 혼란스럽다. 이 문제에 대한 답은 우리가 관찰한 것이 멀리 떨어진 이 은하들의 현재 위치가 아니라, 지금 우리에게 도달한 빛을 냈던 은하들이 그때 있었던 곳이라는 데 있다. 마치 우리가 태양을 8분 전에 있었던 장소에서 8분 전의 상태대로 보는 것과 마찬가지로, 멀리 있는 은하에 대해서는 130억 년 전의 위치와 모습으로 보는 것이다. 그리고 당시 은하는 현재보다 약 8배나 더 가까이 있었다! 따라서 이 은하로부터 온 빛은 130억 광년을 지나올 필요가 없었는데, 그 이유는 공간의 팽창이 차이를 메꿨기 때문이다. 이는 마치 당신이 1미터짜리 계단 10개를 올라가는 동안 에스컬레이터가 총 20미터를 움직이는 것과 같다.

우리 우주는 어디로 팽창해가는가? 혹시나 은하가 우리로부터 멀어져 가는 어딘가에서 그곳에 있던 무언가와 충돌하는 우주 교통사고가 일어나지는 않을까? 우리 우주가 프리드먼의 방정식을 따라 팽창한다면, 그런 문제는 일어나지 않는다. 그림 3.2가 보여주듯, 팽창은 공간의 어느 곳에서나 똑같이 일어나기 때문에, 우주 교통사고가 일어나는 특별한 지점은 있을 수 없다. 만약 먼 은하들이 정적인 공간에서 우리로부터 멀어진다는 관점을 취한다면, 그 먼 은하들 뒤에 있는 것들이 더욱 빠르게 멀어지기 때문에 충돌이 일어나지 않는다고 볼 수 있다. 이는 모델 T-포드를 몰아서 속도를 내는 포르쉐의 뒤를 들이받는 것이 불가능한 것에 비유할 수 있다.(모델 T는 초기의 아주 느린 자동차이고 포르쉐는 스포츠카로, 우리와 가까운 은하는 모델 T, 먼 은하는 포르쉐에 비유하여 은하들끼리의 충돌은 없다는 것을 설명했다._옮긴이) 그 대신 만약에 공간이 팽창한다는 관점을 취한다면, 부피가 보존되지 않는 것으로 간단히 설명할 수 있다. 중동에 대한 기사를 읽어 보면, 우리는 다른 누군가의 땅을 뺏지 않으면 더 많은 땅을 가질 수 없다는 생각에 익숙해진다. 그러나 일반 상대론은 정확히 그 반대를 주장한다. 은하들 사이의 특정 영역에 새로운 부피를 차지하는 공간이 창조되면서도 다른 영역으로 팽창해 들어가지 않을 수 있으며, 그 새 공간은 단지 그 같은 은하들 사이에 계속 위치하게 된다(그림 3.2 오른쪽).

우주의 교실

다시 말하면 제정신이 아니고 직관에 완전히 어긋나는 것처럼 들리겠지만, 팽창하는 우주는 논리적이며 또한 천문학적인 관측에 의하여 뒷받침된다. 실제로 현대적 기술과 앞으로 설명할 새로운 발견들 덕분에, 에드윈 허블의 시대 이후 관측상 증거는 엄청나게 더 강력해졌다. 가장 기본적인 결론은 우리의 우주 그 자체도 변하고 있다는 것이다. 우리 지식의 경계를 수십억 년 전으로 확장하면, 그다지 많이 팽창하지 않았으며 따라서 밀도가 더 높았던 우주를 발견하게 된다. 이것은 우리가 사는 공간이 유클리드가 공리화했던 지루한 정적인 공간이 아니라, 언젠가 유년기도 있었고 역동적으로 변화하고 있는, 그리고 아마도 약 140억 년 전에 어떤 방식으로 태어난 공간이라는 것을 의미한다.

오늘날 망원경의 성능이 극적으로 향상되면서 우리의 시야는 우주의 진화를 상당히 직접적으로 볼 수 있을 정도로까지 넓어졌다. 당신이 넓은 강의실에서 강연한다고 상상해보자. 당신은 갑자기 청중에게서 뭔가 흥미로운 점을 알아차린다. 당신에게 가장 가까운 줄의 의자엔 당신과 나이가 비슷한 사람들이 앉았다. 그러나 약 열 줄 뒤에는 10대들만 보인다. 그들 뒤에는 더 나이 어린 어린이들만 있고, 또 그 뒤에는 유아들이 한 줄 있다. 그들 뒤, 거의 강의실 가장 뒤쪽에는 갓난아기들만 있다. 마지막 줄에는 당신이 보는 한 완전히 비어 있다. 우리가 우리 우주를 가장 성능이 좋은 망원경으로 관측할 때가 이와 비슷하다. 가까이에는 우리 은하처럼 크고 성숙한 은하들이 많이 있지만, 매우 먼 곳에는 아직 충분히 발달하지 않은 작은 아기 은하들이 대부분이다. 그 너머로는 아무 은하도 보이지 않으며 단지 어둠뿐이다. 더 먼 곳에서 우리에게 도달하려면 더 오래 걸리기 때문에, 먼 곳을 응시하는 것은 과거를 관측하는 것과 같다. 은하들 뒤의 어둠은 최초의 은하들이 생겨날 수 있을 만큼 시간이 흐르기 전의 시대이다. 그때로 거슬러가면 공간은 중력이 미처 은하들로 엉겨 붙게 할 만한 시간이 없었던 수소와 헬륨 기체로 가득 차 있고, 생일 파티에 쓰는 풍선 속의 헬륨처럼 투명했기 때문에, 우리의 망원경으로는 볼 수가 없다.

하지만 여기에는 불가사의한 점이 있다. 당신은 발표하는 동안, 텅 빈 마지막 줄에서 에너지가 전달되는 것을 갑자기 깨닫는다. 강당의 뒤쪽 벽은 완전히 어두운 것이 아니라, 희미한 초단파 빛을 내고 있는 것이다! 왜일까? 이상하게 들리겠지만, 이것이 바로 우리 우주를 가장 깊숙이 들여다볼 때 알게 되는 것이다. 이것을 이해하려면, 우리 지식의 경계를 시간적으로 더욱 뒤로 확장하려는 노력을 계속해야 한다.

그 불가사의한 초단파는 어디에서 왔는가?

내가 뉴턴과 프리드먼에게서 얻은 중요한 교훈은 "거침없이 추정하라!"라는 간단한 주문呪文이다. 즉, 물리학 법칙에 대한 현재의 이해를 새로운 미지의 상황에 적용하여, 우리가 관측할 수 있는 뭔가 흥미로운 것을 예견하는지 아닌지 살펴보자. 뉴턴은 갈릴레오가 지상에 대해 확립했던 운동 법칙들을 달과 그 너머까지 적용했다. 프리드먼은 아인슈타인이 우리 태양계에 대해 확립한 운동과 중력 법칙을 우리의 전체 우주에 적용했다. 이 주문이 얼마나 성공적이었나 생각하면, 당신은 이것이 과학계의 행동 방식으로 유행할 거라 생각할 수도 있겠다. 특히, 당신은 프리드먼의 팽창하는 우주가 받아들여지기 시작한 1929년 이후에는 전 세계의 과학자들이 시간을 거슬러서 추정하면 무슨 일이 벌어질지를 체계적으로 탐구하기 위해 경쟁을 벌였을 거라고 생각할지도 모르겠다. 글쎄, 만약 그렇게 생각했다면, 당신은 틀렸다…. 우리 과학자들은 합리적인 진실의 탐구자이다라고 강하게 주장한다 하더라도, 과학자들도 편견, 동료의 압력, 그리고 집단적 사고와 같은 인간적 약점에 빠지기 쉽다. 이것을 극복하기 위해서는 계산하는 능력 이상의 것이 분명히 필요하다.

필요한 자질을 갖춘 우주론의 다음 영웅은 러시아 사람인 조지 가모프였다. 레닌그라드에서 공부했던 그의 박사학위 지도 교수는 다름 아닌 알렉산더 프리드먼이었고, 프리드먼이 가모프와 연구를 시작한 지 2년 만에 죽고 말았지만, 프리드먼의 생각과 그의 지적인 담대성 모두가 가모프에게로 이어졌다.

우주의 플라스마 스크린

우리 우주가 현재 팽창하고 있으니, 과거에는 분명 더 조밀하고 복작였을 것이다. 그러나 정말 우주가 언제나 팽창했을까? 아마도 아닐 것이다. 프리드먼에 의하면 우리 우주가 한때 수축했었다가, 우리에게 다가오던 모든 물질들이 점점 느려지고, 멈추었다가 점점 빨리 우리에게서 멀어지고 있을 가능성도 있다. 그런데 그러한 우주 바운스bounce는 물질의 밀도가 우리가 지금 알고 있는 것보다 훨씬 작아야만 가능했다. 가모프는 이와 다른, 더욱 포괄적이고 급진적인 가능성에 대해 체계적으로 알아보기로 결심했다. 태초 이후 항상 팽창했다는 것이다. 가모프는 1946년에 지은 책에서 우주의 일생을 영화로 간주하고 그것을 되돌렸다가 거꾸로 재생하면, 우주의 밀도가 한없이 증가하는 것을 보게 된다고 설명했다. 은하 간 공간이 수소로 차 있으므로, 이 기체는 우리가 시간을 되돌릴수록 더욱 압축되고 더욱 뜨거워질 것이다. 얼음 한 조각을 계속 가열하면, 얼음은 녹는다. 물을 계속 가열하면 물은 기체, 즉 수증기가 된다. 이와 유사하게 수소 기체를 계속 가열하면, 수소 기체는 제4의 상태인 플라스마가 된다. 왜 그럴까? 자, 수소 원자란 그저 양성자 주위를 전자가 돌고 있는 것이고, 수소 기체는 그저 아주 많은 원자들이 서로 부딪혀 튕겨나가는 것이다. 온도가 올라가면 원자들은 더 빨리 움직이고 서로 더 세게 부딪힌다. 그것이 충분히 뜨거워지면, 충돌이 아주 격렬해져서 원자들은 부서지며 전자들과 양성자들이 다른 방향으로 달아난다. 수소 플라스마란 바로 그런 자유 전자들과 양성자들의 수프이다.

다시 말하면 가모프는 우주가 뜨거운 빅뱅에서 시작했고, 한때 플라스마가 우주를 가득 채웠다고 예측했다. 여기에서 특별히 흥미로운 점은 이 예측이 검증 가능하다는 것이다. 차가운 수소 기체는 투명하

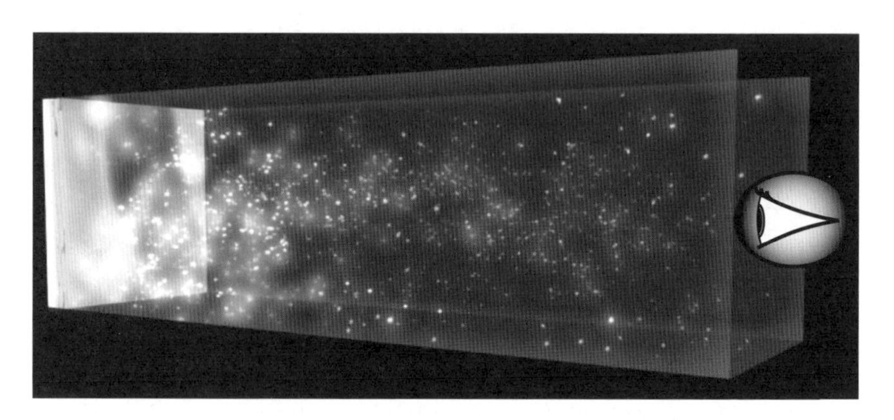

그림 3.3: 먼빛이 우리에게 닿는 데 시간이 걸리므로, 더 멀리 본다는 것은 더 과거를 본다는 것을 의미한다. 그림은 가장 멀리 있는 은하 너머 빛나는 수소 플라스마의 불투명한 벽을 관측하는 장면으로, 그 빛은 우리에게 닿기까지 약 140억 년이 걸렸다. 그 이유는 우주를 채우는 동일한 그 수소가 약 140억 년 전에는 플라스마가 될 정도로 뜨거웠기 때문이다. 그 당시 우주의 나이는 약 40만 년이었다. (출처: NASA/WMAP팀)

고 눈에 보이지 않지만, 뜨거운 수소 플라스마는 태양의 표면과 마찬가지로 불투명하며 밝게 빛난다. 이것은 우리가 그림 3.3처럼 우주의 아주 먼 곳을 바라본다면, 가까운 곳에서는 오래된 은하를, 그 너머에는 젊은 은하를, 다음은 투명한 수소 기체, 그리고 그 너머에서 빛나는 수소 플라스마의 벽을 보게 된다는 것을 의미한다. 우리는 이 벽 너머는 볼 수 없는데, 왜냐하면 벽이 불투명하여 그 전에 있었던 것들을 마치 우주의 검열자처럼 차단하기 때문이다. 게다가 그림 3.4처럼, 우리는 모든 방향에서 같은 것을 보게 될 텐데, 왜냐하면 어디를 보든지 언제나 과거를 보는 것이기 때문이다. 따라서 우리는 거대한 플라스마 구면으로 둘러싸인 것 같은 상황이다.

가모프는 1946년 책에서, 자신의 빅뱅 이론을 통해 이 플라스마 구면을 우리가 분명히 관측할 수 있을 거라고 예측했다. 그는 그의 학생인 랠프 앨퍼Ralph Alpher와 로버트 허먼Robert Herman에게 이것을 더 자세히

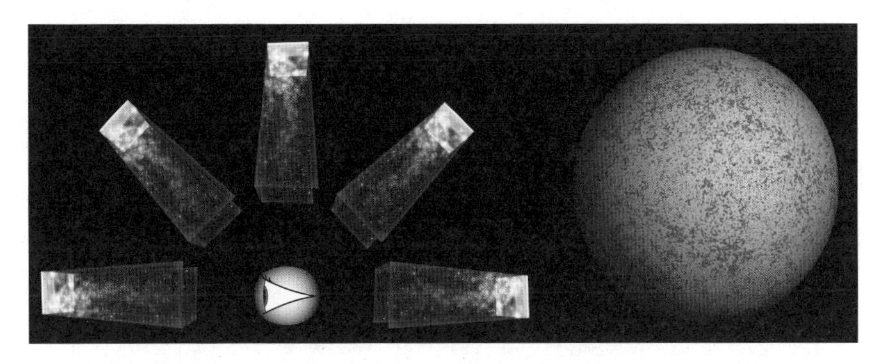

그림 3.4: 앞 그림의 플라스마 벽을 모든 방향에서 관측할 수 있으므로, 우리는 거대한 플라스마 구의 한가운데 있는 것과 같다.

알아보도록 지시했고, 몇 년 후, 그들은 그것이 약 절대 온도 5도로 빛날 거라고, 즉 가시광선이 아니라 주로 마이크로파가 방출될 것이라고 예측하는 논문을 발표했다. 불행히도 그들은 이 우주 마이크로파 배경 복사를 찾아보도록 천문학자들을 설득하는 데 실패했으며, 이 연구는 프리드먼의 팽창우주 발견과 마찬가지로 거의 잊히고 말았다.

잔광을 보다

1964년, 프린스턴대학의 연구진이 이 마이크로파 신호가 존재한다는 것을 깨닫고 관측을 준비했는데, 선수를 뺏기고 말았다. 같은 해, 아노 펜지어스Arno Penzias와 로버트 윌슨Robert Wilson은 뉴저지주에 있는 벨 연구소에서 새로운 고성능의 마이크로파 망원경을 테스트하다가 이상한 것을 발견했다. 그 망원경이 설명할 수 없는 신호를 검출했는데, 그 신호는 망원경을 어느 방향으로 돌리건 동일하게 나타났다. 이상하다! 그들은 특정 물체, 예를 들어 태양이라든가 마이크로파를 송신하는 인공위성 등을 가리켰을 때 신호가 나타날 것이라고 예상하고 있었다.

그 대신, 마치 하늘 전체가 절대 온도 3도 정도로 빛나는 것 같았다. 이것은 가모프의 연구그룹이 예측한 절대 온도 5도에 가까운 값이다. 그들은 근방에서 잡음을 유발할 만한 것들을 꼼꼼하게 확인했는데, 한동안 망원경 내부에 둥지를 틀고 배설물을 남겨놓는 비둘기들을 의심했다. 예전에 나는 아노와 점심을 함께한 적이 있었는데, 그는 비둘기를 먹이와 함께 나무 상자에 넣어 다른 벨연구소 캠퍼스로 보내 새들을 놓아주라고 부탁했다는 얘기를 했다. 안타깝게도, 그 비둘기는 귀소성이 있는 종이었다. 아노는 책에서는 그저 비둘기를 "제거했다"라고만 썼지만, 포도주를 좀 같이 마신 후 나는 그에게서 잔혹한 진실을 들을 수 있었다. 그들은 엽총을 사용해야 했다. 비둘기들은 사라졌지만, 불가사의한 신호는 남아 있었다. 그들은 빅뱅의 희미한 잔광殘光인 우주 마이크로파 배경 복사를 발견한 것이다.

그 발견은 센세이션을 일으켰고, 1978년 노벨 물리학상이 수여되었다. 가모프와 그의 학생들의 계산에 의하면, 그림 3.4의 플라스마 구는 태양 표면 온도의 절반 정도이며, 그 빛이 우리에게 닿기 전 140억 년 동안 여행하는 동안, 공간이 1,000배로 팽창함에 따라 온도가 1,000분의 1인 절대 온도 3도로 식었던 것이다. 다시 말해 전체 우주는 한때 별만큼이나 뜨거웠으며 가모프의 뜨거운 빅뱅 이론이 거침없이 제기했던 1,000배라는 추정은 검증을 통과했다.

우리 우주의 아기 때 사진

플라스마 구의 존재를 확인했으니, 이제 누가 그 사진을 처음으로 찍는가의 경쟁이 되었다. 복사광의 온도는 기본적으로 모든 방향에서 일정하므로, 펜지어스와 윌슨이 얻은 이미지는 흔히 우스갯소리로 보여주는 "안개 속의 샌프란시스코"라고 쓰인 엽서처럼 어디나 새하얗게 보일 것이다. 우주의 첫 아기 사진이라고 할 수 있는 흥미로운 사진을 얻으려면, 콘트라스트를 높여 위치마다 약간의 차이가 있는 것을 보여주어야 할 것이다. 이런 차이는 존재할 수밖에 없는데, 왜냐하면 과거에 그 조건이 어디에서나 완전히 동일했다면 물리학 법칙에 의해 지금도 어디에서나 동일해야 하지만, 그와 반대로 우리가 현재 관측한 우주는 어떤 곳에는 은하들이 있고 다른 곳에는 없는 덩어리진 우주이기 때문이다.

그러나 우주의 이런 아기 때 사진을 찍는 것은 아주 어려운 일이어서 거의 30년에 걸쳐 관련 기술을 개발해야 했다. 측정 잡음을 억제하기 위해, 펜지어스와 윌슨은 액체 헬륨을 사용해서 우주 배경 복사의 온도에 가까운 온도까지 검출기를 냉각해야 했다. 하늘의 각 지점에서의 온도 요동 편차는 약 10만 분의 1 정도로서 아주 작다는 것을 알게 되었는데, 따라서 아기 사진을 찍으려면 펜지어스와 윌슨의 측정보다 10만 배 감도를 높여야 한다. 세계의 실험가들이 이 일에 도전했다가 실패했다. 어떤 이들은 이 일에 가망이 없다고 했지만, 포기하지 않는 이들도 있었다. 1992년 5월 1일, 내 대학원 학위과정이 절반쯤 지났을 때였는데, 당시 생긴 지 얼마 되지 않았던 인터넷이 소문으로 들끓었다. 조지 스무트George Smoot가 그때까지 중 가장 야심찬 마이크로파 배경 복사 실험을 수행하던 우주 배경 탐사선인 코비COsmic Background Explorer, COBE라는 미국항공우주국NASA 위성이 차가운 우주 공간에서 측정한 결과를 발표할 것이라고들 했다. 나의 박사학위 지도교수인 조 실크가 스무트의 발표를 소개하기로 되어 있었는데, 그가 워싱턴 D. C.로 비행기를 타러 가기 전에, 나는 그에게 성공 가능성을 어떻게 보는지 물어보았다. 조는 그들이 우주 요동을 보지 못했으며 그저 우리 은하의 라디오파 잡음 정도일 거라고 추측했다.

그러나 또 다른 실망스런 결말 대신, 조지 스무트는 내 경력뿐 아니라, 우주론 분야 전체를 바꿔놓은 폭탄선언을 했다. 그와 그의 팀이 요동을 찾은 것이다! 스티븐 호킹Stephen Hawking은 이것을 "인류 역사 전체는 아닐지 몰라도 금세기 가장 중요한 발견이다"라고 칭송했는데, 앞으로 보게 될, 우리 우주가 "고작" 40만 살이었을 때를 찍은 이런 아기 때 사진들이 우리의 우주론적 근원에 대한 결정적인 실마리를 포함하고 있기 때문이었다.

골드러시

COBE가 금맥을 찾았으니, 이제 거기서 더 많은 금을 캐내려는 치열한 경주가 시작되었다. 그림 3.5에서 보듯이, COBE의 우주 지도는 상당히 흐릿한데, 왜냐하면 7도보다 작은 모습은 뭉개진 저해상도 사진이기 때문이다. 다음 단계는 자연히 우주의 작은 부분을 확대해서 잡음은 낮고 해상도는 높은 사진을 얻는 것이었다. 앞으로 설명하겠지만, 그런 고해상도 지도는 우주론의 몇몇 핵심 의문들에 대한 해답을 담고 있다. 나는 열두 살 때 스톡홀름에서 광고지를 나눠주고 받은 돈을 모아 첫 카메라를 산 이후 항상 사진 찍기를 좋아했었다. 따라서 우리 우주의 이미지를 얻는 일에 본능적으로 끌렸다. 나는 또한 이미지와 컴퓨터 그래픽으로 이런저런 일을 시도해보는 것을 좋아했는데, 내 고등학교 신문인 《큐라레Curare》를 편집하기도 했고 셰어웨어 컴퓨터 게임인 프랙FRAC을 만들기도 했다. FRAC은 일종의 3차원 테트리스 클론으로, 그것으로 번 돈으로 1991년에 세계 일주 트레킹을 할 수 있었다. 그래서 여러 실험가들이 그들의 데이터를 우주 지도로 변환하는

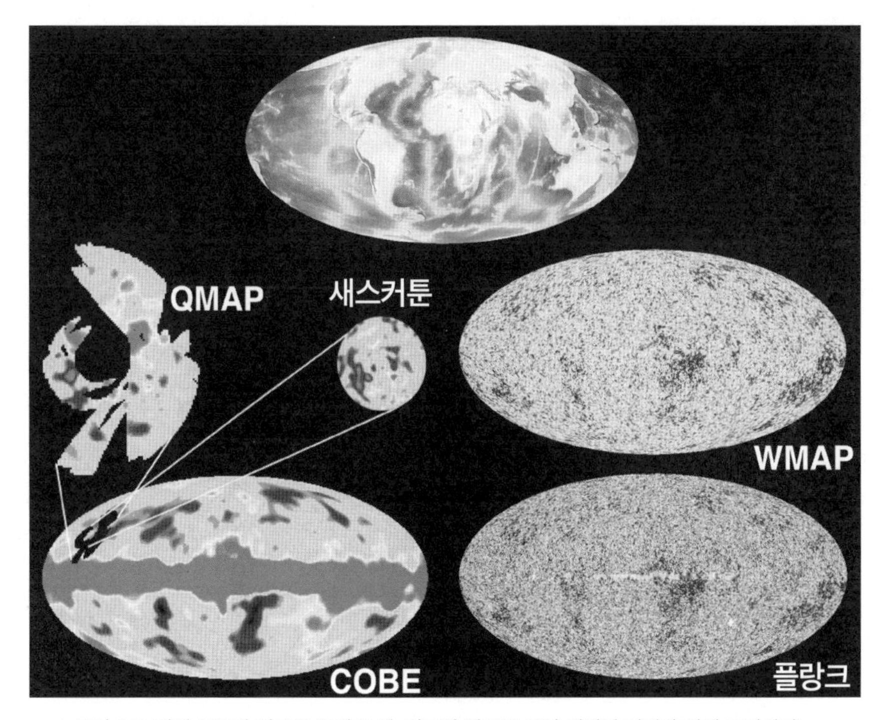

그림 3.5: 전체 우주의 지도를 보여줄 때, 지구의 지도를 그릴 때처럼 평평한 면에 투영시키는 것이 편리하다(맨 위). 지구의 지도는 우리가 땅을 내려다보는 것이지만 하늘 사진은 우리가 올려다보는 것이라는 점에서만 다르다. COBE가 알아낸 "우리 우주의 아기 때 사진"(왼쪽 아래)은 상당히 흐릿해서, 그 작은 조각들을 고해상도로 확대한 이미지를 얻기 위해 많은 실험이 수행되었다(왼쪽 가운데). 그 후 WMAP과 플랑크 위성이 전체 하늘에 대한 고해상도 지도를 완성했는데, 전자는 300만 화소, 후자는 5,000만 화소로 이루어져 있다. 이런 우주 지도는 지구의 지도에 대해 회전된 것이기 때문에 수평면은 지구의 적도가 아니라 우리 은하의 평면에 해당한다(왼쪽 아래의 회색 띠). 지구의 북극 방향은 새스커툰 사진의 중앙에 있다. (지구 지도의 출처: 패트릭 다이닌Patrick Dineen)

일에 나를 끼워주었을 때 큰 행운이라고 느꼈다.

내게 다가온 첫 번째 행운은 프린스턴대학의 젊은 교수였던 라이먼 페이지Lyman Page를 만난 일이었다. 나는 그의 장난기 넘치고 소년 같은 웃음이 마음에 들어, 한 학회에서 그가 발표한 후 용기를 내 그에게 혹시 같이 일할 만한 것이 있는지 물어보았다. 그가 대학원에 들어오기 전 몇 년 동안이나 대서양을 돛단배로 항해했었다는 것을 듣고 나서 나는 그를 더욱 좋아하게 되었다. 그는 결국 나를 믿고 캐나다의 도시인 새스커툰에서 그와 그의 연구팀이 3년 동안 북극점 바로 위의 하늘을 마이크로파 망원경으로 자세히 살펴서 얻은 데이터를 건네주었다.

그것을 지도로 만드는 일은 놀랄 정도로 어려웠는데 왜냐하면 데이터가 하늘의 사진으로 이루어진 것이 아니라, 하늘의 다른 부분들을 여러 가지 복잡한 방식으로 더하거나 뺀 데서 몇 볼트가 측정되었는지를 적은 긴 표로 이루어져 있었기 때문이다. 하지만 나는 정보 이론과 수치 해석에 대한 그 문제가 내게 극한의 노력을 요구했기 때문에, 오히려 놀라울 정도로 흥미로운 일이라고 생각했다. 나는 박사후과정으로 있던 뮌헨의 연구실에서 뮤즐리로 식사를 때우며 허다한 밤을 견딘 끝에, 결국 그림 3.5의 새스커툰 지도를 프랑스 알프스 지역에서 열릴 대규모 우주론 학회의 발표 날짜에 딱 맞게 완성할 수 있었다. 지금까지 수백 번 발표 경험이 있지만, 기억을 떠올릴 때마다 나를 항상 미소 짓게 만드는 마법의 순간이 몇 개 있다. 이때가 바로 그중의 하나였다. 연단으로 걸어 올라가면서 학회장 내부를 둘러볼 때 내 심장은 쿵쾅거렸다. 사람들로 가득 차 있었는데, 나는 그중 많은 이들을 그들의 논문을 읽은 경험으로 알고 있었지만 그들 대부분은 내가 누군지 전혀 몰랐다. 그들이 학회에 참석한 이유는 완전 초짜인 나 같은 사람의 발표를 듣기 위해서라기보다 멋진 스키 코스 때문이었을 것이다. 그러나 나는 내 설렘뿐만이 아니라 그 홀 안에서 엄청난 에너지를 느꼈다. 사람들은 그 모든 새로운 우주 마이크로파 배경 복사 분야의 발달에 고무되어 있었으며, 나는 조그만 역할이라도 맡게 된 것에 영광과 전율을 동시에 느꼈다. 1996년은 마치 선캄브리아기 같은 옛날로, 사람들이 아직 투명 필름을 사용하고 있을 때였는데, 나는 내가 가진 패에서 가장 강한 카드라고 할 수 있는 COBE 지도의 확대판에 해당하는 그림 3.5의 새스커툰 지도를 보여주며 발표를 끝냈다. 나는 흥분의 물결이 강연장에 퍼져나가는 것을 느낄 수 있었고, 여러 사람들이 그 뒤 이어진 휴식 시간 내내 프로젝터 주위에 몰려들어 그 그림을 다시 들여다보고 질문을 던졌다. 우주 마이크로파 배경 복사 우주론의 개척자 중 한 사람인 딕 본드Dick Bond는 내게 다가와서는 웃으며 "라이먼이 네게 그 데이터를 주었다니 믿을 수 없군!"이라고 했다.

나는 우주론이 황금기에 접어들었다고 느꼈는데, 이제 새로운 발견이 더 많은 연구자와 연구비를 이 분야로 끌어들이고, 그것이 다시 새로운 발견을 이끌어내는 선순환의 구조를 이루게 되었다. 바로 다음 달인 1996년 4월에, COBE보다 해상도와 감도가 극적으로 향상될 두 대의 새로운 위성에 대한 연구비가 승인되었다. 하나는 미국항공우주국의 더블유맵WMAP으로 라이먼 페이지 및 그와 가까운 연구자들이 지휘했고, 다른 쪽은 유럽의 플랑크Planck 위성으로 나도 이 프로젝트에 관련되어 연구비 신청을 위해 여러 가지 흥미로운 계산과 예측 작업을 수행했다. 우주 임무는 여러 해 동안 계획하기 때문에, 전 세계의 여러 작은 팀들이 WMAP과 플랑크 위성이 발사되기 전에 결과를 내거나, 아니면 적어도 비교적 쉬운 결과라도 얻으려고 경쟁하기 시작했다. 결국 새스커툰 프로젝트 이후로도 나는 많은 흥미로운 공동연구에 참여하게 되었다. 나는 HACME, QMAP, 테네리페Tenerife, POLAR, PIQ, 부메랑Boomerang 같은 색다른 이름을 가진 실험의 계획자들과 협력하며 그들의 데이터를 가지고 우리 우주의 아기 사진을 만들어내거나 그것이 우리 우주에 대해 무엇을 알려주는지 파악하는 일을 했다. 나의 기본 전략은 이론과 실험 사이의 중개자가 되는 것이었다. 나는 우주론이 데이터에 목마른 분야에서 사람들이 어쩔 줄 모를 정도로 많은 데이터가 쌓이는 분야로 탈바꿈하고 있다고 느꼈으며, 따라서 이런 데이터 산사태를 기회로 활용할 수 있는 도구를 개발하기로 마음먹었다. 구체적으로 말해 내 전략은 수학의 한 분야인 정보 이론을 활용해서, 주어진 데이터에 우리의 우주에 대해 의미 있는 정보가 얼마나 들어 있는지 알아내는 것이었다. 몇 메가바이트, 기가바이트 혹은 테라바이트의 측정 결과도 단지 몇 비트의 우주론적 정보만 포함하는데, 정보들은 검출기의 전자회로, 대기 오염, 은하가 방출하는 빛 등 엄청난 양의 잡음 속에 복잡한 방식으로 뒤섞여 숨겨져 있는 것이 보통이다. 수학적으로는 이 건초 더미에서 바늘을 찾는 완벽한 방법이 알려져 있지만, 현실적으로는 너무 복잡해서 이를 그대로 응용하면 컴퓨터로 계산을 끝내는 데 수백만 년이 걸린다. 나는 여러 가지 데이터 분석 방법을 발표했는데, 이 방법을 사용하면 꼭 완전하지는 않더라도 현실적으로 사용이 가능할 정도로 신속하게 거의 모든 정보를 추출할 수 있었다.

나는 여러 가지 이유로 우주 마이크로파 배경 복사를 좋아한다. 예를 들어, 내 첫 결혼과 내 아들인 필립과 알렉산더가 그 덕분이다. 내가 전처인 안젤리카 드 올리베이라 코스타Angélica de Oliveira Costa를 만나게 된 것은 그녀가 브라질에서 버클리로 유학와 조지 스무트의 대학원생이 된 덕분으로, 우리는 기저귀 갈기뿐만 아니라 앞에서 언급한 많은 데이터 분석 작업을 함께했다. 그러한 프로젝트 중 하나가 QMAP인데, QMAP은 라이먼 페이지, 마크 데블린Mark Devlin 등으로 이루어진 팀이 지구의 대기 영향을 최소화하기 위해 고고도 기구에 실어 띄운 망원경이었다.

◎ ◎ ◎

오, 맙소사! 시간은 새벽 2시, 1998년 5월 1일, 상황은 암울했다. 시카고로 가는 비행기를 타기까지 오직 7시간이 남았을 뿐인데, 나는 시카고에서 열리는 우주론 학회에서 QMAP의 새 결과를 발표하게 되어 있었다. 하지만 안젤리카와 나는 아직도 프린스턴의 고등연구소에 있는 내 연구실에서 머리를 흔들고 있었다. 그때까지의 모든 우주 마이크로파 배경 실험은 실수가 없고 중요한 그 어떤 것도 간과하지 않았다는 것을 전제로 했다. 과학에서 신뢰성의 핵심은 독립적인 실험이 그 결과를 확증해야 한다는 것이지만, 이 경우 다른 이들이 다른 방향에서 다른 해상도로 실험했기 때문에, 다른 실험팀이 만든 우주 이미지와 비교해서 일치하는지 확인하는 것은 불가능했다. 그 시점까지는 그랬다. 새스커툰과 QMAP 우주 사진은 그림 3.5에서 볼 수 있는 바나나 모양의 우주 조각에서 크게 겹친다. 내 컴퓨터 모니터를 바라보고 있던 안젤리카와 나는 실망으로 가슴이 무너지는 느낌이었다. 새스커툰과 QMAP 사진을 바로 옆에 놓고 보니, 전혀 일치하지 않는 것이다! 우리는 눈을 가늘게 뜨고 그 차이가 그저 기기의 잡음 때문일 거라고 상상하려 했다. 아니, 희망은 그리 오래가지 못했다. 이 모든 작업은 그저 그 사진 중 적어도 하나가 완전히 잘못되었다는 것을 깨닫게 할 뿐이었다. 그런데 어떻게 내가 이것에 대해 발표를 할 수 있겠는가? 그것은 우리에게뿐만 아니라 그 실험을 계획하고 수행한 모든 이들에게 있어서 엄청난 치욕이 될 터였다.

우리의 컴퓨터 프로그램을 세세히 살펴보던 안젤리카가 돌연 의심스러운 마이너스 부호 하나를 찾아냈는데, 그것은 대략 말해 QMAP 사진이 위아래로 뒤집혀 나오게 하고 있었다. 우리는 그것을 수정하고 프로그램을 다시 실행시킨 후, 새 사진이 화면에 나타나자 믿을 수 없다는 표정으로 서로를 바라보았다. 이제 그 두 사진은 놀랄 만큼 일치했던 것이다! 절체절명의 순간에서 날린 결정적인 한 방이라고 할만했다. 우리는 몇 시간 눈을 붙인 뒤 시카고로 날아갔고, 나는 아드레날린이 왕성하게 분비되는 상태에서 발표를 급히 준비하고, 렌터카에서 페르미연구소 강당까지 뛰어 가까스로 내 발표 시간에 맞게 도착했다. 나는 너무 흥분해서 법규를 위반한 사실을 그날 저녁 우리 차가 없어진 것을 알게 될 때까지 생각하지도 못했다.

"차를 어디에 댔어요?" 경비원이 물었다.

"아, 바로 저 밖이요, 소화전 앞이었는데"라고 나는 대답하다가 갑자기 속으로 맙소사!!!라고 그날 두 번째로 외치고 말았다….

우주의 비치볼

마이크로파 우주에 대한 골드러시가 몇 년 동안 계속되었고, 20개가 넘는 실험들은 서로에게 자극이 되었다. 아래에서 몇 가지 더 이야기하려고 한다. 그중에는 WMAP이 있었다. 2003년 3월 11일 오후 2시, 우리는 회의실이 가득 차게 모여서 WMAP팀 사람들이 결과를 생중계로 발표하고 있는 NASA-TV 스크린에 시선을 고정하고 있었다. 지상이나 기구에서의 실험은 하늘의 일부분만 볼 수 있지만, WMAP 위성은 COBE가 그랬던 것처럼 전체 하늘을 극적으로 향상된 감도와 해상도로 관측했다. 나는 마치 크리스마스이브에 집에 도착한 산타클로스를 만난 어린아이 같은 기분이었다. 차이점이라면 몇 달이 아니라 몇 년 동안 이 순간을 기다린 것이었다. 기다릴 만한 가치가 충분히 있었다. 결과 이미지들은 놀라웠다. WMAP팀 사람들의 근면성과 모자란 수면 시간도 놀랍기는 마찬가지였다. 그들은 자금 조달에서 제조, 발사, 데이터 분석, 결과 발표까지 6년 안에 끝냈는데, 이는 COBE보다 3배나 빠른 것이었다. WMAP 프로젝트의 대표인 척 베넷Chuck Bennett은 일정에 맞추느라 거의 죽을 뻔했다. 또 다른 핵심 공헌자인 데이비드 스퍼걸David Spergel은 위성 발사 후 척이 쓰러져서 3주 동안 입원했었다는 이야기를 내게 해주었다.

게다가 그들은 모든 데이터를 온라인에 공개해서 세계의 모든 우주론 학자들이 직접 그 분석을 시도할 수 있도록 했다. 우주론 학자들은 나와 비슷한 일을 하는 사람들이다. 이제는 WMAP 사람들이 밀린 잠을 보충하는 사이 내가 미친 듯이 일할 차례이다. 그들의 측정은 최상이었지만, 우리의 은하에서 오는 라디오파 잡음에 오염되어 있다. 그림 3.5의 COBE 이미지에 수평으로 나타난 띠가 바로 그것이다. 나쁜 소식은 우리 은하 및 다른 곳에서 기인한 마이크로파 오염이, 그 정도가 아주 낮아 잘 알아채기는 어려워도, 우주의 어느 방향에나 있다는 것이다. 좋은 소식은 그 오염이 신호와 다른 색깔이며(즉, 진동수에 의존하는 방식이 다르다), WMAP이 5가지 다른 진동수에서 관측을 수행했다는 것이다. WMAP팀은 이 추가 정보를 사용해서 오염을 제거했는데, 나는 정보 이론에 기초해서 더 효율적으로 할 수 있는 방법을 알아내 고해상도의 더 깨끗한 그림을 얻어냈다(그림 3.5 오른쪽 아래). 나는 한 달 동안 안젤리카와 내 오랜 친구인 앤드루 해밀턴Andrew Hamilton과 함께 이 일을 했고, 논문을 투고한 후 내 삶은 일상으로 돌아갔다. 나는 그림 3.4에 실린 공 같은 이미지를 만드는 일이 아주 재미있었는데, WMAP팀도 아주 좋아해서 그들도 공 이미지를 만들어 비치볼에 인쇄했다. 나는 이 비치볼 하나를 지금도 연구실에 가지고 있다. 나는 그것을 나의 "우주"라고 부르는데, 우리가 원칙적으로 관측할 수 있는 모든 것을 둘러싼 것의 상징적 이미지이기 때문이다.

악의 축

더 설명하겠지만, 우주론의 핵심적 실마리는 우주 마이크로파 배경에 보이는 얼룩들의 크기에 암호화되어 있다. 소리나 색을 다른 진동수로 분해할 수 있듯이, 우리는 2차원의 마이크로파 배경 지도도 여러 개의 성분에 대한 지도를 합쳐서 만든 것으로 이해할 수 있다(그림 3.6). 이 성분들 각각을 전문용어로 다중항multipole이라고 한다. 이런 다중항 지도들은 기본적으로 다른 크기의 얼룩들의 기여분을 포함하고 있는 것으로, COBE 이후 항상 사중극자quadrupole라고 부르는 두 번째 다중항에는 뭔가 이상한 점이 있었다. 그것은 지도에서 가장 큰 얼룩들이 예상보다 작게 나타난다는 것이었다. 하지만 그 누구도 거기 도대체 무슨 일이 일어난 것인지 사중극자의 지도를 그릴 수 없었다. 이 지도를 그리려면 하늘 전체에 대한 데이터가 필요한데, 우리 우주에서 기인한 마이크로파가 하늘의 일부분을 도저히 복구할 수 없을 정도로 오염시키기 때문이었다.

그때까지는 그랬다. 하지만 우리의 지도는 아주 깨끗해서 아마도 전체 하늘에 대해서도 믿을 수 있을지 모른다. 우리가 그 지도를 담은 논문을 투고하기 직전의 어느 늦은 밤이었다. 안젤리카와 아이들은 잠이 들었고, 나도 졸리기 시작했다. 하지만 나는 그 성가신 사중극자가 대체 어떻게 생겼는지 정말 궁금했고, 그 그림을 그려주는 컴퓨터 프로그램을 짜보기로 했다. 마침내 그 결과가 내 화면에 나타났는데(그림 3.6 왼쪽), 아주 흥미롭게도 예상처럼 약하지 않았으며(뜨겁고 차가운 부분의 온도 요동은 정말로 아주 작다), 그 패턴은 이론처럼 뒤죽박죽이 아니라 이상하게 생긴 1차원의 띠를 형성하고 있었다. 나는 그때쯤 너무 졸렸지만, 밤늦게까지 프로그램을 짜고 오류를 수정했던 내게 상으로 이미지 하나를 더 보여주기로 마음먹고, 내 프로그램에서 2를 3으로 바꾸고 다시 실행시켜 팔중극자octupole, 즉 세 번째 다중항의 그림을 얻었다. 와! 이건 대체…? 다시 사중극자와 줄을 맞춘 것 같은 1차원 띠가 나타났다(그림 3.6 가운데). 우리 우주는 우리가 예상하던 것이 아니다! 사람의 사진에는 "위아래"라는 특별한 방향이 있지만, 우주의 사진에는 그런 것이 있을 수 없다. 어떤 방향으로 회전시키건 비슷하게 보여야 할 것이었다. 하지만 컴퓨터 화면에 나타난 아기 우주 사진은 마치 얼룩말 같은 특정 방향 무늬를 갖고 있었다. 내 프로그램에 오류가 있을 거라 생각해서, 나는 3을 4로 바꾸어 다시 실행시켰는데, 4번째 다중항에는 예상처럼 특별한 방향이 없는 뒤죽박죽의 무늬가 나타났다(그림 3.6 오른쪽).

안젤리카가 모든 것을 다시 검토한 후, 우리는 이 놀라운 발견을 우리의 논문에 포함시켰다. 이것은 경이로운 유행이 되었다. 이 발견은《뉴욕 타임스New York Times》에 보도되었으며 사진사를 보내 우리 사진을 찍어 갔다. 우리를 포함해 여러 그룹이 더 자세히 조사했으며, 그

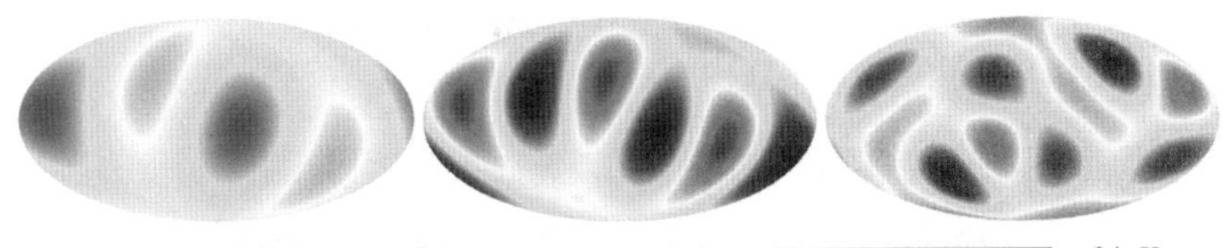

그림 3.6: 그림 3.5의 WMAP 지도를 단계적으로 더 작은 크기의 얼룩들을 나타내는 **다중항들**의 합으로 분해하면, 첫 두 그림(왼쪽과 가운데)처럼 "악의 축"이라고 부르는 불가사의한 방향의 정렬이 나타난다. 다른 색깔은 그 부분이 하늘 전체 평균과 비교해서 얼마나 따뜻하거나 차가운지를 나타낸다. 아래 척도는 μK, 즉 100만 분의 1도 단위로 나타낸 것이다.

들 중 누군가는 이 특별한 방향을 "악의 축"이라고 불렀다. 어떤 이들은 그것이 그저 통계적 우연 혹은 은하에 의한 오염이라고 주장했고, 다른 사람들은 우리 주장보다도 더 난해한 것이라고 주장하며, 다른 방법을 사용해 심지어 4번째와 5번째 다중항에서도 이상성을 찾아냈다. 색다른 설명에는 우리가 공간이 그 자신과 다시 연결된 "베이글 우주"에 산다는 것도 있었는데(56쪽), 이는 심층 분석 후 배제되었다. 그리고 오늘날까지도, 나는 그 첫날 밤만큼이나 악의 축이 불가사의하게 느껴진다.

마이크로파 배경의 성년식

2006년 안젤리카와 나는 COBE의 발견에 노벨 물리학상이 수여된 것을 축하하는 자리에 초청되어 스톡홀름에 갔다. 과학계에서 흔히 일어나듯, COBE팀 내부에서도 공헌을 분배하는 것 때문에 험악한 분위기가 있었다. 그 상은 조지 스무트와 존 매더John Mather가 공동으로 받았는데, 두 사람 모두 타협적인 태도를 택한 것을 보고 나는 안도했다. 그들은 전체 COBE팀을 초청해서 그들에게 합당한 영광을 누릴 수 있도록 했는데, 나는 끊임없이 이어지는 품격 있는 파티들이, 그들 모두가 단지 두 사람이 상을 받는 데 도움이 되었다는 것보다 훨씬 더 중요한 무언가를 성취했다는 명백한 사실을 강조해주어서 그들 사이에 생긴 균열을 메꾸는 데 도움이 되었다고 느꼈다. 그들이 얻은 최초의 아기 우주 사진이 활기가 넘치는 새로운 연구 분야를 만들어냈으며 우주론의 새 시대를 열었다. 나는 그저 가모프, 앨퍼 그리고 허먼도 그 자리에 있었으면 얼마나 좋았을까 생각한다.

2013년 3월 21일, 나는 새벽 5시에 일어나 기대에 차서 플랑크 위성팀이 파리에서 발표하기로 한 첫 마이크로파 배경 이미지를 보기 위해 인터넷 생중계에 접속했다. ACBAR, ACT, 그리고 남극 망원경South Pole Telescope 등의 실험으로 지난 10년 동안 마이크로파 배경에 대한 우리의 지식이 크게 향상되었지만, 이것이 WMAP 이후 가장 큰 이정표가 될 것이었다. 내가 면도하는 동안, 조지 에프스타시우George Efstathiou가 결과를 설명했고, 그러자 그리움과 흥분이 나를 휩쓸었다. 1995년 3월, 조지는 플랑크 데이터를 분석하는 새로운 방법에 대한 공동연구를 위해 나를 옥스퍼드로 초청했다. 그것은 내가 처음으로 협력 연구에 초청된 일이었는데, 그 기회에 크게 감사하는 마음이었다. 우리는 오염을 일으키는 형상들을 제거하는 새로운 기법을 개발하여 유럽 우주국European Space Agency이 플랑크 위성에 자금을 대야 한다는 주장을 뒷받침했다. 이제 마침내 그 결과가 내가 욕실 거울을 통해 보는 열여덟 살 더 나이가 든 맥스에 의해 밝혀지는 것이다!

조지가 새로운 플랑크 우주 지도를 공개했을 때, 나는 면도기를 내려놓고 전경前景, foreground을 제거한 우리의 WMAP 지도를 랩톱 컴퓨터 화면에 나타난 조지의 지도와 옆에 놓고 비교해보았다. 와, 그 둘은 아름답게 일치했다! 나는 속으로 그러면 악의 축은 아직도 그대로구나!라고 생각했다. 독자도 볼 수 있겠지만, 큰 스케일의 패턴들은 모두 절묘하게 들어맞았지만, 플랑크 지도에는 훨씬 더 많은 작은 얼룩들이 있었다. 이것은 훨씬 우수한 감도와 해상도 때문으로, 그 덕분에 WMAP에서는 뭉개졌던 작은 패턴의 상을 얻을 수 있었다. 플랑크 지도는 분명히 기다릴 만한 가치가 있었다! 탁월한 품질 덕분에, 플랑크는 실질적으로 WMAP의 성과를 평가할 수 있는 답안지 역할을 했다. 그리고 플랑크의 결과를 꼼꼼히 이해하고 나니, WMAP팀이 A+를 받을 만하다는 것이 분명해졌다. 물론 플랑크팀도 마찬가지다. 플랑크의 결과는 기본적으로 우리가 이미 상당히 신뢰하게 된 우주론의 해명을 훨씬 향상된 정확도로 확증했지만, 나는 플랑크 결과에서 가장 놀라운 점은 놀라운 것이 없었다는 거라 생각한다. 우주 마이크로파 배경은 성숙기에 접어들었다.

요약하면 우리는 이제 우리 지식의 경계를 빅뱅 이후 약 140억 년에서 약 40만 년까지 확장했으며, 우리 주위의 모든 것들이 공간을 가득 채웠던 뜨거운 플라스마에서 왔다는 것을 알게 되었다. 그때는 사람, 행성, 별, 은하 그 어떤 것도 없었으며, 그저 부딪혀 튕겨나가는 원자들과 뿜어져 나오는 빛뿐이었다. 그러나 우리는 아직 이 원자들이 어디서 왔는지의 수수께끼를 탐구하지 않았다.

원자들은 어디에서 왔는가?

우주의 핵융합로

우리는 앞에서 시간을 되돌려 적용한 조지 가모프의 대담한 추론이 우주 마이크로파 배경을 예측했으며 그것이 이제 우리 우주에 대한 놀라운 아기 때 사진을 선물한 것을 보았다. 이 엄청난 성공도 충분하지 않다는 듯이, 가모프는 그의 추론을 더 뒤로 돌려 결론을 알아냈다. 더 예전일수록 우주는 더 뜨거웠다. 우리는 빅뱅 이후 40만 년에, 우주를 채운 수소가 태양 표면 온도의 약 절반 정도인 수천 도였기 때문에, 마치 태양 표면처럼 수소도 밝게 빛나 우주 마이크로파 배경 복사를 만들어냈다는 것을 알고 있다. 가모프는 또한 빅뱅의 1분 후, 수소의 온도가 약 10억 도로 태양의 중심부보다 더 뜨거웠으며, 따라서 태양 중심의 수소처럼 핵융합해서 헬륨으로 바뀌었다는 것을 알아냈다. 그러나 우리 우주의 팽창과 냉각에 의해 이런 우주 핵융합 반응로는 곧 너무 차가워지면서 작동이 중지되었고, 모든 것이 헬륨으로 바뀌기에는 시간이 모자랐다. 가모프의 격려에 힘입어, 비록 그들이 연구하던 1940년대에는 현대적인 컴퓨터가 없었음에도 불구하고, 그의 학생인 앨퍼와 허먼은 핵융합 반응의 결과가 무엇이 될지에 대해 자세히 계산했다.

하지만 우주가 초기 40만 년 동안은 투명하지 않았으며 그 당시 발생한 모든 일들이 우주 마이크로파 배경의 플라스마 뒤에 있어 우리의 시야에서 감추어져 있는데, 어떻게 이 예측을 검증할 수 있을까? 가모프는 그 상황이 공룡 이야기와 같다는 것을 깨달았다. 우리는 무엇이 일어났는지 직접 볼 수는 없지만, 화석 증거를 찾을 수는 있다! 현대의 데이터와 컴퓨터로 반복해서 계산하면, 우리 우주 전체가 핵융합로였을 때, 총 질량의 약 25퍼센트가 헬륨이었다고 예측할 수 있다. 먼 은하 간 기체의 헬륨 비율을 망원경으로 스펙트럼을 연구하고 측정해서 얻는 값은 … 25퍼센트이다! 내게 있어, 이 발견은 마치 티라노사우루스 렉스의 대퇴골 화석을 발견한 것만큼이나 굉장한 일이다. 즉, 과거에 엄청난 일이 일어났었다는 직접적인 증거인데, 이 경우 모든 것이 마치 태양의 중심부처럼 말도 안 되게 뜨거웠다는 것을 의미한다. 또한 화석은 헬륨만이 아니다. 빅뱅 핵합성이라고 알려진 가모프의 이론은 약 30만 개의 원자당 중수소가 1개 있고* 약 50억 개의 원자당 리튬이 1개 있을 것이라고 예측한다. 이 비율 모두 실제로 측정되었으며 이론적 예측과 멋지게 잘 맞는 것이 확인되었다.

---

* 중수소重水素, deuterium는 수소의 큰 형뻘이 되는 것으로 양성자 하나에 중성자 하나가 추가되어 있기 때문에 2배 더 무겁다.

빅뱅의 문제

그러나 성공은 쉽게 이루어지지 않았다. 가모프의 뜨거운 빅뱅은 차가운 대접을 받았다. 실은 빅뱅이라는 이름도 그것을 비방하는 사람 중 대표격인 프레드 호일Fred Hoyle이 비웃으려는 의도로 만들어낸 것이다. 1950년의 채점표에 의하면, 그 이론은 우주의 나이와 원자들의 존재비라는 두 가지 큰 예측에서 모두 틀렸다고 생각되었다. 우주 팽창에 대한 허블의 초기 측정값은 우리 우주가 20억 년보다 오래되지 않았다고 예측했고, 지질학자들은 우리 우주가 어떤 바위들보다도 어리다는 생각에 고개를 가로저었다. 게다가 가모프, 앨퍼 그리고 허먼은 빅뱅 핵합성이 우리 주위의 모든 원자들을 정확한 비율로 만들어냈기를 희망했지만, 빅뱅 핵합성은 단지 헬륨, 중수소 그리고 미량의 리튬만 만들었을 뿐 탄소, 산소 그리고 기타 흔한 원자들은 거의 만들어내지 못했다는 것을 알게 되었다.

우리는 이제 허블이 은하까지의 거리를 크게 과소평가했었다는 사실을 알고 있다. 이 때문에, 그는 우주가 실제보다 7배 더 빨리 팽창한다는 잘못된 결론을 내렸으며, 우리 우주가 실제보다 7배 더 어리다고 생각했다. 1950년대 더 정확한 측정값에 의해 이 잘못이 교정되었을 때, 지질학자들의 정당성이 입증되고 그들의 불만도 가라앉았다.

빅뱅의 두 번째 "실패" 또한 비슷한 시기에 녹아 없어졌다. 가모프는 별 내부의 핵융합에 대한 선구적인 연구를 수행했는데, 그와 다른 이들의 연구를 통해 별들은 마치 우리의 태양이 현재 그런 것처럼 헬륨 이외에 다른 것들은 거의 만들어내지 못한다는 것을 발견했다. 이 때문에 그는 빅뱅 핵합성이 다른 원소들이 어디에서 왔는지 설명해주기를 기대했던 것이다. 그러나 1950년대 들어 뜻밖에 헬륨, 베릴륨, 탄소와 산소의 핵물리학 에너지 레벨 사이에 존재하는 것으로 핵융합 반응을 가능하게 하는 핵물리학 우연성이 발견되었다. 프레드 호일이 처음으로 깨달은 사실은 이 우연으로 인해 별들이 생애 후반기에 헬륨을 탄소, 산소 그리고 우리 몸을 이루는 대부분의 원소로 바꿀 수 있다는 것이었다. 게다가 별들이 폭발로 삶을 마치면, 그때까지 별들이 만들어낸 많은 원소들은 가스구름으로 재활용되며 후에 새로운 별, 행성 그리고 궁극적으로 당신과 나를 만들어낸다는 사실이 분명해졌다. 즉, 우리는 선조들이 생각했던 것보다도 더 하늘과 연결되어 있다. 우리는 바로 별을 재료로 해서 만들어졌다. 우리가 우주 안에 있듯, 우리 안에 우주가 있다. 이 직관이 가모프의 빅뱅 핵합성을 실패에서 대성공으로 탈바꿈시켰다. 우리 우주는 헬륨과 약간의 중수소 및 리튬을 최초의 몇 분 동안 만들었고, 후에 별들이 우리 원소들의 나머지 대부분을 만들었다.* 원소가 어디에서 왔는가에 대한 수수께끼는 풀렸다. 그러나 이것만이 아니었다. 뜨거운 빅뱅 이론이 마침내 사람들에게 받아들여지던 때, 우주론 학계는 가모프가 1964년에 발견한 다른 예측으로 다시 깜짝 놀랐다. 그것은 빅뱅의 잔광인 우주 마이크로파 배경 복사였다.

빅뱅이란 진정 무엇인가?

우리는 이제 우리 지식의 경계를 약 140억 년 전으로 확장시켰는데, 그때 전체 우주는 맹렬하게 뜨거운 핵융합 반응로였다. 내가 빅뱅 가설을 믿는다고 할 때는 아무것도 더 추가되지 않은, 단지 다음의 내

---

* 별들은 빅뱅 핵합성으로 만들어진 25퍼센트의 헬륨에 추가분을 만든다. 망원경으로 보면 헬륨의 두 가지 근원을 구분할 수 있다. 더 과거를 볼수록 헬륨의 양은 더 적어지는데, 별들이 형성되기 전을 관찰하면 최솟값인 25퍼센트이다.

용만 의미한다.

> **빅뱅 가설**Big Bang Hypothesis: 우리가 관측할 수 있는 모든 것은 한때 태양의 중심부보다 더 뜨거웠으며, 1초 안에 크기가 2배로 늘어날 정도로 빠르게 팽창했다.

이것은 충분히 거대해서 대문자 B를 쓴 빅뱅Big Bang이라고 할 만하다. 그러나 내 정의는 꽤 보수적이며 빅뱅 이전에 어떤 일이 일어났는지 전혀 이야기하지 않는다는 것에 주의하기 바란다. 예를 들어, 이 가설은 우리 우주의 나이가 그 당시 1초였다거나, 밀도가 무한대였다거나 또는 그것이 우리의 수학이 무너지는 일종의 특이점에서 왔다는 등을 절대 암시하지 않는다. 2장의 질문인 **빅뱅 특이점에 대한 증거가 있는가?**에는 아니다!라는 매우 간단한 답이 있다. 당연히, 만약 우리가 프리드먼의 방정식을 최대한 과거로 되돌리면 빅뱅 핵합성의 약 1초쯤 전에 무한 밀도의 특이점을 만나 붕괴하게 된다. 그러나 우리가 7장에서 탐구하게 될 양자역학 이론은 이 추정 자체가 특이점에 도달하기 전에 붕괴할 것이라고 말해준다. 나는 탄탄한 증거가 있는 것과 매우 사변적인 것을 구분하는 것이 아주 중요하다고 생각한다. 앞으로 5장에서 알아볼 텐데, 전에 무엇이 일어났는지에 대한 흥미로운 이론과 힌트가 갖고 있긴 하지만, 진실은 솔직히 우리는 아직 모른다는 것이다. 이것이 현재 우리 지식의 최전선이다. 우리는 우주에 과연 시작이 있었는지, 아니면 빅뱅 핵합성 이전에 알지 못하는 어떤 일이 영원히 벌어졌는지 확실히 알지 못한다.

요약하면 우리 인간은 이제 우리 지식의 경계를 놀랄 만큼 과거로 확장해서, 그림 3.7에서 보여주는 우주 역사의 줄거리를 밝혔다. 빅뱅으로부터 100만 년 후, 우주는 거의 균일하고 투명한 기체로 차 있

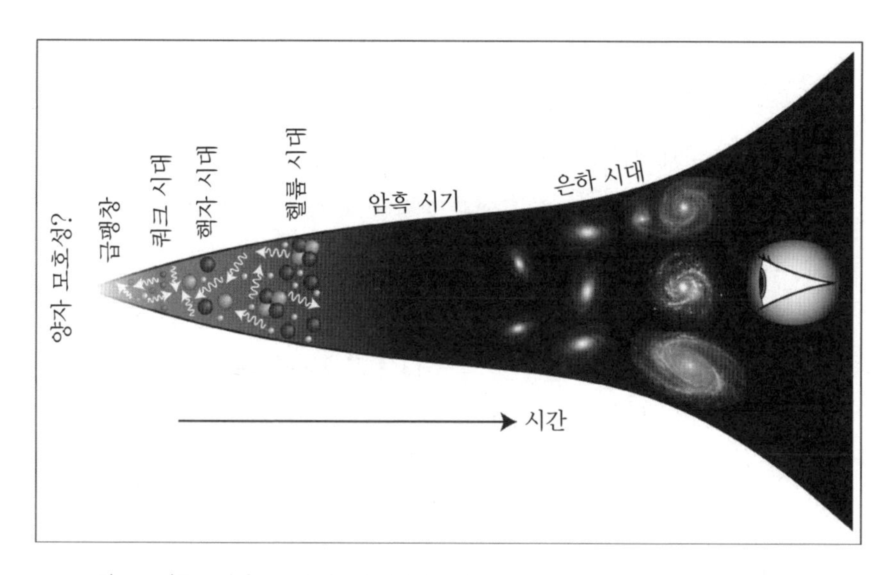

그림 3.7: 비록 우리의 궁극적 시초에 대해서 거의 아는 것이 없지만, 그 이후 140억 년 동안에 어떤 일이 일어났는지는 많이 알고 있다. 우리의 우주가 팽창하고 냉각되면서, 쿼크들은 양성자(즉, 수소 원자핵) 또는 중성자가 되었고, 그것은 다시 융합되어 헬륨 원자핵을 만들었다. 그다음에는 이런 원자핵들이 전자를 포획해 원자가 되었고, 중력이 이 원자들을 덩어리지게 해 오늘날 우리가 관측하는 은하, 별 그리고 행성들이 형성되었다.

었다. 만약 우리가 시간을 거꾸로 돌려 우주의 드라마를 본다면, 우리는 이 기체가 점점 뜨거워지고, 원자들이 점점 세게 서로 충돌해서 결국 원자핵과 자유 전자로 깨져 결국 플라스마가 되는 것을 보게 될 것이다. 그다음 우리는 헬륨 원자들이 양성자와 중성자로 부서지는 것을 보게 될 것이다. 그다음에는 이것들이 그 구성 요소인 쿼크로 부서진다. 그다음은 우리 지식의 경계를 넘게 되며 과학적 사변의 영역으로 진입하게 된다. 5장에서 우리는 그림 3.7에 "급팽창"과 "양자 모호성"이라고 쓰인 것을 탐구할 것이다. 만약 우리가 빅뱅 후 100만 년 시점으로 점프해서 다시 원래 시간의 방향으로 흐르게 한다면, 미약한 기체 덩어리가 중력으로 증폭되어 은하, 별 등 우리가 현재 관측하는 다양한 우주적 구조를 이루는 것을 보게 될 것이다.

하지만 중력이 작은 요동을 큰 요동으로 증폭시킬 수는 있어도, 아무것도 없는 데에서 요동을 만들어낼 수는 없다. 만약 어떤 것이 완벽하게 매끈하고 균일하다면, 중력은 영원히 그 상태를 유지하면서 은하는 고사하고 그 어떤 조밀한 덩어리도 만들지 못할 것이다. 이는 처음부터 중력을 증폭시킬 수 있는 작은 씨앗 요동이 분명히 있었다는 것을 의미한다. 씨앗 요동은 마치 우주의 청사진처럼 어디에 은하가 형성되어야 하는지 결정하는 역할을 했을 것이다. 이런 씨앗 요동은 어디서 온 걸까? 다시 말해 우리 우주에 있는 원자들이 어디에서 왔는지 알게 되었지만, 원자들이 배열된 그 거대한 은하 패턴은 어떻게 결정된 것일까? 우주의 거대 스케일 구조는 어디서 온 걸까? 우주론에 대한 많은 질문 중에, 나는 이것이 가장 유익했다고 생각한다. 다음 두 장에서 왜 그런지 알아보자.

요점 정리

- 멀리서 오는 빛이 우리에게 도달하는 데 시간이 걸리기 때문에, 망원경으로 우주의 역사가 펼쳐지는 것을 볼 수 있다.
- 약 140억 년 전에, 우리가 현재 관측하는 모든 것은 태양의 중심보다도 뜨거웠고, 1초 안에 크기가 2배가 될 정도로 빨리 팽창했다. 이것이 내가 의미하는 빅뱅이다.
- 우리는 전에 어떤 일이 일어났는지는 모르지만, 그 이후에 팽창과 군집화가 진행되었다는 것은 잘 알고 있다.
- 우주는 거대한 핵융합 반응로가 되어 몇 분을 보냈는데, 그동안 마치 우리 태양의 중심부처럼 수소를 헬륨과 기타 가벼운 원소들로 변환시

켰다. 이 단계는 팽창이 우리 우주의 밀도를 충분히 낮추고 냉각시켜 핵융합 반응이 멈출 때까지 계속되었다.

- 수학 계산에 의하면, 우리는 수소의 25퍼센트가 헬륨으로 전환되었다고 예측한다. 측정값은 이 예측과 아주 잘 맞으며 또한 다른 가벼운 원소들에 대해서도 일치한다.
- 40만 년 동안 팽창과 희석이 계속된 후, 이 수소-헬륨 플라스마는 식어서 투명한 기체가 된다. 우리에게 이 전이는 멀리 있는 플라스마 벽으로 관측되며 그 희미한 빛을 우주 마이크로파 배경이라고 한다. 이와 관련해서 노벨상이 두 번 수여되었다.
- 그 이후 수십억 년 동안, 중력에 의해 우리의 우주는 균일하고 지루한 곳에서, 덩어리지고 흥미로운 곳으로 바뀌었다. 중력은 우주 마이크로파 배경에 있는 아주 작은 밀도 요동을 증폭시켜 오늘날 우리가 보는 행성, 별, 은하 그리고 우주의 거대 스케일 구조를 만들었다.
- 멀리 있는 은하들이 간단한 공식을 따라 우리에게서 멀어진다는 우주 팽창에 대한 예측은 실제 관측 결과와도 일치한다.
- 우리 우주의 전체 역사는 간단한 물리 법칙에 의해 정확하게 기술되며 과거에서 미래를, 그리고 미래에서 과거를 추측할 수 있다.
- 우리 우주의 역사를 지배하는 이런 물리학 법칙들은 모두 수학 방정식의 형태로 주어지며, 따라서 우리의 우주 역사에 대한 가장 정밀한 묘사는 수학적이다.

4

숫자로 본 우리 우주

우주론 학자들은 자주 틀리지만 절대로 의심하지 않는다.
– 레프 란다우

이론상으로, 이론과 실제는 같다. 실제로는, 그렇지 않다.
– 알베르트 아인슈타인

"우아!" 나는 입이 딱 벌어지고 말문이 막힌 채로 길가에 서 있었다. 평생 매일 보았다고 할 수도 있겠지만, 그때까지 사실 한 번도 제대로 본 적이 없었던 것이다. 새벽 5시, 나는 애리조나 사막을 가로지르는 고속도로에서 차를 세우고 지도를 확인하려던 참이었다. 불현듯 그 생각이 떠올랐다. 하늘! 여기는 내가 자랐던, 빛으로 오염되어 변변찮게 북두칠성에 드문드문 희미한 별 몇 개로 겨우 체면치레한 스톡홀름의 하늘이 아니었다. 수천 개의 밝게 빛나는 점들이 아름답고 교묘한 패턴을 이루며, 은하수가 마치 하늘을 가로지르는 웅장한 은하 고속도로처럼 빛나고 있는, 화려하며 정말이지 압도적인 광경이었다.

건조한 사막의 공기와 해발 2,000미터가 넘는 고도 덕분에 그 광경은 더욱 뚜렷했다. 아마 당신도 역시 언젠가 도시의 불빛에서 멀리 떨어져 밤하늘을 보고 감동을 느꼈던 적이 있을 것이다. 우리가 경탄했던 대상은 정확히 무엇이었나? 분명 어느 정도는 별 자체, 그리고 그 모든 것의 광대함일 것이다. 그리고 다른 경탄의 대상은, 바로 그 패턴이다. 우리 선조들은 별의 패턴에 크게 감명을 받았던 나머지 그것을 설명하려고 신화를 만들어냈으며, 어떤 문화권에서는 성운으로 묶어 신화적 인물을 묘사하기도 했다. 별들은 분명 물방울무늬처럼 규칙적으로 펼쳐져 있지 않으며, 덩어리져 군집을 이루고 있다. 그날 밤 내가 본 것 중에 가장 큰 덩어리는 은하수였는데, 망원경을 사용하면 은하들이 다시 복잡한 패턴으로 덩어리진 은하군, 은하단, 그리고 수억 광년에 걸친 거대한 섬유 모양 성운의 존재를 알 수 있다. 이런 패턴은 어디에서 온 것일까? 이런 웅장한 우주 구조의 근원은 무엇인가?

지난 장의 마지막 부분에서, 중력의 불안정 효과에 대해 탐구하면서 우주의 거대 스케일 구조의 근원에 대해 궁금해졌다. 즉, 우주에 경탄하여 감정적으로 한 질문을 지적으로도 물었다. 그 구조는 어디에서 오는가? 이것이 이 장에서 우리가 탐구할 핵심 질문이다.

현상 수배: 정밀 우주론

지난 장에서 보았듯이, 인류는 우리 우주의 궁극적 원천을, 특히 그것이 거대한 핵융합로였으며 초당 2배로 커지던 시기 이전에 어떤 일이 있었는지 아직 이해하지 못하고 있다. 그러나 우리는 이제 그 이후 약 140억 년 동안 무엇이 일어났는지에 대해 많이 이해하고 있다. 바로 팽창과 군집화이다. 이 두 기본 과정은 모두 중력이 제어하며, 뜨겁고 매끈한 쿼크 수프를 오늘날 수없이 많은 별들이 있는 우주로 탈바꿈시켰다. 지난 장에 제시된 우리 우주의 대략적 역사에서, 점진적 팽창으로 기본 입자들이 희석, 냉각되고 무리 지어 원자핵, 원자, 분자, 별과 은하 등의 점점 큰 구조로 진화하는 것을 보았다. 우리는 자연의 4가지 기본 힘에 대해 알고 있는데, 그중 세 가지가 차례로 이 군집화 과정에 추진력을 제공했다. 먼저 강한 핵력이 원자핵을 뭉치게 했고, 전자기력이 원자와 분자를 만들었으며, 마지막으로 중력이 우리의 밤하늘을 수놓는 거대 구조를 만들었다.

정확히 어떻게 중력이 이 일을 했을까? 만약 당신이 빨간 불에서 자전거를 세운다면, 중력이 안정성을 해친다는 것을 깨닫게 될 것이다. 옆으로 기울어지기 시작하는 것이 불가피하며 쓰러지지 않으려면 아스팔트에 다리를 내려놓아야 한다. 불안정성의 본질은 작은 요동이 점점 증폭된다는 것이다. 멈춘 자전거의 예에서, 균형에서 멀어질수록, 중력은 원치 않는 방향으로 더 강하게 당신을 밀 것이다. 우주의 예에서, 우주가 완벽한 균일성에서 멀어질수록, 중력이 더 강하게 그 덩어리짐을 증폭시킨다. 만약 공간의 한 영역이 주위보다 약간 더 조밀하다면, 그 중력은 주변 물질을 잡아당겨 밀도를 더 높일 것이다. 이제 그 중력은 더 강해져서, 질량은 더 빨리 축적된다. 돈이 많으면 돈을 벌기가 더 쉬워지는 것과 마찬가지로, 질량도 이미 많이 가지고 있으면 축적이 더 쉬워진다. 140억 년은, 이런 중력 불안정성이 아주 작은 밀도 요동을 은하와 같은 거대하고 조밀한 덩어리로 증폭시켜, 우리 우주를 특색 없는 곳에서 흥미로운 곳으로 만들기에 충분한 시간이다.

팽창과 군집화라는 이런 기본적 틀이 지난 수십 년 동안 만들어졌지만, 내가 대학원에 들어가 우주론에 대해 처음 배웠던 1990년에는 세부적인 면에서 아직 정교하지 못했다. 사람들은 그 당시에 우리 우주의 나이가 100억 년인지 200억 년인지를 놓고 논쟁 중이었는데, 그것은 우주의 팽창 비율을 정확히 측정하지 못했기 때문이었고, 과거에 얼마나 빨리 팽창했는가 하는 것은 더 어려운, 완전히 미해결 문제였다. 군집화 이야기는 더욱 불확실했다. 이론과 관측을 세세하게까지 일치시키려고 시도하면서 점차 우리 우주의 95퍼센트가 무엇으로 이루어졌는지 우리가 전혀 알지 못한다는 것을 분명히 깨닫게 되었다! COBE 실험이 빅뱅 이후 40만 년 당시 0.002퍼센트의 덩어리를 측정한 이후, 뭔가 보이지 않는 물질이 추가로 중력에 기여하지 않는 한, 당시의 중력만으로는 이 희미한 군집화가 오늘날 우주의 거대 스케일 구조로 증폭될 시간이 충분치 않았다는 것이 분명해졌다.

이 신비로운 물질을 암흑 물질dark matter이라고 하는데, 그것은 우리가 아무것도 모르기 때문에 붙인 이름일 뿐이다. 보이지 않는 물질이라는 이름이 더 적절한데, 왜냐하면 암흑 물질은 어둡다기보다는 투명하며, 우리가 알아채지 못하는 사이에 우리 몸을 통과해 지나갈 수 있기 때문이다. 사실, 우주에서 와서 지구를 타격하는 암흑 물질은 일반적으로 전혀 방해받지 않고 지구 전체를 관통해서 반대쪽에서 다시 나타나는 것으로 생각된다. 암흑 물질만으로는 이상한 것이 아직 모자란다는 듯, 사람들은 이론적 예측을 팽창과 군집화에 대한 측정과 맞추기 위해 두 번째의 불가사의한 실체인 암흑 에너지dark energy를 도입했다. 우리는 암흑 에너지가 전혀 무리 짓지 않은 채로 우주의 팽창에 영향을 줄 수 있으며 언제나 완벽하게 일정하다고 가정하고 있다.

암흑 물질과 암흑 에너지 모두 길고 논쟁적인 역사를 거쳤다. 암흑

암흑 물질의 모습:	암흑 에너지의 모습:

그림 4.1: 암흑 물질과 암흑 에너지 모두 눈에 보이지 않는데, 이는 암흑 물질과 암흑 에너지가 빛과 기타 전자기 현상과 상호작용하지 않는다는 것을 의미한다. 우리는 오로지 중력 효과를 통해서만 그 존재를 알 수 있다.

에너지에 대한 가장 간단한 후보는 이른바 우주 상수cosmological constant라고 하는 것으로, 아인슈타인은 그의 중력 이론에 우주 상수를 속임수로 넣었던 일을 후에 일생 최대의 실수라고 했다. 1934년에 프리츠 츠비키Fritz Zwicky는 은하단이 산산조각 나지 않게 하는 추가적 중력을 설명하기 위해 암흑 물질을 가정했고, 1960년대에 베라 루빈Vera Rubin은 나선 은하가 너무 빨리 회전하기 때문에 붙잡기에 충분한 중력을 내는 보이지 않는 질량을 포함하지 않는다면 역시 쪼개져 날아가 버릴 것이라는 것을 알아냈다. 이 아이디어들에 대해서는 회의적인 의견이 상당히 많았다. 만약 우리가 어떤 설명할 수 없는 현상을 우리가 볼 수도 없고 벽을 통과해버리는 어떤 존재 탓으로 돌리기로 한다면, 말이 나온 김에 유령을 믿지 않을 이유도 없지 않을까? 게다가 나쁜 선례가 있다. 고대 그리스에서 프톨레마이오스가 행성 궤도가 완벽한 원이 아니라는 걸 알게 되었을 때, 그는 행성들이 원을 따라 움직이는 작은 원 궤도(주전원이라고 한다)를 도는 복잡한 이론을 만들어냈다. 우리가 앞에서 보았던 대로, 이후 더 정확한 중력 법칙의 발견에 의해 궤도가 원이 아니라 타원이라는 것이 알려지면서, 주전원은 사라졌다. 암흑 물질과 암흑 에너지가 필요했던 것도 마치 주전원처럼 더 정확한 중력 법칙의 발견에 의해 사라지게 되지는 않을까? 현대 우주론을 정말 진지하게 받아들일 수 있을까?

이런 것들이 내가 대학원생이던 시절의 주요 의문점이었다. 그것에 답하려면 훨씬 더 정확한 측정을 통해, 우주론을 데이터가 부족하고 사변적인 분야에서 정밀과학으로 전환시켜야 했다. 다행히도, 정확히 그런 일이 일어났다.

마이크로파 배경 요동에 대한 정밀한 확인

그림 3.6에서 보았듯이, 우주 마이크로파 배경 실험에서 찍은 우리 우주의 아기 사진은 다중항이라는 여러 장의 성분 그림의 합으로 분해할 수 있는데, 각각의 다중항들은 본질적으로 다른 크기의 얼룩에서 오는 기여분을 나타낸다. 그림 4.2는 이런 각각의 다중항에 있는 요동의 전체 양을 그린 것이다. 이 곡선이 사진에 있는 우주론의 핵심 정보를 담고 있으며, 마이크로파 배경의 파워 스펙트럼power spectrum이라고 부른다. 그림 3.4에 있는 것 같은 우주 지도를 보면, 마치 달마티안 강아지같이 다른 크기의 얼룩들이 있는 것을 알게 된다. 어떤 얼룩은 하늘에서 약 1도 크기이고, 다른 것은 2도 크기이고 등이다. 파워 스펙트럼

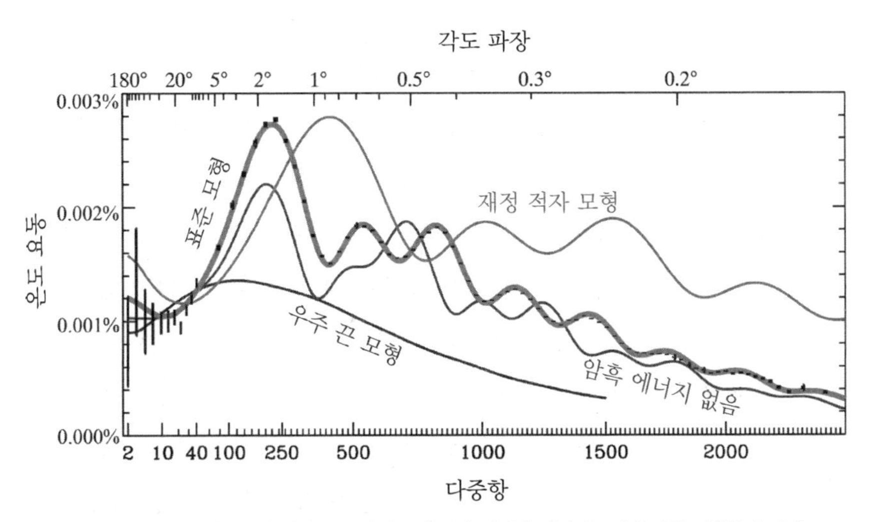

그림 4.2: 우주 마이크로파 배경 요동이 각도에 따라 어떻게 달라지는지에 대한 정확한 측정에 의해 과거 유행하던 이론적 모델 대부분이 이제 완전히 배제되었지만, 이 측정은 현재 표준 모형의 예측 곡선과는 멋지게 일치한다. 자세한 사항에 신경 쓸 것 없이, 독자는 이 그림에서 이제 아주 정확한 측정이 가능하고 이론적 예측과 일치하는 현대 우주론의 가장 놀라운 성질을 음미할 수 있다.

은 각각의 크기에 대해 얼마나 많은 얼룩이 있는지의 정보를 부호화한 것이다.

파워 스펙트럼의 좋은 점은 측정과 예측 모두 가능하다는 것이다. 우리 우주가 어떻게 팽창하고 군집화되는지에 대해 수학적으로 정의된 모든 모형에 대해서 파워 스펙트럼을 정확히 계산할 수 있다. 그림 4.2에서 보듯, 그 예측은 모형에 따라 완전히 달라진다. 그림 4.2의 모든 모델은 내가 대학원생 시절에 이 모델이 진실일 것이라고 믿었던 적어도 한 명의 존경할 만한 동료가 있었음에도 불구하고, 이제는 그 어떤 합리적인 의심의 여지도 없이 측정에 의해 단 하나만 남고 모두 배제되었다. 파워 스펙트럼의 예측 형태는 우주 군집화에 영향을 미치는 모든 것들(원자 밀도, 암흑 물질의 밀도, 암흑 에너지의 밀도 그리고 씨앗 요동의 속성)에 의해 복잡한 방식으로 결정되며, 따라서 만약 모든 가정을 적절히 바꾸어 예측이 관측과 일치하도록 할 수 있다면 작동하는 모형을 찾는 것일 뿐 아니라 이런 중요한 물리량들을 측정한 것이 된다.

망원경과 컴퓨터

내가 대학원에서 우주 마이크로파 배경에 대해 처음 배웠을 때는, 파워 스펙트럼에 대한 그 어떤 측정도 없었다. 이후 COBE팀이 난관을 헤치고 이 구불구불한 곡선을 우리에게 처음 보여주었는데, 맨 왼쪽에서의 높이가 약 0.001퍼센트였고 그 지점의 기울기는 거의 수평이었다. 사실 COBE 데이터에는 파워 스펙트럼에 대한 더 많은 정보가 있었지만 당시 아무도 그것을 추출해내지 못했는데, 왜냐하면 그 계산이 행렬이라는 숫자표에 대한 지루한 처리를 거쳐야 하기 때문이었다. 그 행렬의 크기가 31메가바이트였는데, 오늘날로 치면 휴대전화에 저장된 고작 몇 초짜리 동영상에 불과하므로 문젯거리도 되지 않겠지만, 그때는 1992년이었다. 그래서 학과 친구였던 테드 번Ted Bunn과 나는 비밀 계획을 짰다. 우리 학과의 마크 데이비스Marc Davis 교수는 "매직빈magicbean"이라는 컴퓨터를 보유하고 있었는데 그 메모리가 32메가바이트가 넘었다. 매일 밤, 나는 아무도 감시하지 않을 것 같은 한밤중에 로그인해서 우리 데이터 분석 작업을 실행시켰다. 몇 주 동안 이렇게 한밤중에 몰래 수치분석 작업을 한 끝에, 우리는 파워 스펙트럼의 모양에 대해 당시로는 가장 정확한 측정값을 담은 논문을 발표할 수 있었다.

이 프로젝트를 통해 나는 망원경이 과거 천문학을 변혁시켰듯이 컴퓨터 기술의 극적인 발전이 다시 천문학을 다른 단계에 올려놓을 잠재력이 있다는 것을 깨닫게 되었다. 실제로 오늘날 평범한 컴퓨터의 성능은 내가 테드와 같이했던 계산을 단 몇 분 만에 끝낼 수 있을 정도로 향상되었다. 나는 실험가들이 우리 우주에 대한 데이터를 얻기 위해 그렇게 열심히 일한다면, 나 같은 사람은 그들의 데이터에서 최대한 쓸모 있는 것을 뽑아내야 그 빚을 갚는 셈이라고 생각하게 되었다. 이것이 그 후 10년간 내 연구의 중심 주제가 되었다.

내가 집착했던 질문 하나는 파워 스펙트럼을 어떻게 하면 가장 잘 측정할 수 있는가 하는 것이었다. 빠른 방법들은 부정확성 등의 문제가 있었다. 그때 내 친구인 앤드루 해밀턴이 만들어낸 최적화된 방법이 있었지만, 불행히도 그 계산 시간이 우주 지도의 화소 숫자의 6제곱에 비례해서 늘어나기 때문에, COBE의 결과에서 파워 스펙트럼을 추출하려면 우주의 나이보다 더 오래 걸릴 것이라고 예상되었다.

때는 1996년 11월 21일 뉴저지주 프린스턴에 있는 고등연구소는 어둡고 적막했는데, 나는 그날도 연구실에서 정신없는 밤을 보내고 있었다. 나는 앤드루 해밀턴의 방법에 있는 6제곱을 3제곱으로 바꿀 수 있는 방법에 대한 아이디어가 떠올라 흥분해 있었는데, 그렇게 된다면 최적화된 방식으로 COBE의 파워 스펙트럼을 1시간 안에 계산할 수 있었다. 나는 그다음 날에 있을 프린스턴 학회까지 내 논문을 완성하기 위해 벼락치기 하는 중이었다. 물리학계에서 우리는 모두 논문을 완성하자마자 무료 웹사이트인 http://arXiv.org에 올려서, 심사와 출판 과정을 다 거치지 않아도 동료들이 읽을 수 있게 한다. 문제는 내가 논문을 완성하기도 전에, 제출 마감시간 직후에 투고하는 고약한 버릇이 있다는 것이었다. 그렇게 하면 나는 그다음 날의 논문 목록에 첫 번째로 올라갈 수 있다. 하지만 단점은 만약 내가 24시간 안에 논문을 완성하지 못하는 경우, 내 어리석음에 대한 영원한 기념물로서 미완성의 초고가 전 세계에 광고되어 공개적으로 망신당한다는 것이다. 이번에 내 전략은 완전히 역효과를 낳아, 나는 새벽 4시가 되어서야 논문을 완성했는데 그 전에 아직 엉망이던 토론 부분을 유럽의 부지런한 사람들이 볼 수 있게 되어버렸다. 학회에서 내 친구인 로이드 녹스Llyod Knox는 그가 토론토대학에 있는 앤드루 재프Andrew Jaffe, 딕 본드와 함께 개발한 비슷한 기법에 대해 발표했는데, 그는 아직 출판을 위한 집필이 끝나지 않은 상태였다. 내가 발표할 때, 로이드는 웃으며 딕에게 "테그마크는 손이 빨라!"라고 말했다. 우리 방법은 아주 효율적인 것으로 밝혀졌고, 기본적으로 그 이후의 모든 마이크로파 배경 파워 스펙트럼 계산에 쓰였다. 로이드와 나는 비슷한 삶의 궤적을 따라온 것 같다. 사실 그는 그 전에 마이크로파 배경 지도에서의 잡음에 대한 멋진 공식 발견에서 나를 따돌린 적이 있고, 같은 시기 두 아들을 보았으며, 심지어 이혼도 비슷한 시기에 했다.

언덕의 황금

관측, 컴퓨터 그리고 기법의 향상에 힘입어, 그림 4.2의 파워 스펙트럼 곡선의 측정은 계속 더 좋아졌다. 그림에서 볼 수 있듯, 그 곡선은 약간 캘리포니아의 구불구불한 언덕처럼 생겨서 봉우리가 여러 개 있을 것으로 예측되었다. 만약 당신이 그레이트데인, 푸들, 치와와의 크기를 재고 그 분포를 그린다면, 봉우리 3개가 있는 곡선을 얻을 것이다. 마찬가지로, 만약 당신이 그림 3.4에 나온 것 같은 우주 마이크로파 배경 얼룩을 많이 측정해서 그 크기 분포를 그린다면, 특별히 흔한 몇몇 얼룩 크기가 있다는 것을 발견하게 될 것이다. 그림 4.2에서 가장 뚜렷한 봉우리는 각도로 약 1도 크기의 얼룩에 해당한다. 왜 그럴까? 자, 이 얼룩들은 광속에 가깝게 우주 플라스마를 퍼져나간 음파에 의해 만들어진 것이며, 그 얼룩들은 빅뱅 이후 약 40만 년 동안 존재했었고, 따라서 약 40만 광년 크기를 가지게 되었다. 40만 광년 크기의 방울이 140억 년 이후 오늘날 하늘에서 몇 도 크기가 될지 계산하면 1도를 얻는다. 공간이 휘지 않았다면 그렇다는 뜻인데….

2장에서 논의했듯이, 균일한 3차원 공간에는 여러 가지가 있다. 유클리드가 공리화했으며 우리 모두 학교에서 배운 평평한 공간 말고도, 각도가 다른 규칙을 따르는 휜 공간들이 가능하다. 우리는 학교에서 평평한 종이 위의 삼각형 내각의 합이 180도라고 배운다. 하지만 당신이 만약 삼각형을 오렌지 표면 위에 그린다면, 내각의 합은 180도가 넘는다. 반면에 삼각형을 말안장 위에 그리면, 그 합은 180도보다 작다(그림 2.7). 마찬가지로 만약 물리적 공간이 구의 표면처럼 휘어 있다면, 마이크로파 배경 얼룩이 덮는 각도는 더 커질 것이고, 결국 파워 스펙트럼 곡선의 봉우리는 왼쪽으로 밀릴 것이다. 만약 공간이 말안장같이 휘었다면, 얼룩은 작게 보이고 봉우리는 오른쪽으로 밀릴 것이다.

내 생각에, 아인슈타인 중력 이론에서 가장 아름다운 점은 기하학이 그저 수학에 머무르지 않고 물리학이기도 하다는 점이다. 특히, 아인슈타인 방정식은 공간이 물질을 더 많이 포함할수록 더 휜다는 것을 보여준다. 공간의 이런 곡률은 물체들이 직선을 따라 움직이는 것이 아니라 무거운 물체를 향해 쏠려 움직이게 한다. 그리하여 중력을 기하학의 징후徵候로서 설명하는 것이다. 이것은 우주의 무게를 재는 완전히 새로운 길을 여는데 즉, 우주 마이크로파 배경 파워 스펙트럼의 첫 번째 봉우리의 위치를 재면 된다! 만약 그 위치에서 우주가 평평하다는 것이 확인된다면, 아인슈타인의 방정식에 의해 우주의 평균 밀도는 약 10^{-26}kg/m^{3}인데, 그것은 지구만 한 크기 안에 약 10밀리그램, 또는 1세제곱미터 안에 수소 원자가 약 6개 있는 정도에 해당한다. 만약 봉우리가 왼쪽으로 이동하면 밀도는 높아지며, 오른쪽으로 이동하면 반대로 된다. 암흑 물질과 암흑 에너지에 대한 당혹감을 생각하면, 밀도를 결정하는 것은 아주 중요한 일이며, 따라서 전 세계의 실험팀들이 첫 봉우리를 정복하기 위해 경주했다. 그것은 또한 큰 얼룩들에 해당하기 때문에 검출하기도 비교적 쉬울 것이었다.

내가 그 봉우리를 처음으로 언뜻 본 것은 1996년으로 새스커툰 데이터를 이용하여 작성한, 라이먼 페이지의 학생인 바스 네터필드Barth Netterfield가 주도한 논문에서였다. 나는 "우아!"라고 탄성을 지르며, 그 논문을 제대로 보기 위해 뮌헨 뮤즐리를 가득 떴던 숟가락을 내려놓았다. 머릿속에서야 파워 스펙트럼 봉우리들의 이론이 아주 우아하지만, 직감으로는 인간의 추측이 이렇게 잘 맞으리라고는 생각하지 못했었다. 3년 후, 라이먼 페이지의 학생인 앰버 밀러Amber Miller는 첫 봉우리에 대한 더 정확한 측정을 주도했는데, 그것이 거의 평평한 우주에 해당하는 위치에 있다는 것을 확인했지만, 그래도 뭔가 사실이라기에는 너무 완벽해 찜찜한 구석이 있었다. 마침내 2000년 4월, 나는 받아들일 수밖에 없었다. 부메랑이라는 이름이 붙은 마이크로파 망원경을 축구장 크기 정도 되는 풍선 아래 달아 남극점 주위를 11일 동안 일주하며 얻은, 그때까지 나온 것 중 가장 정확한 파워 스펙트럼 측정 결과가 발표되었는데, 아름다운 첫 봉우리가 정확히 평평한 우주에 해당하는 위치에 있었다. 따라서 이제 우리는 우주의 전체 밀도(우주 전체의 평균 밀도)를 알게 되었다.

암흑 에너지

이 측정은 우주의 물질 예산을 산정하는 데 흥미로운 상황을 초래한다. 그림 4.3에서 보듯이, 우리는 첫 봉우리의 위치로부터 우주의 전체 예산을 알고 있는데, 실은 보통 물질의 밀도도 알고, 은하단의 형성에 대한 중력의 영향으로부터 암흑 물질의 밀도도 안다. 하지만 이런 모든 물질은 전체 예산에서 고작 30퍼센트밖에 안 되기 때문에 나머지

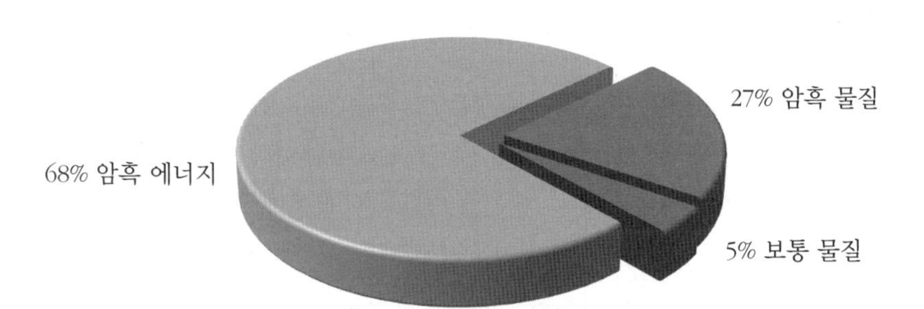

그림 4.3: 우주의 물질 예산. 마이크로파 배경의 파워 스펙트럼 봉우리들의 수평축 위치는 우주가 평평하며 (전체 우주에 대해 평균 낸 밀도가) 물과 비교해서 약 1조의 1조의 100만(10^{30})배 더 작다는 것을 알려준다. 봉우리의 높이는 보통 물질과 암흑 물질이 고작 30퍼센트만 차지한다는 것을 알려주며, 따라서 뭔가 다른 것이 70퍼센트 있어야 하고, 그것을 암흑 에너지라고 부른다.

70퍼센트가 무리 짓지 않는 형태의 물질, 이른바 암흑 에너지라는 것을 의미한다.

방금 말한 것 중 가장 인상적인 내용은 사실 내가 언급하지 않은 초신성이다. 군집화 대신 우주 팽창에 근거한, 암흑 에너지에 대해 완전히 독립적인 증거도 정확히 같은 70퍼센트라는 숫자를 내놓았다. 앞에서 우리는 세페이드 변광성을 표준 촉광으로 사용해 우주의 거리를 측정하는 것을 살펴보았다. 우주론 학자들은 이제 더 밝은 표준 촉광을 도구함에 가지고 있어서, 100만 광년이 아니라 수십억 광년 떨어진 것들도 볼 수 있다. 이것들은 Ia형 초신성이라고 부르는 거대한 우주 폭발로서, 몇 초 동안 태양보다 10억의 수억 배 더 큰 에너지를 내놓을 수 있다.

"반짝 반짝 작은 별"의 나머지 가사를 기억하는가? 제인 테일러Jane Taylor가 "세상 저 높이 아주 높이/ 하늘의 다이아몬드처럼"(원래 영어 가사는 Up above the world so high,/ Like a diamond in the sky이다._옮긴이)이라고 썼을 때, 그녀는 그 가사가 얼마나 정확한지 몰랐을 것이다. 약 50억 년 후 태양이 결국 수명을 다하면 되는 백색왜성은 마치 다이아몬드처럼 거의 순수하게 탄소 원자로 이루어진 거대한 공이다. 오늘날 우리 우주에는 오래된 별들이 만든 백색왜성이 아주 풍부하다. 백색왜성 중 대다수는 주위의 죽어가는 별로부터 가스를 흡수해서 질량이 지속적으로 증가한다. 그러다 일단 공식적으로 과체중이 되면(태양 질량의 1.4배가 넘는 경우), 별의 심장마비에 해당하는 사건을 겪는다. 즉, 백색왜성은 불안정해져 거대한 열핵 폭발에 의해 산산조각 나는데, 그것이 바로 Ia형 초신성이다. 이런 모든 우주 폭탄은 같은 질량을 가지기 때문에, 당연히 거의 같은 에너지를 내놓는다.

게다가 폭발력의 조그만 차이가 폭발의 스펙트럼 및 얼마나 빨리 밝아졌다가 어두워지는지와 연관되어 있다는 것이 알려졌으며, 이 모든 것이 측정 가능하므로, 천문학자들은 Ia를 표준 촉광으로 사용할 수 있다.

솔 펄머터Saul Perlmutter, 애덤 리스Adam Riess, 브라이언 슈밋Brian Schmidt, 로버트 커시너Robert Kirshner 및 그 공동연구자들은 이 기법을 사용해 아주 많은 Ia형 초신성까지의 거리와 또한 그 적색이동을 통해 얼마나 빨리 우리에게서 멀어지는지 정확히 측정했다. 이런 측정으로부터, 그들은 과거 각 시점에 우리 우주가 얼마나 빨리 팽창했었는지의 역사를 지금까지 가장 높은 정확도로 재구성했다. 그리고 1998년, 그들은 깜짝 놀랄 발견을 발표했으며 그 공로로 2011년 노벨 물리학상을 받았다. 그 내용은 바로 우주 팽창의 속도가 첫 70억 년 동안 느려진 이후, 다시 더 빨라졌으며 그 이후 계속 가속되었다는 것이다! 만약 당신이 돌멩이를 공중에 던지면 지구의 중력은 지구에서 멀어지는 운동을 감속시키는데, 따라서 우주의 가속은 끌어당기는 것이 아니라 밀치는 것이라는 기묘한 중력을 밝힌 것이다. 다음 장에서 설명하겠지만, 아인슈타인의 중력 이론은 암흑 에너지가 바로 정확히 이런 반중력 효과를 갖는다는 것을 예측했으며, 초신성팀들은 우주 물질 예산의 70퍼센트가 암흑 에너지라는 것이 그들의 관측을 멋지게 설명한다는 것을 발견했다.

50퍼센트의 타율

과학자로서 가장 좋은 일 중 하나는 아주 멋진 사람들과 함께 일하는 것이다. 내가 논문을 가장 많이 같이 쓴 사람은 마티아스 잴더리아가Matias Zaldarriaga라는 친절한 아르헨티나 사람이다. 내 전처와 나는 남

모르게 그에게 "위대한 잴더"라는 별명을 붙였고, 그의 재능을 능가하는 것은 그의 유머 감각뿐이라는 데 동의했다. 그는 그림 4.2에 나온 것 같은 파워 스펙트럼 곡선을 계산하는 데 모든 사람이 사용하는 프로그램을 공동으로 개발했으며, 한 번은 그의 예측이 모두 틀렸고 봉우리가 없다는 데 아르헨티나로 가는 비행기표를 건 적이 있다. 부메랑 결과를 준비하기 위해, 우리는 많은 모델을 미리 계산해놓아 측정과 비교할 수 있도록 했다. 그래서 부메랑 데이터가 나왔을 때, 나는 다시 완성되지 않은 논문을 http://arXiv.org에 미리 올려놓았고, 일요일 저녁 그것이 공개되기 전에 완성하려고 밤낮없이 일하는 짜릿함을 맛보았다. 보통 물질(즉, 원자들)은 암흑 물질이 간단히 통과하는 것들에 충돌할 수 있으므로, 우주에서 다르게 운동한다. 따라서 보통 물질과 암흑 물질이 우주 군집화와 마이크로파 배경 파워 스펙트럼(그림 4.2)에 다르게 작용한다. 특히, 물질 예산에 원자가 더 많이 있으면 두 번째 봉우리가 낮아진다. 부메랑팀은 정말 작은 두 번째 봉우리를 보고했는데, 마티아스와 나는 그러려면 원자들이 우주 물질 예산에서 적어도 6퍼센트는 차지해야 한다는 것을 알아냈다. 그러나 빅뱅 핵합성, 즉 우리가 3장에서 논의한 우주 핵융합로 설명이 맞으려면 원자들이 5퍼센트를 차지해야 하므로, 뭔가 잘못되었다는 것을 알 수 있다! 나는 정신없던 시절이던 그 당시에 발표를 위해 앨버커키Albuquerque(미국 뉴멕시코주의 도시._옮긴이)에 방문했는데, 우리 우주에서 밝혀진 이런 새로운 실마리를 청중에게 이야기하게 된 것은 아주 기쁜 일이었다. 마티아스와 나는 마감 시간에 겨우 맞출 수 있었으며, 우리 논문은 심지어 부메랑팀 자신의 분석 논문보다도 더 먼저 나왔는데, 그것은 까다로운 컴퓨터가 부메랑 논문에 있는 그림 설명이 규정을 한 단어 초과했다는 어처구니없는 이유로 등록을 보류시켰기 때문이었다.

크로스 체크는 아이스하키에서는 나쁜 것이지만 과학에서는 교차 검증이라는 뜻으로 모르던 실수를 찾을 수 있어 좋은 것이다. 부메랑으로 인해 우주론 학자들은 우주 물질 예산에 대해 두 가지 교차 검증을 수행할 수 있게 되었다.

1. 우리는 암흑 에너지 비율을 두 가지 방법(Ia 초신성과 우주 마이크로파 배경 봉우리)으로 측정했으며 그 답은 서로 일치한다.
2. 우리는 보통 물질의 비율을 두 가지 방법(빅뱅 핵합성과 우주 마이크로파 배경 봉우리)으로 측정했는데 그 결과는 서로 일치하지 않으며, 따라서 두 방법 중 적어도 하나는 잘못되었다.

다시 나타난 둔덕

1년 후, 나는 워싱턴 D. C.의 호화로운 기자회견장에서 마치 산타클로스가 세 번 연달아 오는 것을 기다리는 듯 아주 궁금한 기분으로 있었다. 첫 연사는 존 칼스트롬John Carlstrom으로, DASI라는 남극점 망원경으로 측정한 마이크로파 결과를 발표할 예정이었다. 내가 이미 잘 알고 있는 기술적인 세부 사항에 대한 흔한 설명 후에 빵! 하고 내가 그때까지 보았던 가장 놀라운 파워 스펙트럼 그림을 보여주었다. 거기에는 무려 3개의 봉우리가 뚜렷이 보였다. 그다음은 2번 산타인, 부메랑팀의 존 룰John Ruhl이었다. 어쩌고저쩌고하다가 – 빵! DASI 측정과 아름다운 일치를 보이는, 3개의 봉우리가 있는 놀라운 파워 스펙트럼이었다. 그리고 한때 그렇게 무기력했던 두 번째 봉우리가 망원경의 모델링을 개선한 후 더 커졌다. 마지막으로, 3번 산타인 폴 리처즈Paul Richards는 MAXIMA라고 부르는 기구 실험의 측정이 다른 팀들의 데이터와 잘 일치한다는 것을 보고했다. 나는 그저 놀라울 뿐이었다. 여러 해 동안 우주의 마이크로파 배경에 부호화된, 손에 잡히지 않던 실마리를 찾기를 꿈꾸었는데, 결국 여기 나타난 것이다! 우리 인간이 빅뱅의 고작 수십만 년 이후 우주가 어땠는지 안다는 것이 너무도 오만하게 느껴지기도 했지만, 우리는 옳았던 것이다. 그날 밤 나는 재빨리 새 마이크로파 배경 데이터를 가지고 모델에 맞추는 프로그램을 다시 수행해보았는데, 두 번째 봉우리가 더 높아져서, 내 프로그램은 약 5퍼센트의 원자들을 예측했고, 그것은 빅뱅 핵합성과 멋지게 일치하는 결과였다. 원자에 대한 교차 검증은 실패였다가 성공하게 되었고, 우주에는 질서가 회복되었다. 그리고 그 질서는 이후로도 유지되고 있다. 오늘날 WMAP, 플랑크 그리고 기타 실험들은 파워 스펙트럼 곡선을 훨씬 더 정확히 측정하며, 그림 4.2에서 볼 수 있듯이, 초기 실험이 진정 옳았음을 보여주고 있다.

정밀 은하 군집

2003년, 우주 마이크로파 배경 복사는 우주론의 가장 멋진 성공 사례라고 주장할 수 있을 정도가 되었다. 많은 사람들이 그것을 만병통치약으로 여겼으며 모든 문제를 해결할 수 있고 우주론 모델의 모든 핵심적 숫자들을 측정할 수 있을 거라고 생각했다. 그러나 이 생각은 틀렸다. 내 몸무게를 측정했더니 90킬로그램이 나왔다고 해보자. 분명 이것만으로는 내 키와 내 허리둘레를 결정할 수 없는데, 왜냐하면 내 몸무게는 두 가지 모두에 따라 달라지기 때문이다. 나는 키가 크고 날씬할 수도, 또는 작고 뚱뚱할 수도 있다. 우주의 핵심적 숫자들을 측정하려 할 때도 유사한 문제가 있다. 예를 들어, 마이크로파 배경 얼룩의 보통 크기는 그림 4.2의 마이크로파 배경 봉우리의 수평 방향에서의 위치에 해당하는데, 그것은 우주의 곡률(얼룩을 확대하거나 축소하는 효과) 그리고 암흑 에너지 밀도(우리 우주의 팽창 속도를 변화시키며 따라서 얼룩이 있는 플라스마 표면까지의 거리를 변화시키고 얼룩을 크거나 작게 보이게 한다) 모두에 따라 달라진다. 따라서 많은 기자들은 부메랑이나 WMAP 등의 실험이 우주가 평평하다는 것을 증명했다고 보도했지만, 그것은 사실이 아니었다. 우리의 우주는 70퍼센트의 암흑 에너지를 갖고 평평하거나, 또는 다른 양의 암흑 에너지를 포함하고 휘었을 수도 있다. 이처럼 마이크로파 배경만으로는 풀기 어려운, 유사하게 엉킨 우주론 인수들이 더 많다. 예를 들어, 초기 우주의 덩어리짐 진폭과 처음으로 별들이 형성된 시기 모두 그림 4.2 파워 스펙트럼을 비슷한 방식으로 변화시킨다(이 경우는 봉우리 높이가 바뀐다). 고등학교 수학 시간에 배웠듯이, 2개의 미지수를 결정하려면 2개의 방정식이 필요하다. 우주론에서는 약 7개의 숫자를 결정하는 것이 문제인데, 마이크로파 배경만으로는 이것이 가능할 만큼의 정보를 얻을 수 없다. 따라서 우리는 다른 우주론적 측정에서 추가 정보를 얻어내야 한다. 그중 하나가 3차원 은하 지도이다.

은하 적색이동의 측량

우리 우주에서 은하들의 위치에 대한 3차원 지도를 만들 때, 우리는 우선 은하를 찾기 위해 2차원 사진들을 분석하고, 이후 추가적 측정을 통해 은하까지의 거리를 계산한다. 지금까지 가장 야심적인 3차원 지도 프로젝트는 슬론 디지털 스카이 서베이Sloan Digital Sky Survey, SDSS

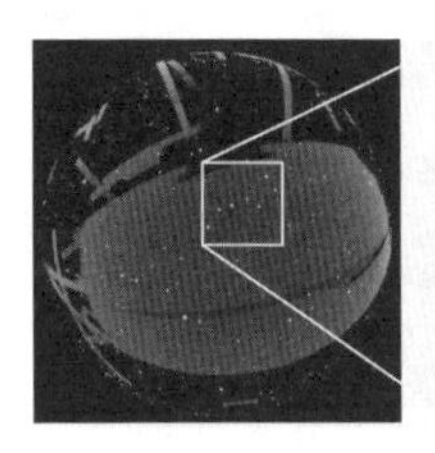
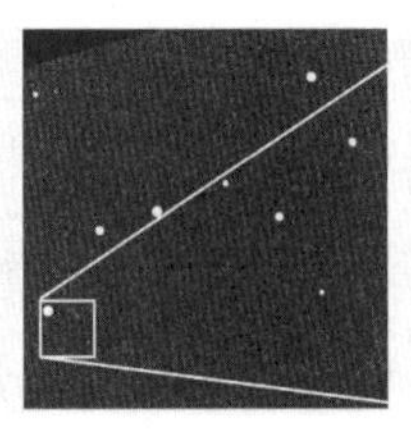

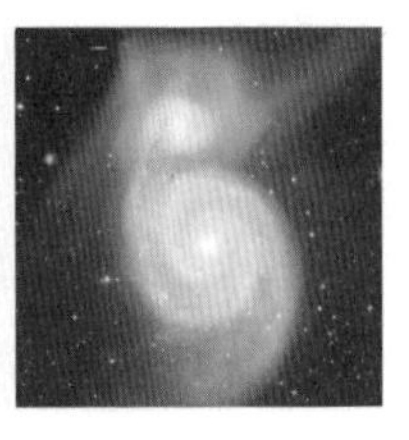

그림 4.4: 슬론 디지털 스카이 서베이는 엄청난 양의 정보를 담고 있다. 왼쪽 그림의 구는 전체 우주인데 1테라, 즉 100만 메가의 화소를 포함한다. 여기서는 소용돌이 은하의 북두칠성 뒤를 반복적으로 확대해서 보여주고 있으며, 다른 모든 곳에서도 이와 같은 정도로 상세한 정보를 얻을 수 있다. (출처: 마이크 블랜턴Mike Blanton과 데이비드 호그David Hogg/SDSS 연구팀)

로 나는 운 좋게도 프린스턴대학의 박사후과정이었을 때 그 팀에 참가할 수 있었는데, 당시 슬론 디지털 스카이 서베이는 소수의 인원으로 이미 거의 10년 동안이나 그 프로젝트를 구성하고, 망원경을 제작하고, 여러 가지 일을 진행한 후였다. 주문 제작한 2.5미터의 망원경으로 뉴멕시코주에서 하늘의 약 3분의 1에 대한 이미지를 완성하는 데 10년 넘게 걸렸다. 짐 건Jim Gunn은 마치 턱수염을 기른 친절한 마법사가 연상되는 프린스턴대학 교수로, 그는 신비한 능력으로 망원경에 부착할 놀라운 디지털 카메라를 제작했는데, 그것은 그때까지 천문 관측에 사용된 가장 큰 카메라였다.

그림 4.5와 같은 우주 이미지를 꼼꼼히 들여다보면, 많은 별, 은하 그리고 다른 천체들을 찾을 수 있다. 천체들은 사실 5억 개가 넘는데, 따라서 만약 대학원생에게 그 천체들을 찾으라고 시킨다면, 1초에 1개씩, 주말이나 휴일에도 쉬지 않고 매일 8시간씩 일한다고 해도 50년을 기다려야 한다. 이래서야 역사상 최악의 논문 지도교수라는 말을 듣게 될 것이다. 이런 천체 탐색은 놀랍게도 컴퓨터가 하기에도 어려운 문제이다. 은하(흐릿하고 퍼져 보인다), 별(대기의 영향으로 희미해지거나 아니면 점으로 보인다), 혜성, 위성과 여러 가지 기계적 영향 등을 구분할

그림 4.5: 슬론 디지털 스카이 서베이 지도의 작은 부분을 사용해서 프린스턴대학 천문학과의 벽 하나 전체를 장식해놓았다. 로버트 럽턴이 내 아이들과 함께 자세히 들여다보고 있다. 로버트의 소프트웨어가 지도의 모든 천체들을 식별한 다음, 가장 흥미로운 은하들까지의 거리를 측정하여 우리의 위치를 중심으로 한 3차원 지도(왼쪽)를 만들었으며 각각의 점은 은하를 나타낸다. 이미지의 위에서 약 3분의 1 정도 되는 곳에 "슬론 장성Sloan Great Wall"이 보인다.

수 있어야 한다. 더 곤란한 것은 가까운 별이 먼 은하 앞에 위치한 것같이 천체들이 겹쳐지는 일이 종종 일어난다는 것이다. 여러 사람들이 이 문제로 몇 년간 골치를 썩인 끝에, 결국 로버트 럽턴Robert Lupton이 영웅적인 프로그래밍 작업으로 해결했다. 그는 쾌활한 영국인으로 "착한 사람 로버트 럽턴Robert Lupton the Good"을 이메일 이름으로 사용하며 언제나 맨발로 다닌다(그림 4.5).

다음 단계는 각각의 은하가 얼마나 떨어져 있는지 알아내는 것이다. 3장에서 우리는 에드윈 허블의 법칙 $v=Hd$가 어떻게 우리 우주의 팽창을 의미하는지 배웠는데, 그에 따르면 먼 은하까지의 거리 d가 멀수록 우리로부터 멀어지는 속도 v도 빨라진다. 이제 허블의 법칙이 완전히 확립되었으므로, 우리는 그것을 역으로 사용해서 거리를 잴 수 있다. 은하가 얼마나 빨리 멀어지는지 그 스펙트럼선의 적색이동을 이용해 재면, 그 거리를 알 수 있다. 기본적으로, 적색이동과 속도를 재는 것은 천문학에서 쉬운 일이지만 거리를 재는 것은 어려운 일이기 때문에, 허블의 법칙은 큰 도움이 된다. 가까운 은하들을 통해 허블 상수 H를 측정하고 나서, 멀리 있는 은하의 적색이동 스펙트럼으로부터 v를 재고 H로 나누면 그 거리에 대한 훌륭한 추정치를 얻게 된다.

로버트 럽턴의 소프트웨어가 뽑아낸 천체 목록에서, 가장 흥미로운 100만 개 정도가 선택되어 그 스펙트럼을 측정했다. 에드윈 허블이 우리의 우주 팽창을 발견하는 데 쓰인 24개의 은하 스펙트럼은 당시 측정에 약 수 주가 걸렸다. 그에 비해, 슬론 디지털 스카이 서베이는 시간당 640개의 비율로 동시에 측정한 스펙트럼을 대량생산할 수 있었다. 그 비결은 640개의 광섬유를 망원경의 초점면에서 로버트의 목록이 은하의 상이 맺힐 거라고 예상하는 곳에 위치시키고, 이 광섬유를 통해 은하의 빛을 분광기에 보내 디지털 카메라로 640개의 무지개 사진을 찍는 것이다. 데이비드 슐레겔David Schlegel과 그의 동료들이 주도한 다른 소프트웨어가 이 무지개를 분석해서 각 은하까지의 거리(스펙트럼선의 적색이동으로부터) 및 다른 성질들을 계산했다.

그림 4.5의 가장 왼쪽 사진에 우리 우주의 3차원 단면을 나타냈는데, 각 점이 은하를 의미한다. 나는 잠시 모든 것에서 벗어나고 싶어질 때, 내가 가진 3차원 우주여행 시뮬레이터로 은하들 사이를 날아다니는 것을 좋아한다. 그러면 내가 아주 아름답다고 생각하는 것, 즉 우리가 훨씬 더 장대한 어떤 것의 일부분이라는 것이 드러난다. 우리 행성은 태양계의 일부이고 우리 태양계는 은하의 일부이며, 다시 우리 은하는 은하군, 은하단, 초은하단 그리고 거대 필라멘트 구조와 같은 우주 거미줄의 일부이다. 이 지도를 자세히 조사하고 이제 "슬론 장성"이라고 알려진 것(그림 4.5 왼쪽)을 처음 발견했을 때, 나는 그 크기에 너무 깜짝 놀라 처음에는 내 코드에 오류가 있을 거라고 생각했다. 그러

나 내 동료들도 슬론 장성을 독립적으로 발견했으며 그것은 분명 진짜이다. 약 14억 광년 길이의, 우리 우주에서 지금까지 알려진 가장 큰 구조이다. 이런 거대 스케일 군집 패턴은 우주론적 보물로서, 우주 마이크로파 배경이 놓친 값진 정보를 포함하고 있다.

조롱의 우주론에서 정밀 우주론으로

은하 분포의 이런 패턴은 사실 마이크로파 배경 지도에서 나타나는 것과 같은 패턴인데, 단지 수십억 년 후, 중력에 의해 증폭된 것이다. 한때 주위보다 기체가 0.001퍼센트 더 많았던 영역은 WMAP 지도에서 한 점으로 찍히는데(그림 3.4), 오늘날 그곳에는 은하 100개의 군집이 있을 수 있다. 이런 의미로 우리는 우주 마이크로파 배경 요동을 우주의 DNA, 즉 우리 우주가 자라 무엇이 될지에 대한 청사진으로 생각할 수 있다. 우주 마이크로파 배경에 보이는 과거의 약한 군집화를 3차원 은하 지도에 있는 현재의 강한 군집화와 비교하면, 우리는 그때와 지금 사이 중력으로 군집화를 일으킨 것의 자세한 성질을 알아낼 수 있다.

마이크로파 배경 군집이 파워 스펙트럼 곡선에 의해 특징지어지듯이(그림 4.2), 은하 군집도 마찬가지이다. 그러나 이 곡선을 아주 정확히 결정하는 것은 아주 어려운 일이었다. 나는 동료들로부터 많은 도움을 받았는데도 불구하고 그림 4.6에 있는 슬론 디지털 스카이 서베이 은하 파워 스펙트럼 측정을 끝내는 일에 무려 6년이 걸렸는데, 그때까지 내 인생에서 가장 힘겨운 프로젝트였다. 몇 번이나, 나는 더는 할 수 없을 지경인데 다행히 결국 거의 끝냈구나!라고 생각했다가 분석에 있어서 중대한 문제점을 새로 발견하곤 했다.

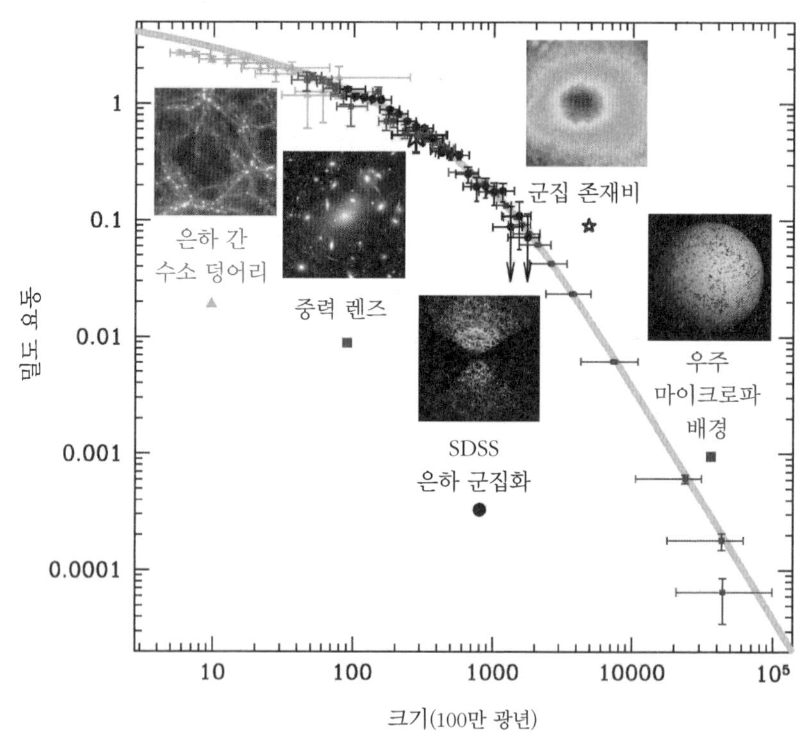

그림 4.6: 우리 우주 물질의 응집은 여기 파워 스펙트럼 곡선에 의해 묘사된다. 곡선이 10억 광년에서 10퍼센트라는 것은 대략 말해 그 반지름의 구 안에 있는 질량을 재면 위치에 따라 그 답이 약 10퍼센트 정도 차이날 수 있다는 것을 의미한다. 내가 경력을 시작했을 때와 반대로, 지금은 아주 정밀한 측정값이 존재하며, 이론적 예측과도 일치한다. 특히 놀라운 것은 이 곡선을 구성하는 5가지 측정이 완전히 다른 방식으로 다른 사람들에 의해 얻어졌는데도 일치한다는 사실이다.

그것이 왜 그렇게 어려웠는가? 뭐, 우주에 있는 모든 은하의 정확한 위치를 알고 그것을 분석할 무한히 강력한 컴퓨터가 있다면야 쉬울 것이다. 실제로 우리는 여러 가지 복잡한 사정 때문에 많은 은하들을 제대로 볼 수 없고, 우리가 볼 수 있는 것들도 일부는 그 거리와 밝기가 우리가 생각하는 것과 다르다. 만약 우리가 이런 복잡한 점들을 무시한다면, 부정확한 파워 스펙트럼을 얻게 되고 그것은 우리 우주에 대한 부정확한 결론으로 이어질 것이다.

최초의 3차원 지도는 아주 작았기 때문에 분석에 시간을 많이 들일 가치가 없었다. 내 동료인 마이클 보글리Michael Vogeley는 1996년까지의 모든 측정을 요약한 멋진 그래프를 보내주었는데, 측정의 불확실성을 나타내는 에러 바Error bar(측정값의 오차 범위를 나타내는 선분. 그림 4.6에서도 볼 수 있다._옮긴이)를 왜 표시하지 않았는지 물었더니, 그는 "그 값들을 어차피 믿지 않으니까"라고 대답했다. 그의 의심에는 그럴 만한 이유가 있었다. 어떤 팀은 다른 팀에 비해 10배나 더 큰 파워를 주장했으니, 그들 모두가 맞았을 수는 없었던 것이다.

전 세계의 그룹들이 더 큰 3차원 지도를 만들고 온라인에서 공유했다. 나는 이 지도를 완성하기 위해 그렇게 많은 사람들이 그렇게 열심히 일한다면, 그것을 정말 꼼꼼히 분석할 가치가 있을 거라고 생각했다. 따라서 나는 내 친구인 앤드루 해밀턴과 함께 특별히 애를 써서 우리가 우주 마이크로파 배경 분석을 위해 개발했던 것과 같은 정보 이론 기법을 사용해 은하 파워 스펙트럼을 계산하기로 했다.

앤드루는 구제할 수 없을 정도로 쾌활하며 장난스럽고 밝은 미소가 매력적인 영국인으로, 내가 가장 좋아하는 공동연구자 중 한 사람이기도 하다. 한번은 내가 앤드루와 또 다른 친구들인 웨인 허Wayne Hu, 데이비드 호그를 만나기로 약속한 식당에 늦게 도착한 적이 있었다. 데이비드는 그 당시 머리를 밀었는데, 내가 웨이트리스에게 로버트 레드퍼드, 브루스 리, 코작(로버트 레드퍼드와 브루스 리는 왕년의 인기 영화 배우이고, 코작은 1970년대 미국의 인기 수사 드라마 제목이자 그 주인공 이름이다. 코작은 뉴욕시의 경찰이며 대머리이다._옮긴이)처럼 보이는 삼인조를 보았냐고 물었더니, 그녀는 잠시 생각한 후 미소를 지으며 "로버트 레드퍼드는 보이네요…"라고 말했다. 우리는 먼저 각각 5,000, 1만

5,000, 2만 그리고 10만 개 은하를 포함한, IRAS, PSCz, UZC 그리고 2dF라는 알아듣기 힘든 이름이 붙은 단계적으로 더 큰 3차원 지도들을 분석했다. 앤드루는 콜로라도주에 살았는데, 우리는 파워 스펙트럼 계산의 수학적 복잡함에 대해 이메일, 전화, 그리고 알프스와 로키산맥 등반 시까지 포함해 끝없는 대화를 나누었다.

슬론 디지털 스카이 서베이 지도는 100퍼센트 디지털 이미징과 세심한 화질 제어로, 측정 결과 중에 가장 크고 깨끗했는데, 따라서 나는 그것을 최고로 공들여 분석할 가치가 있다고 생각했다. 그 결과가 가장 약한 부분에 의해 좌우될 것이므로, 나는 사람들이 가장 지루하다고 여기는 여러 가지 지저분한 문제를 해결하는 데 몇 년을 보냈다. 질 냅Jill Knapp 교수는 그 프로젝트를 주도하는 인물 중 한 사람으로 짐 건의 아내이기도 한데, 프린스턴에서 매주 회의를 열어 우리가 분석에 숨은 비밀을 찾아내고 다음에 무엇을 해야 할지 결정하는 동안 온갖 맛있는 음식들로 우리를 행복하게 해주었다. 예를 들어, 특정 방향에 대해 우리가 지도에 추가할 은하가 몇 개나 되는지는 그 사진이 찍히는 동안 날씨가 어땠는지, 그 사이 은하 먼지가 얼마나 있었는지, 그리고 광섬유가 다룰 수 있을 만큼 가시적인 은하의 비율이 얼마나 되는지 등에 달려 있었다. 솔직히 말해 이런 일은 정말이지 따분하기 때문에 그 이상 자세한 것은 이야기하지 않겠지만, 여러 사람들, 특히 마이클 스트라우스Michael Strauss 교수와 그의 학생이었던 마이크 블랜턴에게 많은 도움을 받은 것은 언급해야 겠다. 그와 동시에 몇 테라바이트에 달하는 숫자들의 표인 행렬을 몇 주 동안 컴퓨터를 실행해서 계산하고, 뒤죽박죽이 된 결과 그래프를 들여다보고, 내 프로그램의 오류를 수정하고, 다시 시도하는 작업의 주기가 끝없이 반복되었다.

6년 동안의 이런 작업 끝에, 나는 마침내 그 결과를 담은 논문 두

편을 60명이 넘는 공동저자와 함께 2003년에 투고했다. 나는 아마도 이 책을 제외하고는 내 일생에 끝을 보아 그렇게 후련했던 일이 없었을 것이다. 논문 하나는 그림 4.6의 은하 파워 스펙트럼 측정에 대한 것이고, 다른 논문은 이 결과와 마이크로파 배경 파워 스펙트럼을 종합해서 우주론 인수들을 결정하는 것을 다루었다. 표 4.1에 중요한 인수를 정리해놓았다. 표 4.1의 숫자들은 다른 사람들이 측정한 더 최근의 값들이지만 불확실성이 줄어든 정도이며 크게 바뀌지 않았다. 나는 대학원생 시절 우리 우주가 100억 살인지 200억 살인지에 대해 격렬히 논쟁하던 것을 생생히 기억하는데, 이제 우리는 137억인가 138억인가를 놓고 논쟁하고 있다! 정밀 우주론의 시대가 마침내 도래했으며, 나는 이 일에 작은 역할이나마 할 수 있었던 것에 신나고 영예롭게 느낀다.

개인적으로 이 성과는 내게 큰 행운이었다. MIT에서의 내 정년보

인수의 이름	인수의 기호	측정값	불확실성
원자 비율	Ω_b	0.049	2%
암흑 물질 비율	Ω_d	0.27	4%
암흑 에너지 비율	Ω_Λ	0.68	1%
중성미자 비율	Ω_ν	0.003	100%
전체 예산	$\Omega_{\rm tot}$	1.001	0.7%
우주의 나이(10억 년)	t_0	13.80	0.2%
군집화 씨앗 진폭	Q	0.0000195	3%
군집화 씨앗 "경사도"	n	0.96	0.5%

표 4.1: 우주 마이크로파 배경 지도와 3차원 은하 지도를 결합하면 우리는 몇 퍼센트의 정밀도로 우주론의 중요한 양들을 결정할 수 있다.

장 심사는 2004년 가을에 있었는데, 그 전에 나는 통과를 위해서는 "홈런 한 방, 또는 적어도 2루타 두 방"이 필요하다는 말을 들었다. 마치 음악가들에게 인기 순위가 중요하듯, 우리 과학자들에게는 인용 목록이 중요하다. 누군가가 당신의 논문을 인용할 때마다, 마치 모자에 깃털을 꽂는 것처럼 명예가 더해진다. 인용에 관한 일은 게으른 저자가 논문을 직접 읽지 않고도 다른 논문에서 인용 목록을 그대로 복사하는 경향이 있어, 편승효과의 영향을 받을 수 있기 때문에, 좀 무작위적이고 어리석은 면도 있지만, 인사 위원회는 마치 야구 감독이 타율을 중요시하듯 인용빈도를 따지게 된다. 이처럼 내게 정말이지 행운이 필요했을 때, 이 두 논문이 갑자기 내 논문들 중 가장 많이 인용된 논문이 되었다. 하나는 심지어 2004년에 가장 많이 인용된 논문의 자리를 차지하기까지 했다. 그 명예는 오래가지 않았지만, 정년보장 심사를 위해서는 충분했다. 내 엄청난 행운은 《사이언스Science》가 "2003년 올해의 획기적 발견"의 첫 번째로 우주론이 마침내 믿을 만하게 되었다는 것을 꼽고 WMAP 결과와 우리의 슬론 디지털 스카이 서베이 분석을 언급할 정도로 계속되었다.

그러나 솔직히 말해 이 데이터는 전혀 대발견이라고 할 수는 없으며 단지 그 당시 전 세계의 우주론 학계가 느리지만 꾸준히 이루어낸 발전을 반영한 것에 불과했다. 우리의 연구는 어떤 의미로도 혁명적이라고 할 수 없으며 그 어떤 놀라운 것도 발견하지 않았다. 그 대신 그것은 우주론을 더 믿을 만한 것으로 만들어 학문적으로 더 성숙하는 데 기여했다. 내게 있어서 가장 놀라운 결과는 놀랄 일이 없었다는 것이었다.

소련의 유명한 물리학자인 레프 란다우Lev Landau는 "우주론 학자들은 자주 틀리지만 절대로 의심하지 않는다"라고 말한 적이 있는데, 우리는 아리스타르코스가 태양이 18배나 더 가깝다고 주장했던 것부터 허블이 우주가 7배 더 빨리 팽창한다고 했던 것까지 많은 사례를 목격했다. 그런 거친 개척시대는 이제 끝났다. 우리는 빅뱅 핵합성과 우주 군집화가 어떻게 동일한 원자 밀도를 주는지, 그리고 Ia 초신성과 우주 군집화가 어떻게 같은 암흑 에너지 밀도를 주는지 보았다. 모든 교차 검증 중에서 나는 그림 4.6에 있는 것을 가장 좋아한다. 여기에다 나는 파워 스펙트럼 곡선에 대한 5가지 다른 측정을 그렸는데, 데이터, 연구자, 그리고 방법이 모두 완전히 다르지만, 모두 일치한다는 것을 분명히 볼 수 있다.

우리 우주의 궁극적 지도

탐구할 것은 아직도 많다

그래서 나는 침대에 앉아, 이런 말들을 입력하며 우주론이 얼마나 많이 바뀌었는지 생각하고 있다. 내가 박사후과정이었을 때, 우리는 정확한 데이터를 모두 얻고 마침내 우주론 인수들을 정밀하게 측정하게 된다면 얼마나 멋질까 이야기하곤 했다. 이제 우리는 "이미 가봐서, 다 안다"라고 말할 수 있다. 그 답은 표 4.1에 있다. 그러면 이제 어떻게 된 것인가? 우주론은 끝났는가? 우리 우주론 학자들은 다른 일을 찾아봐야 하는가?

내 답은 "아니!"이다. 우주론 연구에 흥미로운 일이 얼마나 남아 있는지 이해하기 위해, 우리가 성취한 것이 얼마나 적은지 솔직히 알아보기로 하자. 표 4.1의 인수 각각에 설명하지 못한 수수께끼가 있다는 의미에서, 우리는 단지 우리의 무지를 수치화했을 뿐이다. 예를 들어,

- 암흑 물질의 밀도를 쟀는데, 그것은 대체 무엇인가?
- 암흑 에너지의 밀도를 쟀는데, 그것은 대체 무엇인가?
- 원자의 밀도를 쟀는데(광자 약 20억 개당 1개의 원자가 있다), 그 양은 어떤 과정으로 생산된 걸까?
- 요동의 씨앗이 0.002퍼센트 수준이라는 것을 쟀는데, 어떤 과정으로 만들어진 걸까?

데이터가 지속적으로 개선되면, 우리는 표 4.1의 숫자들을 더 많은 자릿수까지 정밀하게 결정할 수 있을 것이다. 그러나 나는 개선된 데이터로 새로운 인수들을 결정하는 데 더 관심이 있다. 예를 들어, 우리는 밀도 외에 암흑 물질과 암흑 에너지의 다른 성질을 결정해볼 수 있다. 암흑 물질에 압력은 있는가? 속도는? 온도는? 이것은 암흑 물질의 본질을 밝히는 데 도움이 될 것이다. 암흑 에너지 밀도는 지금까지의 결과가 시사하는 것처럼 정말로 정확히 상수인가? 만약 암흑 에너지 밀도가 시간 혹은 장소에 따라 아주 약간이라도 변하는 것을 확인할 수 있다면, 그것은 암흑 에너지 밀도의 본성과 어떻게 그것이 우리 우주의 미래에 영향을 미칠 것인지에 대한 결정적인 실마리가 될 것이다. 요동의 씨앗에 패턴이 있는가? 그리고 요동의 씨앗은 진폭이 0.002퍼센트라는 것 외 다른 성질이 있는가? 이것이 우리 우주의 근원에 대한 실마리를 제공할 것이다.

나는 이런 질문들에 대한 답을 찾기 위해 무엇을 해야 하는지 많이 생각했는데, 흥미롭게도, 그 답은 다 똑같이 우리 우주의 지도를 작성하는 것이었다! 다시 말해 우리는 우리 우주를 최대한 3차원 지도로 만들어야 한다. 우리가 만들 수 있는 지도의 최대 부피는 아마 우주 중에서도 우리에게 빛이 도착할 시간이 있었던 부분일 것이다. 이 영역

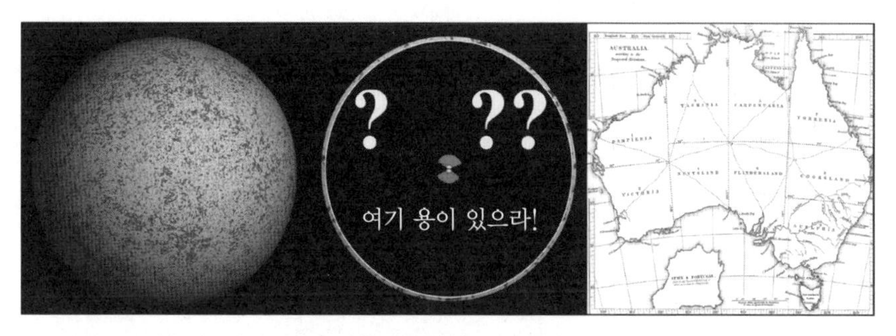

그림 4.7: 관측 가능한 우주(왼쪽)에서 지도가 작성된 영역(가운데)은 아주 낮은 비율에 해당하며 부피가 0.1퍼센트도 되지 않는다. 1838년의 호주(오른쪽)처럼, 우리는 둘레를 따라가는 띠에 해당하는 영역만 파악했을 뿐, 내부 대부분은 아직 탐험하지 못했다. 가운데 그림에서, 원주 부분은 플라스마(우리가 보는 우주 마이크로파 배경 복사는 가는 회색 내부 가장자리에서 온다)이고, 중앙 근처의 작은 구조는 슬론 디지털 스카이 서베이에서 얻은 가장 큰 3차원 은하 지도이다.

은 기본적으로 우리가 탐구한 플라스마 구의 내부이며(그림 4.7 왼쪽), 가운데 그림에서 보듯, 99.9퍼센트 이상의 영역이 아직 조사되지 않았다. 슬론 디지털 스카이 서베이에서 얻은 우리의 가장 야심찬 3차원 은하 지도도 우주로 치면 고작 우리 뒷마당에 불과하다는 것을 볼 수 있다. 우리의 우주는 정말 거대한 것이다! 만약 내가 이 그림에 천문학자들이 발견한 가장 멀리 있는 은하들을 추가한다면 가장자리까지 거리의 절반쯤에 나타날 것이며, 은하들은 너무 적고 서로 너무 멀리 떨어져 있기 때문에 쓸 만한 3차원 지도가 나올 수 없을 것이다.

만약 우리가 우주의 이런 미탐험 영역에 대한 지도를 작성할 수 있다면, 우주론에 엄청난 일이 될 것이다. 지도는 우리의 우주론적 정보를 1,000배 늘릴 뿐 아니라, 멀리 있다는 것은 먼 과거와 마찬가지이므로, 우주의 역사에서 첫 절반 동안 어떤 일이 일어났는지 자세히 밝혀줄 것이기 때문이다. 하지만 어떻게 일까? 우리가 논의한 모든 기법은 여러 가지 흥미로운 방식으로 계속 개선될 것이지만, 불행히도 그 미지의 99.9퍼센트 영역 대부분에 대한 지도를 곧 작성할 수 있을 것

같지는 않다. 우주 마이크로파 배경 실험은 주로 이 영역의 가장자리만 보여주는데, 내부가 대부분 마이크로파에 대해 투명하기 때문이다. 그렇게 먼 거리에서 대부분의 은하는 매우 희미하며 아무리 좋은 망원경이라도 보기 어렵다. 더 심한 문제는 대부분의 영역이 너무 멀리 있어 은하가 거의 없다는 것이다. 우리는 대부분의 은하가 아직 형성되지 않았던 먼 옛날을 보고 있는 것이다!

수소 지도

다행히 지도를 만드는 더 좋은 기술이 있다. 앞에서 논의했듯이, 우리가 텅 빈 공간이라고 하는 것은 사실 수소 기체로 차 있다. 게다가 물리학자들은 수소 기체가 파장 21센티미터의 라디오파를 방출한다는 것을 알고 있었고, 그것은 전파 망원경으로 검출할 수 있다. (내 학교 친구인 테드 번이 버클리에서 이것을 가르칠 때, 한 학생이 "21센티미터 선의 파장은 얼마입니까?"라고 질문한 것은 바로 전설이 되었다.) 이것은 심지어 수소 기체가 별과 은하를 형성하기 전, 보통 망원경으로는 볼 수 없던 시절도 원칙적으로 전파 망원경을 사용하면 수소를 "볼" 수 있다는 의미이다. 더 좋은 것은, 2장에서 논의한 적색이동 아이디어를 사용하면 수소 기체의 3차원 지도를 작성할 수 있다. 이런 라디오파가 우주의 팽창에 의해 늘려지기 때문에, 지구에 도착했을 때의 파장은 그것이 얼마나 멀리에서 (그리고 얼마나 오래전에) 출발했는지 알려준다. 예를 들어, 210센티미터의 파장을 갖고 도착하는 파동은 원래 길이에 비해 10배 늘어난 것이므로, 우리 우주가 지금보다 10배 더 작았을 때 방출된 것이다. 이 기술을 21센티미터 단층촬영술이라고 하며, 앞으로 우주론의 대세가 될 잠재력이 있으므로, 최근에 많은 관심을 끌었다.

그림 4.8: 크고(배경) 작은(전경) 예산으로 수행하는 전파 천문학. 내 대학원생인 앤디 루토미르스키Andy Lutomirski가 전자 기기를 만지작거리고 있다. 우리는 웨스트버지니아주의 그린뱅크로의 조사 여행 중인데, 비로부터 보호하기 위해 장비들을 텐트 안에 설치했다.

전 세계의 많은 팀들이 현재 우주의 절반 너머에서 오는 이 잘 잡히지 않는 신호를 분명하게 검출하려고 경쟁하고 있지만, 지금까지 그 누구도 성공하지 못했다.

망원경이란 정말 무엇인가?

그것이 왜 그렇게 어려운가? 그 이유는 전파 신호가 아주 희미하기 때문이다. 아주 희미한 신호를 검출하려면 무엇이 필요할까? 아주 큰 망원경이 필요하다. 1제곱킬로미터라면 훌륭할 것이다. 아주 큰 망원경을 만들려면 무엇이 필요할까? 아주 엄청난 예산이다. 그런데 대체 얼마나 큰 예산이 필요한가? 이것이 흥미로운 점이다! 그림 4.8의 배경에 있는 것 같은 재래식 전파 망원경은 크기가 2배가 될 때마다 2배 이상의 돈이 들고, 어느 한도 이상이 되면 터무니없는 수준이 된다. 만약 기계공학 엔지니어에게 모터가 달려 임의의 방향을 향할 수 있는 1제곱킬로미터짜리 접시 망원경을 만들어달라고 하면, 아마도 절교당할 것이다.

이런 이유로, 21센티미터 단층촬영술을 목표로 하는 모든 실험은 간섭계interferometer라고 하는 현대적 전파망원경을 사용한다. 빛과 전파 모두 전자기 현상이므로 지나가면서 공간에 전압 차이를 만들어낸다. 흔히 사용하는 건전지의 전압인 1.5볼트보다는 훨씬 낮아 매우 희미하지만, 고성능의 안테나와 앰프를 사용하면 검증할 수 있을 만큼은 된다. 간섭계의 기본 아이디어는 배열된 여러 개의 안테나로 그런 전압을 많이 재고, 컴퓨터를 써서 우주가 어떻게 생겼는지 재구성하는 것이다. 만약 모든 안테나가 그림 4.8의 전경에 있는 것처럼 수평면에 놓여 있다면, 바로 위에서 오는 파동은 동시에 도달한다. 다른 방향에서 오는 파동은 특정 안테나에 더 일찍 도착하고, 컴퓨터는 이 사실을 이용해 그 전파가 오는 방향을 알아낸다. 우리 두뇌는 같은 방법을 써서 소리가 어디에서 오는지 판단한다. 만약 당신의 왼쪽 귀가 오른쪽 귀보다 더 빨리 소리를 듣는다면, 분명 그 소리는 왼쪽에서 온 것이고, 그 시간차를 정확히 측정해서 당신의 두뇌는 그것이 똑바로 왼쪽 방향에서 오는 것인지 혹은 다른 각도에서 오는지도 판단할 수 있다. 우리는 귀가 둘뿐이라, 그 각도를 아주 정확히 알 수는 없지만, 마치 거대한 전파 간섭계처럼 온몸이 수백 개의 귀로 뒤덮여 있다면 훨씬 더 잘알 수 있을 것이다. 1946년에 마틴 라일Martin Ryle이 창시한 간섭계 아이디어는 이후 엄청나게 성공적이었으며, 그는 1974년에 노벨상을 받았다.

그러나 컴퓨터에서 가장 오래 걸리는 단계는 이런 시간차를 측정하는 것으로서, 동시에 모든 안테나 (또는 귀) 짝에 대해 수행되어야 한다. 그리고 안테나의 수가 늘어나면, 짝의 수는 대략 그 숫자의 제곱에 비례해서 늘어난다. 만약 당신이 안테나의 숫자를 1,000배 늘리면, 컴퓨터 비용은 어이쿠, 100만 배 늘어난다! 이런 이유로, 간섭계의 안테나 숫자는 수십 혹은 수백 개가 한계였는데, 21센티미터 단층촬영을 위해 우리는 100만 개 정도가 필요하다.

나는 MIT에 부임했을 때, 감사하게도 동료 교수인 재키 휴잇Jackie Hewitt이 이끄는 미국-호주 공동의 21센티미터 단층촬영 실험팀에 합류 허가를 받았다. 프로젝트 회의 때, 나는 가끔 거대한 망원경을 저렴하게 건설할 수 있는 방법이 있을까 몽상하곤 했다. 그리고 어느 날 오후, 하버드대학에서 열렸던 회의 도중, 갑자기 생각이 떠올랐다. 저렴한 방법이 있다!

옴니스코프

나는 망원경을 파동 분류 기계로 간주한다. 당신이 손을 바라보고 그 위에서 나오는 빛의 세기를 잰다고 해도, 당신의 얼굴이 어떻게 생겼는지 알 수는 없을 것이다. 왜냐하면 얼굴의 각 부분에서 나오는 빛이 피부 위 각 지점에서 섞이기 때문이다. 그러나 어찌어찌해서 진행하는 방향에 따라 각각의 빛을 분류하고, 다른 방향의 빛이 어떻게 손의 다른 부분에 도달하는지 이해하게 되면, 당신 얼굴의 이미지를 재구성할 수 있다. 이것이 정확히 카메라, 망원경, 또는 눈에 있는 렌즈,

그리고 그림 4.8의 전파 망원경에 있는 흰 거울이 하는 역할이다. 수학에서 파동의 분류 작업을 일컫는 멋지고 겁나는 이름이 있는데, 그것은 푸리에Fourier 변환이다. 재래식 망원경은 이런 푸리에 변환을 렌즈나 거울을 써서 아날로그 방식으로 하고, 간섭계는 일종의 컴퓨터를 사용해서 디지털 방식으로 한다. 파동은 진행 방향뿐만 아니라 파장에 따라서도 분류되는데, 가시광선에서 다른 파장은 다른 색깔을 의미한다. 하버드에서 떠올린 내 아이디어는 안테나를 지금처럼 무작위적이 아니라 간단하고 규칙적인 패턴으로 배열하는 것이었다. 100만 개의 안테나가 있는 망원경의 패턴을 잘 이용한 수치數値 기법을 사용하면 푸리에 변환을 2만 5,000배 더 빨리 계산할 수 있어, 실질적으로 망원경을 2만 5,000배 더 싸게 만들 수 있는 것이다.

이 아이디어의 현실 가능성을 내 친구인 마티아스 잴더리아가에게 설득시킨 후, 우리는 그것을 자세히 탐구하는 논문을 두 편 발표하여 이 요령을 여러 가지 안테나 패턴에 적용할 수 있다는 것을 증명했다. 우리는 우리가 제안한 망원경을 "옴니스코프omniscope"라고 불렀는데, 그 이유는 이 망원경이 전방향성omnidirectional(동시에 전체 하늘을 찍는다)이며 전색성omnichromatic(넓은 영역의 파장으로 "색깔"을 동시에 찍는다)이기 때문이다.

전해진 바에 따르면 알베르트 아인슈타인은 "이론상으로, 이론과 실제는 같다. 실제로는, 그렇지 않다"라고 말했다고 한다. 따라서 우리는 옴니스코프가 정말로 작동하는지 확인하기 위해 작은 시제품을 만들어보기로 했다. 옴니스코프의 기본 아이디어는 이미 20년 전에 한 일본 그룹이 다른 목적으로 시도한 적이 있었는데, 당시의 전자공학 수준 때문에 안테나의 숫자가 64개로 제한되었다. 이후 휴대전화 혁명에 힘입어 우리 시제품에 필요한 핵심 부품의 가격이 극적으로 떨어져, 적은 예산으로도 전체 장비를 충당할 수 있었다. MIT의 뛰어난 학생들로부터 도움을 받을 수 있었던 것도 큰 행운이었는데, 그들 중 몇몇은 전기공학과 소속으로 전자 회로 기판 디자인과 디지털 신호 처리에 도사였다. 그들 중 네바다 산체스Nevada Sanchez는 전자 부품이 작동하는 것은 마법의 연기를 품고 있기 때문이라는 전자 공학의 마법의 연기 이론을 내게 알려주었다. 우리도 이후에 실험실에서 직접 확인했는데, 의도치 않게 뭔가 건드려서 그 마법의 연기가 빠져나오게 되면, 그 부품은 더 이상 작동하지 않게 된다….

내 학계 경력 전체를 이론과 데이터 분석으로 보내고 나서, 갑자기 실험 장치를 만든다는 것은 완전히 다른 일이었지만, 나는 그 작업이 즐거웠다. 작업을 하면서 10대 때 지하실에서 여러 물건을 주물럭거리던 즐거운 기억을 되살아났는데, 지금의 작업이 훨씬 더 흥미로웠으며 팀으로 일하는 것도 즐거움을 더했다. 지금까지 우리의 초보적 옴니스코프는 잘되어가고 있지만, 언젠가 우리 또는 다른 누군가가 21센티미터 단층촬영에서 그 완전한 잠재력을 다 이끌어낼 정도로 성공할 것인지 판단하기는 아직 너무 이르다.

하지만 옴니스코프는 이미 나에게 무언가 다른 것을 가르쳐주었다. 내게 있어 가장 흥미로운 것은 우리가 모든 장비를 밴에 싣고 라디오 방송국, 휴대전화 및 기타 인간이 만든 전파에서 멀리 떨어진 곳으로 떠나는 답사여행이었다. 답사여행은 마법의 날들로 이메일, 수업, 위원회, 그리고 집안일 등에 의해 잘게 쪼개진 생활이 완전한 집중에 도달해 더없이 행복한 선禪의 상태로 대체되었다. 휴대전화도 받을 수 없고, 인터넷도, 방해하는 아무것도 없이, 우리 팀의 모든 구성원이 100퍼센트 이 실험의 성공이라는 공통의 목표에 집중했다. 가끔 나는 우리가 오늘날 너무 많은 일을 동시에 수행하려 하는 것이 아닌가, 그리고 내가 다른 이유로도 더 자주 이런 식으로 사라져야 하는 것이 아닌가 생각한다. 이 책을 완성하는 것같이….

우리의 빅뱅은 어디에서 왔는가?

이 장에서는 정밀한 데이터의 산사태가 어떻게 우주론을 사변적이고 철학적인 분야에서 오늘날의 정밀과학으로 탈바꿈시켰는지 알아보았다. 예를 들어, 우리는 이제 우주의 나이를 1퍼센트 정밀도로 측정할 수 있다. 과학이 흔히 그렇듯 오래된 질문에 답하면 새로운 질문이 나타나는데, 나는 앞으로 10년 동안이 전 세계의 우주론 학자들이 암흑 물질, 암흑 에너지의 본성과 기타 수수께끼를 해명하려는 시도로 새로운 이론과 실험이 만들어지는 흥미진진한 시기가 될 거라고 예상한다. 13장에서는 이 탐험과 이 탐험이 우리 우주의 궁극적 운명에 대해 시사하는 것을 다시 다룰 것이다.

내게 있어 정밀 우주론의 가장 놀라운 교훈은 간단한 수학 법칙이 그 뜨거운 시작까지도 포함해서 우리 우주를 지배한다는 것이다. 예를 들어, 아인슈타인의 일반 상대론을 구성하는 방정식은 밀리미터에서부터 100조의 1조(10^{26}) 미터에 이르기까지의 거리에서 정확히 중력을 지배하며, 원자 및 핵물리학의 방정식은 빅뱅의 1초 후부터 그 140억 년 후인 오늘날까지 우리 우주를 정확히 지배하는 것으로 생각된다. 그리고 그것은 경제학의 방정식처럼 대충이 아니라 그림 4.2에 나온 것처럼 놀랄 만한 정밀도를 자랑한다. 따라서 정밀 우주론은 우리 세계를 이해하는 데 있어서 수학의 신비한 효용성을 가장 인상적으로 보여준다. 우리는 10장에서 이런 신비성에 대해 다시 다루고 그것에 대한 급진적인 설명을 시도할 것이다.

정밀 우주론의 다른 놀라운 교훈은 그것이 불완전하다는 것이다. 우리는 우리 우주에서 오늘날 관측되는 모든 것이 우리 태양의 내부처럼 뜨거운, 거의 균일한 가스의 크기가 매초 2배가 될 정도로 빨리 팽창했던 빅뱅에서 유래했다는 것을 알게 되었다. 하지만 누구의 명령이었을까? 나는 이것을 "폭발 문제Bang Problem"라고 부르고 싶다. 무엇이 빅뱅을 초래했을까? 그 뜨겁고 팽창하는 가스는 어디에서 왔나? 왜 그렇게 균일했나? 그리고 빅뱅에는 왜 0.002퍼센트 레벨의 씨앗 요동이 새겨져 있어서 결국 자라나 오늘날 우리 우주에 보이는 은하와 거대 스케일 구조를 만들게 되었는가? 다시 말해 그 모든 것은 어떻게 시작되었는가? 알게 되겠지만, 프리드먼의 팽창우주 방정식을 더 과거로까지 추정하면 당혹스러운 문제가 야기되며, 이는 우리의 궁극적인 근원을 이해하기 위해 새롭고 급진적인 아이디어가 필요하다는 것을 시사한다. 그것이 바로 다음 장의 내용이다.

요점 정리

- 우주 마이크로파 배경, 은하 군집 등 최근에 얻어진 많은 데이터는 우주론을 정밀과학으로 탈바꿈시켰다. 예를 들어, 우리 우주가 100억 살인지 200억 살인지 논쟁하던 우리는 이제 137억 살인지 138억 살인지 판단하는 수준이 되었다.
- 아인슈타인의 중력 이론은 수학적으로 가장 아름다운 이론의 기록을 깼다고 할 수 있으며, 중력을 기하학의 현현顯現으로 설명한다. 중력 이론은 공간에 질량이 더 많이 포함될수록, 공간이 더 휘어진다는 것을 보여준다. 공간의 이런 곡률은 물체가 직선으로 움직이지 않고 무거운 물체 쪽으로 쏠려 운동하는 원인이 된다.
- 우주적 크기의 삼각형에 대한 기하학적 성질을 조사하면, 아인슈타인의 이론에 의해 우리 우주에 있는 총 질량을 추정할 수 있다. 놀랍게도 모든 것의 구성 요소라고 생각되었던 원자들은 고작 4퍼센트에 해당하는 것으로 드러났으며, 96퍼센트에 대한 설명은 없다.
- 결손 질량은 마치 유령 같아서, 보이지 않으며 알지 못하는 사이 우리 몸을 뚫고 지나갈 수 있다. 결손 질량의 중력 효과는 반대 특성을 갖는 두 가지 별개의 것으로 구성되어 있음을 암시하는데, 이를 암흑 물질과 암흑 에너지라고 부른다. 암흑 물질은 뭉치지만, 암흑 에너지는 그렇지 않다. 암흑 물질은 팽창하며 희석되지만, 암흑 에너지는 그렇지 않다. 암흑 물질은 끌어당기며, 암흑 에너지는 밀어낸다. 암흑 물질은 은하의 형성을 돕고, 암흑 에너지는 방해한다.
- 정밀 우주론은 단순한 수학적 법칙이 우리 우주의 뜨거운 탄생 시에도 적용된다는 사실을 밝혔다.
- 우아하기는 하지만 고전적 빅뱅 모델에는 초기부터 심하게 오류가 있었으며, 궁극적 근원을 이해하려면 그 퍼즐에 결정적인 조각을 추가할 필요가 있다고 제안한다.

5

우리의 우주적 근원

태초에 우주가 창조되었다. 이것은 많은 사람들을 화나게 했으며 나쁜 선택으로 간주되었다.

– 더글러스 애덤스, 『은하수를 여행하는 히치하이커를 위한 안내서(2권, 우주의 끝에 있는 레스토랑)』

오, 안 돼. 그가 잠들고 있어! 1997년, 나는 터프츠대학에서 강연 중으로, 전설적 인물인 앨런 구스Alan Guth가 MIT에서 들으러 왔다. 나는 그를 만났던 적이 없었으며, 그런 권위자가 청중에 있다는 것이 명예롭기도 하고 동시에 걱정되기도 했다. 특히나 걱정이 되었다. 특히 그의 머리가 가슴 쪽으로 푹 수그러지고, 그의 눈빛이 멍해질 때. 필사적인 노력으로, 나는 더 열광적으로 그리고 더 높은 톤으로 말하기 시작했다. 그는 몇 번은 번쩍 깨어나는 듯 했지만 곧 나의 완전한 실패는 분명해졌다. 그는 꿈나라로 갔고, 내 발표가 끝날 때까지 돌아오지 않았다. 나는 기분이 상했다.

훨씬 후에, 우리가 MIT의 동료가 된 후에야, 나는 앨런이 그 자신이 발표하는 경우만 빼고 모든 강연에서 잠이 든다는 것을 알게 되었다. 사실, 내 대학원생인 에이드리언 류는 나도 똑같이 그렇다는 것을 내게 알려주었다. 하지만 나는 에이드리언도 그렇다는 것을 전혀 몰랐는데, 왜냐하면 우리는 항상 같은 순서로 잠들기 때문이다. 만약 앨런,

그림 5.1: 스웨덴 가재 파티에서의 안드레이 린데(왼쪽)와 앨런 구스(오른쪽). 너무 행복해서 내가 사진을 찍고 있다는 것과 급팽창의 두 주요 설계자로 인정되어 받게 된 명예로운 그루버와 밀너 상Gruber and Milner Prize을 수상하려면 다른 옷을 입어야 한다는 것을 모르고 있다.

나 그리고 에이드리언이 그 순서대로 옆에 앉으면, 우리는 틀림없이 축구 관중들 사이에 인기 있는 "파도타기"의 잠들기 버전을 보여줄 것이다.

나는 앨런을 정말 좋아하게 되었는데, 그는 똑똑한 만큼이나 따뜻한 사람이다. 하지만 그는 정리 정돈에 능한 사람은 아니다. 그의 연구실을 처음 방문했을 때, 나는 바닥이 거의 보이지 않을 정도로 뜯지 않은 우편물로 두껍게 덮여 있는 것을 보았다. 나는 봉투 하나를 고고학 유물처럼 집어 들었는데, 소인이 찍힌 지 10년이 넘었었다. 2005년, 그는 보스턴에서 가장 엉망인 사무실 주인이라는 명예로운 상을 받아 그의 족적을 확고히 했다.

우리의 빅뱅은 무엇이 잘못되었는가?

그러나 앨런의 성취는 이 상뿐만이 아니다. 1980년경, 그는 물리학자 밥 딕Bob Dicke으로부터 알렉산더 프리드먼의 빅뱅 모델에는 초기 우주에 대해 심각한 문제가 있다는 것을 들었고, 급팽창inflation*이라고 부르는 급진적인 해결책을 제안했다. 앞의 두 장에서 보았듯이, 프리드먼의 팽창우주 방정식을 시간에 대해 되돌려 적용하는 것은 극히 성공적이었으며, 왜 멀리 있는 은하가 우리로부터 멀리 날아가는지, 왜 우주 마이크로파 배경 복사가 존재하는지, 가장 가벼운 원자들이 어떻게 생겨났는지와 기타 여러 관측 현상을 정밀하게 설명해준다.

시간을 되돌려 우리 지식의 경계까지, 우리 우주의 크기가 매초 2배가 될 정도로 빠르게 팽창하던 순간까지 가보자. 프리드먼의 방정식은 이 사건 전에, 우리 우주의 밀도가 더 높고 더 뜨거웠으며 거기에는 한도가 없었다는 것을 알려준다. 특히, 3분의 1초 전에는 일종의 시작이 있었는데, 그때 우리 우주의 밀도는 무한대였고 모든 것은 다른 것들로부터 무한대의 속도로 날아다니고 있었다.

딕의 족적을 따라, 앨런 구스는 꼼꼼히 우리의 궁극적 근원에 대한 이 이야기를 분석하면서 아주 부자연스럽다는 것을 깨달았다. 예를 들어, 딕에 따르면 2장의 서두에서 제시한 4가지 우주적 문제에 대해 다

---

* 중요한 과학적 발견이 한 사람만의 힘으로 이루어지는 일은 거의 없으며, 급팽창의 발견과 발전도 예외가 아니다. 중요한 공헌을 한 사람들은 앨런 구스, 안드레이 린데, 알렉세이 스타로빈스키Alexei Starobinsky, 가쓰히코 사토Katsuhiko Sato, 폴 스타인하르트Paul Steinhardt, 앤디 알브레히트Andy Albrecht, 비아체슬라프 무카노프Viatcheslav Mukhanov, 겐나디 치비소프Gennady Chibisov, 스티븐 호킹, 피서영Seo-Young Pi, 제임스 바딘James Bardeen, 마이클 터너Michael Turner, 알렉스 빌렌킨Alex Vilenkin 등이다. 이 책의 뒤에 실린 "더 읽을거리"에 소개한 급팽창에 대한 책에서 그 흥미로운 연대기를 찾아볼 수 있다.

음과 같이 답한다.

문: 빅뱅의 원인은 무엇인가?

답: 설명은 없다. 방정식은 그저 빅뱅이 일어났다고 가정한다.

문: 빅뱅은 한 지점에서 일어났는가?

답: 아니다.

문: 공간의 어디에서 빅뱅 폭발이 일어났는가?

답: 빅뱅은 어디에서나, 무한히 많은 점에서, 동시에 일어났다.

문: 어떻게 무한한 공간이 유한한 시간에 만들어질 수 있었는가?

답: 설명은 없다. 방정식은 그저 공간이 있기만 하면 그 크기가 무한대라고 가정한다.

이 답들이 이 사안을, 즉 빅뱅에 대한 당신의 모든 의문을 우아하고 깨끗하게 정리한다고 느껴지는가? 만약 그렇지 않다면, 당신은 혼자가 아니니 걱정할 필요가 없다! 사실, 이제 알게 되겠지만, 프리드먼의 빅뱅 모델이 설명하지 못하는 것은 더 많이 있다.

지평선 문제

위 목록의 세 번째 질문을 더 자세히 분석해보자. 그림 5.2는 우주 마이크로파 배경 복사의 온도가 하늘의 다른 방향에 대해 거의 같은 것(5자릿수까지 일치한다)을 보여준다. 만약 우리 빅뱅 폭발이 어떤 영역에서 다른 곳보다 훨씬 먼저 일어났다면, 서로 다른 영역들은 팽창하며 냉각되는 시간이 달랐을 것이고, 우리가 관측할 수 있는 우주 마이크로파 배경 지도는 위치에 따라 0.002퍼센트가 아니라 거의 100퍼센

그림 5.2: 뜨거운 커피와 차가운 우유의 분자들은 서로 상호작용해서 같은 온도에 도달할 시간이 충분히 주어지지만, 영역 A와 B의 플라스마는 상호작용할 시간이 전혀 없었다. 빛의 속도로 전달되는 정보조차 A에서 B로 갈 수 없었던 것은, A에서 온 빛이 이제야 중간 지점에서 커피를 마시고 있는 우리에게 닿고 있기 때문이다. 따라서 A와 B의 플라스마가 그럼에도 불구하고 온도가 같은 것은 프리드먼 빅뱅 모델에서 설명되지 않는 수수께끼이다.

트까지 변동이 있었을 것이다.

그러나 빅뱅에서 오랜 시간이 흐른 후 어떤 물리적 과정이 온도가 같아지도록 한 것은 아닐까? 어쨌든, 그림 5.2에서처럼 차가운 우유를 뜨거운 커피에 부으면, 당신이 마실 때쯤 모든 것이 섞여 균일하게 미지근한 온도가 되는 것은 놀랄 일이 아니다. 문제는 이 혼합 과정에 시간이 걸린다는 사실이다. 당신은 우유와 커피 분자들이 액체 속을 움직여 섞일 수 있도록 충분히 오래 기다려야 한다. 그에 비해, 우리 우주에서 우리가 볼 수 있는 멀리 떨어진 부분들은 그렇게 혼합될 시간이 없었다(찰스 미스너Charles Misner 등이 60년대에 이것을 처음으로 지적했다). 그림 5.2에서 보듯, 우리가 보기에 반대 방향에 있는 영역 A와 B는 상호작용할 시간이 없었다. 빛의 속도로 진행하는 정보도 아직 A에서 B로 갈 수 없었는데, 왜냐하면 A에서 출발한 빛이 이제야 중간 지점(우리가 위치한 곳이다)을 지나고 있기 때문이다. 이것은 프리드먼의 빅뱅 모델이 A와 B가 같은 온도라는 데 그 어떤 설명도 하지 못한다는 것을 의미한다. 따라서 영역 A와 B는 빅뱅 이후 같은 시간 동안 냉각되었던 것으로 보이며, 그것은 A와 B가 공통의 원인 없이 독립적으로 거의 정확히 같은 시각에 빅뱅 폭발을 겪었다는 것을 의미함이 틀림없다.

앨런 구스가 느꼈던 어리둥절함을 더 잘 이해하기 위해, 당신이 이메일을 확인했더니 친구 한 사람이 점심 식사에 초대했다고 상상해보자. 그런데 알고 보니 당신의 친구들 모두가 각각 당신에게 점심에 초대하는 이메일을 보냈다는 것을 알게 되었다. 그리고 이 이메일 모두가 정확히 같은 시각에 당신에게 보내졌다. 당신은 아마도 여기에는 뭔가 꿍꿍이가 있으며, 모든 이메일에는 공통의 원인이 있을 거라고 생각할 것이다. 당신의 친구들끼리 아마도 연락을 주고받았으며 당신을 위해 깜짝 파티라도 준비하는 것이 아닐까 생각할 것이다. 하지만 앨런의 빅뱅 수수께끼와의 유사성을 완성하기 위해, 영역 A, B 등은 당신의 친구들에 해당하고, 당신 친구들이 한 번도 만난 적이 없으며, 그들 사이에 어떤 연락도 주고받은 적이 없고, 그들이 당신에게 이메일을 보내기 전까지는 공통의 정보에 접근한 적이 한 번도 없다고 상상해보자. 그렇다면 유일한 설명은 이 모든 것이 말도 안 되는 우연의 소치라는 것이다. 그럴 법하기엔 너무 말도 안 되는 상황이라, 당신은 아마도 어디엔가 부정확한 가정을 했다고, 그래서 결국은 당신 친구들이 어떻게든 서로 연락했던 것이라고 결론 내릴 것이다. 이것이 정확히 앨런의 결론이었다. 무한히 많은 분리된 영역이 빅뱅 폭발을 동시에 겪었다는 것은 이상한 우연일 수 없으며 어떤 물리적 기제가 그 폭발과 동기화를 촉발시켰음에 틀림없다고 생각했다. 설명할 수 없는 빅뱅은 하나로 충분하다. 무한히 많은 설명되지 않은 빅뱅이 완벽히 동시에 일어났다는 것은 정말 믿기 어렵다.

이것을 지평선 문제horizon problem라고 하는데, 그 이유는 우리가 관측할 수 있는 가장 먼 영역인 우주 지평선에 보이는 것과 관련되어 있기 때문이다. 어려움이 아직 부족하다는 듯, 밥 딕은 앨런에게 프리드먼의 빅뱅이 갖는 두 번째 문제를 알려주었다. 그것은 평탄성 문제flatness problem라고 한다.

평탄성 문제

앞 장에서 우리는 높은 정확도로 우리 우주가 평평하다는 것을 측정했다. 딕은 프리드먼의 빅뱅 모델이 옳다면 이것은 당혹스러운 일이라고 주장했다. 왜냐하면 평평함은 아주 불안정한 상태이며, 불안정한 상태는 오래 유지될 수 없기 때문이다. 예를 들어, 3장에서 멈춘 자전거의 불안정성을 설명했는데, 완벽한 균형에서 조금만 벗어나도 중력에 의해 불안정성이 증폭되기 때문에 만약 멈춘 자전거가 지지대도 없

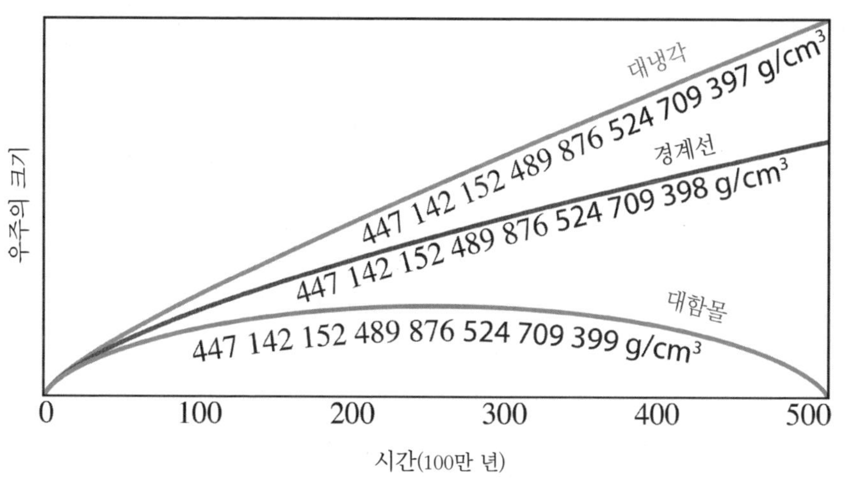

그림 5.3: 프리드먼의 빅뱅 모델이 설명하지 못하는 다른 수수께끼는 왜 우리 우주가 심하게 휘어져 대함몰 또는 대냉각을 겪지 않고 그렇게 오래 유지될 수 있었는가 하는 것이다. 각각의 곡선은 우리 우주가 10억 분의 1초 되었을 때 약간 다른 밀도를 가진 경우에 해당한다. 우리가 속한 경계선 상황은 매우 불안정하다. 24자리 숫자의 맨 마지막 숫자만 바꿔도 우리 우주가 현재 나이의 4퍼센트가 되기 전에 대함몰이나 대냉각을 일으킬 수 있다. (그림의 아이디어는 네드 라이트Ned Wright의 허락을 받았다.)

는데 몇 분 동안이나 똑바로 서 있는 것을 본다면 당신은 매우 의아하게 생각할 것이다. 그림 5.3은 프리드먼 방정식의 세 가지 해를 보여주며, 우주 불안정성을 예시한다. 가운데 곡선은 평평한 우주에 해당하며, 완벽히 평평하고 영원히 팽창한다. 다른 두 곡선은 왼쪽에서는 곡률이 거의 없이 동일하게 출발하지만, 10억 분의 1초 후, 그 밀도는 맨 뒤 24자리에서만 달라진다.* 그러나 중력은 이런 작은 차이를 증폭시키고, 이후 5억 년에 걸쳐 아래 곡선에 의해 기술된 우주는 팽창을 멈추고 대함몰Big Crunch이라는 재앙적 상황으로 붕괴하는데, 이는 일종의 빅뱅이 거꾸로 진행되는 상황이다. 이렇게 궁극적으로 붕괴하는 우주에서, 공간은 휘어져서 삼각형 내각의 합은 180도를 훨씬 넘게 된다. 그에 반해, 맨 위 곡선은 우주가 삼각형의 내각이 180도가 안 되는 방식으로 휘는 상황을 기술한다. 이 경우 평평한 경계선 우주보다 훨씬 빨리 팽창하며 오늘날이 되면 그 가스는 너무 희석되어 은하를 이룰 수 없어, 그 운명을 차갑고 어두운 "대냉각Big Chill"으로 이끌 것이다.

그래서 우리 우주는 왜 그렇게 평평한가? 만약 당신이 그림 5.3의 24자리 숫자를 무작위로 선택해서 프리드먼 방정식을 다시 푼다면, 140억 년 동안 거의 평평하게 유지되는 우주를 얻을 가능성은 화성에서 아무렇게나 우주로 던진 다트가 지구에 있는 표적 한가운데 정확히 맞을 확률보다도 낮다. 그럼에도 프리드먼의 빅뱅 모델은 이런 우연에 대한 어떤 설명도 제공하지 않는다.**

분명, 우리 우주가 일찍부터 계속 극단적인 평탄성을 가지는 데 필

---

* 우리는 중력의 세기를 정확히 모르기에 첫 4자리 숫자 이후에 어떤 숫자가 와야 하는지 모른다. 따라서 뒤의 20자리 숫자들은 예시를 위한 내 상상이다.

** 필립 헬빅 등이 지적했듯이, 평탄성 문제는 종종 잘못 전달되거나 과장된다. 그러나 우리가 앞 장에서 논의한 우주 군집화가 일찍부터 평탄성에서 무작위로 벗어나는 원인이 되기 때문에, 극히 심각한 문제인 것은 틀림없다.

요한 정확히 딱 맞는 밀도를 갖기 위해 그 원인이 되는 어떤 메커니즘이 틀림없이 있을 거라고 앨런 구스는 주장했다.

급팽창의 작동 방식

배증의 위력

앨런은 급진적인 통찰력으로 세운 단 하나의 이상하게 들리는 가정으로, 한 번에 지평선 문제와 평탄성 문제 모두를 해결하고 더 많은 것들도 설명할 수 있었다. 이 가정은 아주 옛날에 희석되지 않는 어떤 물

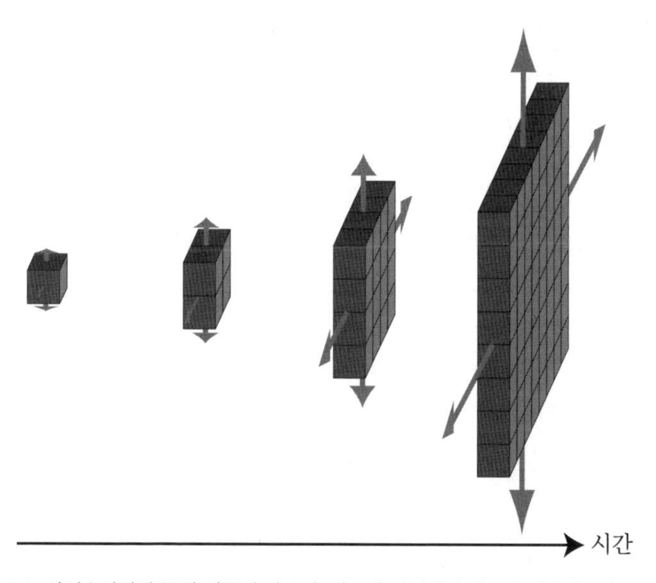

그림 5.4: 아인슈타인의 중력 이론에 따르면, 밀도가 희석되지 않는 물질은 "급팽창"할 수 있다. 즉, 특정 시간 간격마다 크기가 2배가 되기 때문에 원자보다 작은 스케일에서 시작해 눈 깜짝할 사이에 우리의 관측 가능한 우주보다 훨씬 더 커져, 실질적으로 빅뱅을 촉발시킨다. 이런 반복적인 배증은 3차원의 모든 방향에서 일어나기 때문에, 지름이 2배가 되면 부피는 8배가 된다. 여기서 나는 예시의 목적으로 2차원만 그렸는데, 그래서 크기가 2배가 되면 부피가 4배가 된다.

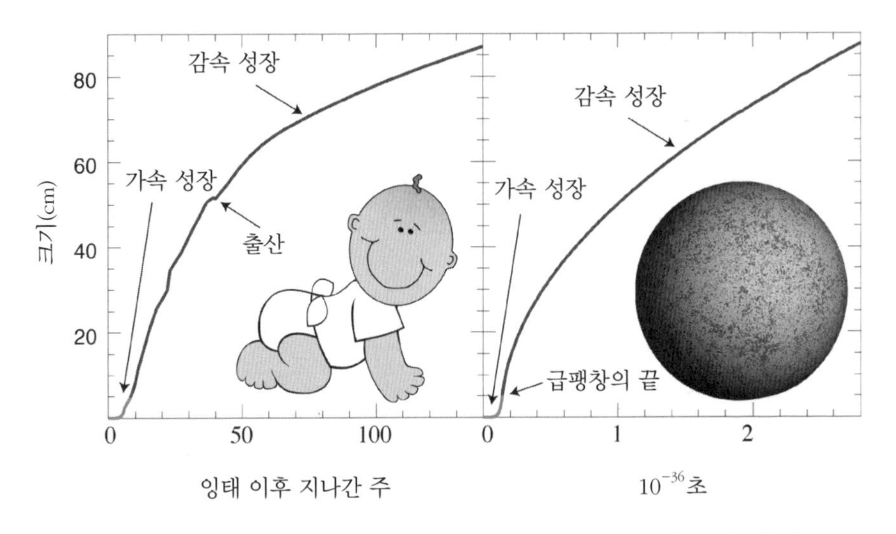

그림 5.5 급팽창 이론은 우리의 아기 우주가 인간의 아기처럼 자랐다고 이야기한다. 처음에는 정해진 간격마다 규칙적으로 크기가 2배가 되는 가속 성장 시기를 겪고, 이후에는 여유롭게 감속 성장하는 상태가 된다. 흥미롭게도, 두 그래프에서 수직축은 동일하다. 가장 간단한 모델에서 우리 우주는 대략 오렌지 크기가 되었을 때 (하지만 질량은 10^{81}배 더 나갔다) 급팽창이 멈추었다. 우리의 아기 우주는 아기의 첫 세포보다 약 10^{43}배 더 빨리 2배의 크기가 되었다.

질의 아주 작고 균일한 방울이 있었다는 것이다. 그렇다면 그 물질 1그램이 팽창해서 부피가 2배가 될 때, 그 밀도(즉, 부피당 질량)는 기본적으로 변하지 않고 그대로이며, 그 물질은 2그램이 될 것이다. 이것을 공기 등의 보통 물질과 비교해보자. 보통 물질은 팽창해서 부피가 커지면(예를 들어, 압축된 공기가 타이어에서 빠져나올 때) 분자의 전체 숫자는 그대로이며, 따라서 질량은 그대로이고 밀도는 낮아진다.

아인슈타인의 중력 이론에 따르면, 그렇게 작고 희석되지 않는 방울은 엄청난 폭발을 겪게 되며, 실질적으로 빅뱅을 만들어낸다. 앨런은 그것을 급팽창이라고 불렀다. 그림 5.4에서 볼 수 있듯, 아인슈타인의 방정식은 정해진 시간 간격마다 방울의 각 부분 크기가 2배가 되는 해를 가지고 있다. 수학자들은 이것을 지수함수적으로 증가한다고 한다. 이 시나리오에서, 우리의 아기 우주는 마치 아기가 잉태된 직후와 아주 유사하게 자라난다(그림 5.5). 당신 몸의 각 세포는 대략 매일 2배가 되어, 전체 세포의 숫자는 매일 1, 2, 4, 8, 16, 등으로 늘어나게 된다. 반복되는 배증倍增은 강력한 과정으로, 만약 당신의 몸무게가 태어날 때까지 매일 2배가 되었다면 당신의 어머니는 아주 곤란했을 것이다. 약 아홉 달이 지나면 배증은 274번 발생하고, 몸무게가 관측되는 우주에 있는 모든 물질을 합한 것보다 더 나가게 될 것이니 말이다! 말도 안 되게 들리겠지만, 이것이 정확히 앨런의 급팽창 과정의 효과이다. 원자 하나보다 훨씬 작고 가벼운 작은 알갱이로 시작해서, 관측 가능한 우주 전체보다 더 무거워질 때까지 그 크기가 반복적으로 2배씩 증가한다.

문제가 해결되다

그림 5.4에서 볼 수 있듯, 크기가 계속 2배가 되면 그림에서 화살표로 나타낸 팽창 속도도 자동적으로 계속 2배가 된다. 다시 말해, 가속 팽창이 일어난다. 만약 정말 출생 때까지 몸무게가 매일 2배 늘어난다면, 초기에는 아주 천천히 팽창했을 것이다(매일 세포 몇 개 정도로). 하지만 임신 기간이 끝나가서 몸무게가 우리의 관측 가능한 우주보다 더 나가는 상태에서 계속 매일 2배로 늘어나면, 팽창 속도는 하루당 수십억 광년으로 엄청나게 커지게 된다. 당신의 아기 때 몸무게는 하루에 2배로 늘어난다지만, 우리의 급팽창 아기 우주는 그 질량이 지극히 자주 2배가 되었다. 급팽창 중 가장 유력한 시나리오에서는, 질량이 2배가 되는 일이 약 100조 분의 1조 분의 1조 분의 1(10^{-38})초마다 한 번씩 일어났고, 관측 가능한 우주의 질량이 만들어지는 데 약

260번의 배증이 필요했다. 이것은 시작부터 끝까지 전체 급팽창 과정이 인간의 기준으로는 거의 순간이라고 할 수 있는 10^{-35}초가 걸린 것을 의미한다. 이는 빛이 양성자 크기보다 1조 배 작은 거리를 가는 데 걸리는 시간보다도 짧은 시간이다. 다시 말해, 지수함수적 팽창은 아주 작고 거의 움직이지 않던 것을 엄청나게 크고 빨리 팽창하는 폭발로 바꿔놓는다. 이런 방식으로 급팽창은 "폭발 문제", 즉 무엇이 빅뱅을 일으켰는지에 대한 답을 준다. 빅뱅의 원인은 이런 반복적인 배증 과정이다. 그것은 또한 에드윈 허블의 발견대로, 왜 팽창이 균일한지 설명한다. 그림 5.4는 2배 멀리 떨어진 두 영역은 2배 더 빨리 멀어진다는 것을 보여준다.

그림 5.5는 당신 몸의 지수적 증가가 결국은 더 여유로운 성장으로 바뀌듯이, 우리의 아기 우주도 결국은 급팽창을 그만둔다는 것을 보여준다. 급팽창의 물질은 더 느긋하게 팽창하는 보통 물질로 바뀌며, 폭발적인 급팽창 시기에 물려받은 속도는 점점 중력에 의해 감속되며 미끄러져 나간다.

앨런 구스는 급팽창이 지평선 문제도 해결한다는 것을 알아냈다. 그림 5.2에서 멀리 떨어진 A와 B 영역은 급팽창의 초기에는 아주 가까웠는데, 따라서 그 당시에는 상호작용할 시간이 있었다. 급팽창의 폭발적 팽창은 A와 B가 더 이상 접촉하지 못하게 만들었는데, 이제야 다시 접촉할 수 있게 되었다. 당신 코에 있는 세포는 발가락의 세포와 같은 DNA를 갖는데 그 이유는 그것들이 공통의 선조에서 유래했기 때문이다. 코와 발의 세포는 모두 당신의 바로 그 최초 세포에서 일련의 배증을 통해 만들어졌다. 같은 방식으로, 우리 우주의 멀리 떨어진 영역들도 근원이 같기 때문에 비슷한 성질을 가지고 있는 것이다. 그것들 모두 급팽창 물질의 작은 알갱이 하나에서 지속적인 배증을 통해 만들어졌다.

마치 아직 성공이 부족하다는 듯, 앨런은 급팽창이 평탄성 문제도 해결한다는 것을 알아냈다. 당신이 그림 2.7의 구 위에 있는 개미이며 당신이 사는 흰 표면의 일부만 볼 수 있다고 가정하자. 만약 급팽창에 의해 그 구가 엄청나게 커진다면, 당신이 볼 수 있는 작은 영역은 훨씬 더 평평해 보일 것이다. 탁구공 위의 사방 1센티미터 영역은 눈에 띄게 휘었지만, 지구 표면의 사방 1센티미터 영역은 거의 완전히 평평해 보인다. 유사하게 급팽창이 우리의 3차원 공간을 극적으로 팽창시키면, 모든 1세제곱센티미터 공간이 거의 완벽하게 평평해질 것이다. 앨런은 급팽창이 우리의 관측 가능한 우주를 만들기에 충분한 시간 동안 지속되는 한, 오늘날까지 대함몰이나 대냉각 없이 충분히 유지될 정도로 공간을 평평하게 만든다는 것을 증명했다.

실은 급팽창은 일반적으로 그보다 훨씬 더 오래 지속되어, 오늘날까지도 우주가 완벽하게 평평하게 유지되도록 만든다. 다시 말해, 급팽창 이론은 과거 80년대에 우리 우주는 평평할 것이라는 검증 가능한 예측을 내놓았다. 앞의 두 장에서 보았듯이, 우리는 이제 이 예측을 1퍼센트 이하의 오차로 확인했으며, 급팽창은 깃발을 휘날리며 시험을 통과했다.

궁극의 공짜 점심은 누가 부담했나?

급팽창은 거대한 마술 쇼와 같다. 내 직감은 이것이다. 이것이 물리 법칙에 맞을 리 없어! 그러나 아주 자세히 보면, 급팽창은 물리 법칙을 따른다.

우선, 어떻게 1그램의 급팽창 물질이 팽창해서 2그램이 될 수 있을까? 질량은 당연히 무에서 창조될 수 없는 것 아닐까? 흥미롭게도 아인슈타인은 그의 특수 상대론을 통해 빠져나갈 구멍을 제공했다. 그에 따르면 에너지 E와 질량 m은 유명한 공식인 $E=mc^2$에 의해 연결된다. 여기서 c는 초속 299,792,458미터로, 아주 크기 때문에 미량의 질량도 엄청난 양의 에너지에 해당한다. 히로시마의 핵폭탄은 1킬로그램이 안 되는 질량이 만들어낸 것이었다. 이는 어떤 물체에 에너지를 더 하면 질량을 늘릴 수 있다는 것을 의미한다. 예를 들어, 고무줄을 잡아 당기면 아주 약간이지만 더 무겁게 만들 수 있다. 고무줄을 늘이려면 에너지를 가해야 하고, 그 에너지는 고무줄로 들어가서 그 질량을 늘린다.

고무줄은 팽창시키기 위해 에너지를 가해야 하므로 음의 압력을 갖고 있다. 공기처럼 압력이 양수인 경우는 그 반대로 압축시키는 데 에너지가 든다. 요약하면 물리학 법칙에 따르면 급팽창 물질은 음의 압력을 가져야 하며, 그것을 2배 팽창시키는 데 드는 에너지로 정확히 질량이 2배가 된다는 것은 음압이 아주 크다는 것을 의미한다.

급팽창이 혼동되는 또 다른 점은 팽창을 가속시킨다는 것이다. 고등학교에서, 우리는 중력은 인력이라고 배운다. 따라서 만약 팽창하는 물건이 많이 있다면, 중력은 팽창을 감속시켜 결국 운동의 방향을 뒤집고 그 물건들을 다시 끌어당겨야 하지 않을까? 다시 아인슈타인이 나타나 빠져나갈 구멍을 제공하는데, 이번에는 그의 일반 상대론에 따라 중력의 질량뿐 아니라 압력도 원인이 된다는 것이 중요한 점이다. 질량은 음수가 될 수 없으므로, 질량에 의한 중력은 언제나 인력이다. 그러나 양의 압력도 끌어당기는 중력의 원인이 되는데, 그렇다면 음의 압력은 미는 중력의 원인이 될 것이다! 우리는 방금 급팽창의 물질이 아주 큰 음압을 가지는 것을 보았다. 앨런 구스는 계산을 통해 음압에 의해 밀어내는 중력이 그 질량에 의해 당기는 중력보다 3배 더 강력하다는 것을 알아냈고, 따라서 급팽창 물질의 중력은 그것을 폭파시킬 것이다!

요약하면, 급팽창 물질은 그것을 폭파시키는 반중력을 만들고, 이 반중력이 물질을 팽창시키며 내놓는 에너지는 그 물질이 일정한 밀도를 유지하도록 질량을 추가하는 데 충분한 양이다. 이 자급자족하는 과정을 통해, 급팽창 물질은 몇 번이고 그 크기가 배가된다. 이런 방식으로, 급팽창은 거의 아무것도 없는 데서 우리 망원경에 보이는 모든 것을 창조한다. 이것이 앨런 구스가 우리 우주를 "궁극적 공짜 점심"이라고 부른 이유이다. 급팽창은 전체 에너지가 0에 아주 가깝다는 것을 예측한다!

그러나 노벨 경제학상 수상자인 밀턴 프리드먼은 "세상에 공짜 점심은 없다"라고 했는데, 우리 우주에서 관측되는 은하의 모든 화려함에 대한 에너지 요금은 누가 지불한 것인가? 답은 중력이며, 그 이유는 중력이 급팽창 물질을 잡아당기며 에너지를 주입했기 때문이다. 그러나 만약 총 에너지는 변하지 않는데 무거운 물체들이 아인슈타인의 $E=mc^2$ 공식에 따라 엄청난 양의 에너지를 가졌다면, 중력이 그에 해당하는 음의 에너지를 원래 품고 있었다는 것을 의미한다! 바로 정확히 그것이 사실이다. 모든 중력의 원인이 되는 중력장은 음의 에너지를 가지고 있다. 그리고 중력이 무언가를 가속시킬 때마다 음의 에너지가 더해진다. 예를 들어, 멀리 있는 소행성을 생각해보자. 소행성이 느리게 움직이면, 아주 적은 운동 에너지를 가지고 있다. 만약 소행성이 지구 중력의 영향에서 멀리 벗어났다면, 중력 에너지(위치 에너지라고도 함)도 매우 적다. 소행성이 점점 지구로 끌려온다면, 속도가 빨라지고 운동 에너지도 커진다. 아마도 충돌하면 거대한 분화구를 만들 수 있을 만큼 커질 것이다. 중력장이 거의 에너지가 없던 상태로 시작했고 양의 에너지를 내놓았으므로, 소행성은 음의 에너지를 가지고 있을 것이다.

이제 2장 서두에 있던 질문 하나를 해결했다. **급팽창을 통해 무無로부터 우리 주위의 물질이 만들어졌다는 것은 에너지 보존에 어긋나지 않는가?** 답은 아니다라는 것을 알게 되었다. 필요한 모든 에너지는 중력장에서 빌려온 것이다.

나는 이 과정이 물리학 법칙을 위배하지 않지만, 분명히 신경 쓰이게 한다는 것을 고백해야겠다. 나는 마치 우주적 피라미드 사기극에 말려든 것 같은 이 불편한 느낌을 떨칠 수 없다. 만약 당신이 버니 메이도프Bernie Madoff(역사상 최대 폰지 사기 주범. 폰지 사기는 실제 이윤을 창출하지 않고 투자자들의 돈을 이용해 기존 투자자들에게 수익 배당금을 지급한다._옮긴이)를 그가 2008년에 650억 달러를 횡령한 혐의로 체포되기 전에 만났다면, 아마도 그가 실제로 진정한 부를 소유한 사람이라고 생각했을 것이다. 그러나 자세히 살펴보면, 실질적으로 그는 모두 빌린 돈으로 그 물건들을 산 것이다. 여러 해 동안, 그는 교묘하게 순진한 투자자들에게서 돈을 더 끌어들임으로써 사기 규모를 계속 키웠다. 급팽창우주도 정확히 똑같이 작동한다. 급팽창우주는 중력에서 빌린 에너지를 다시 빌린 에너지로 덮음으로써 크기를 계속 배가해나간다. 메이도프와 마찬가지로, 급팽창우주도 내재적 불안정성을 악용해 무에서 명백한 화려함을 창조한다. 나는 그저 우리 우주가 메이도프의 계획보다 덜 불안정하기를 바랄 뿐이다.

끊임없이 주는 선물

급팽창 앙코르

많은 성공적인 과학 이론이 그렇듯, 급팽창도 처음에는 어려움을 겪었다. 급팽창의 첫 번째 확실한 예측은 우주가 평평하다는 것인데, 당시 쌓여가는 관측 결과에 부합하지 않는 것처럼 보였다. 앞 장에서 보았듯, 아인슈타인의 중력 이론은 우주의 밀도가 특정한 임계값이어야만 평평하다고 이야기한다. 우리는 우리 우주가 이 임계값보다 몇 배나 더 밀도가 높은지 나타내는 데 Ω_{total}(또는 간단히 그냥 Ω, 즉 "오메가")라는 부호를 쓰는데, 급팽창은 따라서 $\Omega=1$을 예측한다. 그러나 내가 대학원생이었을 때, 은하 측량과 기타 데이터로부터의 우주 밀도 측정은 점점 향상되고 있었는데, 훨씬 작은 값인 $\Omega \approx 0.25$가 나왔고, 앨런 구스가 실험가 동료들의 말에도 불구하고 학회에서 학회로 고집스럽게 $\Omega=1$을 주장하고 다니는 것은 점점 더 당혹스러운 일이 되어갔다. 하지만 앞 장에서 보았듯이, 암흑 에너지의 발견은 우리가 그때까지 오로지 약 4분의 1 정도의 밀도만 세고 있었다는 사실을 드러냈고, 암흑 에너지도 포함시켰을 때, 우리는 1퍼센트보다 우수한 정확도로 $\Omega=1$이라는 측정값을 얻었다(표 4.1).

암흑 에너지의 발견은 또 다른 이유로도 급팽창에 대한 신뢰도를 크게 향상시켰다. 이제 희석되지 않는 물질을 가정한다는 것을 더 이상 정신 나간 비과학적인 것으로 폄하할 수 없는데, 왜냐하면 암흑 에너지가 바로 정확히 그런 물질이기 때문이다! 따라서 우리 빅뱅을 창조한 급팽창 시기는 140억 년 전에 끝났고, 급팽창의 새로운 시대가 열렸다. 이런 새로운 급팽창은 옛 시절과 비슷하지만 느리게 움직인다는 것이 다르고, 우리 우주의 크기는 눈 깜짝할 새가 아니라 80억 년마다 2배가 된다. 따라서 흥미로운 문제는 더 이상 급팽창이 발생했는가의 여부가 아니라, 그것이 한 번 일어났는가 혹은 두 번 일어났는가 하는 것이다.

요동의 씨앗을 뿌리기

성공적인 과학 이론의 특징은 투자보다 더 많은 것을 얻는다는 점이다. 앨런 구스가 제시한 하나의 가정(희석되지 않는 물질의 작은 알갱이)은 폭발 문제, 지평선 문제, 그리고 평탄성 문제라는 우주론적 수수께끼 세 가지를 모두 해결해주었다. 앞에서 우리는 어떻게 급팽창이 그 이상을 해내는지 보았다. 급팽창은 $\Omega=1$을 예측했는데, 약 20년 후 정밀하게 확인되었다. 하지만 그것이 전부가 아니었다.

앞 장은 은하와 거대 스케일 우주 구조가 궁극적으로 어디에서 오는지에 대한 질문으로 끝났는데, 모든 이가 깜짝 놀랐던 것은, 급팽창이 이 질문도 해결했다는 것이다! 게다가 얼마나 멋진 답이었는지! 그 아이디어는 처음 러시아 물리학자인 겐나디 치비소프와 비아체슬라프 무카노프가 제안했는데, 아이디어를 처음 들었을 때 나는 터무니없다고 생각했다. 하지만 나는 이제 그것이 과학사적으로 가장 진보적이고 아름답게 통합된 아이디어가 될 자격이 충분하다고 생각한다.

요컨대 그 답은 우주의 씨앗 요동이 양자역학, 즉 우리가 7장과 8장에서 공부할 미시세계 이론에서 왔다는 것이다. 하지만 나는 대학에서 양자 효과가 원자같이 매우 작은 것에만 중요하다고 배웠다. 그렇다면 어떻게 양자 효과가 은하와 같이 가장 큰 연구 대상에 관련되었을 수 있는가? 우선, 급팽창의 아름다움 중 하나는 가장 작은 스케일과 가장 큰 스케일을 연결한다는 사실이다. 급팽창의 초기 단계 동

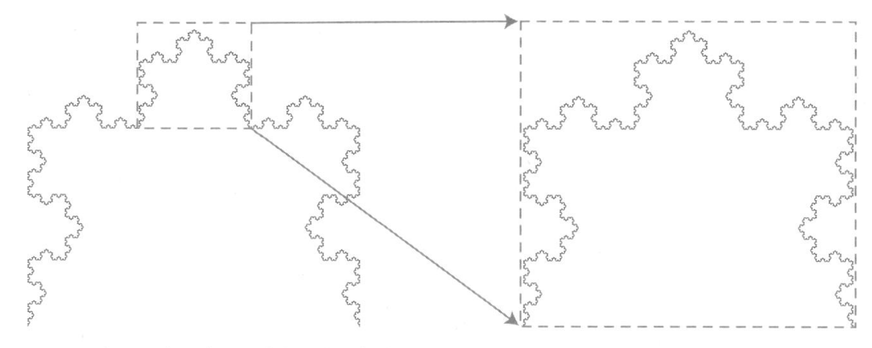

그림 5.6: 이 그림은 스웨덴 수학자인 헬리에 본 코크Helge von Koch가 찾아낸 눈송이 프랙털인데, 눈송이의 모양이 그 일부분을 확대시킨 것과 같다는 흥미로운 성질을 갖고 있다. 급팽창은 우리의 아기 우주도 마찬가지로, 적어도 근사적이고 통계적인 의미로는 그 자체의 일부가 확대된 것과 구분이 불가능하다고 예측한다.

안에, 이제 은하수를 포함하게 된 영역은 원자 하나보다 훨씬 작았으므로, 양자 효과가 중요했을 수 있다. 그리고 그것은 사실이었다. 7장에서 보게 되겠지만, 양자역학의 이른바 하이젠베르크 불확정성 원리는 급팽창 물질을 포함해서 그 어떤 물질도 완벽하게 균일할 수 없다고 선언한다. 만약 균일하게 만들려고 해도, 양자 효과가 그것을 꿈틀거리도록 강제해서 균일성을 망치고 만다. 급팽창이 원자보다 작은 영역을 관측 가능한 전체 우주로 잡아 늘였을 때, 양자역학이 새긴 밀도 요동도 마찬가지로 늘려져서 은하 및 그 이상의 크기가 되었다. 우리가 앞 장에서 보았듯이, 중력의 불안정성이 나머지 작업을 맡아 이 요동을 양자역학이 부여한 아주 작은 0.002퍼센트 수준의 진폭에서 밤하늘의 장관을 연출하는 은하, 은하단과 초은하단으로 증폭시킨다.

가장 멋진 것은 이것이 그저 정량적인 허황된 이야기가 아니라, 모든 것을 정확히 계산할 수 있는 엄밀하고 정량적인 내용이라는 것이다. 그림 4.2에 나온 파워 스펙트럼 곡선은 가장 간단한 급팽창 모델들 중 하나의 이론적 예측값인데, 그것이 모든 측정과 얼마나 잘 일치하는지 놀라울 정도이다. 급팽창 모델은 또한 표 4.1에 나열한 측정된 우주론 인수들 중 3개를 예측할 수 있다. 하나는 이미 언급한 $\Omega=1$이다. 다른 두 가지는 앞 장에서 탐구했던 우주 군집화 패턴의 속성에 대한 것이다. 가장 간단한 급팽창 모델에서, 군집화 씨앗의 진폭(표에서 Q라고 나타낸 것)은 급팽창 영역이 얼마나 빠르게 2배의 크기가 되는가에 달려 있는데, 거기 걸리는 시간이 10^{-38}초인 경우, 예측은 관측값인 $Q\approx0.002$퍼센트와 일치한다.

급팽창은 또한 군집화 씨앗의 "경사도" 인수(표에서 n이라고 나타낸 것)에 대해서도 흥미로운 예측을 준다. 이것을 이해하려면, 수학자들이 자기유사, 프랙털 또는 척도불변이라고 하는 그림 5.6의 들쭉날쭉한 곡선을 볼 필요가 있다. 이 단어들은 모두 기본적으로 만약 내가 그 그림을 일부분의 확대 그림과 바꿔치기해도 그 차이를 알아챌 수 없다는 것을 의미한다. 나는 이런 확대 조작을 몇 번이고 할 수 있기 때문에, 곡선의 1조 분의 1도 전체와 동일하다는 것이 명백하다. 흥미롭게도 급팽창은 우리의 아기 우주 또한 척도불변에 근사적으로 아주 가깝다고 예측한다. 이것은 가령 무작위로 1세제곱센티미터를 취한 것과 그것보다 어마어마하게 큰 부분과의 차이점을 찾을 수 없다는 의미이다. 왜일까? 자, 급팽창 시기 동안에 우주를 확대하는 것은 기본적으로 모든 것이 다시 2배가 될 때까지 잠깐 기다리는 것과 같다. 따라서 만약 당신이 급팽창 시기로 시간여행을 한다면, 요동의 통계적 성질이 척도불변이라는 것은 이런 성질들이 시간에 따라 변하지 않는다는 뜻이다. 급팽창은 이런 성질들이 매우 간단한 이유로 시간에 따라 거의 변하지 않는다고 예측한다. 즉, 급팽창 물질의 밀도 또는 다른 성질들이 눈에 띄게 변하지 않기 때문에, 양자 요동을 발생시키는 국소적 물리 조건들도 시간에 따라 거의 변하지 않는 것이다.

표 4.1의 경사도 인수 n은 급팽창우주가 얼마나 정확히 척도불변이었는지를 재는 양이다. n은 큰 척도와 작은 척도에서의 군집화 정도를 비교해 정의하는데, $n=1$은 완전히 척도불변(모든 척도에서 같은 군집화)인 경우, $n<1$은 큰 척도에서 더 많은 군집화인 경우, $n>1$은 작은 척도에서 더 많은 군집화인 경우를 의미한다. 무카노프 등의 급팽창 선구자들은 n이 1에 매우 가까울 것이라고 예측했다. 내 친구 테드와 내가 4장의 매직빈 컴퓨터를 몰래 사용했을 때, 사실은 당시까지 가장 정확한 n값을 구하려는 목적이었다. 우리는 $n=1.15 \pm 0.29$라는 결과를 얻어, 급팽창에 대한 또 하나의 예측이 잘 맞는다고 확인했다.

n에 관해 흥미로운 점이 더 있다. 급팽창이 결국에는 끝나야 하기 때문에, 급팽창 물질은 급팽창하는 동안 점점 아주 조금씩 희석되어야 한다. 그렇지 않으면 아무것도 바뀌지 않고 급팽창은 영원히 지속될 것이다. 가장 간단한 급팽창 모델들에서, 밀도의 이런 감소는 발생하는 요동의 진폭도 역시 감소하는 원인이 된다. 이것은 나중에 발생하는 요동의 진폭이 작아지는 것을 의미한다. 그러나 나중의 요동들은 급팽창이 끝나기 전까지 그렇게 대단하게 늘려지지 않으므로, 오늘날의 소규모 요동에 해당한다. 핵심은 $n<1$이라는 예측이다. 더 구체적인 예측을 위해서는 급팽창 물질이 무엇으로 이루어졌는지에 대한 모델이 필요하다. 그런 모델 중 가장 간단한 것은 안드레이 린데(그림 5.1)가 개척한 전문용어로 "2차식 포텐셜 함수를 가지는 스칼라 장"(스칼라 장은 기본적으로 자기장의 가설적 사촌쯤 된다)이라고 알려진 것이며 $n=0.96$이라고 예측한다. 이제 표 4.1을 다시 보자. n에 대한 측정이 과거 매직빈 시절 이후 약 60배 더 정확해졌다는 것을 볼 수 있으며, 가장 최근의 측정값에 의하면 $n=0.96 \pm 0.005$로, 감질날 정도로 예측값에 아주 가깝다!

안드레이 린데는 급팽창의 개척자 중 한 사람으로, 내게 많은 영감을 주었다. 복잡하게 여겨졌던 무언가에 대한 누군가의 설명도 안드레이가 설명하는 것을 들으면, 즉 그가 생각하는 바로 그 방식으로 생각하면 사실 간단해진다. 그는 소련에서 살아남는 데 분명히 도움이 되었을, 잔혹하지만 따뜻한 유머 감각을 가지고 있으며, 화제가 개인적인 것이든 혹은 첨단 과학에 대한 것이든 상관없이 장난기 가득한 눈을 반짝이며 이야기한다.

차갑고 작은 분출

이런 모든 측정은 앞으로 더 정확해질 것이다. 또한 급팽창 모델이 예측치로 내놓은 몇 개의 숫자를 추가로 측정할 가능성이 있다. 예를 들어, 빛에는 휘도와 색깔 외에, 편광이라는 성질이 있다. 벌들은 편광을 볼 수 있으며 위치를 판단하는 데 사용한다. 인간은 편광을 알아채지 못하지만, 편광 선글라스를 이용하면 특정 방향으로 편광된 빛만 통과시킬 수 있다. 많은 이들이 선호하는 급팽창 모델들은 우주 마이크로파 배경 복사에 좀 독특한 흔적이 있을 거라 예측한다. 급팽창 동안에 양자 요동은 중력파gravitational waves를 방출하는데, 중력파는 시공간 구조의 진동이기 때문에 우주 마이크로파 배경 패턴을 특정한 방식으로 찌그러뜨린다.

2014년의 어느 날 아침, 앨런 구스는 내게 "기밀"이라고 표시한 메일을 보내 이러한 중력파 발견이 발표될 3월 17일의 기자회견에 초청했다. 우아! 그 장소는 물리학자들과 기자들로 꽉 차 있었고, 앨런과 안드레이는 환하게 웃고 있었다. 바이셉2BICEP2 실험의 존 코바치John Kovac와 그의 동료들은 남극에서의 3년이라는 힘든 세월 동안 10억 광년에 이르는 엄청난 중력파를 검출했다고 보고했다. 그렇게 강력한 중력파를 만들려면 엄청난 힘이 필요하다. 예를 들어, 태양보다 무거운 두 블랙홀을 도시 하나보다도 작은 영역에 우겨넣는 격렬한 충돌이 미국에 설치된 라이고LIGO가 검출하려는 중력파를 만들어낼 수 있지만 그 파동은 그 두 천체 정도 크기밖에 되지 않는다.

그렇다면 우주에 있는 그 어떤 것도 그렇게 크지 않은데 무엇이 BICEP2가 관측했다고 주장하는 거대한 파동을 만들어낼 수 있었을까? 내 생각에 그런 파동에 대한 유일하게 강력한 설명은, 100조 분의 1조 분의 1조 분의 1초(10^{-38}) 동안 우주의 크기를 급히 2배로 만드는 일을 적어도 80번 반복한 급팽창이 거대한 파동을 만들었다는 것이다. 만약 이런 거대한 파동이 정말 존재한다면 그럴 것이다. BICEP2 기자회견을 한 지 1년이 안 되어, 그 주장은 플랑크 위성에서 나온 새로운 데이터에 의해 부정되었는데, 그에 의하면 BICEP2 신호의 전체 혹은 일부는 급팽창이 아니라 우리 은하의 먼지가 원인이었다. 탐색은 계속되고 있다. BICEP2 및 그와 경쟁하는 실험팀은 더 정밀한 측정을 위해 경주하고 있으며 앞으로 몇 년 후면 급팽창으로부터의 중력파가 존재하는지의 여부가 밝혀질 것이다.

그러면 우리는 급팽창을 얼마나 심각하게 받아들여야 할까? 중력파에 대한 주장이 있기 전부터 급팽창에 관한 예측이 점차 하나씩 확인되면서, 급팽창은 우주의 초기에 일어난 일에 대한 가장 성공적이고 인기 있는 이론으로 대두되었다. 점차 확인되고 있는 급팽창에 관한 예측은, 우리 우주가 크고 팽창 중이며 근사적으로 균일하고 등방적이며 평평하다는 것, 그리고 우주 아기 사진의 작은 요동이 대략 척도불변이고 단열적이며 가우스 분포를 따른다는 것이다. 학계의 많은 동료와 내게 있어 거대한 중력파를 발견하는 것은 급팽창을 확증하는 결정적 증거를 줄 것인데, 왜냐하면 그것 말고는 다른 유력한 설명이 없기 때문이다. 따라서 그 발견은, 정신 나간 것처럼 들리기는 하지만, 급팽창이 실제로 일어났다는 것, 즉 관측 가능한 우주 전체가 한때 원자 하나보다도 훨씬 작았다는 것을 시사할 것이다.

급팽창을 진지하게 고려한다면 우리는 급팽창이 빅뱅 직후 일어났다는 주장을 수정할 필요가 있다. 왜냐하면 급팽창은 빅뱅 직전에 일어나서 빅뱅을 만들어냈기 때문이다. 뜨거운 빅뱅을 시간이 시작된 사건으로 정의하는 것은 부적절한데, 왜냐하면 사실 시간에 시작이 있었는지 확실히 모르고, 급팽창의 초기는 대단히 뜨겁지도 크지도 않았고 대단한 폭발도 없었기 때문이다. 급팽창 물질의 작은 조각의 크기가 약 80번 배증하는 동안 그 구성물들이 서로에게서 달아나는 속도 역시 2^{80}배 커진다. 그 부피는 이 숫자의 세제곱, 즉 2^{240}배 증가하며 밀도가 거의 일정하므로 질량도 그만큼 증가한다. 급팽창 이전으로부터 물려받은 입자들의 온도는 곧 거의 0도로 떨어지며, 남은 열은 중력파를 발생시키는 것과 같은 양자 요동에서 오는 것뿐이다. 종합하면, 급팽창의 초기는 뜨거운 빅뱅이라기보다 차갑고 작은 분출에 더 가까운데, 왜냐하면 당시 우리의 우주는 그리 뜨겁지 않았고 (급팽창이 끝날 때 1,000배 더 뜨거워진다) 그리 크지 않았으며 (사과 1개보다도 가볍고 양성자 크기의 10억 분의 1보다도 작다) 대단한 폭발도 없었기 때문이다(팽창 속도는 급팽창이 끝나는 시점보다 1조의 1조 배 느리다).

영원한 급팽창

급팽창에 대한 지금까지의 논의는 성공한 물리학 아이디어의 전형적인 라이프 사이클처럼 보인다. 새 이론이 옛 문제를 해결한다. 그 이상의 예측을 한다. 실험으로 확인된다. 널리 받아들여진다. 교과서가 집필된다. 급팽창은 전통적으로 과학에서 그렇듯 은퇴 연설을 할 때가 된 것 같다. "급팽창 이론과 우리 우주의 궁극적 기원에서 미진했던 부분을 매듭짓기 위한 당신의 충성스러운 봉사에 감사를 드립니다. 이제 깔끔하게 분류된 교과서 장들 안으로 물러나서 은퇴 생활을 즐기기 바랍니다. 우리가 아직 해결되지 않은 더 새롭고 흥미로운 문제들을 연구할 수 있도록, 우리를 놓아주세요." 그러나 마치 끈질긴 노교수처럼, 급팽창은 은퇴를 거부하고 있다!(우리나라와 달리 미국의 교수는 테뉴어, 즉 종신재직권이 있는 경우 나이 제한 없이 계속 재직할 수 있다._옮긴이) 앞에서 본 것처럼, 급팽창은 초기 우주 우주론이라는 특정 주제에 대해 계속 선물을 주고 있을 뿐만 아니라, 예측하기 어려우며 또 어떤 이들에게는 상당히 못마땅한, 더 많은 극단적 놀라움을 주고 있다.

멈출 수 없는

첫 번째 충격적인 사실은 급팽창이 일반적으로 멈추려 하지 않으며 영원히 더 많은 공간을 생산한다는 것이다. 이와 관련된 특정한 모델들을 발견한 것은 안드레이 린데와 폴 스타인하르트이다. 이런 효과의 존재에 대한 우아한 증명 방법을 알렉스 빌렌킨이 알아냈는데, 그는 친절하고 목소리가 부드러운 터프츠대학의 교수이며 앨런 구스가 잠이 들었던 내 강연의 초청자이기도 하다. 알렉스 빌렌킨은 그의 고국인 우크라이나에서 학생이었을 때, "결과"로 생길 일에 주의하라는 경고에도 불구하고, 정권에 비판적이었던 동료 학생에 불리한 증언을 하라는 소련 국가보안위원회KGB의 요구를 거절한 적이 있다. 그는 하르

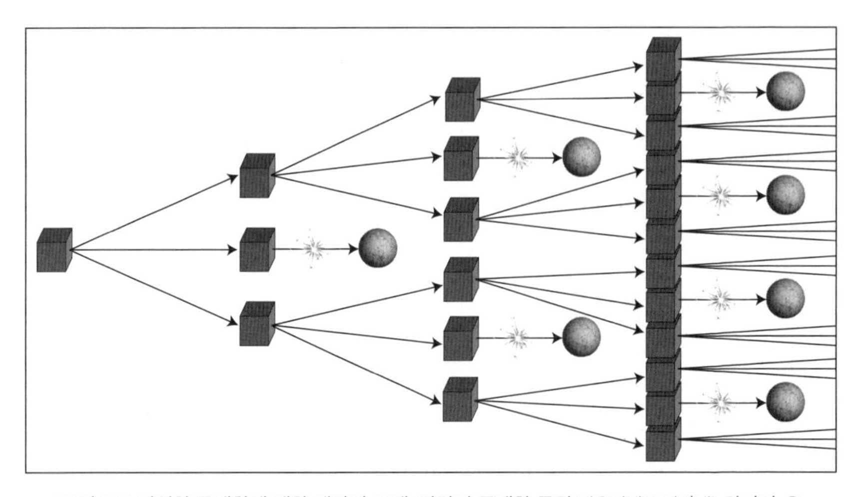

그림 5.7: 영원한 급팽창에 대한 개략적 도해. 각각의 급팽창 물질(정육면체로 나타냄) 하나가 우리 우주와 유사한 급팽창하지 않는 빅뱅 우주로 붕괴할 때, 다른 두 급팽창 영역은 붕괴하지 않고 그 대신 부피가 3배가 된다. 그 결과로 빅뱅 우주가 각 단계마다 1, 2, 4, 등등으로 끝없이 늘어나게 된다. 따라서 우리가 빅뱅이라고 부르는 것(그림에서 불꽃으로 나타냄)은 모든 것의 시작이 아니라, 우리의 영역에서 급팽창의 종말에 해당한다.

키우대학 대학원의 물리학 과정에 합격했지만 필요한 이주 허가가 나오지 않았다. 그는 평범한 직업도 가질 수 없었다. 그는 동물원에서 야간 경비원으로 1년 동안 고생하다가 결국 우크라이나를 떠날 수 있었다. 내가 관료 때문에 짜증이 날 때, 알렉스의 이야기를 생각하면 내 좌절감은 얼마나 사소한 문제인가라는 고마운 깨달음으로 바뀌게 된다. 당국의 압력에도 불구하고 그가 옳다고 믿었던 것에 충실했던 그의 심성은, 그가 어떻게 다른 위대한 과학자들이 기각했던 것을 끈질기게 이어나가 훌륭한 발견을 이룰 수 있었는지를 설명해준다.

알렉스는 급팽창이 어디에서 그리고 언제 끝나는가가 굉장히 미묘하며 흥미로운 질문이라는 것을 발견했다. 우리는 급팽창이 적어도 어떤 곳에서는 끝난다고 알고 있는데, 왜냐하면 140억 년 전에, 우리가 현재 살고 있는 영역에서는 끝났기 때문이다. 이것은 급팽창 물질을 제거할 수 있는 어떤 물리적 과정이 틀림없이 존재해서, 급팽창 물질이 급팽창하지 않는 보통의 물질로 붕괴하고, 다음은 보통 물질이 계속 팽창하고, 군집화하고, 궁극적으로는 앞 장에서 설명했던 대로 은하, 별 그리고 행성들을 생성하게 된다는 것을 의미한다. 방사성은 잘 알려져 있듯이 불안정한 물질을 다른 물질로 붕괴시키는데, 따라서 급팽창 물질도 마찬가지로 불안정하다고 가정해보자. 그렇다면 급팽창 물질의 절반이 붕괴하는 데 걸리는 시간인 이른바 반감기라는 시간 척도가 있다는 것을 뜻한다. 그림 5.7에 나오듯, 우리는 급팽창에 의한 배가 현상과 붕괴에 의한 반감 현상이라는 흥미로운 줄다리기 상황에 처해 있다. 급팽창이 유효하려면, 전자가 우세해서 전체 급팽창 영역이 시간이 흐르며 증가해야 한다. 이것은 급팽창 물질의 배가 시간이 반감기보다 짧아야 한다는 것을 뜻한다. 그림은 그런 예로서 급팽창 물질의 3분의 1이 붕괴해서 없어질 때 급팽창은 공간을 3배로 만드는 과정을 반복한다. 그와 동시에 급팽창하지 않는 공간이 급팽창 공간의 붕괴에 의해 계속 만들어지고 있어, 급팽창하지 않는 부분, 즉 급팽창이 끝나 은하가 만들어질 수 있는 부분의 양도 역시 2배씩 늘어나고 있다.

급팽창의 이런 영속성은 원래 예상보다 훨씬 더 일반적인 것으로 드러났다. 안드레이 린데는 "영원한 급팽창"이라는 용어를 만들었는데, 우리가 앞에서 설명한, 그가 제안했던 가장 간단한 급팽창 모델 역시, 우리의 우주론적 씨앗 요동을 발생시킨 양자 요동과 연관된 우아한 메커니즘을 통해 영원히 급팽창한다는 것을 발견했다.

지금까지 전 세계의 연구자들에 의해 아주 많은 종류의 급팽창 모델이 자세히 분석되었으며, 그것들 거의 모두가 영원한 급팽창에 다다른다는 것이 발견되었다. 이런 계산 대부분이 상당히 복잡하지만, 왜 급팽창이 일반적으로 영원한지의 핵심은 그림 5.7의 개략적 도해가 포착하고 있다. 급팽창이 우선 제대로 작동하려면, 급팽창 물질은 붕괴하는 것보다 더 빨리 팽창해야 하며, 따라서 당연히 급팽창 물질의 총량은 아무 제한 없이 늘어난다.

영원한 급팽창의 발견은 가장 큰 스케일에서 우주에 무엇이 있는지에 대한 우리의 이해를 극단적으로 변화시켰다. 나는 우리의 예전 이야기가 단일 화자의 단순한 동화 연재물처럼 들리는 느낌을 피할 수 없다. "아주 먼 옛날, 급팽창이 있었어요. 급팽창은 우리의 빅뱅을 만들었어요. 우리의 빅뱅이 은하를 만들었어요." 그림 5.7은 이 이야기가 왜 너무 순진한 것이었는지 보여준다. 그것은 우리가 지금까지 알고 있던 것이 전부라고 가정하는 인간적 실수를 다시 반복한 것이었다. 우리는 우리의 빅뱅조차 무언가 훨씬 더 거대한, 지금도 커지고 있는 나무 같은 구조의 작은 일부라는 것을 알게 되었다. 다시 말해, 우리의 빅뱅이라고 불렀던 것은 궁극적 기원이 아니라, 우리가 속한 부분에서의 급팽창의 종말에 더 가깝다.

유한 체적 내부에 무한 공간을 만들려면

2장에서 유치원생은 공간이 영원히 계속되는지 질문했다. 영원한 급팽창은 분명한 답을 준다. 공간은 그저 거대한 것이 아니라 무한하다. 거기엔 무한히 많은 은하, 별 그리고 행성들이 있다.

이 개념을 더 꼼꼼히 살펴보자. 그림 5.7은 개략적이라 분명히 드러나지 않지만, 우리는 여전히 단 하나의 연결된 공간에 대해 이야기하고 있다. 바로 지금("바로 지금"의 정확한 뜻은 뒤에서 다시 다룬다), 이 공간의 어떤 부분은 급팽창 물질을 포함하고 있기 때문에 매우 빨리 팽창하고 있고, 다른 부분에서는 급팽창이 끝났기 때문에 천천히 팽창하고 있고, 또 다른 부분, 예를 들어 우리 은하의 내부 영역 같은 곳은 전혀 팽창하고 있지 않다. 그러면 급팽창은 끝난 것일까? 앞에서 언급된 자세한 급팽창 연구들에 의하면 그 대답은 예와 아니요 모두 가능하다. 다음과 같은 의미에서 급팽창은 끝나기도 하고 그렇지 않기도 하다.

1. 공간의 거의 모든 부분에서, 급팽창은 우리 영역과 유사한 빅뱅과 함께 끝난다.
2. 그럼에도 불구하고 공간의 어떤 지점에서는 급팽창이 영원히 끝나지 않는다.
3. 전체 급팽창 부피는 영원히 늘어나며, 정해진 기간마다 2배가 된다.
4. 급팽창 이후 은하를 포함하는 전체 부피는 영원히 늘어나며, 정해진 기간마다 2배가 된다.

하지만 이것은 정말 공간이 이미 무한하다는 것을 의미하는가? 여기에서 2장에 나온 질문 중 하나로 돌아가 보자. **어떻게 무한한 공간이 유한한 시간에 만들어질 수 있었는가?** 이것은 불가능하게 들린다. 하지만 내가 언급했던 대로, 급팽창은 불가능해 보이는 일에 물리학 법칙을 교묘하게 사용해 일어나는 일종의 마술쇼 같다. 사실, 급팽창은 유한한 부피 안에 무한한 부피를 만들어낼 수 있는 것처럼 더 멋진 일도 할 수 있는데, 나는 그것이 모든 것 중에 가장 놀라운 마술이라고 생각한다. 구체적으로 설명하면, 급팽창은 원자보다 작은 것에서 시작해서, 외부 공간에 영향을 미치지 않고, 그 안에 무수히 많은 은하를 포함하는 무한한 공간을 창조해낼 수 있다.

그림 5.8은 급팽창 마술의 예시이다. 보이는 것은 공간과 시간을

그림 5.8: 본문에서 설명한 대로, 급팽창은 밖에서 보기에는 원자보다 작아 보이는 부피 내부에 무한한 우주를 창조할 수 있다. 내부의 관찰자에게 A는 B와, 그리고 C는 D와 동시에 일어나는 것으로 보일 것이다. 급팽창이 끝나는 무한대의 U자 곡면을 그녀의 **0년**으로, 원자들이 형성된 무한대의 U자 곡면을 그녀의 **40만 년** 등으로 잡을 것이다. 이 삽화는 간단히 하기 위해 공간의 팽창과 두 공간 차원을 무시하고 그렸다.

가로지르는 단면으로, 왼쪽과 오른쪽 면은 급팽창이 영원히 끝나지 않는 곳에 해당하고, 맨 아래 면은 이 두 점들 사이의 전체 영역이 급팽창하던 시절을 나타낸다. 팽창하는 3차원 공간을 그리는 것은 어려우므로, 기본적 논점에 영향이 없는 한 팽창, 그리고 3차원 공간 중 두 차원을 그림에서 무시했다. 결국 급팽창은 왼쪽과 오른쪽 경계를 제외하면 모든 곳에서 끝난다. 경계 곡선은 다른 지점에서 정확히 언제 급팽창이 멈추는지를 나타낸다. 일단 주어진 영역에서 급팽창이 끝나면, 앞의 두 장에서 설명한 원래의 빅뱅 이야기가 시작되는데, 뜨거운 우주 융합로는 결국 식어서 원자, 은하, 그리고 아마도 우리와 유사한 관찰자를 만들어낸다.

마술의 핵심 부분은 이렇다. 아인슈타인의 일반 상대론에 의하면, 이런 은하들 중 하나에 사는 관찰자는 그림의 수평축과 수직축을 사용해 내가 정의한 것과 다르게 공간과 시간을 인지한다. 우리의 물리적 공간은 문구점에서 산 자처럼 센티미터 눈금이 새겨져 있거나 미리 장치한 시계가 많이 놓여 있는 것이 아니다. 그 대신, 모든 관찰자는 자신의 측정 막대와 시계를 정의해야 하고, 그다음에 그것들로 공간과 시간의 개념을 정의해야 한다. 이 아이디어가 아인슈타인의 핵심적 직관 중 하나를 이끌어냈는데, 그것은 관찰자마다 공간과 시간을 다른 방식으로 인지한다는 내용으로, "모든 것은 상대적이다"라는 슬로건에 의해 불멸이 되었다. 특히, 동시성은 상대적이다. 화성에 있는 우주인 친구에게 이메일을 보낸다고 가정해보자.

어이, 그곳에서 어떻게 지내?

10분 후, 그녀는 전파에 실려 빛의 속도로 전달된 당신의 메시지를 받는다. 당신이 기다리는 동안, 당신은 나이지리아에서 온 이메일을 받는데, 싼 값에 롤렉스시계를 살 수 있다고 적혀 있다. 약 10분 후, 당신은 그녀의 답장을 받는다.

잘 지내, 하지만 지구가 그리워!

이제 물어보자. 당신이 스팸 메일을 받은 것과 당신의 우주인 친구가 메시지를 보낸 것 중 어떤 일이 먼저 일어났을까? 놀랍게도, 아인슈타인은 이 간단한 질문에 간단한 답이 없다는 것을 발견했다. 그 대신, 정확한 답은 답하는 사람의 속도에 따라 달라진다! 예를 들어, 만약 내가 우주선을 타고 지구를 지나 화성으로 가면서 당신의 이메일을 해킹하여 그 상황을 분석한다면, 우주선에 장치된 내 시계에 따르면, 화성의 당신 친구가 메시지를 보낸 것이 당신이 스팸 메일을 받은 것보다 더 일찍 일어났다고 판단할 것이다. 만약 내가 반대 방향으로 날아가고 있다면, 나는 당신이 스팸 메일을 받은 것이 더 먼저였다고 판단할 것이다. 혼란스러운가? 아인슈타인이 그의 상대론을 발표했을 때 그의 동료 대부분도 혼란스러워했지만, 이후 수많은 실험에 의해 시간의 흐름이 이렇게 작동한다는 것이 확인되었다. 우리가 화성의 어떤 사건이 틀림없이 지구의 어떤 사건보다 먼저 일어났다고 말할 수 있는 것은 화성에서 그 사건 이후 메시지를 보내 지구에서 어떤 사건 전에 그것을 받을 수 있는 경우뿐이다.

이제 이것을 그림 5.8의 상황에 적용해보자. 내가 그림에 나타낸 대로 공간과 시간을 각각 수평축과 수직축으로 정의하면, 이 영역 밖에 있는 사람에게는 네 사건들이 A, B, C, D 순서로 일어난 것으로 보일 것이다. 게다가 B에서 D로 메시지를 보낼 수 있으므로, B는 분명 D보다 먼저 발생했고, 마찬가지로 A는 C보다 분명 먼저 일어났다. 하지만 A와 B가 너무 멀리 떨어져 있어 빛이 한 곳에서 출발해 다른 곳에 도달할 수 없는 상황에서, A가 B보다 먼저 일어났다고 확신할 수 있을까? 아인슈타인의 대답은 아니다이다. 실은, 이런 은하들 중 하나에 사는 관찰자에게는 급팽창이 특정 시간에 끝났다고 정의하는 것이 더 합리적인데, 그 이유는 급팽창의 종말의 그녀의 빅뱅에 해당하고, 따라서 그녀에 의하면, 사건 A와 B는 동시에 일어났기 때문이다! 분명히 볼 수 있듯, "급팽창이 끝나는 곳"을 이은 곡면은 수평이 아니다. 사실, 곡면은 무한한데, 왜냐하면 그것이 마치 U자처럼 우리가 급팽창이 멈추지 않는다고 약속했던 왼쪽과 오른쪽 경계에서 위로 말려 올라가기 때문이다. 이것은 그녀가 판단하기에, 그녀의 빅뱅은 진실로 무한한 공간에서 특정 순간에 일어났다는 것을 의미한다! 무한대는 도대체 어디에서 숨어들어온 걸까? 무한대는 무한히 주어진 미래의 시간을 통해, 즉 그녀의 공간 방향이 점점 위쪽으로 휘어져 있기 때문에 숨어들었다는 것을 알 수 있다.

그녀는 마찬가지로 이후의 그녀의 공간이 무한하다고 결론 내릴 것이다. 예를 들어, 만약 그녀가 40만 년 된 우주의 아기 사진을 찍기 위해 우주 마이크로파 배경 실험을 수행한다면, 그녀가 보는 플라스마 표면은 그림에서 양성자와 전자들이 투명한 (보이지 않는) 수소 원자들로 결합하는 부분에 해당한다. 그림에서 볼 수 있듯, 이 또한 무한한 U자 곡면이므로, 그녀는 40만 년 된 그녀의 우주가 무한했었다고 인지할 것이다. 그녀는 또한 C와 D 사건을 동시에 일어난 것으로 간주할 것인데, 왜냐하면 그것들이 은하들이 처음 형성되는 등의 사건이 일어난 U자 곡면에 있기 때문이다. 이런 U자 모양을 안쪽에 무한히 겹쳐 쌓을 수 있으므로, 그것 모두가 외부 관찰자가 보기에는 원자보다 작은 영역에 깔끔하게 들어갈 수 있음에도 불구하고, 그녀는 그녀의 우주가 공간과 미래 시간 모두에 대해 무한하다고 감지할 것이다. 안쪽 공간이 팽창한다고 해서 외부에서 보기에 차지하는 공간의 양이 꼭 늘어날 필요는 없다. 아인슈타인에 따르면 공간을 다른 어떤 데서 가져오지 않아도, 무로부터 늘어나 더 많은 부피가 생겨날 수 있다는 것을 기억해야 한다. 실제로 이 무한대 우주는 밖에서 보기에 원자보다 작은 블랙홀처럼 보일 수도 있다. 사실, 앨런 구스와 그의 동료들은 이 마술을 실제로 수행할 사변적 가능성을 탐구한 적도 있다. 즉, 겉보기에는 작은 블랙홀 같으면서도 안에서 보기에는 무한의 우주인 어떤 것을 실험실에서 만드는 것이 정말 가능한지 아닌지는 아직 확실하지 않다. 만약 당신이 세상을 창조하고 싶은 희망을 간직하고 있다면, 브라이언 그린Brian Greene의 책인 『숨겨진 실체The Hidden Reality』(국내에서는 『멀티유니버스』로 출간되었다._옮긴이)에 있는 "우주의 창조자가 되고 싶은 사람들"을 위한 설명서를 강력히 추천한다.

우리는 이 장의 앞부분에서 프리드먼의 빅뱅 이론이 몇몇 기본적인 질문에 대해 만족스러운 답을 하지 못하는 것을 아쉬워하며 급팽창에 대한 탐험을 시작했는데, 따라서 급팽창이 어떤 답을 주는지 복습하며 이 탐험을 마무리하자.

문: 빅뱅의 원인은 무엇인가?

답: 폭발성이 있는 급팽창 물질의 원자보다 작은 알갱이의 크기가 반복적으로 배가된 것이다.

문: 빅뱅은 한 지점에서 일어났는가?

답: 거의 그렇다. 빅뱅은 원자보다 훨씬 작은 영역의 공간에서 시작되었다.

문: 공간의 어디에서 빅뱅 폭발이 일어났는가?

답: 그 작은 영역에서. 하지만 급팽창이 그것을 자몽 정도의 크기로 잡아 늘였고 그것은 아주 빨리 커져 이후의 팽창에 의해 우리가 오늘날 보는 모든 우주보다 더 커졌다.

문: 어떻게 무한한 공간이 유한한 시간에 만들어질 수 있었는가?

답: 급팽창은 영원히 계속되면서 무한히 많은 은하를 만들어낸다. 일반 상대론에 의하면, 이런 은하들 중 하나에 있는 관찰자는 급팽창이 멈추었을 때 이미 공간이 무한대였던 것으로, 공간과 시간을 다른 방식으로 볼 것이다.

요약하면, 급팽창은 우주의 기원에 대한 우리의 이해를 근본적으로 바꾸어놓았는데, 프리드먼의 빅뱅 모델에 있었던 곤란한 미해결 문제들을, 거의 아무것도 없는 데서 빅뱅을 만들어내는 간단한 메커니즘을 통해 해결한다. 급팽창은 또한 우리가 요청했던 것 이상을 선물한다.

공간은 그저 거대한 정도가 아니라 진정으로 무한하며, 무한히 많은 수의 은하, 별 그리고 행성들이 있다. 다음 장에서는 그것도 그저 빙산의 일각임을 보게 될 것이다.

요점 정리

- 프리드먼의 빅뱅 모델에는 초기 단계에 심각한 문제가 있다.
- 급팽창 이론은 빅뱅 모델의 문제 모두를 해결하며, 빅뱅을 일으킨 메커니즘을 설명한다.
- 측정에 의하면 약 1퍼센트 정확도로 공간이 평평한데, 급팽창은 그 이유를 설명한다.
- 급팽창은 왜 평균적으로 우주의 먼 곳들이 모든 방향에서 똑같이 보이며 고작 0.002퍼센트만의 요동이 있는지 설명한다.
- 급팽창은 이런 0.002퍼센트의 요동을, 양자 요동이 급팽창에 의해 미시적 스케일에서 거시적 스케일로 늘려지고 중력에 의해 증폭되어 오늘날의 은하와 우주 거대 스케일 구조가 된 것으로 설명한다.
- 급팽창은 우주 가속 팽창도 설명하는데, 그것에 2011년 노벨상이 수여되었다. 급팽창은 천천히 다시 시작해서 매초가 아니라 80억 년마다 크기가 2배가 된다.
- 급팽창 이론은 우리 우주가 마치 인간의 아기처럼 자라난다고 이야기한다. 규칙적인 간격에 따라 크기가 2배가 되는 가속 성장 시기 이후 더 느긋하게 감속 성장하는 시기가 뒤따른다.
- 우리가 빅뱅이라고 하는 것은 공간의 우리 부분에 대한 급팽창의 시작이 아니라 끝이다. 그리고 급팽창은 보통 다른 지점에서는 영원히 지속된다.
- 급팽창에 의하면 일반적으로 우리 공간이 그저 거대한 것이 아니라 무한하며, 무한히 많은 은하, 별, 그리고 행성들로 가득 차 있고, 양자 요동에 의해 무작위로 발생한 초기 조건을 가진다고 예측된다.

6

다중우주로 온 것을 환영합니다

만약 인식의 문이 정화된다면 모든 것은 인간에게 있는 그대로, 즉 무한한 것으로 드러날 것이다.
인간은 자기 동굴의 좁은 틈을 통해 모든 것을 볼 때까지 스스로를 가두어놓았기 때문이다.

– 윌리엄 블레이크, 『천국과 지옥의 결혼』

무한한 것이 두 가지 있다. 하나는 우주, 다른 하나는 인간의 어리석음이다. 나는 우주에 대해서는 확신할 수 없다.

– 알베르트 아인슈타인이 한 말로 추정됨

논쟁할 준비가 되었는가? 우리가 지금까지 이 책에서 탐구한 과학적 내용은 이제 대부분 주류에 편입되었으며 널리 받아들여지고 있다. 이제 우리는 많은 물리학계 동료들이 열정적으로 찬성 혹은 반대의 주장을 펼치는 논쟁의 영역에 들어갈 것이다.

1레벨 다중우주

당신이 이 책을 계속 읽어나가는 동안, 이 책을 읽다가 이 문장을 채 끝내지 않고 책을 치워버리는 당신의 다른 복제본이 존재할까? 안개로 덮인 산, 비옥한 평야 그리고 제멋대로 뻗어나간 도시들이 있는,

7개의 행성이 더 있는 태양계에 속한, 지구라고 부르는 행성 위에 사는 사람이? 이 사람의 삶은 지금까지 모든 면에서, 즉 계속 읽는다는 당신의 결정이 두 삶이 갈라진다는 신호를 주기 전까지 당신과 완전히 같았다고 한다.

당신은 아마도 이 아이디어가 이상하고 믿기 어렵다고 생각할 것이며, 내 직감도 마찬가지라는 것을 고백해야겠다. 그럼에도 불구하고 우리는 이를 받아들여야만 하는데, 왜냐하면 오늘날의 가장 간단하고 가장 인기 있는 우주론 모델은 이 사람이 여기서 약 $10^{10^{29}}$미터 떨어진 곳에 실제 존재할 것이라고 예측하기 때문이다. 이 제안은 그저 공간이 무한하고 물질로 균일하게 차 있다고 가정할 뿐이며, 사변적인 현대 물리학이 필요한 것도 아니다. 또 다른 당신은 그저 영원한 급팽창의 예측이며, 앞 장에서 본 것처럼 현재의 모든 관측 증거와 일치하고, 우주론 학회에서 보고되는 계산과 시뮬레이션 대부분의 절대적 토대이다.

하나의 우주란?

다른 우주들에 대해 본격적으로 이야기하기 전에, 우리 자신의 우주가 무슨 뜻인지 분명히 하는 것이 중요하다. 이 책에서 우리가 사용할 용어의 의미는 다음과 같다.

용어	정의
물리적 실체	존재하는 모든 것.
우리의 우주	물리적 실체 중에서 우리가 원칙적으로 관찰할 수 있는 부분.

만약 우리가 다음 장에서 다룰 양자역학적 복잡성을 무시한다면, 우주에 대한 다음 정의도 동등한 의미를 지닌다.

우리의 우주: 우주의 구형 영역으로, 여기서 나온 빛이 빅뱅 이후 140억 년 동안 우리에게 닿을 시간이 있었던 곳. 기본적으로 오른쪽 그림과 같다.

앞 장에서, 우리는 이 영역을 우리의 관측 가능한 우주라고 부르기도 했다. 천문학자들 사이에서는 같은 의미로 우리의 지평선 체적, 또는 우리 입자 지평선 내부의 영역이라는 괴상하게 들리는 용어를 쓰기도 한다. 천문학자들이 즐겨 언급하는 허블 체적은 크기가 거의 같으며, 은하들이 빛보다 느리게 멀어지고 있는 영역으로 정의된다.

다른 우주가 존재할 수도 있다고 한 이상, 우리 자신이 속한 우주를 그저 우주the universe라고 하는 것은 좀 오만하다고 생각한다. 따라서 나는 그 용어를 되도록 쓰지 않을 것이다. 하지만 이것은 분명히 취향의 문제인데, 예를 들어 뉴욕 사람들은 자기 도시를 그저 "도시"라고 하고, 미국과 캐나다 사람들은 자신들의 공동 선수권전을 "월드 시리즈"라고 하니 말이다.

당신도 이런 정의가 합리적이라고 생각할 수 있겠지만, 어떤 사람들은 이 단어들을 다르게 사용해서 혼동을 야기할 수 있다는 것에 유의해야 한다. 특히, 어떤 사람들은 내가 삼가는 그냥 "우주"라는 용어를 존재하는 모든 것을 의미하는 데 사용하며, 그 경우, 정의에 의해 평행우주란 있을 수 없다.

이제 우리 우주를 정의했으니, 우리의 우주가 얼마나 큰지 알아보자. 이미 논의했던 대로, 우리 우주는 지구를 중심으로 한 구형 영역이다. 우리 우주의 경계에 가까운 것들에서 나온 빛은 이제 가까스로

140억 년의 여행 끝에 우리에게 도달했으며, 현재 그 경계는 우리에게서 약 5×10^{26}미터 떨어져 있다.* 우리가 현재 아는 한, 우리 우주는 약 10^{11}개의 은하, 10^{23}개의 별, 10^{80}개의 양성자 그리고 10^{89}개의 광자(빛의 입자)를 포함한다.

이것은 분명 엄청난 양이지만, 더 멀리 떨어진 공간에 그보다 더 존재할 수 있을까? 앞에서 보았듯, 급팽창의 예측에 따르면 더 있다. 만약 당신과 꼭 닮은 사람의 우주(192쪽)가 존재한다면 같은 크기의 구형일 텐데, 우리가 이 우주를 아직 보거나 또는 다른 어떤 접촉도 하지 못한 이유는 그곳에서의 빛 또는 정보가 아직 우리에게 닿을 만큼의 시간이 흐르지 않았기 때문이다. 이것이 가장 간단한 (하지만 절대 유일한 것은 아닌) 평행우주의 예이다. 나는 이런 종류의, 먼 영역에 있는 우리 우주와 같은 크기의 공간을, 1레벨 평행우주라고 부르고 싶다. 모든 1레벨 평행우주가 모여 1레벨 다중우주를 형성한다. 표 6.1은 이 책에서 우리가 탐구할 모든 종류의 다중우주를 정의하고 다중우주들이 어떻게 관련되었는지 설명한다.

우주에 대한 우리의 정의 자체에 의해, 우리의 관측 가능 우주가 더 큰 다중우주의 그저 일부분이라는 생각은 영원히 형이상학의 영역에 있을 거라 예측할 수도 있다. 그러나 물리학과 형이상학 사이의 인식론적 경계선은 실험적으로 검증 가능한가에 의해 정의되는 것이지, 그것이 기괴한가 혹은 관측할 수 없는 실체를 수반하는가와는 상관이 없다. 기술에 힘입은 실험적 대발견들은 둥글고 회전하는 지구, 전자기장, 높은 속도에서 시간이 느리게 흐르는 일, 양자 중첩, 휜 공간 그리고 블랙홀 등의 더 추상적인 (그리고 당시에는 직관에 어긋나는) 개념들

---

* 3장에서 보았듯이, 이것은 140억 광년보다 큰데 공간의 팽창이 빛에 힘을 보태주었기 때문이다.

을 포함시키면서 물리학의 경계를 확장해왔다. 앞으로 살펴보겠지만, 현대 물리학에 기반을 둔 이론들이 다중우주를 포함한다 하더라도, 실제로 경험적으로 검증할 수 있으며 예측 능력이 있고 반증 가능하다는 것이 점점 더 명백해지고 있다. 실제로 이 책의 나머지 부분에서 우리는 무려 4단계의 평행우주를 탐구할 것이며, 따라서 내가 가장 흥미롭게 생각하는 질문은 다중우주가 존재하는가가 아니라 (왜냐하면 1레벨에 대해서는 논란의 여지가 없으므로) 몇 개의 레벨이 있는가이다.

1레벨 평행우주들은 어떻게 생겼나?

급팽창이 정말 발생했고 우리 공간을 무한하게 만들었다고 가정해 보자. 그렇다면 무한히 많은 1레벨 평행우주가 있을 것이다. 게다가 그림 5.8이 보여주듯 무한한 공간 전부는 물질로 차 있는 상태로 창조되었는데, 여기에 우리의 우주와 유사하게, 점차 원자, 은하, 별과 행성들이 형성되었다. 이는 대부분의 1레벨 평행우주들이 대략 우리와 같은 우주의 역사를 공유했다는 것을 의미한다. 그러나 1레벨 평행우주들 대부분은 세부적으로는 우리의 우주와 다른데, 왜냐하면 1레벨 평행우주들이 약간 다르게 시작하기 때문이다. 그렇게 된 이유는 앞 장에서 보았듯, 모든 우주 구조의 원인인 씨앗 요동이 실질적으로 무작위적인 양자 요동에 의해 발생되었기 때문이다(164쪽).

세상에 대한 우리의 물리학적 설명은 전통적으로 두 부분으로 나뉜다. 사물이 어떻게 시작했는가와 어떻게 변화하는가이다. 다시 말해 우리에게는 초기 조건과 그것이 시간의 흐름에 따라 어떻게 바뀌는지를 결정하는 물리 법칙이 있다. 1레벨 평행우주들에 사는 관찰자들은 우리와 정확히 같은 물리학 법칙을 목격하지만, 우리 우주와 초기 조건은 다르다. 예를 들어, 입자들은 약간 다른 장소에서 출발하며, 약간 다른 속도로 움직인다. 이런 작은 차이점이 그들 우주에서 어떤 일이 일어나는지를 궁극적으로 결정하는데, 예를 들어 어떤 별이 행성을 거느리고, 어떤 행성에 공룡이 살고, 어떤 행성의 공룡이 소행성 충돌로 멸종되는지 등등이다. 다시 말해, 양자 효과에 기인한 평행우주들 사이의 차이점들은 시간이 지남에 따라 증폭되어 매우 다른 역사적 결말을 맞는다. 요컨대, 1레벨 평행우주의 학생들은 물리 시간에는 같은 내용을 배우겠지만 역사 시간에는 매우 다른 내용을 배울 것이다.

하지만 그런 학생들이 대체 존재하기는 할까? 당신의 인생이 정확히 그대로 재현될 가능성은 지극히 낮을 것으로 생각되는데, 왜냐하면 아주 많은 조건이 필요하기 때문이다. 지구가 형성되었어야 하고, 생명이 진화했어야 하며, 공룡들이 멸종했어야 하고, 당신의 부모님이 만났어야 하고, 당신이 이 책을 읽을 생각이 들었어야 하고 등등이다. 그러나 이런 모든 결과에 대한 확률이 분명 0은 아닌 이유는, 적어도 바로 여기 우리 우주에서 일어난 일이기 때문이다. 그리고 만약 당신이 주사위를 충분히 많이 굴리면, 가장 일어나기 힘든 일이라도 결국에는 일어나게 되어 있다. 급팽창이 만든 무한히 많은 1레벨 평행우주에서 양자 요동은 실질적으로 주사위를 무한 번 굴리는 것과 같아, 당신의 인생이 그중 한 곳에서 일어나는 일은 100퍼센트 확실하게 보장된다. 실제로 무한히 많은 것이 있다면, 무한대의 아주 낮은 비율도 역시 무한대이다.

그리고 무한대의 공간이 당신과 정확히 똑같은 복제본만 포함하는 것은 아니다. 무한대의 공간에는 당신과 거의 비슷하지만 그래도 약간은 다른, 더 많은 사람들이 있다. 따라서 만약 당신이 우주로 나가서 만난 당신과 꼭 빼닮은 사람은, 어쩌면 당신이 모르는 외계인의 언어를 말하고 당신과는 아주 다른 삶을 경험했을지도 모른다. 그러나 다른 행성들에 있는 당신과 닮은 무한히 많은 사람들 중에, 지구와 동일한 행성에서 우리와 같은 말을 하며 모든 면에서 당신과 전혀 분간할 수 없는 삶을 경험한 사람도 분명히 있을 것이다. 이 사람은 주관적으로 정확히 당신과 같은 것을 느낀다. 하지만 당신의 분신의 뇌 속의 입자들의 움직임에는 아주 작고 미묘한 차이가 있어, 지금은 인지할 만한 차이가 없지만 몇 초 후 당신의 분신은 이 책을 덮고 당신은 계속 읽어, 두 삶이 갈라지기 시작할 수도 있다.

이는 다시 나타나 11장에서 우리를 괴롭힐 흥미로운 철학적 문제를 제기한다. 만약 정말 "당신"의 복제본이 많이 있고 복제본 모두가 동일한 과거와 기억을 가진다면, 전통적인 의미의 결정론은 무너진다. 즉, 당신이 우주의 과거와 미래 역사 전체를 완전히 알고 있다고 하더라도, 자신의 미래를 예측할 수 없다! 그럴 수 없는 이유는 이런 복제본 중 어떤 것이 "당신"인지 결정할 수 없기 때문이다(그들 모두 자기가 당신이라고 생각한다). 그럼에도 불구하고 그들의 삶은 일반적으로 결국 달라지기 시작할 것이며, 따라서 당신의 최선은 지금부터 경험하게 될 일의 확률을 예측하는 것이다.

요약하면, 급팽창이 창조한 무한 공간에서, 물리학 법칙이 허용하는 모든 것은 실제로 일어난다. 그리고 각각 무한히 여러 번 일어난다. 이것은 당신이 절대로 주차 위반 딱지를 떼지 않고, 다른 이름으로 불리고, 100만 불짜리 복권에 당첨되고, 독일이 제2차 세계대전을 승리하고, 지구 위에 아직 공룡이 어슬렁거리고, 심지어 지구가 형성된 적도 없는 각각의 평행우주들이 있다는 뜻이다. 비록 이런 결과 각각이 무한히 많은 우주에서 발생하지만, 어떤 일은 다른 일들보다 더 큰 비율로 발생하며, 이것을 이해하는 것은 우리가 11장에서 다룰 여러 복잡한 문제를 제기한다.

평행우주는 비과학적인가?

잠깐!!! 방금 내가 정신이 나가버렸나??? 내 말은, 지금까지 내가 이 책에 쓴 것은, 대개 당신도 합리적이라고 생각할 만한 것이었다. 물론 내가 묘사한 과학적 발견들 중 어떤 것은 당시에는 논란이 되기도 했지만, 적어도 지금은 학계 주류에 의해 받아들여진다. 그러나 이 장에서부터 상황이 좀 이상하게 흘러가고 있다. 그리고 방금 전에 얘기한, 우리의 무한히 많은 복제본이 우리가 상상하는 어떤 것이든 하고 있다는 건 그저 정신 나간 것처럼 들린다. 미쳐도 단단히 미친 것으로. 따라서 이 토끼굴(존재의 본성으로 이끈다고 생각되는 가상적 경로. 『이상한 나라의 앨리스』에서 주인공이 토끼굴을 따라 이상한 나라로 들어가는 데서 유래한다._옮긴이)로 너무 깊이 들어가기 전에, 제정신인지 좀 점검해볼 필요가 있다. 우선 우리가 관측할 수도 없는 그런 기괴한 것에 대해 이야기하는 것은 과연 과학적인가, 아니면 나는 선을 넘어 순수한 철학적 사변의 단계로 들어간 것인가?

더 구체적으로 이야기해보자. 오스트리아 출신의 저명한 철학자인 칼 포퍼Karl Popper는 이제 널리 받아들여진, "반증 가능하지 않은 것은 과학이 아니다"라는 금언을 유행시켰다. 물리는 언제나 수학적 이론을 관측과 비교해 검증한다. 만약 어떤 이론이 원칙적으로도 테스트할 수 없다면 논리적으로 반증하는 것이 불가능하며, 포퍼의 정의에 의해, 그것은 비과학적인 것이 된다. 그렇다면 과학이 될 희망이라도 가질 수 있는 것은 이론이다. 따라서 요점은 다음과 같다.

평행우주는 이론이 아니라, 특정 이론의 예측이다.

급팽창이 그런 이론이다. 평행우주는 (만약 사실이라면) 사물이고, 사물은 과학이 될 수 없으며, 따라서 평행우주는 바나나 깡통과 마찬가지로 과학이 될 수 없다.

그리하여 우리는 철학적 사변에 대한 우리의 질문을 이론으로 재구성해야 하며, 이제 다음의 핵심적 질문에 도달한다.

관측 불가능한 개체의 존재를 예측하는 이론은 반증 불가능하며 따라서 비과학적인가? 이것이 내 생각에 정말 흥미진진해지는 지점인데, 왜냐하면 이 질문의 답은 명백하기 때문이다. 어떤 이론이 반증 가능하려면, 우리는 그 모든 예측을 관측하고 검사할 필요는 없으며, 적어도 하나만 가능하면 된다. 다음 유사점을 고려해보자.

이론	예측
일반 상대론	블랙홀 내부
급팽창(5장)	1레벨 평행우주
급팽창+풍경(6장)	2레벨 평행우주
붕괴가 없는 양자역학(8장)	3레벨 평행우주
외적 현실 가설(10장)	4레벨 평행우주

아인슈타인의 일반 상대론이 태양 주위를 도는 수성의 세밀한 운동, 중력에 의해 빛이 휘는 것, 시계가 느리게 가는 것 등 우리가 관측할 수 있는 많은 것들을 성공적으로 예측했으므로, 우리는 일반 상대론을 성공적인 과학적 이론으로 간주하며, 그것이 우리가 볼 수 없는 것에 대해 주는 예측까지도 진지하게 받아들인다. 예를 들어, 일반 상대론에 따라 공간이 블랙홀의 사건 지평선 안쪽*으로도 계속된다는 것

그리고 (초기의 잘못된 개념과 반대로) 지평선에서 어떤 특별한 일도 벌어지지 않는다는 것을 받아들일 수 있다. 이와 비슷한 방식으로, 앞의 두 장에서 설명했듯 급팽창의 성공적인 예측은 급팽창을 과학 이론으로 만들었다. 이를 통해 앞으로의 우주 마이크로파 배경 실험처럼 테스트해볼 수 있는 예측이나 평행우주의 존재처럼 테스트해볼 수 없는 예측을 포함하여, 다른 예측들 또한 진지하게 받아들여야 한다는 것이 합리화되었다. 190쪽의 표 아래쪽에 있는 세 가지 예는 또 다른 타입의 평행우주에 대한 예측으로 이 책의 뒷부분에서 설명할 것이다.

물리학 이론에 대한 또 다른 중요한 사항은 당신이 어떤 것이 마음에 든다고 할 때, 그 패키지 전체를 구입해야 한다는 것이다. "음, 저는 일반 상대론의 수성 궤도 설명이 마음에 들어요, 하지만 블랙홀은 싫으니까, 그건 빼 주세요"라고 할 수는 없다. 당신은 카페인을 뺀 커피는 주문할 수 있겠지만, 블랙홀을 뺀 일반 상대론을 주문할 수는 없다. 일반 상대론은 융통성이 부족한 수학적 이론이며 수정이 불가능하다. 당신은 그 모든 예측을 받아들이거나, 그게 마음에 들지 않으면 처음부터 다시 시작해서 일반 상대론의 모든 성공적인 예측을 재현하면서도 블랙홀이 없다고 예측하는 수학적 이론을 발명해야 한다. 그런데 이것은 지극히 어려운 일로 드러났으며, 지금까지의 그러한 모든 시도는 실패했다.

같은 이유로 영원한 급팽창에서 평행우주는 선택 사항이 아니다. 그것은 분명 패키지의 일부이고, 마음에 들지 않는다면, 당신은 폭발

---

* 우리가 원칙적으로는 블랙홀 내부로 들어가 그 안에서 어떤 일이 생기는지 관찰할 수 있지만(블랙홀의 기조력에 의해 그 전에 당신이 "스파게티화"되지 않는다면), 당신은 그 발견을 학술 논문으로 발표하지 못할 것인데, 왜냐하면 당신은 편도 차표만 가지고 블랙홀에 들어간 것이나 다름없기 때문이다.

문제, 지평선 문제 그리고 평탄성 문제를 해결하고 우주의 씨앗 요동을 발생시키면서 평행우주를 예측하지 않는 다른 수학적 이론을 찾아내야 한다. 이것 역시 어렵다는 것을 알게 되었으며, 그것이 바로 점점 더 많은 내 동료들이 내키지 않지만 평행우주를 진지하게 받아들이기 시작한 이유이다.

1레벨 평행우주의 증거

좋다, 이제 우리는 한 가지는 해결했다. 과학적인 책이라고 하면서도 평행우주에 대해 이야기한다고 해서 죄책감을 느낄 필요는 없다는 것이다. 그러나 어떤 것이 과학적이라고 해서, 꼭 옳은 것은 아니니, 평행우주의 증거에 대해 더 자세히 알아보기로 하자.

이 장의 앞부분에서, 우리는 1레벨 다중우주가, 당신과 꼭 닮은 사람의 존재를 포함해서, 영원한 급팽창의 논리적 귀결이라는 것을 알게 되었다. 우리는 또한 급팽창이 현재 학계에서 가장 인기 있는 초기 우주에 대한 이론이라는 것, 그리고 급팽창은 일반적으로 영원하며 따라서 1레벨 다중우주를 만든다는 것을 보았다. 다시 말해, 1레벨 다중우주에 대한 가장 강력한 증거는 급팽창에 대한 증거와 동일하다. 그러면 당신의 도플갱어가 존재한다는 것이 증명된 것인가? 당연히 아니다! 이 시점에서, 우리는 급팽창이 영원하다는 것은 고사하고 급팽창이 정말 발생했는지도 100퍼센트 확신할 수 없다. 다행히 급팽창은 이론이나 실험 모두에서 현재 매우 활발하게 연구되는 분야이며, 영원한 급팽창에 대해 유리한 쪽이건 불리한 쪽이건 (따라서 1레벨 다중우주에 대한 유불리를 막론하고) 더 많은 증거를 향후 몇 년 안에 얻을 수 있을 것이다.

지금까지 이 장에서 우리의 논의 전체는 급팽창의 맥락에서 이루어졌다. 하지만 1레벨 다중우주가 급팽창과 운명을 같이해야만 하는가? 아니다! 1레벨 평행우주가 전혀 없으려면, 우리가 보는 영역 너머 어떤 공간도 없어야만 한다. 나는 그렇게 작은 공간을 주장하는 사람을 학계에서 정말이지 단 한 명도 보지 못했으며, 그렇게 주장하는 사람은 마치 모래에 머리를 묻은 타조와 같으며, 자기가 직접 본 것만 존재한다고 말하는 사람에 비유할 수 있을 것이다. 우리 모두 당장은 볼 수 없어도, 마치 수평선 너머로 사라진 배처럼 이동하거나 기다리면 볼 수 있는 것의 존재를 인정한다. 우리의 우주 지평선 너머의 물체들도 비슷한데, 왜냐하면 우리의 관측 가능한 우주는 더 먼 곳에서 출발한 빛이 우리에게 도달하게 되면서 해마다 약 1광년씩 커지고 있기 때문이다.*

우리의 도플갱어에 대한 증거는 어떨까? 앞의 주장을 분해하면, 1레벨 다중우주의 "일어날 수 있는 모든 일은 실제로 일어난다"라는 성질은 논리적으로 별개인 두 가지 가정에 따른다는 것을 알 수 있는데, 그 둘 모두가 실은 급팽창 없이도 가능하다고 생각할 수 있다.

1. **무한한 공간과 물질:** 일찍부터, 뜨겁고 팽창하는 플라스마로 찬 무한한 공간이 있었다.
2. **무작위의 씨앗:** 일찍부터, 어떤 영역이든 겉보기에 무작위적인 가능한 모든 씨앗 요동이 생길 수 있는 메커니즘이 작동했다.

이 두 가지 가정을 차례로 탐구해보자. 나는 두 번째 것은 급팽창

* 만약 우주의 팽창이 계속해서 가속된다면(아직 결론이 나지 않은 문제이다), 관측 가능한 우주는 결국 더 이상 커지지 않을 것이다. 특정 거리 이상의 모든 은하는 결국 빛보다 빨리 멀어져서 영원히 우리에게 보이지 않게 된다.

과 상관없이 상당히 합리적인 가정이라고 생각한다. 이런 무작위적인 씨앗 요동의 존재는 관측되었으며, 따라서 우리는 그것을 만든 어떤 메커니즘이 있다는 것을 안다. 그 통계적 성질도 우주 마이크로파 배경과 은하 지도를 사용해서 꼼꼼하게 측정되었으며, 그 무작위성은 통계학자들이 "가우스 마구잡이장Gaussian random field"이라고 부르는, 2번 가정을 만족하는 것의 성질과 모순이 없다. 게다가 만약 급팽창이 없었고 멀리 있는 영역 간에 서로 정보 전달이 이루어진 적이 없다면(그림 5.2), 각 영역에서 주사위가 독립적으로 굴려졌다는 것은 이 메커니즘에 의해 보장될 것이다.

무한한 공간과 물질에 대한 가정은 어떨까? 우선, 물질이 거의 균일하게 차 있는 무한한 공간은 급팽창이 발명되기 오래전부터 주류 우주론의 표준 가정이었으며, 현재는 우주론의 표준 모형이라고 알려진 것의 일부가 되었다. 그럼에도 불구하고 이 가정과 그것이 함의하는 1레벨 평행우주는 논란의 대상이 되곤 했다. 사실, 바티칸이 이단으로 판단해서 조르다노 브루노를 1600년에 화형에 처한 것도 이런 논지의 주장 중 하나 때문이었다. 이 주제에 대해 조지 엘리스George Ellis, 제프 브런드릿Geoff Brundrit, 자우메 가리가Jaume Garriga 그리고 알렉스 빌렌킨 등이 최근에 논문을 발표했으며, 이들이 지금까지 화형당하지는 않았지만, 우리도 일단 무한 공간과 무한 물질 가정에 대해 비판적인 시각을 취해보기로 하자.

우리는 2장에서 공간에 대한 가장 간단한 모델(유클리드 시대로 돌아가는 것)은 무한하지만, 아인슈타인의 일반 상대론은 여러 가지 우아한 방식으로 유한한 공간을 허용한다는 것을 배웠다. 만약 공간이 그 자체로 마치 초구처럼 휘었다면(그림 2.7), 이 초구의 전체 부피는 우리가 관측할 수 있는 (우리의 우주) 부분보다 적어도 100배 이상 커야 우주 마이크로파 배경 실험이 아무 곡률도 검출하지 못했을 정도로 우리가 볼 수 있는 부분이 평평할 수 있다. 다시 말해, 우리가 초구 부류의 유한한 공간에 산다고 해도, 적어도 100개의 1레벨 평행우주가 있는 것이다.

2장에서 우리가 탐구했던 토러스(베이글) 종류의 유한 공간은 평평하면서도 일정 거리 이동하면 출발점으로 귀환하는 성질이 있는데, 그것은 어떨까? 그런 공간은 컴퓨터 게임에서 흔히 그렇듯이 화면의 한쪽에서 사라지면 곧바로 반대쪽에서 다시 나타나는 것과 비슷한데, 따라서 당신이 충분히 멀리 볼 수 있다면 자기 자신의 뒤통수를 볼 수 있다. 마치 모든 벽이 거울로 덮인 방에 있는 것처럼, 모든 방향으로 무한히 많은 당신의 복제본이 규칙적으로 배열된 것을 볼 수 있을 것이다. 만약 우리의 공간에 이런 성질이 있다면, 가능한 최소 크기는 얼마일까? 그것은 분명 우리 은하보다는 훨씬 커야 할 텐데, 왜냐하면 망원경에는 은하수가 일렬로 서 있는 것이 보이지 않기 때문이다. 그러

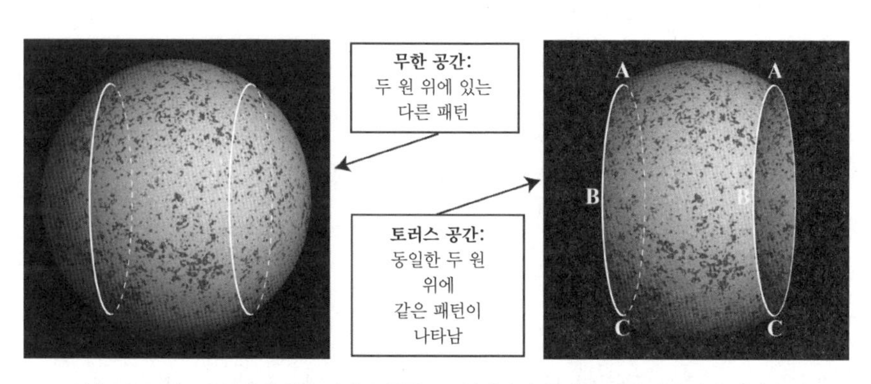

그림 6.1: 토러스 우주에서 원을 지나 오른쪽으로 날아가면, 곧바로 왼쪽 원의 해당 지점이 다시 나타나게 된다. 예를 들어, 오른쪽 A에서 나가면 왼쪽 A에서 다시 들어올 것이다. 사실 2개의 A는 물리적으로 같은 지점이다. 이것은 두 원 위에서의 우주 마이크로파 배경이 실은 동일한 것이므로 우리에게 거의 같게 보여야 한다는 것을 의미한다.

나 그 크기가, 예를 들어 100억 광년 정도라면 이 테스트는 실패한다. 100억 년 전에는 우리 은하가 존재하지 않았으므로, 우리 은하에 대한 가장 가까운 복제본도 볼 수 없기 때문이다. 다행히 더 민감한 검사가 있다. 50억 광년 떨어진 밝은 은하처럼 분간할 수 있는 천체를 찾고, 반대 방향의 50억 광년 거리 위치에서 같은 천체를 찾아보는 것이다. 그런 탐색 또한 아무 소득이 없었다. 가장 민감한 테스트는 우리가 볼 수 있는 가장 먼 것인 우주 마이크로파 배경을 사용해서 그림 6.1처럼 반대 방향에 같은 패턴이 나타나는지 확인하는 것이다. 안젤리카와 나를 포함해 많은 연구자들이 시도했지만 아무것도 찾지 못했다. 또한 만약 공간이 유한한 부피를 가졌다면, 마치 피리 속의 공기가 어떤 특정 높낮이로만 진동하듯 우주의 섭동에도 특정 진동수만 허용될 것이다. 이것은 마이크로파 배경 파워 스펙트럼을 특정 방식으로 왜곡할 것인데 안젤리카 등이 탐색했지만 아무것도 찾지 못했다. 요약하면, 공간이 유한할 가능성은 아직 남아 있지만 유한 공간 모델은 최근의 여러 관측에 의해 엄격하게 제한되며, 따라서 아직 허용되는 것은 우리 우주와 비슷하거나 더 큰 부피를 가지는 경우이다. 이것은 적어도 소수의 평행우주의 존재를 피하기 정말 어렵게 만든다. 게다가 정확히 하나의 우주가 지금 있다고 하면 "왜 지금인가?"라는 기묘한 우연성 문제가 설명되지 않게 되는데, 왜냐하면 공간의 더 작은 영역에서 나온 빛이 우리에게 도달할 시간이 되었을 때 우주는 더 여러 개가 될 것이기 때문이다.

무한 공간에 대해서는 이제 충분히 얘기했다. 그러면 무한 공간이라는 가정하에 물질이 무한히 많은 것은 어떨까? 급팽창 이전, 무한한 물질의 존재는 인간이 우주에서 특별한 위치에 있지 않다는 코페르니쿠스 원리에 호소함으로써 정당화할 수 있었다. 즉, 여기 은하가 있다면,

은하는 어디에든 있음에 틀림없다.

최근의 관측은 이 문제에 대해 어떤 답을 줄까? 구체적으로 큰 스케일에서 물질 분포는 얼마나 균일할까? "섬 우주" 모델에 따르면 공간은 무한하지만 물질은 유한한 영역에 제한되어 있는데, 1레벨 다중우주의 구성원 대부분은 텅 빈 공간 말고는 아무것도 없는 죽은 영역일 것이다. 그런 모델들은 역사적으로 인기가 높았는데, 원래는 지구와 육안으로 보이는 천체들이 섬에 해당했다. 그리고 20세기 초, 섬은 우리 은하가 되었다. 그러나 섬 우주 모델은 최근의 관측에 의해 폐기되었다. 앞 장의 3차원 은하 지도는 관측된 거대 스케일 구조(은하군, 은하단, 초은하단, 우주 장성)의 장관이 큰 스케일에서의 따분한 균일성을 시사하며, 약 10억 광년 이상에는 그 어떤 일관된 구조도 없다는 것을 보여준다.

더 큰 스케일을 관측할수록, 우주는 더 균일하게 물질로 차 있는 것처럼 보인다(그림 4.6). 우리 우주가 우리를 속이기 위해 디자인되었다는 음모론을 믿는 게 아니라면, 관측의 결과는 아주 분명하다. 우리가 아는 한 공간은 우리 우주의 경계를 훨씬 넘어서까지 계속되며, 은하, 별 그리고 행성들로 바글바글하다.

1레벨 평행우주들은 어디에 있는가?

만약 1레벨 평행우주들이 존재한다면 거기서 나온 빛이 아직 우리에게 도달할 시간이 되지 않았을 정도로 멀리 떨어진, 그저 우리 공간에 있는 우주 크기만 한 부분들이라는 것을 알게 되었다. 우리가 우리 우주의 중심에 있다는 사실이 공간에서 우리가 특별한 위치를 차지한다는 것을 의미하는가? 자, 당신이 넓은 들판을 걷고 있는데 안개 때문에 시계視界가 50미터로 제한된다면, 당신은 마치 안개의 공 한가운데 있고 그 너머로는 (우리 우주의 경계와 유사하게) 아무것도 볼 수 없다고 느낄 것이다. 하지만 당신이 어떤 특별한 위치에 있다거나 혹은 무언가 본질적인 것의 중심에 있는 것을 의미하지는 않는데, 왜냐하면 그 들판에 있는 다른 사람들 모두 자신이 안개 공 한가운데 있다고 생각할 것이기 때문이다. 같은 이유로 공간의 어느 위치에 있건 관찰자는 그 자신의 우주 한가운데 있다고 생각할 것이다. 또한 안개 속 50미터 밖에 어떤 경계선도 없듯이 이웃한 우주 사이에 물리적인 장벽은 없다. 들판과 안개는 당신이 있는 곳이건 저 너머건 같은 성질을 가진다. 게다가 우주들은 안개 공과 마찬가지로 겹쳐질 수 있다. 들판에서 당신으로부터 30미터 떨어져 있는 사람은 당신도 보고 또한 당신이 볼 수 없는 곳도 볼 수 있는데, 마찬가지로 50억 광년 떨어진 은하에서는 지구도 볼 수 있으며 또한 우리 우주 밖에 있는 공간도 볼 수 있다.

만약 영원한 급팽창 혹은 다른 어떤 것이 그러한 평행우주를 무한히 많이 창조했다면, 우리 자신과 동일한, 가장 가까운 복제본은 얼마나 멀리 떨어져 있을까? 고전 물리학에 의하면 우주는 무한히 많은 다른 상태가 가능하며, 따라서 정확히 동일한 것을 찾는다는 보장은 없다. 고전 물리학적으로 두 입자들 사이의 거리에 대해서도 이미 무한히 많은 가능성이 있는데, 왜냐하면 그것을 명시하려면 무한히 많은 자릿수가 필요하기 때문이다. 그러나 현실적으로 우리의 집합적인 인류 문명이 구분할 수 있는 우주의 가능성은 분명 유한한 수인데, 우리의 두뇌와 컴퓨터는 오로지 유한한 양의 정보만 담을 수 있기 때문이다. 게다가 우리는 유한한 정밀도까지만 사물을 측정할 수 있다. 물리학에서의 최고 기록은 16자리를 잰 것이다.

양자역학은 다양성을 근본적 수준에서 제한한다. 다음 두 장에서 탐구하겠지만, 양자역학은 자연에 일종의 내재적 흐릿함을 더해 어떤 정밀도 이상으로 무언가에 대해 이야기하는 것 자체를 무의미하게 만든다. 이 제한의 결과로 우리 우주가 취할 수 있는 상태의 전체 가짓수는 유한해진다. 보수적인 추산에 의하면, 크게 잡았을 때 우리의 우주 크기에 대해 $10^{10^{118}}$가지의 가능한 방식이 있다.* 더 보수적인 한계는 홀로그래피 원리라고 알려진 것인데, 우리 우주 크기에 대한 상태의 수는 최대 $10^{10^{124}}$가 된다고 한다.** 그렇지 않으면 너무 많이 집어넣은 것이 되어 원래보다 더 큰 블랙홀이 만들어진다는 것이 요점이다.

이것들은 어어어어어엄청 큰 숫자들인데, 심지어 그 유명한 구골플렉스보다도 더 크다. 꼬마들은 큰 물건에 집착하곤 하는데, 나는 내 아이들이 친구들과 큰 숫자 말하기 놀이에서 서로를 이기려고 하는 것을 우연히 들은 적이 있다. 조, 경 정도의 숫자가 나온 다음, 누군가가 불가피하게 G-폭탄 즉, 구골플렉스를 떨어뜨린다.(원자폭탄atomic bomb을 'A-bomb' 즉, 'A-폭탄'이라고도 하는데 이것을 떨어뜨려 제2차 세계대전이 끝났듯이, 구골플렉스를 언급하면 큰 숫자 말하기 놀이가 끝난다는 뜻이다._옮긴이) 그다음에는 경외심 어린 침묵이 따를 뿐이다. 아마 독자도 알겠지만, 구골플렉스는 1 다음에 구골 개의 0이 오는 숫자인데, 구골은

---

* 이것은 지극히 보수적인 추산인데, 간단히 말해 온도가 10^8도보다 높지 않은 (지평선 부피로 정의한) 우주의 모든 가능한 양자 상태를 센 것이다. 실제 계산은 양자역학적 상세함을 요하지만, 10^{118}은 대략 이른바 파울리 배타 원리가 허용하는 한 이 온도에 최대한 들어갈 수 있는 양성자의 수로 이해할 수 있다(우리 우주에는 10^{80}개의 양성자가 있다). 10^{118}개 구멍 각각이 채워지거나 비어 있을 가능성은 $2^{10^{118}} \sim 10^{10^{118}}$가지이다.

** 이것은 이른바 플랑크 단위로 잰 우리 우주의 표면적을 2의 지수로 올린 것이다. "더 읽을거리" 목록에 있는 레너드 서스킨드Leonard Susskind와 브라이언 그린의 책들에 홀로그래피 원리에 대한 설명과 그것이 어떻게 헤라드 엇호프트Gerard t'Hooft, 레너드 서스킨드, 찰스 손Charles Thorn, 라파엘 부소Raphael Bousso, 야코브 베켄슈타인Jacob Bekenstein, 스티븐 호킹, 후안 말다세나Juan Maldacena 등의 아이디어로부터 발전되었는지 자세히 나와 있다.

1 다음에 0이 100개 있는 숫자다. 따라서 구골플렉스는 $10^{10^{100}}$인데, 그것은 0이 100개 있는 것이 아니라, 1 다음에 0이 10,000,000,000,000,000,000,000,000,000,000,000,000,000,000,000,000,000,000,000,000,000,000,000,000,000,000,000,000,000,000,000,000,000,000개 오는 것이다! 이 숫자는 너무 커서 다 적는 것이 원리상 불가능한데, 왜냐하면 그 자릿수가 우리 우주에 있는 모든 원자의 개수보다도 많기 때문이다. 나는 항상 구글이 야심만만한 회사라고 항상 생각했다. 학회 참석차 방문한 적이 있었는데, 그 회사 구역을 구글플렉스라고 부른다는 것을 알게 되었다.

$10^{10^{108}}$가 천문학적 이상으로 큰 수지만, 무한대에 비하면 아무것도 아니다. 이것은 만약 영원한 급팽창이 무한히 많은 1레벨 평행우주를 포함하는 공간을 만들었다면, 거기에는 모든 가능성이 포함될 거라는 의미이다. 구체적으로 그림 6.2에 나온 대로, 평균적으로 $10^{10^{108}}$개의 우주를 확인하면 어떤 특정한 종류의 우주라도 찾을 수 있다. 따라서 만약 당신이 우리 우주와 동일한 복제본을 찾을 때까지 직선으로 이동했다면, 우주 지름의 약 $10^{10^{108}}$배만큼 여행했을 것이다. 만약 당신이 가장 가까운 복제본을 찾기 위해 모든 방향을 둘러본다고 해도, 가장 가까운 것까지는 거의 같을 것이고 역시 약 $10^{10^{108}}$미터일 것이다. 이것은 이중 지수의 (지수의 지수) 재미있는 수학적인 성질 때문이다.*

더 가깝게, 약 $10^{10^{91}}$미터 떨어진 곳에, 우리를 중심으로 한 것과 동일한 100광년짜리 구가 있을 것이며, 따라서 지금으로부터 100년 동

---

* 수학에 흥미 있는 독자라면, 우주 지름의 $10^{10^{118}}$배는 약 $\approx 10^{10^{118}} \times 10^{27}\text{m} = 10^{10^{118}+27}\text{m} \approx 10^{10^{118}}\text{m}$라는 것을 생각해보자. 가장 가까운 복제본을 찾아 모든 방향을 볼 수 있다면, 우리를 둘러싼 구의 체적이 우리 우주의 $10^{10^{118}}$배가 되는 영역을 탐험해야 한다. 그 반지름과 우리 우주의 반지름 사이의 비율은 $(10^{10^{118}})^{1/3} = 10^{10^{118}/3} \approx 10^{10^{117.53}} \approx 10^{10^{118}}$이다.

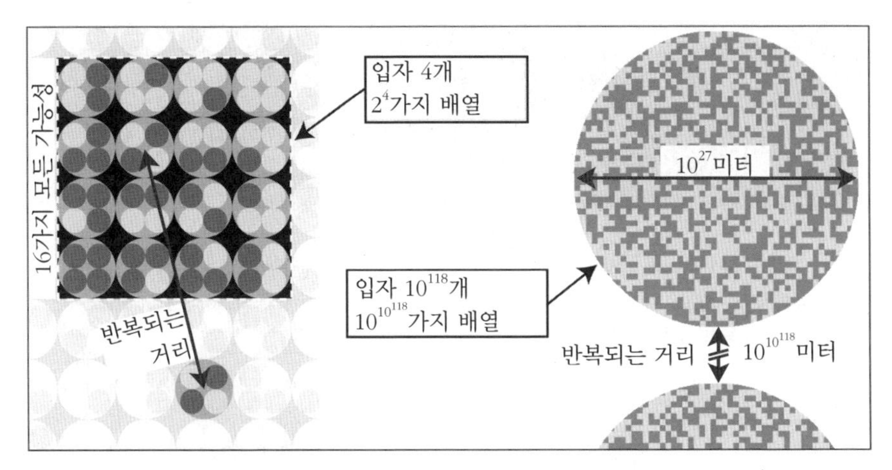

그림 6.2: 4개의 위치 각각이 두 종류의 입자를 품을 수 있는 모형 우주에는 오로지 2^4가지의 가능한 상태가 있다(왼쪽 위). 그런 우주로 이루어진 1레벨 다중우주가 있다면, 평균적으로 16개의 우주를 확인하면 특정 우주가 반복되었는지 알 수 있다. 만약 우리 우주에 10^{118}개의 입자가 $10^{10^{118}}$가지 다른 방식으로 배열될 수 있다면, 당신이 약 $10^{10^{118}}$개의 평행우주를 여행하는 동안 동일한 복제본을 발견하게 될 것이다.

안의 우리의 모든 인식은 그곳에 있는 우리의 상대와 동일할 것이다. 약 $10^{10^{29}}$미터 떨어진 곳에는, 당신과 동일한 복제본이 있을 것이다. 실은 당신의 복제본이 아마도 그보다 훨씬 가까운 곳에 있을 것인데, 당신 쪽의 승산을 높이는 행성 형성과 진화 과정은 어디에서나 작동할 것이기 때문이다. 아마도 우리 우주 내부에만 적어도 10^{20}개의 거주 가능한 행성이 있을 것이다.

2레벨 다중우주

앞에서 나는 급팽창을 끊임없이 주는 선물이라고 했는데, 그 이유는 이제 더 이상 이미 내놓은 것보다 더 근본적인 뭔가를 예측하지 못

그림 6.3: 만약 영원한 급팽창이 그림 5.8의 메커니즘에 의해 3개의 무한 영역을 창조한다면, 3개의 공간 사이의 여행은 불가능한데, 급팽창이 당신과 당신의 목적지 사이에 당신이 여행할 수 있는 속도보다 더 빠르게 새 공간을 계속 창조할 것이기 때문이다.

할 거라 생각할 때마다 급팽창은 그 예상을 뛰어넘기 때문이다. 만약 당신이 1레벨 다중우주가 거창한 개념이라 받아들이기 어렵다면, 물리 법칙이 명백히 다른 것들이 포함된, 다른 다중우주들로 이루어진 무한 집합을 생각해보라. 안드레이 린데, 알렉스 빌렌킨, 앨런 구스 등은 이것이 급팽창의 일반적 예측이라는 것을 증명했고, 우리는 그것을 2레벨 다중우주라고 부를 것이다.

한 공간의 많은 우주들

물리학이 어떻게 그렇게 터무니없는 것을 허용할 수 있을까? 자, 우리는 그림 5.8에서 급팽창이 어떻게 유한한 부피 안에 무한한 공간을 창조할 수 있는지 보았다. 그림 6.3에서 볼 수 있듯, 급팽창은 무한한 공간을 인접한 영역에서 반복해서 만들어낼 수 있다. 그렇다면 급팽창이 영원하고 그 사이의 경계에서 끝나지 않는 한, 여러 개의 무한한 영역(1레벨 다중우주)이 존재하게 된다. 이것은 만약 당신이 이런 1레벨 다중우주 중 한 군데에 있다면, 이웃하는 것으로의 이동이 불가능함을 의미한다. 급팽창은 당신이 이동할 수 있는 것보다 더 빨리 계속해서 그 사이 공간을 창조한다. 나는 우주선 뒷자리에 앉은 내 아이들과 다음과 같은 대화를 나누는 상상을 한다.

"아빠, 다 왔어요?"

"1광년 더 가야 해."

"아빠, 다 왔어요?"

"1광년 더 가야 해."

다시 말해, 2레벨 다중우주의 이런 다른 부분이 우리와 같은 공간 내부에 있긴 하지만, 우리가 빛의 속도로 영원히 여행한다고 해도 절대 도달할 수 없다는 의미에서 그것들은 무한대보다도 더 멀리 있다. 그와 대조적으로 당신이 충분히 오래 기다릴 수 있고 우주 팽창이 감속된다면, 아무리 멀리 있더라도 우리의 1레벨 다중우주 내부에서는 원칙적으로는 여행할 수 있다.*

나는 공간이 팽창한다는 사실을 무시해서 그림 6.3을 더 간단하게 했다. 그림에서 영원히 급팽창하는 영역을 나는 U자 모양의 1레벨 다중우주를 분리하는 가는 수직 막대기로 그렸는데, 실제로는 빠르게 팽창하며 결국 그 사이의 부분은 더 이상 급팽창하지 않고 대신 U자 모양 영역을 새로 만들어낼 것이다. 이것이 상황을 더 흥미롭게 하는데, 2레벨 다중우주는 그림 6.4처럼 나무모양 구조를 갖게 된다. 급팽창 영역은 모두 빠르게 팽창하지만, 많은 부분에서 결국 급팽창은 종료되고 각각 1레벨 다중우주를 이루는 U자 모양 영역을 형성한다. 이런 나무모양은 영원히 성장하며, 무한히 많은 U자 영역을 창조한다. 그 모

---

* 만약 암흑 에너지가 계속 얼쩡거려 우주가 계속 가속된다면, 대부분의 1레벨 평행우주도 영원히 격리될 것이며 그 사이의 공간은 빛도 횡단할 수 없을 정도로 빨리 잡아 늘여질 것이다. 우리는 아직 암흑 에너지에 대해 충분히 이해하지 못하고 있어서 이것이 일어날지 판단할 수 없다.

그림 6.4: 공간의 팽창과 급팽창이 어디에선가 계속 종료된다는 사실이 2레벨 다중우주를 나무모양 구조로 만든다. 급팽창은 공간과 시간 중 나무모양의 회색 부분에서 계속되며, 급팽창이 종료된 각각의 U자 모양 영역은 무한대의 1레벨 다중우주가 된다.

두가 함께 2레벨 다중우주를 이룬다. 그런 영역 각각에서, 급팽창의 종말은 급팽창 물질을 입자로 변환시켜 결국 원자, 별 그리고 은하로 뭉쳐지게 된다. 앨런 구스는 1레벨 다중우주를 "호주머니 우주"라고 즐겨 불렀는데, 왜냐하면 그것이 나무의 작은 일부분에 꼭 맞아들어가기 때문이다.

다양성!

이 장의 앞부분에서, 나는 2레벨 다중우주가 분명히 다른 물리 법칙을 가진 무한히 큰 영역들을 포함할 수 있다고 썼다. 그러나 이것은 터무니없게 들린다. 어떻게 물리 법칙이 다른 물리 법칙을 허용할 수 있는가? 이제 알게 되겠지만, 핵심 아이디어는 물리학의 근본 법칙은 정의에 의해 어디에서나 그리고 언제나 성립하는 것이지만, 복잡한 상황을 낳을 수 있어, 자각하는 관찰자에 의해 추론되는 유효한 물리 법칙

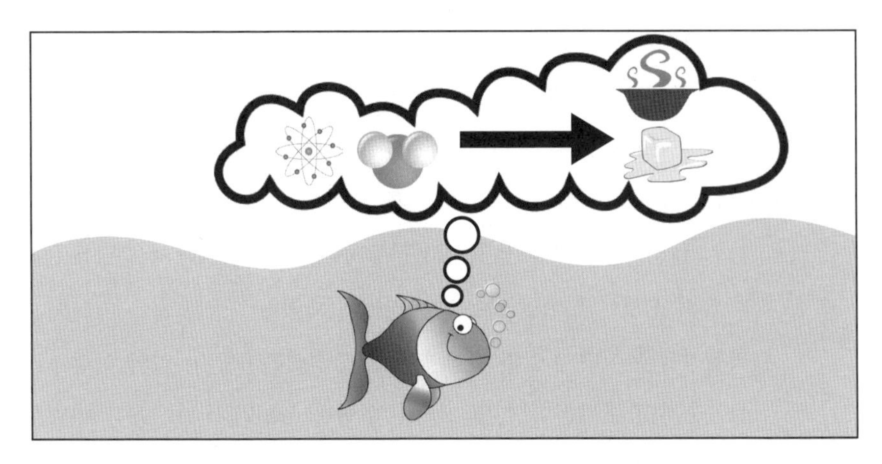

그림 6.5: 공간이 얼 수 있을까? 물고기는 물을 텅 빈 공간이라고 생각할 수도 있는데, 그 외의 매개체를 알지 못하기 때문이다. 그러나 만약 영리한 물고기가 물 분자들을 지배하는 물리학 법칙을 알아낸다면 세 가지 해, 즉 이미 알고 있는 액체에 추가로 아직 본 적이 없지만 증기와 얼음에 해당하는 "상相"이 있다는 것을 깨달을 수도 있다. 같은 식으로, 우리가 빈 공간이라고 생각하던 것은 원래 10^{500} 혹은 그 이상의 다른 상이 가능하지만 우리는 단 하나만 경험한 매개체일 수 있다.

은 위치에 따라 달라진다는 것이다.

만약 당신이 바다에서 일생을 보내는 물고기라면, 물을 물질이 아니라 빈 공간이라고 잘못 생각할 수도 있다. 인간이 물의 성질이라고 생각하는 것, 예를 들어 헤엄칠 때의 마찰력을 물리학의 근본 법칙이라고 잘못 해석할 수도 있다. "일정한 운동을 하는 물고기는 결국 멈춘다. 지느러미를 파닥이지 않으면." 당신은 물이 세 가지 다른 상인 고체, 액체 그리고 기체로 존재할 수 있다는 것과 당신의 "빈 공간"이 그저 액체 상태로 물을 기술하는 방정식의 특정 해라는 것을 아마 알 수 없을 것이다.

이 예는 유치하게 들리겠지만, 만약 실제 물고기가 이렇게 생각한다면, 우리는 아마 웃음을 터뜨릴지도 모른다. 그러나 혹시 우리 인간이 빈 공간이라고 생각하는 것이 실은 어떤 매개체일 수 있지 않을까?

그렇다면 마지막에 비웃음의 대상이 되는 것은 우리이다! 당연히 이것이 바로 정확한 진실이라는 증거가 많이 있다. 우리의 "빈 공간"이 사실은 일종의 매개체일 뿐 아니라, 셋보다 훨씬 많은 상이 있을 것으로 생각된다. 상은 아마도 약 10^{500}가지 혹은 무한히 많을 수도 있으며, 따라서 우리의 공간은 휘고 늘려지고 진동하는 것 외에 얼거나 증발하는 것과 유사한 일이 일어날 가능성이 열리게 되었다.

물리학자들은 어떻게 이런 결론에 이르게 되었는가? 자, 만약 어떤 물고기가 충분히 똑똑하다면, 물고기는 실험을 고안해서 그 "공간"이 특정 수학 방정식을 따르는 물 분자로 이루어져 있다는 것을 알아낼 것이다. 이 방정식들을 연구해서, 그림 6.5에 나온 것처럼, 빙산 또는 증기가 뿜어져 나오는 수중 분화구를 한 번도 본 적이 없더라도 고체인 얼음, 액체인 물 그리고 기체인 수증기의 세 가지 상에 해당하는 세 가지 다른 해가 있다는 것을 알아낼 수 있다. 정확히 같은 방식으로, 우리 물리학자들은 우리 자신의 공간과 그 내용물을 묘사하는 방정식을 탐색해왔다. 우리는 최종적 답을 아직 찾지 못했지만, 지금까지 찾은 근사적인 답들은 한 가지 핵심적 특성을 공유하는 경향이 있다. 그것은 균일한 공간을 묘사하는 데 여러 가지 해, 즉 상이 있다는 것이다. 끈 이론은 최종적 답안에 대한 유력한 후보인데, 10^{500} 혹은 그 이상의 해가 있다는 것으로 드러났으며, 고리 양자 중력 등의 경쟁하는 이론이 유일한 해를 갖는다는 징후는 전혀 없다. 물리학자들은 가능한 모든 해의 집합을 흔히 그 이론의 풍경이라고 부른다.* 이런 해들의 성질이 물리학의 유효 법칙을 구성하는데, 모두 같은 물리학 근본 법칙에 의해 허용되는 다른 가능성에 해당한다.

이것이 급팽창과 어떤 관계가 있을까? 놀랍게도 급팽창은 가능한 모든 종류의 공간을 만든다는 성질을 갖고 있다! 그것은 풍경 전체를 실현한다. 사실 공간이 가질 수 있는 상 각각에 대해, 급팽창은 그 상으로 가득 찬 1레벨 다중우주를 무한히 많이 만든다. 따라서 우리 관찰자는 물고기와 같은 실수를 범하기 쉽다. 우리 우주 내부 어디서나 공간이 같은 성질을 가지기 때문에, 우리는 그 밖 어디서건 마찬가지로 공간이 비슷할 것이라는 잘못된 결론을 내릴 유혹에 빠진다.

급팽창은 어떻게 이것을 실현하는가? 자, 공간의 상을 변화시키는 데는 엄청난 에너지가 필요하기 때문에, 우리가 보는 일상의 과정에서는 일어날 수 없다. 그러나 과거 급팽창 당시에는, 각각의 작은 부피 안에 엄청난 양의 에너지가 있었고, 이 에너지는 앞에서 언급한 양자 요동이 가끔 어떤 아주 작은 영역에서 상의 변화를 일으키기에 충분하다. 그 작은 영역은 이후 급팽창을 통해 같은 상으로만 이루어진 거대한 영역이 된다. 게다가 공간의 주어진 영역에서 급팽창이 멈추려면 특정 상에 있어야 한다. 이것이 두 상 사이의 경계 영역을 항상 영원히 급팽창하게 하고, 그 결과로 각 상이 무한한 1레벨 다중우주 전체를 채우게 된다.

공간의 이런 다른 상들은 어떤 것들인가? 당신이 자동차를 생일 선물로 받았는데, 시동 열쇠가 꽂혀 있지만, 당신이 자동차에 대해 들어본 적도 없고 그것이 어떻게 작동하는지 전혀 아무런 정보가 없다고 해보자. 탐구심이 많은 사람이라, 당신은 자동차에 타서 여러 가지 버

---

* 이 책 뒤에 실린 "더 읽을거리" 부분에 소개한 브라이언 그린, 레너드 서스킨드 그리고 알렉산더 빌렌킨의 최근 책들에는, 2레벨 다중우주가 어떻게 안드레이 린데, 알렉스 빌렌킨, 앨런 구스, 시드니 콜만Sidney Coleman, 프랭크 드 루치아Frank de Lunia, 라파엘 부소, 조 폴친스키Joe Polchinski, 레너드 서스킨드, 샤밋 카츠루Shamit Kachru, 레나타 캘로쉬Renata Kallosh, 산딥 트리베디Sandip Trivedi 등에 의해 발견되고 개발되었는지 차근차근 자세하게 설명되어 있다. 그린과 서스킨드의 책들은 선구자들이 직접 쓴 끈 이론의 훌륭한 개론서이다.

튼, 손잡이, 레버를 건드려본다. 결국 당신은 자동차를 어떻게 사용하는지 알아내고 운전을 꽤 잘할 수 있게 된다. 그러나 당신이 모르는 것이 있는데, 누군가 기어에서 R자를 지우고 변속기를 조작해 엄청난 힘을 가해야만 후진기어를 넣을 수 있게 해놓았다. 만약 누군가 당신에게 이 사실을 말해주지 않으면, 아마도 당신은 그 차가 뒤로도 갈 수 있다는 것을 영원히 모르게 될 것이다. 만약 자동차가 어떻게 작동하는지 질문받으면, 당신은 엔진이 도는 동안은 예외 없이 가속 페달을 더 세게 밟을수록 차가 앞으로 더 빨리 움직인다는 잘못된 주장을 펼 것이다. 만약 평행우주에서, 그 자동차에 전진기어를 넣으려면 엄청난 힘이 필요하다고 하면, 당신은 이 이상한 기계는 다르게 작동해서 뒤로만 갈 수 있다고 판단할 것이다.

우리 우주는 이 자동차와 아주 비슷하다. 우리 우주에는 그림 6.6처럼 그 작동을 조절하는 여러 개의 "손잡이"가 달려 있다. 그것은 물체에 어떤 영향을 가할 때 어떻게 움직이는지, 이른바 자연의 상수를 포함해서 우리가 물리학 법칙이라고 배우는 것들이다. 각 손잡이의 설정이 공간의 상 하나하나에 해당하는데, 따라서 만약 500개의 손잡이가 있고 각각 10개의 설정값이 가능하면, 총 10^{500}가지 상이 가능하다.

나는 고등학생이었을 때, 이 법칙과 상수는 언제나 유효하며 절대 장소 혹은 시간에 따라 바뀌지 않는다고 잘못 배웠다. 왜 그런 실수를 했을까? 그 이유는 이 손잡이의 설정을 바꾸는 데 우리가 마음대로 사용할 수 있는 정도보다 훨씬 더 큰 엄청난 에너지가 필요하고, 앞에서 든 자동차의 비유처럼 그 설정값을 바꿀 수 있다는 것을 깨닫지 못했기 때문이다. 게다가 바꿀 설정이 보이는 것도 아니었다. 자동차 기어와 달리, 자연의 손잡이는 꼭꼭 숨겨져 있다. 그것들은 이른바 질량이 큰 장과 기타 잘 모르는 개체의 형태로 나타나며, 그것을 바꾸는 것은 고

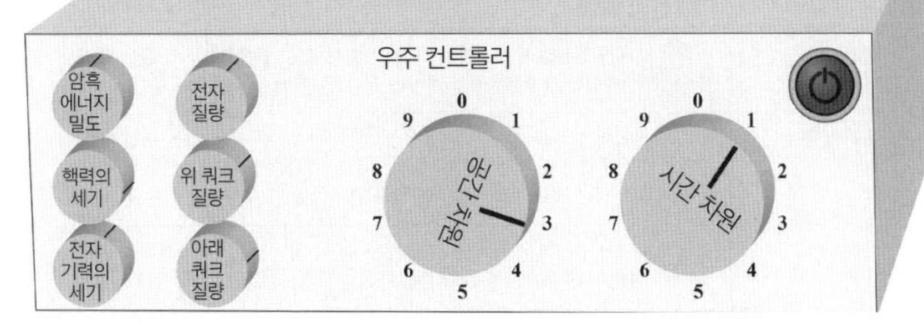

그림 6.6: 공간과 시간의 구조에는 설정을 바꿀 수 있는 여러 개의 손잡이가 붙어 있어 그것을 돌리면 2레벨 다중우주의 다른 부분을 얻는다. 실제 우리의 우주에는 연속적으로 돌릴 수 있는 32개의 손잡이가 있고, 10장에서 알게 되겠지만 어떤 종류의 입자들이 가능한지를 조절하는, 불연속적인 값을 택할 수 있는 손잡이가 더 있는 것으로 보인다.

사하고 우선 검출하는 데만 해도 엄청난 에너지가 든다.

그렇다면 물리학자들은 이런 손잡이들이 아마도 존재하며, 우리에게 충분한 에너지가 있다면 실제로 우리 우주가 다르게 작동하도록 만들 수 있다는 사실을 어떻게 알아냈을까? 당신이 정말로 호기심이 많았다면 그 자동차가 원칙적으로는 뒤로 갈 수도 있다는 것을 알아낼 수 있었던 것과 같은 방식이다. 즉, 그 부품들이 어떻게 작동하는지 자세히 조사하는 것이다! 당신은 변속 기어박스를 꼼꼼히 조사해서 알아낼 수 있다. 같은 방식으로 자연의 가장 작은 구성 요소들에 대한 자세한 연구 결과를 통해, 충분한 에너지가 있는 경우 우리 우주가 다른 식으로 작동하도록 구성 요소들을 바꿀 수 있다는 것을 알 수 있다. 우리는 이런 구성 요소들의 작동을 다음 장에서 탐구할 것이다. 영원한 급팽창은 양자 요동이 다른 1레벨 다중우주들에서 가능한 모든 재배치를 실현하도록 하는 데 충분한 에너지를 제공했을 것이다. 영원한 급팽창

다중우주에 대해 이 책에서 사용한 용어들	
물리적 실체	존재하는 모든 것을 뜻하며, 12장에서 우리는 물리적 실체가 4레벨 다중우주와 같다고 주장할 것이다.
공간	물리적 실체의 일부로서 우리가 관측할 수 있는 것과 연속적으로 연결된 것을 뜻한다. 영원한 급팽창까지 고려하면 공간은 2레벨 다중우주와 같다.
우리의 우주	물리적 실체의 일부로서 우리가 원칙적으로 관측할 수 있는 것을 뜻한다. 양자역학적 복잡성을 제쳐두면, 우리의 우주는 우리의 빅뱅 이후 140억 년 동안 거기서 나온 빛이 우리에게 도달할 시간이 있었던 구형의 영역이다.
평행우주	물리적 실체의 일부로서 여기에서는 아니지만 어딘가에서는 원칙적으로 관측할 수 있는 부분-평행우주는 이론이 아니라 특정 이론들의 예측이다.
다중우주	우주들의 집합.
1레벨 다중우주	공간에서 멀리 있는 영역으로 지금은 관측할 수 없지만 영원히 관측할 수 없는 곳은 아니다. 유효 물리 법칙은 같지만 역사는 일반적으로 다르다.
2레벨 다중우주	공간에서 멀리 있는 영역으로 이곳과 그곳 사이의 공간이 계속 급팽창하기 때문에 영원히 관측할 수 없는 곳이다. 물리학의 근본 법칙은 같지만, 유효 법칙은 다를 수 있다.
3레벨 다중우주	양자 힐베르트 공간(8장)의 다른 부분으로, 2레벨과 같은 다양성이 있다.
4레벨 다중우주	다른 근본적 물리 법칙에 해당하는 모든 수학적 구조(12장).
근본 법칙들	물리학을 지배하는 수학적 방정식들.
유효 법칙들	물리학을 묘사하는 수학적 방정식의 특정 해를 뜻하며, 만약 전체 우주를 통해 같은 해가 실행되었다면 근본 법칙과 혼동될 수 있다.
미세 조정	생명을 허용하는 매우 좁은 영역의 값들을 갖는 유효 법칙들의 물리적 상수들을 뜻하며, 관측된 미세 조정은 2레벨 다중우주의 증거라고 주장할 수 있다.

표 6.1: 다중우주의 핵심 개념과 개념들 사이 관계의 요약.

은 마치 엄청나게 힘이 센 고릴라가 주차장에 있는 많은 자동차의 손잡이와 기어를 마구 바꿔놓은 것처럼 행동했다. 그 일이 끝났을 때, 어떤 것은 후진기어에 놓였다.

요약하면, 2레벨 다중우주는 물리학 법칙에 대한 우리의 개념을 근본적으로 바꾸어놓았다. 근본 법칙들fundamental laws이라고 간주하던 많은 규칙성들은 정의에 의해 언제 어디서나 성립해야 하는 것이었지만 단지 유효 법칙들effective laws인 것으로, 장소에 따라 달라지는 지역적 규칙이며 다른 상의 공간을 정의하는 손잡이 설정에 해당하는 것으로 드러났다. 표 6.1은 이런 개념과 그것들이 어떻게 평행우주와 관련되었는지 요약한 것이다. 이 변화는 오래된 추세를 잇는 것이다. 코페르니쿠스는 행성이 완전한 원 궤도로 도는 것이 근본 법칙이라고 생각했지만, 우리는 이제 더 일반적인 궤도가 허용되며, 궤도가 원에서 벗어난 정도(천문학자들은 "이심률eccentricity"이라고 부른다)는 일단 태양계가 형성되면 현실적으로 천천히 그리고 힘들게만 돌릴 수 있는 손잡이에 해당한다는 것을 알고 있다.

2레벨 다중우주에 대한 증거로서의 미세 조정

그러면 2레벨 다중우주는 정말 존재하는가? 우리가 본 대로 급팽창의 증거(아주 많이 있다)는 2레벨 다중우주의 증거인데, 왜냐하면 전자가 후자를 예측하기 때문이다. 우리는 또한 장소에 따라 원칙적으로 바뀔 수 있는 법칙 혹은 자연 상수가 있다면, 영원한 급팽창은 2레벨 다중우주를 가로질러 실제로 그렇게 한다는 것을 보았다. 하지만 이론적 주장에 결정적으로 의존하지 않는 더 직접적인 증거는 없는 걸까?

나는 직접적인 증거가 있다고 주장하려 한다. 사실 우리 우주는 생명을 위해 고도로 미세 조정된 것처럼 보인다. 기본적으로 우리는 앞에서 논의한 그 손잡이들 중 많은 것이 매우 특별한 값에 맞춰져 있고, 만일 우리가 그 값을 아주 약간만 바꾼다고 해도, 우리가 아는 생명은 불가능해진다는 것을 발견했다. 암흑 에너지 손잡이를 조금 비틀면 은하가 생기지 않고, 다른 손잡이를 비틀면 원자가 불안정해지는 등으로 말이다. 조종사 훈련을 받지 않았으므로 나는 무서워서 비행기 조종석에 있는 손잡이를 만지작거리지 못하는데, 만약 내가 우리 우주의 손잡이를 마구잡이로 돌린다면, 내 생존 가능성은 훨씬 더 낮아질 것이다.

나는 이 미세 조정의 관측에 대해 다음과 같은 세 가지 반응을 경험했다.

1. **요행:** 그것은 그저 우연한 요행으로 그 이상 아무것도 아니다.
2. **설계:** 그것은 우리 우주가 어떤 개체(아마도 신 혹은 우주를 시뮬레이션할 수 있는 고등한 생명체)에 의해 의도적으로 생명을 허용하도록 손잡이가 미세 조정되었다는 증거이다.
3. **다중우주:** 그것은 2레벨 다중우주에 대한 증거인데, 왜냐하면 손잡이의 모든 설정이 어디선가 실현되었다면, 우리가 알고 보니 거주 가능한 영역에 존재한다는 것은 자연스럽기 때문이다.

우리는 앞으로 요행과 다중우주 해석을, 그리고 시뮬레이션 해석을 12장에서 다룰 것이다. 하지만 우선, 왜 그런 난리법석인지 미세 조정의 증거를 탐구해보자.

미세 조정된 암흑 에너지

4장에서 보았듯, 우리의 우주적 역사는 사물들을 끌어당겨 뭉치게 하려는 암흑 물질과 밀쳐 떨어져 나가게 하려는 암흑 에너지 사이에 있었던 중력의 줄다리기였다. 은하 형성이란 모두 끌어당겨 뭉치는 것이므로, 나는 암흑 물질을 우리의 친구로 그리고 암흑 에너지를 우리의 적으로 간주한다. 우주의 밀도는 암흑 물질이 지배했었고, 그 중력의 친절한 끌어당김이 우리 것과 같은 은하들이 뭉쳐지는 것을 도왔다. 그러나 우주의 팽창이 암흑 물질은 희석시키지만 암흑 에너지는 희석시키지 않기 때문에, 암흑 에너지의 잔인한 중력 밀침이 더 우세해져서 그 이상의 은하가 형성되는 것을 방해했다. 이것은 만약 암흑 에너지의 밀도가 훨씬 더 컸었더라면 훨씬 일찍 우세해졌을 것이고, 따라서 어떤 은하도 형성될 충분한 시간이 없었을 것을 의미한다. 그 결과는 사산死産의 우주로서, 영원히 어둡고 생기가 없으며, 균일한 기체 이상으로 복잡하고 흥미로운 것을 전혀 포함하지 않을 것이다. 만약, 그와 달리 암흑 에너지 밀도가 상당한 음의 값으로 줄어들면(아인슈타인의 중력 이론은 이것을 허용한다), 우리의 우주는 그 어떤 생명체도 진화하기 전에 팽창을 멈추고 대함몰이라는 큰 재앙을 맞아 다시 허물어질 것이다. 요약하면, 만약 당신이 실제로 그림 6.6의 암흑 에너지 손잡이를 돌려서 그 밀도를 바꾸는 방법을 알아낸다면, 어느 쪽이든 너무 많이 돌리지 않기 바란다. 왜냐하면 그것은 생명의 전원을 끄는 것이나 마찬가지이기 때문이다.

"어이쿠!" 소리가 나오기 전에 암흑 에너지 손잡이를 얼마나 돌릴 수 있을까? 그 손잡이의 현재 설정값은 우리가 실제 측정한 암흑 에너지 밀도에 해당하는데, 세제곱미터당 약 10^{-27}킬로그램이고, 그것은 택할 수 있는 값의 영역과 비교할 때 말도 안 될 정도로 0에 아주 가깝다. 그 다이얼에 대한 자연스러운 값은 암흑 에너지 밀도가 세제곱미터당 10^{97}킬로그램 근처가 되는 것인데, 이 값은 양자 요동이 공간을 아주 작은 블랙홀들로 채울 때에 해당하며, 최솟값은 같은 양에 앞에 마이너스 부호만 덧붙인 것이다. 그림 6.6의 암흑 에너지 손잡이를 완전히 돌리면 밀도를 전체 영역에 걸쳐 바꿀 수 있는데, 그때 우리 우주의 실제 손잡이 설정은 정확히 가운데에서 최고치의 약 10^{-123}만큼 돌린 것에 해당한다. 이것은 만약 당신이 은하가 형성될 수 있도록 조정하려면, 돌리는 각도를 자릿수 120개가 넘는 정확도로 맞춰야 한다는 것을 의미한다! 이것은 도저히 할 수 없는 미세 조정 작업처럼 들리겠지만, 모종의 메커니즘이 우리 우주에 대해 정확히 이 일을 해낸 것으로 생각된다.

미세 조정된 입자들

다음 장에서, 우리는 기본 입자들의 미시세계를 탐험할 것이다. 그곳에도 역시 입자들의 질량 그리고 그것들이 얼마나 강하게 서로 상호작용하는지 결정하는 많은 손잡이가 있으며, 과학계는 점차 이 손잡이들도 역시 미세 조정되었다는 것을 깨닫게 되었다.

예를 들어, 만약 전자기력이 단 4퍼센트만 약해진다고 해도, 태양은 지금 당장 그 수소가 이른바 이중양성자diproton, 즉 원래 존재하지 않던 종류로서 헬륨에서 중성자를 제거한 것으로 융합하면서 폭발할 것이다. 만약 전자기력이 상당히 강해지면, 탄소와 산소 등 원래 안정한 원자들이 방사성 붕괴를 한다.

만약 이른바 약한 핵력이 상당히 더 약해지면 우주에 수소가 없어지는데, 왜냐하면 우리의 빅뱅 직후 수소가 모두 헬륨으로 전환되었을 것이기 때문이다. 만약 약한 핵력이 훨씬 강하거나 약하다면, 초신성 폭발에서 나오는 중성미자들이 별의 외피를 날려버리지 못했을 것이고, 철같이 생명에 긴요한 무거운 원소들이 그것들이 만들어진 별 밖으로 빠져나와 지구 같은 행성 내부에 있다는 것은 상당히 의심스러운 일이 된다.

만약 전자가 훨씬 가볍다면 안정한 별이 없을 것이고, 만약 전자가 훨씬 무겁다면 수정이나 DNA 분자처럼 질서 정연한 구조가 불가능할 것이다. 만약 양성자가 0.2퍼센트 더 무겁다면, 양성자는 중성자로 붕괴되어 더 이상 전자를 묶어두지 못할 것이고, 따라서 원자란 없을 것이다. 만약 그 대신 양성자가 훨씬 가볍다면, 원자 내부의 중성자가 양성자로 붕괴하고, 따라서 수소를 제외하면 안정한 원자가 하나도 없을 것이다. 사실 양성자 질량은 아주 넓은 영역에서 값을 선택할 수 있는 다른 손잡이에 의해 결정되는데, 수소 이외의 안정한 원자가 있으려면 그것은 33자리까지 미세 조정되어야 한다.

미세 조정된 우주론

이런 미세 조정 예들 중 많은 것들이 70년대와 80년대에 걸쳐 폴 데이비스Paul Davies, 브랜던 카터Brandon Carter, 버나드 카Bernard Carr, 마틴 리스Martin Rees, 존 배로John Barrow, 프랭크 티플러Frank Tipler, 스티븐 와인버그 등의 물리학자들에 의해 발견되었다. 그리고 더 많은 예들이 계속 발견되고 있다. 나는 이 주제에 대한 첫 시도를 마틴 리스와 같이했는데, 그는 나의 학문적 영웅 중 한 사람으로 흠잡을 데 없는 영국식 예절을 갖춘 백발의 천문학자이다. 나는 강연할 때 그 누구도 그만큼 행복하고 들떠 보이는 이를 보지 못했는데, 마치 그의 눈동자가 열정을 내뿜는 것 같다. 그는 학계의 지도적 인사 중에서 양심에 따라 비주류 주제를 추구하는 나를 격려해준 첫 번째 사람이었다. 앞 장에서 우리는 우주의 씨앗 요동 진폭이 약 0.002퍼센트라는 것을 보았다. 마틴과 나는 만약 우주의 씨앗 요동 진폭이 훨씬 작다면 은하들은 형성되지 않았을 것이고, 반대로 훨씬 크다면 소행성들이 훨씬 자주 충돌하는 등의 다른 문제점들이 생겼을 것이라는 계산 결과를 얻었다.

이것이 바로 앨런 구스가 잠들게 만든 발표 내용이다. 하지만 나를 초청했던 알렉스 빌렌킨은 잠들지 않았고 우리는 후에 함께 빅뱅 당시 풍부히 생성된 유령 같은 입자인 중성미자를 연구했다. 우리는 중성미자도 마찬가지로 어느 정도 미세 조정되었다고, 즉 그것이 훨씬 무겁다면 은하가 형성되지 않는다는 것을 발견했다. MIT의 동료인 프랭크 윌첵Frank Wilczek은 우주에 따라 암흑 물질 밀도가 어떻게 달라질 수 있는지에 대한 아이디어가 있었는데, 마틴 리스 그리고 내 친구인 앤서니 아기레Anthony Aguirre와 함께, 우리는 암흑 물질 손잡이를 그 관측값에서 너무 많이 돌리는 것이 우리 건강에 그리 좋지 않다는 계산 결과를 얻었다.

요행의 설명

그렇다면 이런 미세 조정에 대해 어떻게 생각해야 할까? 우선, 그 모든 것을 그저 여러 요행이 겹친 것이라고 치부해버리면 어떨까? 과학적 방법에서는 설명되지 않는 우연을 용인하지 않기 때문에, "내 이론은 관측과 일치하려면 설명되지 않는 우연이 필요하다"라고 말하는 것은 "내 이론은 배제되었다"라고 말하는 것과 같다. 예를 들어, 우리는 급팽창이 어떻게 공간이 평평하며 우주 마이크로파 배경의 얼룩들이 평균 약 1도 정도의 크기를 갖는지 예측하는 것을 알아보았고, 4장에 기술된 실험들은 그것을 검증했다. 플랑크팀이 잰 평균 얼룩 크기가 훨씬 작았다면, 그들은 99.999퍼센트의 신뢰도로 배제했다고 발표했을 것이다. 즉, 평평한 우주에서 무작위적 요동이 마치 우리가 측정하는 것처럼 비상하게 작은 얼룩을 나타나게 해서 우리로 하여금 잘못된 결론을 내리게 했을 수도 있지만, 그렇게 되지 않을 확률이 99.999퍼센트를 넘는다는 뜻이다. 다시 말해, 급팽창이 측정과 일치하려면 10만 분의 1의 설명할 수 없는 우연이 필요하다. 만약 앨런 구스와 안드레이 린데가 이제 합동 기자회견을 열어 플랑크 위성의 측정이 무시해야 할 우연의 산물이라는 직감이 있기 때문에 급팽창에 반하는 증거가 없다고 우긴다면, 그것은 과학적 방법에 어긋난 일이 된다.

다시 말해, 무작위 요동은 과학에서 우리가 100퍼센트 확신할 수 있는 것은 아무것도 없다는 것을 의미한다. 운 나쁘게 무작위적 측정 잡음이 발생하거나, 검출기가 오작동하거나, 심지어 실험 전체가 환상이라든지 같은 낮은 확률은 언제나 존재한다. 그러나 실제로 99.999퍼센트의 신뢰도로 배제된 경우 학계는 그 이론을 완전히 죽은 것으로 간주한다. 게다가 암흑 에너지 미세 조정이 우연이려면 훨씬 더 가능성이 낮은 설명할 수 없는 우연을 믿어야 하며, 그것은 약 99.999999…퍼센트, 즉 소수점 아래 9가 약 120개가 있는 정도의 신뢰도로 배제되었다.

A 단어

미세 조정에 대한 2레벨 다중우주 설명은 어떨까? 자연의 손잡이가 어디에선가는 가능한 모든 값을 가지게 되는 이론은 우리와 같은 거주 가능한 우주가 존재한다는 것을 100퍼센트 확실히 예측하는데, 우리는 거주 가능한 우주에서만 살 수 있으므로, 그런 곳에 있다고 해서 놀랄 일은 아니다.

비록 이런 설명이 논리적이긴 하지만, 논란의 여지가 큰 것은 분명하다. 지구를 우주의 중심에 놓으려는 모든 어리석은 역사적 시도를 경험한 후, 그 반대의 관점이 깊이 자리를 잡았다. 바로 이 코페르니쿠스 원리는 우리의 공간적, 시간적 위치 모두 특별할 것이 없다고 주장한다. 브랜던 카터는 "우리는 우주에서의 우리 위치가 관찰자로서의 우리 존재와 조화를 이룰 수 있는 정도로 특권적일 필요가 있다는 사실을 받아들일 준비가 되어야 한다"라는 경쟁 원리를 제안하고 그것을 약한 인간 원리라고 불렀다. 내 동료들 중 어떤 이들은 이것을 반대해야 할 퇴보라고 보며, 지구중심설이 연상된다고 한다. 미세 조정을 고려하면, 2레벨 다중우주 설명은 실제로 그림 6.7에 나온 것처럼 코페르니쿠스 원리를 크게 위배한다. 모든 우주들 중에서 대부분은 완전히 죽음의 지대이며, 우리 우주가 지극히 이례적이다. 우리 우주는 대부분의 다른 것에 비해 암흑 에너지가 훨씬 적으며, 다른 많은 "손잡이"들도 아주 특이하게 맞춰져 있다.

우리가 관측하는 것을 설명하기 위해 관측할 수 없는 평행우주를 끌어들인 것은, 또한 내 동료들 중 몇몇을 불쾌하게 만들었다. 나는 시카고 교외에 유명한 입자 가속기가 있는 페르미랩에서 열렸던 1998년 강연 중 연사가 "A 단어", 즉 인간anthropic이라는 단어를 언급했을 때 청중이 들릴 정도로 야유했던 것을 기억한다. 실제로 심사자가 모르는 채로 통과할 수 있도록, 마틴과 나는 우리가 함께 쓴 첫 인간 원리 논문의 초록에 A 단어를 쓰지 않으려 비상한 노력을 기울였다….

개인적으로, 카터의 인간 원리에 대한 내 유일한 반론은 원리라는 단어를 포함해서 좀 선택적으로 보이게 한다는 것이다. 하지만 아니, 관측을 가지고 이론에 맞서 정확한 논리를 사용하는 것은 선택적일 수 없다. 대부분의 공간이 거주 불가능하면, 거주할 수 있다는 점에서 특별한 곳에 우리가 있다는 것은 분명히 우리가 예측해야 할 일이다. 실제로, 우리의 우주에 국한하더라도 우주 공간 대부분은 거주할 수 없

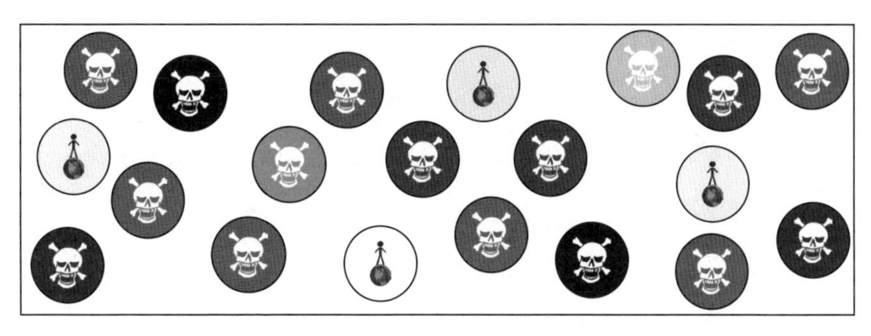

그림 6.7: 만약 암흑 에너지 밀도(여기에서는 음영으로 나타냄)가 우주마다 다르다면, 은하, 행성 그리고 생명은 그것이 가장 낮은 우주에서만 나타날 것이다. 이 그림에서, 가장 덜 어두운 우주가 거주 가능한 곳인데 약 20퍼센트에 해당한다. 하지만 현실에서 그 비율은 10^{-120} 정도에 가깝다.

다. 은하 간 공동 혹은 별 내부에서 살 수 있겠는가! 예를 들어, 우리 우주에서 행성 표면으로부터 1킬로미터 이내의 지역은 1,000조의 1조의 1조 분의 1 정도에 불과하며, 따라서 그것은 상당히 특별한 지점이지만 우리가 그런 곳에 지금 있다는 것은 전혀 놀랄 일이 아니다.

더 흥미로운 예로, 우리 태양의 질량 M을 고려해보자. M은 태양의 광도에 영향을 주는데, 기본적 물리 법칙에 의하면 지구에 생명이 존재하려면 M은 1.6×10^{30}킬로그램에서 2.4×10^{30}킬로그램 사이의 좁은 영역에 있어야 한다. 그렇지 않으면 지구의 기후는 화성보다 더 춥거나 금성보다 더 뜨거워질 것이다. 측정값은 $M\sim2.0\times10^{30}$킬로그램이다. M의 거주 가능한 값과 관측값 사이의 설명되지 않는 분명한 일치는 훨씬 넓은 $M\sim10^{29}$킬로그램에서 10^{32}킬로그램까지의 질량을 갖는 별들이 존재할 수 있다는 계산 결과를 고려할 때 충격적일 수 있다. 우리 태양의 질량은 마치 생명을 위해 미세 조정된 것처럼 보인다. 그러나 우리는 이런 명백한 우연을 "손잡이 설정값"이 다른 유사한 많은 계의 모임이 있다는 것을 통해 설명할 수 있다. 우리는 중심에 있는 별의 크기와 행성 궤도가 다른 많은 태양계의 존재를 알고 있고, 명백히 우리는 그중 거주 가능한 태양계에 살고 있다고 예측해야 할 것이다.

여기서 흥미로운 점은 우리가 우리 태양계의 미세 조정을 이용해서 어떤 태양계가 발견되기 전에 다른 태양계가 존재했었어야만 한다고 주장할 수 있다는 것이다. 정확히 같은 논리로, 우리는 우리 우주의 관측된 미세 조정을 이용해서 다른 우주들의 존재를 주장할 수 있다. 차이는 오로지 예측된 다른 개체들이 관측 가능한가 아닌가이며, 그 차이는 논증 과정과 상관없으므로 이 주장을 약화하지 않는다.

우리가 예측의 희망을 품을 수 있는 것은 무엇인가?

우리 물리학자들은 숫자를 측정하기 좋아한다. 예를 들어, 다음과 같은 것이 있다.

인수	관측값
지구의 질량	5.9742×10^{24}kg
전자의 질량	$9.10938188 \times 10^{-31}$kg
태양계에 있는 지구 궤도의 반지름	$149,597,870,691 \times 10^{24}$m
수소 원자에 있는 전자 궤도의 반지름	$5.29177211 \times 10^{-11}$m

우리는 또한 이런 숫자들을 제일 원리로부터 예측해보는 것을 좋아한다. 하지만 우리는 성공할 수 있을 것인가, 아니면 이것은 그저 희망적 사고일 뿐일까? 행성 궤도가 타원이라는 유명한 발견을 하기 전에, 요하네스 케플러는 표에 있는 세 번째 숫자에 대한 우아한 이론을 갖고 있었다. 그는 수성, 금성, 지구, 화성, 목성 그리고 토성의 궤도가 정팔면체, 정이십면체, 정십이면체, 정사면체 그리고 정육면체를 사

이에 둔 6개의 구가 러시아 인형처럼 포개진 것과 정확히 같은 비율을 갖는다고 제안했다(그림 7.2). 그의 이론이 곧 더 정확한 측정에 의해 배제되었다는 것 말고도, 그 추정이 지금 어리석게 보이는 것은 다른 태양계가 존재하기 때문이다. 우리 태양계에 대해 측정한 특정 궤도값은 우리 우주에 대한 어떤 근본적인 것도 말해주지 않으며, 단지 우리가 어디 있는지, 즉 이 경우 우리가 어느 특정 태양계에 살고 있는지와 관련 있을 뿐이다. 이런 의미로, 우리는 이 숫자들을 우주에서의 우리 주소, 혹은 우리의 우주 우편번호 중 일부분으로 간주할 수 있다. 예를 들어, 외계 우편배달부에게 우리가 부치는 소포가 우리 은하 이웃의 어느 태양계에 배달해야 하는지 설명하려면, 8개의 행성이 있고 그 궤도가 가장 안쪽에 있는 것에 비해 각각 1.84, 2.51, 4.33, 12.7, 24.7, 51.1 그리고 76.5배인 곳을 찾으라고 할 수 있다. 그러면 그는 아마도 "아, 당신이 말하는 데가 어딘지 알겠어요!"라고 할 것이다. 같은 맥락에서, 우리는 크기가 다른 행성들이 많이 존재한다는 것을 알기 때문에 지구의 질량이나 반지름을 제일 원리로부터 예측한다는 것을 영원히 포기했다.

하지만 전자의 질량과 궤도 반지름은 어떨까? 이 숫자들은 우리가 확인한 바, 우주에 있는 모든 전자에 대해 동일하므로, 마치 케플러의 궤도 모형처럼 이론만으로 언젠가 계산할 수 있는, 우리 물리 세계의 진정한 근본적 성질이라는 희망을 가지고 있다. 실제로, 비교적 최근인 1997년에 유명한 끈 이론 학자인 에드워드 위튼은 끈 이론이 언젠가 전자가 양성자보다 몇 배 더 가벼워야 할지 예측할 수 있을 거라 생각한다고 내게 얘기한 적이 있다. 하지만 내가 그를 안드레이 린데의 예순 살 생일 파티에서 만났을 때, 와인을 좀 마신 뒤 그는 자연의 모든 상수를 예측하는 일은 이제 포기했다고 털어놓았다.

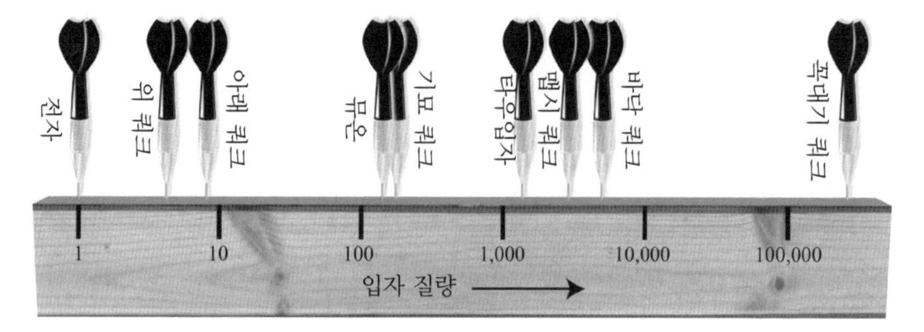

그림 6.8: 우리가 측정한 9가지 페르미 입자의 질량은 무작위처럼 보이는데, 이 질량들은 어떤 다중우주 모델들의 예측과 같으며 절대 제일 원리로부터 계산할 수 없다는 것을 시사한다. 눈금은 각 입자들이 전자에 비해 몇 배나 무거운지를 나타낸다.

이런 새로운 비관론은 왜일까? 그것은 역사가 되풀이되기 때문이다. 2레벨 다중우주와 전자 질량의 관계는 다른 행성들과 지구 질량 사이의 관계처럼, 그것을 자연의 근본적 성질에서 끌어내려 단지 우주적 주소의 일부분으로 만들어버린다. 2레벨 다중우주에서 바뀌는 어떤 양이든지, 그 측정은 단지 우리가 우연히 속하게 된 특정 우주가 어떤 것인지를 제한할 뿐이다.

10장에서 보게 되겠지만, 우리는 지금까지 우리 우주에 내장된 32개의 독립적인 숫자를 발견했고 그것을 가능한 한 정확히 재려 노력하고 있다. 독립적인 숫자 모두 2레벨 다중우주에서 변하는 걸까, 아니면 그중 어떤 것은 제일 원리로부터 (혹은 더 짧은 목록의 숫자들로부터) 계산할 수 있는 걸까? 아직 우리에게는 이 질문에 대답할 수 있는 물리학 근본 이론이 없으며, 따라서 그때까지 힌트를 찾아 측정값을 들여다보는 것은 흥미로운 일이다. 우리가 무작위로 선택된 우주에 산다면 다중우주에 걸쳐 변화하는 숫자들은 무작위로 보일 것이다. 측정값이 무작위로 보이는가? 자, 입자 물리학에서 페르미 입자fermion라고 부르는 9가지 근본 입자들의 질량을 그려놓은 그림 6.8을 보고 스스로 판단해보기 바란다. 내가 사용한 척도는 오른쪽으로 몇 센티미터 가면 질량이 10배가 늘어나도록 한 것인데, 그것 말고는 9개의 다트를 아무렇게나 던진 것처럼 보인다. 실제로, 이 9개의 숫자들은 엄격한 통계학적 무작위성 테스트를 성공적으로 통과했으며, 통계학 용어로 기울기가 10퍼센트 이하인 균일 분포에서 무작위로 추출한 것과 같다.

아직 희망은 있다

우리가 거주 가능한 무작위 우주에서 사는 거라면 숫자들도 무작위이지만, 거주 가능성을 선호하는 확률 분포를 따라야 할 것이다. 다중우주에 걸쳐 그 숫자들이 어떻게 변할 것인지에 대한 예측을 은하 형성 등의 연관 물리학과 결합하면, 우리는 실제로 어떤 값을 관측하게 될지 통계적 예측을 할 수 있고, 그 예측은 지금까지 암흑 에너지, 암흑 물질 그리고 중성미자에 대한 데이터와 상당히 잘 일치했다(그림 6.9). 실제로, 암흑 에너지가 0이 아니라는 스티븐 와인버그의 최초 예측은 이런 식으로 이루어졌다.

나는 우리 "우주 컨트롤러"의 "손잡이"들을 다르게 설정하면 어떤 일이 생길지 곰곰이 생각하며 알려진 값들을 흥미롭게 살펴보았다. 예를 들어, 그림 6.6의 공간과 시간 차원에 대한 손잡이를 돌리는 것은 치명적인 결과를 낳을 것이므로 하면 안 된다. 만약 공간 차원을 늘려 셋보다 커지면, 태양계도 원자도 안정할 수 없다. 예를 들어, 4차원 공간이 되면 뉴턴의 중력 법칙은 거리의 제곱에 반비례하는 것이 아니라 세제곱에 반비례하게 되며, 그 경우 안정한 궤도는 전혀 존재하지 않는다. 나는 이것을 깨달았을 때 처음에는 아주 들떴지만, 곧 이것도 다

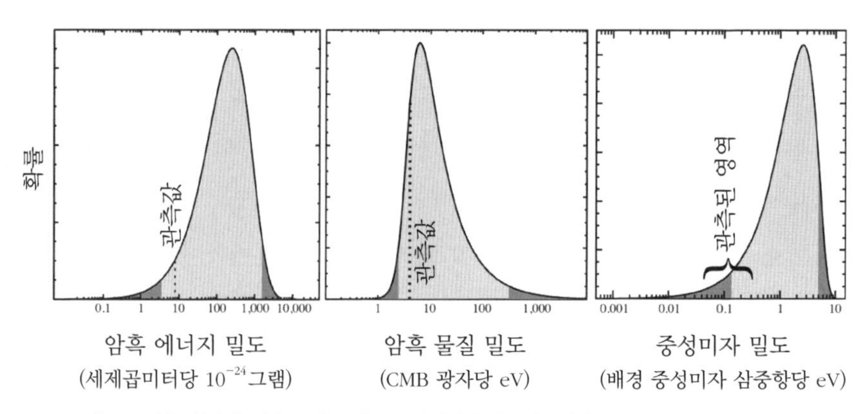

그림 6.9: 암흑 에너지, 암흑 물질 그리고 중성미자의 밀도가 2레벨 다중우주에 걸쳐 극단적으로 변화한다면, 대부분의 우주에는 은하와 생명이 없을 것이며, 무작위로 선택된 관찰자는 위에 제시된 확률 분포에 의해 결정되는 상당히 좁은 영역의 값을 측정할 것으로 예측된다. 관측값이 중앙의 회색 영역에 있을 확률은 90퍼센트이며, 실제로 모두 그렇다.

른 사람이 먼저 이야기한 적이 있다는 것을 알게 되었다. 오스트리아 물리학자인 파울 에렌페스트Paul Ehrenfest가 이것을 이미 1917년에 발견했던 것이다…. 3차원보다 작은 공간은 중력을 끌어당기지 않기 때문에 태양계를 허용하지 않으며, 다른 이유 때문에도 너무 간단해서 관찰자를 포함할 수 없다. 예를 들어, 2개의 뉴런이 서로 교차할 수 없게 된다. 시간 차원의 개수를 바꾸는 일은 생각보다 그리 어처구니없는 일은 아닌데, 아인슈타인의 일반 상대론으로는 문제가 없다. 그러나 나는 그렇게 되면 우리가 예측할 수 있게 하는 물리학의 핵심적 성질이 사라지게 되어, 뇌를 진화시키는 것이 의미 없게 된다는 논문을 쓴 적이 있다. 그림 6.10에서 볼 수 있듯, 그러면 3개의 공간 차원과 하나의 시간 차원이 유일한 가능성이다. 다시 말해, 무한히 영리한 아기라면 원리적으로는 그 어떤 관찰도 하기 전에, 제일 원리로부터 공간과 시간 차원이 다르게 조합된 2레벨 다중우주가 있으며, 그중 오로지 3+1만이 생명을 지탱할 수 있다고 계산할 수 있을 것이다. 데카르트의

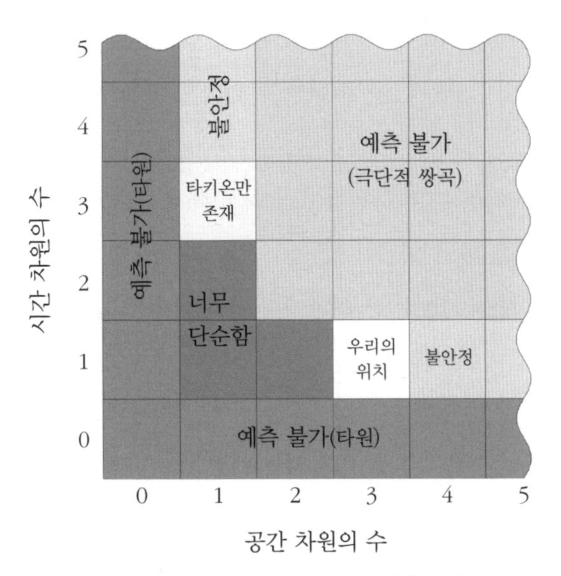

그림 6.10: 공간 차원이 3보다 크면, 원자와 태양계는 안정할 수 없다. 3보다 작으면 중력은 끌어당기지 않는다. 시간 차원이 1보다 크거나 작으면, 물리학은 예측 능력을 모두 잃고, 두뇌가 진화될 이유가 없어진다. 공간과 시간 차원이 우주에 따라 달라지는 2레벨 다중우주에서, 우리는 따라서 3개의 공간과 하나의 시간 차원을 가진 우주에 있는 것으로 예측되는데, 그것은 다른 우주들 모두 아마도 거주 불가능할 것이기 때문이다.

말을 바꾸어 표현하면, 아기는 처음으로 눈을 떠 확인하기도 전에, 나는 생각한다, 고로 공간은 3차원이고 시간은 1차원이다라고 생각할 것이다.

2레벨 다중우주 전체는 하나의 공간에 존재하는데, 그 안에서 어떻게 차원이 바뀔 수 있을까? 자, 가장 인기 있는 끈 이론 모델에 따르면, 변화하는 것은 겉보기의 차원일 뿐이다. 공간은 원래 언제나 9차원이지만, 그중 6개를 알아채지 못하는 것은 그림 2.7의 원통처럼 아주 작게 말려 있기 때문이다. 숨겨진 6차원 중 하나를 따라 아주 조금만 이동해도 제자리에 돌아올 것이다. 아마도 9개의 차원 모두가 원래는 말려 있었는데, 우리가 속한 조각에서 급팽창이 그중 3개를 천문학적 크기로 늘리고 6개는 아주 작아 보이지 않는 상태로 남아 있게 되

없을 것이다. 2레벨 다중우주의 다른 곳에서는, 급팽창이 잡아당긴 차원의 개수가 달라, 0에서 9까지 어떤 차원이든 가진 세상을 만들어낼 수 있다.

수학자들은 이런 다른 차원들이 말려서 에너지로 차 있는 여러 가지 다른 방식들을 파악해냈고(예를 들어, 숨겨진 차원 안에서 일반화된 자기장이 고리를 이룰 수 있다), 끈 이론에서 이런 선택은 앞에서 제시한 돌릴 수 있는 손잡이에 해당한다. 다른 선택들은 말려 있지 않은 차원에서의 다른 물리 상수들뿐 아니라, 거기에 어떤 기본 입자가 존재할 수 있고 그것들을 기술하는 유효 방정식이 어떤 것인지를 결정한다. 예를 들어, 6이 아니라 10가지 다른 종류의 쿼크가 있는 2레벨 평행우주가 있을지도 모른다.

요약하자면, 물리학의 근본 방정식들(아마도 끈 이론)은 2레벨 다중우주에 걸쳐 유효하지만, 관찰자가 발견하는 물리학의 겉보기 법칙들은 각 1레벨 다중우주마다 달라질 수 있다. 다시 말해, 이런 겉보기 법칙들은 "언제나 적용 가능하다"라는 사전적인 의미에서가 아니라, 문자 그대로의 "우리 우주에서 적용 가능"이라는 의미에서만 보편적이다. 겉보기 법칙들은 1레벨에서만 다중우주적이며, 2레벨에 대해서는 아니다. 그러나 근본 방정식들은 2레벨에서도 다중우주적으로 유효하며, 우리가 12장에서 4레벨 다중우주를 다루기 전까지는 변하지 않는다….

다중우주 하프타임 요약

우리는 이 장에서 여러 가지 이상한 아이디어들에 대해 알아보았는데, 끝내기 전에 한발 물러나 큰 그림을 바라보자. 나는 급팽창을 멈추지 않는 설명으로, 즉 설명의 급팽창으로 간주한다. 세포 분열이 한 아기만 만들고 멈추지 않았으며 엄청나게 많은 다양한 인류를 만들었듯, 급팽창도 한 우주만 만들고 멈췄던 것이 아니라 엄청나게 많고 다양한 평행우주를, 아마도 우리가 물리 상수라고 생각하던 것에 대한 모든 가능성을 실현했을 것으로 생각된다. 그것은 다른 수수께끼, 즉 우리 우주가 생명에 맞춰 미세 조정되었다는 사실을 설명할 수 있다. 급팽창에 의해 창조된 대부분의 평행우주에는 생명이 없지만, 어떤 곳에는 생명에 적절한 조건을 갖추고 있을 것이고, 우리가 그런 곳에 있다는 것은 전혀 놀랄 일이 아니다.

내 동료인 에디 파리Eddie Farhi는 앨런 구스를 "가능하게 하는 자"라고 부르기 좋아하는데, 왜냐하면 영원한 급팽창이 생길 수 있는 모든 일이 실제 일어나게 하기 때문이다. 급팽창이 발생할 공간을 만들고 초기 조건을 부여해서 이야기가 진행될 수 있게 한다. 다시 말해, 급팽창 과정에서 잠재성이 현실성으로 전환된다.

만약 2레벨 다중우주에 대해 불편하게 느껴진다면, 우리의 모든 1레벨과 2레벨 평행우주가 그저 하나의 동일한 무한 공간의 멀리 떨어진 영역들이라는 것을 기억하고, 대신 "공간"이라고 불러도 된다. 유의할 것은 이 공간의 구조가 유클리드가 생각했던 것보다 훨씬 더 풍부하다는 것뿐이다. 이 공간이 팽창하고 있으므로 우리는 우리 우주라고 부르는 작은 일부분만 볼 수 있으며, 멀리 떨어진 곳의 성질은 우리가 망원경으로 보는 것보다 훨씬 다양하다. 우리의 우주가 균질해서 어디나 같아 보인다는 개념은 그저 간주곡일 뿐이며 중간 정도의 스케일에서만 유효하다. 중력은 작은 스케일에서 사물들을 덩어리지게 하여 흥미로운 것으로 만들며, 급팽창은 큰 스케일에서 사물들을 다양하고 흥미로운 것으로 만든다.

만약 당신이 아직 평행우주 때문에 내적 평안을 유지하기 힘들다면, 도움이 될 만한 다른 관점이 있다. 앨런 구스가 최근에 MIT의 강연에서 이 관점에 대해 언급했는데, 급팽창과는 전혀 상관없는 것이다. 우리는 자연에서 어떤 물체를 발견하면, 과학적으로는 그것이 어떻게 만들어졌는지 그 메커니즘을 찾는다. 자동차는 공장에서 만들어지고, 토끼는 부모 토끼에 의해 만들어지며, 태양계는 거대한 분자구름에서 일어난 중력 붕괴로부터 생성되는 것처럼 말이다. 따라서 우리의 우주가 모종의 우주 생성 메커니즘에 의해 만들어졌다고 가정하는 것은 아주 합리적이다(아마도 급팽창이라든지, 혹은 완전히 다른 어떤 것). 요점은 이제 이것이다. 우리가 언급한 다른 모든 메커니즘이 무엇이건 많은 복제본을 만들어내는 것이 자연스럽다. 오로지 하나의 자동차, 하나의 토끼 그리고 하나의 태양계만 있는 우주는 아주 부자연스럽게 보인다. 같은 이유로, 그것이 무엇이건 우주를 생성하는 바로 그 메커니즘에 대해 우리가 사는 곳 외에 많은 우주를 창조하는 것이 틀림없이 더 자연스럽다.

만약 우리가 같은 논리로 어떤 것인지 몰라도 급팽창을 시작되게 하고 궁극적으로 우리의 2레벨 다중우주를 만든 메커니즘에 적용한다면, 우리는 그것이 아마도 서로 완전히 단절된 많은 독립적 2레벨 다중우주를 만들었을 거라 결론 내릴 수 있다. 그러나 이런 변이는 검증할 수 없을 것으로 생각되는데, 변이가 어떤 다른 세계를 정량적으로 더하거나 그 성질의 확률 분포를 변화시키지 않을 것이기 때문이다. 이런 2레벨 다중우주 각각의 내부에서 모든 가능한 1레벨 다중우주는 이미 실현되었다.

급팽창 말고도 우주들을 창조하는 메커니즘들이 있다. 리처드 톨먼

Richard Tolman과 존 휠러John Wheeler가 제안했고 폴 스타인하르트와 닐 튜록Neil Turok이 최근 치밀하게 연구한 아이디어에 따르면, 우리 우주의 역사가 순환적이며 무한히 많은 일련의 빅뱅을 거친다고 한다. 만약 그것이 사실이라면, 그러한 전생들의 앙상블 또한 다중우주를 형성할 것이며, 그 다양성은 2레벨과 유사할 것이다.

또 다른 우주 창조 메커니즘은 리 스몰린Lee Smolin이 제안한 것으로, 급팽창 대신 블랙홀을 통해 새 우주들이 돌연변이하고 발아한다. 이것 역시 2레벨 다중우주를 만들 텐데, 자연 선택에 의해 블랙홀이 생성되는 우주가 선호될 것이다. 4장에 나온 내 친구 앤드루 해밀턴이 그러한 우주 제조 메커니즘을 발견했을 수도 있다. 그는 블랙홀 형성 직후 나타나는 그 내부의 불안정성을 조사해서, 그것이 1레벨 다중우주를 형성할 급팽창의 방아쇠를 당길 만큼 강력할 수도 있다는 것을 알아냈다. 그 급팽창은 원래 블랙홀 내부에 완전히 포함되겠지만, 그 거주자들은 그 사실을 알 수도 없고 상관할 것도 없다.

이른바 브레인 세계 시나리오에서는 다른 3차원 세계가 높은 차원에서 가까운 거리만큼 떨어져서, 아주 말 그대로 우리 세계와 평행할 수 있다. 하지만 나는 그런 "브레인brane" 세상을 우리 우주와 별개인 평행우주라고 부를 정도는 아니라고 생각하는데, 암흑 물질과 유사하게 중력을 통한 상호작용이 가능하기 때문이다.

평행우주들은 논란의 여지가 아주 많다. 그러나 지난 10년간 학계에서 놀라운 전환이 일어나서, 다중우주는 소수 과격파의 주장이라는 위치에서 물리학 학회와 동료심사를 거치는 논문에서 공개적으로 논의되는 주제로 격상되었다. 나는 정밀 우주론과 급팽창의 성공이, 암흑 에너지의 발견과 그 미세 조정을 다른 방식으로 설명하는 데 실패했다는 사실이 여기에 중요한 역할을 했다고 생각한다. 다중우주 아이디어를 싫어하는 동료들조차 이제는 그 기본 논리에 합리성이 있다고 마지못해 인정하고 있다. 주된 비판은 "이건 말도 안 되고 나는 그것이 싫다"에서 "나는 그것이 싫다"로 바뀌었다.

나는, 과학자로서 우리의 임무는 우주가 우리 인간의 편견에 순응하려면 어떻게 작동해야 할지 명령하는 것이 아니라, 열린 마음으로 우주가 실제로 어떻게 작동하는지 알아내려 노력하는 것이라고 생각한다.

우리 인간은 잘 알려져 있듯 오만한 경향이 있어서, 우리가 무대의 중심에 있고 다른 모든 것이 우리 주위를 돈다고 상상한다. 우리는 점차 태양 주위를 도는 것이 우리이고, 그것 자체가 수없이 많은 은하 중 하나 주위를 돈다는 것을 알게 되었다. 물리학의 대발견에 힘입어, 우리는 현실의 바로 그 속성에 대해 더 깊은 직관을 갖추게 될 수도 있다. 실제로 이 책에서 우리는 아직 두 레벨의 다중우주만 다루었으며, 두 단계가 더 있고, 이제 다음 장에서 3레벨 다중우주를 탐험할 것이다. 우리가 치러야 할 대가는 더 겸손해져야 한다는 것이며, 아마도 그러는 편이 우리에게도 좋은 일일 것이다. 하지만 그 보상으로 우리는 우리 선조가 꿈에도 상상하지 못했던 훨씬 더 장대한 현실 속에 우리가 거주한다는 것을 발견하게 될 것이다.

요점 정리

- 평행우주는 이론이 아니라, 특정 이론들의 예측이다.
- 영원한 급팽창은 우리 우주(우리의 빅뱅 이후 140억 년 동안 거기서 떠난 빛이 우리에게 도달할 수 있었던 구형의 영역)가, 일어날 수 있는 모든 일은 어디선가 일어나는, 1레벨 다중우주에 있는 무한히 많은 우주 중 하나라고 예측한다.
- 어떤 이론이 과학적이기 위해 우리가 그 예측을 모두 관찰하고 검증할 필요는 없으며, 단지 적어도 하나면 된다. 급팽창이 우리 우주의 근원에 대한 선도적 이론인 것은 관측을 통해 검증되었기 때문이며, 평행우주는 그 꾸러미에서 취사선택할 수 없는 부분으로 보인다.
- 급팽창은 가능성을 현실로 바꾼다. 만약 균일한 공간을 지배하는 수학적 방정식에 여러 해가 있다면, 영원한 급팽창은 그 해들 각각을 예시하는 무한한 영역을 창조할 것이며 그것이 바로 2레벨 다중우주다.
- 많은 물리학 법칙과 상수들 중 1레벨 다중우주에 걸쳐 변화하지 않는 것들이 2레벨 다중우주에서는 변할 수 있으며, 따라서 1레벨 평행우주의 학생들은 물리학 수업에서는 같은 것을 배우지만 역사 수업에서는 다른 것을 배울 수 있고, 2레벨 평행우주의 학생들은 물리학 수업에서도 다른 내용을 배울 수도 있다.
- 이것은 왜 우리 우주의 많은 상수들이 생명을 위해 세밀하게 미세 조정되어 그것이 조금만 달라지더라도 우리가 아는 생명이 불가능해지는지 설명할 수 있다.
- 이것은 또한 우리가 물리학에서 측정한 많은 숫자들에 새로운 의미를 부여할 수 있다. 숫자들은 물리적 실체에 대한 어떤 근본을 알려주는 것이 아니라, 단지 그 안에서의 우리의 위치, 즉 우리의 우주적 우편번호의 일부를 알려준다.
- 비록 이런 평행우주들에 논란의 여지가 있더라도, 주된 비판은 "이건 말도 안 되고 나는 그것이 싫다"에서 "나는 그것이 싫다"로 바뀌었다.

제2부

줌인

7

우주의 레고

우리가 현실이라고 부르는 모든 것은 현실이라고 간주할 수 없는 것들로 이루어져 있다.

-닐스 보어

아니야, 이것은 전혀 말이 되지 않아! 어딘가 잘못된 것이 틀림없어! 나는 스톡홀름의 내 여자 친구의 기숙사 방에서 혼자 대학교 양자역학 과목의 첫 시험에 대비해 공부하고 있다. 교과서는 원자처럼 작은 것들은 동시에 여러 장소에 있을 수 있는데, 사람들처럼 큰 물체는 그럴 수 없다고 이야기하고 있다. 그럴 리 없어! 나는 혼잣말했다. 사람들도 원자로 이루어졌으니, 원자들이 동시에 여러 장소에 있는 게 가능하다면, 우리도 분명히 그럴 수 있을 거야! 교과서에는 또한 원자가 어디 있는지 누군가 관측할 때마다, 원자는 원자가 위치했던 장소들 중 하나로 무작위로 점프할 것이라고 되어 있다. 하지만 무엇을 관측으로 간주할 수 있는지 정의하는 방정식을 나는 찾을 수 없다. 로봇도 관찰자로 칠 수 있을까? 하나의 원자는 어떨까? 그리고 책에서 방금 양자계는 무엇이든 슈뢰딩거 방정식에 따라 결정론적으로 변한다고 했는데, 그것은 이 무작위 점프와 논리적으로 모순이 아닌가?

혼란스러워서, 나는 용기를 내 우리 대학의 대단한 전문가이며 노벨상 위원회에 속한 물리학 교수의 방문을 두드렸다. 20분 후, 나는 어

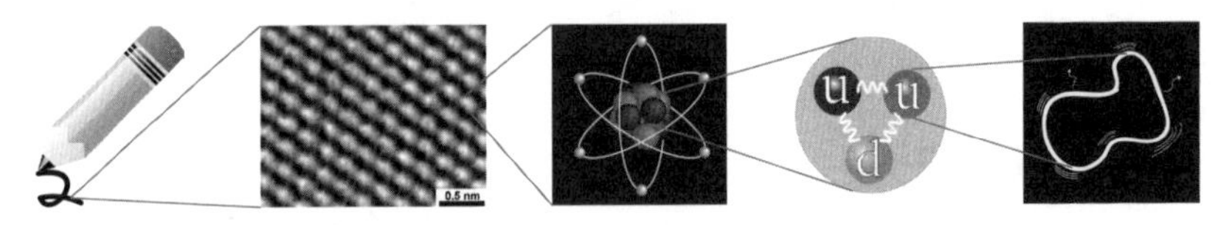

그림 7.1: 연필심은 흑연으로 만드는데, 흑연은 탄소 원자들이 층층이 쌓인 것이다(위 그림은 주사 터널링 현미경scanning tunneling microscope에서 실제로 찍은 것이다). 탄소 원자들은 다시 양성자, 중성자, 그리고 전자로 이루어진다. 양성자와 중성자는 위 쿼크와 아래 쿼크로 이루어졌고, 그것들은 다시 아마도 진동하는 끈으로 되어 있을 것이다. 이 책의 작업을 위해 내가 산 샤프심에는 약 2×10^{21}개의 원자가 있는데, 따라서 샤프심을 최대 71번만 반분할 수 있다.

리석다고 느끼며 그의 연구실을 나오면서, 내가 왠지 모든 것을 오해하고 있었다고 확신하게 되었다. 이것이 지금도 계속되고 있고 양자 평행우주로 이어지는 나의 긴 개인적 여행의 시작점이 되었다. 몇 년 후 박사학위 공부를 위해 버클리로 옮긴 후에야 잘못 이해한 사람은 내가 아니었다는 것을 깨닫게 되었다. 나는 많은 유명한 물리학자들이 양자역학의 이런 문제들로 괴로워했었다는 것을 결국 알게 되었고, 이 주제에 대해 내 스스로 많은 논문을 발표하며 즐거운 시간을 보냈다.

하지만 이제 내가 이 모든 것이 어떻게 잘 들어맞는다고 생각하는지 다음 장에서 이야기하기 전에, 당신을 데리고 과거로 돌아가 양자역학의 기묘함과 무엇 때문에 그 야단법석인지 진정으로 느끼게 하려 한다.

원자의 레고

지난번에 내 아들 알렉산더에게 생일 선물로 뭘 원하는지 물어보았을 때, 그는 "깜짝 선물이요! 아무 레고나 좋아요…"라고 말했다. 나도 레고를 좋아하는데, 우리 우주도 마찬가지인가 생각한다. 그림 7.1에 나

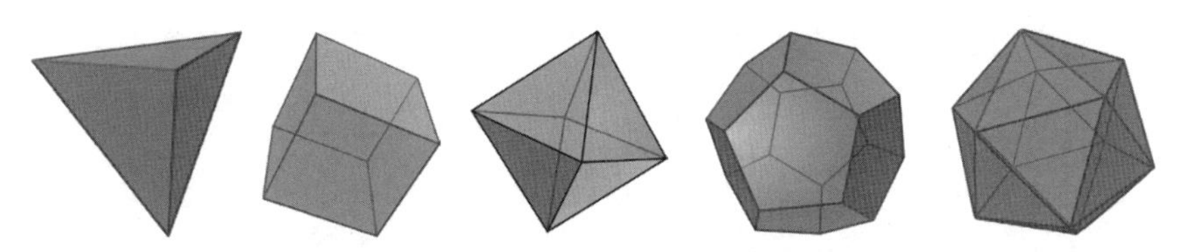

그림 7.2: 정다면체에는 정사면체, 정육면체, 정팔면체, 정십이면체 그리고 정이십면체, 이렇게 총 5가지가 있다. 플라톤의 원자론에는 정십이면체만 제외되어 있어서, 종종 불가사의한 전설적 의미가 있는 숭배의 대상으로 간주되며, 고대부터 살바도르 달리Salvador Dali의 그림인 〈최후의 만찬〉에 이르기까지 여러 예술 작품에서 다루어졌다.

왔듯, 모든 것은 동일한 기본 구성 요소로 이루어져 있다. 나는 주기율표*에 있는 80가지의 안정한 원자들로 이루어진 레고 세트로 토마토에서 토끼까지, 별에서 벌까지 모든 것을 만들 수 있다는 것이 아주 놀라운 일이라고 생각한다. 각 물체들의 다른 점이란 오로지 각 종류에 따라 얼마나 많은 레고 조각이 사용되었는지, 그리고 그것들이 어떻게 배열되었는지이다.

보이지 않으며 더 나눌 수 없는 기본적 레고 블록 같은 구성 요소가 있다는 생각은 물론 역사가 오래되었으며, 원자atom라는 말도 사실 고대 그리스어로 "나눌 수 없는"이라는 뜻의 단어에서 온 것이다. 실제로 플라톤은 그의 대화록인 『티마이오스Timaeus』에서 당시 믿어지던 흙, 물, 공기, 불의 사원소가 네 종류의 원자로 이루어져 있고, 그 원자들은 작아서 보이지 않는 정육면체, 정이십면체, 정팔면체, 정사면체, 즉 플라톤의 정다각형 중 4가지에 해당하는 수학적인 대상이라고 주장했다(그림 7.2). 예를 들어, 그는 정사면체의 뾰족한 모서리 때문에

* 안정한 원자는 80가지가 있는데, 1번 수소에서 82번 납까지, 방사성이며 불안정한 43번 테크네튬과 61번 프로메튬을 제외하고 나머지 모든 번호를 포함한다. 이런 원자 중에는 중성자 개수가 다른 안정한 것이 다수 있는데, 이들을 동위원소라고 부르며 안정한 것은 총 257가지이다. 지구 상에는 자연적으로 존재하는 동위원소가 약 338가지 있는데, 그 중 약 30가지는 반감기가 8,000만 년보다 길고 나머지 50가지는 반감기가 그보다 짧다.

불에 닿으면 아픈 것이고, 정이십면체가 공처럼 생겼기 때문에 물이 잘 흐르는 것이고, 정육면체의 빈틈없이 쌓을 수 있는 특별한 성질 때문에 흙이 단단해질 수 있다고 설명했다. 이 매력적인 이론은 결국 관측된 사실들에 의해 무너졌지만, 그 일부분은 아직 살아남았는데, 바로 근본 원소 각각이 특정 종류의 원자로 이루어졌다는 것, 그리고 물질의 성질이 그 원자의 성질에 의해 결정된다는 것이다. 게다가 나는 10장에서 우리 우주의 궁극적 구성 요소는 플라톤이 제안했던 방식과 다르기는 하지만 정말로 수학적이라고 주장할 것이다. 우리 우주는 수학적인 대상으로 이루어진 것이 아니라, 단일한 수학적 대상의 일부분이다.

현대적 원자론이 정립된 것은 2,000년이 지나서였는데, 오스트리아의 유명한 물리학자인 에른스트 마흐Ernest Mach는 1900년대 초까지도 원자들의 실제성을 믿으려 하지 않았다. 그는 이제 우리가 원자 하나하나를 볼 수도 있고 심지어 자유자재로 조종할 수도 있다는 것을 알게 되면 크게 놀랄 것이다.

핵의 레고

원자 가설이 대단한 성공을 거두었기 때문에, 자연스럽게 원자라는 말이 과연 적절한 명칭인가 하는 질문이 생겼다. 만약 거시적 물체 모두가 우리가 원자라고 부르는 작은 레고들로 만들어졌다면, 원자들도 다시 모종의 더 작은 레고로 이루어졌고 그 배열이 바뀔 수도 있는 것은 아닐까?

나는 주기율표에 있는 모든 원자들이 실은 플라톤의 이론보다 더 작은, 오직 세 종류의 더 작은 레고 블록들로 이루어졌다는 사실이 지극히 우아하다고 생각한다. 우리는 3장에서 잠깐 살펴봤는데, 그림 7.1은 이 세 가지 입자, 즉 양성자, 중성자, 전자가 어떻게 마치 태양계의 축소판처럼, 양성자와 중성자가 뭉쳐 이루어진 작은 공인 원자핵 주위를 전자가 돌도록 배열되었는지 보여준다. 지구는 중력의 끌어당기는 힘으로 태양 주위를 도는 궤도를 유지하는 반면, 전자는 양성자 쪽으로 당기는 전기력으로 원자 내부에 매여 있다(전자는 음의 전하를 갖고, 양성자는 양의 전하를 가지며 반대 전하를 갖는 것은 서로 끌어당긴다). 전자는 다른 원자에 있는 양성자에도 끌리기 때문에, 원자들은 우리가 분자라고 부르는 더 큰 구조로 뭉쳐진다. 원자핵과 전자가 그 각각의 개수는 변하지 않은 채 뒤섞는 것을 화학 반응이라고 하며, 여기에는 산불처럼 빨리 일어나는 것(대부분 나무 속에 있는 탄소와 수소 원자가 공기 중에 있는 산소와 결합해서 이산화탄소와 물 분자를 만드는 과정)과 나무의 성장처럼 느린 것(대부분 앞의 반대 과정으로 햇빛의 에너지를 이용한다)이 모두 포함된다.

몇 세기에 걸쳐, 연금술사들은 어떤 원자들, 보통 납처럼 싼 것을 금처럼 비싼 다른 원자로 변환하려는 헛된 시도를 했다. 그것은 왜 모두 실패했을까? 원자의 이름은 단순히 원자에 포함된 양성자의 개수에 따라 결정되는데(1 = 수소, 79 = 금, 기타 등등), 연금술사들이 실패한 것은 원자들의 레고 놀이에서 양성자를 한 원자에서 다른 데로 옮기는 일이었다. 그들은 왜 그 일을 할 수 없었을까? 우리는 이제 그들이 실패한 이유가 그것이 불가능해서가 아니라, 에너지를 충분히 사용하지 않았기 때문이라는 것을 알고 있다! 전기력은 같은 전하가 서로 밀쳐내므로, 원자핵에 있는 양성자들은 뭔가 다른 강력한 힘이 붙들고 있지 않는다면 쪼개져 튀어나갈 것이다. 그 역할을 하는 것이 바로 강한 핵력으로, 원자핵 수준에서 일종의 벨크로 역할을 하며 가까이 있는 양성자와 중성자를 붙잡아놓는다. 강한 핵력은 아주 강력하기 때문에 극복하려면 아주 큰 힘이 필요하다. 각각 수소 원자 2개로 이루어진 수소 분자 2개는 초속 50킬로미터로 충돌시켜야 쪼개지며, 각각 양성자 2개와 중성자 2개로 이루어진 헬륨 원자핵 2개는 초속 3만 6,000킬로미터라는 엄청난 속도로 가속시켜 충돌시켜야 중성자와 양성자들로 쪼개진다. 이것은 광속의 약 12퍼센트로서, 이 속도라면 뉴욕에서 샌프란시스코까지 0.1초 안에 갈 수 있을 정도이다.

자연에서 그런 일이 일어나려면 엄청나게 뜨거워져서 수백만 도 정도가 되어야 한다. 우리의 초기 우주에는 수소 플라스마, 즉 낱개의 양성자들 말고는 다른 원자들이 없었는데, 왜냐하면 너무 뜨거워서 더 무거운 원자들이 산산조각 나 거기 붙어 있던 양성자와 중성자들이 튀어나왔기 때문이다. 우리 우주가 점차 팽창하고 차가워졌을 때, 충돌은 양성자 사이의 전기적 척력을 극복할 만큼 강하지만 헬륨을 만드는 "벨크로" 힘을 능가하기에는 모자랐던 시기가 몇 분 있었다. 이것이 3장에서 설명했던, 가모프의 빅뱅 핵합성 시기이다. 우리 태양 중심부의 온도는 수소 원자들이 헬륨 원자로 융합되는 그 마법의 범위 안에 있다.

경제학 법칙에 의하면 희귀한 원소는 비싼데, 물리학 법칙에 의하면 희귀한 원소는 만드는 데 필요한 온도가 특히 높은 경우에 해당한다. 그렇다면 원자들의 이야기는 비싼 것일수록 더 흥미로울 것이다. 탄소, 질소 그리고 산소와 같은 원자들은 (그것들을 합치면 우리 몸무게의 96퍼센트를 차지한다) 아주 흔한데 그 이유는 우리 태양과 같은 흔한 별들이 수명을 다할 때 대량으로 만들어내기 때문이며, 이후 우주적 재활용 과정에 의해 새로운 태양계를 형성하게 된다. 반면 금은 별이 아주 급격하고 희귀한 초신성 폭발을 통해 거의 순간적으로, 우리의 관측 가능한 우주 안에 있는 모든 별을 합친 것만큼이나 큰 에너지를 내며 죽을 때 만들어진다. 연금술사들이 금을 만드는 일에 실패한 것은 놀라운 일이 아니다.

입자 물리학의 레고

만약 일상적 물체가 원자로 이루어졌고 원자는 중성자, 양성자, 전자와 같은 더 작은 조각들로 이루어졌다면, 혹시 그것들도 다시 더 작은 레고 블록으로 이루어진 것은 아닐까? 역사적 교훈은 이 질문을 실험적으로 다뤄야 한다는 것이다. 이런 아주 작은 구성 요소를 정말 세게 충돌시켜서 부서지는지 확인해야 한다. 이 작업은 계속 더 큰 입자 가속기를 사용해서 시도되었는데, 전자의 경우 제네바 교외에 있는 유럽입자물리연구소CERN에서 광속의 99.999999999퍼센트의 속도로 충돌시켰지만 더 작은 것으로 이루어졌다는 징후를 전혀 발견할 수 없었다. 반면, 양성자를 충돌시켰더니 양성자와 중성자 모두 위 쿼크, 아래 쿼크라고 알려진 더 작은 입자들로 이루어졌다는 것이 밝혀졌다. 위 쿼크 2개와 아래 쿼크 1개(그림 7.1)는 양성자를 만들고, 반대로 아래 쿼크 2개와 위 쿼크 1개는 중성자를 만든다. 게다가 입자 충돌에서 그때까지 알려지지 않았던 많은 입자들이 만들어졌다(그림 7.3).

이런 입자들에는 파이온, 케이온, 시그마, 오메가, 뮤온, 타우입자, W 보손, Z 보손 등의 특이한 이름이 붙여졌는데, 이들 모두 불안정하며 눈 깜짝할 사이에 더 친숙한 다른 것들로 붕괴한다. 그리고 교묘한 추리 작업을 통해 맨 뒤에 언급한 4개 말고는 모두 쿼크로 이루어졌다는

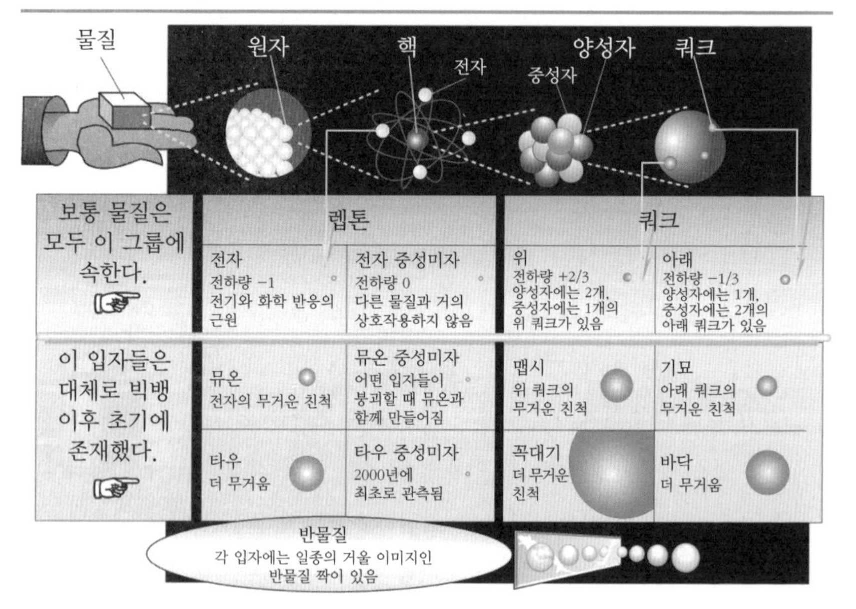

그림 7.3: 입자 물리학의 표준 모형. (출처: 유럽입자물리연구소)

것이 밝혀졌다. 그런데 그 재료가 되는 쿼크에는 위와 아래뿐 아니라 기묘, 맵시, 바닥, 꼭대기라는 4가지 불안정한 종류도 포함된다. W 보손과 Z 보손은 방사성의 원인이 되는 이른바 약한 힘을 매개하는 것으로 밝혀졌으며, 광자라고 부르는, 빛을 이루며 전자기력을 매개하는 입자의 뚱뚱한 사촌이라고 할 수 있다. 글루온이라고 부르는 또 다른 보손들 무리는 쿼크들이 더 큰 입자를 이루도록 풀처럼 붙이는 역할을 하는 것으로 드러났고, 최근 발견된 힉스 보손은 다른 입자들에 질량을 부여한다. 그에 추가해서, 전자 중성미자, 뮤온 중성미자, 타우 중성미자라고 부르는 안정적이며 유령 같은 입자들도 발견되었다. 이 입자들은 앞 장에서도 다루었는데, 아주 수줍어해서 다른 입자들과 거의 상호작용하지 않는다. 중성미자가 지면에 충돌하면, 거의 항상 지구를 통과해서 아무 영향을 받지 않고 반대편에서 나타나 우주 공간으로 나아간다. 마지막으로 지금까지 언급한 입자들 대부분에는 반입자라고 부르는 나쁜 쌍둥이가 있는데, 그 둘이 서로 충돌하면 각각을 소멸시키고 순수한 에너지로 변환되는 성질을 갖고 있다. 표 7.2에 핵심 입자와 이 책에서 논의한 관련 개념을 요약해두었다.

지금까지 이러한 보손, 쿼크, 렙톤(전자, 뮤온, 타우입자 그리고 중성미자 부류를 한 번에 일컫는 이름) 혹은 그 반입자들이 더 작고 근본적인 부분으로 이루어졌다는 증거는 발견되지 않았다. 하지만 쿼크들이 레고의 위계성에서 세 단계 내려간 구성 요소이므로, 셜록 홈스가 아니더라도 우리의 입자 가속기가 아직 충분한 에너지를 갖고 있지 않아 발견하지 못한 다음 단계가 있는지 의구심이 드는 것은 당연하다. 실제로 6장에서 힌트가 있었듯, 끈 이론이 정확히 바로 이것을 시사한다. 끈 이론에 따르면 만약 우리가 오늘날보다 엄청나게 더 큰 에너지로 (짐작컨대 약 10조 배) 입자들을 충돌시킬 수 있다면, 모든 것이 아주 작은 진동하는 끈으로 이루어졌음을 발견할 것이고, 마치 기타 줄 진동의 차이가 다른 음에 해당하는 것처럼, 동일한 기본 타입의 끈이 진동하는 방식의 차이는 다른 입자에 해당할 것이다. 경쟁 관계에 있는 이론은 고리 양자 중력이라고 하며, 모든 것이 끈으로 이루어진 것이 아니라 들뜬 중력장의 양자화된 고리가 모인 스핀 네트워크로 이루어졌다고 주장한다. 꽤 어려운 이야기인데, 끈 이론과 고리 양자 중력의 일선 연구자들조차 그 이론들을 아직 완전히 이해한다고 주장하지 못하는 상황이므로, 무슨 얘기인지 잘 이해가 되지 않더라도 걱정할 필요는 없다…. 그러면 모든 것을 궁극적으로 이루는 것은 무엇인가? 지금의 첨단 실험 결과에 입각하면, 그 답은 분명하다. 우리는 아직 알지 못하지만, 우리가 알고 있는 모든 것이, 시공간의 구조 자체를 포함해서, 궁극적으로는 무언가 더 근본적인 구성 요소로 이루어졌다고 생각할 만한 충분한 이유가 있다.

수학적 레고

모든 것은 무엇으로 이루어져 있는가에 대한 궁극적인 답을 아직 모르지만, 우리는 한 가지 멋진 힌트를 발견했으며 이제 그것에 대해 이야기하려 한다. 유럽입자물리연구소의 거대 강입자 가속기가 양성자를 충돌시켜 질량이 97배에 이르는 Z 보손을 만들어낼 수 있다는 것은 사실 아주 이상하게 여겨질 수 있다. 우리는 질량이 보존된다고 알고 있는데, 페라리 두 대를 충돌시켜 유람선을 만드는 것은, 유람선이 자동차 두 대보다 훨씬 더 무겁기 때문에 분명 불가능하지 않는가? 하지만, 이렇게 새 입자를 만드는 것이 마치 폰지 사기처럼 느껴진다면, 에너지 E가 아인슈타인의 공식 $E=mc^2$에 의해 질량 m으로 변환될 수 있다는 것을 기억하기 바란다. 여기에서 c는 빛의 속도이다. 따라서 만약 당신이 입자 충돌 시 엄청난 운동 에너지를 사용할 수 있다면, 그 에너지의 일부분은 진정 새로운 입자의 형태를 취하는 것이 허용된다. 다시 말해, 전체 에너지는 보존되는데(즉, 일정하게 유지된다), 입자 충돌이 충돌을 통해 처음에는 없었던 새 입자에 주입하는 방식을 포함해 에너지를 재분배하는 것이다. 정확히 같은 일이 운동량*에도 일어난

---

* 어떤 물체의 운동량이란 어딘가에 충돌했을 때 충격을 줄 수 있는 정도이다. 더 정확히 말하면, 운동량은 충돌의 충격을 멈추기 위해 당신이 가해야 하는 힘 곱하기 멈추는 데 걸리는 시간이다. 광속보다 충분히 느린 경우에 대해, 운동량 p는 질량 m의 물체가 속도 v로 움직이면 $p=mv$로 주어진다.

입자의 이름	질량 (MeV)	전하	스핀	아이소스핀	중입자 수	렙톤 수
양성자	938.3	1	1/2	1/2	1	0
중성자	939.6	0	1/2	1/2	1	0
전자	0.511	−1	1/2	−1/2	0	1
위 쿼크	1.5−4	2/3	1/2	1/2	1/3	0
아래 쿼크	4−8	−1/3	1/2	−1/3	1/3	0
전자 중성미자	$<10^{-6}$	0	1/2	1/2	1	1
광자	0	0	1	0	0	0

표 7.1: 알려진 기본 입자 모두 고유한 **양자수**에 의해 기술되는데, 위 표는 그 표본이다. 입자들은 그 양자수 외에는 아무런 성질을 더 갖지 않는다는 의미에서 순수하게 수학적인 대상이다. 질량 값은 정지 상태의 그 입자를 만들기 위해 필요한 에너지에 해당한다. 단위로 쓰인 MeV는 전자를 가속하는 데 100만 볼트를 썼을 때 전자가 갖게 되는 운동 에너지를 의미한다.

다. 그 전체 양은 보존되지만, 마치 당구에서 우리가 친 흰 공은 충돌 후 느려지고 멈춰 있던 공이 포켓으로 굴러가는 것과 마찬가지로, 충돌 시 재분배된다. 물리학의 가장 중요한 발견 중 하나는 에너지 및 운동량과 마찬가지로 보존되는 것으로 생각되는 양들이 더 있다는 것이다. 전기 전하가 가장 잘 알려진 예인데, 아이소스핀과 색 등 다른 종류의 보존량들도 있다. 많은 중요한 상황에서 보존되는 양들도 있는데, 예를 들어, 렙톤 수(렙톤의 개수 빼기 렙톤 반입자의 개수)와 중입자 수(쿼크의 개수 빼기 쿼크 반입자 개수를 하고, 중성자와 양성자를 +1로 하기 위해 3으로 나눈 것)가 그것이다. 이런 양들을 양자수라고도 하는데, 표 7.1에 여러 입자들의 값이 정리되어 있다. 그중 많은 것들이 정수 혹은 간단한 분수이며, 질량 값 중 어떤 것들은 정확히 측정되지 않았다는 것을 알 수 있다.

옛날 냉전시대의 농담이 생각나는데, 서구권에서는 금지되지 않은 모든 것이 허용되고, 동구권에서는 허용되지 않았다면 금지된 것이라는 내용이다. 흥미롭게도 입자 물리학은 전자를 선호하는 것 같다. 어떤 보존법칙에 위배되는 등의 이유로 금지된 것이 아니라면 모든 것은 자연에서 실제로 일어난다. 그렇다면 입자 물리학의 근본적 레고는 입자들이 아니라, 보존량이라는 뜻이 된다! 따라서 입자 물리학에서는 단순히 에너지, 운동량, 전하와 기타 보존량이 새롭게 재분배된다. 예를 들어, 표 7.1에서 위 쿼크를 만드는 요리법은 2/3 단위의 전하, 1/2 단위의 스핀, 1/2 단위의 아이소스핀, 1/3 단위의 중입자 수, 그리고 거기에 마지막으로 몇 MeV의 에너지를 더하는 것이다.

그러면 에너지와 전하 등의 양자수는 정체가 무엇일까? 답은 그것들이 그냥 숫자로서 다른 무엇으로 이루어지지 않았다는 것이다. 고양이도 에너지와 전하를 갖지만, 그것들 말고도 이름, 냄새, 성격, 등등 다른 많은 성질들이 있으며, 따라서 고양이가 위의 두 숫자만으로 완전히 설명되는 순수하게 수학적인 대상이라고 하는 것은 정신 나간 소리일 것이다. 하지만 우리의 기본 입자들은, 그와 달리, 그 양자수들로 완전히 묘사되고, 이들 숫자들 외에 전혀 다른 내적인 성질을 갖고 있지 않다! 이런 의미로, 우리는 플라톤의 아이디어로 되돌아왔다. 모든 것의 재료가 되는 근본적 레고의 속성은 순수하게 수학적인 것으로 생각되며, 수학적 성질 말고는 전혀 다른 성질들을 갖고 있지 않다. 우리는 이 아이디어에 대해 10장에서 더 자세히 다룰 것이며, 지금까지 이야기한 것이 수학적 빙산의 일각에 불과하다는 것을 보게 될 것이다.

더 기술적인 수준에서, 몇몇 입자 물리학자들은 "입자란 무엇인가?"라는 질문에 "입자란 라그랑지언 대칭성 군의 기약 표현의 한 원

입자 물리학 핵심 용어	
운동량	다른 것과 충돌했을 때 전달하는 충격. 더 정확히 말하면, 움직임을 멈추는 데 걸리는 시간과 밀어야 하는 평균 힘의 곱.
각운동량	어떤 것이 도는 정도. 더 정확히 말하면, 회전을 멈추는 데 걸리는 시간과 평균 돌림 힘의 곱.
스핀	입자의 자체 회전에 대한 각운동량.
보존량	시간에 따라 변하지 않고 새로 만들어지거나 파괴될 수 없는 양. 에너지, 운동량, 각운동량, 전하량 등.
원자	양성자와 중성자로 이루어진 핵을 전자가 돌고 있는 것. 원자 하나가 포함하는 양성자의 숫자가 이름을 결정한다(1=수소, 2=헬륨 등).
전자	전류를 구성하며 음의 전하를 갖는 입자.
양성자	원자핵 안에 있으며 양의 전하를 갖는, 위 쿼크 2개와 아래 쿼크 1개로 된 입자.
중성자	원자핵 안에 있으며 전하가 없는, 아래 쿼크 2개와 위 쿼크로 1개로 된 입자.
광자	빛의 입자.
글루온	쿼크의 세쌍둥이를 붙여 양성자와 중성자를 만들게 하는 입자.
중성미자	아무런 상호작용 없이 지구도 통과할 수 있을 정도로 아주 알아채기 어려운 입자.
페르미온	동일 입자들이 같은 장소와 상태에 있을 수 없는 입자. 전자, 쿼크, 중성미자 등.
보손	동일 입자들이 같은 장소와 상태에 있는 것을 선호하는 입자. 광자, 글루온, 힉스 입자 등.

표 7.2: 미시세계를 이해하는 데 핵심적인 물리 용어.

소이다"라고 거침없이 달변으로 답할 것이다. 이쯤 되면 어지간하면 대화의 싹을 잘라버릴 만한 상당히 어려운 이야기지만, 그것은 숫자의 집합이라는 개념보다 약간 더 일반적인, 완전히 수학적인 정의이다. 그리고 끈 이론이나 혹은 그 경쟁 이론들이 입자가 진정 무엇인지에 대한 우리의 이해를 깊게 할지 모르지만, 그 모든 대표 이론들은 분명 그저 한 가지 수학적 개체를 다른 것으로 대체하는 것일 뿐이다. 예를 들어, 표 7.1의 양자수들이 다른 종류의 초끈 진동에 해당하는 것으로 판명된다고 해도, 그 끈을 갈색 고양이털을 꼬아 만들었다든지 같은 내재적 성질을 가진 작고 솜털이 보송보송한 것처럼 생각해선 안 된다. 즉, 그저 1차원적 성질을 강조하고, 덜 수학적이고 친숙하게 느껴지게 하려는 목적으로 물리학자들이 "끈"이라고 이름 붙였지만, 사실은 순수하게 수학적인 구조라는 것을 이해해야 한다.

요약하면, 자연은 위계적 레고 구조를 갖고 있다. 내 아들 알렉산더가 생일 선물로 받은 보통의 레고를 갖고 논다면, 공장에서 만든 레고 조각을 재배열하는 것이 전부이다. 알렉산더가 만약 레고 조각을 태우거나, 산에 집어넣는 방법 등으로 그 원자들을 재배열한다면, 그는 화학을 하는 것이다. 만약 그가 그 중성자와 양성자를 재배열하는 핵의 레고 놀이를 한다면, 그것은 핵물리학이다. 만약 그가 그 조각들을 빛의 속도에 가깝게 해서 충돌시키고 중성자, 양성자, 전자의 에너지, 운동량, 전하 등을 재분배하고 새 입자들을 만들어낸다면, 그는 입자 물리학을 하는 것이다. 가장 깊은 단계의 레고는 순수하게 수학적 대상인 것으로 생각된다.

광자의 레고

레고 조각 같은 구성 요소로 된 것은 "물체"만이 아니다. 이 책의 1부에서 언급한 대로, 빛도 마찬가지로 광자라고 하는 입자들로 이루어져 있는데, 그것을 처음 추측한 것은 1905년의 아인슈타인이다.

그로부터 40년 전, 제임스 클러크 맥스웰James Clerk Maxwell은 빛이 전자기파, 즉 일종의 전기적 요동이라는 것을 알아냈다. 만약 당신이 광선의 두 점 사이의 전압 차이를 정밀하게 잰다면, 그것이 시간에 따라 진동하는 것을 알게 될 것이다. 그 진동의 주파수, 즉 1초에 몇 번 진동하는가 하는 것이 그 빛의 색깔을 결정하며, 진동의 세기, 즉 측정 시 얻는 전압의 최댓값이 빛의 밝기를 결정한다. 4장에서 언급한 옴니스코프가 그런 전압을 잰다. 우리 인간은 주파수에 따라 전자기파를 다른 이름으로 부르지만(주파수가 증가하는 순서로, 라디오파, 마이크로파, 적외선, 빨강, 주황, 노랑, 초록, 파랑, 남색, 보라, 자외선, 엑스선, 감마선 등이다), 그것들 모두 일종의 빛이며 광자로 이루어졌다. 초당 더 많은 광자를 내면 더 밝게 보인다.

아인슈타인은 광자의 에너지 E가 간단한 공식 $E=hf$에 의해 주파수 f와 관련되어 있다는 것을 알아냈다. 여기에서 h는 플랑크 상수라고 부르는 자연의 상수이다. 그 값은 아주 작으며, 따라서 보통 광자 하나가 가진 에너지는 아주 적다. 내가 해변에 1초 동안 누워 있으면, 무려 약 10^{21}개의 광자에 의해 몸이 따뜻해지는데, 그래서 빛의 흐름이 연속적으로 느껴진다. 하지만 만약 빛을 90퍼센트 차단하는 선글라스를 구해서 21개를 한 번에 쓴다고 가정하면, 1초에 단 하나의 광자만 통과할 수 있으며, 아주 민감한 광자 검출기여야 확인할 수 있다.

아인슈타인은 이 아이디어를 사용해서 이른바 광전 효과를 설명한 것으로 노벨상을 받았다. 광전 효과에서 빛은 금속에서 전자를 떼어내는데, 그것이 가능한지의 여부는 빛의 세기, 즉 광자의 개수와는 상관없으며 빛의 주파수, 즉 광자 1개의 에너지에 의해서만 결정된다. 낮은 주파수의 광자는 그 현상을 일으키기에 에너지가 충분치 않은데, 그것은 마치 테니스공을 느리게 던지면 아무리 많이 던진다 해도 유리창을 깰 수 없는 것과 같다. 광전 효과의 원리는 오늘날 태양전지, 그리고 디지털 사진기의 센서에 사용된다.

나와 이름이 같은 맥스 플랑크Max Planck는 광자의 아이디어가 또 다른 중요한 문제를 해결할 수 있다는 것을 증명해 1918년 노벨상을 받았다. 그것은 뜨거운 물체가 내는 복사열에 대해 그 전에 계산된 것이 왜 맞지 않는가 하는 문제였다. 그림 2.5의 무지개는 햇빛의 스펙트럼, 즉 다른 주파수에 각각 얼마만큼의 빛이 있지를 보여준다. 사람들은 어떤 물체의 온도 T가 그 입자들이 얼마나 빨리 움직이고 있는지에 대한 척도라는 것, 그리고 입자의 평균 운동 에너지 E가 $E=kT$로 주어진다는 것을 알고 있었다. 여기에서 k는 볼츠만 상수라고 부르는 숫자이다. 태양에 있는 입자들이 충돌하면, 대략 kT만큼의 운동 에너지가 빛 에너지로 전환된다. 유감스럽게도, 무지개에 대한 자세한 예측에 의하면 이른바 자외선 파탄이 생기는데, 그것은 그림 2.5의 오른쪽, 즉 더 높은 주파수 쪽으로 갈수록 빛의 세기가 한없이 커지며, 따라서 당신이 따뜻한 물체, 예를 들어 당신의 친구를 바라보면 감마선에 의해 눈이 멀게 된다는 것이었다. 그런 일이 일어나지 않는 것은 다행히 빛이 입자로 이루어졌기 때문이다. 태양은 한 번에 광자 하나만큼의 에너지를 낼 수 있는데, 감마선에 대해서는 가용 에너지인 kT가 광자 하나를 만드는 데 필요한 값인 hf에 못 미치는 것이다.

법 위에 있는가?

그래서 모든 것이 입자로 이루어졌다면, 입자를 지배하는 법칙은 무엇인가? 더 구체적으로 우리 우주의 모든 입자의 현 상태를 안다면, 어떤 방정식으로 그 미래 상태를 계산할 수 있는가? 만약 그런 방정식이 있다면, 지금 막 때린 야구공의 궤적에서 2048년 올림픽 경기의 우승자들까지, 적어도 원칙적으로는 현재로부터 미래의 모든 양상을 예측할 수 있을 것이다. 그저 모든 입자의 미래 상태를 파악하면, 답을 알 수 있을 테니까.

좋은 소식은 슈뢰딩거 방정식이라는, 바로 그런 역할을 하는 방정식이 있다는 것이다(그림 7.4). 나쁜 소식은 슈뢰딩거 방정식은 입자들이 어디에 있을지 정확히 예측하지 못하며, 오스트리아의 물리학자인 에르빈 슈뢰딩거Erwin Schrödinger가 방정식을 처음 쓴 지 거의 100년이 지나도록, 물리학자들은 아직 그것을 어떻게 이해해야 할지 논쟁 중이라는 사실이다.

사람들은 미시적 입자들이 우리가 학교에서 배우는 물리학의 고전적 법칙을 따르지 않는다는 것에 동의한다. 원자가 마치 태양계의 모형과 유사하므로(그림 7.1), 행성이 태양 주위를 돌듯 그 전자가 뉴턴의 법칙을 따라 핵 주위를 돈다고 가정하는 것은 아주 자연스러운 생각

그림 7.4: 슈뢰딩거 방정식은 계속 살아 있다. 내가 이 사진을 찍은 것은 1996년인데, 이후 이상하게도 명문 글씨체가 바뀌었다. 양자 기묘성은 멈추지 않는 걸까?

이다. 사실, 수학 계산을 해보면, 처음에는 아주 잘 들어맞을 것 같다. 줄에 힘을 주어 잡아당기며 요요를 당신의 몸 주위로 돌릴 수 있다. 만약 그 줄이 끊어지면, 요요는 일정한 속도로 직선으로 날아갈 것이므로, 당신이 요요를 잡아당기는 힘은 직선에서 벗어나 원운동을 하기 위해 필요한 것이다. 우리의 태양계에서는 끈이 아니라 태양의 중력이 그 힘을 제공하며, 원자에서는 핵의 전기적 인력이 그 역할을 한다. 만약 당신이 수소 원자 크기의 궤도에 대해 그 계산을 수행하면, 전자가 정확히 우리가 실험으로 측정하는 속도로 돈다는 것을 얻게 된다. 이론의 멋진 승리이다! 하지만 더 정확히 하려면, 우리는 수학에 다른 효과 하나를 포함시켜야 한다. 가속하는, 즉 그 운동 속도 혹은 방향이 바뀌는 전자는 빛을 내며 에너지를 잃는다. 휴대전화는 바로 그 성질을 이용한 것으로, 안테나에서 전자를 이리저리 움직여 전파를 방출한다. 에너지는 보존되므로, 방출된 에너지는 어디에선가 가져온 것이어야 한다. 휴대전화에서는 그것이 배터리이며, 수소 원자에서는 전자의 운동 에너지에서 가지고 와야 하고, 마치 저고도 위성이 대기의 마찰력에 의해 운동 에너지를 잃고 결국 떨어지듯, 전자도 원자핵을 향해 점점 더 "떨어져야" 한다. 이것은 전자 궤도가 원이 될 수 없고, 죽음의 나선이라는 것을 의미한다(그림 7.5). 약 10만 번 돌고 나면, 전자는 양성자로 추락하고 수소 원자는 붕괴해야 하는데, 그렇게 나이 드는 데 걸리는 시간은 약 0.02나노초이다.*

이것은 좋지 않다. 그것도 아주 심각하게. 우리는 이론과 실험 사

* 전자는 약 $1/8\pi\alpha^3 \sim 10^5$번 궤도를 돌고 나면 양성자에 추락한다. $\alpha \approx 1/137.03599968$은 전자기력의 세기에 해당하는 단위 없는 상수이며, 미세 구조 상수라고 부른다. 죽음의 나선에 대해서는 http://www.physics.princeton.edu/~mcdonald/examples/orbitdecay.pdf에 잘 설명되어 있다.

이의 1퍼센트 정도의 작은 차이에 대해서 이야기하는 것이 아니라, 우리 우주의 모든 수소 원자가 (다른 모든 원자들도 마찬가지이다) 이 문장의 마지막 단어를 읽는 데 걸리는 시간의 10억 분의 1도 안 되는 시간에 붕괴한다는 예측이다. 실제로는, 대부분의 수소 원자들이 약 140억 년 동안 존재했으므로, 고전 물리학의 예측보다 28자릿수만큼이나 더 오래 살아남은 것이다. 이것은 암흑 에너지에 대한 예측과 측정 사이의 123자릿수 차이에 의해 밀려날 때까지, 물리학 최악의 정량적 실패라는 의아한 기록을 가지고 있었다. 암흑 에너지에 대해서는 3장에서 이미 설명했다.

기본 입자들이 물리학의 고전적 법칙을 따른다고 가정했을 때, 물리학자들은 다른 문제에도 부닥쳤다. 예를 들어, 아주 차가운 물체를 데우는 데 드는 에너지는 예측보다 더 작은 것으로 판명되었다. 그 외에 다른 문제들도 있었는데, 자연의 메시지는 아주 명백하므로 더 이야기해보아야 헛수고이다. 미시적 입자들은 고전 물리학의 법칙을 위배한다.

그러면 미시적 입자들은 법 위에 있는 존재들인가? 아니, 그것들은 다른 법칙, 즉 슈뢰딩거의 법칙을 따를 뿐이다.

양자와 무지개

원자의 작동 원리를 설명하기 위해, 덴마크의 물리학자인 닐스 보어Niels Bohr는 1913년에 급진적인 아이디어를 도입했다. 양자화된, 즉 레고 조각 같은 불연속적인 덩어리로만 존재하는 것은 물질과 빛뿐 아니라 운동도 마찬가지라는 것이다. 운동이 연속적이지 않고 컴퓨터 게임 팩맨PAC-MAN 또는 옛날 채플린이 나오는 영화처럼 초당 프레임 수가 너무 낮아 뚝뚝 끊어진다면 어떨까? 그림 7.5는 그의 원자 모델을 보여준다. 원 궤도는 특정한 마법의 크기를 갖는 경우에만 허용된다. $n=1$로 번호 붙인 가장 작은 궤도가 있고, 다음에는 $n=2$ 등 최솟값보다 반지름이 n^2배 더 큰 궤도들이 있다.*

최초의 그리고 가장 명백한 성공은 보어의 원자가 그림 7.5의 왼쪽에 있는 고전적인 경우처럼 붕괴하지 않는다는 것이다. 전자가 가장 안쪽 궤도에 있다면 당연히 그것이 옮겨갈 더 작은 궤도가 없다. 하지만 보어의 모델은 훨씬 더 많은 것을 설명한다. 높은 궤도들은 낮은 궤도보다 더 많은 에너지를 갖고 있는데, 전체 에너지는 보존되므로, 전자가 마치 팩맨처럼 낮은 궤도로 옮겨가면, 여분의 에너지는 원자로부터 광자의 형태로 방출되어야 하고(그림 7.5), 다시 더 높은 궤도로 옮겨가려면, 전자는 필요한 에너지를 가지고 들어오는 광자를 흡수해서 그 에너지 비용을 지불할 수 있어야 한다. 궤도 에너지는 불연속적인 값만 가능하므로, 이것은 원자가 방출하거나 흡수할 수 있는 에너지가 특정한 마법 값만 가능하다는 의미가 된다. 이래서 오래된 수수께끼가 풀렸다. 햇빛 무지개(그림 2.5)의 특정한 신비로운 주파수에 어두운 선이 위치한다는 것이 오래전부터 알려져 있었고, 또한 실험실에서 뜨거운 기체가 내는 빛을 연구하면, 각 원자 종류에 따라 고유한 스펙트럼의 지문, 즉 특정 주파수의 빛을 방출하거나 흡수할 수 있다는 것이 관측되었다. 보어의 원자 모델은 이런 스펙트럼선의 존재뿐만 아니라,

* 실은 보어가 한 일은, 수학적으로 동등한 내용이지만, 정확히 말해 전자 궤도의 각운동량이 양자화되어 환산 플랑크 상수 $\hbar=h/2\pi$의 n배의 값만 가질 수 있다고 가정한 것이다. 운동량과 마찬가지로, 회전하는 물체의 각운동량은 그것을 멈추는 데 걸리는 시간 곱하기 평균 돌림힘으로 주어진다. 운동량 p, 반지름 r로 돌고 있는 물체의 각운동량은 rp이다.

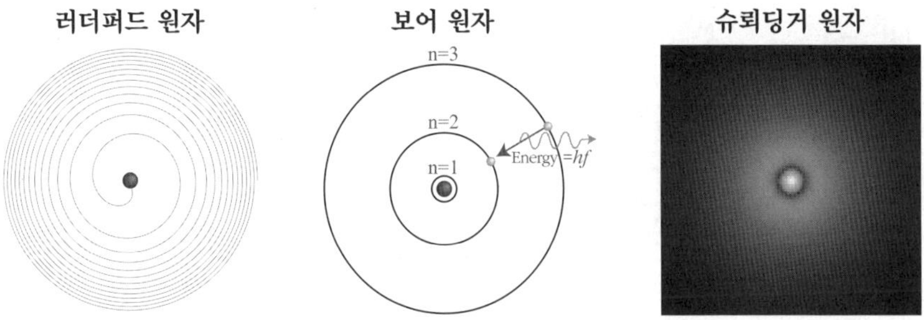

러더퍼드 원자 보어 원자 슈뢰딩거 원자

n=3 n=2 n=1 Energy $=hf$

그림 7.5: 수소 원자에 대한 우리 이해의 변화. 어니스트 러더퍼드Ernest Rutherford의 고전적인 "태양계" 모델은 아쉽게도 불안정해서 전자가 나선을 그리고 중심에 있는 양성자로 떨어진다(그림은 전기력이 20배 더 강하다고 가정한 것으로, 실제 값대로라면 약 10만 번 돌아서 그림을 알아보기 힘들다). 보어 모델은 $n=1, 2, 3$ 등의 값이 붙여진 불연속 궤도에 전자들이 속박되며, 그 사이에서 광자를 방출하거나 흡수하며 옮겨갈 수 있다. 하지만 수소 이외의 원자들에는 적용할 수 없다. 슈뢰딩거 모델에서 전자는 여러 장소에 동시에 있을 수 있는데, 모양이 파동함수 ψ로 결정되는 "전자구름"을 형성한다.

수소에 대해 정확한 주파수 값까지 설명할 수 있었다.*

이것이 좋은 소식이고, 그 덕분에 보어는 노벨상을 받았다(이 장에서 언급되는 다른 사람들 대부분도 사실 수상자이다). 나쁜 소식은 보어의 모델이 수소 말고 다른 원자들에 대해서는 전자를 다 제거하고 하나만 남기지 않는 한 잘 적용되지 않았다는 것이다.

파동 일으키기

초기의 이런 성공에도 불구하고, 물리학자들은 여전히 이런 기묘하고 작위적으로 보이는 양자 규칙을 잘 이해하지 못하고 있었다. 그 모

* 궤도의 에너지는 E_1/n^2이고 여기에서 E_1는 음수로서 가장 낮은 궤도의 에너지를 의미한다. 따라서 두 궤도 n_1과 n_2 사이에서 점프가 이루어지는 경우, 전자는 $\left(\frac{1}{n_2^2}-\frac{1}{n_1^2}\right)E_1$의 에너지를 갖는 광자를 방출 혹은 흡수할 수 있다.

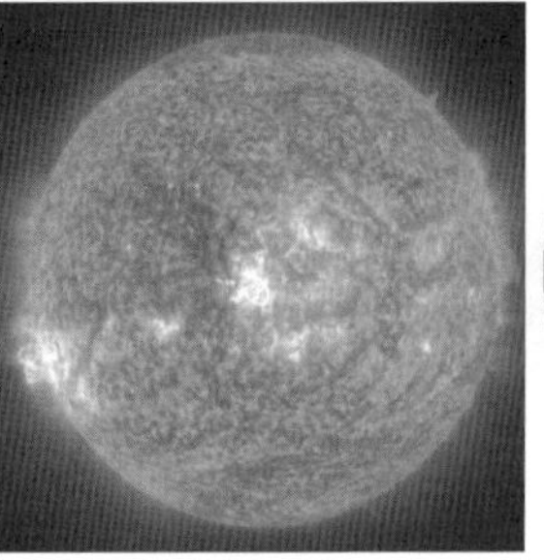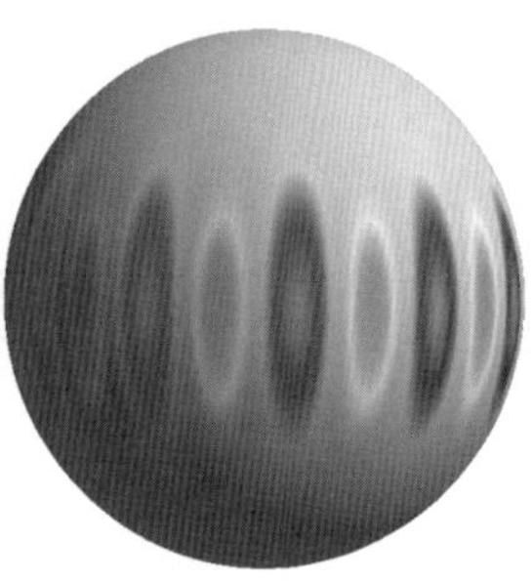

그림 7.6: 물탱크의 파동(왼쪽), 태양의 파동(오른쪽).

든 것은 대체 무슨 뜻인가? 각운동량은 대체 왜 양자화되는가? 더 깊은 설명은 가능한가?

루이 드 브로이Louis de Broglie는 전자(그리고 모든 입자들)가 광자와 마찬가지로 파동의 성질을 갖는다는 설명을 제안했다. 피리 안에서 음파는 특정한 주파수로만 진동할 수 있는데, 전자가 원자 속에서 궤도운동 하는 것도 유사한 방식으로 그 주파수가 결정되는 것은 아닐까?

두 파동은 그림 7.6의 물탱크 안에 있는 원형파처럼 모양이 변하지 않고 서로 통과해갈 수 있다. 어느 순간이건, 그것들의 효과는 단순히 더해질 뿐이다. 어떤 곳에서는 두 파동의 봉우리가 더해져서 더 높은 봉우리가 되고(이것을 보강 간섭이라고 한다), 다른 곳에서는 한 파동의 봉우리가 다른 파동의 계곡을 상쇄해서 물결이 전혀 없다(이것을 상쇄 간섭이라고 한다). 태양의 표면에서(그림 7.6 가운데), 뜨거운 기체/플라스마의 음파가 관측되었다. 그런 파동이 태양 주위를 완전히 돌아 전파되는 경우(그림 7.6 오른쪽), 한 바퀴 돌며 정확히 자연수만큼 진동해서 그 자체로 동기화되지 않는다면 상쇄 간섭에 의해 스스로 파괴될 것이다. 이것은 피리와 마찬가지로 태양도 특정한 주파수로만 진동한다는 것을 의미한다.* 1924년의 박사학위 논문에서, 드 브로이는 그

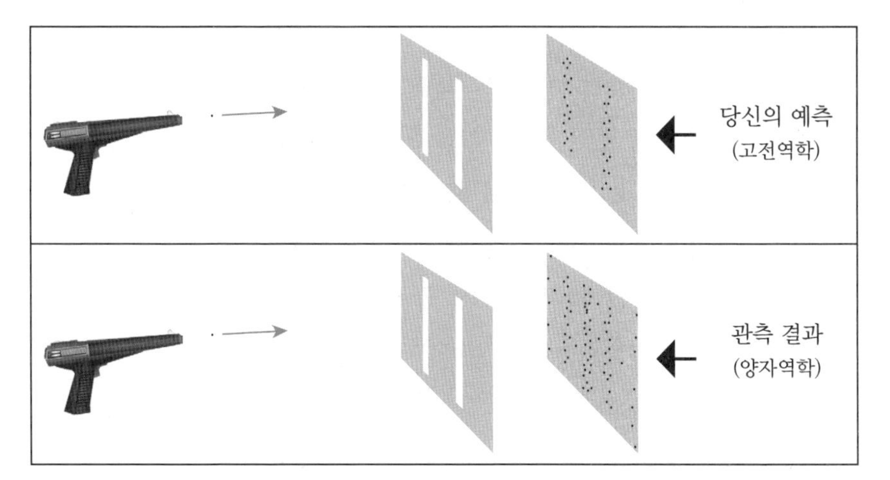

그림 7.7: 우리가 입자를 (예를 들어, 전자 혹은 레이저 총에서 나오는 광자) 두 수직 방향 틈이 있는 장애물에 쏘는 경우, 고전 물리학은 구멍 뒤에 있는 검출기에 2개의 수직 방향 띠를 그릴 것이라고 예측한다. 그와 달리, 양자역학은 각각의 입자가 파동처럼 행동해서 양자 중첩된 상태로 2개의 틈 **모두**를 통과하며, 자기 자신과 간섭해서, 그림 7.6과 비슷한 간섭무늬를 형성할 것이라고 예측한다. 이것이 유명한 이중 슬릿 실험인데, 그 결과로 양자역학이 옳다는 것이 판명되었다. 아래와 같이 여러 개의 수직 띠가 관측된다.

논리를 태양 대신 수소 원자 주위를 도는 파동에 적용해서 보어 모델이 예측했던 것과 같은 주파수와 에너지 값을 얻었다. 입자가 파동처럼 행동하는 것은 그림 7.7의 이중 슬릿 실험에서 더 직접적으로 확인 가능하다.

파동을 이용한 이런 설명은 왜 원자들이 고전 물리학의 예측처럼 붕괴하지 않는지에 대한 더 직관적인 이해를 제공한다. 파동을 아주 작은 공간에 가두려 해도, 그것은 곧바로 다시 퍼져나간다. 예를 들어, 물방울 하나가 물탱크에 떨어지면, 처음에는 떨어진 지점 근처의 작은 영역에서만 요동을 일으키지만, 곧 일련의 원형 파동을 만들어 마치

---

* 매우 빠른 속도로 달리는 자동차의 타이어에서도 같은 현상이 관측되며, 타이어의 수명이 단축될 수 있다.

그림 7.6의 왼쪽처럼 모든 방향으로 퍼져나갈 것이다. 이것이 하이젠베르크 불확정성 원리의 핵심이다. 베르너 하이젠베르크Werner Heisenberg는 만약 우리가 어떤 것을 공간의 아주 작은 영역에 가둔다면, 그것은 큰 무작위 운동량을 갖게 되고, 그 때문에 퍼져나가서 결국에는 덜 속박된다는 것을 보였다. 다시 말해, 한 물체가 정확한 위치와 정확한 속도를 동시에 갖는 것은 불가능하다!* 이것은 만약 수소 원자가 그림 7.5의 왼쪽처럼 양성자가 전자를 빨아들여 붕괴하려고 하면, 점점 더 속박된 전자가 충분히 큰 운동량과 속도를 갖게 되어 다시 더 높은 궤도로 날아오르게 된다는 것을 의미한다.

드 브로이의 논문이 파동을 만들었고, 1925년 11월, 에르빈 슈뢰딩거는 취리히에서 그것에 대해 세미나 발표를 했다. 발표가 끝났을 때, 피터 디바이Peter Debye는 다음과 같이 말했다고 한다. "당신은 파동에 대해서 이야기했는데, 파동 방정식은 어디에 있나요?" 슈뢰딩거는 그래서 결국 그의 유명한 파동 방정식을 만들고 발표하게 되는데(그림 7.4), 그것이 현대 물리학 대부분에 대한 해결의 열쇠가 된다. 행렬이라는, 숫자표를 이용한 동일한 형식화는 같은 시기 막스 보른Max Born, 파스쿠알 요르단pasqual Jordan 그리고 베르너 하이젠베르크에 의해 제안되었다. 이 새롭고 강력한 수학적 기반 위에서, 양자론은 폭발적으로 발전했다. 몇 년 안에 더 복잡한 원자의 스펙트럼과 화학 반응의 성질을 기술하는 여러 가지 숫자들을 포함한, 그때까지 설명되지 않았던 많은 측정들이 성공적으로 설명되었다. 이 양자 물리학은 결국 우리에게 레이

---

* 자세히 말해, 만약 입자가 위치 불확정성 Δx, 운동량 불확정성 Δp를 갖는다면, 하이젠베르크의 불확정성 원리는 $\Delta x \Delta p \geq h/2$라는 것이다. 여기에서 h는 앞에서와 마찬가지로 환산 플랑크 상수 $h/2\pi$이다. 수학적으로, 각 물리량의 불확정성은 그 확률 분포의 표준편차로 정의된다.

저, 트랜지스터, 집적 회로, 컴퓨터, 스마트폰 등의 선물을 주었다. 양자역학은 그 외에도 암흑 물질 입자의 탐색 등 오늘날의 최첨단 연구의 기반이 되는 양자장론으로 확장되었다.

좋은 과학의 특징은 무엇일까? 내가 선호하는 과학의 정의가 몇 가지 있는데, 그중 하나가 데이터 압축, 즉 적은 것으로 많은 것을 설명하는 것이다. 우수한 과학 이론을 사용하면, 집어넣은 것보다 더 많은 것을 얻게 된다. 내가 이 장의 초고가 입력된 텍스트 파일을 보통 데이터 압축 프로그램에 넣었더니, 그것은 내 문장에 있는 규칙성과 패턴을 이용해서 3분의 1로 크기를 줄였다. 이것을 양자역학과 비교해보자. 나는 전 세계의 실험실에서 주파수를 측정한 2만 개가 넘는 스펙트럼선을 http://physics.nist.gov/cgi-bin/ADS/lines1.pl에서 내려받았는데, 슈뢰딩거 방정식은 그 패턴과 규칙성을 포착해서 그 데이터를 단 3개의 숫자로 압축할 수 있다. 그것은 이른바 미세 구조 상수라고 하며 전자기력의 세기를 결정하는 $\alpha \approx 1/137.036$, 양성자와 전자의 질량비인 1836.15, 그리고 수소의 궤도 주파수이다.* 이것은 마치 이 책 전체를 단 한 문장으로 압축하는 것과 같은 정도이다!

에르빈 슈뢰딩거는 나의 물리학 슈퍼히어로 중 한 사람이다. 내가 뮌헨의 막스플랑크연구소에서 박사후과정이었을 때, 도서관의 복사기는 예열하는 데 엄청 오래 걸렸는데, 시간을 때우기 위해 나는 서가에서 옛날 책들을 뽑아보곤 했다. 1926년의 《물리학 연보Annalen der Physik》를 펼쳤을 때, 대학원 양자역학 수업에서 배운 것 모두가 그의 1926년 논문 네 편에 이미 본질적으로 나와 있던 것을 보고 깜짝 놀랐다. 내가

---

* 실은 마지막 숫자는 단지 시간 단위를 재정의하는 데 해당하므로 포함되지 않는 것이 맞다. 측정값 모두에 대해 정확도를 높이려면 각 원자핵의 질량을 정확히 모사할 수 있도록 (중성자가 양성자보다 0.1퍼센트 더 무겁다는 등) 숫자 몇 개를 추가하면 된다.

그를 숭배하는 것은 그가 뛰어나기도 하지만 자유사상가였기 때문이다. 그는 권위에 의문을 품었고 스스로 생각했으며 그가 옳다고 생각한 대로 행동했다. 베를린에서 막스 플랑크의 뒤를 이어 교수가 된 후, 그것이 다시 세계에서 가장 명예로운 자리 중 하나였음에도, 그는 유태인 동료들에 대한 나치의 박해를 용납할 수 없어 사직했다. 그다음 그는 그의 비정상적인 가족 사항을 허용하지 않는 프린스턴의 교수직 제안을 거절했다(그는 두 여인과 함께 살았으며 결혼하지 않은 쪽에서 아이를 낳았다). 실은, 1996년 오스트리아로 간 스키 여행 중 그의 무덤으로 성지순례를 갔을 때, 나는 그의 자유사상이 그의 고향에서도 그리 잘 용납되지 않았었다는 것을 알게 되었다. 내가 찍은 사진을 보면(그림 7.4) 알프바흐라는 작은 마을이 그들이 배출한 가장 유명한 인물을 묘지의 가장자리에 있는 아주 보잘것없는 자리에 묻은 것을 알 수 있다.

양자 기묘성

하지만 이 모든 것은 무엇을 의미하는가? 슈뢰딩거 방정식이 기술하는 이 파동들은 대체 무엇인가? 양자역학의 핵심 퍼즐은 오늘날까지도 강력하고 논쟁적인 사안으로 남아 있다.

물리학자들이 어떤 것을 수학적으로 다룰 때, 보통 두 가지 별개의 사항을 기술할 필요가 있다.

1. 주어진 시간의 상태.
2. 그 상태가 시간에 따라 어떻게 변화하는지 알려주는 방정식.

예를 들어, 태양 주위를 도는 수성의 궤도를 기술하기 위해, 뉴턴은 수성의 상태를 6개의 숫자로 요약했다. 3개는 그 중심의 위치이고 (예를 들어, x−, y−, z− 좌표) 3개는 그 방향의 속도 성분이다.* 운동 방정식으로는 뉴턴의 법칙, 즉 가속도가 태양이 끌어당기는 중력에 의해 주어지며 그것은 태양까지 거리의 제곱에 반비례한다는 것을 이용했다.

닐스 보어는 그의 태양계 원자 모델에서(그림 7.5 가운데) 위의 두 번째 항목을 특별한 궤도 사이의 양자 점프로 바꾸었지만, 첫 항목은 그대로 두었다. 슈뢰딩거는 더 급진적이어서, 첫 항목도 바꿔버렸다. 슈뢰딩거는 입자가 잘 정의된 위치와 속도를 갖는다는 아이디어 자체를 폐기했다! 그 대신, 그는 입자의 상태를 ψ라고 쓰며 그 입자가 다른 장소에 존재할 수 있는 정도를 나타내는 파동함수라는 새로운 수학적 대상으로 기술했다. 그림 7.5 오른쪽은 $n=3$ 궤도에 있는 수소 원자의 전자에 대한 파동함수의 제곱인 $|\psi|^2$을** 나타내는데, 그것이 특정 장소에 있는 것이 아니라 양성자를 기준으로 모든 방향에 똑같이 분포하고, 단지 특정 반지름은 선호되는 것을 알 수 있다. 그림 7.5의 오른쪽에 있는 "전자 구름"이 각 지점에서 얼마나 짙은지가 그 장소에 전자가 존재하는 정도에 해당한다. 구체적으로 말해, 만약 실제로 전자를 찾으려 하면, 파동함수의 제곱이 다른 장소에서 전자를 발견할 확률에 해당한다는 것을 확인하게 될 것이다. 따라서 어떤 물리학자

---

* 당신이 벡터 미적분학에 대해 잘 안다면, 상태는 그 위치 벡터 $\mathbf{r}$ 그리고 속도 벡터는 시간 미분인 $\dot{\mathbf{r}}$로 생각하라.

** 만약 당신이 수학 애호가여서 복소수에 대해 안다면, 입자의 파동함수는 공간의 각 지점 $\mathbf{r}$에 대해 하나의 복소수 $\psi(\mathbf{r})$을 준다고 설명하는 것이 더 편할 것이다. 약식으로 위에서 파동함수의 "제곱"이라고 한 것은 실은 $|\psi|^2$으로서 파동함수의 절댓값 $|\psi|$의 제곱이며, 그것은 실수 부분의 제곱 더하기 허수 부분의 제곱으로 정의된다. 수학을 그리 좋아하지 않는다 해도, 이 책의 핵심 주장을 이해할 수 있으므로 걱정할 필요는 없다.

그림 7.8: 붕괴 직전의 파동함수 ψ

들은 파동함수를 확률 구름 또는 확률 파동으로 생각하기도 한다. 특히, 파동함수가 0이 되는 곳에서는 입자가 절대로 발견되지 않는다. 만약 당신이 칵테일 파티를 열었는데 양자 물리학자처럼 보이고 싶다면, 고려할 만한 유행어는 중첩이다. 한 입자가 동시에 여러 곳에 있는 것을 중첩되었다고 하는데, 중첩에 대한 정보는 파동함수에 다 담겨 있다.

이런 양자 파동은 그림 7.6의 고전적 파동과 완전히 다르다. 당신이 파도타기 하는 파동은 물로 이루어졌고 구부러진 모양이 물의 표면이지만, 수소 원자의 구불거리거나 구름 같은 것이 어떤 다른 물질로 이루어진 것이 전혀 아니다. 오로지 하나의 전자가 있으며, 구불거리는 것은 파동함수이고, 파동함수는 각 장소에 전자가 존재하는 정도를 나타낸다.

합의의 붕괴

요약하면, 슈뢰딩거는 세계에 대한 고전적 묘사를 다음 두 가지 방식으로 바꾸었다.

1. 상태는 입자의 위치와 속도가 아니라 파동함수로 기술된다.
2. 이 상태의 시간에 따른 변화는 뉴턴 혹은 아인슈타인 법칙이 아니라, 슈뢰딩거 방정식에 의해 기술된다.

슈뢰딩거의 이런 발견은 20세기의 가장 중요한 성취 중 하나로 널리 기념되며 물리학과 화학 모두에서 혁명을 촉발시켰다. 하지만 이것은 또한 사람들로 하여금 혼란스러워 머리를 쥐어뜯게 만들기도 했다. 만약 물체가 동시에 여러 곳에 있는 것이 가능하다면, 우리가 그것을 왜 그때까지 (술 취했을 때는 빼고) 알아채지 못했을까? 이 수수께끼에 측정 문제measurement problem라는 이름이 붙었다(물리학에서 측정과 관측은 동의어이다).

많은 논쟁과 토론 끝에, 보어와 하이젠베르크는 코펜하겐 해석Copenhagen interpretation이라는 이름이 붙은 놀랍도록 급진적인 처방을 들고 나왔는데, 이는 오늘날까지 대부분의 양자역학 교과서에서 다뤄지며 옹호되고 있다. 그 핵심적 부분은 위에 언급된 두 번째 사항에 빠져나갈 구멍을 만드는 것인데, 관측이 이루어지고 있는가에 따라, 변화는 오로지 일부분의 시간 동안만 슈뢰딩거 방정식이 지배한다는 가설이다. 구체적으로, 만약 어떤 것이 관측되고 있지 않다면, 그 파동함수는 슈뢰딩거 방정식에 따라 변화하지만, 그것이 관측되고 있다면, 그 파동함수는 붕괴해서 오로지 한 장소에서만 발견된다는 것이다. 이 붕괴 과정은 갑자기 이루어지고 기본적으로 무작위적이어서, 그 입자를 특정 위치에서 발견할 확률은 파동함수의 제곱으로 주어진다. 파동함수의 붕괴는 따라서 정신분열적 중첩을 간편하게 제거하며 물체가 한 번에 한 곳에만 존재한다는 익숙한 고전적 세계를 잘 설명한다. 표 7.3에 우리가 지금까지 탐구한 핵심적 양자 개념과 그것들이 서로 어떻게 연관되어 있는지 요약되어 있다.

코펜하겐 해석에는 다른 요소들도 있는데, 앞에 언급된 것은 가장 잘 합의된 부분이다. 나는 코펜하겐 해석을 가장 선호한다고 말하는 내 동료들이 실은 그 다른 요소들에 대해서는 의견이 엇갈린다는 것을 점차 알게 되었는데, 따라서 "코펜하겐 해석들"이라고 하는 편이 더 적절하다고 생각한다. 상대론의 선구자인 로저 펜로즈Roger Penrose는 "아마 양자 물리학자의 숫자보다 양자역학에 대한 사고방식의 숫자가 더 많은 것 같다. 어떤 양자 물리학자가 동시에 다른 관점을 취할 수 있다는 것을 생각하면 모순적인 일도 아니다"라고 비꼬아 말한 적이 있다. 실제로, 보어와 하이젠베르크조차 현실의 속성에 대해 그것이 무엇을 암시하는지 서로 약간 다른 견해를 갖고 있었다. 그러나 당시의 모든 물리학자들은 코펜하겐 해석이 실험실에서 평상시처럼 작업할 때는 훌륭하게 작동한다는 데 의견을 같이했다.

하지만 모든 사람이 감격한 것은 아니었다. 파동함수의 붕괴가 정말 일어난다면, 그것은 자연 법칙에 무작위성이 근본적으로 짜였다는 것을 의미한다. 아인슈타인은 이 해석에 대해 심각하게 우려해서, 종종 인용되는 발언인 "신이 주사위를 굴린다니 믿을 수 없다"라는 말을 했을 정도로 결정론적인 우주를 선호했다. 결국, 물리학의 요체는 현재로부터 미래를 예측하는 것이었지만, 이제 이러한 예측은 현실적으로 뿐만 아니라 원칙적으로도 불가능하게 되었다. 당신이 무한히 현명

양자역학 요약	
파동함수	물체의 양자 상태를 기술하는 수학적 개체. 입자의 파동함수는 그것이 다른 장소에 존재하는 정도를 기술한다.
중첩	어떤 것이 여러 장소, 예를 들어 동시에 두 곳에 있는 것과 같은 양자역학적 상황.
슈뢰딩거 방정식	파동함수가 미래에 어떻게 변화할지 예측하는 방정식.
힐베르트 공간	파동함수가 사는 추상적 수학적 공간.
파동함수 붕괴	파동함수가 갑자기 슈뢰딩거 방정식을 위배하면 변화하는 가설적 무작위 과정으로, 측정에 특정 결과를 부여한다. 파동함수의 붕괴가 없다는 것은 휴 에버렛의 3레벨 다중우주를 의미한다.
측정 문제	양자 측정 동안 파동함수에 어떤 일이 벌어지느냐라는 논란. 파동함수는 붕괴하는가 아닌가?
코펜하겐 해석	측정 시 파동함수의 붕괴를 포함하는 일련의 가정.
에버렛 해석	파동함수가 절대 붕괴하지 않는다는 가정이며 8장의 3레벨 다중우주를 시사한다.
결어긋남	슈뢰딩거 방정식에서 유도할 수 있는 검열 효과로서, 슈뢰딩거 방정식에 의하면 중첩은 나머지 세상에 대해 숨겨져 있지 않다면 관측할 수 없다. 이것은 또한 파동함수가 실제로는 붕괴하지 않으면서도 측정하는 동안 붕괴하는 것으로 보이게 한다(8장).
양자 불멸성	3레벨 다중우주가 존재한다면 우리가 주관적으로 불멸이라는 아이디어. 나는 연속체라는 것이 착각이므로 양자 불멸성은 참이 아니라고 생각한다(11장).

표 7.3: 양자역학의 핵심적 개념 요약(힐베르트 공간과 마지막 3개의 개념은 다음 장에서 소개될 것이다).

하고 우주 전체의 파동함수를 안다고 해도, 미래의 파동함수를 계산할 수는 없는데, 왜냐하면 우리 우주의 누군가가 측정을 수행하면, 파동함수가 무작위로 변할 것이기 때문이다.

붕괴의 깜짝 놀랄 만한 다른 측면은 관측이 핵심적 개념이 되었다는 것이다. 보어가 "관측 없이는 현실도 없다!"라고 외쳤을 때, 인간을 주인공 자리에 놓은 것처럼 보였다. 코페르니쿠스, 다윈 등은 이미 단계적으로 인간의 자만심에 점차 상처를 입히고 모든 것이 우리 주위를 돈다고 가정하는 자기중심적 경향이 잘못되었다고 경고했는데, 코펜하겐 해석은 인간이 어떤 의미로 바라봄으로써 현실을 창조한 것처럼 보이게 만들었다.

마침내 어떤 물리학자들은 수학적 엄밀성이 결여된 데 진절머리가 났다. 전통적인 물리 과정은 수학적 방정식에 의해 기술되지만, 코펜하겐 해석에는 측정을 구성하는 무언가, 즉 정확히 언제 파동함수가 붕괴하는지에 대한 방정식이 없다. 정말 인간 관찰자가 필요한가, 아니면 더 넓은 의미의 의식이 파동함수를 붕괴시키는 데 충분한 것인가? 아인슈타인이 표현한 대로 "달은 생쥐가 보고 있기 때문에 존재하는 것인가?" 로봇은 파동함수를 붕괴시킬 수 있는가? 비디오카메라는 어떨까?

기묘성은 가둘 수 없다

대략 말해, 양자역학의 코펜하겐 해석은 작은 것은 큰 것과 달리 이상하게 행동한다는 것을 시사한다. 구체적으로 말해, 원자처럼 작은 것은 동시에 여러 곳에 존재하지만, 사람처럼 큰 것은 그럴 수 없다. 앞에서 언급된 불편함을 제쳐두면, 이것은 그 기묘성이 미시세계에 국한되어 어찌어찌 거시세계로 흘러들지 않는 한, 마치 악당 요정이 병 안에 갇혀 있어 커져서 행패를 부릴 수 없는 것처럼 받아들일 수 있는 관점이다. 그러나 기묘성은 정말 속박되어 있을까?

이 장 앞부분처럼, 스톡홀름의 기숙사에서 나를 괴롭힌 것 중 하나는 원자들이 여러 곳에 한 번에 있을 수 있으므로, 원자로 만들어진 큰 것들도 그럴 수 있어야 한다는 것이었다. 하지만 그럴 수 있다고 해서 실제로 그렇다는 것은 아니다. 미시적 기묘성을 거시적 기묘성으로 증폭시키는 물리적 과정이 없기를 희망할 수도 있다. 끔찍한 사고 실험을 통해 그런 희망을 부숴버린 것은 슈뢰딩거 자신이었다. 슈뢰딩거의 고양이는 방사성 원자 하나가 붕괴하면 열리는, 청산가리가 든 깡통 하나와 함께 상자에 넣어졌다. 잠시 후, 원자는 붕괴한 것과 붕괴하지 않은 것의 중첩 상태에 있게 되고, 그에 의해 전체 고양이는 죽음과 삶의 중첩 상태에 있게 된다. 다시 말해, 원자 하나에 대한, 겉보기에 무해하던 미시적 중첩 상태가 시간이 흐르며 1,000조의 1조 개의 입자를 가진 고양이가 두 상태에 동시에 존재하는 거시적 중첩 상태로 증폭된 것이다. 게다가 그러한 기묘성 증폭은 가학적 기계장치가 아니더라도 항상 일어난다. 카오스 이론에 대해 들어보았는가? 그것은 고전 물리학의 법칙이 어떻게 미세한 차이를 지수함수적으로 증폭시키는가 하는 것인데, 예를 들어 베이징의 나비가 살짝 날갯짓한 것이 결국 스톡홀름에 태풍을 일으키는 식이다. 더 간단한 예는 거꾸로 세운 연필인데, 초기에 약간 민 것이 결국 무너지는 방향을 결정하게 된다. 그런 카오스 동역학이 작동할 때면 언제나, 원자 하나의 초기 조건이 완전히 다른 결과를 낳을 수 있으므로, 따라서 만약 원자가 두 장소에 한 번에 있는 것이 가능하다면, 거시적 물체도 두 장소에 한 번에 존재하는 상황에 놓이게 된다.

그러한 기묘성 증폭은 우리가 양자 측정을 할 때마다 분명히 일어난다. 만약 당신이 두 군데 동시에 존재하는 원자 하나의 위치를 측정하고* 그 결과를 종이에 쓴다면, 입자의 위치가 당신 손의 운동을 결정하고, 연필은 결국 두 장소에 동시에 있게 될 것이다.

---

* 이것에 해당하는 잘 알려진 실험은 은 원자 하나를 이른바 슈테른-게를라흐 장치에 통과시키는 것으로, 그 스핀에 따라 원자는 두 장소에 놓이게 된다.

마지막으로 언급할 중요한 것은, 그러한 기묘성 증폭이 당신의 두뇌에서도 규칙적으로 일어난다는 것이다. 주어진 뉴런이 특정 순간 발화하는지 여부는 입력 신호의 합이 특정한 문턱 값을 넘는지에 달려있는데, 이 성질이 신경망을 마치 날씨나 거꾸로 세워진 연필처럼 불안정하게 만들 수 있다. 이것이 정확히 이 책의 도입부에서 일어났던, 내가 자전거를 타고 학교로 가며 오른쪽을 쳐다보기로 결정했을 때 일어난 일이다. 내 순간적 결정이 아주 아슬아슬한 것이어서, 결국 하나의 칼슘 원자가 내 전두엽 피질에 있는 특정한 시냅스 접합부에 들어가는지 아닌지에 따라, 특정 뉴런 하나가 전기 신호를 발화하고 그것이 당신 두뇌에 있는 다른 뉴런들의 활성화를 촉발시켜 결국 집합적으로 쳐다보자!라는 명령을 내리게 된다고 가정해보자. 따라서 만약 칼슘 원자가 약간 다른 두 장소에 동시에 있었다면, 내 눈동자는 반대 방향 모두를 동시에 가리키고 있었을 것이고, 머지않아, 내 몸 전체는 시체 안치소를 포함한 두 장소에 동시에 존재하게 될 것이다. 이것이 슈뢰딩거 고양이 실험에 대해 내가 그 고양이의 역할을 하는 각색판이다.

양자 혼란

그래서 나는 스톡홀름에 있는 내 여자 친구의 기숙사 방에서, 깊이 좌절하고 혼란스러워하고 있었다. 이제 당신도 그 이유를 알게 되었을 것이다. 첫 양자역학 시험이 다가오는데, 교과서가 자명하며 절대적 진리라고 제시한 코펜하겐 해석에 대해 더 생각해볼수록, 나는 더 심란해졌다. 양자적 기묘성은 분명 미시세계에만 국한될 수는 없었다. 슈뢰딩거의 고양이는 상자에서 뛰쳐나왔다. 나는 기묘성 자체는 그리

상관하지 않았지만, 그때 나를 정말 괴롭힌 것은 따로 있었다. 당신이 혼자서 슈뢰딩거 고양이 실험을 수행한다고 해보자. 만약 교과서가 옳다면, 당신이 들여다보는 순간 고양이의 파동함수가 붕괴하고 확실히 죽었거나 확실히 살았거나 한쪽으로 확정될 것이다. 하지만 만약 내가 실험실 밖에 서서 고양이, 당신 그리고 실험실의 다른 모든 것들을 구성하는 입자의 파동함수를 고려한다면 어떨까? 분명 이 모든 입자들이 생물의 일부분이건 아니건 상관없이 슈뢰딩거 방정식을 따라야 할 것이 아닌가? 만약 그렇다면, 교과서는 당신이 먼저 들여다볼 때가 아니라 내가 실험실에 들어가 어떤 일이 벌어지는지 관측할 때 비로소 고양이의 파동함수가 붕괴한다는 것을 시사한다. 그리고 그 경우, 내가 보기 전에, 당신 자신은 고양이를 죽였다는 죄책감을 느끼는 것과 그것이 살아남아 안도감을 느끼는 것의 중첩 상태에 있었을 것이다. 다시 말해, 코펜하겐 해석은 잘 봐줘도 불완전하며, 파동함수가 정확히 언제 붕괴하느냐는 질문에 답할 수 없다. 최악의 경우, 그것은 모순적인데, 왜냐하면 우리 우주 전체의 파동함수는 우리를 절대 관찰할 수 없는 평행우주에 사는 이의 관점에서는 절대 붕괴하지 않기 때문이다.

다음 장에서 나와 함께 양자역학이 현실의 속성에 대해 정말 무엇을 말해주는지 탐험해보도록 하자. 아마 우리 스웨덴 사람들에게 남쪽 이웃을 헐뜯는 유전적 성향이 있는지도 모르겠지만, 코펜하겐 해석에 대해 생각할 때면 『햄릿』에 나오는 다음 대사가 머릿속에서 떠나지 않는다. "무언가 완전히 잘못되었다.Something is rotten in the state of Denmark."(직역하면 "덴마크에서 무언가가 썩었다"라는 뜻이다._옮긴이)

요점 정리

- 모든 것, 심지어 빛과 사람조차, 입자들로 이루어져 있다.
- 이런 입자들은 그 유일한 내재적 성질들이 전하, 스핀, 렙톤 수 등의 이름이 붙은 숫자들, 즉 수학적 성질이라는 의미에서 순수하게 수학적인 대상이다.
- 이런 입자들은 물리학의 고전적 법칙을 따르지 않는다.
- 수학적으로 이런 입자들의 상태는 (아마 "파동자wavicle"라고 불러야 할지도 모르겠지만) 위치와 속도를 나타내는 6개의 숫자가 아니라 그것이 다른 장소에 있는 정도를 기술하는 파동함수로 나타내진다.
- 입자들은 파동함수에 의해 전통적인 입자(여기 또는 저기 있다) 그리고 파동의 성질(그것은 이른바 중첩된 상태로 여러 곳에 있는 것이 가능하다)을 모두 갖게 된다.
- 입자들은 한 곳에만 있는 것이 허용되지 않으며(하이젠베르크 불확정성 원리), 그래서 원자들은 붕괴하지 않을 수 있다.
- 입자의 미래 행동은 뉴턴의 법칙이 아니라 슈뢰딩거 방정식에 의해 기술된다.
- 슈뢰딩거 방정식은 악의 없는 미시적 중첩이 엄청난 거시적 중첩으로 증폭되어 슈뢰딩거의 고양이, 그리고 당신이 동시에 두 장소에 있는 것 등의 일이 발생할 수 있다는 것을 보여준다.
- 교과서의 서술은 파동함수가 가끔 "붕괴"되어 슈뢰딩거 방정식을 위배하고 자연에 근본적 무작위성을 도입할 수 있다고 상정한다.
- 물리학자들은 이 모든 것이 어떤 의미인지 치열하게 논쟁 중이다.
- 양자역학의 교과서적 진술은 불완전하거나 모순적이다.

8

3레벨 다중우주

갈림길을 만나면 주저 말고 선택하라.

– 요기 베라

“와, 정말 아름다워!” 샌프란시스코만은 저녁 태양으로 반짝였고 나는 부모님에게서 처음으로 마술 세트를 받았을 때보다 더 흥분되는 것을 느꼈다. 나는 창문에 딱 붙어서 처음 보는 유명한 랜드마크들을 찾아보고 있었다. 열일곱 살 때 치즈 판매원으로 일하면서 돈을 벌어 스페인으로 가는 기차표를 마련했던 경험 이후, 나는 여행을 점점 더 좋아하게 되었다. 그리고 대학에 들어가 파인먼의 책을 읽고 난 후, 나는 물리학을 점점 더 좋아하게 되었다. 얼음과 눈의 세상에서 23년간 살아온 이후 현재의 나는, 앞으로 4년간 두 가지 모두를 즐기면서 살 수 있게 된 것이다! 내게는 이곳이 지구에서 가장 멋진 곳, 그리고 기발한 아이디어를 위한 최적의 장소로 생각되었다.

뜻밖의 행운으로 나는 버클리대학의 물리학 대학원 과정에 합격했다. 그리고 내 기대치가 지나치게 높았었는데도, 이후 4년은 모든 면에서 그것을 능가했다. 버클리대학은 모든 면에서 내가 희망했던 만큼이나 고무적이고, 야생적이고, 열광적인 곳이었다. 나는 도착한 바로 다음날 호주 여자 친구가 생겼다. 대부분의 사람들이 지도에서 어디에 붙어 있는지 찾아내지 못하는 나라에서 온 것은 편리한 일이었다. 내

국적 때문에 내가 어떤 말도 안 되는 일을 해도 그냥 넘어갈 수 있었다. 사람들은 곧 나를 "매드 맥스"라고 부르게 되었으며 아마도 스웨덴에서는 그런 것들이 정상인가보다 하고 선의로 해석해주었다. 사실 변명할 필요가 별로 없었다. 길 건너편에 살던 학생 하나는 옷을 다 벗고 수업에 들어갔는데 결국 학교에서 쫓겨났을 때 전국적으로 방송을 탔다. 과제를 같이하던 물리학과 급우 하나는 학비를 벌기 위해 부업으로 포르노 배우를 했다. 국제관 기숙사에서 복도 맞은편 방에 있던 친구는 총기를 소지하고 "처단할 자들"의 이름 목록을 갖고 있다가 체포되었다.* 요컨대, 스웨덴 사람이라는 것과 물리학에 대한 기괴한 생각을 가지고 있는 것이 나의 가장 독특한 특성이라면, 나는 내가 가장 잘 어울릴 수 있는 곳을 찾은 셈이었다.

고등학교 때, 내 친구 매그너스 보딘Magnus Bodin은 엉뚱한 생각들로 내게 영감을 주었다. 우리는 모두 직사각형 봉투에 편지를 보내지만, 그는 삼각형 봉투를 만들었다. 그 이후 나는 대다수가 한 방식을 따를 때 본능적으로 다른 길을 찾아보게 되었다. 예를 들어, 내 모든 급우들은 1학년 때 전자기학 숙제를 하는데 엄청난 시간을 보냈는데, 나는 교수님에게 얘기해서 그 대신 학기말에 구술시험을 치르기로 했다. 나는 그동안 도서관에서 교과서에 나오지 않는 온갖 놀라운 물리학을 공부하며 내 호기심을 충족시키는 데 엄청난 시간을 보냈다. 그 경험이 지금까지 내게는 큰 도움이 되었다. 또한 내가 연구 활동을 병행할 수 있도록 시간적 여유를 주기도 했다.

내 생애 처음으로 나는 물리학에 대한 기발한 질문들을 공유하는

---

* 학생 신문인 《더 데일리 캘The Daily Cal》은 내 말을 인용하고는 "복도 맞은편에 살고 있으며 익명을 요구한 스웨덴 출신의 학생에 의하면"이라는 말을 덧붙였다. 그 후 내 친구들은 나를 보면 "어이, 맥스, 너 오늘은 참 익명인 것처럼 보이는구나!"라고 하곤 했다.

사람들과 친구가 되었고 밤늦게까지 비슷한 생각을 하는 사람들과 현실의 궁극적 성질에 대해 토론하는 것에 희열을 느꼈다. 저스틴 벤디크Justin Bendich는 꾀죄죄한 모습이 만화 스쿠비 두에 나오는 섀기를 연상하게 하는 모습이었는데, 엄청난 지식을 가지고 있었고 내가 괴상한 질문을 해도 깊이 있는 대답을 해주었다. 빌 포리에이Bill Poirier는 정보 이론에 정신을 빼앗겼는데, 그와 둘이서 우리는 하이젠베르크 불확정성 원리를 정보 이론을 이용해서 개량하는 데 성공했고 도서관에서 그에 대해 이미 발표된 논문을 발견할 때까지 엄청나게 흥분에 찼던 적이 있다. 나는 내가 지구 상에서 가장 운 좋은 사나이처럼 느껴졌다. 나는 내가 진정, 진정으로 하고 싶은 일을 찾았고, 그것을 하고 있었던 것이었다.

3레벨 다중우주

새 선생님들도 내게 큰 영감을 주셨다. 나는 유진 커민스Eugene Commins에게 양자역학을 훨씬 더 자세하게 배웠는데, 진지한 표정의 그의 유머는 방정식으로 가득 찬 칠판에 생기를 불어넣었다. 나는 손을 들고 "그건 마치 사과와 배를 더하는 것 같네요?"라고 질문한 적이 있다. 이것은 스웨덴에서 흔히 하는 표현이었는데, 그는 "아니, 그건 마치 사과와 오렌지를 더하는 것과 같은 거지"라고 대답했다.

그가 강의한 1년짜리 수업은 많은 유용한 기법을 내게 가르쳐 주었지만, 시급한 문제들에는 답하지 못했다. 실은 그런 질문을 아예 다루지도 않았고 나는 그저 혼자서 그것들과 씨름할 뿐이었다. 양자역학은 자체로 모순적인가? 파동함수는 정말로 붕괴하는 것인가? 만약 그렇다면, 언제 그렇게 되는가? 만약 그렇지 않다면, 우리는 왜 물건들이 동시에 두 장소에 존재하는 것을 볼 수 없는가? 양자역학의 무작위성과 확률적 성질의 근원은 무엇인가?

나는 프린스턴의 대학원생이었던 휴 에버렛 3세가 1957년에 평행우주와 관련된 참으로 급진적인 해답을 제안했다는 것을 알게 되었고 그에 대해 더 자세히 알고 싶어졌다. 그것에 대해 들어본 사람들은 몇 만나보았지만, 그들 중 정작 에버렛의 박사학위 논문을 읽어본 사람은 아무도 없었다. 그 책은 절판된 상태였다. 도서관에는 평행우주 관련 부분은 거의 삭제된 축약본만 있을 뿐이었다. 하지만 1990년 11월에 내 노력에 대한 보답인지 나는 마침내 그 희귀한 책을 찾아냈다. 그럴듯하게도 내가 그 책을 찾아낸 것은 급진적인 책들을 전문적으로 다루는 버클리의 한 서점에서였다. 그 서점에는 심지어 『무정부주의자의 요리책The Anarchist Cookbook』(1971년 윌리엄 파월William Powell이 쓴 책. 폭발물 만드는 법, 통신체계를 교란하는 법, 각종 살인기술 등이 포함되어 있으며 테러리스트의 바이블이라고 불린다._옮긴이)도 있었다.

에버렛의 박사학위 논문은 나를 완전히 매료시켰다. 나는 마치 눈에서 비늘이 벗겨진 느낌이었다. 갑자기 모든 것이 이해가 되었다. 에버렛은 내게 신경 쓰였던 바로 그것들이 신경에 거슬렸는데, 그것을 그냥 참지 않고 파고들어 가능한 해결책을 탐색했으며 마침내 무언가 놀라운 것을 발견했다. 극단적인 아이디어에 생각이 미칠 때 "그런 것이 가능할 리 없지"라고 하며 포기하는 것은 아주 쉬운 일이다. 그러나 만약 좀 더 버티고 "글쎄, 정확히 왜 그게 안 되는 거지?"라고 자문하며 논리적으로 물샐틈없이 완벽한 답을 찾으려 애쓴다면 무언가 대단한 것을 얻게 될 수도 있다.

자, 에버렛의 급진적인 생각은 무엇이었을까? 그것은 놀랍게도 간단히 다음과 같았다.

> 파동함수는 절대로 붕괴하지 않는다. 절대로.

다시 말해, 우리 우주를 나타내는 파동함수는 관찰이 있든 아니든 매 순간 결정론적으로 변하며 항상 슈뢰딩거 방정식에 지배를 받는다는 것이다. 따라서 슈뢰딩거 방정식은 만약, 하지만 같은 조건을 달 필요 없이 절대적으로 항상 성립하는 것이다. 이것은 말하자면 에버렛의 이론을 "가벼운 버전"의 양자역학으로 취급할 수 있다는 것을 뜻한다. 즉, 평범한 교과서에 나오는 이론을 택하고 파동함수의 붕괴와 확률에 대한 부분을 제외하면 에버렛의 이론을 얻는다.

나는 에버렛이 평행우주라든지, 누군가 관측을 수행할 때마다 우리의 우주가 평행우주로 갈라진다든지 하는 정신 나간 소리를 했다는 소문을 들었을 때, 상당히 놀랐다. 실은 오늘날에도 내 동료 물리학자들 중 많은 이들은 바로 그것이 에버렛의 가정이었다고 생각한다. 에버렛의 책을 읽고 나는 물리학뿐 아니라 사회학에 대해서도 교훈을 하나 얻었다. 간접지식에 의존하는 것보다 자신이 직접 원자료를 찾아 확인하는 것의 중요성이다. 사람들이 잘못 인용되고, 잘못 해석되고 잘못 전해지는 것은 정치에서뿐만은 아니다. 에버렛의 박사학위 논문이 바로 그런 예로서, 모든 물리학자들이 견해를 가지고 있지만 사실은 직접 읽어본 사람은 거의 없었다.*

나는 그의 책을 손에서 뗄 수 없었다. 그의 논리는 아름다웠다. 그는 어떤 정신 나간 주장도 하지 않았으며 모든 것은 그의 가정에서부터 자연스럽게 딸려 나왔다. 처음에는 그것이 너무 간단하기에 과연 그대로 되겠는가 하는 생각이 들 수 있다. 결국, 닐스 보어와 그의 동료들은 영리한 사람들이었으며 파동함수의 붕괴를 도입한 것은 실험이 특정 결과만 내놓는 것을 설명하기 위해서였다. 하지만 에버렛은 무언가 놀라운 것을 알아냈다. 실험이 특정한 결과를 내지 않더라도, 마치 그런 것처럼 보일 수 있는 것이다!

그림 8.1은 내가 이것에 대해 생각하는 방식을 보여준다. 나는 사고 실험을 "양자 카드"라고 부르는데, 아주 얇은 카드를 준비해서 탁자 위에 세운 후 카드가 앞면을 위로 해서 쓰러질지 반대일지에 대해 100달러를 거는 게임이다. 카드가 쓰러질 때까지 눈을 감고 있다가 눈을 떠서 땄는지 잃었는지 확인하는 것이 규칙이다. 고전 물리학에 따르면 영원히 쓰러지지 않고 균형을 잡고 있을 것이다.** 슈뢰딩거 방정식에 따르면, 아무리 균형을 잘 맞춰도 몇 초 안에 쓰러지는 것은 필연적인 일인데, 하이젠베르크의 불확실성 원리에 의해 움직이지 않고 한 자리에 있는 것은 불가능하기 때문이다. 하지만 초기 상태가 좌우 대칭이므로 나중 상태도 그래야 한다. 이것은 카드가 양쪽 방향으로 동시에, 즉 중첩 상태로 쓰러져야 한다는 것을 의미한다.

당신이 눈을 떠서 카드를 보는 것이 관측이다. 따라서 코펜하겐 해석에 의하면 파동함수는 붕괴할 것이고 각각 50퍼센트의 확률로 카드

---

* 그의 논문은 2008년 온라인에 공개되었다. 다음 인터넷 주소에서 파일을 얻을 수 있다. http://www.pbs.org/wgbh/nova/manyworlds/pdf/dissertation.pdf. 어떤 마법의 순간에 현실이 어떤 형이상학적인 분리를 거쳐 가지를 치고 나가며 이후 절대 상호작용하지 않는다는 생각은 에버렛 논문을 잘못 이해한 것일 뿐 아니라 이후 다른 가지들이 원칙적으로는 상호작용할 수 있으므로 파동함수는 붕괴하지 않는다는 그의 가설과 합치되지도 않는다. 에버렛에 따르면 항상 단 하나의 파동함수만 있을 뿐이며 가설이 아니라 나중에 설명하게 될 결어긋남 계산만이 언제 두 가지가 상호작용하지 않는 것으로 근사할 수 있는지 판별할 수 있다.

** 실제로는 불안정한 상태의 카드는 공기의 미세한 흐름에 의해 순식간에 쓰러질 것이므로 모서리가 두꺼운 보통 카드를 준비하고 슈뢰딩거의 방사성 원소 발사 장치 같은 것을 이용해서 어느 한쪽으로 밀쳐지게 하는 것이 더 좋을 것이다.

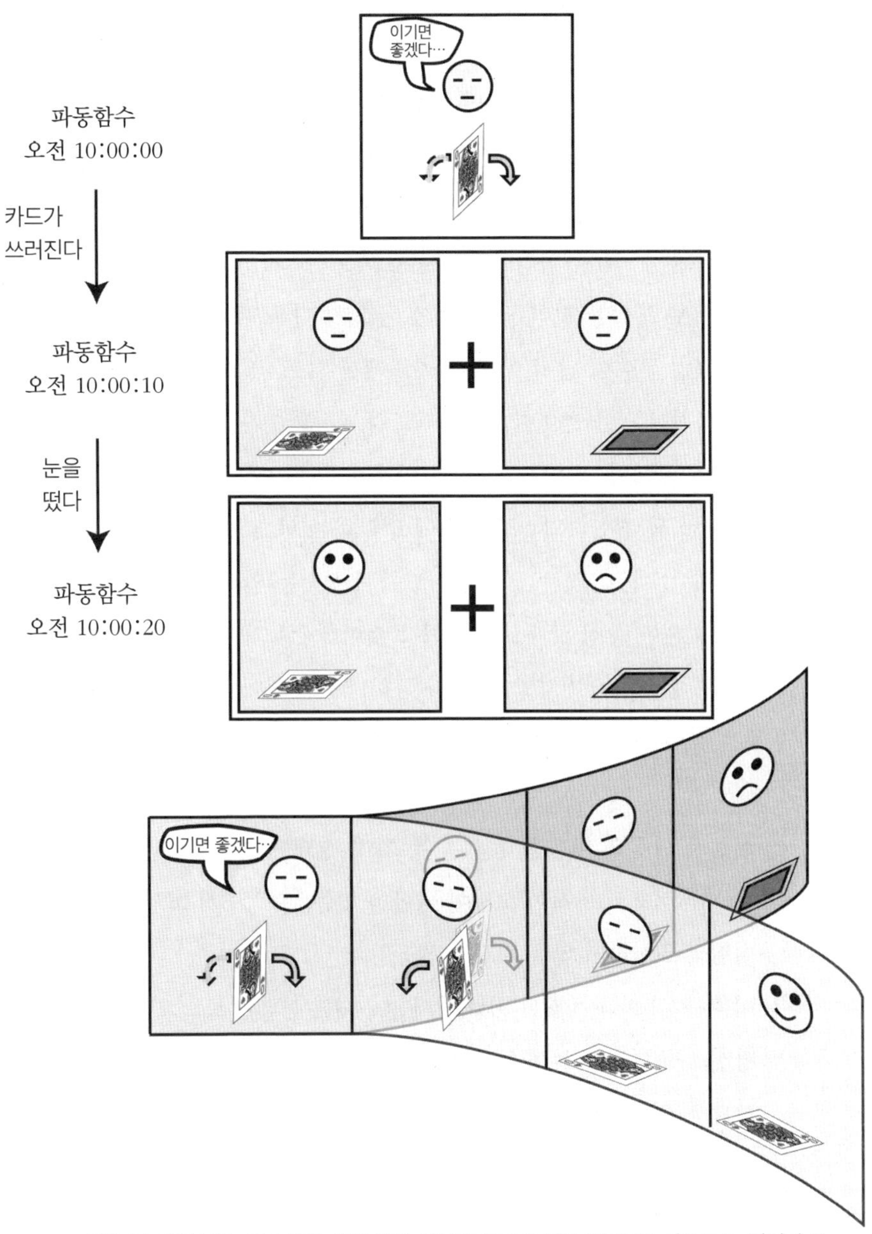

그림 8.1: 양자 카드 사고 실험. 오전 10시, 당신은 카드 한 장을 모서리로 세워 놓고, 앞면이 보이게 쓰러지는 데 100달러를 걸고 눈을 감는다. 10초 후, 카드는 왼쪽으로 쓰러진 것과 오른쪽으로 쓰러진 것이 양자 중첩되어 있고, 파동함수는 카드가 동시에 두 장소에 있는 것을 기술한다. 10초가 더 흐른 후, 당신이 눈을 뜨고 카드를 보면, 파동함수는 당신이 행복해하는 상태와 슬퍼하는 상태를 동시에 기술하게 된다. 단 하나의 파동함수와 단 하나의 양자 실체(입자들은 두 가지 카드 모두를 구성하고 당신은 두 장소에 동시에 존재하는)가 있지만, 에버렛은 이것이 실질적으로 우리 우주가 각각에서는 특정한 결과를 갖는 두 평행우주로 분기하는 것과 같다는 것을 깨달았다.

는 앞면 또는 뒷면을 위로 해서 쓰러져 있을 것이다. 당신은 쉽게 돈을 얻어 미소를 짓고 있거나, 아니면 이런 재미없는 물리학 실험에 말려들어가 돈을 내다버린 것에 자신을 저주하고 있을 것이다. 그런데 물리학 법칙에 의하면 이 결과는 자연의 내재적 무작위성에 의해 특정한 결과를 예측할 수 없다. 하지만 에버렛에 따르면? 자, 그에게 있어서, 관측에는 아무 특별한 것이 없다. 그것은 그저 다른 것과 마찬가지의 물리적 과정일 뿐이며 단지 이 경우 카드에서 뇌로, 정보의 전이가 일어난다는 특징이 있을 뿐이다. 만약 카드의 파동함수가 앞면만 기술했다면, 당신은 행복할 것이다. 또는 그 반대가 될 것이다. 이 사실을 슈뢰딩거 방정식과 결합하면 파동함수에 정확히 어떤 일이 생기는지 쉽게 계산할 수 있다. 그것은 당신과 카드를 구성하는 입자들의 두 가지 다른 상태에 대한 중첩 상태로 변화해갈 것이다. 한 가지는 카드가 앞면을 보이고 당신은 의기양양하며, 다른 하나는 뒷면이 보이고 당신은 풀이 죽은 상태이다. 여기에는 세 가지 중요한 통찰이 있다.

1. 실험은 당신의 마음을 동시에 두 가지 상태에 놓는다. 이것은 기본적으로 당신이 고양이 역할을 맡는, 슈뢰딩거 고양이 실험의 위험하지 않은 버전에 해당한다.
2. 이 두 가지 마음 상태는 서로 상대방에 대해 전혀 모르고 있다.
3. 당신 마음의 상태는 모든 것이 모순이 없는 방식으로 카드의 상태와 연결된다. (파동함수는 카드가 앞면을 보이는데 당신이 그것을 반대로 인식하는 상태는 기술하지 않는다.)

슈뢰딩거 방정식이 언제나 이런 식으로 사물의 상태를 유지한다는 것은 쉽게 증명할 수 있다. 예를 들어, 만약 돈이 없는 당신의 친구가 방에 들어와 당신에게 어떻게 지내냐고 묻는다면 모든 입자들의 상태는 "카드는 뒷면/당신은 불행/친구는 동정함" 혹은 "카드는 앞면/당신은 행복/친구는 돈을 꿔달라고 함"의 양자역학적 중첩 상태로 흘러갈 것이다.

이 모든 것을 종합하여, 그림 8.1에 보여주는 것과 같이 에버렛은 단 하나의 파동함수와 단 하나의 양자역학적 실체가 존재함에도 불구하고 그 안에서 우주를 구성하는 많은 입자들은 동시에 두 군데에 있을 수 있고 실질적으로 우리 우주는 2개의 평행우주로 분리된 것이나 마찬가지라는 것을 깨달았다. 이 실험의 끝에는 똑같이 현실적이며 상대방의 존재에 대해 알지 못하는 두 가지 다른 당신이 존재하게 된다.

여기에서 내 머리는 빙글빙글 돌기 시작했는데, 양자 카드 실험이란 미시적 양자 기묘성이 거시적 양자 기묘성으로 증폭되는 특정한 하나의 예일 뿐이기 때문이다. 지난 장에서 논의했듯이, 작은 차이가 큰 차이로 그렇게 증폭되는 것은 우주선 입자의 충돌이 어떤 이에게 암의 원인이 되는 돌연변이를 일으키는지, 오늘의 대기 조건이 내년에 4등급 태풍을 일으키는지, 또는 당신의 뉴런이 결정을 내릴 때 등등, 사실상 항상 일어나는 것이다. 다시 말해, 평행우주로의 분리는 지속적으로 일어나며, 양자적 평행우주의 숫자는 실로 어마어마하다. 빅뱅 이후 그러한 분기는 항상 일어났으므로, 양자적 평행우주에서는 물리 법칙을 위배하지 않는 한 상상할 수 있는 어떤 버전의 역사든 실현되었다. 따라서 평행우주의 숫자는 우리 우주에 있는 모든 모래알의 개수보다도 훨씬 많다. 요약하자면, 에버렛에 따르면 파동함수가 절대 붕괴하지 않는다면 우리가 감지하는 익숙한 실체는 존재론적 빙산의 일각일 뿐이며 진실한 양자 실체의 아주 작은 일부에 불과하다.

독자도 기억하겠지만, 우리는 6장에서도 다른 종류이지만 평행우주와 만난 적이 있다. 평행우주라는 말이 반복해서 쓰이므로 혼란을 막기 위해 6장에서 합의했던 용어를 복습해보기로 하자. 우리 우주란 빅뱅 이후 140억 년 동안 우리에게 도달하는 빛을 낼 수 있었던 구형의 영역을 뜻한다. 이 영역은 어느 은하가 어디에 있는지, 역사책에 어떤 내용이 쓰였는지 등등의 고전역학적 관측 성질을 가지고 있다. 6장에서, 우리는 우리의 아주 크거나 무한한 공간 내부에 있으며 우리에게서 멀리 떨어진 또 다른 그러한 구형의 영역을 우리와 같은 물리적 법칙을 가지고 있는지에 따라 1레벨 평행우주 또는 2레벨 평행우주라고 불렀다. 에버렛이 발견한 양자 평행우주를 3레벨 평행우주라고, 그리고 모든 3레벨 평행우주를 합쳐 3레벨 다중우주라고 부르기로 하자. 이런 평행우주들은 어디에 있을까? 1레벨과 2레벨들은 3차원 공간의 측면에서는 멀리 떨어져 있지만, 3레벨들은 바로 여기에 있는 것이 가능하며, 대신 파동함수가 존재하는 공간인 무한 차원의 추상적 힐베르트 공간Hilbert space에서는 우리와 떨어져 있다.*

10년 동안이나 묵살되고 거의 완전히 무시된 뒤, 에버렛의 양자역학은 유명한 양자 중력 이론가인 브라이스 디윗Bryce DeWitt에 의해 사람들에게 널리 알려지게 되었다. 디윗은 이것을 다중 세계 해석Many Worlds interpretation이라고 불렀고 그 이름이 자리를 잡았다. 내가 후에 브라이스를 만났을 때, 그는 원래는 휴 에버렛에게 그의 수학은 마음에 들지만 계속해서 평행우주 버전의 자신으로 분리되어 나가는 느낌이 마음에 들지 않았다고 불평한 적이 있다고 내게 얘기했다. 그에 의하면 에버렛은 "당신은 초속 30킬로미터로 태양 주위를 돌고 있다는 느낌이 드나요?"라고 반문했다고 한다. 브라이스는 "내가 한 방 먹었네요!"라고

* 이 무한 차원 공간에서 파동함수는 한 점에 해당하고 슈뢰딩거 방정식에 의하면 이 점은 이 공간의 중심점에서 고정된 거리를 유지하며 빙글빙글 돈다.

감탄하며 그 자리에서 패배를 인정했다. 고전역학이 우리가 태양 주위를 돌면서도 그것을 느끼지 못하는 것을 예측하듯이, 에버렛은 붕괴가 없는 양자 물리학이 우리가 분기하면서도 그것을 느끼지 못한다는 것을 보였다.

때로는 믿음과 느낌을 조화시키기 어렵다. 1999년 5월로 시간을 뛰어넘으면, 나는 황새가 내 맏아들을 데리고 오는 것을 기다리고 있다(서양에서는 흔히 아기를 황새가 물어다 준다고 이야기한다._옮긴이). 나는 불안하고 배달이 잘 끝나기를 바란다. 그러나 동시에 나는 내 물리 계산으로부터 다른 평행우주에서는 잘 될 수도 있고 잘못될 수도 있다는 것을 확신하고 있다. 그리고 그것이 맞다면 희망이란 어떤 의미가 있는가? 아마도 내가 희망한다는 것은 내가 일이 잘 풀리는 평행우주로 분기하는 것을 희망한다는 것을 의미할 것일까? 아니, 그것도 말이 안 되는데, 왜냐하면 나는 결국 이런 모든 평행우주에 존재하게 될 것이고, 어떤 곳에서는 기쁨에 가득 차고 다른 곳에서는 절망할 것이기 때문이다. 흠. 아마도 내가 원하는 것은 대부분의 평행우주에서 좋은 결말을 얻는 것일까? 아니, 그것도 말이 안 되는데, 왜냐하면 일이 잘 되는 확률은 원칙적으로 슈뢰딩거 방정식을 써서 계산되며, 이미 결정되어 있는 것을 희망한다는 것은 비논리적이기 때문이다. 그러나 분명히 그리고 아마도 다행히도, 내 감정이 완전히 논리적이지는 않다.

무작위성이라는 환상

내게는 질문이 더 있었다. 양자 실험을 여러 번 반복하면 보통 외견상 무작위의 다른 결과를 얻는다는 것은 잘 알려져 있다. 예를 들어,

동일하게 준비된 많은 원자들의 스핀 방향을 재면 겉보기에 무작위적인 일련의 결과들을 얻는다. "시계방향", "반시계방향", "시계방향", "시계방향"처럼 말이다. 양자역학은 결과를 예측하지 않으며 오로지 다른 결과들에 대한 확률만 줄 뿐이다. 그러나 이 확률 이야기는 모두 코펜하겐 해석의 붕괴 가설에 기반을 둔 것이므로, 에버렛이 그것을 폐기한 후, 어떻게 그는 무작위성을 예측할 수 있었을까? 슈뢰딩거 방정식에는 사실 무작위성이란 없다. 당신이 우주의 현재 파동함수를 안다면, 원칙적으로 당신은 미래의 어떤 순간이건 파동함수가 어떻게 될지 예측할 수 있다.

1991년 가을, 나는 동료 대학원생인 앤디 엘비Andy Elby가 맡은, 양자역학의 해석에 대한 흔치 않은 강좌에 등록했다. 그의 기숙사 방은 내 애인 방 바로 옆에 있었는데, 그의 방문은 "일을 미루는 7단계의 쉬운 방법" 같은 유용한 조언으로 장식되어 있었다. 나처럼 그도 양자역학이 정말 무엇을 의미하는지에 관심이 많았는데, 그는 그의 강좌의 일부분으로서 내가 에버렛의 연구에 대해 두 번 강의할 수 있게 해주었다. 이것은 내 첫 물리학 강연이었기에 내게는 흥분되는 통과의례였으며, 나는 에버렛이 어떻게 무작위성을 설명했는지에 시간을 많이 할애했다. 먼저, 당신이 양자 카드 실험을 한다면(그림 8.1), 이후 당신의 두 복제본은 (별도의 평행우주에 각각 존재하는) 특정한 결과를 보게 될 것이다. 양쪽 모두 그 결과를 예측할 수 없었다는 점에서 결과가 무작위적이었다고 느낄 것이다. 예측된 결과에 대해, 반대의 결과 또한 동등하게 현실적인 우주에서 발생했기 때문이다. 자, 확률은 도대체 어디에서 들어온 것일까? 그런데, 만약 당신이 이 실험을 카드 4장으로 한다면, $2^4=16$가지의 결과가 나올 텐데(그림 8.2), 그 대부분에서는 퀸이 무작위로 약 50퍼센트의 확률을 가지고 나타나는 것으로 보일 것

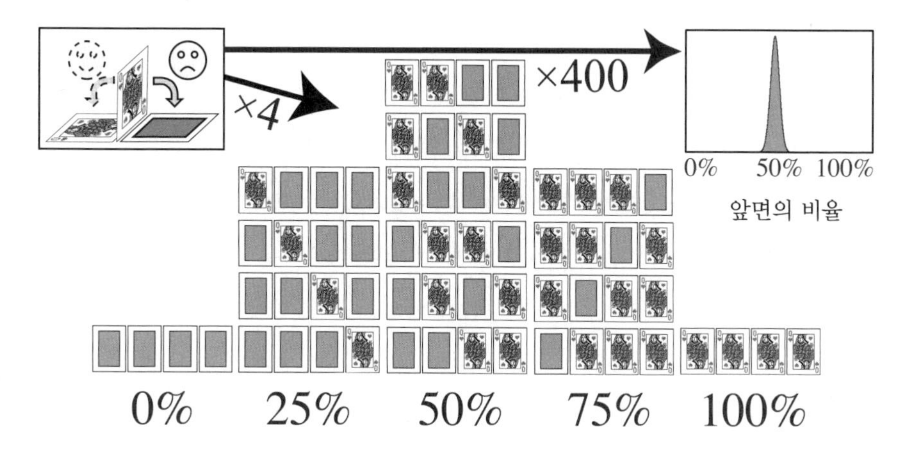

그림 8.2: 양자 확률의 근원. 양자 물리학에 따르면, 모서리로 완벽히 균형을 맞춘 카드는 동시에 양쪽 방향으로 쓰러지며, 그것이 바로 중첩이라고 부르는 상태이다. 만약 당신이 퀸이 윗면이 되는 데 돈을 걸었다면, 세계의 상태는 퀸이 위로 와서 당신이 웃는 것과 퀸이 아래로 와서 당신이 찡그리는 것, 이 두 가지 결과의 중첩이 될 것이다. 각각의 경우, 당신은 다른 결과에 대해서는 알지 못하며 카드가 무작위로 쓰러졌다고 느낀다. 이 실험을 4장으로 반복하면, $2\times2\times2\times2=16$가지의 결과가 있을 것이다(그림). 대부분의 경우, 당신에게는 퀸이 약 50퍼센트의 확률로 무작위로 나타나는 것처럼 보인다. 16가지 중 오직 두 경우만 네 카드 모두 같은 결과를 준다. 만약 당신이 400번 반복한다면, 2^{400}가지 결과 중 대부분이 약 50퍼센트는 퀸이 될 것이다(오른쪽 위). 잘 알려진 정리에 의하면, 실험을 무한히 반복하는 극한에서 거의 모든 경우 50퍼센트의 퀸을 보게 된다. 따라서 최종 중첩에서 당신 복제본의 거의 전부는, 기저의 물리학이 무작위적이지 않으며, 아인슈타인이 말했던 대로 "신은 주사위를 던지지 않는" 데도 불구하고 확률 법칙이 적용된다고 결론 내릴 것이다.

이다. 16가지 중 오로지 두 결과에서만 4장 모두 같은 결과를 얻을 것이다. 당신이 실험을 계속 더 많이 반복하면, 결과는 점점 흥미로워진다. 프랑스 수학자인 에밀 보렐Émile Borel의 1909년 정리에 의하면, 당신이 카드 실험을 무한히 반복하면 당신은 거의 대부분의 경우에 (수학자들의 용어로 측도가 0인 집합을 제외하면) 퀸을 50퍼센트 보게 될 것이다. 따라서 최종 중첩에 있는 당신의 거의 모든 복제본은 토대가 되는 물리학(슈뢰딩거 방정식)은 무작위적이지 않음에도 불구하고 확률 법칙이 성립한다고 결론 내릴 것이다.

다시 말해, 전형적인 평행우주에 있는 당신의 한 복제본은 겉으로는 무작위적인 승패이며 마치 각 결과의 확률이 50퍼센트인 무작위 과정에 의해 발생되는 것이라고 주관적으로 인식한다. 이 실험을 좀 더 엄밀하게 수행하는 방법은 종이를 준비해서 소수점을 찍고 이기면 "1"을 쓰고 지면 "0"을 계속 쓰는 것이다. 예를 들어, 만약 당신이 지고, 지고, 이기고, 지고, 이기고, 이기고, 이기고, 지고, 지고, 이긴다면, 당신은 ".0010111001"이라고 쓴다. 이 숫자는 0과 1 사이의 숫자를 이진법으로 쓴 것이며 컴퓨터에서 숫자를 기록하는 방법과 같다! 만약 양자 카드 실험을 무한히 반복한다면 당신의 종이에는 무한히 많은 자릿수의 소수가 적힐 것이고, 따라서 각각의 평행우주는 0과 1 사이의 숫자 하나에 대응시킬 수 있다. 이제 보렐의 정리는 거의 모든 숫자들이 50퍼센트는 0을 가지고 50퍼센트는 1을 가진다는 것을 증명하며, 거의 모든 평행우주가 50퍼센트는 이기고 50퍼센트는 지는 결과를 보이는 것을 의미한다.* 비율만 정확히 나오는 것이 아니다. 숫자 ".010101010101…"은 50퍼센트의 자릿수들이 0이지만 간단한 패턴을 보이기 때문에 명백히 무작위적이지 않다. 보렐의 정리는 거의 모든 숫자들이 어떤 패턴도 없는 무작위로 보이는 자릿수를 나타낸다고 일반화할 수 있다. 이는 거의 모든 3레벨 평행우주에서 승패의 배열은 어떤 패턴도 없이 정말로 무작위적이며 예측 가능한 것은 오로지 50퍼

* 보렐의 정리가 당시 많은 수학자들에게 강한 인상을 남겼다는 것은 흥미로운 사실이다. 당시 어떤 수학자들은 엄밀한 수학이 되기에는 확률의 개념이 너무 철학적이라고 생각했다. 보렐은 갑자기 정리 자체는 확률을 전혀 언급하지 않으면서도 확률로 재해석될 수 있는, 고전 수학의 핵심에 있는 정리로 그들과 맞섰다. 보렐은 그가 확률이 "난데없이" 출현하는 것을 수학에서뿐 아니라 물리학에서도 증명했다는 것을 알게 되었다면 분명히 흥미로워했을 것이다.

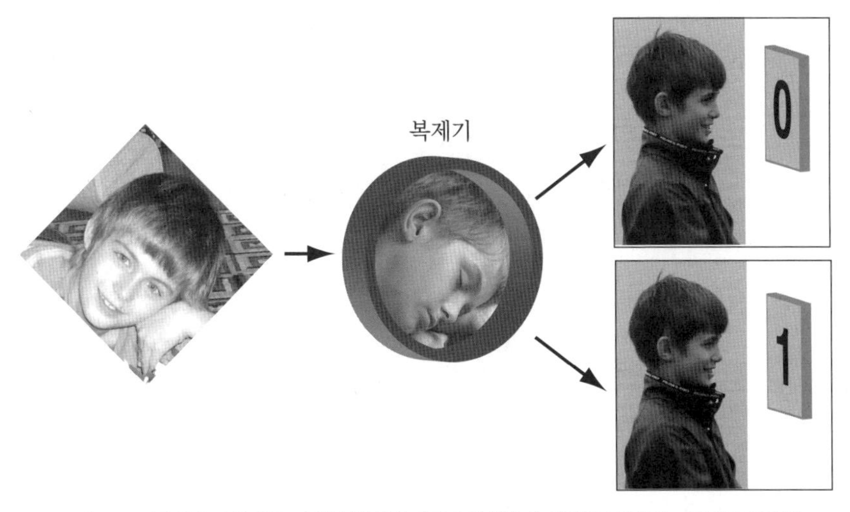

그림 8.3: 무작위성의 환상은 당신이 복제될 때마다 발생하며, 따라서 거기에는 특별히 양자역학적인 것이 없다. 만약 미래의 기술로 내 아들 필립이 자는 동안 복제하는 것이 가능해져서, 그의 두 복제본을 0과 1이라고 쓴 방으로 옮긴다면, 그들 모두 깨어나면서 보는 방 번호가 완벽히 예측 불가능하며 무작위라고 느낄 것이다.

센트 승리한다는 사실뿐이라는 것을 의미한다.

나는 점차 무작위성의 환상이 양자역학에만 국한된 것이 아님을 깨닫게 되었다. 미래에 당신이 잠자는 동안 당신을 복제하는 것이 가능해지고, 당신의 복제본들이 0과 1이라고 써 붙인 방 안에 들어가 있다고 가정하자(그림 8.3). 깨어나면 복제본들은 자신이 있는 방의 숫자를 예측할 수 없으며 완전히 무작위적이라고 생각할 것이다. 만약 미래에 당신의 마음을 컴퓨터에 업로드하는 것이 가능해진다면 내가 지금 설명하는 것이 완전히 명백하며 직관적으로 느껴질 텐데, 왜냐하면 사람의 복제가 소프트웨어의 복사만큼이나 간단할 것이기 때문이다. 만약 그림 8.3의 복제 실험을 여러 번 반복하고 그때마다 방 번호를 적는다면, 당신은 거의 언제나 0과 1의 배열이 무작위적이며 0이 약 50퍼센트 나타나는 것을 볼 것이다.

다시 말해서, 인과율적 물리현상은 당신이 복제되는 한 어떤 경우에도 당신의 주관적 관점에서는 무작위적인 환상을 만들어낼 것이다. 파동함수가 결정론적으로 변화하는데도 불구하고 양자역학이 무작위로 보이는 근본적인 이유는 슈뢰딩거 방정식이 하나의 당신이 있는 파동함수로부터 평행우주에 있는 복제된 당신들이 있는 파동함수를 이끌어내기 때문이다.

그래서 당신이 복제될 때는 어떤 느낌인가? 무작위적인 느낌이다! 당신에게 근본적으로 무작위적인 어떤 것이 일어나는데 그것을 원리적으로도 예측할 수 없을 때, 그것이 바로 당신이 복제된다는 표지이다.

휴 에버렛의 연구는 지금도 논란이 있지만, 파동함수가 붕괴하지 않는다는 점에서는 그가 옳았다고 나는 생각한다. 나는 또한 그가 언젠가는 뉴턴이나 아인슈타인과 동급의 천재로서 인정될 것이라고, 적어도 대부분의 평행우주에서는 천재로 인정될 것이라고 생각한다. 불행히도, 이 특정 우주에서는 그의 연구는 10년 이상 거의 완전히 일축되고 무시되었다. 그는 물리학계에서 자리를 잡지 못했고 비통해하며 움츠러들어 술과 담배로 몸을 상한 끝에 1982년 젊은 나이에 심장마비로 세상을 떠났다. 나는 최근 TV 다큐멘터리인 〈평행 세계, 평행 인생Parallel Worlds, Parallel Lives〉의 촬영장에서 그의 아들 마크Mark를 만난 후 휴 에버렛에 대해 더 자세히 알게 되었다. 프로듀서는 내게 그의 아버지의 업적을 그에게 설명해달라고 했는데, 나는 그것을 행운이자 영예로 느꼈다. 버클리의 급진적인 서적을 다루는 서점 앞에 서 있었을 때, 나는 꿈에서라도 언젠가 내 물리학 슈퍼히어로와 이런 개인적인 관계를 형성하게 될 것이라고 상상하지 못했다. 마크는 록 가수인데 영화 〈슈렉〉에 그의 노래가 나온다. 그의 아버지의 운명은 가족에게 큰 고통을 주었고 그것이 마크의 노래에 반영되어 있다. 그와 그의 누이는 아버

그림 8.4: 휴 에버렛의 아들인 록 스타 마크가 나와 함께 그의 아버지의 이론에 대해 심사숙고하고 있다(2007년).

지와 같이 살면서도 거의 접촉이 없었다. 그의 누이는 결국 평행우주에서 아버지를 만나겠다는 쪽지를 남기고 자살했다.

나는 휴 에버렛의 평행우주가 사실이라고 믿기 때문에 그것들이 어떤 것일지 생각해보지 않을 수 없다. 우리 우주에서 그는 프린스턴 물리학과 대학원에 입학하지 못했고, 수학과로 갔다가 1년 뒤에 물리학과로 옮겼다. 그의 삶이 짧았으므로, 양자역학에 대한 연구가 그의 유일한 업적이다. 다른 많은 우주들에서, 나는 그가 프린스턴 물리학과에 처음부터 입학허가를 받았고 먼저 주류 연구 분야에서 두각을 나타난 뒤에 그의 양자역학 아이디어들이 무시되지 않았을 것이라고 상상한다. 그래서 아마도 그는 특수 상대론을 처음에는 사람들이 의심스럽게 바라보았지만 (특히 특허 사무소 직원으로서 학계 밖에 있던 사람이었기 때문에) 이전의 업적들 덕분에 이미 유명했었던 아인슈타인과 비슷한 경력을 쌓게 되었을 것이다. 아인슈타인이 학계에 있으면서 일반 상대론을 발견했었듯이, 에버렛도 또한 안정된 교수직을 갖고 그의 첫 업적만큼이나 놀라운 돌파구를 만들어냈을지도 모른다. 나는 그가 발견했을 것들이 정말 궁금하다….

에버렛이 기뻐했을 만한 행사가 2001년 8월 케임브리지에 있는 마틴 리스의 집에서 열렸다. 마틴은 세계의 저명 학자들을 불러 모아 평행우주와 관련 주제에 대한 비공식적 회합을 열었다. 내가 보기에 평행우주 이론은 (아직 어느 정도 논란이 있긴 하지만) 이날 처음으로 과학적으로 높이 평가되었다. 나는 행사에 참가한 많은 사람들이 다른 사람들을 보며 농담조로 "어, 당신 이런 수상한 모임에 왜 온 거죠?"라고 말하면서 그런 데 흥미를 갖는 것에 대한 죄책감과 쑥스러움을 비로소 떨치게 되었다고 생각한다. 평행우주에 대한 길고 치열한 그룹 토의 동안, 나는 갑자기 불협화음은 부분적으로 엄밀하지 못한 용어 사용에 있다는 것을 깨닫게 되었다. 다른 사람들은 평행우주라는 용어를 몇 가지 다른 뜻으로 사용하고 있었던 것이다! 잠깐, 나는 생각했다. 둘, 아니 세 가지 다른 종류가 있는데? 아니, 4가지네! 나는 그에 대해 생각해본 후에, 손을 들고 이 책에서 사용하고 있는 4레벨의 평행우주 분류법을 제안했다.

참으로 뛰어났지만, 에버렛의 논문에도 해결되지 못한 중요한 문제가 하나 있었다. 만약 큰 물체 하나가 두 장소에 동시에 정말 존재할 수 있다면, 우리가 그것을 경험하지 못하는 것은 왜일까? 분명히, 당신이 그 위치를 측정한다면 두 평행우주에 있는 당신의 복제본들은 각각 특정한 위치에 있는 결과를 얻을 것이다. 그러나 이 해명은 그리 충분하지 않는데, 왜냐하면 조심스럽게 실험해보면 당신이 바라보지 않더라도 큰 물체는 절대로 두 장소에 동시에 존재하는 것처럼 행동하지 않는다는 결과가 나오기 때문이다. 특히, 그것들은 절대로 양자 간섭 패턴을 만드는 등의 파동 성질을 보이지 않는다. 이 퍼즐에 답하지 못한 것은 에버렛의 논문뿐만이 아니며, 내가 배운 교과서도 마찬가지였다.

양자 검열

세상에나! 해냈다!!! 1991년 11월 말 버클리, 밖은 어두웠고 나는 집 책상에서 정신없이 종이에 수학 기호들을 써내려가고 있었다. 나는 내가 경험한 적이 없었던 넘치는 흥분을 느꼈다. 우아. 내가, 하찮은 내가 무언가 정말로 중요한 것을 발견한 것이 사실일까? 나는 확인해야 했다.

나는 과학에서 가장 어려운 부분은 종종 정확한 답을 찾는 것이 아니라 정확한 질문을 찾는 것이라고 생각한다. 만약 당신이 정말 흥미롭고 잘 정리된 물리 문제를 찾아낸다면, 그것은 그 자체로 살아 움직이게 되며 자동으로 당신이 어떤 계산을 해야 하는지 알려주고 나머지도 거의 저절로 되어 나간다. 그 수학적 단계가 몇 시간이 걸릴지 며칠이 걸릴지는 몰라도, 그것은 마치 이미 잡은 고기를 확인하기 위해 낚싯줄을 기계적으로 잡아당기는 느낌이다. 나는 바로 그런 운 좋은 질문을 하나 잡은 것이다.

나는 수학적으로 파동함수의 붕괴는 전문용어로 밀도 행렬이라고 하는 숫자표를 써서 우아하게 정리할 수 있다는 것을 배운 상태였다. 밀도 행렬은 어떤 것의 상태, 즉 그 파동함수뿐 아니라 내 불완전한 지식까지도 그대로 담을 수 있다.* 예를 들어, 만약 어떤 것이 오로지 두 가지 다른 장소에만 있을 수 있다면, 그것에 대한 내 지식은 2행 2열의

---

* 밀도 행렬은 파동함수를 일반화한 것이다. 파동함수마다 해당하는 밀도 행렬이 있고 그 변화를 알려주는 슈뢰딩거 방정식이 있다. 수학적 배경이 있는 독자라면 각각의 가능한 상태 i에 대해 파동함수 ψ를 복소수 ψ_i라고 생각할 수 있는데, 그에 해당하는 밀도 행렬은 $\rho_{ij} = \psi_i \psi_j^*$이다. *는 켤레 복소수를 나타낸다. 한 물체에 대해 그 파동함수를 모르고 그것이 특정한 파동함수가 될 확률만 안다면, 각각의 그런 파동함수에 대해 가중치를 고려한 평균인 밀도 행렬을 사용해야 한다.

숫자표로 정리될 수 있다. 예를 들어,

$$\begin{pmatrix} 0.5 & 0.5 \\ 0.5 & 0.5 \end{pmatrix} = \text{"그것은 여기와 저기에 동시에 있다."}$$

$$\begin{pmatrix} 0.5 & 0 \\ 0 & 0.5 \end{pmatrix} = \begin{matrix} \text{"그것은 여기 아니면 저기에 있지만,} \\ \text{나는 어딘지 모른다."} \end{matrix}$$

두 경우 모두, 내가 둘 중 한 장소에서 그것을 발견할 확률은 0.5이고, 그것이 행렬의 대각선 부분에 들어 있다. (숫자표의 왼쪽 위에 있는 0.5와 오른쪽 아래에 있는 0.5이다.) 다른 두 숫자, 즉 전문용어로 "밀도 행렬에서 대각선에서 벗어난 성분"이라고 하는 것들은 양자 물리학과 고전 물리학적인 불확실성의 차이를 나타낸다. 그것들도 0.5일 때에는 양자적 중첩이 되어 있다(슈뢰딩거의 고양이가 죽었고 그리고 살아 있는 것에 해당한다). 하지만 그것들이 0일 때에는 친숙한 고전적 불확실성이 있는 것으로 마치 내가 열쇠를 어디에 두었는지 잊어버린 데 해당한다. 따라서 만약 대각선에서 벗어난 성분 숫자들을 0으로 만든다면 그리고를 또는으로 바꿀 수 있고 파동함수가 붕괴하는 것이다!

앞 장에서 배운 코펜하겐 해석에 의하면, 당신 친구가 물체를 관찰하고 당신에게 그 결과를 알려주지 않는 경우, 그녀는 파동함수를 붕괴시켰으며 물체는 여기 또는 저기 있는 것이고 단지 당신이 그것을 모를 뿐이다. 다시 말해, 코펜하겐 해석은 관측이 모종의 방법으로 이들 벗어난 성분 숫자들을 0으로 만든다고 주장한다. 같은 효과를 내는, 물리적으로 덜 신비스러운 과정이 있지 않을까 하는 것이 내 생각이었다. 만약 당신에게 고립된 계가 주어지고 그것이 아무것과도 상호작용하지 않는다면, 그 귀찮은 숫자들이 절대로 그저 사라지는 법은 없다는 것을 쉽게 증명할 수 있다. 그러나 현실에서의 물리계는 거의 절대로 고립되어 있지 않기 때문에, 나는 그것이 도대체 어떤 효과를 줄 것인지 자문해보았다. 예를 들어, 당신이 이 문장을 읽는 동안, 공기 분자들과 광자들은 지속적으로 당신과 충돌하고 있다. 따라서 만약 어떤 물건이 동시에 두 장소에 있을 수 있다면, 그 2행 2열짜리 숫자표는 다른 것이 거기 부딪힐 때 어떻게 변화해갈 것인가?

이것이 바로 앞에 말했던 훌륭한, 스스로 답을 찾아가는 질문 중 하나였으며, 그 뒤에는 거의 자동이었다. 몇 시간 동안, 나는 앉아서 종이 몇 장을 수학 기호들로 채워나갔고 그 결과를 보고는 숨이 턱 막혔다. 대각선에서 벗어난 숫자들은 마치 파동함수 붕괴와 유사하게 0에 아주 가깝게 변화한 것이다. 물론 사실은 붕괴하지 않았고 평행우주들은 멀쩡하게 잘 있었지만, 파동함수 붕괴와 거의 모든 면에서 유사한 효과를 내고, 특히 그 물체를 두 장소에서 동시에 관측하는 것을 불가능하게 만드는 새로운 효과가 있었다. 따라서 양자적 기묘성은 사라진 것이 아니라 단지 검열되는 것이다!

나는 양자역학에는 비밀 유지가 필요하다고 결론 내렸다. 어떤 물체가 양자 중첩에 의해 두 장소에서 동시에 발견될 수 있으려면 그 위치가 나머지 우주에게 비밀로 남아 있어야 한다. 만약 비밀이 새어나간다면, 양자 중첩 효과는 관측할 수 없게 되고 실질적으로 그것은 여기 있거나, 저기 있거나, 아니면 당신이 단지 모르고 있을 뿐이다. 만약 실험실의 연구원이 위치를 측정하고 그 결과를 기록한다면 분명 정보는 이미 새어나갔다. 그뿐 아니라 심지어 하나의 광자가 그 물체에 부딪혀 튕겨나가는 경우라도, 그 위치에 대한 정보는 이미 유출된 것이라고 볼 수 있는데, 그 이유는 그것이 광자의 향후 위치에 포함되어 있기 때문이다. 그림 8.5에서 나타낸 것같이, 1나노초 이후, 광자는 그 물체의 위치에 의해 결정되는 두 가지 아주 다른 위치에 있게 될 것이고, 따라서 광자의 위치를 측정하면 거울의 위치를 알 수 있다.

바로 앞 장의 도입부에서, 나는 파동함수가 붕괴하는 데 인간 관찰자가 필요한지, 아니면 로봇으로도 충분한지 궁금해했다. 이제 나는 의식은 여기 아무 관련이 없고 단일 입자, 예를 들어 단 하나의 광자가 물체에 튕겨 나오는 것도 인간이 관찰하는 것과 효과가 같다고 확신하게 되었다. 나는 양자 관측은 의식에 대한 것이 아니고 단지 정보의 전달에 불과하다는 것을 깨달았다. 마침내 나는 거시적 물체가 두 장소에 같이 있는 경우라도 왜 우리가 그것을 볼 수 없는지 이해하게 되었다. 그것은 그것들이 크기 때문이 아니라, 그것들을 격리하는 것이 어렵기 때문이다! 야외에 있는 볼링공은 초당 보통 10^{20}개의 광자와 10^{27}개의 분자를 얻어맞는다. 내가 그것을 본다는 것은 튕겨 나온 광자(즉, 빛)를 보는 것이므로, 광자와 충돌하지 않는데 내가 그것을 보는 것은 당연히 불가능하다. 따라서 두 장소에 동시에 존재하는 볼링공은 그 존재를 내가 확인하기 전에 이미 양자 중첩이 무너지게 된다. 반면에, 고성능의 진공 펌프로 공기 분자들을 빨아낸다면, 전자는 보통 약 1초 동안 어떤 것과도 충돌하지 않게 된다. 1초는 그 이상한 양자 중첩 현상을 보이는 데 충분한 시간이다. 예를 들어, 전자가 원자 주위를 도는 데는 대략 1,000조 분의 1(10^{-15})초의 시간이 걸리기 때문에 원자의 양쪽에 동시에 존재할 수 있는 능력에는 영향이 없다.

게다가, 만약 공기 분자가 볼링공에서 튕겨나가면서 그 위치에 대한 정보 안에 볼링공의 위치 정보를 담는다면(그림 8.5), 이 분자는 곧 다른 많은 분자들과 충돌하면서 그 정보를 전파하게 된다. 이것은 위키리크스가 기밀문서를 인터넷에 올려놓은 것과 상당히 유사하다. 복사가 거듭되면서 비밀이 새어나가면 그 정보를 다시 비밀로 하는 것은

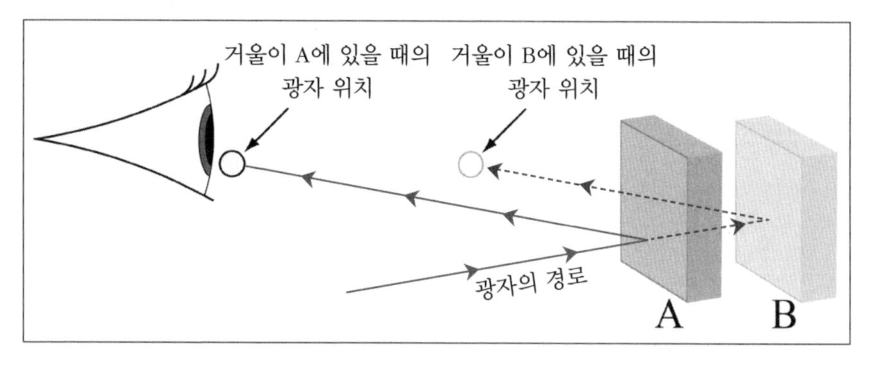

그림 8.5: 만약 어두운 방에서 플래시를 터뜨려 사진을 찍는다면, 카메라로 돌아오는 광자들은 방 안에 무엇이 있는지에 대한 정보를 담고 있다. 그림은 하나의 광자가 어떻게 물체들을 "측정"할 수 있는지 보여준다. 광자가 거울에서 반사되고 나면, 광자는 그 자신의 위치에 거울의 위치에 대한 정보를 부호화하게 된다. 만약 거울이 양자 중첩에 의해 A와 B 모두에 있다면, 그것이 어디 있는지 알아내는 것이 인간이건 광자이건 상관이 없다. 어느 쪽이건, 양자 중첩은 실질적으로 파괴된다.

현실적으로 불가능하게 된다. 그리고 그 정보를 다시 비밀로 하는 것이 불가능하다면 양자 중첩은 복구될 수 없다. 이제 나는 마침내 왜 3레벨 평행우주들이 평행인 채로 남아 있는지 이해하게 되었다!

그날 밤 나는 거침없이 문제를 해결해나갔다. 나는 이 문제를 정량적으로 더 자세히 풀어냈다. 예를 들어, 대부분의 물체들은 그림 8.6처럼 둘 뿐 아니라 많은 장소에 동시에 존재할 수 있다. 기본적으로 나는 광자가 대부분의 양자 중첩을 파괴하지만 일부, 즉 광자의 파장 정도의 중첩은 살려둔다는 것을 알아냈다. 파장이 0.0005밀리미터인 광자는 물체의 크기를 0.0005밀리미터 정확도까지만 잴 수 있는 관찰자처럼 행동한다. 우리는 지난 장에서 모든 입자들이 파동처럼 행동하고 파장을 가진다는 것을 보았고, 나는 어떤 입자든 다른 어떤 물체에서 튕겨 나올 때 그 파장보다 멀리 떨어진 중첩은 파괴된다는 것을 설명한 바 있다.

그때까지 몇 년 동안 나는 내가 물리를 좋아한다는 것 그리고 내가 물리에 일생을 바치길 원한다는 것을 알고 있었다. 하지만 나는 항상 내게 물리학을 공부하고 관중석에서 응원할 수준을 넘어 직접 공헌할 만한 자질이 있는지 확신이 없었다. 그날 밤 내가 결국 잠자리에 들었을 때, 나는 내 인생에서 처음으로 그래 나는 할 수 있어!라고 생각했다. 내 발견이 "테그마크 효과"라고 불리게 되지 않을까? 나는 앞으로 어떻게 되든 그날 저녁의 흥분을 절대 잊을 수 없으리라는 것을 알고 있었다. 나는 내게 주어진 모든 기회와 과학의 위대한 모험을 할 수 있도록 내게 영감을 준 모든 사람들에 대해 너무 다행이었다고 느꼈다. 너무 좋아서 믿어지지 않을 정도였는데, 결국 사실이 그랬다.

2주 후, 나는 내 계산을 토대로 논문의 초고를 썼다. 논문의 제목은 「산란에 의해 야기된 명백한 파동함수 붕괴Apparent Wave Function Collapse Caused by Scattering」로, 산란scattering이란 입자가 튕겨나가는 것을 의미하는 전문용어이다. 이것은 내가 처음으로 출판을 전제로 한 논문을 쓰는 것이었기 때문에, 나는 마치 크리스마스이브의 꼬마처럼 느껴졌다. 나는 왼손잡이로 항상 손글씨가 끔찍했는데(학교에 숙제를 내면 언제나 "깔끔하게 쓰도록 연습해야지!"라는 코멘트를 받곤 했다), 알아보기 힘들게 끄적거린 글씨가 예쁘게 조판된 방정식으로 바뀌어가는 것을 보는 것은 흥분되는 일이었다. 동시에, 나는 다른 이가 이미 이것을 발견했는데 내가 모르고 있을 가능성에 대해 편집증적으로 되어갔다. 나는 이미 알려져 있다고 한다면 이렇게 기본적인 것은 교과서에도 언급되고 대학원 양자역학 수업에서도 다루어졌을 것이라고 생각했는데, 그럼에도 불구하고 논문을 찾아보는 동안 의심스러운 참고문헌을 들춰볼 때마다 떨림을 느꼈다. 그때까지는 다 괜찮았다….

내 학계 출판의 데뷔를 앞두고, 나는 심지어 내 성을 아버지 쪽의

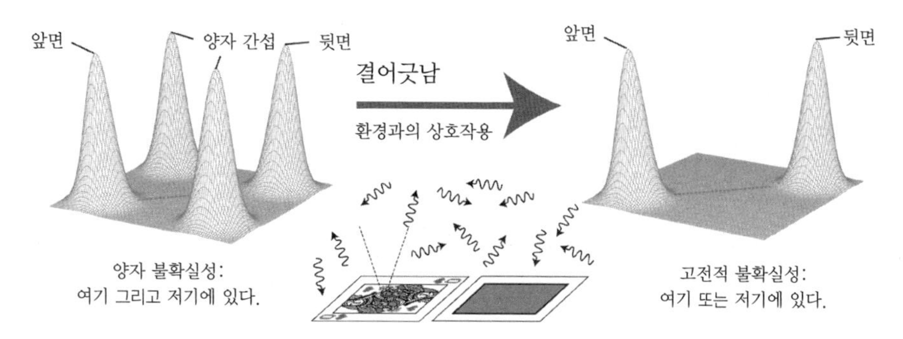

그림 8.6: 쓰러진 카드의 위치에 대한 정보는 이른바 밀도 행렬로 기술되는데, 위 그림처럼 울퉁불퉁한 곡면으로 나타낼 수 있다. 대각선(점선) 위의 봉우리 높이는 여러 위치에서 카드를 발견할 확률을 주고, 다른 곳의 높이는 대략 양자 기묘성, 즉 카드가 동시에 위치에 존재할 정도를 나타낸다. 왼쪽의 밀도 행렬은 카드가 아래 그려진 두 위치 모두에 같은 정도로 존재하는 경우에 해당하며, "양자 간섭"이라고 표시된 두 봉우리가 양자 중첩의 증거가 된다. 광자가 카드에 맞고 튕겨 나오면, 결어긋남이 그 두 봉우리를 제거해서, 오른쪽과 같이 카드가 두 위치 중 하나에만 있지만 그것을 우리가 모르는 데 해당하는 밀도 행렬이 된다. 이 봉우리들의 너비는 앞면과 뒷면 위치 주위에 있는 잔존의 양자 불확정성에 해당한다.

샤피로Shapiro에서 어머니 쪽인 테그마크Tegmark으로 바꾸었다. 스웨덴에서 살 때 나는 드문 성이라 샤피로라는 이름을 가졌다는 것이 마음에 들었다. 온 나라에서 우리 집이 유일한 샤피로라는 성을 가지고 있었다. 경악스럽게도 국제 학계의 관점에서 볼 때 샤피로라는 이름은 내 고국에서 안데르손Andersson이라는 성만큼이나 흔한 것이었다. 최후의 결정타는 내가 물리학 논문 데이터베이스에서 "M. Shapiro"를 검색했더니 수천 개의 결과가 나온 것이었다. 심지어 내가 다니는 버클리 물리학과에만도 M. Shapiro가 3명 있었고, 그중 1명(마저리Marjorie)은 내가 입자 물리학을 수강할 때의 담당 교수이셨다! 반면, 내가 아는 한 내 외가는 지구 상에 유일한 테그마크 가문이었다. 나는 내가 아버지에게 감정이 있는 것으로 오해하실까봐 신경이 쓰였지만, 내가 여쭤보았을 때 아버지는 상관없다고 하시면서 셰익스피어Shakespeare를 인용해서 "이름이 무슨 소용이니?"라고 하셨다(셰익스피어의 『로미오와 줄리엣』에 나오는 대사. "이름이 무슨 소용인가? 장미꽃은 다른 이름으로 불려도 똑같이 향기로울 게 아닌가?"에서 인용한 것이다._옮긴이).

특종을 뺏기는 즐거움

모든 것이 무너진 것은 약 한 달 후 내가 스웨덴에서 크리스마스를 보내고 돌아와 논문을 막 제출하려던 때였다. 그 모든 시간. 그 모든 열정. 그 모든 즐거움. 그 모든 흥분. 그 모든 희망. 그것들은 몇 분 지나지 않아 펑! 하고 터져 연기처럼 사라져버렸다. 누가 성냥에 불을 켰는가? 바로 앤디 엘비가 보이치에흐 주렉Wojciech Zurek이라는 폴란드 출신의 물리학자가 이미 그 일을 했다고 내게 말해주었다. 이미 결어긋남decoherence이라는 이름이 붙었으니, 테그마크 효과는 잊어버려야 한다. 그리고 독일 출신의 물리학자인 디터 제Dieter Zeh가 이미 1970년에 그 효과를 발견했다는 것도 알게 되었다.

평소에도 그런 성격인데, 처음에는 이 나쁜 소식에도 나는 그다지 큰 충격을 느끼지 않았다. 나는 친구들인 웨인, 저스틴, 테드와 이 일에 대한 농담을 하고 나서 집으로 갔다. 하지만 사실은 내가 위태위태한 상태에 있었다는 것을 나는 몰랐다. 집에서 나는 하찮은 일로 여자 친구와 말싸움을 시작했다. 그녀는 그녀와 그녀 친구가 먹을 정도만 쌀을 요리해놓았고, 내게는 냉동실에 있는 얼린 밥을 주었다. 갑자기 나는 너무 슬퍼져서 울고 싶어졌는데, 그것마저 제대로 되지 않았다.

점차 나는 최초의 발견을 빼앗긴 것에 대한 내 감정을 바꾸어갔다. 우선 내가 과학을 하는 주된 이유는 내가 발견에서 기쁨을 얻기 때문이며, 그것은 내가 최초의 발견자이든 아니든 동일하게 흥분되는 일이었다. 그것은 당연히 발견의 순간에는 어떤 쪽인지 판단할 수 없기 때문이다. 둘째로, 나는 우리 우주에서건 평행우주에서건 우리보다 더 발전한 문명이 있다고 믿기 때문에, 우리가 지구에서 발견한 것은 무엇이든 재발견일 것이라고 생각한다. 그러나 그렇다고 발견의 기쁨이 줄어드는 것은 아니다. 세 번째로, 어떤 것을 혼자 힘으로 발견하는 경우 분명히 그것에 대해 더 깊이 이해하고 진가를 알게 된다. 역사로부터 나는 또한 과학의 대발견들은 많은 경우 반복되어 재발견되었었다는 것을 알게 되었다. 올바른 질문들이 돌아다니고 그것을 공략할 도구가 개발되어 있는 경우, 많은 사람들이 독립적으로 같은 답을 찾아내는 것은 자연스러운 일이다. 양자역학 수업 시간에, 나는 유진 커민스가 무표정한 얼굴로 "이건 슈뢰딩거가 발견했기 때문에 클라인-고든 방정식이라고 부릅니다"라고 했던 것을 기억한다.

나는 그 이후로 다른 많은 것들을 재발견했는데, 보통 기본적인 것을 재발견하게 되면 다른 사람들이 보지 못했던 흥미로운 세밀한 부분들을 알게 되고 결국 이전 논문을 인용하면서도 거기 무언가 더하게 되는, 좀 더 차분한 어조의 논문을 만들어낼 수 있게 된다. 이 경우는 좀 으스스했다. 나는 공기나 햇빛과 같은 뻔한 것들로부터, 차폐하기 어려운 자연적 방사능과 태양에서 오는 중성미자에 이르기까지, 결어긋남에 대한 대표적인 10가지 자연스러운 예를 생각해냈는데, 디터 제와 그의 학생인 에리히 요스Erich Joos가 6년 전에 쓴 논문에 거의 동일한 표가 있는 것을 발견했다. 그래도 내겐 몇 가지 새로운 것들이 있었고 (http://arxiv.org/pdf/gr-qc/9310032.pdf) 그 정도로도 저널의 수준을 약간 낮추면 출판하는 데는 문제가 없을 것이었지만, 나는 내 학계 경력이 처음부터 큰 물결을 일으켰으면 했는데 이것은 마치 다이빙에서 배로 떨어지는 것만큼이나 창피한 일로 생각되었다.

이제 돌이켜보면, 내가 놓친 특종 중에 가장 우스꽝스러운 것은 이 일이 아니라 1995년에 내가 입자의 양자 상태(파동함수 또는 밀도 행렬)를 측정할 수 있는 기술을 발명했던 것이었다. 나는 논문을 제출하려던 날 밤, 텅 빈 도서관에서 논문 출판본을 보고 놀라 입을 떡 벌리고 바보처럼 서 있던 것을 절대 잊을 수 없다. 그 저자들은 그저 단순히 내가 하려던 일을 먼저 해낸 정도가 아니라 내 것과 동일한 그림을 아주 정교하고 이해에 도움이 되도록 그렸으며 내가 생각해낸 완전히 같은 위상공간 단층촬영이라는 용어도 만들어냈다. 내가 할 수 있는 거라곤 내 동생과 그런 상황에서 쓰려고 만들어낸 단어인 "허푸HURF!"라고 소리치는 것밖에 없었다.

내가 이 익명의 경쟁자들과 결국 만나게 되었을 때, 그들 모두 사실은 아주 친절한 사람들이라는 것을 알게 되었다. 제와 주렉 두 사람 모두 이메일을 보내 내 연구에 대해 격려해주었고 나를 세미나로 초청하기도 했다. 2004년 나는 보이치에흐 주렉의 직장인 로스앨러모스 연구소를 방문해서 과학자로서의 가장 멋진 특전을 만끽했다. 이국적인 곳에 초청되어 멋진 사람들과 이야기하며 시간을 보내면서도 업무로 인정되는 것이었다. 게다가 그쪽이 여행 경비를 부담해주기까지 했다! 보이치에흐 주렉의 풍성한 헤어스타일과 장난스럽게 반짝이는 눈이 연구와 여가 모두에서 모험적인 그의 취향을 보여주고 있었다. 그는 한 번은 아이슬란드의 굴포스 폭포에 가서 출입통제 구역 안에 있는 바위 아래 물속으로 같이 들어가자고 나를 잡아끈 적이 있다. 나는 물줄기의 방향이 갑자기 바뀌었을 때, 얼마나 많은 평행우주가 방금 2명의 결어긋남 이론가를 한 번에 잃었을까 생각했다. 내가 1996년에 하이델베르크에 있는 디터 제와 그의 그룹원들을 방문했을 때, 결어긋남에 대한 그의 큰 발견에 비해 너무나 제대로 인정받지 못하는 것에 놀랐다. 하이델베르크대학 물리학과는 "철학자의 거리"에 위치해 있는데도 불구하고, 그의 심술궂은 동료들은 그의 연구를 너무 철학적이라고 거의 무시하고 있었다. 그의 그룹 회의는 교회 건물에서 하고 있었는데, 나는 결어긋남에 대한 책을 쓰는데 그가 받은 유일한 연구비가 독일 루터교단에서 온 것이라는 것을 듣고 경악했다.

이것이 나로 하여금 휴 에버렛이 예외가 아니었다는 것을 깨닫게 했다. 물리학의 근본을 연구하는 것은 화려함이나 명성과는 거리가 먼 것이다. 그것은 예술과 비슷하다. 물리학을 하는 이유는 당신이 그것을 사랑하기 때문이다. 내 물리학계 동료들 중 극소수만이 정말로 큰 질문에 대한 연구를 선택하는데, 그들을 만날 때면 나는 진정한 연대의식을 느낀다. 나는 시인이 되기 위해 많은 돈을 벌 수 있는 직업을 포기한 사람들도 그들이 돈이 아니라 지적 모험을 위해서 그 길에 들어섰다는 의식으로 비슷한 연대감을 느낄 것이라고 생각한다.

비행기 옆 자리에 앉은 사람이 과학에 대한 질문을 할 때마다, 나는 학계에서의 경쟁과 특종을 빼앗기는 것을 받아들이는 정확한 방법에 대해 다시 생각하게 된다. 비행기에서 나는 물리학 국가에서 온 외교관으로서 내 개인이 한 일이 아니라 물리학자들이 공동으로 해낸 일에 대해 설명하는 데 큰 기쁨과 자랑스러움을 느낀다. 어떤 때는 내가 다른 사람보다 먼저 발견하고, 다른 때는 다른 사람이 나보다 먼저 발견하기도 하지만, 중요한 것은 우리가 함께 서로에게서 배우고 서로에게 영감을 주고 혼자서는 꿈도 꾸지 못했을 일을 성취한다는 것이다. 그것은 놀라운 공동체이며 내가 그 일원이 되었다는 것은 엄청난 행운이다.

당신의 뇌가 양자 컴퓨터가 아닌 이유

"로저 펜로즈 경은 일관성이 없고, 맥스 테그마크는 그가 그것을 증명할 수 있다고 주장한다." 으아! 나는 2000년 2월 4일《사이언스》저널의 뉴스 기사를 읽다가 깜짝 놀랐다. 나는 이 유명한 수리물리학자가 일관성이 없다고 한 적은 한 번도 없지만, 기자들이란 다툼과 말장난을 좋아한다. 나는 논문(http://arxiv.org/abs/quant-ph/9907009.pdf)에서 펜로즈의 아이디어 중 하나가 결어긋남에 의해 배제되었다고 주장한 참이었다.

당시는 이른바 양자 컴퓨터를 만드는 데 흥미가 높았다. 양자 컴퓨터는 양자역학의 기묘성을 사용해서 모종의 문제들을 더 빨리 풀 수 있게 하는 장치이다. 예를 들어 당신이 이 책을 온라인으로 구입했다면 당신의 신용 카드들은 암호화되었는데, 그 원리는 300자리 소수 2개를 곱하는 것은 금방 되지만 600자리 숫자를 소인수분해하는 것(어떤 두 숫자를 곱해야 그 600자리 숫자가 되는지 알아내는 것)은 오늘날 성능이 가장 뛰어난 컴퓨터로도 우주의 나이 정도 시간이 걸릴 만큼이나 어렵다는 사실에 기초한 것이다. 만약 거대한 양자 컴퓨터를 만들 수 있다면 MIT의 내 동료인 피터 쇼어Peter Shor가 만들어낸 양자 알고리즘을 이용해서 해커는 그 문제의 답을 신속하게 찾아 당신의 돈을 훔칠 수 있다. 이에 대해 양자 컴퓨팅계의 개척자인 데이비드 도이치는 "양자 컴퓨터는 다중우주에 있는 자신에 대한 엄청난 숫자의 복제본들과 정보를 공유한다"라고 표현하는데, 말하자면 양자 컴퓨터란 이런 다른 복제본의 도움을 받아 우리 우주에서 문제를 빨리 풀 수 있는 것이다. 양자 컴퓨터는 또한 원자와 분자의 행동을 아주 효율적으로 흉내낼 수 있어서 마치 풍동에서의 측정 대신 컴퓨터 시뮬레이션을 사용하는 것처럼 화학 실험실에서의 측정을 대신할 수 있을 것으로 기대된다. 양자 컴퓨터는 궁극의 병렬 계산 컴퓨터로서 3레벨 다중우주를 계산 자원으로 사용하고 어떤 의미로는 평행우주들에서 다른 병렬 계산을 수행한다.

그런 기계를 만들기에 앞서, 양자 정보를 충분히 잘 보호해서 결어긋남이 양자 중첩을 붕괴시키지 않도록 하는 기술적 난점을 극복할 필요가 있다. 하지만 갈 길이 멀다. 휴대전화의 컴퓨터가 수십억 비트의 정보를 저장할 수 있지만, 세계 최고급 성능의 양자 컴퓨터도 고작 몇 비트만 (0과 1의 정보) 저장할 수 있다. 그러나 펜로즈와 다른 몇 사람들은 놀라운 제안을 내놓았다. 당신은 당신 머릿속에 이미 양자 컴퓨터를 가지고 있는지도 모른다! 그들은 우리의 두뇌가 (혹은 적어도 그 일부분) 양자 컴퓨터이며 그것이 의식을 이해하는 데 중요한 단서가 될 것이라고 제안했다.

결어긋남이 양자 효과를 무력화하므로, 나는 첫 발견을 빼앗긴 결어긋남 공식을 사용해서 펜로즈의 아이디어가 정말 실현될 수 있는지 확인해보기로 했다. 나는 먼저 뉴런(그림 8.7)에 대한 계산을 했다. 뉴런은 뇌에 있는 수천억 개의 신경세포들로 마치 전선처럼 전기 신호를 전달한다. 뉴런은 가늘고 길어서, 한 사람의 뉴런을 펼치면 지구를 4바퀴 돌 수 있을 정도이다. 그것들은 나트륨, 칼륨 양이온을 이용해서 전기 신호를 전달한다. 쉬고 있는 상태의 뉴런은 내부와 외부 사이에 0.07볼트의 전위차가 있다. 뉴런의 한쪽 끝이 자극되면 이 전압이 낮아지는데, 그러면 전위차에 반응하는 세포 내 문이 열리고 나트륨 이온이 밀려들어오며 전압이 더욱 낮아지고 더 많은 이온이 들어온다. 뉴런은 이런 연쇄 반응을 통해 작동하는데 약 시속 200마일까지의 속도로 전파되며 약 100만 개의 나트륨 이온이 세포에 들어간다. 신호

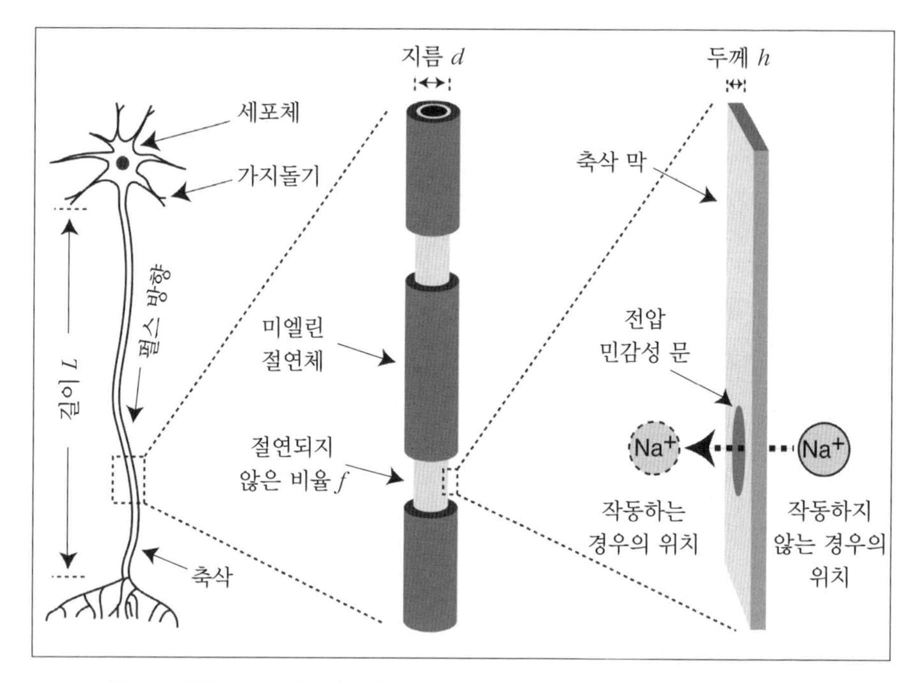

그림 8.7: 왼쪽은 뉴런의 개략적 그림, 가운데는 축삭이라고 하는 전선처럼 긴 부분, 오른쪽은 축삭 막 조각이다. 축삭은 보통 미엘린이라는 물질로 절연되어 있는데, 0.5밀리미터 정도마다 절연되지 않고 드러난 부분이 있으며 그 영역에 전압에 민감한 나트륨과 칼륨 문이 집중되어 있다. 뉴런이 작동과 작동하지 않는 것의 중첩 상태에 있으면, 약 100만 개의 나트륨(Na) 원자가 세포의 안쪽과 바깥쪽에 중첩 상태로 존재한다.

를 보내는 부분을 축삭이라 하는데, 축삭은 신속히 회복되며 빠른 경우 초당 1,000번 넘게 작동하는 것이 가능하다.

이제 두뇌가 정말로 양자 컴퓨터이며 뉴런 작동이 그 계산과 모종의 방법으로 연관되어 있다고 가정하자. 그러면 각각의 뉴런은 작동과 비작동 상태의 중첩에 있는 것이 가능하며, 약 100만 개의 나트륨이 두 장소, 즉 뉴런 내부와 외부에 동시에 있을 수 있다는 뜻이다. 위에서 설명했던 대로, 양자 컴퓨터는 그 상태가 외부에 알려지지 않아야만 작동하는데, 그렇다면 뉴런은 작동하는지 아닌지를 얼마나 오랫

동안 비밀로 할 수 있을까? 숫자를 대입했더니 그리 길지 않은 시간, 정확히 말해 10^{-20}초, 즉 1억 분의 1조 분의 1초가 나왔다. 그것이 임의의 물 분자가 100만 개 나트륨 원자 하나에 충돌해서 그 위치를 알게 되고 결국 양자 중첩을 파괴하는 데 걸리는 평균적 시간이다. 나는 펜로즈가 제안한 다른 모델에 대해서도 계산을 했는데, 그 모델에서는 뉴런이 아니라 세포골격의 구성 요소인 미세소관에서 양자 계산이 수행되며, 내가 얻은 답은 10^{-13} 초, 즉 10조 분의 1초 후에 결어긋남이 일어난다는 것이었다. 내 생각이 양자 계산이 되려면 따라서 결어긋남이 발생하기 전에 생각을 끝내야 하므로 초당 10,000,000,000,000번의 생각을 할 수 있다는 뜻이다. 로저 펜로즈는 그렇게 빨리 생각할 수 있을지 몰라도, 분명 내게는 불가능한 일이다….

우리 두뇌가 양자 컴퓨터로 작동하지 않는다는 것이 그리 놀랄 일은 아니다. 양자 컴퓨터를 실현하려는 동료 과학자들은 결어긋남을 극복하기 위해 기기를 외부로부터 격리하기 위해 극저온의 어두운 진공에 두는 등 엄청난 노력을 경주하는데, 우리 두뇌는 따뜻하고 축축한 곳에 있으며 격리되어 있지도 않다. 그러나 내 논문에 이의를 제기하는 사람들이 있었고 나는 처음으로 학술적 논란을 경험하게 되었다. 특히 양자 의식 분야의 선구자 중 한 사람인 스튜어트 해머로프Stuart Hameroff는 내가 "이 분야에 악취탄을 던졌고" 양자 의식의 연구자들에게 골칫거리를 만들었다고 말했다. 그는 내게 "당신은 주류 과학계가 고용한 청부살인업자인가요?"라는 말도 했다.

나는 보통 주류 학계에 반대해서 본능적으로 이견을 내는 쪽에 주로 섰기 때문에 이것은 내게 아이러니로 느껴졌다. 게다가 나는 어떤 특정한 결과를 바라고 이 계산을 했던 것이 아니며 그저 답을 알고 싶었던 것뿐이었다. 실은 양자 컴퓨터가 내 안에 있다는 것이 정말 멋지게 생각되었기 때문에 반대의 결론을 얻었더라면 나도 더 기분이 좋았을 것이다. 다른 2명의 저자와 함께, 해머로프는 내 논문을 비판하는 논문을 발표했는데, 내가 보기에 거기에는 오류가 있다.* 나는 결국 종종 과학자들도 어떤 아이디어에 거의 광적일 정도로 너무 집착할 경우 어떤 사실도 그들을 설득할 수 없다는 것을 깨달았다. 나는 그저 멋져 보이는 전문용어들이 "의식은 신비이며 양자역학도 신비이므로 둘은 연관되어 있음에 틀림없다"라는 주장을 합리화시키는 데 오용되었던 것이 아닌가 생각한다.

나는 2009년에 스튜어트 해머로프를 만났는데 그는 유쾌하고 상냥한 사람이었다. 우리는 뉴욕에서 점심을 함께 했고 흥미롭게도 단 하나의 계산이나 측정 결과조차도 우리의 의견이 갈리는 것을 찾아낼 수 없었다. 따라서 우리는 의식에 대해 의미하는 모든 것에 대한 의견이 서로 다르다는 것을 예의바르게 인정하며 헤어졌다.

---

* 그들은 내가 고려한 미세소관 모델이 로저 펜로즈 책에 나오지 않는다고 주장했는데, 2006년 스튜어트는 결국 정중하게 잘못을 인정했다. 그들은 또한 내 계산 결과에 의하면 뇌의 온도를 내리면 결어긋남에 걸리는 시간이 줄어드는데 직관적으로 보면 그 반대여야 하므로 내 계산이 맞을 리가 없다고 주장했다. 그들이 간과한 것은 만약 절대 온도로 10퍼센트 정도 내려가 영하가 되면 뇌가 얼고 결어긋남 시간이 비약적으로 늘어난다는 것이다. 온도를 미세하게 줄였을 때 결어긋남 시간이 줄어드는 것은 잘 알려진 대로 온도가 낮을수록 충돌할 확률이 높아지는 효과를 반영한 것이며, 이것은 핵반응로에서 느린 중성자가 빠른 중성자보다 목표물에 충돌할 확률이 큰 것과 마찬가지 효과이다. 그들은 또한 뇌가 다른 작동원리에 의해 양자 계산을 수행할지도 모른다고 주장했는데, 내가 확인할 수 있을 만한 구체적인 메커니즘을 제시하지 못했다. 두뇌에 계산이 아닌 다른 양자 효과가 있을 수도 있는데 물론 나는 거기에는 반대한 적이 없다.

주체, 객체 그리고 환경

나는 고백할 것이 있다. 뇌의 결어긋남 계산은 사실 핑계였다. 그것은 내가 그 논문을 쓴 진정한 이유가 아니었다. 내게는 정말 흥미롭게 정말로 발표하고 싶은 아이디어가 있었지만 그것은 너무 철학적이라 게재 승인을 받기 불가능할 것 같았다. 그래서 나는 일종의 트로이 목마 전략을 쓰기로 했다. 나는 심사자들에게 숨기고 싶은 철학적 부분을 여러 페이지에 걸친 그럴듯한 방정식들 뒤에 놓았다. 재미있게도 이 전략이 통해서 논문은 통과되었지만 사람들은 겉모습, 즉 두뇌가 양자 컴퓨터가 아니라는 부분에만 흥미를 보였다.

그러면 내 숨은 메시지는 과연 무엇이었는가? 그것은 그림 8.8에서와같이 양자 실체를 바라보는 통합된 관점이다. 파인먼은 양자역학이 우리 우주를 둘로 나눈다는 것을 강조했다. 그 하나는 고려 대상인 객체object이고 다른 하나는 그 외의 모든 것으로서 환경environment이라고 부르는 것이다. 그러나 나는 여기에 양자 수수께끼의 중요한 부분이 빠져 있다고 생각한다. 그것은 당신의 마음이다. 에버렛의 연구가 보여주듯, 관측 과정을 이해하려면 우주의 제3의 부분을 포함시키는 것이 필요하다. 그것은 그림 8.8에서 주체subject라고 나타낸, 관찰자로서의 당신의 정신적 상태이다.*

만약 당신이 물리학자가 아니라면, 양자역학에서의 관측에 대해 그렇게 난리법석을 떨면서도 마음에 대해 물리학자들이 거의 이야기하지 않는 것이 이상하게 느껴질 것이다. 말하자면, 마음을 언급하지 않고 관측에 대해 이야기하는 것은 마치 눈을 언급하지 않고 근시에 대

---

* 여기서 주체는 당신의 두뇌 전체를 가리키는 것이 아니라 의식을 주관하는 부분을 뜻한다.

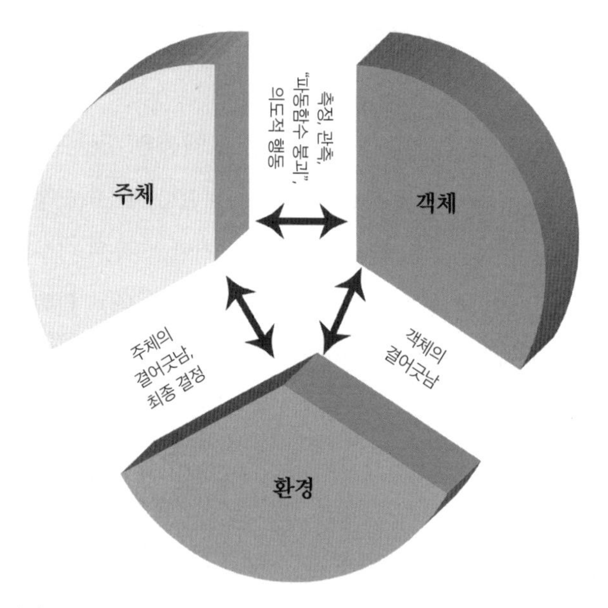

그림 8.8: 세계를 주관적 인식에 해당하는 부분(주체), 탐구의 대상이 되는 부분(객체), 그리고 그 나머지(환경) 이렇게 세 부분으로 나누는 것이 편리하다. 표시된 대로, 이 세 부분들 사이의 상호작용은 질적으로 매우 다른 효과를 내며, 결어긋남과 겉보기 파동함수 붕괴 모두를 포함하는 통합된 설명을 제공한다.

해 이야기하는 것과 비슷하다. 나는 우리가 의식이 작동하는 것을 이해하지 못하므로 대부분의 물리학자들이 너무 철학적으로 들릴까봐 그것에 대해 이야기하는 것을 거북해하기 때문이라고 생각한다. 개인적으로, 나는 우리가 무엇을 이해하지 못하는 경우 그것을 무시하면서도 정확한 답을 얻기를 기대해서는 안 된다고 생각한다.

나는 다음 장에서 우리의 마음에 대해 더 이야기할 것이다. 그러나 그림 8.8을 이해하는 데 마음의 작동 방식이 무엇인지는 별 상관이 없다. 우리는 오로지 두뇌를 구성하는 입자들이 다른 입자들과 마찬가지로 슈뢰딩거 방정식을 따르며 그것들의 아주 복잡한 운동들로부터 어떻게인가 주관적인 의식이 결정된다고 가정할 뿐이다.

내 트로이 목마 논문에서, 나는 슈뢰딩거 방정식을 우리 우주를 구성하는 주체, 객체, 그리고 환경 이 세 부분으로 나누었으며, 그들 사이에는 상호작용을 지배하는 부분이 있다. 그러고 나서 나는 방정식에서 이들 다른 부분들의 영향을 분석했는데, 한 부분은 교과서적인 결과를, 하나는 에버렛의 다중 세계를, 다른 하나는 제Zeh의 결어긋남을, 그리고 다른 한 부분은 무언가 새로운 것을 준다는 것을 보였다. 표준적 교과서는 원자와 같은 객체를 지배하는 슈뢰딩거 방정식에만 집중한다. 이것은 그것들이 모여 구성하는 전체에 대해 따로 걱정하지 않아도 각각은 분석 가능하다는 환원론적 정신을 따른 것이다. 주체와 객체 사이의 상호작용은 양자 중첩을 객체에서 당신에게로 전이시켜, 앞에서 나온 에버렛의 평행우주(274~288쪽)를 낳는다. 환경과 객체 사이의 상호작용은 결어긋남을 주며(296~300쪽) 카드의 퀸같이 큰 물건들이 두 장소에 동시에 있는 것 같은 기묘한 양자 행동을 절대로 보이지 않는지를 설명한다. 현실적으로 이런 결어긋남을 제거하려는 것은 무방한 일이며, 사고 실험에서, 예를 들어 양자 카드 실험을 어둡고 차며 공기도 없는 방에서 단 하나의 광자가 카드에 충돌한 후 당신 눈에 들어가는 것 같은 상황에서 가능하다고 해도, 결국 달라질 것은 없다. 카드가 두 장소에 동시에 있다면 광자도 그런 것이며 당신이 카드를 바라볼 때 당신 시신경의 적어도 하나의 뉴런은 작동과 비작동의 중첩 상태에 있을 것이다. 그렇다면 우리가 앞에서 확인했던 대로 이 중첩은 10^{-20}초 후에 결어긋남에 빠지게 된다.

그럼에도 불구하고 결어긋남은 우리가 양자 기묘성을 인식하지 못하는 이유를 완전히 설명하지 못하는데, 그것은 사고 과정(주체의 내적 동역학)이 친숙한 정신 상태들의 기묘한 중첩 상태를 만들어낼 수도 있었기 때문이다. 여기에서 다행히도 그림 8.8의 세 번째 상호작용, 즉 주체와 환경의 상호작용이 요긴하다. 뉴런이 정보를 처리하는 속도보다 훨씬 빨리 결어긋남이 일어난다는 것은 뇌 속의 뉴런 작동 패턴이 의식과 관련이 있다면 두뇌의 결어긋남이 그런 중첩의 경험을 방지한다는 것을 의미한다.

주체와 환경의 이러한 상호작용이 또한 다른 논리적 결함을 보완해준다. 보이치에흐 주렉은 내 발견에서 나아가 결어긋남을 연구하여, 결어긋남의 또 다른 중요한 역할을 확인했다. 주렉은 큰 물체들이 왜 두 장소에 동시에 있을 수 없는지 설명할 뿐 아니라, 왜 한 장소에만 있는 것 같은 통상적 상태가 그렇게 특별한지도 설명한다. 큰 물체에게 허용된 양자역학적 상태 중에서, 바로 이런 통상적 상태가 결어긋남에 내성이 가장 크며 따라서 결국 살아남는 것들이다. 이것은 마치 왜 사막에 장미가 아니라 선인장이 있는지와 유사하다. 그것은 바로 선인장이 그 환경에서 가장 잘 살아남을 수 있기 때문이다. 실은 이 주제에 대해 내가 내 아버지와 함께 쓴 논문 때문에 보이치에흐가 나를 로스앨러모스로 초청해서 세미나를 요청했던 것이다.

자, 우리는 대부분의 결어긋남을 진공펌프나 극저온장치 등의 실험 장치를 사용해서 줄일 수 있지만, 우리 뉴런의 결어긋남은 절대 없앨 수 없다. 우리 마음이 어떻게 작동하는지 모르지만, 외부 세계에서 우리의 마음에 도달하는 모든 정보는 먼저 시신경이나 달팽이관 같은 감각기관을 거쳐야 하며 그것들은 모두 엄청나게 빨리 결어긋남에 이른다는 것을 분명히 알고 있다. 따라서 외부 세계의 어떤 관측에 대해서든 주관적으로 인식하게 되는 순간, 사물들은 이미 결어긋나게 되며 우리가 양자 기묘성을 인식하지 못하는 것과 우리가 항상 확실한 통상적 상태들만 인식하게 되는 이유를 설명해준다.

물리학의 모든 논쟁점 중에서, 오로지 거창한 몇 개만이 수세대에 걸쳐 다른 것들 위에 우뚝 서 있다. 양자역학의 해석 문제는 명백하게 그중 하나이다. 열역학 제2법칙도 그중 하나이다. 열역학 제2법칙에 따르면 고립계의 엔트로피는 절대로 감소하지 않는다. 엔트로피란 우리가 계에 대한 정보가 부족한 정도를 나타내는 정량적 척도이며 기본적으로 그 양자 상태를 나타내기 위해 몇 비트의 정보가 필요한지를 나타낸다. 한편으로는 몇몇 학자들은 엔트로피를 거의 신성불가침의 영역에 놓았다. 위대한 천체 물리학자였던 아서 에딩턴Arthur Eddington 경은 "엔트로피가 항상 증가한다는 것은 자연 법칙 중 최고의 위치를 차지한다고 나는 생각한다. 만약 어떤 사람이 당신에게 당신이 신봉하는 이론이 맥스웰 방정식과 어긋난다고 한다면 맥스웰 방정식도 마찬가지로 위기에 빠졌다고 할 수도 있다. 그것이 관측 결과와 어긋난다고 해도, 글쎄, 실험가들도 종종 실수할 때가 있다. 하지만 만약 당신의 이론이 열역학 제2법칙에 어긋난다면 나는 당신에게 절대 희망이 없다고 말하겠다. 가장 깊은 치욕에 빠지는 것 말고는 다른 가능성이 없다"라고까지 말했다. 한편, 맥스웰, 깁스Gibbs, 로슈미트Loschmidt, 푸앵카레Poincaré 같은 물리학의 거장들이 제2법칙에 대해 진지하게 문제를 제기한 적이 있지만 아직까지 그것이 만족스럽게 해결되었는지에 대한 합의는 없다.

내가 보기에, 양자역학과 열역학의 이 거대한 논란들은 만약 우리가 존 폰 노이만John von Neumann이 정의한 표준 양자역학적 엔트로피 정의를 사용하고 파동함수의 붕괴를 부인하며 주체, 객체, 환경 모두를 포함하는 실체를 고려한다면 한 번에 해결된다는 점에서 서로 연결되어 있다.

그림 8.8에 요약되어 있듯이, 측정과 결어긋남은 각각 객체가 주체 및 환경과 상호작용하는 것에 해당한다. 측정과 결어긋남 과정이

다르게 보일지라도, 엔트로피는 물리학에서 아주 중요한 양으로서 객체에 대한 모자라는 정보와 관련된 둘 사이의 흥미로운 유사점에 주목하게 한다. 만약 물체가 어떤 것과도 상호작용하지 않는다면 그 엔트로피는 변하지 않는다. 우리는 슈뢰딩거 방정식을 써서 초기 상태로부터 나중 상태를 계산할 수 있으므로, 1초 후에 그것이 어떻게 될지 완벽하게 알고 있다. 만약 그 물체가 당신과 상호작용한다면, 당신은 정보를 얻게 되고 엔트로피는 줄어든다. 당신이 그림 8.1에서 눈을 떴을 때, 다른 결말을 목격하는 당신의 두 복제본이 존재하는데 각각은 그들의 평행우주에서 카드가 어떻게 쓰러졌는지를 알고 있으며 카드에 대한 정보를 습득했을 것이다. 그러나 만약 물체가 환경과 상호작용한다면 당신은 보통 그에 대한 정보를 잃게 되며 엔트로피는 늘어난다. 가령 필립이 그의 포켓몬스터 카드가 어디 있는지 알고 있는 경우, 알렉산더가 그것을 뒤섞은 다음에는 그 카드가 어디 있는지에 대한 정보를 덜 갖고 있게 될 것이다. 유사하게, 만약 당신이 카드가 두 장소에 동시에 존재하는 양자 상태에 있다는 것을 알고, 다른 사람 혹은 광자가 당신에게는 알리지 않은 채로 그 위치를 알아냈다면, 당신은 정보를 1비트 잃게 된다. 처음에 당신은 양자 상태를 알았지만, 이제는 실질적으로 두 양자 상태 중 하나인데 당신이 그것을 모르는 것이기 때문이다. 요약하면, 내가 이것을 약식으로 이해하는 방식은 다음과 같다. 어떤 물체의 엔트로피는 당신이 그것을 바라보는 동안에는 줄어들고 그렇지 않은 동안에는 늘어난다. 결어긋남은 당신에게 결과가 알려지지 않은 측정이다. 더 엄밀히 말하면, 우리는 열역학 제2법칙을 다음과 같이 미묘함을 살려 표현할 수 있다.

1. 물체의 엔트로피는 그것이 주체와 상호작용하지 않는다면

감소하지 않는다.

2. 물체의 엔트로피는 그것이 환경과 상호작용하지 않는다면 증가하지 않는다.

전통적으로 열역학 법칙은 주체를 무시함으로써 설명된다. 이것에 대해 전문적인 논문을 발표했을 때(http://arxiv.org/pdf/1108.3080.pdf)* 나는 두 번째 항목(결어긋남이 어떻게 엔트로피를 증가시키는지)에 대한 수학적 증명을 포함시켰는데, 컴퓨터 시뮬레이션이 지지하는 결과를 내놓았음에도 불구하고 첫 번째 항목(평균적으로 관측이 엔트로피를 감소시킨다는 것)에 대한 엄밀한 증명은 해낼 수 없었다. 그때 내가 MIT에서 일하게 된 것이 얼마나 운 좋은 일인지 상기시켜 준 놀라운 일이 생겼다. 열정에 넘치는 아르메니아 출신의 스무 살짜리 학부생인 흐란트 개리비안Hrant Gharibyan이 연구할 만한 흥미로운 문제가 없는지 내게 문의해온 것이었다. 우리는 의기투합했고 그는 내 문제에 엄청 열심히 도전했고 수학책들을 팝콘처럼 엄청나게 먹어치우며 물리학자들에게는 거의 알려지지 않아 내가 수학자인 아버지로부터나 배울 수 있었던 슈어Schur 곱, 스펙트럼 앞서가기 등의 수학적 방법을 터득해냈다. 그리고 어느 날 내가 흐란트를 만났을 때 그의 의기양양한 미소로부터 나는 그가 그 문제를 풀었음을 알 수 있었다! 우리는 그의 증명을 논문으로 발표했다. http://arxiv.org/pdf/1309.7349.pdf

---

* 좀 수학적인 이야기가 되지만, 이 논문은 이 결과가 급팽창과 결합되었을 때 초기 우주의 엔트로피가 어떻게 그렇게 작을 수 있었는지 설명할 수 있으며, 결국은 이른바 시간의 방향을 (이 책 뒷부분의 "더 읽을거리" 목록에 포함된 숀 캐럴Sean Carroll과 디터 제의 책들에서처럼) 설명할 수 있다. 이 논문은 또한 보통 베이즈 정리Bayes's theorem라고 하는, 새로운 정보에 따라 우리의 지식을 어떻게 갱신해야 하는지에 대한 표준적 방법의 양자역학적 일반화를 제공한다.

양자 자살

나는 초인과 범인, 두 종류의 물리학자가 있다고 생각하곤 했다. 초인은 압도적인 역사적 인물들로 뉴턴, 아인슈타인, 슈뢰딩거나 파인먼같이 초능력을 소유했고 전설과 신화로 둘러싸인 사람들이다. 그에 비하면 범인들이란 내가 만나본 사람들 중에서 명석하긴 하지만 여전히 우리 같은 보통 사람들이다. 그리고 그중에 존 휠러가 있었다. 1996년 1월 그를 만났을 때, 나는 압도되는 것을 느꼈다. 그는 84세였고 우리는 코펜하겐 카페에서 학회 점심 식사를 함께했다. 내게 있어서 그는 "마지막 초인"이었다. 그는 닐스 보어와 핵물리학을 연구했다. 그는 블랙홀이라는 용어를 만들어낸 사람이다. 그는 시공간 중력 이론을 개척했다. 파인먼과 에버렛이 그의 대학원생이었다. 그는 자유로운 아이디어들에 대한 열정으로 치면 내가 보기에 물리학 슈퍼히어로가 되기에 충분하다. 그런데 그가 그곳에서 마치 평범한 사람처럼 소박하게 식사하고 있었던 것이다! 나는 꼭 인사를 해야만 한다고, 그러지 않으면 평생 후회할 것이라고 느꼈지만 그가 앉았던 테이블로 다가가면서 엄청나게 떨렸다. 나는 이전에 학계의 먹이사슬에서 나보다 상위에 있는 사람들로부터 무시당했던 경험이 있다. 교수 두 분이 대화 중에 등을 돌리고 가버린 적이 있는데, 그들도 사실 초인은 아니었다. 따라서 나는 그 자리에서 깜짝 놀랐다. 당시 나는 경험 없는 박사후과정이고 완전히 무명이었는데도 휠러는 따뜻한 미소로 내 인사를 받아주고 점심을 같이 먹자고 제안해주었다! 내가 양자역학에 관심 있다고 했더니, 그는 존재의 문제에 대해 그가 생각해낸 새로운 아이디어에 대해 내게 이야기해주었고, 그의 최근 연구노트 복사본을 내게 주기도 했다. 그는 절대로 나를 깔보지 않았고 명백히 그렇지 않음에도 불

그림 8.9: 내가 기억하는 존 휠러(2004년 사진으로 여기서 그는 나도 함께 준비했던 그의 90세 생일 축하 학회의 책을 들고 서 있다). 옆에는 그의 대학원생들이었던 리처드 파인먼(1943년경), 휴 에버렛(1957년경), 그리고 보이치에흐 주렉(아이슬란드의 폭포 옆에서 2007년). (출처: 패멀라 본드 계약업체(일립시스 기업), 마크 올리버 에버렛, 앤서니 아기레)

구하고 나로 하여금 동등하게 느낄 방식으로 내게 이야기했다. 2주 후에, 나는 심지어 그와 같은 초인에게서 이메일을 받기에 이르렀다! 그는 다음과 같이 썼다.

> 아인슈타인의 위대한 기하학적 아이디어가 모든 것을 포용하는 이론으로 간주되었던 뉴턴 이론의 능력과 영역에 대해 예기치 못한 빛을 던져주었듯이, 양자역학의 배경에 아직 발견되지 않은 무언가 깊고 놀라운 원리가 있다는 신념을 우리가 공유한다는 것을 믿기에 당신과 코펜하겐에서 이야기했던 것은 내게 큰 기쁨이자 격려였습니다. 그러한 발견의 가능성은 분명히 무엇인가 찾아낼 것이 있다는 우리의 믿음에 비례할 것입니다.

그는 더 나아가 "나는 당신과 매일 이야기할 수 있기를 열망하고 있습니다"라며 내게 프린스턴으로 올 것을 제안했다. 당시 나는 박사후연구원 제안을 놓고 고민하고 있었는데, 이런 일이 있는데 어떻게 프린스턴을 거부할 수 있었겠는가? 내가 프린스턴으로 옮긴 후, 나는 그를 정기적으로 방문했고 점점 더 그를 잘 알게 되었다. 그는 아내와 함께 내 집들이 파티에 왔다. 그는 심지어 미국 뉴저지주에서 받는 내 혼인증명서에 서명을 해주기도 했다. 내게 있어서 그것은 마치 하나님이 내 증인이 된 것처럼 느껴졌다.

그가 연구실에 있으면 자주 방해를 받았기 때문에 그는 "궤도운동", 즉 프린스턴대학 물리학과 건물의 안쪽 마당을 둘러싸고 있는 고리 모양의 3층 복도를 걸으면서 대화하는 것을 가장 좋아했다. 수소폭탄의 최초 폭발을 목격했던 것, 나중에 핵무기 관련 기밀사항을 소련에 유출시켰던 클라우스 푹스Klaus Fuchs를 만났던 것 등 그의 다채로운 이야기는 내게 생생한 역사로 다가왔다. 그는 또한 그에게 있어서는 범인에 불과했던 우리 분야 개척자들에 대한 개인적인 인연들에 대한 이야기도 해주었다.

나는 휠러에게 바로 이 책에 이르게 된 수학적 우주 아이디어를 파고든, 아마도 나의 논문 중 가장 정신 나간 듯한 논문을 보여주었는데, 그는 그것이 마음에 든다고 말해주었다. 심사자의 긍정적인 보고서에도 불구하고 편집자가 "너무 사변적"이라며 게재를 거절했을 때, 그는 항의해보라고 격려해주었고, 논문은 결국 받아들여졌다. 후에, 휠러와 나는 《사이언티픽 아메리칸Scientific American》에 「양자 미스터리의 100년100 Years of Quantum Mysteries」이라는 제목으로 기사를 함께 기고했는데, 거기서 우리는 쉬운 말로 양자 평행우주와 결어긋남을 설명하려 했다. 나는 그에게 그가 정말 양자 평행우주를 믿고 있는지 물어본 적이 있는데, 그는 "나는 월요일, 수요일, 금요일에는 시간을 내서 믿어보려 하고 있네"라고 했다.

나는 우는 적이 거의 없지만, 2008년 존 휠러가 죽었을 때는 울었다. 그는 진정으로 나를 감동시키고 영감을 주었으며, 그의 장례식에서는 다른 많은 사람들도 똑같이 느꼈었다는 것을 알 수 있었다. 장례식 후의 리셉션에서 여러 사람들이 그에 대해 발언했는데, 나도 그가 내게 얼마나 큰 의미였는지 몇 마디를 보탰다. 하나의 단어로 표현하자면, 그것은 고무적인이 될 것이다. 그렇게 뛰어나고 유명한 이가 그렇게 친절할 수 있다는 것, 다른 이가 적절히 표현했듯이 "모든 사람을 동일하게 존중한다는 것"이다. 그리고 그는 내가 내 마음을 따라 진정 열정을 느끼는 작업을 하도록 격려해주었다. 그리고 그가 사람들을 고무한 것에 대한 최고의 증거로 적어도 세 대륙에서 모여든 많은 유명인들이 방에 있었다. 그 군중은 마치 진정한 물리학 인명사전이라고 할 만했다.

어느 날은 내가 존을 메도 호숫가의 은퇴시설에 있는 그의 집까지 차로 데려다주었는데, 나는 방금 생각해낸 "양자 자살"이라고 이름 붙인 완전히 정신 나간 듯 들리는 아이디어에 대해 그에게 설명을 시작했었다. 나는 오랫동안 에버렛의 평행우주의 실재성을 확인할 실험 방법을 궁리하다가, 마침내 하나를 생각해낸 참이었다.

놀랍게도 이 실험은 당장 구할 수 있는 저차원적 기술로도 충분히 가능했다. 그러나 특별히 헌신적인 실험가가 필요했는데, 그 이유는 이것이 슈뢰딩거 고양이 실험을, 인간이 고양이 역할을 맡아 빠르게 그리고 여러 번 반복하는 것이었기 때문이다. 이 기구는 "양자 기관총"으로써, 양자 측정의 결과에 따라 발사된다. 즉, 총의 방아쇠가 당겨질 때마다 입자 하나가 두 상태에 동시에 존재하는 중첩 상태에 놓이며(예를 들어, 시계방향 또는 반시계방향으로 회전한다) 그 입자 상태를 측정한다. 만약 그 입자가 첫 번째 상태로 결정된다면 총이 발사되고, 그렇지 않다면 짤깍 소리만 낸다. 방아쇠의 원리는 양자 측정과 실제 발사 사이의 시간차가 인간 인식에 보통 걸리는 시간인 100분의 1초보다 훨씬 짧은 한 상관이 없다.*

이제 이 양자 기관총을 자동 모드에 놓아 1초에 한 번 방아쇠가 당겨진다고 하자. 당신이 에버렛의 평행우주를 믿건 안 믿건, 당신은 무작위로 보이는 총성과 불발음, 예를 들어 탕-짤깍-탕-탕-탕-짤깍-짤깍-탕-짤깍-짤깍을 듣게 될 것이라고 예상할 것이다. 갑자기, 당신은 극단적인 일을 저지른다. 당신이 머리를 총구 앞에 들이밀고 기다린다고 해보자. 어떤 일이 일어날 거라고 예상하는가? 그것은 바로 에버렛의 평행우주가 사실인지 아닌지에 달려 있다! 사실이 아니라면, 각각의 양자 측정에는 단 하나의 결과만이 있으며, 따라서 당신은 50퍼센트의 확률로 확실히 죽었거나 살았거나 할 것이다. 따라서 당신의 운이 평범하다면 짤깍 소리를 한두 번 들을 것이고 이후에는 "게임 오버"로, 다 끝이다. n초 동안 살아남을 확률은 $1/2^n$이며, 당신이 1분 이상 살아남을 확률은 100경 분의 1초(10^{-18})보다도 작다. 만약 에버렛의 평행우주가 진짜로 사실이라면, 반면 매초마다 두 평행우주가 생겨날 것이다. 하나는 당신이 살아 있는 쪽이고 다른 하나는 당신이 죽고 피가 낭자한 쪽이다. 다시 말해, 정확히 한 복제본에는 방아쇠가 당겨지기 전과 후 모두 의식이 있으며 그것이 아주 빨리 일어나므로 당신은 100퍼센트 확실하게 짤깍 소리를 듣게 될 것으로 예상된다. 좀 더 기다려보면 이것은 아주 놀라운 일이 된다. 당신이 사선에 머리를 집어넣자마자, 무작위로 보이던 탕, 짤깍 소리는 짤깍-짤깍-짤깍-짤깍-짤깍-짤깍-짤깍처럼 들린다. 10번 짤깍거린 후, 만약 파동함수의 붕괴가 실제 일어났다면 당신이 사망했을 확률이 99.9퍼센트가 넘으므로, 당신은 파

---

* 예를 들어, 입자는 이른바 스턴-게를라흐 실험 장치로 스핀을 측정하는 은 원자일 수도 있고, 빛 분할기를 통과하거나 그렇지 않는 광자일 수도 있다.

동함수의 붕괴를 99.9퍼센트 확실하게 배제했다고 결론 내릴 수 있을 것이다. 1분 후라면 에버렛이 틀렸을 확률은 100경 분의 1도 되지 않는다. 양자 기관총이 고장 났을 가능성을 배제하기 위해, 당신이 사선에서 머리를 치우면 마치 마법처럼 총성은 간헐적으로 들릴 것이다.

만약 당신이 에버렛이 옳다고 확신하고 증인으로 친구를 1명 데려온다면 그때는 차이가 있다. 당신은 단 하나의 평행우주에서만 생존하지만, 당신 친구는 어디에서나 존재하기 때문에, 분명히 몇 초 후에 당신이 죽는 것을 목격하게 될 것이다. 따라서 당신이 친구에게 확신시킬 수 있는 것은 오로지 당신이 미친 과학자라는 것뿐이다.

존은 이것에 흥미를 보였다. 나는 전지全知의 요정이 임종 시에 나타나서 평생에 걸친 노력에 대한 보상으로 하나의 물리 문제에 대한 답을 알려주겠다고 하면 많은 물리학자들이 분명 대단히 기뻐할 것이라고 생각한다고 이야기했다. 그러나 요정이 다른 사람에게 이야기하는 것을 금지한다고 하면 그래도 행복할까? 아마도 양자역학의 가장 큰 아이러니는 에버렛이 옳았을 경우, 당신이 죽음을 각오할 때 반복적으로 양자 자살을 시도하는 것과 유사하다는 것이다. 당신은 아마도 실험적으로 양자 평행우주가 실재하는 것을 확신할 수 있겠지만,* 다른 사람에게 알릴 수는 없다!

당신은 물론 양자 방아쇠를 핵폭탄에 연결하는 방식으로 자살 실험을 집단화해 당신과 당신 친구들 모두 살아 있거나 죽은 평행우주만 가능하도록 할 수도 있다. 그러면 당신 친구들도 에버렛을 믿게 될 것이지만, 아마도 더 이상 당신을 친구로 생각하지는 않을 것이다.

---

* 영국 철학자인 폴 아몬드는 이 주장에 대한 흥미로운 반론을 폈다. 이것에 대해서는 11장에서 이야기할 것이다.

양자 불멸성?

양자 자살에 대한 논문 출판 후, 《뉴 사이언티스트New Scientist》와 《가디언The Guardian》이 양자 자살에 대한 기사를 실었고 꽤 주목을 끌었기에, 이후 여러 SF 소설에 그 아이디어가 채용된 것은 내게 즐거운 일이었다. 앞서 언급했듯이, 때가 무르익으면 많은 사람들이 비슷한 아이디어를 가지게 되는데, 1988년 인공지능을 다룬 책인 『마음의 아이들』이라는 책을 쓴 오스트리아의 수학자인 한스 모라벡Hans Moravec으로부터 시작해서 다른 사람들도 비슷한 생각을 했다는 것을 나중에 알게 되었다. 그러나 이전에 재발견과는 다르게, 나는 이번에는 이 아이디어가 더 널리 알려지도록 실제적인 영향을 미쳤다고 생각한다.

나는 곧 양자 자살에 대해 문의하는 엄청나게 많은 흥미로운 이메일을 받았고 그 함의에 대해 더욱 깊은 관심을 갖게 되었다. 내가 제일 좋아하는 문제는 우리가 잠재적으로 치명적인 모든 사건을 양자 자살 실험으로 간주해서 주관적 불멸성을 기대할 수 있는가?이다. 당신은 이 질문에 간단한 실험으로 답할 수 있다. 기다려보라! 만약 어느 날 얼핏 보아 가능성 없는 우연의 연속 끝에 당신이 지구에서 가장 나이가 많은 사람이 된다면, 그것은 거의 입증된 것이나 마찬가지다! 당신이 양자 자살 실험을 하는 다른 사람이 오래 살아남을 거라고 예상하지 않는 것처럼, 당신은 다른 사람이 비정상적으로 나이 들 거라고 예상하지 않는다는 점에 유의하자.

그래서 에버렛이 옳고 파동함수가 절대 붕괴하지 않는다고 가정하면 물리학 법칙에 의해 무엇이 예측되는가? 성공하기 위해, 양자 자살 실험은 다음 세 가지 조건을 만족해야 한다.

1. 난수 발생기는 고전적(결정적)이 아니라 양자역학적이어야 죽음과 삶의 중첩 상태에 들어갈 수 있다.
2. 당신이 양자 측정의 결과를 인식하는 데 걸리는 시간보다 짧은 시간에 당신을 죽여야 (적어도 의식을 잃게 만들어야) 한다. 그렇지 않으면 당신은 1~2초 동안 당신이 확실히 죽는다는 것을 알게 되는 불행한 상태에 빠지게 되며 전체 양자 효과가 무너진다.
3. 실질적으로 당신을 정말로 죽여야 하며 그저 상처만 입히는 정도로는 안 된다.

대부분의 사고와 흔한 사망 원인은 분명 이 세 가지 조건을 충족하지 않으며 당신이 불사를 경험하지 않을 것을 암시한다. 특히 2번 조건에는 정상적 상황에서 죽음이란 죽었는지 살았는지의 이분법이 적용되지 않으며 단계적으로 자의식이 사라져가는 연속적 상태가 있는 것이 사실이다. 양자 자살이 작동하려면 급작스런 변환이 강제되어야 한다. 나는 내가 나이가 들면 두뇌의 세포들이 단계적으로 정지해서 (사실 그것은 이미 일어나고 있다….) 내가 지속적으로 자의식을 느끼긴 하지만 그 정도가 점점 줄어들 것이라고 생각한다. 이렇다면 죽음의 최종 단계란 마치 아메바가 죽는 것처럼 시시한 결말일 것이다.

3번 조건은 요행수로 당신이 살아남기 전에 얼마나 여러 번 양자 자살 실험을 수행할 수 있을지에 대한 상한선을 정한다. 예를 들어, 내가 사는 동네에는 몇 년 즉, $10^8 \approx 2^{27}$초에 한 번은 정전이 된다. 이것은 양자 기관총이 건전지가 아니라 전원에 연결되어 있다면 약 27번은 계속 짤깍 소리를 듣겠지만 그다음에는 정전으로 실험이 중단될 것을 의미한다. 왜냐하면 그 이후에는 작동하는 총과 살아남은 내가 있는 평행우주보다 작동하지 않는 총과 살아남은 내가 있는 우주가 더 많을 것이기 때문이다. 기관총이 더 오래 작동한다면, 온갖 말도 안 되는 요행수가 예상될 것이다. 예를 들어, 정전 말고 실험이 중단되는 다른 원인이 없다면, 68번 연속으로 짤깍 소리를 들은 후에는 내 총이 운석에 맞을 것이라 나는 살아남을 것이다. 더글러스 애덤스의 SF 패러디인 『은하수를 여행하는 히치하이커를 위한 안내서』를 보면 지극히 확률이 낮은 사건을 경험하게 해주는 "무한 확률 추진기"라는 것이 있다. 그런 장치가 공상이라는 생각이 들겠지만 사실 그렇지 않다. 양자 기관총이 딱 그렇게 작동한다!

내게는 1번 조건이 특히나 흥미롭다. 당신의 자살 장치가 양자 임의성이 아니라 어떤 결과가 나올지 원칙적으로는 예측할 수 있는 동전 던지기 같은 것으로 결정된다고 가정해보자. 이 경우라면 단지 현실적으로 동전이 어떻게 움직이는지 완전히 알기 위해 필요한 수학을 풀 수 없어서 결과를 모를 뿐이다. 그래서 만약 당신이 단 하나의 평행우주에서 출발했는데 1초 후에도 오로지 하나의 평행우주만이 존재한다면, 당신은 동전의 초기 위치와 움직임에 따라 살아 있거나 죽었을 것으로, 주관적인 불멸성을 경험하지 못할 것이다.

그러나 만일 6장의 1레벨 다중우주가 진실이라면 어떻게 될까? 그렇다면 당신이 주관적으로 구분할 수 없는 정신 상태들을 가지고 있지만 동전의 초기 위치와 속도는 분간할 수 없을 정도로 미세하게 다른 무한히 많은 다중우주가 있을 것이다. 1초 후, 당신은 절반의 우주에서는 죽었을 것이지만, 아무리 여러 번 이 실험이 반복된다 해도, 당신이 총에 맞지 않은 우주는 언제나 존재할 것이다. 다시 말해, 이런 섬뜩한 무작위의 자살 실험은 3레벨 (양자) 평행우주뿐 아니라 더 일반적인 평행우주의 존재도 밝혀낼 수 있다.

나는 이 이야기가 정말이지 말도 안 되는 것처럼 들린다는 것을 안다. "집에서 따라하지 마세요"라고 하는 것처럼 말이다. 게다가 11장에서 설명하겠지만, 나는 이제 양자 자살도 양자 불멸성도 실제로는 작동하지 않는다고 확신하고 있다. 그 이유는 그것이 결정적으로 내가 자연에 존재하지 않는다고 생각하는 어떤 것, 즉 무한히 분할 가능한 수학적 연속성에 의존하기 때문이다. 그러나 누가 알겠는가? 언젠가 미래의 운명적인 날, 당신의 생명이 끝나간다고 생각될 때 이것을 기억하고 이제 아무것도 남지 않았어라고 말하지 말아라. 왜냐하면 그렇지 않을 수도 있기 때문이다. 그때가 당신이 처음으로 평행우주가 실제로 존재한다는 것을 발견할 순간일 수도 있다.

통합된 다중우주들

동물은 모두 평등하지만, 어떤 동물은 다른 동물보다 더 평등하다.
– 조지 오웰, 『동물 농장』, 1945년

1레벨과 3레벨 다중우주는 혹시 사실일까? 나는 이 성가신 생각을 마음에서 떨칠 수가 없었다. 다중우주들을 통합하는 것이, 마치 맥스웰이 전기와 자기를 전자기학으로 통합하고, 아인슈타인이 공간과 시간을 시공간으로 통합한 것처럼 결국 가능할까? 한편으로는, 그것들은 상당히 다른 특성을 갖는 것처럼 보인다. 6장의 1레벨 평행우주는 3차원 공간에서 멀리 떨어져 있지만, 이 장의 3레벨 평행우주는 3차원 공간에 대해서는 바로 여기 있을 수 있고 대신 파동함수가 사는 추상적 공간인 힐베르트 공간에서는 우리가 떨어져 있다. 반면 1레벨과 3레벨 다중우주에는 공통점이 많다. 자우메 가리가와 알렉스 빌렌킨은 우주론 급팽창으로 만들어졌을지도 모르는 1레벨 평행우주들은 에버렛의 양자 평행우주와 완전히 같은 사건들을 거친다는 것을 보여주는 논문을 썼다. 나도 같은 내용의 논문을 발표한 적이 있다. 그림 8.10은 만약 하나의 양자 사건이 양자 중첩에 있는 두 사건을 발생시켜 실질적으로 당신의 미래를 2개의 평행우주로 분기시킨다면, 당신이 모르는 쪽의 평행 양자 결과는 당신이 속한 양자 분기에서도 또한 일어나는 것이며, 다만 공간적으로 아주 멀리 떨어진 곳에서 일어난다는 것을 보여준다.

성가심에는 또 다른 원인이 있었다. 앤서니 아기레였다. 앤서니는 나의 절친이며, 우리의 인생은 여러 면에서 평행했다. 우리 모두 아들 2명과 우리의 일을 조화시키려고 노력해왔고, 우리 모두 큰 문제에 사로잡혀 있었으며, 함께 근본질문연구소Foundational Questions Institute(fqxi.org)를 창립했다. 이 연구소는 자선금으로 설립되었으며 통상적인 연구비 지원 기관들이 외면하는 고위험 고보상 물리 연구를 지원한다. 그가 나를 성가시게 한 것은 무엇이었는가? 그는 "어떤 평행우주들이 다른 평행우주들보다 더 평등한 것은 사실인가?"라고 질문했다.

앤서니는 이 장에서 내가 양자 확률에 대해 설명한 방식이 여러 결과가 같은 확률을 가진 경우에는 (앞과 뒷면이 나올 확률이 각각 50퍼센트인 양자 카드처럼) 그럴듯하지만 확률이 다른 경우에는 그렇지 않다는 점에 주목했다. 예를 들어, 조금 기울어진 카드를 써서, 앞면이 나올 확률은 2/3이고 뒷면은 1/3이라고 가정해보자. 그러면 그림 8.2는 여전히 같을 것이다. 즉, 4번의 시도를 거치면 2×2×2×2=16가지의 결과가 나오는데, 가장 확률이 높은 것은 앞면이 50퍼센트 나오는 것이지, 2/3의 비율로 나오는 것이 아니다. 에버렛이 이 문제를 해결하

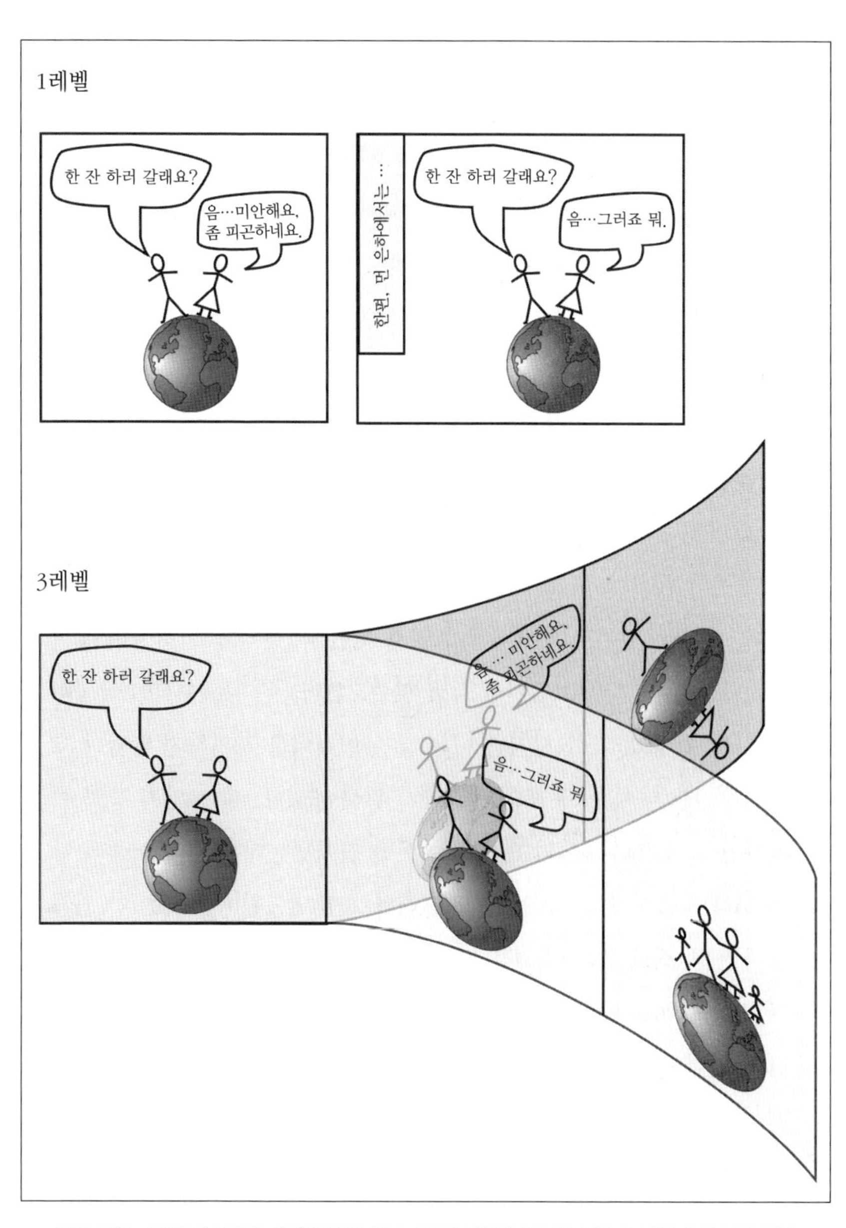

그림 8.10: 1레벨과 3레벨 평행우주의 비교. 1레벨 평행우주들은 공간에서 멀리 떨어져 있지만, 3레벨 평행우주 중 어떤 것은 바로 여기 있으며 양자 사건들에 의해 고전적 현실이 분기되어 평행 이야기로 멀어져 간다. 3레벨은 그러나 1레벨과 2레벨 이상 더 새로운 이야기를 덧붙이지는 않는다.

면서도 확률 2/3를 유지한 방식은 이런 결과 중 어떤 것은 존재의 측도가 다른 것보다 크며 파동함수의 제곱으로 계산될 수 있다는 것이었다. 이것은 효력이 있었고 이후 많은 사람들이 왜 파동함수를 제곱하는 것이 옳은지에 대한 더 정교한 논리를 개발해왔다. 그러나 앤서니는 내게 이것이 에버렛의 우아한 논리를 더럽히는 지저분한 흠집이라는 것을 납득시켰다. 사람들은 종종 내게 에버렛의 평행우주가 실재하는 것이냐고 묻곤 한다. "예, 하지만 … 음 … 그러니까 … 어떤 것들은 다른 것들보다 더 실재합니다"라고 대답하는 것은 정말이지 서투르게 들린다.

2008년 3월에 앤서니는 내게 그의 옛 선생님인 하버드대학의 데이비드 레이저David Layzer 교수가 제안한 가능한 해결책에 대해 이야기해주었다. 우리는 벨몬트의 카페에서 냅킨 뒷면에* 수식을 끄적이며 흥미진진하게 두 시간을 보냈지만 결국 헛수고였다. 우리는 수식이 작동하게 만들 수 없었다. 그렇지만 나는 그 아이디어를 포기하지 않았다. 2년 후, 나는 다시 이 문제를 해결하기 위해 애썼다. 나는 양자 중력 이론가인 짐 하틀Jim Hartle의 1968년 논문을 찾아냈는데 거기에 퍼즐의 다른 조각이 들어 있는 것 같았다. 그러나 2010년 3월 6일 늦은 밤 윈체스터의 내 집에 앉아 있었을 때, 나는 조각들을 도저히 맞출 수 없었다. 절망해서, 나는 사색하며 동네를 걸었다. 추운 겨울바람을 5분 동안 맞았더니, 놀랍게도 마침내 선명한 해결책이 떠올랐다! 나는 갑자기 두 레벨의 우주를 통합하고 서로 다른 확률을 이해하는 문제를 한번에 해결할 방법이 있다는 것을 알게 되었다. 나는 새벽 3시까지 일했고 다음 날 하루 종일, 스스로 겪어야만 이해할 수 있는 놀라운 황홀

---

* "봉투 뒷면의 계산"이라고 많이들 이야기하지만, 이는 좀 이상하다. 왜냐하면 내 경험상 대부분의 즉흥적 계산은 잘 찢어지고 잘 써지지도 않긴 해도 주로 냅킨에 하기 때문이다.

경에 빠져 지냈다. 나는 19년 전 결어긋남을 재발견한 이래 문제가 갑자기 해결되는 가장 흥분된 경험 중 하나였다. 나는 앤서니에게 보낼 4쪽짜리 논문 뼈대를 쓰는 동안 멈출 수 없었다.

그림 8.11이 핵심 아이디어를 보여준다. 윗면이 나와 100달러를 딸 확률이 2/3인, 약간 기울어진 카드로 양자 카드 실험을 시작한다고 하자. 그림 8.11의 왼쪽에 있는 옛 관점에서 보면, 하나의 복제본으로 출발하며 실험 후 파동함수가 붕괴하는지 아닌지에 따라 1개 혹은 2개의 복제본이 존재한다. 만약 코펜하겐 해석이 옳다면, 무작위로 발생되는 특정한 결과가 있을 것이고, 만약 에버렛이 옳다면 각각 당신의 한 복제본을 포함하는 두 평행우주가 있을 것이다. 한쪽에서는 당신이 행복하고, 다른 쪽에서 당신은 안타까워한다.

이제 현대 우주론이 이끄는 대로, 6장의 1레벨 다중우주를 가정해 보자. 그림의 무표정한 얼굴의 띠는 무한히 많은 수의, 분간할 수 없는 당신의 복제본이 멀리멀리 떨어진 행성들에서 정확히 같은 실험을 수행하는 것을 의미한다. 나는 계산할 때 슈뢰딩거 방정식을 당신과 당신의 실험 장치의 모든 복제본을 구성하는 입자들의 전체 집합을 기술하는 파동함수에 적용했다.

결국 어떤 일이 벌어지는가? 파동함수가 붕괴한다면, 당신은 무한한 공간(1레벨 다중우주)에서 단 하나의 무작위 결과를 얻는데, 그중 2/3의 행성에서는 행복하고 1/3에서는 안타까워한다. 이것은 놀라운 이야기가 아니다. 만약 에버렛이 옳고 파동함수의 붕괴가 없다면, 당신은 무한 공간 전체가 다른 상태들의 양자 중첩으로 이루어진 결과를 얻게 되는데, 그 각각의 상태에서 당신은 어떤 행성에서는 행복하며 다른 행성에서는 안타까워한다. 이제 반전이 있다. 무한 공간의 그러한 모든 상태들은 서로 구분할 수 없으며 무한히 많은 행성 중에서

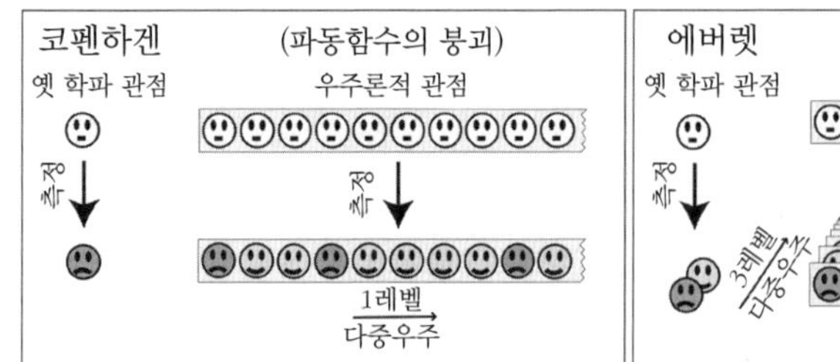

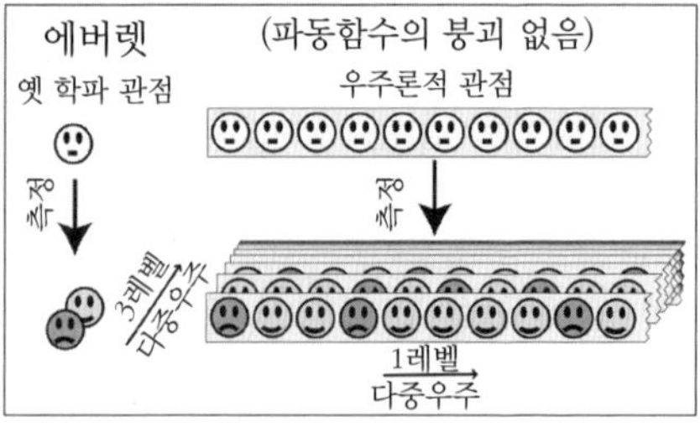

그림 8.11: 1레벨과 3레벨 다중우주는 어떻게 통합되는가. 각각의 원은 행성인데 거기 사는 당신은 당신의 양자 카드가 앞면을 위로 해서 쓰러질 것이라고 돈을 건다. 측정 전, 당신의 기분은 중립이다. 그 후, 당신은 이겨서 행복하거나 돈을 잃어 안타까워하거나 둘 중 하나이다. 카드는 아주 약간 기울어진 상태로 출발하는데, 따라서 당신의 이길 확률은 2/3이라고 하자. 이 행성들은 보통 아주 멀리, 예를 들어 여러 방향으로 구골플렉스 미터쯤 떨어져 있지만, 핵심 사항들을 나타내기 위해 직선으로 바로 옆에 있는 것처럼 그렸다.

당신은 정확히 2/3에서 행복하다는 것이다! 그런 상태들 중 하나에 있는, 행복한 행성과 불행한 행성의 그 어떤 유한한 배열도, 다른 각각의 상태에 있는 공간의 어딘가 다른 곳에서 반드시 존재한다. 당신은 우주의 다른 상태, 예를 들어 당신이 모든 행성에서 행복해하는 상태도 존재할 것이라고 생각할 수도 있다. 그러나 슈뢰딩거 방정식과 힐베르트 공간의 수학을 이용해서, 나는 당신이 실제로 얻는 파동함수가 무한히 많은 구분할 수 없는 상태들의 중첩과 동일하다는 것을 증명할 수 있었다. 앤서니와 나는 이것이 몇 가지 이유에서 놀라운 결과라고 생각했다.

첫째로, 파동함수가 붕괴하느냐 아니냐의 거대한 논쟁은 엄청난 용두사미로 끝났다. 그것은 그저 아무 상관이 없다! 그림 8.11은 에버렛이 옳든 아니든 간에 상관없이, 당신은 2/3의 행성에서 행복하다는 것을 보여준다. 실은, 붕괴 논쟁의 양측 진영 모두 좀 상처를 입었다. 코펜하겐 해석에서는 이렇게 논란의 여지가 있는 붕괴를 성가신 평행우주를 제거하고 유일한 결과를 얻기 위해 도입했지만, 그림에서 보듯이 결국 여전히 별 도움이 되지 않는다. 붕괴하더라도 우리는 여전히 모든 결과에 대한 평행우주를 얻게 된다. 에버렛 해석에서는 양자, 즉 3레벨 평행우주가 특징인데, 그림에서 보듯이 그것들이 구분가능하지 않기 때문에 우리는 별 문제없이 무시할 수 있다. 이런 의미에서, 1레벨과 3레벨 다중우주는 통합되었다. 1레벨 다중우주로 찬 무한한 공간이 있는 한, 우리는 모든 3레벨 평행우주를, 그것들이 실상 모두 동일한 복제본이기 때문에, 무시할 수 있다. 아마도 3레벨은 2레벨과도 통합될 수 있을 테지만, 아직 증명하지는 못했다.

둘째로, 그림 8.11은 에버렛의 다중 세계 이론을 우리가 익숙한 3차원 공간 안으로 가져옴으로써 결과의 확률이 다를 수 있는 이유를 설명한다. 다른 결과는 이해하기 힘들고 수학적인 힐베르트 공간의 어딘가 다른 곳에서만 일어나는 것이 아니라, 우리가 망원경으로 바라보는 공간에서도 멀리에 있다. 여기에서 핵심 사항은, 카드는 쓰러졌지만 당신이 아직 눈을 떠서 바라보기 전이라면, 당신은 주관적으로 그 시점까지 구분이 불가능한 많은 복제본 중 자신이 어디에 있는지 알아낼 방법이 없다는 것이다. 그러므로 당신은 자신이 이런 복제본들 중 무작위로 선택된 하나일 것으로 간주해야 한다. 당신은 그중에 눈을 떴을 때 앞면을 보는 것이 2/3라는 것을 알고 있으므로, 당신은 앞에 펼쳐진 광경이 앞면의 확률이 2/3인 무작위라고 간주할 것이다. 이것은 프랑스의 귀족이 도박 전략을 최적화하기 위해 확률의 개념을 처음 도입했던 것과 유사하다. 만약 게임에서 당신이 여러 가지 같은 확률의 상황 중 하나가 된다는 것만 알고 있다면 (예를 들어, 카드가 섞이는 여러 방법 중 하나) 이길 확률은 간단하게 당신이 이기게 되는 상황의 비율이라고 할 것이다.

셋째로, 이로써 우리는 양자역학의 우주론적 해석이라고 하는 것을 제안할 수 있다. 여기에서 우리는 어떤 물체의 파동함수를 그 물체의 가능한 행동들의 묘한 가상의 모임이 아니라, 우리의 무한한 공간의 다른 위치에 존재하는 그 물체의 동일한 복제본들이라고 해석한다. 게다가 당신이 경험하는 양자 불확정성은 단순히 당신이 1레벨 다중우주에서 위치를 판단할 수 없음을, 다시 말해 당신이 주관적으로 인식하는 자신이 공간에 퍼져 있는 당신의 무한히 많은 복제본 중 어떤 것인지 알 수 없다는 것을 반영할 뿐이다.

어떤 분야에서는 전통적으로 논문의 공동저자들이 이름의 알파벳 순서대로 배열된다. 그러나 우주론 분야에서는 저자의 순서가 논문에 기여한 순서를 반영하는 것이 보통이다. 대부분의 경우, 누가 대부분의 일을 했는지 아주 명백하지만 이 경우는 유별나게 판단이 어려웠다. 논문을 제출할 준비가 거의 되었을 때, 앤서니와 나는 모두 열심히 일했고 동등하게 중요한 기여를 했다고 주장할 만했다. 우리는 이 문제에 대해 즐겁게 통화했는데 서로 상대의 기여에 대해 칭송하면서도 상대방에게 우선권을 주는 것을 완고하게 거부했다. 나는 마침내 우리 모두 만족할 만한 해결책을 제시했다. 저자의 배열을 양자 난수발생기로 정하는 것이었다. 이 특정 우주에서, 그가 제1저자가 되었다(http://arxiv.org/pdf/1008.1066.pdf). 그러나 만약 우리 논문이 옳다면, 절반의 3레벨 평행우주와 절반의 1레벨 평행우주에서는 내가 제1저자일 것이다.

2010년 알렉스 빌렌킨은 이 논문에 대해 강연하도록 나를 터프츠 대학으로 초청했다. 5장의 첫 부분과 마찬가지로 앨런 구스가 청중 중에 있었다. 13년 전 앨런의 머리가 그의 가슴을 향해 고꾸라지던 광경이 계속 떠올랐고, 나는 그가 졸지 않았던 발표를 하나도 기억할 수 없었기 때문에 피할 수 없는 일에 대해 정신적으로 대비했다. 그때 기적이 생겼는데, 이는 우리 논문이 받았던 최고의 지지이며, 학계에서의 내 경력에 있어 최고 정점이라 할 만했다. 앨런이 내 강연 내내 깨어 있었던 것이다!

관점의 변화: 다중 세계인가, 다중 언술인가?

그래서 이 모든 양자역학 연구의 결론은 무엇인가? 당신은 파동함수의 붕괴를 믿을 것인가 아니면 양자 평행우주를 믿을 것인가? 양자역학이 아마도 틀림없이 지금까지의 물리학 이론 중에서 가장 성공적인 것이겠지만, 그것이 어떻게 물리적 실체에 대한 일관된 설명에 맞아들어갈 수 있는지에 대한 논쟁은 수그러질 기미가 없다. 어떤 일이 일어나는지에 대한 다양한 해석의 동물원이 만들어졌다. 그것은 앙상블, 코펜하겐, 도구적, 유체역학적, 의식, 봄Bohm, 양자 논리, 다중 세계, 확률 역학, 여러 마음, 일관된 역사, 객관적 붕괴, 거래적인, 양식적인, 실존적인, 관계적인, 몬테비데오Montevideo, 우주론적 해석 등이다.* 게다가 특정 해석의 다른 발의자가 그 세밀한 정의에 대해 의견이 다른 경우도 흔하다. 사실은 어떤 것을 해석이라고 불러야 하는지에 대한 합의조차 되어 있지 않다….

합의의 기미는 보이지 않은 채, 양자역학이 발견된 지 약 100년이 지난 지금까지도 전문가들이 아직 논쟁 중이라는 사실에서, 지금부터 100년이 더 지나도 여전히 논쟁 중일 것이라는 생각이 들 수도 있다. 그러나 그 논쟁의 맥락은 이론, 우주론, 기술과 관련되어 세 가지 중요한 방식으로 변화했고, 아주 흥미로운 사회학적 변화도 야기했다.

---

* 이런 모든 해석들에 대한 참고문헌은 http://arxiv.org/abs/1008.1066에서 찾을 수 있다.

첫째, 우리는 에버렛, 제Zeh, 기타 다른 이들이 어떤 이론적 발견을 이루었는지 살펴보았다. 그것은 가령, 파동함수 붕괴의 공리를 버리고, 양자역학의 뼈대인 슈뢰딩거 방정식이 언제나 성립한다는 관점을 취한다 할지라도, 당신이 관측을 수행할 때에는 모든 확률 법칙을 따르면서도 주관적으로는 파동함수가 붕괴하는 것처럼 느낄 것이고, 다행스럽게도 양자 평행우주에 대해서는 무지한 채로 남을 수 있다는 논증이다.

둘째로, 5장과 6장에서 설명한 우주론 분야의 발견들은 에버렛이 틀린 경우라도 평행우주가 불가피하다는 것을 시사한다. 게다가 우리는 앞에서 어떻게 이런 1레벨 평행우주들이 양자 평행우주들과 멋들어지게 통합되는지 보았다.

셋째로, AdS/CFT 대응성이라고 하는 끈 이론의 발전 때문에, 양자 중력이 파동함수를 붕괴시킬 수도 있다는 생각에 대한 지지가 사라졌다. 이 두문자어가 원래 무엇을 의미하는지는 우리의 논의에 중요치 않다. 요점은 중력과 결합된 특정한 양자장론을 중력이 없는 다른 양자장론으로 재해석할 수 있게 하는 수학적 변환이 발견되었다는 것이다. 중력의 존재가 단지 해석의 문제라면 분명 중력이 파동함수 붕괴를 촉발하는 것은 아닐 터이다.

넷째로, 양자 기묘성을 설명하려는 시도를 논리적으로 배제하는 많은 정밀 실험들이 수행되었다. 예를 들어, 관측되는 양자 무작위성이, 흔히 숨은 변수라고 부르는 입자 내부에 저장된 모종의 미지의 양으로 치환될 수 있을까? 아일랜드 출신의 물리학자인 존 벨John Bell은, 이 경우 수행이 어려운 어떤 특정한 실험에서 측정될 수 있는 양들이, 양자역학의 표준적 예측과 어긋날 것이 불가피함을 증명했다. 오랜 시간이 지난 지금, 마침내 이런 실험을 수행할 수 있을 정도로 기술이 발전되었고, 숨은 변수 설명은 기각되었다.

혹시라도 실은 슈뢰딩거 방정식에 우리가 아직 발견하지 못한 작은 수정사항이 있고, 그 때문에 바로 큰 물체의 양자 중첩이 붕괴되는 것일까? 양자역학의 태동기로 돌아가면, 양자역학이란 오로지 원자의 스케일 정도에서만 작동할 것이라고 믿었던 물리학자가 많이 있었다. 하지만, 더 이상 그렇지 않다! 간단한 이중 슬릿 간섭 실험(그림 7.7)은 파인먼이 모든 양자 효과의 어머니라고까지 했던 것인데, 개개의 기본 입자보다 큰 물체들, 즉 원자, 작은 분자들로부터 심지어 축구공 모양의 탄소-60 "버키볼Bucky Ball" 분자들에 대해 성공적으로 반복되었다. 대학원에 있을 때, 급우인 키스 슈와브Keith Schwab에게 거시적 물체가 두 장소에 동시에 존재할 수 있음을 실험적으로 입증할 수 있을 것이라고 생각하느냐고 물어본 적이 있다. 놀랍게도, 20년 후, 그는 수십억 개의 원자를 가지고 있는 금속 막대에 대해 그런 실험을 수행하는 연구실을 칼텍에서 운영하고 있다. 실제로, 샌타바버라대학에 있는 그의 동료인 앤드루 클리랜드Andrew Cleland는 이미 육안으로 볼 수 있는 금속 주걱으로 실험을 수행했다. 비엔나의 안톤 차일링거Anton Zeilinger의 그룹은 바이러스로 실험하는 방안을 논의하고 있다. 만약에 우리가 사고 실험으로 이 바이러스가 일종의 원시적 의식을 가지고 있다고 간주하면, 다중 세계 해석은 불가피할 것이다. 인간처럼 지각이 있는 존재의 중첩까지 추론하는 것은 질적이 아니라 단지 양적인 차이에 불과할 것이다. 차일링거의 그룹은 또한 직관적으로 이해하기 힘든 양자 효과가, 미시적이라고 할 수 없는 명백한 거리인 89킬로미터를 광자가 이동하는 동안 유지되었다는 것을 확인했다. 따라서 나는 실험적 검증은 이미 끝났다고 생각한다. 세상은 진정으로 기묘하며, 우리는 그저 그것을 받아들일 수밖에 없다.

정말로 많은 이들이 철학적이 아니라 재정적인 이유에서 양자 기묘성에 이미 호감을 보이고 있다. 이 기묘성이 유용한 새 기술을 제공할 수 있기 때문이다. 최근의 추정치에 의하면 레이저부터 컴퓨터 칩까지, 미국 국민총생산의 4분의 1 이상이 이제 양자역학에 의해 가능하게 된 기술에 기반하고 있다. 사실 양자 암호나 양자 컴퓨팅같이 개발 과정에 있는 기술들은 분명히 3레벨 다중우주를 이용하며 파동함수가 붕괴하지 않아야만 작동할 수 있다.

이러한 이론적, 우주론적 그리고 기술적인 돌파구가 관점의 큰 변화를 가져왔다. 나는 강연을 할 때, 청중이 어떻게 생각하는지 알고 싶어졌다. 그들에게 양자역학의 어떤 해석에 제일 마음이 끌리느냐고 물어보았을 때, 얻은 결과가 아래 표에 정리되어 있다. 1997년 메릴랜드주 UMBC에서 열린 양자역학 학회에서, 그리고 2010년 하버드 물리학과에서 얻은 것이다.

해석	1997년 메릴랜드	2010년 하버드
코펜하겐	13	0
에버렛	8	16
봄	4	0
일관된 역사	4	2
수정된 역학	1	1
기타/결정 보류	18	16
전체 투표인 수	48	35

이 투표가 아주 비공식적이고 비학술적이었으며 모든 물리학자들에 대한 대표성이 있는 표본이 아니긴 하지만, 의견에 놀라운 변화가 있다는 것을 보여준다. 수십 년간 최고 위치에 있었던 코펜하겐 해석의 지지율은 1997년에도 30퍼센트가 안 되었으며 2010년에는 0퍼센

트(!)로 떨어졌다. 반면, 1957년에 제안되었고 약 10년간 거의 아무도 관심을 갖지 않았지만, 에버렛의 다중 세계 해석은 25년간의 격심한 비판과 조소를 버텨내고 2010년 투표에서는 1위를 차지했다. 결정을 보류한 사람들이 많다는 것은 주의할 점이며 아직 양자역학에 대한 논쟁의 결말이 나지 않았다는 것을 말해준다.

오스트리아의 동물 행동 연구자인 콘라트 로렌츠Konrad Lorenz는 중요한 과학 발견이 세 단계를 거친다고 한 적이 있다. 첫 단계에서는 철저히 무시되고, 다음은 심하게 공격당하고, 마침내 누구나 아는 것으로 치부된다는 것이다. 위 투표 결과는 에버렛의 평행우주 이론에 대해 1960년대가 1단계였고, 이제 2단계와 3단계 사이 어딘가에 있다는 것을 시사한다.

내 생각에는, 이런 변화로 인해 이제는 양자역학 교과서를 개정할 때가 되었다고 본다. 교과서들은 결어긋남을 언급해야 하며(대부분 아직 그렇지 않다), 코펜하겐 해석이란 사실 코펜하겐 근사법이라고 간주해야 한다고, 즉 파동함수는 아마도 붕괴하지 않는 것이지만 계산상으로는 관측의 순간에 붕괴하는 것처럼 다루는 것이 아주 유용한 근사법이라고 설명해야 한다.

모든 물리학 이론은 두 부분으로 이루어져 있다. 수학적 방정식, 그리고 그것의 의미를 알려주는 언술 부분이다. 위에서 내가 그저 10개가 넘는 양자역학 해석들을 줄줄 읊어댔지만, 그중 대다수는 단지 "언술" 부분에서만 다를 뿐이다. 내게 있어서, 가장 흥미로운 문제는 수학적 부분, 특히 가장 간단한 수학만으로 (오로지 슈뢰딩거 방정식을 고려하고 그 어떤 예외도 없는 것) 충분한가 하는 것이다. 지금까지 그렇지 않다는 실험적 증거가 단 하나도 없는데도, 대부분의 양자 해석들은 평행우주를 배제하기 위해 장황한 "언술" 부분을 추가한다. 따라서 당신은 당신이 어떤 것에 가장 신경이 쓰이는지에 따라 마음에 드는 해석을 하나 고를 수 있다. 1997년 메릴랜드대학 학회의 발표 논문집에 실을 원고를 준비할 때, 나는 동료들을 놀리려는 의도로 그 제목을 「양자역학의 해석: 다중 세계인가 다중 언술인가?The Interpretation of Quantum Mechanics: Many Worlds or Many Words?」라고 붙였다. 나는 동료들이 보낸 엄청난 양의 항의 메일에 휩싸일 것도 각오하고, 논문을 제출했다. 그들이 양자역학에 대해서는 틀렸더라도, 유머 감각은 있기를 바라면서….

7장에서, 우리는 어떻게 모든 것이 입자로 이루어졌으며 입자들이 어떻게 일종의 순수한 수학적인 대상이 될 수 있는지 이야기했다. 이 장에서, 우리는 양자역학에 거의 틀림없이 더 근본적인 무언가가 있다는 것을 알게 되었다. 그것은 파동함수와 파동함수가 사는 힐베르트 공간이라고 하는 무한 차원의 공간이다. 입자들은 생겨나고 없어질 수 있으며, 또한 동시에 여러 곳에 존재할 수도 있다. 반면, 파동함수는 과거, 현재, 미래 모두 단 하나이며 슈뢰딩거 방정식이 지배하는 대로 힐베르트 공간에서 움직인다. 그러나 만일 파동함수가 물질의 궁극적 실체라는 것이 옳다면, 파동함수는 도대체 어떤 괴물인가? 그것은 무엇으로 이루어졌는가? 힐베르트 공간은 무엇으로 만들어졌는가? 우리가 아는 한, 그것들은 그저 순수하게 수학적인 대상이며, 답은 아무것도 없다! 따라서 다시 한 번, 물리적 실체의 기반을 깊게 탐구할 때, 우리는 그 토대 자체가 순수하게 수학적이라는 힌트를 발견했다. 우리는 이 아이디어를 10장에서 더 자세히 다룰 것이다.

요점 정리

- 수학적으로 가장 간단한 양자 이론에는 우리의 3차원 공간과 그 안에 있는 입자들보다 더 근본적인 무엇인가가 있다. 그것은 파동함수와 파동함수가 사는 힐베르트 공간이라는 무한 차원 공간이다.
- 이 이론에서 입자들은 생겨나고 없어질 수 있고 동시에 여러 곳에 존재할 수도 있지만, 파동함수는 과거, 현재, 미래 모두 단 하나만 존재하고 슈뢰딩거 방정식에 의해 결정되는 방식으로 힐베르트 공간에서 움직인다.
- 이것은 언제나 슈뢰딩거 방정식이 지배하는, 수학적으로 가장 간단한 양자 이론이며 당신의 인생에 수없이 많은 변주가 있는 평행우주의 존재를 예측한다.
- 이것은 양자적 무작위성은 양자적 복제에 의한 환상에 불과하다는 것을 시사한다.
- 명백한 무작위성은 고전역학에서 여러 복제본을 생각할 때에도 생기는 것이며, 양자역학에 의한 것이 아니다.
- 수학적으로 가장 간단한 이 이론은 또한 결어긋남이라는 검열 효과를 예측하기도 한다. 결어긋남은 대부분의 기묘성을 우리에게 감추고 마치 파동함수가 붕괴하는 것처럼 보이게 한다.
- 결어긋남은 우리의 두뇌에서 항상 일어나며, 흔히 "양자 의식"이라고 하는 것이 오류임을 드러낸다.
- 이 양자 다중우주는 6장의 공간적 다중우주와 통합되어, 계의 파동함수가 공간에 걸쳐 분포하는 무한히 많은 복제본까지도 기술하게 하며, 양자역학의 불확정성은 당신이 목격하는 것이 어떤 특정한 복제본인지 알 수 없다는 것을 반영한다.
- 만약 우리가 우주론의 표준 모형에서처럼 무한하고 균일한 공간에 존재한다면, 파동함수가 종국에 붕괴하는지 아닌지는 중요하지 않다. 에버렛의 다중 세계는 모두 서로 구분이 불가능하며, 파동함수가 붕괴한

다고 해도 양자역학적으로 가능한 모든 결과는 실제로 일어난다.

- 양자 다중우주에 의하면 거의 틀림없이 우리는 주관적으로 불사라고 할 수 있으며, 결국에는 당신이 지구에서 가장 나이가 많은 사람이 되는 경험을 할 것이다. 이것은 아마도 양자역학조차 필요 없고, 단지 무한 공간에 있는 1레벨 다중우주로 충분할 수도 있다. 그러나 나는 그렇게 생각하지 않는데, 그것에 대해서는 11장에서 다루었다.
- 파동함수와 힐베르트 공간은 거의 틀림없이 가장 근본적인 물리적 실체를 나타내는 것이며, 순수하게 수학적인 대상이다.

제3부
물러서서 보기

9

내적 현실, 외적 현실, 그리고 합의적 현실

단 것, 쓴 것, 색깔 등은 의견으로만 존재한다. 실제로 존재하는 것은 원자와 빈 공간뿐이다.

– 데모크리토스, 기원전 400년경

"안 돼애애애애! 내 가방!"

보스턴에서 필라델피아로 가는 비행기 탑승이 이미 시작되었다. 나는 휴 에버렛에 대한 BBC 다큐멘터리 촬영을 돕기 위해 필라델피아로 막 떠나는 참이었는데, 문득 내 손에 가방이 없다는 것을 깨달았다. 나는 보안 검색대로 헐레벌떡 달려갔다.

"방금 어떤 사람이 검은색 끄는 여행 가방을 두고 가지 않았나요?"

"아니요." 직원이 말했다.

"아니 저기 있네요. 저기 있는 게 제 가방이라고요!"

"저건 검은색이 아니잖아요." 직원은 말했다. "청록색이죠."

그때까지 나는 내가 얼마나 심각한 색맹인지 알지 못했다. 내가 그 전까지 현실에 대해서, 또한 내 옷에 대해서 짐작했던 많은 것들이 완전히 틀렸다는 것을 알게 되면서 나는 아주 겸손해졌다. 외부 세상에 대해 내 감각이 말해주는 것을 어떻게 더 이상 신뢰할 수 있겠는가? 그리고 그것이 불가능하다면, 외적 현실에 대해 그 무엇인들 확실히 알 수 있기를 어떻게 소망할 수 있겠는가? 이것은 나를, 마치 평생을 독방에 갇혀 지냈고 바깥세상에 대한 정보란 고작 믿음이 안 가는 교도관이 그에게 말해준 것뿐인 죄수와 같은 불안정한 인식론적 입장에 놓이게 했다. 더 일반적으로 말해, 내가 내 마음의 작동을 이해하지 못한다면 내 의식적인 지각이 알려주는 것을 어떻게 신뢰할 수 있겠는가?

이 기본적인 딜레마는 역사적으로 플라톤, 르네 데카르트, 데이비드 흄, 임마누엘 칸트 등의 위대한 철학자들에 의해 인상적으로 표현되었다. 소크라테스는 "유일한 지혜란 오로지 당신이 아무것도 모른다는 것을 아는 것뿐이다"라고 했다. 현실의 이해에 대한 탐색에서 어떻게 하면 우리는 앞으로 나아갈 수 있을까?

지금까지 이 책에서 우리는 외적 물질세계의 실체를 알기 위해 물리학적인 접근을 취해, 은하를 아우르는 거대세계에서 원자보다 작은 미시세계까지 축소하거나 확대하고, 사물을 기본 입자와 같은 기본 구성 요소를 통해 이해하려 시도해왔다. 하지만 인간의 모든 1차적인 지식, 즉 장미가 붉은 것, 심벌즈의 소리, 스테이크의 냄새, 귤의 맛, 바늘로 찌르는 아픔 등은 그 대신에 의식적 인식*의 기본 요소인 특질qualia이다. 따라서 우리는 물리학을 완전히 이해하기 전에 의식을 이해할 필요가 있는 것 아닌가? 나는 인식의 창문이 되는, 왜곡에서 자유롭지 않은 정신적 렌즈를 먼저 이해하지 않고서는, 우리의 외적 물리 현실에 대한, 포착하기 어려운 "모든 것의 이론Theory of Everything, ToE"을 절대 밝혀낼 수 없다는 생각에, 과거에는 이 질문에 "그렇다"라고 대답했었다. 그러나 나는 이제 마음을 바꾸었으며, 짧은 막간을 이용해서 그 이유를 설명하려 한다.

---

* 심리학자, 신경과학자, 철학자 등이 의식에 대해 쓴 책이 많이 있는데, "더 읽을거리"에 개론서로 읽을 만한 마음에 대한 책들을 추천해놓았다.

외적 현실과 내적 현실

아마도 당신은 이렇게 생각할 것이다. 좋아, 맥스, 하지만 나는 색맹이 아니라고. 나는 바로 지금 내 눈으로 똑똑히 외적 현실을 보고 있어. 내가 겉보기와 실체가 다르다고 생각한다면 편집증이겠지. 하지만 다음의 간단한 실험을 생각해보기 바란다.

실험 1: 머리를 좌우로 몇 번 돌려보시오.

실험 2: 머리는 움직이지 말고 눈만 좌우로 몇 번 돌려보시오.

눈동자가 돌아간 것은 같음에도 불구하고, 처음에는 외적 현실이 회전하는 것처럼 느껴지고, 두 번째는 그것이 가만히 있는 것처럼 느껴지는 것을 경험했는가? 이것은 우리 마음의 눈이 보는 것은 외적 현실이 아니라, 단지 우리 머릿속에 있는 현실성 모델에 불과하다는 것을 증명해준다! 만약 당신이 회전하는 비디오카메라로 짝은 영상을 본다면, 분명히 실험 1처럼 움직이는 것을 볼 것이다. 한편 실험 2는 우리의 눈이 일종의 생물학적 비디오카메라여서, 우리의 의식이 망막에 맺힌 그대로를 인식하지 않음을 보여준다. 신경과학자들이 아주 자세히 밝혀냈듯, 망막에 기록된 정보는 고도로 복잡한 방식으로 처리되며 우리 머릿속에 있는 외부 세계에 대한 정교한 모델을 지속적으로 업데이트한다. 앞을 다시 바라보면, 이런 고도화된 정보 처리 덕분에, 망막에 맺힌 상이 2차원임에도 불구하고 머릿속에서는 3차원으로 인식된다는 것을 알 수 있을 것이다.

내 방에는 침대 곁에 조명 스위치가 없어서, 자러 가기 전에 항상 침실을 잘 둘러보고 바닥에 떨어져 있는 장애물들을 치운 후 불을 끈다. 당신도 해보라. 이 책을 덮고, 일어나서, 주위를 둘러보고, 눈을 감고 몇 발짝 걸어가 보라. 당신은 방에 있는 물건들이 당신에게로 다가오는 것을 "볼"/"느낄" 수 있는가? 이번에는 눈이 아니라 다리의 움직임으로부터의 정보를 이용해서 현실성 모델이 업데이트되고 있는 것이다. 당신의 두뇌는 끊임없이, 소리, 감촉, 냄새, 맛 등 무엇이든 그것이 입수할 수 있는 유용한 정보를 이용해서 현실성 모델을 업데이트한다.

이 현실성 모델이 당신 내면의 관점으로부터 외적 현실을 주관적으로 인식하는 방법이기 때문에 내적 현실internal reality이라고 부를 것이다. 이 현실은 당신에게 내재적으로만 존재한다는 의미에서 내적이기도 하다. 당신의 마음은 바깥세상을 바라보고 있다고 생각하지만, 실은 머릿속에 있는 현실성 모델을 보고 있을 뿐이다. 물론 당신 두뇌는 당신이 의식하지 못하는 사이 정교하고 자동화된 과정을 통해 두뇌 바깥에 있는 것을 끊임없이 추적한다.

이 내적 현실을 내적 현실이 따라가는 외적 현실과 혼동하지 않는 것이 절대적으로 중요한데, 이 둘이 매우 다르기 때문이다. 내 머릿속의 내적 현실은 자동차의 계기판같이, 가장 유용한 정보를 편리하게 요약해놓은 것이다. 계기판이 속도, 연료량, 엔진 온도 등 운전자에게 쓸모 있는 것들을 알려주듯이, 내 머릿속의 계기판/현실성 모델은 내 속도와 위치, 배고픔, 기온, 주변의 중요한 것 등 육체의 관리자인 내게 유용한 정보를 알려준다.

진실, 모든 진실, 그리고 오로지 진실

한 번은 내 차의 계기판이 고장 나서 "엔진 검사" 표시등이 켜지는 바람에 아무 문제가 없는데도 정비소에 간 적이 있다. 사람의 현실성 모델도 오작동해서 실제 외부 세계와 괴리가 생겨, 착시(외부 세계에 존재하는 것을 부정확하게 인식), 누락(외부 세계에 존재하는 것을 인식하지 못함), 환각(외부 세계에 존재하지 않는 것을 인식) 등 여러 가지 문제를 일으킬 수 있다. 우리가 진실, 모든 진실, 그리고 오로지 진실만을 말할 것을 서약한다 해도, 우리는 그 모든 것이 각각 착시, 누락, 환각에 의해 잘못될 수 있다는 것을 알고 있어야 한다.

따라서 비유적으로 말하면, "엔진 검사" 건은 내 차가 환각에 빠진 것, 말하자면 환상 통증을 겪은 것이라 할 수 있다. 나는 최근 자동차도 착시 현상에 빠질 수 있다는 것을 알게 되었다. 속도계에 따르면, 내 차는 실제보다 시간당 2마일 항상 빠르게 가는 것으로 판단한다. 이것은 물론 인지과학자들이 발견한, 우리의 감각을 괴롭히고 내적 현실을 왜곡하는 인간의 다양한 착시 증상에 비하면 별 것 아니다. 그림 9.1은 두 종류의 광학적 착시를 보여주는데, 우리의 시각 시스템이 외적 현실과 다른 내적 현실을 만들어내는 예이다. 그림 9.1 왼쪽에서 아래쪽 동그라미는 위쪽 동그라미보다 밝게 보이는데, 책이 컬러라면 아래쪽 동그라미는 오렌지색으로, 위쪽 동그라미는 갈색으로 보일 것이다. 외적 현실에서 두 곳에서 나오는 빛은 약 600나노미터의 파장을 갖는, 정확히 같은 것이다. 스포트라이트를 비추면, 둘 다 같은 오렌지색으로 보일 것이다. 그러면 갈색 빛은 도대체 어떻게 된 것인가? 당신은 갈색의 스포트라이트나 레이저광을 본 적이 있는가? 분명히 없을 것인데, 왜냐하면 갈색 빛이란 것은 원래 존재하지 않기 때문이다! 갈

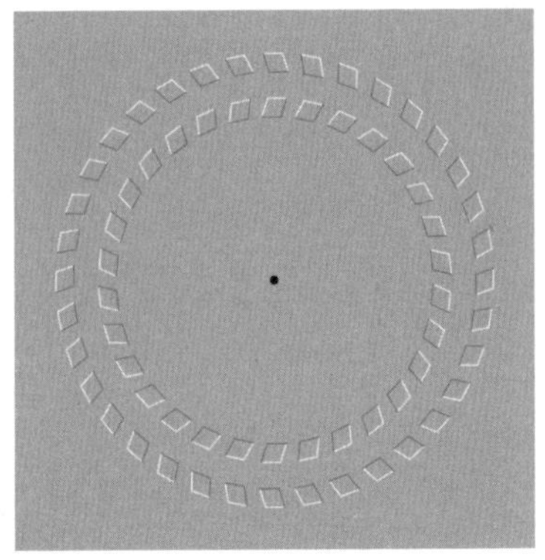

그림 9.1: 광학적 착시 현상. 왼쪽 그림에서 A, B 칸 모두 같은 색조의 회색이며 두 동그라미는 색깔이 같다. 오른쪽 그림에서 검은색 점을 바라보며 머리를 앞뒤로 움직여보라. 원이 회전하는 것처럼 보일 것이다.

색은 외적 현실에서는 존재하지 않으며 오로지 내적 현실에서만, 어두운 배경에서 흐릿한 오렌지색을 볼 때만 인지된다.

재미삼아 나는 가끔 같은 뉴스가 MSNBC, FOX 뉴스, BBC, 알 자지라, 프라우다 등의 온라인 판에서 어떻게 다르게 보도되는지 비교해 본다. 나는 진실, 모든 진실, 그리고 오로지 진실만을 보도하는 데 있어, 다른 방송사들이 진실을 묘사하는 방식에서 보이는 차이 대부분은 두 번째 사항인 누락과 관련된 문제, 즉 어떤 것을 빠뜨렸는가에서 온다는 것을 알아냈다. 나는 우리 감각도 마찬가지라고 생각한다. 비록 그것이 착시와 환각을 일으킬 수도 있지만, 내적 현실 대 외적 현실의 불일치 대부분은 누락에서 온다. 내 시각은 검은색과 청록색 가방 사이의 차이에 해당하는 정보를 누락시켰지만, 당신이 색맹이 아니라 해도, 빛이 전달하는 정보의 대부분을 잃는 것은 마찬가지다. 초등학교에서 모든 색깔의 빛이 빨강, 초록, 파랑의 3원색으로부터 만들어질 수 있다는 것을 배웠을 때, 나는 이 세 숫자가 외적 현실에 대한 무언가 근본적인 것을 말해주는 것이라고 생각했다. 그러나 그것은 틀렸다. 그건 단지 우리 시각의 누락에 대해서 말해주는 것뿐이다. 자세히 말하면, 우리 망막에 있는 세 종류의 원뿔 세포는 빛의 스펙트럼(그림 2.5)에서 측정할 수 있는 수천 개가 넘는 숫자 중에서 파장의 널찍한 세 영역에서의 평균 광도에 해당하는 오직 세 숫자만을 남긴다.

게다가 비교적 좁은 영역인 400~700나노미터를 벗어나는 파장의 빛은 우리 시각에 의해 완전히 무시된다. 따라서 인간이 만든 탐지기가 라디오파, 초단파, 엑스선, 감마선 등 그 전까지 알고 있었던 것보다 외적 현실이 엄청나게 풍부하다는 것을 밝혀냈을 때, 큰 충격으로 다가왔다. 그리고 누락의 문제가 있는 것은 시각뿐만이 아니다. 우리는 쥐, 박쥐, 돌고래가 내는 초음파를 들을 수 없다. 우리는 개나 다른 동물들의 후각적 내적 실체를 지배하는 대부분의 미묘한 냄새를 알지 못한다. 많은 동물 종들이 인간보다 시각, 청각, 후각, 미각, 혹은 다른 감각이 더 발달되었지만, 그것들은 모두 아원자 세계, 은하로 반짝이는 우주, 그리고 4장에서 보았듯이 우리의 외적 현실의 95퍼센트를 구성하는 암흑 에너지나 암흑 물질은 알지 못한다.

합의적 현실

이 책의 1, 2부에서 우리는 물질적 세계가 수학 방정식에 의해 놀랍도록 잘 설명된다는 것, 따라서 언젠가는 "모든 것의 이론"이 개발되어 모든 스케일에서의 외적 현실이 완벽하게 기술될 수 있으리라는 희망을 가지게 되었다. 물리학의 궁극적 개가는, 티셔츠에 적을 수 있을 만큼 간단하게 요약된 근본 방정식을 연구하는 수학자의 "새의 관점"

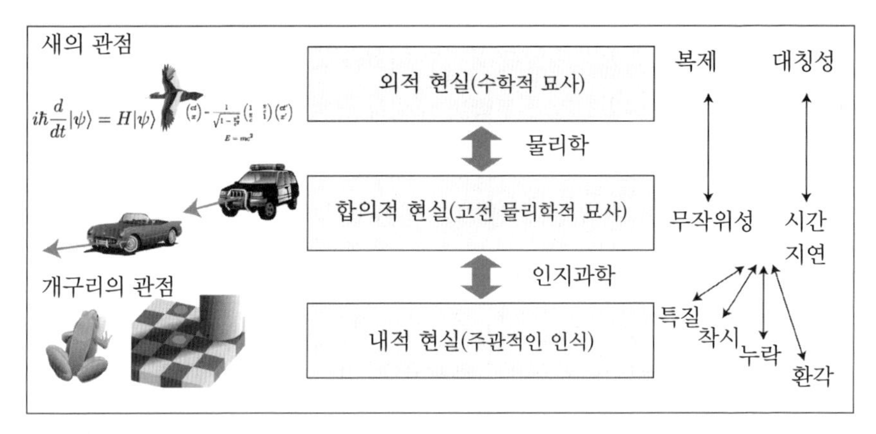

그림 9.2: 우리는 현실을 세 가지 서로 연관된 방식으로 바라볼 수 있다. 방정식을 연구하는 수학자는 새의 관점으로, 자각적인 관찰자는 주관적인 개구리 관점으로, 그리고 우리가 통상적으로 의사소통하는 데 사용하는 중간적인 합의 관점(3차원에서 운동하는 고전역학적 물체 같은 것)으로 현실을 볼 수 있다. 이해를 위한 궁극의 탐구는 별도로 다룰 수 있는 두 부분으로 나뉘기 때문에 편리하다. 즉, 물리학에서는 외적 현실이 어떻게 합의적 현실과 연관되는지(관찰자 복제가 무작위로 나타나는 것이나 빠른 운동이 시간 지연으로 나타나는 것 등의 문제를 포함), 인지과학에서는 어떻게 합의적 현실이 어떻게 내적 현실과 연관되는지(특질, 착시, 누락, 환각 등을 포함) 연구한다.

을 통해 외적 현실로부터 내적 현실을, 즉 외적 현실 안에 있는 "개구리의 관점"으로부터 내적 현실을 주관적으로 인식하는 방식을 유도하는 것일 터이다.

그러나 그림 9.2에서 볼 수 있는 것과 같이, 외적 현실과 내적 현실 사이의 중도적인 위치에 있는 제3의 합의적 현실consensus reality이 있다. 합의적 현실은 지구 상의 모든 생명체가 동의할 수 있는 버전으로, 거시적 물체의 3차원적 위치와 운동, 기타 일상적 세계의 특성들로서 고전 물리학의 익숙한 개념을 사용한 공유된 설명shared description이 가능하다. 표 9.1은 이러한 현실들과 관점들, 그리고 그들 사이의 관계를 요약한 것이다.

우리 각각에게 있는 개인적인 내적 현실은 우리 자신의 위치, 방향, 그리고 내면 상태의 주관적 관점에서 인식되고 개인적 인지 편향

현실 관련 요점 정리	
외적 현실	물질적 세계로, 나는 인간이 존재하지 않는다 하더라도 외적 현실이 존재한다고 믿는다.
합의적 현실	물질적 세계에 대한 공유된 묘사로서 자각하는 관찰자들이 동의하는 것.
내적 현실	당신이 주관적으로 외적 현실을 지각하는 방식.
현실성 모델	외적 현실에 대한 당신 두뇌의 모델로, 당신이 지각하는 내적 현실.
새의 관점	외적 현실을 기술하는 추상적 수학 방정식을 탐구할 때 당신이 외적 현실에 대해 갖는 관점.
개구리의 관점	물질적 세계에 대한 당신의 주관적 관점(당신의 내적 현실).

표 9.1: 이 장에서 소개되고 앞으로 사용될 핵심 용어.

에 의해 왜곡된 것이다. 내적 현실에서 꿈은 더 이상 허구가 아니며 당신이 물구나무를 서면 세상이 뒤집히는 것이다. 반면, 합의적 현실은 공유되는 것이다. 당신의 친구들에게 당신 집으로 오는 길을 알려줄 때, 당신은 당신의 내적 현실로부터의 주관적 개념("여기"라든지 "내가 바라보는 쪽" 같은 것)을 합의적 현실에 있는 공유된 개념("바사 거리 70번지"라든지 "북쪽" 같은 것)으로 번역하려는 노력을 기울인다. 과학자들은 공유된 합의적 현실을 가리킬 때 정확하고 정량적이어야 하므로, 객관적이려고 특별히 주의를 기울인다. 과학자들은 불빛이 "오렌지색"이라고 하기보다 "600 나노미터의 파장"을 가졌다고, 또한 "바나나 향" 대신 "$CH_3COOC_5H_{11}$ 분자"를 가졌다고 말한다. 합의적 현실도 외적 현실과 비교할 때 공유된 착시에서 자유롭지 않다. 예를 들어, 고양이, 박쥐, 로봇 또한 같은 양자 무작위성과 상대론적 상대론의 시간 지연을 겪는다. 그러나 그것들은 생물적 내면의 독특한 문제인 착시의 문제는 없으며, 따라서 인간 의식이 어떻게 작동하는가의 문제에서는 분리된다. 내적 현실의 관점에서 청록색은 내게 부재하고, 바다표범에게는 흑백으로 보이며, 4원색을 보는 새에게는 무지개색으로 보일 것이며, 편광을 감지하는 벌, 초음파를 사용하는 박쥐, 촉각과 청각이 발달한 맹인, 또는 최신 로봇 청소기에게는 모두 다르게 느껴질 것이지만, 우리 모두 문이 열렸는지 닫혔는지에 대해서는 동의할 수 있다.

이것이 내가 마음을 바꾼 이유이다. 인간 의식의 성질을 자세히 이해하는 것은 그 자체로 대단히 매력적인 도전이지만, 그것이 물리학의 근본 이론을 위해 필수적인 것은 아니다. 물리학에서 요구되는 것은 "단지" 그 방정식으로부터 합의적 현실을 유도하는 것이다. 다시 말해, 더글러스 애덤스가 "생명, 우주, 그리고 모든 것에 대한 궁극적 질문"이라고 했던 것은 별개로 다룰 수 있는 두 부분으로 깔끔하게 나뉠 수 있다. 물리학에서의 도전은 외적 현실로부터 합의적 현실을 유도하는 것이고, 인지과학에서의 도전은 합의적 현실로부터 내적 현실을 유도하는 것이다. 이것들이 세 번째 천년의 위대한 도전이다. 그것들은 각각 그 자체로 벅찬 문제이며, 꼭 동시에 해결할 필요는 없다는 것이 그나마 위안이 된다.

물리학: 외적 현실과 합의적 현실 연결하기

우리는 위에서 합의적 현실이 내적 현실과 무척 다르다는 것을, 그리고 그 둘을 연결하는 일이 의식을 이해하는 일만큼이나 어렵다는 것을 알게 되었다. 그러나 이 책의 앞부분에서 보았듯이, 합의적 현실 또한 외적 현실과 많이 다르기 때문에, 그 둘을 혼동하지 않는 것이 아주 중요하다. 나는 현대 물리학의 역사에서 가장 위대한 발전들 몇 가지와 관련하여 가장 어려운 부분은 수학이 아니라 바로 이 두 가지 현실이 어떻게 관련되는지를 이해하는 것이라고 생각한다.

아인슈타인이 1905년 특수 상대론을 발견했을 때, 대부분의 핵심 방정식은 이미 헨드릭 로렌츠Hendrik Lorentz 등이 쓴 상태였다. 그러나 아인슈타인의 천재성이 필요했던 것은 그 수학과 측정 사이의 관계를 이해하는 부분이었다. 아인슈타인은 외적 현실의 수학적 묘사에 나타나는 길이와 소요 시간이 합의된 현실에서의 측정과 다르다는 것을, 그리고 그 차이가 속도에 의해 결정된다는 것을 알아차렸다. 비행기가 사람들 위를 날아갈 때, 그들의 합의적 현실에서 비행기는 지상에 있을 때보다 짧아지고, 비행기에 있는 시계는 더 느리게 간다.*

10년 뒤 아인슈타인이 일반 상대론을 발견했을 때, 베른하르트 리만Bernhard Riemann 등은 그 핵심이 되는 수학을 이미 개발해놓은 상태였다. 그러나 최고의 성취는 역시 너무 난해했기에 아인슈타인의 직관이 필요했다. 그것은 외적 현실의 수학적 표현에서의 휜 공간이 합의된 현실에서의 중력에 해당한다는 것이었다. 이것이 얼마나 어려운 일인지 제대로 인식하기 위해, 죽기 전날 밤 아이작 뉴턴에게 램프의 요정이 나타나 마지막 소원을 들어주겠다고 상상해보자. 잠시 생각한 후, 뉴턴은 결심한다.

"300년 후의 최신 중력 방정식을 알려주시오."

요정은 종이에 일반 상대론의 완전한 방정식을 써내리고, 친절하게

* 아인슈타인은 위치와 운동이 동일한 관찰자들에게는 합의적 현실이 동일하지만, 상대적으로 운동하는 두 그룹은 다른 합의적 현실을 가지고 있다는 것을 알아냈다. 다시 말해서, 무한히 많은 다른 합의적 현실이 있는데, 그 차이는 의식 또는 관찰자의 내적 구조와 관계없는 물리적 효과에 의해 설명될 수 있다.

당시의 옛 수학 표현으로도 다시 설명해준다. 뉴턴은 일반 상대론 방정식이 뉴턴 자신의 이론에 대한 일반화라는 것을 쉽게 이해할 수 있을까?

외적 현실과 합의적 현실을 연결하는 어려움은 양자역학의 발견과 더불어 새로운 기록을 찍었다. 그것은 양자역학의 최초 발견 이후 100년 남짓 된 오늘날에도 그 이론을 어떻게 해석해야 할지 논쟁이 계속되고 있다는 사실에서 잘 드러난다. 8장에서 보았듯이 외적 현실은 파동함수가 시간에 따라 결정된 방식으로 변화하는 힐베르트 공간에 의해 설명되고, 합의적 현실에서는 사건들이 파동함수로부터 아주 정밀하게 계산될 수 있는 확률로 무작위로 발생하는 것으로 보인다. 양자역학의 탄생으로부터 30년 넘게 지나서야 에버렛이 두 현실이 조화를 이룰 수 있다는 것을 증명했고, 외적 현실에서의 거시적 중첩의 존재와 합의적 현실에서의 그 부재를 조화시키는 데 결정적인 역할을 하는 결어긋남의 발견까지 우리는 또한 10년 넘게 기다려야 했다.

오늘날, 이론 물리학 분야의 큰 도전은 양자역학과 중력을 통합하는 것이다. 역사적 발전의 예들로 볼 때, 나는 양자 중력의 새로운 수학적 이론이 그 해석의 난이도에서 모든 이전 기록을 갱신할 것으로 예상한다. 다음번 양자 중력 학회 전날 밤, 친절한 램프의 요정이 강연장에 갑자기 나타나 궁극 이론을 칠판에 써내려간다고 가정해보자. 참석자들이 다음 날 아침 학회 준비를 위해 칠판을 지우면서 그것이 무엇인지 깨달을 수 있을까? 나는 아닐 거라고 본다!

요약하자면, 현실을 이해하려는 우리의 탐험은 개별적으로 다룰 수 있는 두 부분으로 나뉜다. 인지과학에서의 거대한 도전은 합의적 현실을 내적 현실과 연결시키는 것이며, 물리학에서의 거대한 도전은 합의적 현실을 외적 현실과 연결하는 것이다. 우리는 전자도 벅차지만, 후자도 만만치 않게 어렵다는 것을 위에서 보았다. 우리의 합의적 현실에서는 뚫고 나갈 수 없도록 단단하고 정적인 물체로 보이는 바위가, 외적 현실에서는 쉬지 않고 정신 분열적으로 진동하고 있는 입자들이 차지하는 1,000조 분의 1 정도만 제외하면 모든 것이 텅 빈 공간인 것이다. 우리의 합의적 현실은 시간의 흐름에 따라 전개되는 시간들로 이루어진 3차원 무대인 것처럼 보이지만, 11장에서 보게 되듯이, 아인슈타인의 연구에 의하면 변화는 환상이며, 생겨나지도 붕괴되지도 않으며 우리의 우주론적 역사를 마치 DVD가 영화를 담고 있듯이 포함하고 있는 불변 시공간 중에, 시간은 그저 4번째 차원일 뿐이다. 양자 세계는 무작위로 느껴지지만, 우리가 지난 장에서 보았듯이, 에버렛의 연구는 무작위성 또한 착시이며 그것은 단지 우리 마음이 분기하는 평행우주들로 복제될 때의 느낌에 불과하다는 것을 시사한다. 양자 중력의 세계는, 아, 우리 물리학자들이 갈 길이 아아아아아주 멀다. 이 책의 나머지 부분에서, 우리는 물리학적 탐구에 초점을 맞추고 그 논리적 극한까지 밀어붙일 것이다. 우리가 합의적 현실에 대해 아는 것을 고려해볼 때, 외적 현실은 대체 어떤 것일까? 그 궁극적 본성은 무엇인가?

요점 정리

- 나는 진짜 현실은 단 하나일지라도, 그것에 대한 보완적인 관점은 몇 가지가 있다고 주장했다.
- 우리 마음의 내적 현실에서, 외적 현실에 대한 유일한 정보는 감각을 통해 전송되는 작은 샘플뿐이다.
- 이 정보는 다양한 방식으로 왜곡되며, 외적 현실뿐 아니라 우리의 감각과 두뇌의 작동 방식에 대해서도 알려준다.
- 이론 물리학이 밝혀낸 외적 현실의 수학적 묘사는 우리가 외적 현실을 인식하는 것과 매우 다르다.
- 내적 현실과 외적 현실의 중간에, 모든 자각하는 관찰자가 동의하는 물질적 세계의 공유된 설명인 "합의적 현실"이 있다.
- 이는 분명히 더글러스 애덤스가 농담조로 "생명, 우주, 그리고 모든 것에 대한 궁극적 질문"이라고 부른 것을, 개별적으로 다루는 두 부분으로 나눈다. 하나는 물리학에 대한 도전으로 외적 현실에서 합의적 현실을 유도하는 일이고, 다른 하나는 인지과학에 대한 도전으로 합의적 현실에서 내적 현실을 유도하는 일이다.
- 이 책의 남은 부분에서는 이 두 도전을 중점적으로 다룰 것이다.

10

물리적 실체와 수학적 실체

철학은 이 위대한 책, 즉 우주에 쓰여 있으며, 항상 우리가 볼 수 있도록 펼쳐져 있다. 그러나 먼저 그 책에 쓰인 언어를 이해하고 문자를 익히지 않으면 그 책을 공부할 수 없다. 우주는 수학이라는 언어와 삼각형, 원, 그리고 기타 기하학적 도형이라는 문자로 쓰였으며, 이것들이 없다면 인간은 한 단어도 이해할 수 없다. 이것들이 없다면 우리는 어두운 미로에서 헤맬 수밖에 없다.

– 갈릴레오 갈릴레이, 『분석자』, 1623년

자연과학에서 수학의 엄청난 유용성은 거의 신비로울 정도이다 … 그것에 대한 합리적인 설명은 없다.

– 유진 위그너, 1960년

와! 프린스턴의 금요일 아침, 나는 책 집필, 고장 난 오븐, 양자 자살 논쟁에 대한 메일들을 읽고 난 후, 받은편지함에서 원로교수 한 분이 보낸 소중한 편지를 발견했다.

날짜: 1998년 12월 4일, 7:17:42 동부표준시

제목: 쓰기 힘든 편지 …

친애하는 맥스에게,

… 당신의 엉터리 논문들은 당신에게 도움이 안 됩니다. 첫째,

그 논문들을 훌륭한 학술지에 투고하고 불행히도 논문들이 출판될 경우, 그것은 더 이상 "장난"으로 남을 수 없게 됩니다…. 나는 선도적인 학술지의 편집장입니다 … 그리고 당신의 논문은 절대 통과되지 않을 것입니다. 당신의 동료들이 당신의 이런 성격을 향후의 발전 가능성에 대한 불길한 조짐으로 인식하게 될 것을 제외한다면, 그리 중대한 일은 아닙니다만…. 당신은, 만약 이런 활동을 당신의 진지한 연구와 완전히 분리하지 않는다면, 아마 완전히 그만두고 술집이나 그런 비슷한 곳들로 보내버리지 않는다면, 당신의 미래가 위기에 처할 수도 있다는 것을 알아야 합니다.

비판받은 것이 처음은 아니지만, 나는 이번이 개인 최고기록을 세우는 특별한 순간이라는 것을 알아차렸다. 아버지는 내 연구에 큰 영감을 주셨는데, 이 편지를 아버지에게 전달했을 때 단테를 인용한 답장을 보내주셨다. "Segui il tuo corso et lascia dir le genti!" 이탈리아어로 "네 자신의 길을 걷고 사람들은 마음대로 말하도록 내버려두라!"라는 뜻이다.

우리 모두 입에 발린 말로 고정관념에서 벗어나 권위에 도전해야 한다고 말하는 것을 생각하면, 많은 물리학자들이 체제 순응적인 집단 사고를 그토록 강하게 갖고 있다는 것은 흥미로운 일이다. 나는 대학원생 때 이미 이런 사회학적 상황에 절실히 인지한 바 있다. 예를 들어, 아인슈타인은 혁명적인 상대론으로 노벨상을 받지 않았으며* 아인슈타인 자신은 프리드먼의 팽창우주 발견을 묵살했고, 휴 에버렛은 심지어 물리학계의 자리를 얻지도 못했다. 다시 말해, 내가 현실적으로 희망할 수 있는 것보다 훨씬 중요한 발견들이 묵살된 것이다. 따라서 나는 대학원 때 딜레마에 빠졌다. 내가 물리학에 푹 빠진 것은 바로 가장 큰 질문들에 매혹되었기 때문인데, 그렇다고 해서 내가 마음 가는 대로 행동할 경우, 다음 직장은 맥도날드 햄버거 가게가 될 것이 거의 확실해 보였기 때문이다.

내 열정과 경력 사이에서 양자택일하기를 원치 않았으므로, 나는 꽤나 잘 작동했던 비밀 전략을 개발했고, 결국 둘 다 추구할 수 있었다. 그것을 나는 "지킬 박사/하이드 씨 전략"이라고 불렀는데, 바로 사회학적 허점을 활용한 것이었다. 조르다노 브루노는 그의 주장(우주가 무한하다는 등의 이단적 주장) 때문에 1600년에 화형에 처해졌고, 갈릴레오는 지구가 태양 주위를 돈다는 주장 때문에 평생 가택 연금되었는데, 오늘날의 규제는 과거에 비하면 훨씬 가볍다. 만약 당신이 철학적인 큰 질문들에 흥미가 있다면, 대부분의 물리학자들은 당신을 마치 컴퓨터 게임에 빠진 사람처럼 취급할 것이다. 즉, 당신이 근무시간 후에 무슨 일을 하든 그것은 사생활이며, 그것이 정상 업무를 방해하지 않고 당신이 직장에서 그것에 대해 너무 자주 이야기하지만 않는다면 그것 때문에 비난받을 일은 없을 것이다. 따라서 학계의 영향력 있는 인사들이 내게 어떤 연구를 하느냐고 물어보면, 나는 존경받는 지

---

* nobelprize.org에는 1922년 노벨 물리학상이 아인슈타인에게 수여된 것이 "이론 물리학에 대한 그의 업적, 특히 광전 효과 법칙의 발견" 때문이라고 쓰여 있다. 그러나 노벨상 위원회에 속해 있는 스웨덴의 동료 한 사람이 덜 잘 알려져 있는 수상문 전문을 내게 보여준 적이 있다. 아래는 내 번역인데, 오늘날에는 누구나 인간 지성의 가장 위대한 업적 중 하나로 칭송하는 상대론에 대해 아마도 당시의 심술궂은 어떤 이들이 그들의 의구심을 표현하기 위해 삽입했을 거라고 생각되는 부분을 내가 굵은 글씨로 강조해놓았다.

> 스웨덴 왕립 학술원은, 1895년 11월 27일 알프레드 노벨Alfred Nobel의 유언에 따라 제정된 규정에 준거하여, 1922년 11월 9일 회합하여, **가능한 검증 이후 상대성과 중력 이론에 부가될 수 있는 가치와 무관하게**, 1921년에 물리학의 분야에서 가장 중요한 발견 또는 발명을 이룬 사람에게 주어지는 상을, 이론 물리학, 특히 광전 효과의 발견에 공헌한 알베르트 아인슈타인에게 수여하기로 결정하였다.

킬 박사 모드를 취해 4장에서 설명한 것들 같은, 많은 측정과 숫자 등이 동원되는 우주론 주류 문제들을 연구한다고 대답했다. 그러나 비밀리에, 아무도 보지 않는 동안, 나는 하이드 씨 모드로 돌아가 내가 진정으로 하고 싶은 일, 즉 6장, 8장 그리고 이 책의 대부분에서 다루는 것 같은, 현실의 궁극적 성질을 추구하는 일을 했다. 두려움을 잠재우기 위해, 나는 내 홈페이지에 "다른 관심사"가 있다는 안내문을 띄우고, 내가 주류 논문을 10편 발표할 때마다 괴짜 논문을 1편 쓰는 자유를 내게 허용하겠다는 말을 농담조로 적었다. 이것은 매우 편리했는데, 그걸 제대로 세는 사람은 나밖에 없을 것이기 때문이었다…. 나는 버클리에서 졸업할 때까지, 8편의 논문을 발표했는데, 하이드 씨가 쓴 절반의 논문을 내 박사 논문에서 누락시켰다. 나는 버클리의 지도교수였던 조 실크를 정말 좋아했지만, 만일을 위해, 그가 없는 것을 확인하고서야 하이드 씨 쪽 논문을 인쇄하곤 했고, 내 학위 논문이 공식적으로 통과된 후에야 그에게 내 논문을 보여주었다….* 그리고 이 전략을 고수했다. 나는 직장이나 연구비 지원을 할 때 지킬 박사 연구만 언급했지만, 별도로 나를 불타오르게 하는 이런 큰 질문들에 대한 연구를 지속했다. 무해하고, 브루노의 경우와 반대인 방식으로.

이런 기만적인 전략은 내 예상을 훨씬 뛰어넘어 잘 통했고, 나는 내 가장 큰 관심사에 대한 생각을 중단하지 않고도 뛰어난 동료와 학생들이 있는 대학에서 연구할 수 있게 된 것을 지극히 감사하게 생각한다. 그러나 이제 나는 내가 과학계에 빚을 졌고 그것을 갚을 때가 되

---

* 나는 하이드 씨 논문의 발표 시기도 전략적으로 조정했다. 마치 정치인들이 나쁜 소식을 금요일 오후에 발표해서 사람들로 하여금 그다음 주가 되면 잊어버리게 하듯이, 나는 프린스턴대학의 박사후과정 제안을 받은 직후인 1996년 여름에 사람들이 엉터리라고들 하는 논문들을 썼는데, 그렇게 하면 내가 다음번 직장에 원서를 낼 때까지 사람들이 잊어버리도록 최대한의 시간을 벌 수 있기 때문이었다.

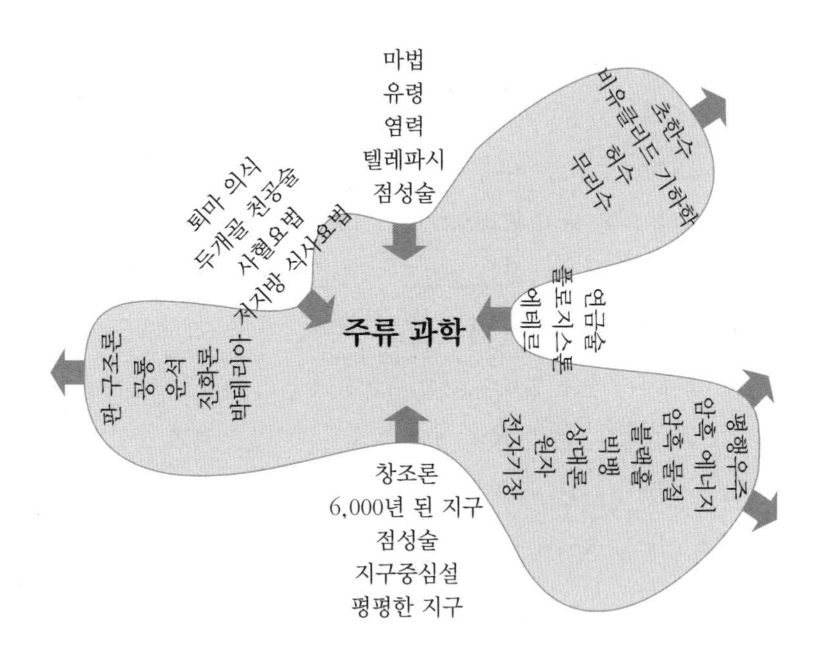

그림 10.1: 주류 과학의 경계는 계속 이동한다.

었다는 생각이 든다! 비유적으로, 만약 우리 앞에 모든 연구 주제가 나열되어 있다고 상상한다면, 주류 물리학의 영역과 그 밖을 구분하는 경계선이 존재할 것이다. 이 영역에 대해 놀라운 점은, 그림 10.1에서 보듯이 경계선이 계속해서 이동한다는 것이다! 어떤 곳에서는 연금술부터 점성술까지 주류에서 멀어지는 이론들이 있어서 축소되었다. 또 어떤 곳에서는 상대론이나 질병에 대한 세균설처럼 사변적인 소수파의 의견이 주류 과학으로 재분류된 아이디어로 발전했다. 나는 처음에는 철학적으로 들릴지라도, 물리학자들이 상당한 기여를 할 수 있는 주제들이 많이 있을 거라고 오랫동안 믿어 왔고, 종신재직권을 받은 지 충분히 오래된 지금 더 이상 핑계를 댈 수는 없다. 나는 이제 하이드 씨를 벽장에서 나오게 해 경계를 조금이나 확장하는 역할을 할, 내

후배 연구자들에 대한 도덕적 의무가 있음을 느낀다. 그것이 바로 앤서니 아기레와 내가 8장에서 언급한 근본질문연구소(http://fqxi.org)를 설립한 이유이다. 그리고 내가 이 책을 쓴 이유이기도 하다.

그래서 내 논문 중 대체 어떤 것이 "그만두지 않으면 네 경력은 끝장이다"라는 비난의 방아쇠를 당겼을까? 논문 중 무엇이 그림 10.1에 나온 주류 과학의 경계에서 그렇게 멀리 벗어났기에, 그 교수는 나를 사파의 길에서 구원해 정파의 길로 되돌릴 필요를 느꼈을까? 그것은 바로 이 책의 핵심 아이디어로, 우리의 물질세계가 거대한 수학적 대상이라는 주장이다. 이제 우리는 바로 이 장에서 그것에 대한 본격적인 탐험을 시작할 것이다.*

수학, 어디나 수학!

생명, 우주, 그리고 모든 것에 대한 궁극적 질문의 답은 무엇일까? 더글러스 애덤스의 코믹 SF 『은하수를 여행하는 히치하이커를 위한 안내서』에서, 그 답은 42이다. 어려운 것은 궁극의 질문을 찾는 것이었다. 실제로 우리의 호기심 많은 선조들도 분명 그런 큰 질문을 했었겠지만, "모든 것의 이론"에 대한 탐구는 그들의 지식이 누적됨에 따라 변화해갔다. 고대 그리스인들이 태양계에 대한 신화적 설명을 역학적 모델로 대치했듯이, 그들 질문의 강조점도 왜에서 어떻게로 바뀌었다.

그 이후, 그림 10.1에서 보는 바와 같이 우리 질문의 범위는 어떤

---

* 논란의 대상이 된 내 1996년 논문은 http://arxiv.org/pdf/gr-qc/9704009.pdf와 2007년에 발표한 속편인 http://arxiv.org/pdf/0704.0646.pdf이다. 하지만 그 아이디어를 정말로 깊게 파고들어 제시한 것은 이 책이 처음이다.

영역에서는 줄어들었고 어떤 영역에서는 급속히 커졌다. 어떤 질문들, 예를 들어 제일 원리로부터 행성 궤도의 반지름을 설명하는 문제는 르네상스 시기에 유행했던 것인데, 너무 유치하거나 잘못된 것이라며 폐기되었다. 우주에 있는 암흑 에너지의 양을 예측하는 것은 현재 유행하는 연구 주제 중 하나인데, 만약 우리가 6장에서 논의했던 것처럼 우리 근방의 암흑 에너지 양이 그저 역사적인 우연에 불과한 것으로 판명된다면 역시 같은 운명에 처할 것이다. 그럼에도 불구하고 다른 질문에 답하는 우리의 능력은 선조들의 그 어떤 과도한 기대도 뛰어넘었다. 뉴턴이 언젠가 우리가 우주의 나이를 오차 1퍼센트 이내로 측정할 수 있게 되고, 스마트폰을 만들 수 있을 정도로 미시세계를 깊이 이해하게 되리라는 것을 알았다면 깜짝 놀랐을 것이다.

이런 성공에 수학이 놀라운 역할을 했으므로, 나는 더글러스 애덤스의 42에 대한 농담이 매우 적절하다고 생각한다.* 우리 우주가 일종의 수학이라는 생각은 적어도 고대 그리스 피타고라스학파까지 거슬러 올라가며, 물리학자들과 철학자들 사이에 수백 년에 걸친 논쟁을 낳았다. 잘 알려져 있듯이 17세기에 갈릴레오는 우리의 우주가 수학의 언어로 쓰인 "위대한 책"이라고 했다. 가까이는 노벨 물리학상 수상자인 유진 위그너는 1960년대에 "자연과학에서 수학의 이해할 수 없는 효율성"에는 설명이 필요하다고 주장했다.

---

* 나는 취미를 우표 수집에서 42가 답인 멋진 질문을 수집하는 것으로 바꾸었다. 내가 가장 좋아하는 질문은 다음과 같다.

1. 이 책은 위도 몇 도에서 집필되었는가?
2. 무지개의 각반지름은 몇 도인가?
3. 블랙홀이 그 주위의 기체 중에서 삼킬 수 있는 것은 최대 몇 퍼센트까지인가?

블랙홀에게 무언가를 먹이는 것은 마치 아기에게 음식을 먹이는 것과 비슷하다. 먹이려 한 것의 대부분은 엄청난 속도로 되돌아온다…. 블랙홀은 주위 가스에서 최대 $1-1/\sqrt{3} \approx 42$퍼센트까지 흡수할 수 있다.

모양, 패턴, 그리고 방정식

이제 정말로 극단적인 설명을 탐구해볼 것이다. 그러나 먼저 우리가 설명하려는 것이 정확히 무엇인지 확실히 해야 한다. 이 책 읽기를 몇 분간만 멈추고 주위를 둘러보자. 우리가 얘기하는 모든 수학은 대체 어디에 있는가? 수학이란 전부 숫자에 대한 것이 아닌가? 당신은 아마도 여기저기에서, 예를 들어 이 책의 쪽수같이, 숫자를 몇 개 볼 수 있을 것이다. 그러나 그런 것은 모두 단지 사람들이 만들어내고 인쇄한 부호들이며, 우리의 우주가 심오한 방식으로 수학을 반영한 것이라고 말하기 어렵다.

우리의 교육 시스템 때문에, 많은 사람들이 수학을 연산과 동일하게 생각한다. 하지만 물리학과 마찬가지로 수학도 폭넓은 질문을 던지도록 진화해왔다. 예를 들어, 내가 앞에서 갈릴레오를 인용했는데, 그는 원이나 삼각형 같은 기하학적 그림을 수학적인 것으로 취급했다. 당신은 주위에서 기하학적 패턴이나 형태를 얼마나 찾을 수 있는가? 이번에도 이 책의 직사각형 모양같이 인간이 창조한 디자인은 포함하

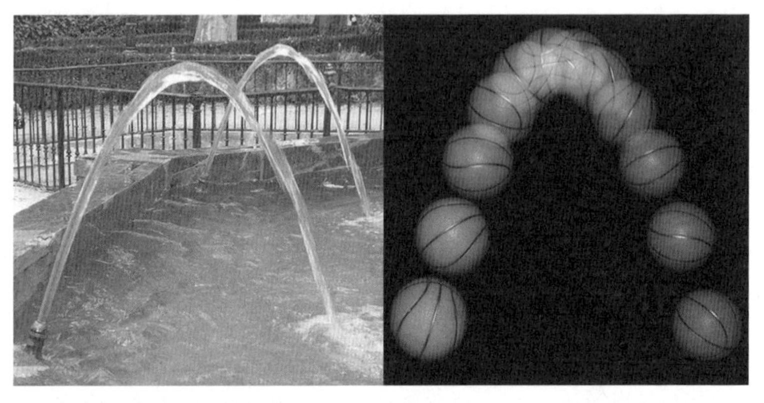

그림 10.2: 무언가 공중에 던지면, 공기저항을 무시할 수 있고 도중에 다른 물체와 충돌하지 않는 한 그 궤도는 언제나 뒤집힌 **포물선** 모양이다.

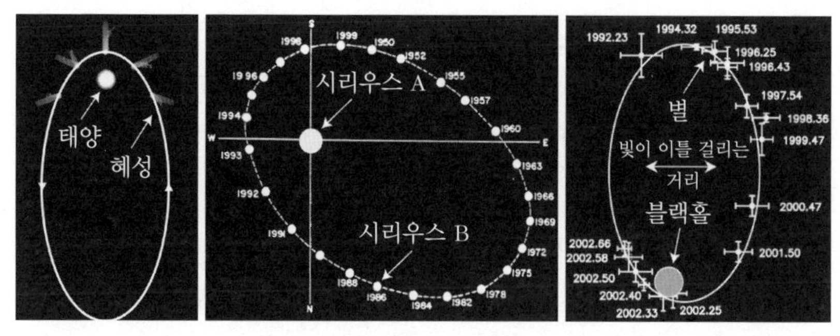

그림 10.3: 무언가가 중력에 의해 다른 어떤 것의 주위를 돌 때, 그 궤도는 항상 **타원** 궤도를 그리는데, 타원은 원이 한 방향으로 늘려진 것이다. (이는 마찰력이 없는 경우, 그리고 뉴턴 중력 이론에 대한 아인슈타인의 상대론적 보정을 무시할 때의 결론이다. 상대론적 보정항은 블랙홀 근처가 아니라면 보통 아주 작다.) 궤도는 태양 주위를 도는 혜성이라든가(왼쪽), 별의 시체인 백색왜성이 밤하늘의 가장 밝은 별인 시리우스 A 주위를 도는 경우라든가(가운데), 우리 은하 중앙에 있는, 태양 질량의 400만 배나 되는 초거대 블랙홀 주위를 도는 별(오른쪽)과 같이 극단적으로 서로 다른 경우에도 마찬가지로 타원 모양이다. (오른쪽 그림은 라인하르트 겐젤Reinhard Genzel과 라이너 쇠델Rainer Schödel의 허락을 받고 게재했다.)

지 않는다. 이제 조약돌을 던져, 자연이 그 궤적으로 만드는 아름다운 모양을 관찰해보라! 갈릴레오는 그림 10.2가 보여주는 것 같은 놀라운 발견을 했다. 당신이 무엇을 던지건, 포물선이라고 부르는 동일한 모양의 궤적을 그린다. 게다가 포물선의 모양은 아주 간단한 수학적인 방정식인 $y=x^2$으로 기술될 수 있으며, 여기서 x는 수평의 위치이고 y는 수직의 위치(즉, 높이)이다. 초기의 속도와 방향에 따라, 포물선 모양이 수직 혹은 수평 방향으로 늘려질 수도 있지만, 항상 포물선임에는 변화가 없다.

우리가 공간에서 물체가 어떤 궤도로 운동하는지 관측하면, 그림 10.3처럼 반복되는 또 다른 모양인 타원을 발견하게 된다. 방정식 $x^2+y^2=1$은 원을 정의하는데, 타원이란 간단히 말해 원이 잡아당겨진 것이다. 궤도를 도는 물체의 초기 속도와 운동방향, 그리고 주위를 도는 대상이 되는 것의 질량에 따라, 궤도의 모양은 늘려지거나 기울어질 수 있지만, 언제나 타원 모양을 유지한다. 게다가 이들 두 모양은 서로 관련이 있다. 극단적으로 늘려진 타원의 끝은 거의 정확히 포물선의 모양을 하고 있기 때문에, 모든 궤도는 사실 타원의 일부분이라고 할 수 있다.*

운동이나 중력뿐 아니라, 전기, 자기, 빛, 열, 화학, 방사능, 입자물리학처럼 이질적인 영역에 이르기까지, 인류는 자연에서 반복되는 모양과 패턴을 여러 가지 발견했다. 이런 패턴은 우리가 물리학 법칙이라고 부르는 것으로 요약된다. 타원 모양과 마찬가지로, 이런 모든 법칙들은 그림 10.4와 같은 수학적 방정식으로 기술될 수 있다. 그 이유는 무엇일까?

숫자들

자연에 내재된 수학에 대한 힌트는 방정식이 전부가 아니며, 숫자들도 있다. 이 책의 쪽수처럼 인간이 만들어낸 것 말고, 나는 우리 물리적 현실의 기본적 성질에 해당하는 숫자들에 대해 이야기하려 한다. 예를 들어, 최대 몇 자루의 연필을 서로 수직이 되도록 배치할 수 있을까? 그 답은, 방구석의 세 모서리에 놓인 경우처럼 3이다. 이 숫자 3이 어디에서 나타난 것일까 ? 우리는 이 숫자를 우리가 사는 공간의 차원이라고 부르는데, 왜 그것은 4, 또는 2, 또는 42가 아니라 하필 3일까? 그리고 우리가 아는 한 우리 우주에 6종류의 쿼크가 있는 것은 왜일까? 7장에서 본 것과 같이, 어떤 종류의 입자들이 존재하는지 결정하

* 실제로 우리 지구를 압축해서 중앙에 블랙홀만 남겨 그림 10.2의 농구공이 땅에 닿지 않게 하면, 공의 궤도 중 포물선 부분은 그대로 유지된 채로 궤도가 블랙홀 주위의 완전한 타원으로 확장될 것이다.

$\nabla\cdot\mathbf{E} = \rho$
$\nabla\cdot\mathbf{B} = 0$
$\nabla\times\mathbf{E} = -\dot{\mathbf{B}}$
$\nabla\times\mathbf{B} = \dot{\mathbf{E}}+\mathbf{J}$
맥스웰 1862
$\begin{pmatrix} ct \\ x \end{pmatrix} = \frac{1}{\sqrt{1-\frac{v^2}{c^2}}}\begin{pmatrix} 1 & \frac{v}{c} \\ \frac{v}{c} & 1 \end{pmatrix}\begin{pmatrix} ct' \\ x' \end{pmatrix}$
$E = mc^2$
아인슈타인 1905
$R_{\mu\nu} - \frac{1}{2}Rg_{\mu\nu} = 8\pi GT_{\mu\nu}$
$\ddot{x}^\lambda = \Gamma^\lambda_{\mu\nu}\dot{x}^\mu\dot{x}^\nu$
아인슈타인 1915
$i\hbar\frac{d}{dt}|\psi\rangle = H|\psi\rangle$
슈뢰딩거 1926
$d\tau^2 = dt^2 - a(t)^2\left(\frac{dr^2}{1-kr^2} + r^2d\Omega^2\right)$
$\left(\frac{\dot{a}}{a}\right)^2 = \frac{8\pi G}{3}\rho - \frac{kc^2}{a^2}$
프리드먼 1922
?
당신 2017?

그림 10.4: 예술이나 시와 마찬가지로, 물리학 방정식도 불과 몇 개의 부호로 많은 것을 함축할 수 있다. 위 그림에 있는 것들은 전자기학, 빛의 속도에 가까운 운동, 중력, 양자역학, 팽창하는 우주에 대한 걸작 방정식들이다. 우리는 모든 것을 통합하는 방정식을 아직 발견하지 못했다.

는 많은 정수들이 자연에 내재되어 있다.

마치 아직도 수학적 요소가 모자란 것처럼, 자연에는 정수가 아니라 소수점 아래가 필요한 양들이 새겨져 있다. 내 조사에 따르면 자연에는 근본 상수들 32개가 암호화되어 있다. 당신이 몸무게를 재면 나타나는 숫자도 근본 상수에 포함될까? 몸무게는 매일 변화하는 양을 측정한 것으로 우리의 우주의 기본적 성질에 해당하지 않으므로 포함될 수 없다. 양성자의 질량인 1.672622×10^{-27}킬로그램, 또는 전자의 질량인 9.109382×10^{-31}킬로그램은 시간이 흘러도 절대 변화하지 않아 보이는데 어떨까? 이 또한 우리 인간이 임의로 만들어낸 킬로그램 단위로 잰 값이기 때문에 역시 포함되지 않는다. 하지만 만약 당신이 이 두 숫자들의 몫을 계산한다면, 정말로 근본적인 것이 된다. 양성자는 전자보다 약 1836.15267배만큼 더 무겁다.* 1836.15267은 마치 π나 $\sqrt{2}$처럼 순수한 숫자이며, 그램, 미터, 초, 볼트처럼 인간의 측정 단위와 관계없는 양이다. 그것이 왜 거의 1836일까? 2013은 왜 안 되는가? 또는 4는? 짧은 답은 우리는 그 이유를 모른다는 것이지만, 우리는 원칙적으로 이 숫자와 지금까지 측정된 자연의 다른 모든 근본 상수들을 표 10.1에 나열된 32개의 숫자만을 이용해서 계산할 수 있다고 생각한다.

이 표에 있는 겁나게 들리는 전문적 용어가 내가 주장하려는 요점과는 상관없으니 걱정할 필요 없다. 중요한 것은 우리 우주에 무언가 매우 수학적인 측면이 있고, 우리가 더 신중히 들여다볼수록, 더 많은 수학을 발견한다는 것이다. 자연의 상수에는, 기본 입자 질량의 비율부터 여러 가지 분자들에서 방출되는 빛의 독특한 파장의 비율에 이르

* 각각의 질량보다 그 비율이 왜 더 정밀하게 측정될 수 있는 이유는, 두 측정 오차가 아주 강하게 연관되어 있기 때문이다.

인수	의미	측정값
g	m_Z에서의 약한 결합상수	0.6520 ± 0.0001
θ_W	와인버그 각도	0.48290 ± 0.00005
g_s	m_Z에서의 강한 결합상수	1.220 ± 0.004
μ^2	2차 힉스 계수	$\approx -2 \times 10^{-34}$
λ	4차 힉스 계수	≈ 0.5
G_e	전자의 유카와 결합상수	0.000002931 ± 10^{-9}
G_μ	뮤온의 유카와 결합상수	0.0006060 ± 0.0000002
G_τ	타우입자의 유카와 결합상수	0.01022
G_u	위 쿼크의 유카와 결합상수	0.000014 ± 0.000003
G_d	아래 쿼크의 유카와 결합상수	0.000029 ± 0.000003
G_c	맵시 쿼크의 유카와 결합상수	0.0073 ± 0.0001
G_s	기묘 쿼크의 유카와 결합상수	0.000546 ± 0.00003
G_t	꼭대기 쿼크의 유카와 결합상수	0.995 ± 0.008
G_b	바닥 쿼크의 유카와 결합상수	0.0230 ± 0.0002
$\sin\theta_{12}$	쿼크의 CKM 행렬 각도	0.2243 ± 0.0016
$\sin\theta_{23}$	쿼크의 CKM 행렬 각도	0.0413 ± 0.0015
$\sin\theta_{13}$	쿼크의 CKM 행렬 각도	0.0037 ± 0.0005
δ_{13}	쿼크의 CKM 행렬 위상각	1.05 ± 0.24
θ_{qcd}	QCD 진공의 CP 대칭성 깨짐 위상각	$< 10^{-9}$
G_{ν_e}	전자 중성미자의 유카와 결합상수	$< 1.3 \times 10^{-11}$
G_{ν_μ}	뮤온 중성미자의 유카와 결합상수	$< 9.8 \times 10^{-7}$
G_{ν_τ}	타우 중성미자의 유카와 결합상수	< 0.00009
$\sin^2 2\theta'_{12}$	중성미자 MNS 행렬 각도	0.857 ± 0.024
$\sin^2 2\theta'_{23}$	중성미자 MNS 행렬 각도	≥ 0.95
$\sin^2 2\theta'_{13}$	중성미자 MNS 행렬 각도	$\leq 0.098 \pm 0.013$
δ'_{13}	중성미자 MNS 행렬 위상각	?
ρ_Λ	암흑 에너지 밀도	$(1.16 \pm 0.07) \times 10^{-123}$
ξ_{b}	광자당 중입자 질량 $\rho_{\mathrm{b}}/n_\gamma$	$(4.66 \pm 0.06) \times 10^{-29}$
ξ_{c}	광자당 차가운 암흑 물질 $\rho_{\mathrm{c}}/n_\gamma$	$(24.9 \pm 0.7) \times 10^{-29}$
ξ_ν	광자당 중성미자 질량 $\rho_\nu/n_\gamma = \frac{3}{11}\sum m_{\nu_i}$	$< 0.5 \times 10^{-29}$
Q	지평선에서의 스칼라 요동 진폭 δ_H	$(2.0 \pm 0.2) \times 10^{-5}$
n	스칼라 스펙트럼 지수	0.960 ± 0.007

표 10.1: 자연에서 측정된 모든 근본 성질은 적어도 원칙적으로는 이 표에 있는 32개의 숫자들로부터 계산할 수 있다. 이 숫자들 중 어떤 것은 매우 정확하게 측정되었고 어떤 것은 아직 실험적으로 결정되지 않았다. 이 숫자들의 상세한 의미는 우리의 논의에서 중요하지 않지만, 흥미 있는 독자는 http://arxiv.org/abs/astro-ph/0511774에 나온 설명을 찾아보기 바란다. 이 숫자들을 결정하는 것은 무엇일까?

기까지, 물리학의 전 영역에서 측정한 수십만 가지 순수한 숫자들이 있는데, 아주 강력한 컴퓨터를 이용해서 자연 법칙을 기술하는 방정식을 풀면, 이런 모든 숫자들 각각이 표 10.1의 32개 숫자들로부터 계산될 수 있는 것으로 보인다. 그중 어떤 계산들, 그리고 어떤 측정들은 너무 어려워서 아직 수행되지 않았고, 실현되었을 때 소수점 아래 숫자들 중 어떤 것들은 이론과 실험 사이에 일치하지 않을 수도 있다. 그런 종류의 불일치는 과거에도 있었는데, 보통 다음 세 가지 중 한 방식으로 해결되었다.

1. 누군가 실험의 오류를 발견한다.
2. 누군가 계산의 오류를 발견한다.
3. 누군가 물리학 법칙의 오류를 발견한다.

세 번째 경우는 마치 뉴턴의 중력 방정식이 아인슈타인 방정식으로 대체되어 태양 주위를 도는 수성의 궤도가 왜 정확히 타원이 아닌가를 설명할 수 있었던 것처럼, 더 근본적인 물리학 법칙이 발견되는 것이 보통이다. 어떤 경우이건, 자연이 무언가 수학적이라는 점은 더욱 확실해진다.

만약 당신이 앞으로 더 정확한 물리학 법칙을 발견하게 된다면, 표 10.1에 있는 어떤 숫자들을 다른 것들로부터 계산할 수 있게 되어 인수들의 숫자를 32 미만으로 줄일 수 있을지도 모른다. 또는 제네바 교외에 있는 거대 강입자 가속기Large Hadron Collider, LHC에서 발견될 수도 있는 새로운 입자들의 질량 등 새로운 인수들이 추가될 수도 있다.

더 많은 실마리

우리의 물리 세계에 있는 이런 모든 수학적 힌트로 무엇을 할 것인가? 나의 물리학계 동료 대부분은 그 힌트를 받아들여 자연이 어떤 이유에서든 적어도 근사적으로 수학으로 기술된다는 것을 인정하는 데 그친다. 천체 물리학자인 마리오 리비오Mario Livio는 『신은 수학자인가?』라는 책에서 "과학자들은 수학적인 취급이 가능한가에 기반을 두고 연구할 문제를 선택해왔다"라고 결론 내린다. 그러나 나는 그 이상의 의미가 있다고 확신한다.

첫째로, 수학은 왜 자연을 그렇게 정확히 기술하는가? 나는 거기 설명이 필요하다는 데 위그너와 의견을 같이한다. 둘째로, 이 책을 통해 우리는 자연이 단지 수학에 의해 기술되는 정도가 아니라 그 어떤 측면 자체가 수학적이라는 점을 시사하는 힌트들에 마주쳤다.

1. 2~4장에서, 우리는 우리의 물리적 세계인 공간 자체의 기본 구조가, 그것의 유일한 내재적 성질이 차원, 곡률, 위상 등과 같은 수학적 성질이라는 의미에서, 순수하게 수학적 대상이라는 점을 알게 되었다.
2. 7장에서, 우리는 우리 물리 세계의 모든 "물체"가 기본 입자로 이루어졌고, 기본 입자의 유일한 내재적 성질이 표 7.1에 나열된 전하, 스핀, 렙톤 수 등과 같은 수학적 성질이라는 점에서 순수하게 수학적 대상이라는 것을 알게 되었다.
3. 8장에서, 우리는 우리의 3차원 공간과 그 안에 있는 입자들보다 더 근본적인 무언가가 있다는 것을 알게 되었다. 그것은 파동함수와 파동함수가 살고 있는 힐베르트 공간이라는 무한 차원 공간이다. 입자들은 창조되거나 소멸될 수 있고,

> 동시에 여러 곳에 있는 것도 가능하지만, 힐베르트 공간에서 움직이며 슈뢰딩거 방정식에 의해 결정되는 파동함수는 과거, 현재, 미래 모두에서 단 하나만 있다. 파동함수와 힐베르트 공간은 모두 순수하게 수학적 대상이다.

이것들은 무엇을 의미하는가? 이제 그에 대한 내 생각이 내 경력을 망칠 것이라고 얘기한 교수에게보다 당신에게 그 뜻이 잘 전달될 수 있을지 알아보려고 한다.

수학적 우주 가설

나는 대학원 시절 이런 모든 수학적 실마리에 매혹되었다. 1990년 버클리에서의 어느 저녁, 친구인 빌 포리에이와 현실의 궁극적 본성에 대해 생각하다가, 갑자기 그 전체 의미에 대한 아이디어가 떠올랐다. 우리의 현실은 수학으로 묘사되는 데 그치는 것이 아니라, 앞으로 책 뒤편에서 특정한 의미로 설명하려고 하는데, 그 자체가 바로 수학이라는 것이다. 그 어떤 양상뿐 아니라, 당신을 포함해서 그 모든 것이 수학이다.* 이 아이디어는 좀 정신 나가고 터무니없이 들리기 때문에, 빌에게 얘기한 후 나는 몇 년 동안 깊이 생각해보고 나서 첫 논문을 발표했다.

세세한 사항으로 들어가기 전에, 내가 이것을 생각할 때 사용하는 논리적 구조에 대해 이야기하려 한다. 첫째로, 2개의 가설이 있는데,

---

* 로저 펜로즈는 그의 책인 『실체에 이르는 길』에서 유사한 정서를 표현하고 있다.

하나는 아무 문제없어 보이고 다른 하나는 급진적으로 보인다.

> **외적 현실 가설**External Reality Hypothesis, ERH**:** 우리 인간과 완전히 독립적인 외적 물리 실체가 존재한다.

> **수학적 우주 가설**Mathematical Universe Hypothesis, MUH**:** 우리의 외적 물리 실체는 수학적 구조이다.

둘째로, 나는 수학적 구조를 충분히 포괄적으로 정의하면, 전자에서 후자가 도출된다고 주장할 것이다.

나의 초기 가정인 외적 현실 가설은 그리 큰 문제가 없다. 아직도 논쟁의 대상이기는 하지만, 나는 대부분의 물리학자들이 이 오래된 생각을 선호한다고 생각한다. 형이상학적 유아론자는 외적 현실 가설을 완전히 배격할 것이며, 양자역학의 코펜하겐 해석을 지지하는 자는 관찰 없이는 현실도 없다는 견지에서 외적 현실 가설을 거부할 것이다. 외적 현실이 존재한다고 가정하고, 그것이 어떻게 작동하는지 묘사하는 것이 물리 이론의 목적이다. 우리의 가장 성공적인 이론인 일반 상대론과 양자역학은 이 현실의 일부, 예를 들어 중력이라든지 아원자 입자의 행동 등 만을 묘사한다. 대조적으로 이론 물리학의 성배는 모든 것의 이론으로, 현실의 모든 것을 완전히 묘사한다.

짐 줄이기

이 이론에 대한 내 개인적 탐구는 그것이 어떨 수 있는가에 대한 극단적 주장으로 시작한다. 만약 우리가 현실이 인간과 무관하게 존재한다는 가정하에 어떤 묘사를 완전하게 하려면, 묘사는 인간이 아닌 존재, 예를 들어 외계인이나 슈퍼컴퓨터처럼 인간적 개념을 이해하지 못하는 존재도 이해할 수 있도록 잘 정의되어야 한다. 다르게 표현하면, 그런 묘사는 "입자", 관찰 또는 다른 인간 언어 같은 인간적 짐이 전혀 없는 형태로 표현될 수 있어야 한다.

그에 반해, 내가 배운 모든 물리 이론에는 수학적 방정식과 "짐 baggage"이라는 두 가지 요소가 있으며, 짐은 방정식들이 우리가 관찰하고 직관적으로 이해하는 것과 어떻게 연결되는지 설명해주는 언어이다. 우리는 이론의 결과를 도출할 때, 편의성 때문에 새로운 개념과 어휘들, 예를 들어 양성자, 원자, 분자, 세포, 별 같은 것을 도입한다. 그러나 이런 개념을 창조한 것이 우리 인간임을 기억해야 한다. 원칙적으로, 이 짐이 없어도 어떤 것이든 계산할 수 있다. 이상적인 슈퍼컴퓨터는 인간적인 언어를 동원하지 않고서도 단순히 모든 입자들이 어떻게 운동하는지 혹은 그 파동함수가 어떻게 변화하는지 파악함으로써 우리 우주의 상태가 시간에 따라 어떻게 변화하는지 계산할 수 있다.

예를 들어, 그림 10.2의 농구공 궤적이 당신 팀을 승리로 이끈 멋진 버저비터여서, 친구에게 그것이 어땠는지 설명한다고 해보자. 그 공은 기본 입자(쿼크와 전자)로 이루어졌으므로, 원칙적으로 당신은 그 운동을 농구공이라 언급하지 않고도 묘사할 수 있다.

- 1번 입자가 포물선을 그린다.
- 2번 입자가 포물선을 그린다.
- …
- 138,314,159,265,358,979,323,846,264번 입자가 포물선을 그린다.

하지만 이 묘사는 좀 불편한데, 당신이 이것을 말하는 데 우주의 나이보다도 긴 시간이 걸리기 때문이다. 또한 불필요하기도 한데, 모든 입자들이 한데 뭉쳐 한 물체로 움직이기 때문이다. 이것이 바로 인간이 그 물체 전체를 가리키기 위해 공이라는 단어를 발명한 이유이며, 그 전체의 운동을 한 번에 기술하면 시간을 절약할 수 있다.

공은 인간이 발명한 것이지만, 그렇지 않은 합성체composite object, 예를 들어 분자, 돌멩이, 별들도 마찬가지이다. 그것들을 가리키는 단어를 만들면 시간을 아낄 수 있어 편리하고, 개념이나 소위 약칭적 추상화는 세상을 더 직관적으로 이해할 수 있게 한다. 편리하지만, 그런 단어들은 모두 선택적 짐이다. 예를 들어, 나는 별이라는 단어를 이 책에서 반복적으로 사용했는데, 사실은 그때마다 그 구성 요소를 이용한 정의, 즉, 중력에 의해 뭉쳐진 약 10^{57}개의 원자들로서 그중 일부가 핵융합되고 있는 것이라고 바꿔 말할 수 있다. 다시 말해, 자연에는 이름 붙여지기를 기다리는 많은 종류의 개체들이 있다. 확실히 지구 상 거의 모든 인류 집단의 언어에는 별에 해당하는 단어가 있는데, 보통은 그 자신의 문화적, 언어학적 전통을 반영해서 독자적으로 만들어진 것이다. 나는 먼 태양계에 있는 외계 문명 대부분도, 심지어 그들이 소리를 가지고 의사소통하지 않는다고 해도, 별에 해당하는 이름이나 부호를 가지고 있을 거라고 생각한다.

다른 놀라운 사실은 우리가 종종 그렇게 이름을 붙일 만한 개체들의 존재를, 그 존재의 부분을 지배하는 방정식으로부터 예측할 수 있다는 것이다. 이런 방법으로 우리가 7장에서 논의했던 바와 같이, 레고 블록과 유사한 기본 입자로부터 원자와 분자까지, 구조들의 모든 위계질서를 예측하는 것이 가능하며, 인간이 더하는 것은 단지 각 단계의 물체들에 그럴 듯한 이름을 붙이는 것뿐이다. 예를 들어, 만약 당신이 5개 혹은 그 이하의 쿼크에 대한 슈뢰딩거 방정식을 푼다면, 오로지 두 가지 배열만 상당히 안정하게 결합한다는 것을 발견할 것이다. 그것은 2개의 위 쿼크와 1개의 아래 쿼크, 혹은 2개의 아래 쿼크와 1개의 위 쿼크로, 우리는 인간적 짐의 편의를 위해 이런 두 가지 덩어리에 "양성자"와 "중성자"라는 이름을 붙일 뿐이다. 유사하게, 만약 당신이 슈뢰딩거 방정식을 그런 덩어리에 적용한다면, 덩어리들이 안정하게 결합될 수 있는 방식은 오로지 257가지뿐이라는 것을 알게 될 것이다. 우리 인간은 이런 양성자/중성자 모임을 "원자핵"이라고 부른다는 짐을 추가했고 그 각각에 대한 이름, 즉 수소, 헬륨 같은 것들을 만들어냈다. 또한 슈뢰딩거 방정식으로는 원자들이 모여 더 큰 물체가 되는 방식도 계산할 수 있는데, 이번에는 안정하게 결합하는 물체가 너무나 많아서 그 모든 것에 이름을 붙이기 불편하다. 그 대신, 우리는 물체들의 중요한 분류("분자" 그리고 "결정" 같은 것), 그리고 가장 흔하거나 흥미로운 것들(예를 들어, "물", "흑연", "다이아몬드" 등)에 이름을 붙였다.

나는 이런 합성체들을 발현하는 것으로 간주하는데, 그것들이 보다 근본적인 물체들을 다루는 방정식의 해로 나타난다는 의미에서이다. 이런 발현은 미묘해서 놓치기 쉬운데, 역사적으로 과학의 발달 과정이 주로 그 반대 방향으로 이루어졌기 때문이다. 예를 들어, 우리 인간은 별이 원자로 이루어졌다는 것을 파악하기 전부터 별에 대해 알고 있었고, 원자가 전자, 양성자와 중성자로 이루어졌다는 것을 알기 전부터 원자에 대해 알고 있었으며, 중성자가 쿼크로 이루어졌다는 것을 알기 전부터 중성자에 대해 알고 있었다. 인간에게 중요한 모든 발현체emergent object에 대해, 우리는 새로운 개념이라는 형태로 짐을 만들어낸다.

그러한 발현과 인간적 짐의 창작 패턴을 그림 10.5에서 볼 수 있다. 여기에서 나는 과학 이론들을 대략 계통도로 분류해서, 각각이 적어도 원칙적으로는 그 위에 있는 더 근본적인 것에서 유도될 수 있도록 배열했다. 언급했던 대로, 이런 모든 이론들은 두 가지 요소, 즉 수학적 방정식과 그것이 우리가 관찰하는 것과 어떻게 연관되는지 설명하는 언어로 구성되어 있다. 예를 들어, 우리는 8장에서 양자역학이, 교과서에 보통 설명되는 대로, 두 가지 요소 모두를 가지고 있다는 것을 보았다. 슈뢰딩거 방정식은 수학에 해당하며, 파동함수 붕괴 가설처럼 일상 언어로 표현된 근본 가설들도 있다. 이론 위계구조의 각 단계에서, 편의성에 의해 도입된 새로운 개념들(예를 들어, 양성자, 원자, 세포, 유기체, 문화)은 그 위에 있는 더 근본적인 이론에 의존하지 않고도 어떤 일이 벌어지는지 그 핵심을 파악할 수 있게 해준다. 이런 개념과 용어를 도입한 것은 우리 인간이다. 극단적 환원주의적 접근법이라서 현실적으로는 그다지 도움이 안 되겠지만, 원칙적으로는 계통도의 맨 위에 있는 근본 이론에서 모든 것을 유도할 수 있다. 대략 말해, 계통도 아래쪽으로 내려가면, 용어의 숫자는 늘지만 방정식의 숫자는 줄어들어 고도의 응용 분야인 의학이나 사회학 등에서는 거의 0이 된다. 대조적으로, 계통도 위쪽에 있는 이론들은 고도로 수학적이어서, 물리학자들은 그것을 이해하기 위해 도움이 되는 개념을 생각해내는 데 어려움을 겪고 있다.

종종 물리학의 성배란 익살맞은 표현인 "모든 것의 이론"을 찾는 것이며, 모든 것의 이론으로부터 다른 모든 것을 유도할 수 있다고 이야기한다. 이것이 이론 계통도 맨 위에 있는 큰 물음표를 대체할 수 있을 것이다. 7장에서 논의했던 대로, 우리는 중력과 양자역학을 통합하는 무모순의 이론이 없기 때문에 무언가가 누락되었다는 것을 알고 있다. 이 모든 것의 이론은 외적 현실 가설이 가정하는 외적 물리 실체를 완전하게 묘사할 것이다. 이 절의 도입부에서, 나는 그런 완전한 묘사

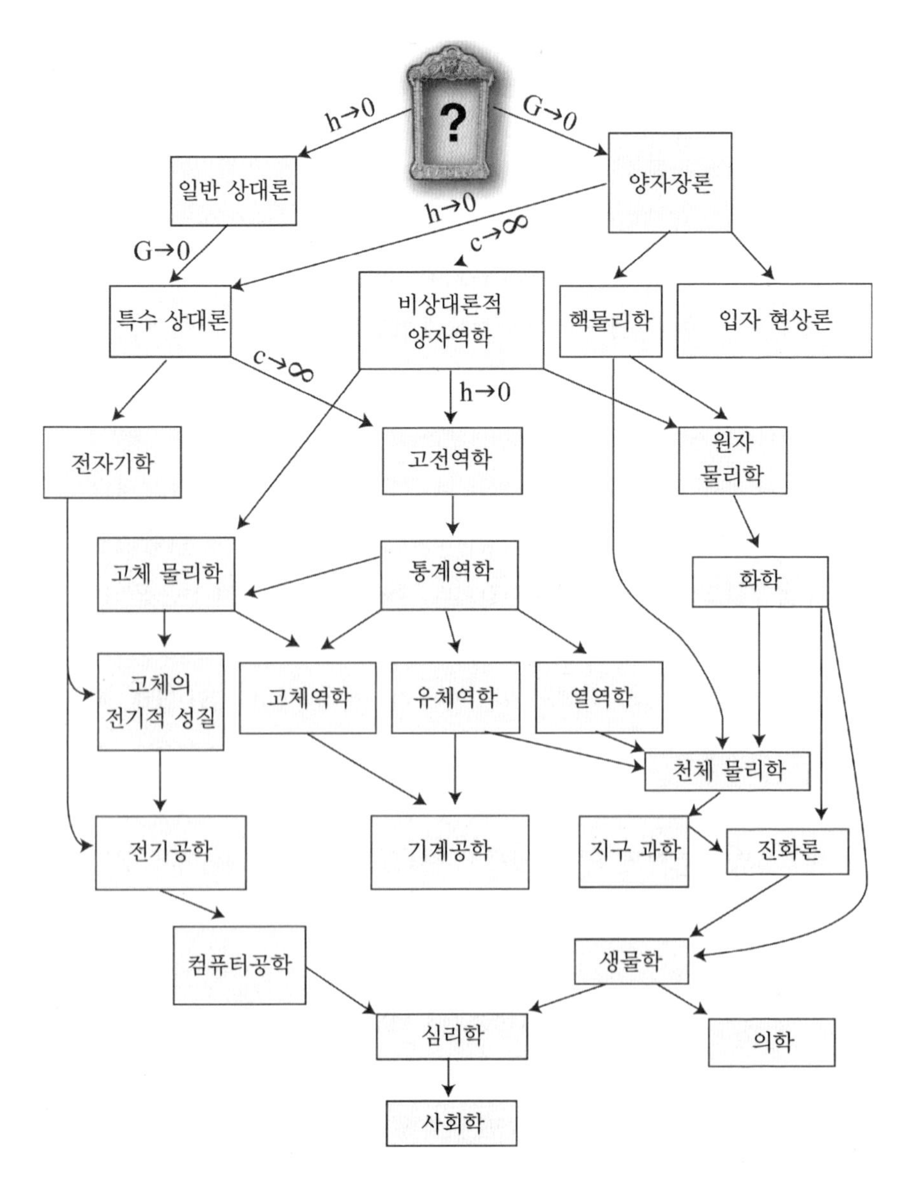

그림 10.5: 이론들을 대략적인 계통도로 조직화하면, 최소한 원리적으로는 각각이 그 위에 있는 더 근본적인 이론으로부터 유도될 수 있도록 배열할 수 있다. 예를 들어, 특수 상대론은 일반 상대론에서 뉴턴의 중력 상수 G를 0으로 놓는 근사법으로 얻어질 수 있고, 고전역학은 특수 상대론에서 빛의 속도 c를 무한대로 놓는 근사법으로 유도될 수 있으며, 밀도라든가 압력 같은 개념을 포함하고 있는 유체역학은 입자들이 어떻게 서로 튕겨지는지에 대한 고전 물리학에서 유도될 수 있다. 그러나 화살표로 잘 이해되는 이런 예는 소수에 불과하다. 화학에서 생물학을 유도하거나, 생물학에서 심리학을 유도하는 것은 현실적으로는 가능하지 않다. 그런 주제들은 오로지 제한되고 근사적인 측면만 수학적이며, 이와 유사하게 지금까지 물리학에서 발견된 모든 수학적 모델들이 실체의 제한된 측면에 근사일 가능성이 크다.

에는 인간적 짐이 전혀 없어야 한다고 주장했다. 이것은 완전한 묘사에 어떤 개념도 없어야 한다는 것을 의미한다! 다시 말해, 순수하게 수학적인 이론이며, 양자역학의 교과서에 나오는 것 같은 그 어떤 설명이나 "가설"도 없어야 한다. (수학자들은 그 어떤 내재적 의미나 물리적 개념과 연관성이 없는 추상적인 수학적 구조를 연구하는 것이 가능하다는 사실에 자부심을 내비친다.) 그 대신, 무한히 똑똑한 수학자는 이런 방정식만으로도 그림 10.5의 이론 계통도가 묘사하는 물리적 실체의 성질, 그 거주자들의 성질, 그들이 세상을 인지하는 방식, 심지어 그들이 만들어낼 언어까지 알아냄으로써, 분명 이론 계통도 전체를 유도할 수 있을 것이다. 이처럼 순수하게 수학적인 모든 것의 이론은 아마도 매우 간단해서 그 방정식을 티셔츠 위에 쓸 수 있을 것이다.

이 모든 것이 다음 질문에 대한 답을 요구한다. 전혀 짐 없이 외적 현실을 묘사하는 것이 실제로 가능할까? 만약 그렇다면, 이런 외적 현실에서의 물체들과 그들 사이의 관계에 대한 묘사는 완전히 추상적이어서, 모든 용어와 부호는 그 어떤 선입견에서도 자유로운, 단순한 라벨에 불과해질 것이다. 그 대신, 이런 개체들의 성질은 오로지 그들 사이의 관계에 의해 구체화될 것이다.

수학적 구조

이 질문에 답하기 위해, 우리는 수학을 더 자세히 들여다볼 필요가 있다. 현대의 논리학자에게 수학적 구조란, 정확히 말해 그 사이의 관계가 정의된 추상적 개체들의 집합이다. 예를 들어, 정수라든가, 피타고라스학파가 좋아했던 기하학적 대상인 정십이면체를 생각해보자. 이것은 우리들 대부분이 수학에 대해 처음 받는 인상, 즉 괴로운 벌이라든가, 숫자를 교묘하게 다루는 방법이라든가 하는 것과 아주 다르다. 물리학처럼, 수학은 광범위한 질문을 하는 쪽으로 진화해왔다.

현대 수학은 인간적 짐을 완전히 제거하고 순수하게 추상적으로 정의된 구조에 대한 형식적 연구이다. 수학적 기호는 아무런 내적인 의미가 없는 라벨로 취급한다. "이 더하기 이는 사"라고 하건, "2+2=4"라고 하건, "Two plus two equals four"라고 하건 아무 차이가 없다. 개체와 그 관계를 나타내는 표기법은 상관이 없으며, 정수의 성질은 오로지 그 사이의 관계 안에서 구체화된다. 즉, 우리는 수학적 구조를 만들어내는 것이 아니라 발견하는 것이고, 오로지 그것을 나타낼 표기법을 발명할 뿐이다. 수학의 언어(우리가 발명하는 것)를 수학의 구조(우리가 발견하는 것)와 혼동하지 않는 것이 핵심이다. 만약 외계 문명이 평평하고 동일한 면을 갖는 3차원 모양에 관심을 갖게 된다면, 그들도 우리 지구인이 정다면체라고 부르는 그림 7.2의 5가지 모양을 찾아낼 것이다. 그들은 그들만의 이상한 이름을 만들어낼 수는 있어도, 6번째 것을 만들어낼 수는 없다. 그것은 존재하지 않는다. 그것은 3+1차원의 유사-리만 다양체로부터 힐베르트 공간까지, 현대 물리학에서 흔히 사용되는 수학 구조가 발명되지 않고 발견된다는 것과 같은 의미이다.

요약하자면, 위의 논의에서 기억할 두 가지 핵심 포인트가 있다.

1. 외적 현실 가설은 "모든 것의 이론"(우리의 외적 물리 실체에 대한 완전한 묘사)에는 짐이 없다는 것을 의미한다.
2. 짐에서 완전히 자유로운 묘사가 가능한 것이 바로 수학적 구조이다.

둘을 합치면, 수학적 우주 가설, 즉 모든 것의 이론에 의해 묘사되는 외적 물리 실체는 수학적 구조라는 것이 도출된다.* 따라서 요점은 만약 당신이 인간과 무관한 외적 현실을 믿는다면, 우리의 물리적 현실이 수학적 구조라는 것도 믿어야 한다는 것이다. 다른 그 어떤 묘사도 짐에서 자유로울 수 없다. 다시 말해, 우리는 모두 거대한 수학적 대상, 즉 정십이면체보다 더 정교하고, 아마도 칼라비-야우 다양체, 텐서 다발, 힐베르트 공간처럼 겁나는 이름이 붙어 있으며 오늘날의 가장 발달된 물리학 이론에 등장하는 것들보다 더 복잡한 수학적 대상 안에 살고 있다. 당신을 포함해서, 우리 세상 안에 있는 모든 것들은 순수하게 수학적이다.

수학적 구조란 무엇인가?

"자아아아아아아암깐만요!" 내 친구인 저스틴 벤디크는 물리학에서의 주장에 대해 긴급한 답이 필요할 때마다 이렇게 소리치곤 했다. 수학적 우주 가설은 다음의 세 질문을 제기한다.

- 수학적 구조란 정확히 무엇인가?
- 우리의 물리적 세계는 정확히 어떻게 수학적 구조일 수 있는가?
- 이것은 검증 가능한 예측을 할 수 있는가?

---

* 철학 저작물에서, 존 워럴John Worrall은 과학적 현실주의와 반 현실주의 사이의 타협점으로서 구조적 현실주의라는 용어를 만들어냈다. 거칠게 말하면, 현실의 근본적 성질은 과학 이론의 수학적 혹은 구조적 내용에 의해서만 정확히 기술될 수 있다는 것이다. 이 용어는 다른 여러 과학 철학자들에 의해 다른 방식으로 해석되고 다듬어졌으며, 고든 매케이브Gordon McCabe는 우리의 물리적 우주가 수학적 구조와 동형이라는 내 가설에 대해서는 보편 구조적 현실주의라는 용어가 사용되어야 한다고 주장했다.

우리는 위의 두 번째 질문은 11장에서, 그리고 세 번째 질문은 12장에서 다룰 것이다. 12장에서 더 자세히 다루겠지만, 우선 첫 번째 질문부터 탐구해보자.

짐과 동치인 묘사

앞에서 우리는 우리의 묘사에 어떻게 짐을 추가하는지 설명했다. 이제 그 반대 방향으로 바라보자. 수학적 추상화가 어떻게 짐을 제거하고 벌거벗은 본질을 보여줄 수 있을지. 그림 10.6은 "불사의 게임"으로 알려진 체스 문제로, 백이 룩 둘, 비숍과 퀸을 멋지게 희생해서 남은 3개의 약한 말로 상대를 외통수에 몰아넣는다. 지구 상에서 이 묘수는 1851년 아돌프 안데르센Adolf Anderssen과 라이오넬 키저리츠키Lionel Kieseritzky 사이의 게임에서 나왔다. 그러나 같은 게임을 이탈리아 마로스티카 마을에서 매년 사람들이 체스말로 분장해서 재현하고, 온 세상의 수없이 많은 체스 애호가들이 자주 반복하여 두곤 한다. 어떤 사람들은 (그림 10.6에서 내 동생인 퍼, 그의 아들인 사이먼과 내 아들 알렉산더가 체스를 두고 있다) 나무로 만든 말을 사용하고, 다른 사람들은 여러 가지 모양과 크기의 대리석 혹은 플라스틱 말을 사용한다. 어떤 체스판은 갈색과 베이지색이고, 어떤 것은 흑백이며, 어떤 것은 그림 10.6에 나온 것처럼 3차원 혹은 2차원의 컴퓨터 그래픽이 나타내는 가상세계이다. 그러나 어떤 의미로 이 모든 세부 사항은 상관이 없다. 체스 애호가들이 불사의 게임이 아름답다고 할 때, 그들이 두는 사람, 체스판, 체스말 등의 매력을 의미하는 것이 아니라, 추상적 게임, 또는 일련의 움직임이라는 더 추상적인 존재를 뜻하는 것이다.

우리 인간이 어떻게 그러한 추상적 개체를 묘사할 수 있을지 자세

덜 추상적
더 많은 짐

더 추상적
더 적은 짐

1.e4 e5 2.f4 exf4 3.Bc4 Qh4+
4.Kf1 b5 5.Bxb5 Nf6 6.Nf3 Qh6
7.d3 Nh5 8.Nh4 Qg5 9.Nf5 c6
10.g4 Nf6 11.Rg1 cxb5 12.h4 Qg6
13.h5 Qg5 14.Qf3 Ng8 15.Bxf4 Qf6
16.Nc3 Bc5 17.Nd5 Qxb2
18.Bd6 Bxg1 19. e5 Qxa1+
20. Ke2 Na6 21.Nxg7+ Kd8
22.Qf6+ Nxf6 23.Be7

그림 10.6: 추상화된 체스 게임은 체스말의 색깔이나 모양, 그리고 체스 게임이 물리적으로 존재하는 판 위에서 벌어지는지, 컴퓨터가 만든 이미지로 나타나는지, 또는 대수적인 체스 표기법으로 나타나는지와 상관없다. 모두 같은 체스 게임이다. 마찬가지로, 수학적 구조는 그것을 나타내는 데 쓰인 부호와 무관하다.

히 생각해보자. 우선, 묘사는 구체적이어야 하므로, 우리는 추상적 아이디어에 해당하는 대상, 어휘 혹은 다른 부호를 만들어낸다. 예를 들어, 미국에서는 대각선으로 움직일 수 있는 체스말을 "비숍"이라고 부른다. 둘째로, 이 이름은 명백히 임의적이므로 다른 이름이어도 상관없다. 실제로, 이 말을 프랑스어로는 "fou바보", 슬로바키아어로는 "strelec궁수", 스웨덴어로는 "löpare주자", 페르시아어로는 "fil코끼리"라고 한다. 그러나 우리는 불사의 게임의 유일성과 그것에 대한 가능한 묘사의 다양성을 동치라는 강력한 아이디어를 도입함으로써 조화를 이룰 수 있다.

1. 우리는 두 묘사가 동치라는 것이 무엇을 뜻하는지 정의한다.
2. 우리는 두 묘사가 동치인 경우, 그것들이 하나의 같은 것을 기술한다고 말한다.

예를 들어, 우리는 두 체스판에서 오로지 말의 크기만 차이가 나거나, 혹은 체스를 두는 사람이 모국어로 그 말을 부르는 이름만 차이가 나는 경우, 체스말 위치가 동치라고 말한다.

동치인 모든 묘사 전부가 아니라 일부에만 나타나는 그 어떤 단어, 개념 혹은 부호도 분명히 선택적이며 따라서 짐에 불과하다. 만약 불사의 게임의 벌거벗은 본질에 다가가기 원한다면, 얼마나 많은 짐을 벗겨내야 할까? 컴퓨터는 인간의 언어라든지, 색깔, 질감, 크기, 체스말의 이름 등의 인간적 개념을 전혀 알지 못해도 체스를 둘 수 있으므로, 분명히 아주 많은 짐을 제거할 것이다. 우리가 얼마나 멀리 갈 수 있는지 이해하기 위해, 우리는 동치를 더 엄밀하게 정의할 필요가 있다.

동치: 두 묘사 사이에 모든 관계를 보존하는 대응성이 있는 경우, 그 둘을 동치라고 한다.

체스에는 추상적인 개체(여러 가지 체스말과 체스판 위 각각의 정사각형)와 그 사이의 관계가 있다. 예를 들어, 체스말과 정사각형이 갖는 관계 중 하나는 전자가 후자 위에 놓인다는 것이다. 둘이 가질 수 있는 다른 관계는 전자가 후자 위에서 옮겨갈 수 있다는 것이다. 예를 들어, 그림 10.6의 가운데 두 그림은 우리의 정의에 따라 동치이다. 3차원 말과 2차원 말과 판 사이에는, 3차원 말이 특정 정사각형 위에 놓여 있으면, 대응하는 2차원 말이 대응하는 정사각형 위에 놓여 있다는 대응성이 있다. 이와 유사하게, 체스말의 위치를 순수하게 우리말로 묘사한 것은, 우리말과 대응인 스페인어 사전이 제공되고 그 사전을 사용해서 스페인어로 된 묘사를 우리말 묘사로 번역할 수 있다면, 체스말의 위치를 순수하게 스페인어로 묘사한 것과 동치가 된다.

체스 게임을 신문이나 웹사이트에 실을 때는 보통 또 다른 동치의 묘사법을 사용한다. 이른바 대수적 체스 표기법이다(그림 10.6 오른쪽). 여기에서 말은 물체나 단어가 아니라, 알파벳 한 글자로 표현된다. 예를 들어, 비숍은 *B*와 동치이고, 정사각형은 열을 나타내는 알파벳과 행을 나타내는 숫자로 나타낸다. 그림 10.6 오른쪽에 있는 추상적 묘사가 물리적 체스판 위에서 벌어진 게임을 찍은 동영상으로 표현한 묘사와 동치이므로, 후자에 있는 것 중에 전자에 포함되지 않은 것, 즉 물리적 존재인 체스판, 체스말의 모양, 색깔, 이름 등은 모두 짐이다. 대수적 체스 표기법의 특정한 규약들도 짐이다. 사실 컴퓨터는 체스를 둘 때 위치를 나타내기 위해 메모리 안에 있는 0과 1의 어떤 패턴을 활용한, 또 다른 추상적 규약을 사용한다. 이런 짐 모두를 벗겨내면 무엇이 남을까? 이런 모든 동등한 묘사는 무엇을 나타낼까? 그것은 100퍼센트 순수하고 그 어떤 첨가물도 없는, 불사의 게임 자체이다.

짐과 수학적 구조들

체스말, 체스판과 그 사이의 관계에 대한 우리의 사례 연구는 수학적 구조라는 훨씬 더 일반적인 개념의 한 예이다. 현대 수학적 논리에서 이것은 아주 기본적인 개념이다. 12장에서 좀 더 전문적인 설명을 할 것이며, 지금은 다음의 기초적인 정의로 충분하다.

수학적 구조: 그 사이의 관계가 부여된 추상적 개체들의 집합

이 정의의 의미를 이해하기 위해, 몇 가지 예를 생각해보자. 그림 10.7의 왼쪽은 좋아한다라는 관계로 연관된 4개의 개체의 수학적 구조를 보여준다. 그림에서 필립이라는 개체는 갈색 머리카락 등의 여러

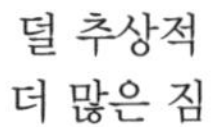

더 추상적
더 적은 집

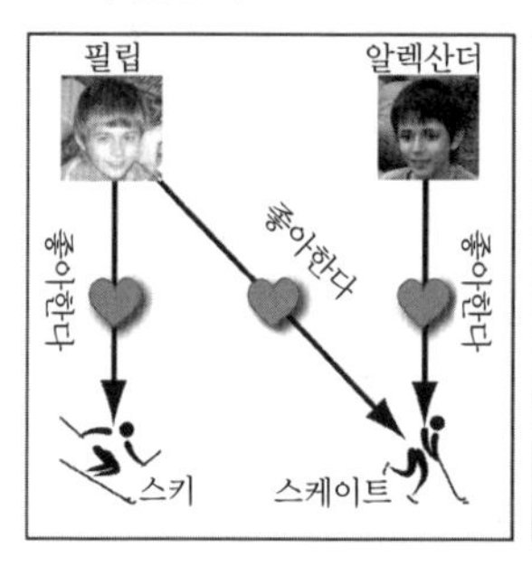

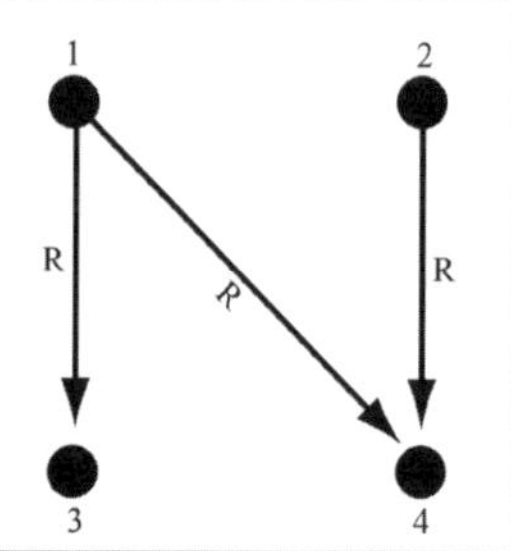

	1	2	3	4
1	0	0	1	1
2	0	0	0	1
3	0	0	0	0
4	0	0	0	0

그림 10.7: 수학 용어로 "원소가 4개인 순서 그래프"에 속하는 동일한 수학 구조를 세 가지 방식으로 동등하게 묘사했다. 각 묘사에는 임의의 짐이 있지만 그것들이 묘사하는 구조에는 전혀 짐이 없다. 4개의 존재물은 그 사이에 성립하는 관계를 제외하면 그 어떤 성질도 갖지 않으며, 또한 그 관계는 어떤 원소들을 연관 짓는가의 정보를 제외하면 그 어떤 성질도 갖지 않는다.

가지 내재적 성질을 갖는 이미지로 나타나 있다. 그에 반해, 수학적 구조의 개체는 완전히 추상적인데, 이는 거기에 그 어떤 내재적 성질도 없음을 뜻한다. 즉, 개체를 나타내기 위해 어떤 부호를 사용하든 단지 라벨일 뿐이며 라벨의 성질은 중요하지 않다는 뜻이다. 부호의 성질을 그것이 나타내는 추상적 개체의 성질로 착각하는 실수를 방지하기 위해, 가운데 그림에 있는 더 간소한 표현을 고려해보자. 이 묘사는 왼쪽 그림과 동치인데, 왜냐하면 필립=1, 알렉산더=2, 스키 타기=3, 스케이트 타기=4, 좋아한다=R이라는 사전에 의해 주어진 대응성을 적용하면 모든 관계가 보존되기 때문이다. 예를 들어, "알렉산더는 스케이트 타기를 좋아한다Alexander likes to skate"는 "2 R 4"로 번역되며 가운데 그림에서도 나타나기 때문이다.

체스 게임을 그림 없이 부호만으로 묘사할 수 있듯이, 수학적 구조도 그러하다. 예를 들어, 그림 10.7의 오른쪽은 4행 4열의 표로 주어진 숫자로 우리의 수학 구조를 나타낸 세 번째 동치인 묘사이다. 이 표에서, 1은 행에 해당하는 원소와 열에 해당하는 원소 사이에 좋아한다라는 관계가 있음을 의미한다. 따라서 첫 행의 셋째 열의 1은 "필립은 스키 타기를 좋아한다"라는 뜻이다. 이 수학적 구조와 동치로 묘사하는 방법은 분명히 많이 있지만, 동치들이 가리키는 수학적 구조는 단 하나이다. 요약하면, 수학적 구조를 묘사하는 어떤 특정한 방법도 짐을 포함하고 있지만, 그 구조 자체는 그렇지 않다. 묘사 자체와 그것이 묘사하는 대상을 혼동하지 않는 것이 중요하다. 아무리 추상적으로 보이는 묘사라도, 묘사가 수학적 구조 그 자체는 아니다. 그 대신 구조는 사실 동치인 모든 묘사의 모임에 해당한다. 표 10.2에는 수학적 우주 아이디어와 관련된 수학적 구조 사이의 관계와 기타 핵심 개념을 정리했다.

대칭성과 기타 수학적 성질

어떤 수학자들은 수학이란 대체 무엇인가에 대해 논쟁하기를 즐기는데, 아직 완전한 합의에 이르지 못한 것은 확실하다. 그러나 수학은 흔히 "수학적 구조에 대한 형식적 연구"로 정의된다. 이런 방식으로 수학자들은 정육면체, 정이십면체(그림 7.2), 정수같이 익숙한 것으로부터 바나흐 공간, 오비폴드, 유사 리만 다양체 등의 색다른 이름이 붙은 것까지 흥미로운 수학적 구조를 많이 알아냈다.

수학적 구조를 연구할 때 수학자들이 하는 가장 중요한 일 중 하나는 그 성질에 대한 정리를 증명하는 것이다. 그런데 개체가 어떤 내재적 성질을 가지는 것이 허용되지 않는다면 그 수학적 구조는 어떤 성질을 가질 수 있는가?

그림 10.8의 왼쪽 그림에 있는 수학적 구조를 고려해보자. 개체들

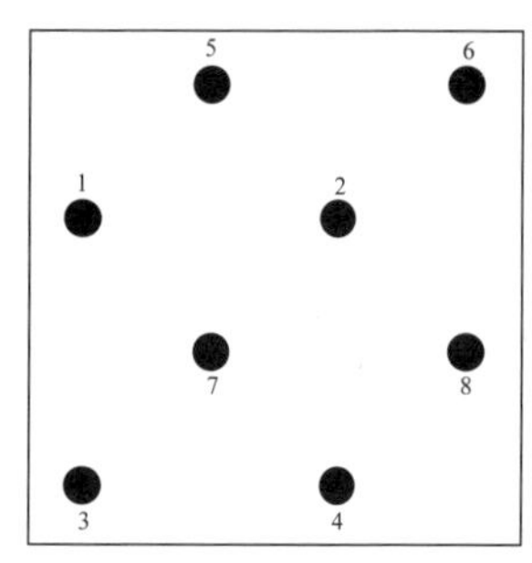

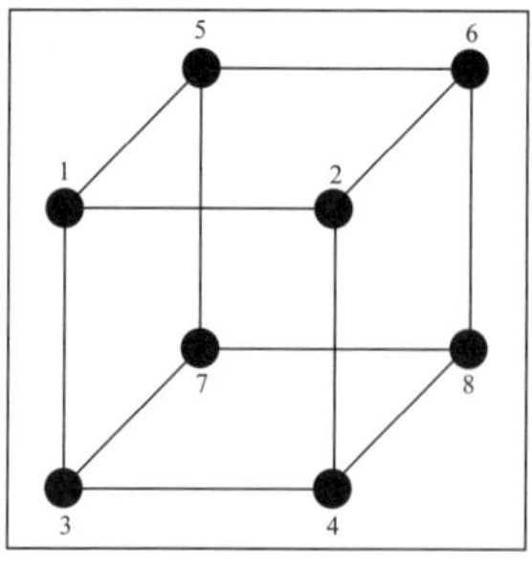

	1	2	3	4	5	6	7	8
1	0	1	1	0	1	0	0	0
2	1	0	0	1	0	1	0	0
3	1	0	0	1	0	0	1	0
4	0	1	1	0	0	0	0	1
5	1	0	0	0	0	1	1	0
6	0	1	0	0	1	0	0	1
7	0	0	1	0	1	0	0	1
8	0	0	0	1	0	1	1	0

그림 10.8: 가운데 그림은 점으로 나타낸 8개의 원소와 그 사이의 선분으로 나타낸 관계를 가진 수학적 구조를 나타낸다. 우리는 이 원소들을 정육면체의 꼭짓점으로, 그리고 관계는 어떤 꼭짓점들이 모서리에 의해 연결되어 있는지를 나타내는 것으로 해석할 수 있다. 그러나 이 해석은 완전히 선택적 짐이다. 오른쪽 그림은 그림이나 기하를 전혀 사용하지 않은 동치의 묘사이다. 예를 들어, 6행의 5열에 있는 숫자 1은 원소 5와 6 사이에 관계가 있다는 것을 의미한다. 이 수학적 구조는 거울 대칭성과 회전 대칭성과 같은 여러 가지 흥미로운 성질을 가지고 있다. 대조적으로, 왼쪽 그림의 수학적 구조에는 관계가 없고 그 기수, 즉 원소의 수인 8 외에는 아무런 흥미로운 성질이 없다.

사이에 어떤 관계도 없으므로, 개체들을 구분할 근거가 없다. 이것은 이 수학적 구조가 기수cardinality, 즉 그것이 포함하는 개체의 수 말고는 어떤 성질도 가지고 있지 않다는 것을 의미한다. 수학자들은 이 수학적 구조를 "8개의 원소를 갖는 집합"이라고 하며, 그것이 가진 유일한 성질은 원소가 8개라는 것뿐이다. 참으로 따분한 구조이다!

그림 10.8의 가운데 그림은 8개의 원소들 사이에 관계가 있어 좀 다르고 더 흥미로운 수학적 구조를 보여준다. 이 구조를 묘사하는 한 가지 방법은 원소들을 정육면체의 꼭짓점이라고 하고 두 꼭짓점이 모서리에 의해 연결되었을 때 관계가 있는 것으로 정의하는 것이다. 그러나 묘사와 그것이 묘사하는 대상을 혼동하지 말자. 수학적 구조 자체는 크기, 색깔, 질감, 구성 등 그 어떤 내재적 성질도 가지고 있지 않다. 관계가 있는 8개의 원소들을 단지 정육면체의 꼭짓점으로 해석하는 것으로 선택할 수도 있다. 실제로 그림 10.8의 오른쪽 그림은 정

육면체, 꼭짓점이나 모서리 등의 기하학적 개념을 참조하지 않은, 이 수학 구조에 대한 동치의 정의를 나타낸다.

따라서 만일 이 구조의 개체들이 아무런 내재적 성질을 갖지 않는다면, 원소가 8개라는 것 외에 이 구조가 흥미로운 성질을 가질 수 있을까? 그렇다, 바로 대칭성을 가질 수 있다! 물리학에서 어떤 방식으로 변환했을 때 변화하지 않고 그대로인 경우 대칭성을 가지고 있다고 한다. 예를 들어, 당신의 얼굴을 좌우 반사시켰을 때 똑같다면 거울 대칭성이 있는 것이다. 같은 방식으로, 그림 10.8 가운데 그림의 수학적 구조는 거울 대칭성을 가지고 있다. 원소 1과 2를 교환하고, 동시에 3과 4, 5와 6, 7과 8을 교환하면 관계의 그림이 그대로가 된다. 이 구조에는 면에 대해 90도 회전하거나, 꼭짓점에 대해 120도 회전하거나, 모서리의 중점에 대해 180도 회전하는 회전 대칭성도 있다. 우리는 직관적으로 대칭성이 기하학과 관련된 것이라 생각하지만, 실은 이런 대칭성을 그림 10.8의 오른쪽 그림에 있는 표에 대한 조작으로부터 알아낼 수도 있다. 만약 당신이 8개의 원소를 다르게 이름 붙이고 표를 새로운 행과 열 번호에 대해 다시 배열해도, 처음과 정확히 같은 표를 얻게 된다.

철학에서 잘 알려진 곤란한 문제 중 하나는 이른바 무한 회귀 문제이다. 예를 들어, 다이아몬드의 성질이 그것을 구성하는 탄소 원자의 성질과 배열에 의해 설명될 수 있다고 하고, 탄소 원자의 성질은 그것을 구성하는 양성자와 중성자와 전자의 성질과 배열에 의해, 그리고 양성자의 성질은 그것을 구성하는 쿼크의 성질과 배열에 의해 설명될 수 있다고 하는 과정이 계속된다면, 우리는 영원히 구성 요소들의 성질을 설명해야 할 운명인 것처럼 생각된다. 수학적 우주 가설은 이 문제에 대한 급진적인 해결책을 제공한다. 가장 기초적 단계에서, 실체는 수학적 구조이며, 따라서 그 구성 요소에는 내재적 성질이 전혀 없다! 다시 말해, 우리를 둘러싼 세계의 성질이 그 궁극적 구성 요소의 성질로부터 기인하는 것이 아니라, 그것들 사이의 관계로부터 온다는 의미에서, 수학적 우주 가설은 우리가 관계적 실체 안에 살고 있다는 것을 암시한다.* 외적 물리 실체는 따라서 그 부분들이 아무런 내적 성질을 가지지 않는다 해도 그것이 많은 흥미로운 성질들을 가진다는 의미에서 그 부분의 합보다 더 크다.

그림 10.7과 그림 10.8에 나타낸 특정한 수학적 구조들은 짝지어 연결되어 있는 추상적인 원소들의 집합인, 그래프라는 수학적 구조의 모임에 속한다. 우리는 다른 그래프를 사용해서 그림 7.2에 나온 정십이면체 혹은 다른 정다면체에 해당하는 수학적 구조를 기술할 수 있다. 그래프의 다른 예로는 페이스북에 있는 친구들의 네트워크가 있다. 모든 페이스북 사용자가 원소이고, 두 사용자는 친구 관계에 있을 때 연결된다. 수학자들이 그래프를 깊이 연구했지만, 그래프는 수학적 구조의 모임 중 단지 하나일 뿐이다. 우리는 12장에서 수학적 구조에 대해 훨씬 더 자세히 논의할 것인데, 수학적 구조가 얼마나 다양한지 감을 잡을 수 있도록 여기에서는 우선 몇 가지 예를 간단히 살펴보자.

다른 종류의 숫자에 해당하는 수학적 구조들이 많이 있다. 예를 들어, 1, 2, 3, … 등은 자연수라는 수학적 구조를 이룬다. 여기에서는 원소가 숫자들이며 여러 가지 다른 종류의 관계를 가진다. 어떤 관계(예를 들어, 같다, 크다, 나눌 수 있다 등)는 두 숫자 사이에 성립하며(예를 들어, "15는 5로 나눌 수 있다"), 어떤 관계는 세 숫자 사이에 성립하고(예

---

* 성질이 관계에서 기인한다는 것을 보여주는 다른 예는 우리의 두뇌이다. 신경과학의 이른바 개념 세포 가설에 의하면, 다른 그룹의 뉴런에서의 특정한 발화 패턴이 다른 개념에 해당한다. "빨강", "파리", "앤젤리나 졸리"에 대한 개념 세포들의 주된 차이는 관련된 뉴런의 종류에 있는 것이 아니라 다른 뉴런과의 관계, 즉 연결에 있다.

수학적 우주 요점 정리	
짐	우리 인간의 편의를 위해 만들어낸 개념과 어휘로 외적 물리 실체를 기술하는 데 필요하지 않은 것.
수학적 구조	관계가 정의된 추상적 개체들의 집합. 짐에 무관한 방식으로 기술될 수 있다.
동치	수학적 구조에 대한 두 가지 묘사는 모든 관계를 보존하는 대응성이 있는 경우 동치이다. 두 수학적 구조가 동치로 묘사된다면, 둘은 완전히 동일한 것이다.
대칭성	변환되었을 때 바뀌지 않고 유지되는 성질. 예를 들어, 완전한 구는 회전시켜도 변하지 않는다.
외적 현실 가설	우리 인간과 완전히 독립적인 외적 물리 실체가 존재한다는 가설.
수학적 우주 가설	우리의 외적 물리 실체가 수학적 구조라는 가설. 나는 이것이 외적 현실 가설을 따르는 결과라고 주장한다.
계산 가능한 우주 가설	우리의 외적 물리 실체는 계산 가능한 함수들에 의해 정의된 수학적 구조이다(12장).
유한한 우주 가설	우리의 외적 물리 실체는 유한한 수학적 구조이다(12장).

표 10.2: 수학적 우주 아이디어에 관련된 핵심 개념.

를 들어, "17은 12와 5의 합이다"), 다른 개수의 숫자들 사이에 성립하는 관계들도 있다. 수학자들은 점차 특유의 구조를 이루는 더 큰 부류의 숫자들을 발견했는데, 예를 들어 정수(음수를 포함하는 것), 유리수(분수를 포함하는 것), 실수(2의 제곱근을 포함하는 것), 복소수(−1의 제곱근을 포함하는 것), 그리고 초한수(무한대를 포함하는 것) 등이 있다. 나는 눈을 감고 숫자 5를 생각하면, 숫자 5가 노란색으로 느껴진다. 하지만 이 모든 수학적 구조에서, 숫자 자체는 오로지 다른 숫자들과의 관계 즉,

말하자면 5는 4와 1의 합이라는 성질을 가지지만, 노란색과 같은 내재적 성질을 전혀 가지고 있지 않으며, 또한 다른 것들로 이루어지지 않았다.

다른 큰 부류의 수학적 구조는 다른 종류의 공간이다. 예를 들어, 우리가 학교에서 배우는 3차원 유클리드 공간은 수학적 구조이다. 여기에서 원소는 3차원 공간의 점, 그리고 거리와 각도로 해석되는 실숫값이다. 여러 가지 다른 종류의 관계가 있다. 예를 들어, 세 점이 한 직선 위에 있다는 것은 관계가 될 수 있다. 4차원 혹은 다른 어떤 차원의 유클리드 공간에 해당하는 수학적 구조도 가능하다. 수학자들은 또한 그 자체의 수학적 구조를 구성하는 더 많은 일반적인 공간들을 발견했는데, 민코프스키 공간, 리만 공간, 힐베르트 공간, 바나흐 공간, 하우스도르프 공간 등이 그것이다. 많은 이들은 우리의 3차원 공간이 유클리드 공간일 것이라고 생각했다. 그러나 우리는 2장에서 아인슈타인이 그 생각을 끝장냈다는 것을 배웠다. 우선 아인슈타인의 특수 상대론은 우리가 시간을 4번째 차원으로 포함한 민코프스키 공간에 산다는 것을 얘기해준다. 그리고 아인슈타인의 일반 상대론은 우리가 리만 공간, 즉 휘어질 수 있는 공간에 산다는 것을 이야기했다. 그다음, 우리가 7장에서 배운 대로, 양자역학이 나왔고 우리는 사실 힐베르트 공간에 산다는 것을 알게 되었다. 다시 살펴보면, 이 공간들에서의 점들은 다른 무엇으로 이루어진 것이 아니며, 색깔, 질감 혹은 다른 어떤 내재적 성질도 갖고 있지 않다.

비록 알려진 수학적 구조의 모임이 크고 색다르며 앞으로 더 많은 것이 발견되겠지만, 모든 수학적 구조를 분석해서 그 대칭성을 결정할 수 있으며, 실제로 많은 것들이 흥미로운 대칭성을 가지는 것으로 판명되었다. 흥미롭게도, 물리학의 가장 중요한 발견 중 하나는 우리의 물리적 실체에 대칭성이 원래부터 내재되어 있다는 것이다. 예를 들어, 물리학 법칙에는 회전 대칭성이 있는데, 그것은 우리 우주에 "위"라고 부를 수 있는 특별한 방향이 없음을 의미한다. 거기에는 또한 물리학 법칙에는 병진(옆으로 움직이기) 대칭성도 있는 것으로 생각되는데, 그것은 우리가 공간의 중심이라고 부를 만한 특별한 위치가 없음을 의미한다. 위에서 언급한 대부분의 공간은 아름다운 대칭성을 가지고 있으며 그중 어떤 것은 우리의 물리적 세계에서 관측되는 대칭성과 일치한다. 예를 들어, 유클리드 공간은 회전 대칭성(공간이 회전해도 그 차이를 알 수 없다는 뜻)과 병진 대칭성(공간이 옆으로 움직여도 그 차이를 알 수 없다는 뜻)을 가지고 있다. 4차원의 민코프스키 공간에는 대칭성이 더 많다. 우리는 공간과 시간 차원 사이에 일반화된 회전을 행해도 그 차이를 알 수 없으며, 아인슈타인은 이것이 바로 지난 장에서 언급한 대로 빛의 속도에 가깝게 움직일 경우 왜 시간이 느리게 가는 것처럼 보이는지 설명한다는 것을 증명했다. 자연에 있는 훨씬 더 많은 미묘한 대칭성들이 지난 세기에 발견되었으며, 이런 대칭성들이 아인슈타인의 상대론, 양자역학, 그리고 입자 물리학의 표준 모형 등의 기반을 이룬다.

물리학에서 아주 중요한 이런 대칭성이 바로 실체의 구성 요소들의 내재적 성질 결여에서 온다는 것, 즉 그것이 수학적 구조가 대체 무엇을 의미하는지에 대한 핵심에서 온다는 것에 주의하기 바란다. 만약 당신이 색이 없는 구를 취해 일부를 노랗게 칠한다면, 회전 대칭성은 없어진다. 유사하게, 만약 3차원 공간의 어떤 점들이 가진 성질을 다른 점들과 근본적으로 구분할 수 있게 한다면, 그 공간도 회전 및 병진 대칭성을 잃게 될 것이다. 점들이 가진 성질이 더 적을수록, 그 공간은 더 큰 대칭성을 가진다는 의미에서, "더 적은 것이 더 큰 것이다".

만약 수학적 우주 가설이 옳다면, 우리의 우주는 수학적 구조이고, 그 묘사로부터, 무한히 우수한 수학자라면 이런 모든 물리학 이론들을 유도할 수 있을 것이다. 정확히 어떻게 그럴 수 있을까? 우리는 아직 잘 모르지만, 적어도 첫 단계에서 무엇을 해야 할지는 알고 있다고 확신한다. 바로 수학 구조의 대칭성을 계산하는 것이다.

이 장의 도입부에서, 당신은 수학과 물리학 사이의 관계에 대한 내 논문들이 심하게 괴이해서 내 경력을 망치게 될 것이라는 음울한 예언을 보았다. 나는 이제 이 아이디어의 첫 부분에 대해 당신에게 이야기했고, 우리의 외적 물리 실체는 수학적 구조라고 주장했는데, 정말 꽤나 정신 나간 소리처럼 들린다. 그러나 그것도 그저 워밍업이었을 뿐이며 앞으로 수학적 우주 가설이 함축하고 있는 것과 그 검증 가능한 예측을 검토하면 훨씬 더 괴상해질 것이다! 다른 무엇보다, 우리는 필연적으로 너무 거대해서 양자역학의 3레벨 다중우주 정도는 아무것도 아닌 것처럼 보이게 할 새로운 다중우주에 필연적으로 이르게 될 것이다. 하지만 그 전에, 우리는 시급한 문제에 답할 필요가 있다. 우리의 물리적 세계는 시간에 따라 변화하고 있는데, 수학적 구조는 변화하지 않고 그저 존재한다. 그렇다면 우리의 세상은 어떻게 수학적 구조일 수 있을까? 그것에 대해 다음 장에서 답할 것이다.

요점 정리

- 오래전부터 사람들은 왜 우리의 물리적 세계가 수학으로 그렇게 정확히 묘사될 수 있는지 궁금해했다.
- 그 이후, 물리학자들은 자연에서 수학적 방정식으로 기술할 수 있는 더

많은 모양, 패턴과 규칙성을 발견해왔다.

- 우리의 물리적 실체의 기본 구조는 수십 개의 순수한 숫자를 포함하며, 그것들로부터 원칙적으로 모든 관측 상수들을 계산할 수 있다.
- 빈 공간, 기본 입자 그리고 파동함수 같은 핵심적 물리 개체들은 그것들의 내재적 성질이 수학적 성질이라는 의미에서 순수하게 수학적인 것으로 생각된다.
- 외적 현실 가설은 우리 인간과 완전히 무관한 외적 물리 실체가 있다는 것으로, 전부는 아니어도 대부분의 물리학자들이 받아들이고 있다.
- 수학을 충분히 넓게 정의하면, 외적 현실 가설은 수학적 우주 가설, 즉 우리의 물리적 세계가 수학적 구조라는 것을 암시한다.
- 수학적 우주 가설은 우리의 물리적 세계가 수학으로 기술될 뿐 아니라, 그 자체가 수학적이라는 것, 즉 수학적 구조라는 것을 의미한다. 우리는 거대한 수학적 대상의 자각적 부분이다.
- 수학적 구조란 개체들의 추상적 집합으로, 이 개체들 사이에 관계가 있다는 것이다. 개체들은 "짐"을 가지고 있지 않으며 이런 관계 말고는 어떤 성질도 갖고 있지 않다.
- 수학적 구조는 그 개체와 그들 사이의 관계 어떤 것도 내재적 성질을 갖고 있지 않음에도, 예를 들어 대칭성 같은 여러 가지 흥미로운 성질을 가질 수 있다.
- 수학적 우주 가설은, 자연의 성질이 오로지 자연의 구성 요소의 성질에 의해서만 설명될 수 있기 때문에 영원히 더 작은 구성 요소라는 다음 단계의 설명을 필요로 하는 악명 높은 무한 회귀 문제를 해결한다. 자연의 성질은 실은 그 어떤 성질도 가지고 있지 않는 궁극적 구성 요소의 성질에서 오는 것이 아니라, 이런 구성 요소들 사이의 관계에서 온다.

11

시간은 환상인가?

과거, 현재, 미래의 구분은 단지 끈질긴 환상일 뿐이다.

– 알베르트 아인슈타인, 1955년

시간은 환상이며, 점심시간은 더더욱 그렇다.

– 더글러스 애덤스, 『은하수를 여행하는 히치하이커를 위한 안내서』

당신이 나와 비슷하다면, 답을 못 찾은 문제들에 신경이 쓰일 것이다. 지난 장에서 많은 문제들이 제기되었고, 독자는 내가 말했던 것에 의문을 가질 수 있다. 예를 들어, 외적 물리 실체가 수학적 구조라고 주장했는데, 그건 도대체 어떤 뜻일까? 이 물리적 실체는 항상 변화한다. 잎사귀는 바람에 떨고 행성은 태양 주위를 돈다. 그러나 수학적 구조는 정적이다. 추상적 정십이면체는 지금까지 항상 그리고 앞으로도 정확히 12개의 오각형 면을 가지고 있을 것이다. 또 다른 시급한 문제는 당신 개인, 즉 당신의 자각, 생각 그리고 감각 등이 수학적 구조의 일부분이 될 수 있는가이다.

물리적 실체는 어떻게 수학적일 수 있는가?

변함없는 실체

아인슈타인은 이런 문제들에 대해 우리를 도와줄 수 있다. 그는 우리의 물리적 실체를 생각할 때 할 수 있는 두 가지 동일한 방법을 알려주었다. 하나는 공간이라는 3차원의 장소로 물체들이 시간에 따라 변화하는 곳이고, 다른 하나는 그저 존재하며 변화하지도 않고, 생겨나거나 파괴되지 않는, 시공간이라는 4차원의 장소이다.* 이 두 가지 관점은 우리가 9장에서 논의했던, 현실에 대한 개구리와 새의 관점에 해당한다. 후자는 수학적 구조를 연구하는 물리학자의 외적 관점으로서 마치 높은 곳에서 풍경을 내려다보는 새와 같다. 전자는 이 구조 속에 살고 있는 관찰자의 내부적 관점으로서, 새가 바라보는 풍경 속에 살고 있는 개구리와 같다.

수학적으로, 시공간은 4차원의 공간으로서 앞의 세 차원은 친숙한 공간 차원들이며, 4번째 차원은 시간이다. 그림 11.1은 이 아이디어를 나타낸다. 여기에서 나는 시간 차원이 수직 방향이고 공간 차원들은 수평 방향이 되도록 그렸다. 혼동을 막기 위해, 나는 공간의 세 차원 중에 2개만 x와 y로 나타냈는데, 4차원의 물체를 시각화하려면 귀에서 연기가 나올 지경이 되기 때문이다…. 그림은 달이 지구 주위를 원 궤도를 따라 도는 것을 나타낸다. 알아볼 수 있게 하기 위해, 나는 궤도를 실제보다 훨씬 작게 그렸고 몇 가지를 단순화시켰다.** 오른

---

* 시간을 변화하지 않는 실체로서의 4번째 차원으로 보는 아이디어는 H. G. 웰스Wells의 1895년 소설 『타임머신』을 비롯하여, 많은 사람들에 의해 알려지고 탐구되었다. 줄리언 바버의 책 『시간의 종말The End of Time』에는 이 아이디어와 그 역사에 대한 흥미로운 설명이 포함되어 있다.

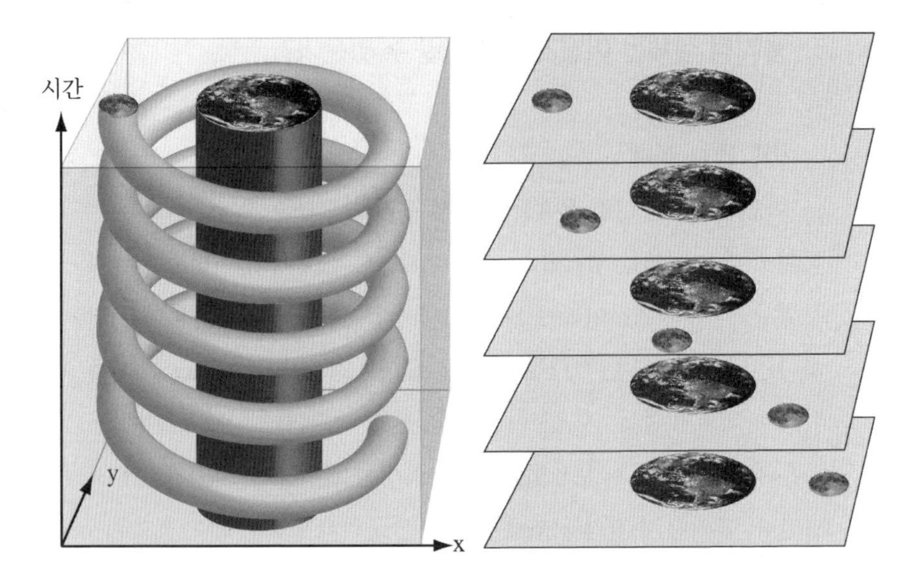

그림 11.1: 지구 주위를 도는 달의 궤도. 우리는 달의 궤도를 오른쪽 그림처럼 시간에 따라 공간에서 위치가 바뀌는 것으로 생각할 수도 있고, 또는 왼쪽 그림처럼 시공간에서 변화하지 않는 나선형 모양이라는 수학적 구조로 생각할 수도 있다. 오른쪽 그림은 공간의 순간적 모습으로 왼쪽 시공간의 수평 단면이다.

쪽 그림은 개구리의 관점으로 지구는 같은 위치에 있고, 달은 각각 다른 위치에 있는 스냅사진 5장이다. 왼쪽 그림은 새의 관점으로, 개구리의 관점에서 운동이었던 것은 이제 시공간에서 불변하는 모양이 된다. 지구는 움직이지 않으므로 언제나 같은 자리에 있고, 따라서 시공간에서 수직으로 뻗은 원통으로 나타난다. 달은 더 흥미로운데, 그것이 다른 시간에 어디에 있는지의 정보를 담은 나선으로 나타난다. 앞으로의 논의에 아주 중요하므로, 왼쪽과 오른쪽 그림이 어떻게 연결되어 있는지 이해할 수 있을 때까지 잘 들여다보기 바란다. 시공간(왼쪽)에서 공

** 간단히 하기 위해 그림 11.1은 지구와 달 모두 회전한다는 것, 달의 궤도는 약간 길쭉하다는 것(완벽한 원이 아니라 타원이다), 그리고 달의 중력 때문에 지구도 약 지구 반지름의 74퍼센트에 해당하는 반지름의 원형 궤도를 그린다는 것을 무시했다.

간의 스냅사진(오른쪽)을 얻으려면, 관심 있는 시간에 해당하는 시공간 수평 단면을 취하면 된다.

공간과 시간 안에 시공간이 존재하는 것이 아니라, 시공간 안에 공간과 시간이 있다는 것에 주의해야 한다. 나는 우리의 외적 물리 실체가 수학적 구조이며, 정의상 공간과 시간 외부에 존재하는 추상적이고 만고불변인 객체라고 주장하고 있다. 이 수학적 구조는 우리 실체에 대한 개구리의 관점이 아니라 새의 관점에 해당하므로 공간만이 아니라 시공간을 포함해야 한다. 수학적 구조는 앞으로도 다루겠지만 추가된 요소를 포함하는데, 그것은 우리의 시공간에 포함된 물체에 해당한다. 그러나 영속성은 바뀌지 않는다. 우리 우주의 역사가 체스 게임이라면, 수학적 구조는 하나의 위치가 아니라 그림 10.6의 전체 게임에 해당할 것이다. 만약 우리 우주의 역사가 영화라면, 수학적 구조는 하나의 프레임이 아니라 전체 DVD에 해당할 것이다. 따라서 새의 관점에서 보면, 4차원 시공간에서 움직이는 물체의 궤적은 마치 스파게티 국수가 복잡하게 얽힌 것과 비슷하다. 개구리가 어떤 물체의 등속도 운동을 볼 때, 새는 마치 삶지 않은 스파게티 한 다발처럼 직선을 본다. 개구리가 달이 지구를 도는 것을 볼 때, 새는 그림 11.1에 나온, 마치 로티니(모양이 있는 파스타로 짧은 스프링처럼 생겼다._옮긴이) 같은 나선을 본다. 개구리가 우리 은하 주위를 도는 수조 개의 별을 볼 때, 새는 수조 개의 얽힌 스파게티 가닥을 본다. 개구리에게 있어, 현실은 뉴턴의 운동과 중력 법칙으로 기술된다. 새에게 있어, 현실은 파스타 국수의 기하학이다.

과거, 현재, 그리고 미래

영어로 시간을 묻는 표현은 "Excuse me, but what's the time?(실례합니다만, 그 시간은 무엇인가요?)"이다. 이것은 마치 근본적 레벨에 그 시간이 존재하는 것 같은 표현이다. 하지만 그 누구도 영어로 장소를 물을 때 "Excuse me, but what's the place?(실례합니다만, 그 장소는 무엇인가요?)"라고 하지 않는다. 완전히 길을 잃었을 때 영어로, "Excuse me, but where am I?(실례합니다, 나는 어디인가요?)"라고 할 수는 있지만, 이것은 공간의 성질을 묻는 것이 아니라 당신의 성질, 즉 당신이 질문하고 있는 순간의 공간에서의 위치를 묻는 것이다. 비슷하게, 시간에 대해 물어볼 때, 당신은 시간의 성질에 대해 이야기하는 것이 아니라, 시간에서의 당신의 위치를 묻는 것이다. 시공간은 모든 장소와 모든 시간을 포함하기 때문에, 그 장소가 없는 것처럼 그 시간도 없다. 따라서 사회적으로는 아닐지라도 적어도 과학적으로는 "When am I?(나는 언제에 있나요?)"라고 묻는 것이 더 적절하다. 시공간은 "당신의 현재 위치"라는 표시가 없는 우주적 역사 지도와 같다. 만약 당신이 길을 찾기 위해 표시를 할 필요가 있다면, GPS와 시계가 달린 휴대전화를 추천한다.

아인슈타인이 "과거, 현재, 미래의 구분은 단지 끈질긴 환상일 뿐이다"라고 했을 때, 그는 이 개념들이 시공간에서 아무런 객관적 의미를 갖지 않는다는 사실을 거론한 것이다. 그림 11.2는 우리가 "현재"에 대해 생각할 때, 그 순간에 해당하는 시공간 단면을 의미한다는 것을 보여준다. "미래"와 "과거"는 이 단면의 위와 아래 부분을 의미한다. 이는 공간에서 당신이 현재 위치를 기준으로 다른 부분을 가리킬 때 여기, 내 앞, 내 뒤라는 말을 사용하는 것과 유사하다. 당신 앞에 있는 부분은 분명히 당신 뒤에 있는 부분보다 덜 현실적이거나 하지 않다.

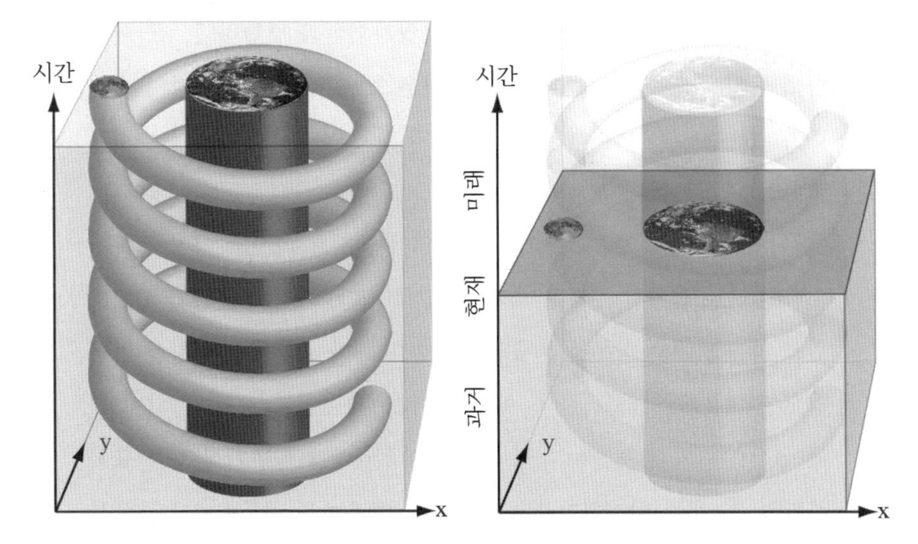

그림 11.2: 과거, 현재, 그리고 미래의 구분은 개구리의 관점(오른쪽)에만 있고, 새의 관점(왼쪽)에서의 수학적 구조에는 없다. 따라서 후자에서는 "몇 시인가요?What time is it?"라고 물을 수 없고, "나는 언제에 있나요?When am I?"라고 물어야 한다.

실제로 당신이 앞으로 걸어가면, 지금 당신 앞에 있고 다른 여러 사람의 뒤에 있는 영역 중 일부분이 미래에는 뒤에 위치하게 된다. 유사하게, 시공간에서 미래는 과거와 마찬가지로 현실이며 지금은 당신의 미래에 있는 부분이 미래에는 당신의 과거가 될 것이다. 시공간은 정적이며 불변하기 때문에, 그 어떤 부분도 현실성 상태가 변하지 않고, 모든 부분이 동등하게 현실적이다.*

요약하면, 시간은 환상이 아니며, 시간이 흐른다는 것이 환상이다. 변화도 마찬가지다. 시공간에서, 미래는 존재하며 과거는 사라지지 않

* 브라이언 그린은『숨겨진 실체』에서, 아인슈타인의 상대론에 따르면, 그림11.2에서 과거와 미래의 경계를 이루는 수평의 단면은 당신이 움직이기 시작하면 기울어진다는 것을 지적함으로써 이 결론을 더욱더 강조한다. 만약 당신이 멀리서 일어난 초신성 폭발을 단순히 빨리 걸어감으로써 아직 일어나지 않은 일로 재분류할 수 있다면, 과거와 미래 사이의 근본적 구분이란 있을 수 없는 것이 분명하다.

는다. 아인슈타인의 고전적 시공간을 양자역학과 결합하면, 8장에서 다뤘던 양자 평행우주를 얻는다. 이것은 모두 현실인 많은 과거와 미래가 있다는 것을 의미하지만, 그렇다고 전체 물리적 실체의 불변하는 수학적 본성은 절대 훼손되지 않는다.

이것이 내 관점이다. 그러나 불변의 실체라는 이 아이디어가 아인슈타인 때로 돌아갈 정도로 오래되었긴 하지만, 아직도 논란의 여지가 있고 활기 넘치는 학문적 논쟁의 대상이며 내가 존경하는 학자들이 다양한 견해를 표명하고 있다. 예를 들어, 브라이언 그린은 『숨겨진 실체』에서 변화와 창조라는 개념을 떠나보내는 것에 불편한 감정을 표현하면서, "아무리 임시적이라고 해도 … 다중우주를 만들어낸다고 상상할 수 있는 과정이 있는 것에 나는 편파적 감정을 느낀다"라고 썼다. 리 스몰린은 더 나아가 『시간의 재탄생Time Reborn』에서 변화가 현실일 뿐 아니라, 아마도 시간만이 유일하게 현실일 것이라고 주장했다. 다양한 의견의 한쪽 끝에, 줄리언 바버는 『시간의 종말』에서 변화란 환상일 뿐 아니라, 물리적 실체를 시간의 개념 없이 묘사하는 것도 가능하다고 주장한다.

어떻게 시공간과 "물체"가 수학적일 수 있는가

앞에서 우리는 어떻게 시공간을 수학적 구조로 볼 수 있는지 알아보았다. 그러나 시공간에 있는 모든 물체들, 예를 들어 당신이 지금 읽고 있는 책 같은 것은 도대체 어떻게 될까? 어떻게 그것이 수학적 구조의 일부가 될 수 있는가?

최근, 우리는 수학과 전혀 상관없는 것으로 여겨졌던 많은 것들, 예를 들어 글, 소리, 그림, 영상 등이 컴퓨터에 의해 수학적으로 표현되어 숫자의 다발로 인터넷에서 전달되는 것을 경험했다. 컴퓨터가 어떻게 이런 일을 하는지 좀 더 자세히 살펴보자. 왜냐하면 우리가 곧 알게 되겠지만 우리 주위의 모든 물체를 나타내기 위해 자연도 유사한 작업을 하기 때문이다.

내가 *word*라는 단어를 타이핑하면, 컴퓨터는 그 메모리에 숫자 4개의 배열인 "119 111 114 100"으로 그 단어를 나타낸다. 영문 소문자 각각은 96에 알파벳에서의 그 문자의 번호를 더한 숫자로 나타내기 때문에, $a=97$, $w=119$ 등이 된다. 그와 동시에 내 컴퓨터는 에스토니아 작곡가인 아르보 패르트Arvo Pärt의 곡인 〈절망의 구렁텅이에서De Profundis〉를 재생하고 있는데, 그것 또한 일련의 숫자들로 표현된다. 이 숫자들은 글자가 아니라 매초를 4만 4,100으로 나눈 각 순간마다의 스피커 진동판의 위치를 의미하며, 그것은 내 귀와 뇌가 소리로 해석하는 공기의 진동을 일으킨다. 내가 자판에서 *w*키를 누르면, 내 컴퓨터는 스크린에 그 글자의 이미지를 띄우는데, 그것도 숫자로 표현되어 있다. 컴퓨터 화면에서는 부드럽고 연속적인 것처럼 보이지만, 사실 스크린은 그림 11.3처럼 직사각형 격자의 1,920×1,200화소로 이루어져 있다. 각 화소의 색깔은 각각 0에서 255까지의 값을 갖는 3개의 숫자로 표현되며 화소에서 나오는 빨강, 초록, 파랑 빛의 세기를 표시한다. 이 세 색을 적절히 조합하면 무지개의 모든 색과 모든 밝기를 만들어낼 수 있다. 어젯밤 내가 아이들과 함께 유튜브 비디오를 보았을 때, 컴퓨터의 2차원 화면을 화소로 나누었을 뿐 아니라, 시간 차원도 또한 초당 30프레임으로 잘라냈다.

작업할 때 우리 물리학자들은 종종 태풍, 초신성 폭발, 태양계의 형성 등 3차원의 어떤 사건을 컴퓨터로 시뮬레이션한다. 이 작업을 위해 우리는 3차원 공간을 3차원 화소(복셀)로 분해한다. 우리는 4차원

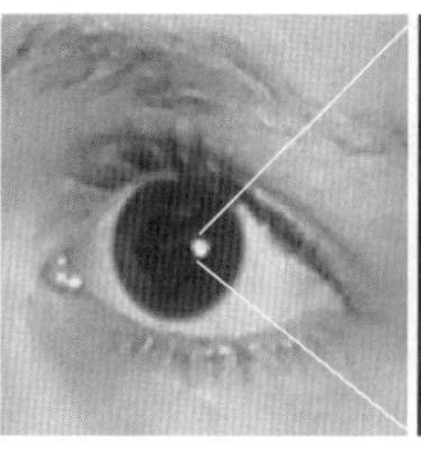

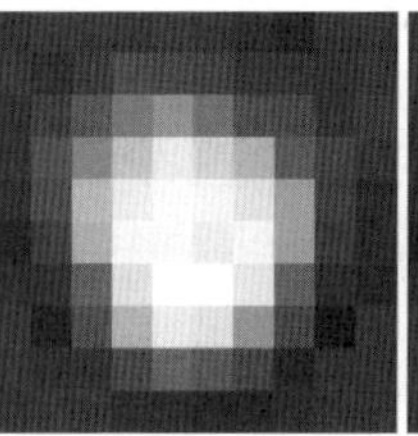

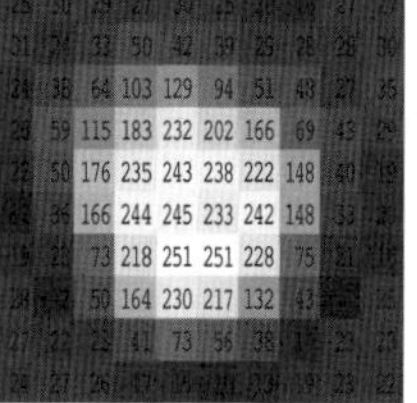

그림 11.3: 컴퓨터는 보통 이미지(맨 오른쪽 그림)의 각 점(화소)에 숫자를 부여해서 흑백 사진을 나타낸다. 그 숫자가 클수록, 그 화소에서 나오는 빛이 더 강한 것으로, 0은 검은색(빛이 전혀 없는 것)을 나타내고 255가 흰색이다. 유사하게, 고전 물리학의 **장**이라는 것은 시공간 각 점에서 정의된 숫자들로 표현되는데, 그 숫자는 대략적으로 말해 그 점 각각에 존재하는 "물체"의 양을 나타낸다.

시공간도 또한 4차원 복셀로 나눈다. 그 각각의 4차원 복셀은 그 순간 그 위치에서 어떤 일이 일어나는지, 온도, 압력, 여러 물질들의 밀도와 속력 등 모든 관련된 양을 부호화된 숫자들로 나타낸다. 예를 들어, 우리의 태양계를 시뮬레이션할 때, 태양의 중심에 해당하는 복셀은 온도의 숫자가 극히 크고, 태양 외부의 거의 빈 공간에 해당하는 복셀은 압력의 숫자가 거의 0일 것이다. 이웃한 복셀의 숫자들은 수학적 방정식으로 포착되는 어떤 관계를 만족하며, 컴퓨터가 시뮬레이션를 수행할 때, 바로 그 관계들을 이용해서 마치 스도쿠 문제를 풀듯 빈 칸을 채워나간다. 컴퓨터가 일기 예보를 한다면, 현재에 해당하는 시공간 복셀은 기압, 기온 등을 측정한 값으로 채워져 있다. 그다음 컴퓨터는 관련된 방정식을 이용해서 내일 혹은 이후에 해당하는 시공간 복셀에 들어갈 숫자를 계산해나간다.

그런 시뮬레이션은 우리의 외적 물리 실체의 여러 양상들을 수학적으로 나타내지만, 근사적으로만 가능하다. 시공간은 분명히 우리가 내일의 날씨를 예측하기 위해 사용하는 대략적인 복셀로 이루어진 것이 아니기 때문에, 일기 예보는 가끔 틀리게 된다. 그럼에도 불구하고 시공간의 각 점에 숫자 다발이 있다는 아이디어는 아주 심오한 것이며, 나는 그것이 단지 실체에 대한 우리의 묘사뿐 아니라 실체 그 자체에 대해서도 무엇인가를 알려준다고 생각한다. 현대 물리학의 가장 근본적인 개념 중 하나가 장인데, 그것은 시공간의 각 점에서 숫자로 표현되는 무언가이다. 예를 들어, 당신 주위의 공기에 대한 온도 장을 생각할 수 있다. 각 점에 잘 정의된 온도라는 양이 있으며, 그것은 인간이 만들어낸 복셀과 완전히 무관하고, 당신은 온도계를 들거나 만약 대단한 정확도가 필요한 것이 아니라면 손가락만 들고서도 온도를 잴 수 있다. 압력장도 있다. 각 점에서의 압력인데 기압계를 들고 잴 수도 있지만 우리의 귀는 기압이 너무 크거나 작으면 고통을 느끼고 그것이 시간에 따라 요동치는 것을 소리로 감지하므로 기압계의 역할을 할 수 있다.

우리는 이제 위의 두 가지 장이 사실은 근본적인 것이 아니라는 것을 알고 있다. 두 가지 장은 그저 공기 분자들이 평균적으로 얼마나 빨리 움직이고 있는지에 대한 두 가지 다른 척도이며, 따라서 이 값들은 원자보다 작은 스케일에서 재려고 하면 더 이상 잘 정의되지 않는다. 그러나 근본적인 것이라고 생각되는 다른 장도 있는데, 그것은 우리 외부적 물리 실체의 가장 기본적 구조의 일부를 구성한다. 첫 번째 예로, 자기장을 고려해보자. 자기장은 시공간의 각 점에서 온도처럼 하나의 숫자가 아니라 세기와 방향을 나타내는 세 숫자로 표현된다. 아마도 나침반을 가지고 그 방향이 지구의 자기장 방향인 북쪽을 가리키는 것을 보며 자기장을 재본 적이 있을 것이다. MRI 기계처럼 자기장이 강하다면 바늘은 더 빨리 방향을 맞춘다. 두 번째 예는 전기장으로서, 마찬가지로 세기와 방향을 나타내는 세 숫자로 표현된다. 전기장을 측정하는 쉬운 방법은 마치 플라스틱 빗에 머리카락이 끌리는 것처럼, 전기장이 전하를 띤 물체에 가하는 힘을 재는 것이다. 이런 전기장과 자기장은 우아한 방식으로 전자기장으로 통합되어, 시공간의 각 점에서 6개의 숫자로 정의될 수 있다. 7장에서 논의했듯이, 빛은 단순히 전자기장을 통해 퍼져나가는 파동으로서, 우리 우주에 있는 (상당히 물리적인) 모든 빛은 시공간의 각 점에 있는 (상당히 수학적인) 6개의 숫자들에 해당한다. 이 숫자들은 맥스웰의 방정식으로 알려져 있으며 그림 10.4에 나온 수학적 관계들을 따른다.

여기에서 말해 둘 것이 있다. 내가 방금 설명한 것은 전기, 자기, 그리고 빛을 고전 물리학으로 이해한 내용이다. 양자역학은 이 틀을 더 복잡하게 만드는데, 그것은 덜 수학적으로 만드는 것이 아니라, 고전 전자기학을 현대 입자 물리학의 기반을 이루는 양자장론으로 바꾸는 것이다. 양자장론에서, 파동함수는 전기장과 자기장의 가능한 각각의 구성이 현실적인 정도를 나타낸다. 이 파동함수는 그 자체로 수학적인 대상이며, 힐베르트 공간의 추상적인 한 점이다.

7장에서 보았듯이, 양자장론에서는 빛이 광자라고 부르는 입자들로 이루어졌다고 간주하며, 대략 말해서 전기장과 자기장을 구성하는 숫자들은 각 시간과 장소에 몇 개의 광자가 있는지 알려주는 것으로 생각할 수 있다. 전자기장의 세기가 각 시간과 장소에서 광자의 숫자에 해당하는 것처럼, 알려진 다른 기본 입자들에 해당하는 장들도 있다. 예를 들어, 전자 장과 쿼크 장의 세기는 각 시간과 장소에서 전자와 쿼크의 개수와 관련되어 있다. 이런 방식으로, 전체 시공간에서의 모든 입자들의 모든 운동은, 고전 물리학에서 4차원의 수학적인 공간에서의 숫자들의 묶음이라는 수학적 구조에 해당한다. 양자장론에서, 파동함수는 이런 장들 각각의 가능한 상태들이 현실적인 정도를 나타낸다.

7장에서 논의했듯이, 우리 물리학자들은 아직 중력을 포함해서 실체의 모든 양상을 기술할 수 있는 수학적 구조를 아직 찾아내지 못했지만, 끈 이론 혹은 활발히 연구되고 있는 그 어떤 다른 후보들도 양자장론보다 덜 수학적이라는 그 어떤 징후도 없다.

묘사 대 동치

논의를 진행하기 전에, 해결해야 할 의미론적 문제가 있다. 내 학계 동료 대부분이 우리의 외적 물리 실체가 적어도 근사적으로는 수학에 의해 묘사된다고 하겠지만, 나는 그것이 바로 수학, 더 구체적으로는 수학적 구조라고 주장한다. 다시 말해, 나는 훨씬 더 강한 주장을 하려 한다. 왜일까?

내가 지금까지 이야기한 모든 것은 우리의 외적 물리 실체가 수학적 구조에 의해 묘사될 수 있다는 것을 시사한다. 만약 미래의 물리 교과서가 우리가 갈망하는 모든 것의 이론을 포함하고 있다면, 그 방정식은 외적 물리 실체인 수학적 구조의 완전한 묘사일 것이다. 나는 해당한다라는 말 대신 단정적으로 실체이다라고 하고 있는데, 만약 두 구조가 동치라면, 이스라엘의 철학자인 마리우스 코헨Marius Cohen이 강조했던 대로, 그것들이 완전한 동일체가 아니라는 것은 말이 되지 않기 때문이다.* 10장에서 설명했던 강력한 수학적 개념인 동치를 떠올려보자. 그것은 수학적 구조들의 핵심을 담고 있다. 만약 두 묘사가 동치라면, 완전히 동일한 것을 묘사하고 있는 것이다.** 이것은 만약 어떤 수학적 방정식이 우리의 외적 물리 실체와 어떤 수학적 구조 모두를 완전히 묘사한다면, 우리의 외적 물리 실체와 그 수학적 구조가 완전히

* 마리우스 코헨, 「실재를 순수 수학 구조로 환원할 가능성에 대하여On the Possibility of Reducing Actuality to a Pure Mathematical Structure」(석사학위 논문, 벤구리온대학, 네게브, 이스라엘, 2003).

동일할 경우 수학적 우주 가설은 참이라는 것을 의미한다. 즉, 우리의 외적 물리 실체는 수학적 구조이다.

두 수학적 구조는 만약 그 개체들을 모든 관계를 보존하는 방식으로 짝짓는 것이 가능하다면 동치라는 것을 기억하기 바란다. 만약 당신이 그렇게 우리 외적 물리 실체의 모든 개체를 수학적 구조 안에 있는 것과 대응시킬 수 있다면(예를 들어, "물리적 공간의 이 전기장 세기가 수학적 구조의 숫자에 대응한다"면), 우리의 외적 물리 실체는 수학적 구조, 진실로 동일한 수학적 구조의 정의를 만족하는 것이다.

우리는 10장에서 만약 어떤 이가 수학적 우주 가설을 받아들이고 싶지 않다면, 인간과 완전히 무관한 외적 물리 실체가 있다는 외적 현실 가설을 거부함으로써 그것을 성취할 수 있다는 것을 배웠다. 그다음 그는 우리의 우주가 어떻게 인지는 몰라도 수학적 구조로 기술되기는 하지만, 수학적 구조로 완전히 묘사되지 않는 다른 성질도 가지고 있어서, 추상적이고, 인간과 무관하며, 짐이 필요 없는 방식으로 묘사될 수 없는, 어떤 것들에 의해 완벽하게 묘사된다고 주장할 수 있다. 그러나 나는 이런 관점이 6장에서 언급했던 유명한 과학 철학자인 칼 포퍼가 그의 무덤에서 벌떡 일어나게 할 일이라고 생각한다. 왜냐하면 그는 과학적 이론은 관측 가능한 효과가 있어야 한다고 강조했기 때문이다. 대조적으로, 수학적 묘사는 완벽하게 관측되는 모든 것을 설명할 수 있으므로, 우리 우주가 비수학적이 되게 하는 부가적 장식들은 그 어떤 관측 가능한 효과도 없어 100퍼센트 비과학적인 것이 될 것이다.

** 만약 당신이 수학을 전공해서 동형사상isomorphism의 개념에 익숙하다면, 이 논증을 다음과 같이 다시 표현할 수 있다. 수학적 구조의 정의로부터, 한 수학적 구조와 다른 구조 사이에 동형사상이 존재한다면(둘 사이의 일대일 대응성으로서 그 관계를 보존하는 것) 그것들은 완전히 같은 것이다. 만약 우리의 외적 물리 실체가 수학적 구조와 동형이라면, 수학적 구조의 정의에 들어맞는다.

당신은 무엇인가?

우리는 시공간과 그 내부의 물체들을 어떻게 수학적 구조의 일부라고 볼 수 있는지 알게 되었다. 그런데 우리란 무엇인가? 우리의 생각, 우리의 감정, 우리의 자각, 그리고 나라는 깊은 존재적 느낌, 나는 이것들 중 어떤 것도 전혀 수학적으로 느껴지지 않는다. 하지만 우리도 우리의 물리적 세계 안에 있는 다른 모든 것을 구성하는 같은 기본 입자들로 이루어져 있으며, 우리는 이 기본 입자들이 순수하게 수학적이라고 주장한다. 이것을 어떻게 조화시킬 수 있을까?

내가 보기에, 우리는 우리가 무엇인지 아직 완전히 이해하지 못했다. 게다가 9장에서 논의했던 대로, 외적 물리 실체를 이해하기 위해 의식의 미스터리를 꼭 완벽히 이해해야만 하는 것은 아니다. 그럼에도 불구하고, 나는 우리 자신을 바라보는 데 현대 물리학이 우리를 감질나게 하는 어떤 힌트를 제공했다고 느낀다. 이 주제를 더 탐구해보자.

생명의 매듭

3장에서 다루었던 우주론의 선구자 조지 가모프는 그의 자서전의 제목을 『나의 세계선My World Line』이라고 붙였다. 이 표현은 시공간의 경로를 표현하기 위해 아인슈타인이 사용했던 것이다. 그러나 당신 자신의 세계선은 엄밀히 말해 직선이 아니다. 세계선은 두께가 0이 아니며 똑바르지도 않다. 우선 당신 몸을 이루는 약 10^{29}개의 기본 입자들, 즉 쿼크와 전자들을 생각해보자. 그것들을 한꺼번에 고려하면 마치 시공간에 걸친 튜브 모양을 하고 있다. 이것은 그림 11.1에 나온 달의 나선형 궤도와 유사하지만 더 복잡한데, 태어나서 죽을 때까지 당신의 움직임은 달의 운동보다 더 복잡하기 때문이다. 예를 들어, 만약 당신이 수영장에서 구간을 왕복하고 있다면, 당신의 시공간 튜브는 갈지자 모양을 할 것이다. 그리고 만약 당신이 놀이터에서 그네를 타고 있다면, 당신 시공간 튜브에서 해당 부분은 뱀같이 구불구불한 모습을 하고 있을 것이다.

그러나 당신의 시공간 튜브가 갖는 가장 흥미로운 성질은 그 모양이 아니라 놀랍도록 복잡한 내부 구조이다. 달을 구성하는 입자들이 다소 정적인 배열에 의해 뭉쳐 있는 반면, 당신의 입자들은 항상 상대적으로 운동하고 있다.

예를 들어, 적혈구를 만드는 입자들을 생각해보자. 혈액이 산소 공급을 위해 몸을 순환할 때, 각각의 적혈구는 동맥, 모세 혈관, 정맥을 거치는 복잡한 경로를 따라 규칙적으로 심장과 폐를 방문하며 시공간에 고유한 튜브 모양을 그린다. 다른 적혈구에 해당하는 이런 시공간 튜브는 서로 얽혀, 그 어떤 미용실에서도 할 수 없는 정교한 땋은 머리 같은 모양(그림 11.4 가운데)을 만든다. 전통적인 머리 땋기는 각각 약 3만 개의 머리카락으로 이루어진 세 가닥이 간단한 반복적인 패턴으로 꼬인 모양으로 이루어지는 데 반해, 시공간의 매듭은 적혈구 각각에 해당하는 수조 개의 가닥으로 이루어지고, 그 가닥은 다시 복잡하게 얽혀 반복되지 않는 수조 개의 반복되지 않는 각각의 복잡한 기본 입자 궤적의 머리카락으로 이루어져 있다. 다시 말해, 당신이 당신의 친구에게 1년에 걸쳐 정말 정신 사나운 헤어스타일을 해주느라 모든 머리카락 하나하나를 꼰다고 해도, 그 결과는 이것에 비하면 아주 간단할 것이다.

하지만 이 모든 것도 당신의 두뇌에서 일어나는 정보 처리의 패턴에 비하면 아무것도 아니다. 우리가 8장에서 논의했고 그림 8.7을 통해 설명했듯이, 수천억 개의 뉴런은 지속적으로 전기 신호를 내고 있으며("발화"), 그것은 수십억 조의 나트륨, 칼륨과 칼슘 이온들을 뒤섞음으로써 이루어진다. 이런 원자들의 궤적은 시공간에서 지극히 정교한 매듭을 형성하는데, 그 복잡한 얽힘이 우리에게 익숙한 자각의 감각을 일으키는 정보의 저장과 처리에 해당한다. 이것이 어떻게 작동하는지 우리가 아직 제대로 이해하고 있지 못하다는 것이 일반적인 견해이며, 따라서 우리가 무엇인지 아직 완전히 이해하지 못한다고 하는 것이 적절하다. 그러나 큰 그림에서, 당신은 시공간의 패턴이다라고 말할 수 있다. 이것은 수학적 패턴이다. 구체적으로 말해, 당신은 시공간의 매듭이며 지금까지 알려진 가장 정교한 매듭이다.

어떤 사람들은 자신을 입자들의 무리로 생각하는 것에 대해 불쾌한 감정을 갖기도 한다. 사실, 나는 20대이던 시절 내 친구인 에밀이 다른 친구인 매츠에게 욕으로 atomhög, 즉 스웨덴어로 "원자 더미"라고 불러 크게 웃었던 적이 있다. 그러나 만약 어떤 사람이 "내가 고작 원자 더미라니 믿을 수 없어!"라고 한다면, 나는 고작이라는 단어의 사용에 반대할 수밖에 없다. 마음에 해당하는 시공간의 매듭은 명백히 우리 우주에서 우리가 본 가장 아름답고 복잡한 패턴이다. 세상에서 가장 빠른 컴퓨터, 그랜드 캐니언, 또는 심지어 태양까지 포함해도 그 시공간 패턴은 우리에 비하면 아주 단순하다.

당신 안에 있는 많은 입자들이 당신이 살아 있다는 증거로서 계속 움직이고 있지만, 피부 혹은 다른 입자들이 날아가버리지 않도록 지탱하는 역할을 하는 많은 것들은 덜 정교한 방식으로 움직인다. 당신의 시공간 튜브가 마치 전선처럼 내부는 꼬여 있지만 외부의 절연부는 마치 텅 빈 튜브 같다는 의미이다. 게다가 당신의 입자 대부분은 주기적으로 교체된다. 예를 들어, 당신 몸무게의 약 4분의 3은 물 분자인데,

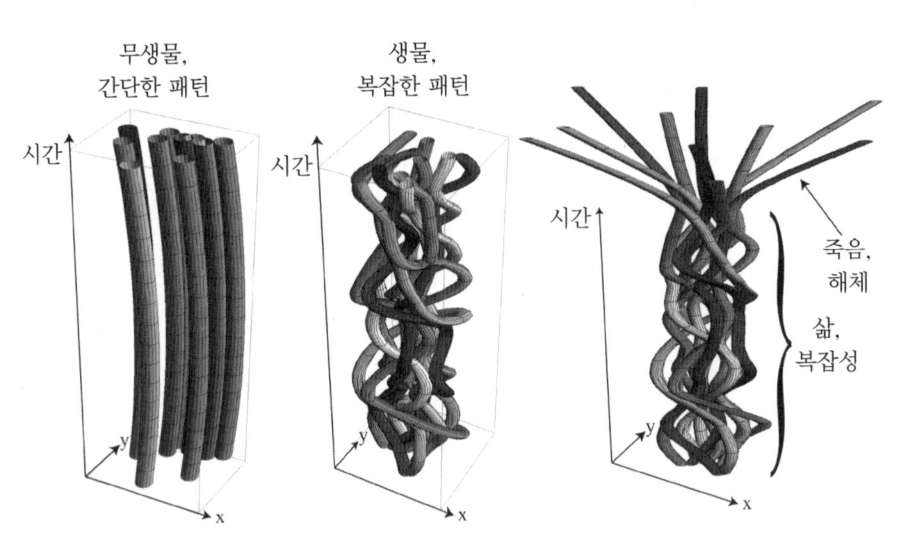

그림 11.4: 복잡성은 생명의 가장 중요한 특징이다. 물체의 운동은 시공간에서 패턴에 해당한다. 왼쪽으로 가속되는 10개의 입자로 이루어진 무생물 덩어리는 간단한 패턴을 만든다(왼쪽). 생명체를 구성하는 입자들의 복잡한 패턴(가운데)은 정보 처리 및 기타 긴요한 과정을 달성하는 복잡한 운동에 해당한다. 생명체가 죽으면 결국 해체되고 그 입자들은 분리된다(오른쪽). 이 대략적인 묘사에는 10개의 입자만 나타냈지만, 당신의 시공간 패턴에는 약 10^{29}개의 입자가 관련되어 있어 엄청나게 복잡하다.

한 달 정도면 교체되며, 당신의 피부 세포와 적혈구는 몇 달이면 교체된다. 시공간에서, 이런 입자들의 궤적은 마치 옥수수수염처럼 당신의 몸에 붙었다가 떨어져나간다. 당신의 시공간 매듭의 양 끝점은 탄생과 죽음에 해당하는데, 모든 가닥은 점점 분리되며, 모든 입자들은 모이고 상호작용하다가 결국 제 갈 길을 간다(그림 11.4 오른쪽). 이로써 당신의 전 생애에 해당하는 시공간 구조는 마치 나무처럼 보이게 된다. 바닥, 즉 초기에는 많은 입자들이 점점 모여 복잡한 뿌리를 이루고 단계적으로 당신의 현재 신체에 해당하는 두꺼운 하나의 몸통을 이룬다(안쪽에는 위에서 언급한 대로 복잡한 꼬인 구조가 있다). 맨 위는 말기에 해당하며, 몸통이 점점 가는 가지들로 나뉘는 것은 당신의 생이 끝난

후 입자들이 각자 다른 길로 가는 것을 나타낸다. 다시 말해, 삶의 패턴은 시간 차원에서 유한한 길이를 갖고 있으며, 매듭은 양쪽 끝에서 풀어헤쳐진다.

위에서 얘기한 패턴은 물론 3차원이 아니라 4차원에 존재하며, 매듭, 전선, 나무에 대한 비유도 너무 곧이곧대로 받아들여서는 안 된다. 핵심은 당신이 시공간의 변화 없는 하나의 패턴이라는 것이다. 이 패턴의 세밀한 사항은 내가 하려는 주장에서 그리 중요하지 않다. 이 패턴은 우리의 우주라는 수학적 구조의 일부분이며, 그 여러 부분들 사이의 관계는 수학적 방정식에 부호화되어 있다. 8장에서 보았듯이, 에버렛의 양자역학은 더 흥미로우면서도 그 역시 수학적인 구조를 당신에게 부여하는데, 왜냐하면 당신, 혹은 나무의 몸통이 각각 유일한 당신이라 느끼는 여러 개의 가지들로 갈라질 수 있기 때문이다. 여기에 대해서는 나중에 더 설명할 것이다.

순간에 살기

이제까지 우리는 공간 자체, 공간 안에 있는 물체들 그리고 심지어 당신조차 어떻게 수학적 구조의 일부분이 될 수 있는지에 대해 이야기했다. 하지만 여기에는 대가가 있다. 우리는 시간이 흐른다는 익숙한 생각을 단순히 환상이었던 것으로 해서 폐기해야 하며, 그 대신 시간을 불변의 수학적 구조에서의 4번째 차원으로 간주해야 한다. 그렇다면 이것을 사물이 한 순간에서 다음 순간으로 변화해간다는 우리의 주관적인 경험과 어떻게 조화시킬 수 있을까?

영화의 모든 장면이 DVD 위에 존재하듯이, 당신의 모든 주관적인 인식은 시공간에 존재한다. 구체적으로 말해, 시공간은 다른 장소, 다른 사람, 그리고 다른 시간에 해당하는 주관적 인식에 엄청나게 많은 매듭 패턴을 포함한다. 그러한 인식 각각을 "관찰자 순간"이라고 부르기로 하자. 나는 1996년의 수학적 우주 논문에서는 다른 용어를 사용했었지만, 이제 관찰자 순간이라는 용어가 더 마음에 들고, 닉 보스트롬Nick Bostrom과 다른 철학자들에 의해 최근 이것이 표준 용어로 굳어졌다. 당신은 이러한 관찰자 순간들 중 일부분이 겉으로 보기에 끊임없이 연결되어 있다는 것을 경험으로 알고 있으며, 그것을 당신의 삶이라고 부른다. 그러나 이런 느낌은 어려운 문제를 제기한다. 그 연결은 어떻게 작동하는가? 특히, 관찰자 순간들이 연결되었다고 느껴지는 것에 대한 규칙이 있는가, 그리고 이어진 일련의 관찰자 순간들이 시간이 흐른다고 주관적으로 느껴지는 이유는 무엇인가?

뻔한 추측은 그 연결이 연속성과 관련이 있다고 하는 것이다. 즉, 시공간에 근접해 있으며 동일한 패턴의 일부분일 경우 두 관찰자 순간이 연결된 것으로 느껴진다는 것이다. 그러나 그림 11.5는 이 질문이 보기보다 만만치 않다는 것을 보여주며, 답은 이렇게 간단하지 않다. 첫째, 내가 깨어나는 C라는 관찰자 순간은 내가 잠드는 B와 연결된 것으로 느껴진다. 특히, 둘은 시공간에서 전혀 가까이 있지 않는데도 불구하고 나는 C가 B의 연장선상에 있는 것으로 느낀다. 둘째, C의 공간과 시간에 훨씬 가까이 있는 관찰자 순간들(같은 비행기에 탄 다른 사람들의 인식)이 많이 있는데, 왜 C는 그런 관찰자 순간들과 연결된 것처럼 느껴지지 않을까? 셋째, 내가 잠든 동안에 나의 완벽한 복제인간을 만들어서 모든 입자들이 동일한 상태에 있게 하고 다른 같은 기종의 비행기에 태웠다고 해보자. 그렇다면 내 복제본이 깨어나면서 느끼는 주관적 인식은 C에서의 내 느낌과 주관적으로 동일할 것이며, 정의에 의해, 그 시공간 패턴이 연결되지 않았더라도 B에 연결된 것으로 느낄

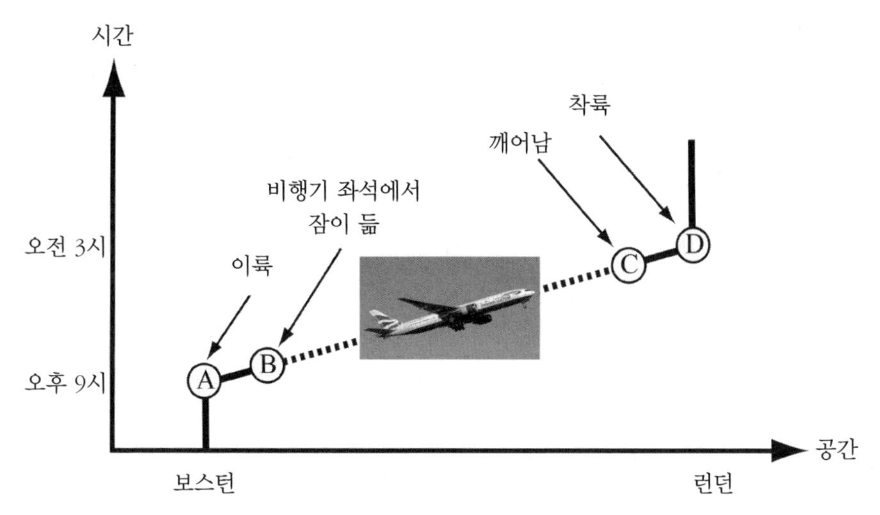

그림 11.5: 런던으로 비행할 때의 나의 세계선. 내가 이륙하고(A), 곧 잠이 들며(B), 깨는 것(C)은 착륙(D) 직전이다. (C)에서의 나의 의식적 지각은 (B)와 공간과 시간 모두에서 다른 지점에 있지만, 나의 마지막 의식적 지각이 있었던 (B)와 끊임없이 연결되어 있는 것으로 느껴진다. 하지만 공간과 시간에서 (B)보다 (C)에 더 가까이 있었던, 다른 탑승객의 의식적 지각은 그렇게 느껴지지 않는다.

것이다.*

이것은 연속성 문제가 실은 중요한 것이 아니며, 어떤 관찰자 순간들이 연결된 것으로 느껴지게 해서 시간이 흐른다는 우리의 익숙한 감정을 설명할 수 있는 새로운 물리적 과정이 발견될 여지란 없다는 것을 시사한다. 다행스럽게도, 그 어떤 새로운 물리도 요구하지 않는 간단한 설명 방법이 있어, 그것을 탐구하려 한다. 우리의 주관적 경험과 수학적 우주 가설을 결합하면, 관찰자 순간처럼 자각적이고 주관적으

---

* 만약 내 복제본에 대한 조립 설명서가 원래의 나를 분석했던 스캐너에서 무선으로 전송된다면, 나의 시공간 매듭과 복제본의 매듭은 전자기장의 매우 정교한 패턴에 의해 연결되어 있을 것이다. 그러나 6장의 1레벨 다중우주에서 깨어나는 동일한 복제본은 정보의 전달이 없으므로 그 어떤 연결도 느끼지 못할 것이다.

로 느껴지는 시공간의 매우 복잡한 매듭 같은 구조들이 있다는 것을 알게 된다. 우리는 이런 구조들이 공간과 시간 모두에서 아주 국소화될 수 있다는 것을 알고 있다. 가령, 당신의 두뇌의 용적은 고작 1리터 정도이며, 당신의 두뇌가 어떤 생각이나 감각을 느끼는 시간은 보통 0.1초에서 10배 길거나 짧은 정도이다. 즉, 관찰자 순간이 주관적으로 어떻게 느껴지는지는 공간의 다른 영역에 무엇이 있는가(당신이 주위에서 보는 외적 현실 같은 것), 그리고 시간 방향에서 다른 곳에 무엇이 있는가(당신의 몇 초 전 경험 같은 것) 등과 아무 상관없이, 시공간의 국소화된 영역에만 의존한다는 것을 의미한다. 그러나 당신의 의식적 지각에서는 이 두 가지가 모두 중요한 요소이다. 당신은 바로 지금, 당신의 현재 관찰자 순간을 구성하는 시공간 영역에 속하지 않는데도 불구하고, 당신 앞에 있는 책과 당신이 5초 전에 읽었던 문장을 인지한다. 다시 말해, 당신의 관찰자 순간이 주관적으로 느껴지는 방식은 공간과 시간에서 다른 곳에 무엇이 있는지와 관련 있는 것으로 보인다. 비록 그럴 거라고 원래는 생각되지 않았더라도 말이다. 어떻게 이럴 수 있을까?

우리는 9장에서 이 패러독스의 공간적 부분에 대해 논의했으며, 당신의 의식이 관찰하고 있는 것은 사실 외부 세계가 아니라, 당신 두뇌 속에 있으며 외부 세계에서 실제로 벌어지고 있는지를 추적하는 감각기관으로부터의 입력을 통해 끊임없이 갱신되는 정교한 현실성 모델이라고 결론 내렸다.* 따라서 당신의 현재 관찰자 순간에 해당하는 시

* 시간 경험과 그 주제에 대한 지난 2,000년간의 다양한 철학적 저작들에 대한 자세한 논의는 http://plato.stanford.edu/entries/time-experience를 참조하시오. 특히, 약 1,600년 전 성 어거스틴Saint Augustine은 지속 시간과 같은 시간적 인식에 대한 핵심적 측면이 오로지 우리 기억의 인식에 의해서만 설명될 수 있다는 것을 탐구했다. 수학적 우주 가설은 그러한 질문들을 다시 시의적절한 것으로 만든다.

그림 11.6: 4번의 분리된 시간에서의 다이버와 스키 타는 사람의 시공간(관찰자 순간들)의 주관적 인식을 살펴보자. 각각의 필름 슬라이드는 현재 발생하는 일에 대한 분명한 이미지와 과거의 사건들에 대해 점점 희미해져 가는 기억 모두를 포함하는 단일한 관찰자 순간에 해당한다. 만약 내가 8개의 슬라이드들을 무작위로 재배열한다면, 당신은 그 사이의 관계를 기반으로 배열을 쉽게 재구성할 수 있을 것이다. 어떤 관찰자 순간에 있는 현재의 시각적 인상(각 영상에서의 오른쪽 사진)은 다른 데에서의 기억과 일치한다.

공간 패턴은 바로 지금 당신의 현실성 모델의 상태를 포함한다. 그림 11.6이 보여주듯이, 시간적 부분도 아주 비슷하다. 당신의 세계 모델은 주위의 현재 상태에 대한 정보뿐 아니라, 당신의 근방이 과거에 어떠했는지에 대한 기억도 포함한다. 8개의 슬라이드 사진 각각은 하나의 관찰자 순간을 나타낸다. 각각의 슬라이드에는 현재 무엇이 일어나는지의 분명한 이미지와 과거에 일어난 일에 대한 점점 희미해지는 기억이 있다. 당신은 따라서 바로 지금 이 순간, 전체 시간에 사건들이 어떻게 배열되었는지 알고 있다. 당신의 마음이 실은 당신의 두뇌 속에 있는 현실성 모델을 바라보는 것임에도 불구하고, 당신의 공간 현실성 모델은 3차원 공간을 바라보는 듯한 주관적 느낌을 당신에게 제공한다. 이와 마찬가지로, 당신의 마음이 실은 하나의 관찰자 순간에서 당신의 두뇌 속에 있는 현실성 모델을 바라보는 것임에도 불구하고, 이런 시간 현실성 모델과 일련의 기억은 일련의 사건들을 통해 시간이 흐른다는 주관적 느낌을 당신에게 제공한다.

다시 말해, 시간이 흐른다는 당신의 주관적 느낌은 당신이 지금 갖고 있는 이런 기억들 사이의 관계에서 온다. 나의 완벽한 복제인간이 나의 모든 기억을 가지고 자고 있는 상태로 만들어져, 하나의 관찰자 순간을 인식하기에 충분한 만큼 깨어 있게 되는 사고 실험을 상상해보자. 그는 오로지 그 한 순간만 경험했음에도 불구하고, 여전히 시간이 복잡하고 흥미로운 과거로부터 흘렀다고 느낄 것이다. 이것은 지속 시간과 변화에 대한 주관적 인식은 특질이며, 붉은 것, 푸른 것 또는 단 것과 마찬가지로 기본적이고 순간적인 인식이라는 것을 의미한다.

수학적 우주 가설의 이 시사점은 상당히 급진적이므로, 이를 받아들이기 위해 잠시 이 책을 읽기를 멈추고 숙고해보는 시간을 갖기 바란다. 바로 지금 당신이 알고 있는 것들은 사진이 아니라 짧은 동영상 같은 것이다. 이 동영상은 현실이 아니며, 그것은 당신 두뇌의 현실성 모델의 일부로서, 오로지 당신의 머릿속에서만 존재한다. 동영상은 당신이 꿈을 꾸거나 헛것을 보는 것이 아닌 한 실제 외적 물리 실체에 대해 많은 정보를 담고 있지만, 여전히 현실에 대해 아주 심하게 편집된 버전을 구성한다. 그것은 마치 TV의 저녁 뉴스처럼, 주로 당신의 두뇌가 보기에 알고 있는 것이 좋겠다고 판단하는, 공간과 시간에서 근처에 있는 패턴의 어떤 주요 부분에 해당하는 것만을 보여준다.

당신이 TV에서 뉴스를 볼 때와 마찬가지로, 당신은 공간에서 먼 부분을 직접 보는 것이 아니다. 당신은 단지 공간의 그 부분에 대해 편집된 동영상을 보고 있는 것이다. 유사하게, 당신은 과거를 보고 있는 것이 아니며, 단지 과거에 대해 편집된 영상을 보고 있는 것이다. 뉴스를 몇 분간 보는 것과는 달리, 당신은 당신 내부의 뉴스영화를 한 번에 보며, 따라서 현재와 과거의 사건을 동시에 인지하게 된다. 1초 후, 당신은 당신의 내적 뉴스영화를 다시 한 번, 순간적으로 보는데, 그것은 마치 TV의 재방송처럼 거의 변화가 없지만, 마지막 부분은 1초 추가되고 앞부분은 짧아지도록 약간 재편집된 것이다. 다시 말해, 관찰자 순간이 객관적으로 보아 1리터와 1초가 안 되는 체적과 시간을 차지하고 있지만, 주관적으로 그것은 마치 당신이 인지하는 모든 공간과 당신이 기억하는 모든 시간을 점유하고 있는 것처럼 느낀다. 당신은 마치 지금 여기로부터 이 공간과 시간을 관찰하는 것처럼 느끼지만, 그 모든 공간과 시간은 단지 당신이 경험하는 현실성 모델의 일부분일 뿐이다. 이것이 바로 사실은 그렇지 않은데도 시간이 흐른다고 당신이 주관적으로 느끼는 이유이다.

자기 인식

게다가 당신 자신도 영화 속에 있는데, 당신의 현실성 모델이 당신 자신에 대한 모델도 포함하기 때문이다. 그것이 바로 당신이 단순히 의식할 뿐 아니라 자기 인식을 하는 이유이다. 즉, 당신이 이 책을 본다고 느낄 때 실제 일어나는 일은, 그림 11.7처럼 당신 두뇌의 현실성 모델이 당신의 모델이 책의 모델을 바라보게 하는 것이다. 이것은 궁극적인 의식의 문제로 우리를 이끈다. 당신 두뇌의 현실성 모델을 바라보며 주관적 의식을 일으키는 것은 무엇인가? 내 추측은 아무도 그

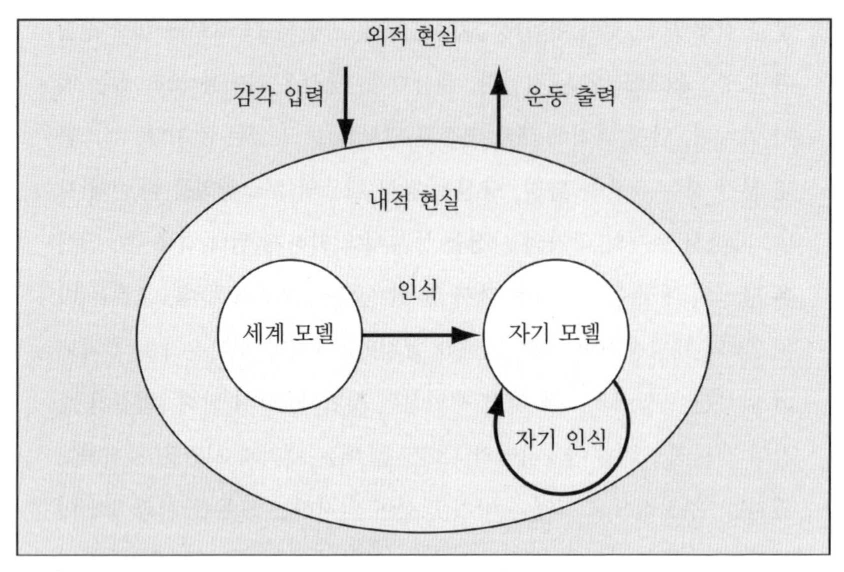

그림 11.7: 나는 의식이란 정보가 어떤 복잡한 방식으로 처리될 때의 느낌이며, 우리 인간이 주관적으로 인식하는 특정 종류의 의식은 당신에 대한 당신 두뇌의 모델이 세상에 대한 당신 두뇌의 모델과 상호작용할 때 발생하는 것이라고 생각한다. 위에서 화살표는 정보의 흐름을 나타낸다. 예를 들어, 당신의 감각을 통한 정보 입력은 지속적으로 외적 현실에서 실제로 발생하고 있는 일에 대한 핵심적 양상을 당신의 세계 모델이 추적할 수 있도록 도와주고, 당신의 운동 피질을 통한 정보 출력은 이 책의 페이지를 넘기는 것처럼 외적 현실에 영향을 주도록 당신의 근육을 조종한다.

렇게 하지 않는다는 것이다! 만약 당신 두뇌의 다른 부분이 실제로 현실성 모델 전체를 바라보고 그 안에 있는 모든 정보를 의식하고 있다면, 이 부분의 두뇌는 그 모든 정보를 그 자신의 국소적 복제본으로 전송해야 할 것이다. 이것은 진화의 관점에서 볼 때 엄청난 자원의 낭비일 것이며, 신경과학 연구에는 그런 헛된 복제에 관한 그 어떤 증거도 없다. 게다가 그렇다고 문제가 해결되지도 않는다. 만약 관찰자가 정말로 필요하다면, 이런 이중의 현실성 모델은 다시 주관적으로 인식할 관찰자를 필요로 하여, 또 다른 무한 회귀 문제를 야기할 것이다.

그 대신, 내 추측은 답이 아름답고 단순하다는 것이다. 기본적으로 당신의 의식이 바로 현실성 모델이기 때문에, 관찰자는 필요 없다. 나는 의식이란 정보가 어떤 복잡한 방식으로 처리될 때 느껴지는 것이라고 생각한다. 당신 두뇌의 다른 부분들이 서로 상호작용하므로, 당신의 현실성 모델의 다른 부분이 서로 상호작용할 수 있고, 따라서 당신의 모델은 외부 세계의 모델과 상호작용할 수 있어서, 전자가 후자를 인식한다는 주관적 느낌을 야기한다. 당신이 딸기를 볼 때, 당신 두뇌의 붉은색에 대한 모델이 주관적으로 매우 현실적이라고 느끼며, 당신 마음의 눈에 대한 모델도 관찰 시점에 있다고 느낀다. 우리는 이미 우리의 두뇌가 뉴런 다발에 있는 똑같은 기본적 타입의 전기 신호를 해석하는 일에 놀랍도록 창의적이어서, 주관적으로 완전히 다른 특질로 느낄 수도 있다는 것을 알고 있다. 우리는 그 신경세포 다발이 눈, 귀, 코, 입, 피부 중 어디에서 오는가에 따라 그것을 색깔, 소리, 냄새, 맛, 촉감으로 인식한다. 중요한 차이는 이 정보를 수송하는 뉴런에 있는 것이 아니라 그것들이 연결된 패턴에 있다. 비록 당신 자신에 대한 당신의 인식과 딸기에 대한 당신의 인식이 매우 다르지만, 그것들이 모두 근본적으로 완전히 같은 종류의 것들, 즉 시공간의 복잡한 패턴이라는 것은 따라서 가능성이 충분한 일이다. 다시 말해, 나는 자아, 즉 당신이 "나"라고 부르는 주관적 시점을 가지고 있다는 당신의 인식은 "빨강" 또는 "초록" 등과 마찬가지로 당신의 주관적 인식인 특질이라고 주장한다. 요약하면, 빨간 것과 자기 인식은 모두 특질이다.

당신의 미래를 예측하기

과학의 핵심 목적 중 하나이며, 사실 두뇌를 가져야 하는 중요한 목적 중 하나는 바로 우리의 미래를 예측하는 것이다. 그러나 만약 시간이 흐르지 않는다면, 미래를 예측한다는 것은 도대체 어떤 의미일까?

그림 11.6은 우리가 변화 혹은 시간의 흐름이라는 개념 없이도 어떻게 이것을 합리적인 질문으로 재구성할 수 있는지 보여준다. 예시된 8개의 관찰자 순간들은 다른 두 사람의 것인데, 한 사람은 다이빙을 하고 다른 사람은 스키를 타고 있다. 각각은 시공간의 긴 매듭 모양 패턴에 해당한다. 8개의 관찰자 순간을 비교하면 그들 사이의 흥미로운 관계가 나타나는데, 어떤 관찰자 순간의 현재 이미지(각 영상에서의 오른쪽 사진)는 다른 순간의 생생한 기억(가운데 사진)과 일치하고, 어떤 순간의 생생한 기억은 다른 순간의 오래된 기억(왼쪽 사진)과 일치한다. 이것이 각 슬라이드의 왼쪽과 오른쪽 열에 해당하는 두 개별적인 관찰자 순간의 시간적 배열을 나중이 위에 오도록 유일하게 정의한다.

모든 시공간에서의 모든 관찰자 순간들을 고려해보자. 당신의 미래 인식이라고 자연스럽게 부를 수 있는 것들은 당신의 현재 관찰자 순간과 마치 퍼즐 조각처럼 잘 맞는 것들이다. 특히, 그것들은 정확한 순서로 당신의 현재 기억을 공유해야 하며(어느 정도는 망각과 오류를 허용할 수도 있지만), 그 배열에 대해 추가된 기억을 가지고 있어야 한다. 예를 들어, 당신이 방금 코끼리거북이 오른쪽으로 헤엄쳐오는 것을 목격한 다이버인데(그림 11.6 왼쪽 사진의 위에서 두 번째 관찰자 순간) 당신의 미래를 예측하기 원한다고 가정해보자. 사고 실험으로서, 또한 당신이 무한히 똑똑해서 우리 우주가 어떤 수학적 구조인지 알아냈으며, 그 모든 관찰자 순간들이 무엇인지 그리고 그것들이 어떻게 주관적으로 느끼는지 계산해냈다고 가정해보자. 당신은 당신의 현재 관찰자 순간과 일치하고 이후 순간의 인식이 가능한 것은 그림의 왼쪽 맨 위에 있는 관찰자 순간이라는 것을 깨닫는다. 따라서 당신은 이것이 1초 후 당신이 인식하게 될 것이라고 예측한다. 1초 후, 당신은 코끼리거북이 방향을 돌려 당신을 향해 헤엄쳐오는 것을 보게 될 것이다. 이런 방식으로, 당신은 인과율이라는 전통적인 과학 개념, 즉 현재에서 미래를 예측할 수 있다는 것을 발견한다.

당신은 어디에 있는가? (그리고 당신은 무엇을 인식하는가?)

우리는 이제 어떻게 공간, 시간, 물체 그리고 심지어 당신까지 포함한 우리의 물리적 실체가 수학적 구조일 수 있는지 알게 되었다. 우리는 또한 어떻게 당신이 적어도 원칙적으로는 관찰자 순간들을 분석하고 퍼즐 조각을 맞추듯이 짝지음으로써 미래를 예측할 수 있는지도 알게 되었다. 현실적으로 어떤 것을 예측하는데 있어, 이런 관찰자 순간 접근법은 결국 평소와 같은 물리학적 방법으로 귀결되는 것이 보통이다. 예를 들어, 당신이 그림 10.2처럼 농구공을 공중으로 던지고 그 운동을 분석하는 실험을 한다고 가정해보자. 만약 당신이 (1) 아인슈타인의 중력 방정식으로 이 운동을 기술하고, (2) 정확히 당신과 같은 삶의 기억을 갖고 당신과 주관적으로 동일하게 느끼는 다른 사람이 없다고 가정하면, 당신은 당신의 현재와 연속적으로 연결될 수 있는 미래 관찰자 순간은 오로지 그 공이 그림과 같이 포물선을 그리는 경우라는 것을 알 수 있고, 따라서 당신은 이와 같이 지각할 것이다. 당신은 나선 같은 다른 것이 아니라 포물선이라는 사실을 어떻게 알게 되었을까? 아인슈타인의 방정식을 풀어 포물선을 그 해로 얻었기 때문이다.

미래 예측에 대한 재고

그러나 우리는 두 번째 가정이 거짓일 수도 있다는 것을 알고 있다. 1레벨 혹은 3레벨 다중우주가 존재하여 정확히 당신과 같이 주관적으로 느끼는 다른 사람들이 있다면, 당신의 미래를 예측하는 일은 훨씬 더 흥미로워진다! 나는 "당신은 어디에 있는가? (그리고 당신은 무엇을 인식하는가?)"라는 제목을 택했을 때 꿍꿍이가 있었는데, 왜냐하면 당신you이라는 단어가 복수로 해석되는 경우에 대해서도 같은 질문을 하고 싶기 때문이다. 알게 되겠지만, 당신의 숫자가 변할 때 특히 까다로워진다.

우리가 거주하는 수학적 구조에 대해 모든 세밀한 사항을 알고 있는 사고 실험을 계속해보자. 그 경우 미래를 예측하는 일은 다음의 세 단계로 나눌 수 있다.

1. 그 안에서 자기 인식을 하는 모든 개체를 찾는다.
2. 그것들이 주관적으로 인식하는 것을 알아내서 그중 어떤 것들이 당신에 해당하는지, 그리고 그것들이 미래에 무엇을 인식할지 알아낸다.
3. 당신이 미래에 무엇을 주관적으로 인식할지 (다른 가능성에 대한 확률들을) 예측한다.

재미있게도, 아래에서 보게 되겠지만, 위의 세 단계 모두 만만찮은 미해결 문제와 관련되어 있다!

자기 인식의 발견

첫 번째 단계부터 시작해보자. 아마도 다중우주를 포함하고 있을 우리의 외적 물리 실체인 수학적 구조가 주어졌을 때, 그 안에서 자기 인식을 하는 모든 개체를 어떻게 찾을 수 있을까? 우리는 우리 인간이 어떻게 시공간의 어떤 복잡한 매듭 모양의 패턴에 해당할 수 있는지 논의한 바 있다. 그러나 우리는 자기 인식에 대한 탐구를 우리와 같은 형태의 인간적 삶으로 제한하고 싶지 않으므로, 더 일반적인 용어인 자기 인식적 부분구조self-aware substructure, SAS를 주관적 인식을 갖는 수학적 구조의 어떤 일부분을 가리키는 데 사용하자. 우리는 또한 관찰자라는 단어를 그 동의어로 가끔 사용할 것이지만, 인간 중심주의에 빠지지 않아야 한다는 것을 기억할 필요가 있을 때마다 자기 인식적 부분구조를 쓸 것이다.

그러면 수학적 구조에서 자기 인식적 부분구조는 어떻게 찾아낼 수 있는가? 간단히 답하자면 우리는 아직 모르며, 과학은 그 단계까지 전혀 도달하지 못했다. 우리는 우리에게 가장 익숙한 우리 자신의 시공간이라는 특정 경우에 대해서조차 답을 할 수 없다. 첫째, 우리는 우리가 거주하고 있는 수학적 구조가 무엇인지 알지 못하는데, 잘 알려져 있듯이 정합적인 양자 중력 모델이 아직 없기 때문이다. 둘째로, 우리가 우리의 수학적 구조에 대해 안다고 해도, 우리는 자기 인식적 부분구조를 찾기 위해 무엇을 해야 하는지 알 수 없다.

우호적인 외계인이 우리를 방문해서 "자기 인식적 부분구조 탐지기"를 주었다고 상상해보자. 그것은 금속 탐지기같이 생긴 간편한 포켓용 기기로서 자기 인식적 부분구조가 있을 때 크게 삑삑 소리를 낸다. 당신은 그것을 가지고 이리저리 실험해보다가 금붕어에 갖다 대면 조용히 삑삑 소리를 내고, 고양이에 대면 좀 더 큰 소리를 내며, 당신 자신에게 갖다 대면 귀가 찢어지도록 큰 소리를 내지만, 오이라든가, 자동차라든가 시체에 갖다 대면 쥐죽은 듯 조용하다는 사실을 알게 되었다. 이 자기 인식적 부분구조 탐지기의 원리는 무엇일까?

자기 인식적 부분구조 탐지기에 딸려 온 간단한 매뉴얼에는 그저 "전매특허를 받은 알고리즘"이라고만 되어 있겠지만, 나는 그것의 기능은 부분적으로 당신이 가까이 대는 물체의 복잡성과 정보 함유량을 재는 것이라고 추측한다. 어떤 물체의 복잡성이란 보통 그것을 완전히 묘사하기 위해 필요한 가장 적은 비트 수로 정의된다(비트는 0 혹은 1이다). 예를 들어, 10^{24}개의 탄소 원자가 완벽하게 규칙적인 격자 패턴에 맞춰 배열된 것으로 기술될 수 있는 다이아몬드는 1테라바이트의 무작위로 선택된 숫자가 저장된 하드 드라이브와 비교할 때 복잡성이 아주 낮다. 왜냐하면 그 하드 드라이브를 1테라바이트(약 8×10^{12}비트)보다 적은 정보로는 기술할 수 없기 때문이다. 하지만 그 하드 드라이브도 당신의 두뇌에 비교하면 훨씬 덜 복잡한데, 당신 두뇌의 시냅시스의 상태를 기술하는 데만도 10경(10^{17}) 비트 이상의 정보가 필요하기 때문이다.

그러나 하드 드라이브는 아무리 크다 해도 자기 인식을 할 수 없고, 따라서 복잡성만으로는 자기 인식적 부분구조가 될 수 없다는 것이 명백하다. 나는 자기 인식적 부분구조 탐지기가 측정하는 다른 양은 정보 함유량일 거라고 생각한다. 수학과 물리학에는 정보 함유량에 대한 수학적으로 엄밀한 정의들이 있는데, 그것들은 반세기도 더 전에 클로드 섀넌Claude Shannon과 존 폰 노이만이 낸 업적에 의한 것이다. 어떤 물체의 복잡성은 그것을 기술하는 것이 얼마나 복잡한지를 측정하는 것임에 반해, 그것의 정보 함유량은 그 나머지 세상을 얼마나 기술하는지 그 정도를 측정한다.* 다시 말해, 정보는 복잡성이 얼마나 많은 의미를 갖는지 재는 것이다. 만약 당신이 당신의 하드 드라이브를 무작위적인 숫자들로 채운다면, 거기에는 외부 세계에 대한 아무 정보가 없지만, 만약 당신이 거기에 역사책 혹은 당신 가족을 찍은 동영상을 저장해놓는다면 정보가 포함된 것이다. 당신의 두뇌는 먼 과거와 장소에 대한 기억의 형태로, 또는 지금 당장 당신 주위에서 일어나고 있는 일에 대해 끊임없이 갱신되는 모델의 형태로, 외부 세계에 대한 엄청난 양의 정보를 포함하고 있다. 어떤 이가 세상을 뜰 때, 그 뉴런들의 전기적 발화 패턴의 정보 함유량은 그 전체 전기 시스템이 꺼지면서 사라지게 되며, 머지않아, 시냅시스에 화학적 그리고 생물학적으로 저장된 정보도 사라지기 시작한다.

그럼에도 불구하고 복잡성과 정보 함유량은 확실히 자기를 인식하기에 충분하지 않다. 예를 들어, 비디오카메라는 둘 다 가지고 있지만 그 어떤 의미로도 자신을 인식하지는 않는다. 따라서 자기 인식적 부분구조 탐지기가 좀 더 이해하기 어려운 자기 인식의 추가적 성분을 찾아보아야 한다. 예를 들어, 그림 11.7은 자기 인식적 부분구조가 정보를 저장하는 능력뿐 아니라, 어떤 계산 형식으로의 처리도 가능해야 하며, 정보 처리에 있어 고도의 연결성도 요구된다는 것을 시사한다. 신경과학자인 줄리오 토노니Giulio Tononi는 요구되는 상호연결성을 어떻게 정량화해야 하는지에 대한 아주 흥미로운 제안을 했는데, 그것은 "더 읽을거리"에 소개한 코흐Koch와 토노니의 저작에 설명되어 있다. 핵심 아이디어는 정보 처리 시스템이 의식적이기 위해서는, 거의 독립적인 부분으로 분해될 수 없는 하나의 통합된 개체가 될 필요가 있다는 것이다.[**] 이것은 모든 부분들이 서로에 대한 많은 정보를 가지고 함께

---

* 내가 대략적으로 어떤 물체의 정보 함유량이라고 하는 것을, 전문용어로는 어떤 물체와 그 나머지 세상 사이의 상호 정보라고 한다.

계산해야 한다는 것을 의미한다. 그렇지 않으면 마치 방에 가득 찬 사람들처럼, 또는 마치 두 뇌를 잇는 뇌량corpus callosum(뇌의 일부분으로 좌뇌와 우뇌를 연결하여 둘 사이의 의사소통을 가능하게 한다._옮긴이)이 절단된 환자처럼 하나 이상의 독립적인 의식이 있을 것이다. 만약 너무 간단한 독립적 부분들이 있다면, 이것들은 마치 비디오카메라의 독립적인 화소들처럼 의식을 갖지 않을 것이다.

여러 세대에 걸쳐 물리학자들과 화학자들은 엄청난 숫자의 원자들을 함께 모을 때 어떤 일이 발생하는지 연구했고, 그것들의 집합적 행동은 그것들이 배열된 패턴에 따라 결정된다는 것을 발견했다. 고체, 액체, 기체 사이의 중요한 차이는 원자의 종류에 있는 것이 아니라 그 배열에 있다. 나는 언젠가 의식도 물질의 다른 상phase의 하나로서 이해될 것이라고 추측한다. 나는 많은 종류의 액체가 있듯이 많은 종류의 의식이 있을 것이며, 둘 다 우리가 이해하려 노력할 만한 어떤 특징을 공유할 것이라고 예측한다.

의식으로 가는 첫 단계로, 기억에 대해 생각해보자. 기억에는 어떤 특성이 있는가? 어떤 물질이 정보를 저장하는 데 쓸모가 있으려면, 분명 꽤 오래 지속되는 상태를 허용해야 한다. 고체는 그렇지만 액체나 기체는 그렇지 않다. 사람 이름을 금반지에 새기면 몇 년이 지나도 그 정보가 유지되지만, 이름을 연못의 표면에 쓰면 1초만 지나도 모양이

** 이것은 바코드, 하드 드라이브, 이동 통신 및 기타 정보 기술에서 사용되는 이른바 중복성과 오류 정정 코드와 긴밀하게 연관되어 있다. 최소한으로 요구되는 것 이상의 비트들은 정보를 교묘하게 집합적인 방식으로 부호화해서 그리 크지 않은 비율의 비트를 잃더라도 정보를 잃지 않도록 한다. 우리의 두뇌는 유사한 중복적 구조를 가지고 있는 것으로 보이는데, 왜냐하면 하나의 뉴런에 결정적으로 의존하는 것이 아니라 어느 정도의 뉴런이 죽더라도 잘 작동하기 때문이다. 의식이 진화했던 이유는 부분적으로 아마도 그러한 중복성이 진화적으로 유용하기 때문일 것이다.

바뀔 것이기에 그럴 수 없다. 기억 물질의 다른 바람직한 특성은 읽기 편할 뿐만 아니라(금반지처럼), 쓰기도 편해야 한다는 것이다. 하드 드라이브나 시냅스의 상태를 변화시키는 것은 금에 글자를 새기는 것보다 에너지가 적게 든다.

컴퓨터로 정보를 처리할 수 있는 가장 일반적인 물질을 "컴퓨트로늄 computronium"이라고 부르기로 한다면, 그것은 어떤 특성을 가져야 할까? 금반지처럼 고정적인 대신, 그것은 복잡한 동역학적 성질이 있어서 미래의 상태가 현재 상태에 의해 무언가 복잡한 (그리고 바라건대 제어하고 프로그램할 수 있는) 방식으로 결정되어야 할 것이다. 컴퓨트로늄의 원자 배열이 딱딱해서 아무 흥미로운 변화가 있을 수 없는 고체보다는 덜 질서 정연하고, 액체나 기체보다는 더 질서 정연해야 할 것이다. 미시적 단계에서 컴퓨트로늄이 아주 복잡할 필요는 없는데, 왜냐하면 컴퓨터 과학자들이 소자가 특정한 기본 논리 연산을 수행할 수 있는 한 보편적이라는 것을 증명했기 때문이다. 충분한 시간과 기억 소자가 있으면 우리는 프로그램을 통해 다른 어떤 컴퓨터와도 동일한 계산을 수행할 수 있다.

주관적으로 자기 인식을 느끼는 가장 일반적인 물질인 "퍼셉트로늄 perceptronium"은 어떨까?(인식이라는 뜻의 perception을 가지고 위의 컴퓨트로늄처럼 저자가 새로 만든 용어이다._옮긴이) 만약 토노니가 옳다면, 퍼셉트로늄은 컴퓨트로늄의 특성뿐 아니라, 그것의 정보가 나뉠 수 없으며 통일된 하나의 존재를 이룬다는 성질을 가져야 한다. 따라서 자기 인식적 부분구조 탐지기가 원자로 가득 찬 방을 분석할 때, 먼저 어떤 것들이 다른 것들과 강하게 연결되었는지 알아내고 연결된 원자 군들을 분류할 것이다. 예를 들어, 자기 인식적 부분구조 탐지기가 두 사람이 앉아 있는 벤치를 분석한다면, 이런 물체들의 각 부분이 컴퓨트로늄의 기준을 만족하는지 확인할 것이다. 아마도 컴퓨트로늄의 기준을 만족하는 것은 두 사람의 두뇌와 휴대전화 2대의 중앙처리장치CPU일 것이다. 마지막으로, 자기 인식적 부분구조 탐지기는 퍼셉트로늄이 두 두뇌에만 있으며 둘은 서로와 거의 연결되지 않은 2개의 분리된 조각으로서 각각 한 사람의 의식에 해당한다고 결론 내릴 것이다.

내적 현실 계산하기: 역사는 우리에게 무엇을 가르쳐주었는가?

자기 인식적 부분구조 탐지기로 자기를 인식하는 개체를 발견했다면, 다음 단계는 그것이 무엇을 주관적으로 인식하는지 계산하는 것이다. 9장의 용어로 하자면, 우리는 외적 현실로부터 그 내적 현실을 계산하기를 원한다. 이것은 우리가 경험한 바가 거의 없는 어려운 과제인데, 역사적으로 물리학이 반대 방향의 문제에 초점을 맞춰왔기 때문이다. 우리의 주관적 인식이 주어졌을 때, 우리는 그것을 기술할 수 있는 수학적 방정식들을 탐색해왔다. 예를 들어, 뉴턴은 달의 운동을 관찰하고 그것을 설명하는 중력 법칙을 만들어냈다. 그럼에도 불구하고, 나는 물리학의 역사가 내적 현실과 외적 현실이 어떻게 관련되어 있는지에 대해 우리에게 많은 귀중한 교훈을 주었다고 생각한다. 다음은 그 7가지 예이다.

당황하지 말라

이 문제가 아직 풀리지 않았고 매우 어렵지만, 우리는 9장에서 이 문제를 두 부분으로 간단히 나눌 수 있다는 것을 알게 되었다. 우리 물리학자는 우리의 일을 외적 현실에서 출발해서 모든 합리적인 관찰자가 동의하는 합의적 현실을 예측하는 것으로 제한하고, 내적 현실에 대한 탐구는 신경과학자와 심리학자에게 맡길 수 있다. 앞으로 다룰 예정인, 미래를 예측하라는 식의 곤란한 질문을 통해, 우리는 합의적 현실과 내적 현실을 구분할 필요가 없다는 것을 알게 될 것이다. 게다가 물리학의 역사는 고전역학, 일반 상대론과 양자역학 등, 우리가 그 핵심 방정식과 그 실질적 결과가 어떤 것인지 모두 경험적으로 잘 알고 있는 유용한 사례들을 제공하고 있다.

우리는 안정한 것을 인식한다

인간은 우리의 "하드웨어"(예를 들어, 몸의 세포)와 우리의 "소프트웨어"(예를 들어, 기억) 대부분을 일생에서 여러 번 교체한다. 그럼에도 불구하고, 우리는 자신을 안정하고 영속적인 것으로 인식한다. 유사하게, 우리는 우리가 아닌 물체를 영속적인 것으로 인식한다. 또는 우리는 세상에서 어떤 영속성의 측면을 보여주는 것을 물체로 인식한다. 예를 들어, 대양을 바라볼 때, 우리는 물 자체는 그저 위아래로 출렁거릴 뿐이지만 파도가 일종의 영속성을 보여주기 때문에 물체로 인식한다. 유사하게 8장에서 보았듯이, 우리는 세상에서 양자 결어긋남에 대해 상당히 안정한 측면들만 인식한다.

우리는 우리 자신을 국소적인 것으로 인식한다

상대론과 양자역학은 그렇지 않은 경우라도 당신이 "국소적"이라고 인식하게 된다는 것을 보여준다. 일반 상대론의 외적 현실에서 당신은 정적 4차원 시공간의 매듭 같은 패턴이지만, 그럼에도 불구하고 당신은 자신을 사건들이 발생하는 3차원 세상에서 특정 장소와 시간에 국한된 것으로 인식한다. 앞에서 논의했듯이, 당신의 기본적 인식은 관찰자 순간들이고, 그 각각은 전체, 즉 당신의 삶 전체보다는 당신의 매듭 패턴의 특정한 국소적 일부에 해당한다.

양자역학도 우리에게 동일한 결론을 알려준다. 만약 당신이 외적 현실(슈뢰딩거 방정식이 지배하는 수학적 힐베르트 공간)에서 두 장소에 동시에 있는 양자 상태에 진입한다면, 8장에서 보았듯이, 당신의 복제본 모두는 잘 정의된 위치에 있는 내적 현실을 인식하게 될 것이다.

우리는 자신을 유일한 것으로 인식한다

8장에서 우리는 또한 그렇지 않은 경우라 하더라도 우리가 자신을 유일하며 격리된 계라고 인식한다는 것을 알게 되었다. 양자역학이 실질적으로 우리를 복제해서 다른 계들과 복잡하게 얽혀 거시적으로 다른 몇몇 장소에 동시에 있게 된다고 하더라도, 우리는 자기 자신을 여전히 유일하며 격리된 것으로, 독립적이며 상이한 독자성을 유지하는 것으로 인식한다. 외적 현실에서 "관찰자 분기"처럼 보이는 것은 내적 현실에서 단지 약간의 무작위성으로 인식된다.

같은 일이 그림 8.3과 같은 고전적 복제에서도 발생한다. 결정론에서의 복제는 무작위성을 가진 유일성으로 인식된다. 다시 말해, 우리의 잘 정의된 국소적이고 유일한 독자성은 우리의 내적 현실에서만 존재한다. 근본적 단계에서, 그것은 환상이다.

우리는 자신을 불멸로(?) 인식한다

8장에서, 우리는 1레벨과 3레벨 다중우주가 우리로 하여금 불멸을 느끼게 할 가능성에 대해 논의했다. 요약하면, 외적 현실과 내적 현실 사이의 관계는 당신 복제본의 숫자가 증가하거나 감소할 때 매우 미묘해진다.

• 당신의 숫자가 증가하면, 당신은 주관적 무작위성을 인식한다.
• 당신의 숫자가 감소하면, 당신은 주관적 불멸성을 인식한다.

후자는 특히 논쟁의 여지가 있으며, 그것이 정확히 추론인지 아닌지는 아마도 우리가 앞으로 더 설명하게 될 이른바 측도 문제의 해결에 달려 있을 것이다.

우리는 쓸모 있는 것을 인식한다

우리는 왜 세상을 안정한 것으로 그리고 우리 자신을 국소적이며 유일한 것으로 인식할까? 나는 그것이 쓸모 있기 때문이라고 추측한다. 우리 인간이 자기 인식을 진화시킨 것부터가, 우리 세상의 어떤 측면은 어느 정도 예측 가능하여, 세상의 모형을 만들고 미래를 예측하며 영리한 결정을 내리는 것을 잘 한다면 번식의 성공률이 높아지기 때문인 것으로 추측된다. 자기 인식은 이런 고도화된 정보 처리의 부수적인 효과 중 하나일 것이다. 더 일반적으로 말해, 진화되었든 아니면 어떤 목적으로 가지고 설계되었든 간에 모든 자기 인식적 부분구조는 세상과 그 자신에 대한 내적 모형을 가지는 부산물로서 자기 인식을 한다.

그렇다면 자기 인식적 부분구조가 외적 현실의 측면 중에서 오로지 자신의 목표를 달성하는 데 유용한 것만을 인식한다는 것이 아주 자연스럽다. 예를 들어, 철새들이 지구의 자기장을 인식하는 것은 길 찾기에 유용하기 때문이며, 별코두더지가 장님인 것은 지하에서 사는 데 시각은 그리 쓸모 있지 않기 때문이다. 무엇이 쓸모 있고 무엇을 인식하는지는 종마다 다르지만, 모든 생명체가 어떤 기본적인 고려를 공유하는 것으로 보인다. 예를 들어, 충분히 안정적이고 규칙적이어서 그것에 대한 정보가 미래를 예측하는 데 도움을 줄 수 있을 경우에만 세상의 어떤 측면을 인식하는 것이 쓸모 있다. 당신이 폭풍우가 몰아치는 바다를 바라보면서 수없이 많은 물 분자의 정확한 운동을 인식하는 것은 물 분자들이 서로 부딪혀서 눈 깜짝할 사이에 방향을 바꿀 것이기 때문에 그다지 쓸모없는 일일 것이다. 반면에, 그 거대한 파도가 당신 쪽으로 온다는 것을 인식하는 것은 아주 쓸모 있는데, 당신은 그 운동을 몇 초 전에 미리 예측할 수 있고 그 예측을 이용해서 유전자 풀에서 휩쓸려 나가는 일을 피할 수 있기 때문이다.

같은 방식으로 자기 인식적 부분구조가 자기 자신을 국소적이며 유일한 것으로 인식하는 것은 쓸모 있는 일인데, 왜냐하면 정보란 국소적으로만 처리될 수 있기 때문이다. 구골플렉스 미터 떨어진 곳, 또는 양자 힐베르트 공간의 결어긋난 부분에 당신과 동일한 복제본이 있다고 해도 그에게 정보를 전달하는 것은 불가능하기 때문에, 복제본이 존재하지 않는 것처럼 단순히 행동하는 것이 더 낫다.

우리는 인식이 필요한 것을 인식한다

우리 두뇌에서 세상과 그 안에 있는 우리의 위치를 모형화하는 (그리고 의식이 생기게 하는) 부분은 아주 유용하고 꼭 필요하므로, 그것은 꼭 필요한 계산과 결정에 사용하도록 예약되어 있다. 문서 편집에 슈퍼컴퓨터를 쓰지 않듯이, 당신의 두뇌는 그 의식 부분을 심장 박동을 제어하는 것 같은 일상적인 일에 쓰지 않는다. 그런 일은 그 작동을 당신이 의식하지 못하는, 두뇌의 다른 영역에 위탁되어 있다. 따라서 만약 미래에 로봇이 자기를 의식하게 된다고 해도, 그 현실성 모델에의 접근이 필요하지 않은 독립적이고 기계적인 (숫자를 곱하는 것 같은) 작업에 대해서는 여전히 인식하지 못할 것이다. 줄리오 토노니는 의식에 대한 그의 논리적 틀을 통해 무의식적 인지 위탁이 어떻게 작동할 수 있는지 설명해준다.

나는 인간의 미시적인 위협에 대한 신체적 방어(아주 정교한 면역 체계)가 자기 인식적이지 않은 것처럼 보이면서도, 거시적인 위협에 대한 방어(근육을 통제하는 우리의 두뇌)는 자기 인식적으로 보이는 점이 흥미롭다고 생각한다. 이것은 아마도 전자와 관련된 세상의 측면이 후자와 비교할 때 너무 달라서(크기는 작고 시간은 길다는 등), 논리적 사고와 그에 따르는 자기 인식이 필요하지 않기 때문일 것이다.

당신은 언제에 있는가?

앞에서 우리는 어떻게 수학적 구조가 당신이 바로 지금 경험하는 것과 같은 자기 인식적인 관찰자 순간들을 포함할 수 있는지 논의했으며, 이런 관찰자 순간들을 찾아내고 그것들이 주관적으로 어떻게 느껴지는지 알아내는 것의 어려움을 탐구해보았다. 당신은 일종의 시공간을 포함하는 수학적 구조 안에 존재하므로, 물리적 예측을 하려면 어떤 종류의 수학적 구조 안에 있는지 그리고 그 내부 어디에 당신의 현재 관찰자 순간이 위치하는지 알아내야 한다. 당신은 공간의 어디에 그리고 시간의 언제에 있는가? 이제 알게 될 것은, 특히 당신의 숫자가 시간에 따라 변화할 때, "언제"냐의 부분이 "어디"냐의 부분보다 더 미묘하다는 것이다.

포퍼의 두 시간을 넘어서

나에게 있어, 과학은 모두 현실과 그 내부에 있는 우리의 위치를 알아내는 작업이다. 실용적 관점에서, 과학은 우리의 미래를 가능한 한 가장 성공적으로 예측할 수 있게 해주는 현실성 모델을 구성해서, 최선의 결과를 줄 것으로 예상되는 일을 선택할 수 있게 한다. 나는 우리가 진화를 통해 운 좋게도 의식을 얻었던 것은 바로 이 과업을 달성하는 데 도움을 주기 위해서였다고 생각한다. 역사적으로 많은 사상가들은 이 과학적 과정을 형식화하려고 노력했으며, 당대 과학자들의 대부분은 그 핵심이 다음과 같다는 데 동의할 것이라고 생각한다.

1. 가정을 사용해 예측한다.
2. 관찰을 예측하고 비교하며, 가정을 업데이트한다.
3. 반복한다.

과학자들은 가정의 집합을 흔히 이론이라고 부른다. 수학적 우주 가설의 맥락에서, 현실성 모델에 사용되는 핵심 가정은 우리가 거주하는 수학적 구조가 무엇인지 그리고 그 내부의 어떤 특정한 관찰자 순간인지가 바로 당신의 현재 경험이어야 한다는 것이다. 칼 포퍼는 위 목록의 두 번째 사항을 강조했는데, 그 주장은 검증 가능한 예측을 하지 못하는 가정은 과학적이 아니라는 것이었다. 포퍼는 반증 가능성falsifiability, 즉 과학적 가정은 원칙적으로 거짓인지 확인할 수 있어야 한다는 것을 특히 강조했지만, 베이즈의 결정 이론Bayesian decision theory이라고 하는 아름다운 수학적 도구는 참/거짓의 이분법이 회색 지대를 허용하도록 일반화할 수 있다. 각각의 가능한 가정에는 그것이 참일 확률에 해당하는 0과 1 사이의 한 숫자가 부여되고, 새 관찰 결과를 얻을 때마다 이 확률들을 어떻게 업데이트해야 할지 알려주는 간단한 공식이 존재한다.

우아하며 널리 받아들여져 있지만, 과학에 대한 이런 접근에는 문제가 있다. 여기에는 2개의 연결된 관찰자 순간이 필요하다. 첫째 것에서 당신은 예측을 하고 둘째 것에서 당신은 관찰한 것을 숙고한다. 이것은 과거, 현재, 미래, 모두 당신이 단 하나로만 존재하는 통상적 상황에서는 잘 작동하지만(그림 11.8 왼쪽), 당신의 또 다른 자아가 있는 평행우주 시나리오에서는 어떤 경우건 문제가 생긴다. 6장과 8장에서 보았듯이, 이 붕괴는 주관적 불멸성과 주관적 무작위성 등의 새로운 효과를 낳을 수 있다(그림 11.8).

수학적 우주 가설의 맥락에서, 우리는 시간의 흐름, 가정과 실현된 관찰에 대한 인식은 우리가 경험하는 그 모든 관찰자 순간 각각에 존재한다고 주장했다. 이것은 우리가 과학에 대한 포퍼의 두 가지 시간 접근을 초월해서 단일한 관찰자 순간에 정의될 수 있는 단일 시간 접근을 취해야 한다는 것을 의미한다. 나는 현실성 그 자체를 조종할 수 있는 굉장한 휴대용 리모컨이 있다고 상상하기를 좋아한다. 따분한 회의에 참석할 때면, 나는 빨리 감기 버튼을 누를 수 있다. 내게 뭔가 신나는 일이 생기면, 나는 되감기로 몇 번이고 반복해서 그것을 볼 수 있다. 그리고 포퍼를 초월하려면, 나는 그저 정지 버튼을 누르면 된다. 이제 나는 호라티우스의 말대로(고대 로마의 시인으로 "현재 이 순간에 충실하라Carpe diem"라는 말로 유명하다._옮긴이) 진정 그 순간에 충실할 수 있다. 즉, 그 순간을 받아들이고 흡수하며 다가오는 미래 때문에 서두를 필요 없이 현재를 되돌아볼 수 있다. 특히, 나는 내가 가정한 것과 관찰한 것을 숙고할 수 있다. 만약 내 두뇌가 잘 작동한다면, 나의 내적 현실성 모델과 내 감각이 외부 세계로부터 보고하는 최근 소식이 잘

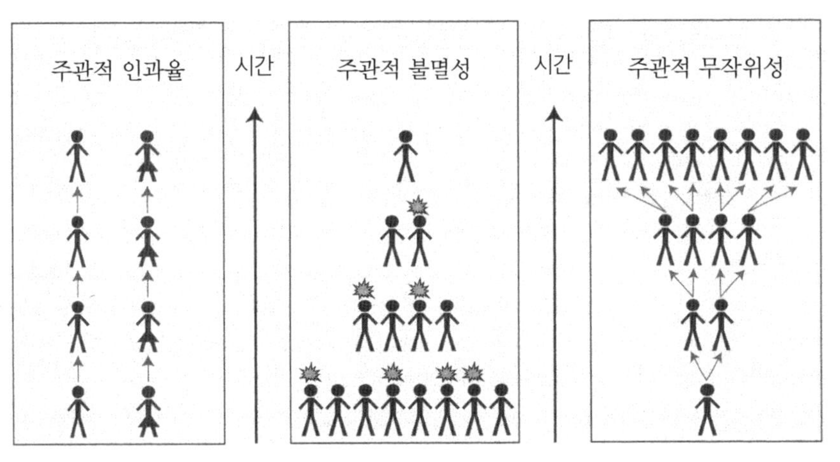

그림 11.8: 각각의 관찰자 순간이 유일하게 전임자와 후임자에게로 연결될 수 있다면, 우리는 주관적 인과율을 인식한다(왼쪽). 몇몇 후임자가 사라진다면, 우리는 주관적 불멸성을 인식한다. 한 전임자에게서 몇 가지 주관적으로 구분 불가능한 후임자가 파생된다면, 우리는 주관적 무작위성을 인식한다.

일치할 것이다. 그리고 내가 제대로 과학적 추론을 할 수 있다면, 이 순간에 대해 내가 했던 예측들이 실제 일어난 일과 꽤 잘 들어맞는다는 것을 또한 발견할 것이다. 내 감각이 미래의 관찰자 순간에 의식적으로 인지된 정보를 열심히 기록하고 있을 때, 내 마음의 의식적인 부분은 나의 과학적 추론 알고리즘을 사용해서 현실성의 더 미묘하고 추상적인 측면에 대한 내 가정을 업데이트하느라 바쁠 것이다.

당신은 왜 개미가 아닌가?

당신이 정지 버튼을 눌렀다고 하면, 관찰자 순간에서 어떻게 추론할 것인가? 다중우주에 잘 적응하기 위해서뿐만 아니라, 또한 곧 알게 되겠지만, 이른바 종말의 날 논증과 다른 유명한 철학적 수수께끼를 이해하기 위해서 훌륭한 체계가 필요하다. 만약 당신이 수학적 우주 가설을 믿는다면, 당신이 어떤 수학적 구조 속에 살고 있는지 파악할 필요가 있다. 만약 그 구조가 주관적으로 당신처럼 느껴지는 여러 관찰자 순간을 포함한다면, 당신은 그중에 어떤 것이든 될 수 있다. 수학에 대칭성을 깨고 어떤 것을 다른 것보다 더 선호하게 만드는 뭔가가 있는 것이 아니라면, 그중 어떤 것이든 될 확률은 같다. 따라서 내가 1996년의 수학적 우주 논문에서 주장했듯이, 다음 결론을 얻는다.

> 당신은 당신의 관찰자 순간이 그것이 될 수 있는 것 중에서 무작위로 추출된 것이라고 추론해야 한다.

지난 20여 년간, 부분적으로는 (곧 자세히 살펴볼) 종말의 날 주장, 그리고 그와 관련된 퍼즐들을 계기로, 철학 문헌에는 여러 가지 대안적인 추론 방식에 대한 활기차고 흥미로운 논의가 있었다. 우리의 의식이 무작위적인 장소가 아니라 (코페르니쿠스 원리에 따라) 무작위의 관찰자에서 나타날 것이라는 기본 아이디어는 오래된 것이다. 우리는 6장에서 브랜던 카터가 그것을 그의 약한 인간 원리라고 체계화한 것을, 5장에서는 알렉스 빌렌킨이 그것을 평범함의 원리로 체계화한 것을 알게 되었다. 닉 보스트롬, 폴 아몬드 그리고 밀란 치르코피Milan Ćircović 등의 현대 철학자들은 그것을 깊이 탐구했고, 2002년 보스트롬은 이제는 표준 용어가 된 강한 자기 표본 추출 가정이라는 개념을 만들어냈다.

> **강한 자기 표본 추출 가정**Strong Self-Sampling Assumption, SSSA: 각각의 관찰자 순간은 그 준거 집합에 있는 모든 관찰자 순간 중에서 무작위로 선택되는 것으로 추론해야 한다.

여기에서 준거 집합을 어떻게 해석할 것인가는 미묘한 문제로, 강한 자기 표본 추출 가정을 받아들이는 철학자들은 종종 논쟁을 벌인다. 만약 당신이 최대한 제한적인 선택을 하고 준거 집합을 당신 자신의 것과 주관적으로 구별할 수 없게 느껴지는 다른 당신들의 관찰자 순간들로 제한한다면, 내 예전 접근법으로 되돌아가게 된다. 그러나 우리는 더 자유롭게 됨으로써 종종 다른 흥미로운 결론에 이르는 것을 보게 될 것이다. 구분 가능한 관찰자 순간들이 허용되더라도, 그것들이 주관적으로 다르게 느껴지는 방식이 당신이 추구하는 답에 어긋나지 않는 한, 당신은 여전히 정확한 결론에 이를 수 있다. 이것이 어떻게 작동하는지에 대한 감을 잡기 위해, 강한 자기 표본 추출 가정이 적용되는 예를 생각해보자. 다음은 닉 보스트롬의 잠자는 숲속의 공주 퍼즐이다.

> 잠자는 공주는 자원해서 다음 실험의 대상이 되기로 하고 자세한 규정에 대해 모두 듣는다. 일요일에 공주는 잠이 든다. 이제 동전을 던진다. 동전의 앞이 나오면, 월요일에 공주를 깨우고 면담을 한다. 동전의 뒤가 나오면, 월요일과 화요일에 공주를 깨우고 면담을 하지만, 월요일에 다시 잠이 들 때, 공주는 기억을 잊는 약을 먹어 전에 일어난 일을 아무것도 기억하지 못하게 된다. 공주가 깨어나고 면담을 할 때마다, 공주는 "동전이 앞이 나왔을 확률이 얼마라고 생각하나요?"라는 질문을 받는다.

이 주제에 대해 많은 논문이 쓰였으며, 현재 철학계는 1/2이라고 대답할 거라는 사람과 1/3이라고 대답할 거라는 사람들 두 진영으로 나뉘어 있다. 수학적 우주 가설 체계에 진정한 무작위란 없으므로, 우리는 동전 대신 3레벨 평행우주에서 두 가지 결과가 같은 빈도로 실현되는 양자 측정을 사용하자. 면담을 하는 수학적 구조에는 세 가지 주관적으로 구분 불가능한 관찰자 순간이 있으며, 그것들은 모두 동등하게 현실적이다.

1. 동전은 앞면이고 월요일.
2. 동전은 뒷면이고 월요일.
3. 동전은 뒷면이고 화요일.

셋 중 하나만 앞면이므로, 그 확률은 1/3이고 그것에 해당하는 주관적 무작위성을 보게 될 것이다.

이제 실험자들이 양자 실험 결과에 따라 몰래 공주의 손톱을 칠한다고 가정해보자. 이제 관찰자 순간들은 구분 가능하지만, 공주가 색깔 암호를 모르는 한, 그녀가 생각하는 확률은 변하지 않아야 한다. 다시 말해, 우리는 결과에 편파성을 주지 않는 한 준거 집합을 마음대로 넓힐 수 있다.

이 결론은 함축하는 바가 크다. 그것은 아무리 크고 기괴한 다중우주가 존재한다고 하더라도 우리 인간은 이런 종류의 질문을 하는 모든 관찰자들 중에서 상당히 전형적일 가능성이 높다는 것을 시사한다! 예를 들어, 전형적 태양계가 우리와 유사한 인류를 수천 조나 포함할 가능성이 지극히 낮은데, 왜냐하면 만약 그것이 사실일 경우 우리가 그렇게 인구가 많은 태양계에 태어날 가능성은 고작 70억 명의 인구가 있는 우리 태양계에 있을 가능성보다 100만 배 이상 더 높기 때문이다. 다시 말해, 우리는 강한 자기 표본 추출 가정으로 인해 우리가 관찰하지 못하는 곳에 서 어떤 일이 벌어지는지 말할 수 있다.

그러나 다른 모든 강력한 도구와 마찬가지로, 강한 자기 표본 추

그림 11.9: **나는 ··· 다, 라고 할 때 [당신이 좋아하는 질문]일 확률은 얼마인가?** 생략 부호는 위의 그림에 나온 당신의 **준거 집합**으로 대치하면 된다. 수학적 우주 가설하에서는, 당신이 마치 당신처럼 주관적으로 느끼는 모든 관찰자 순간들에 해당하는 가장 제한적인 준거 집합에서 무작위로 선택된 일원이라고 추론하는 것이 항상 타당하다. 그러나 어떤 경우에는 준거 집합을, 예를 들어 인간 혹은 같은 질문을 던질 수 있는 다른 자기 인식적인 개체로 확대함으로써 유효하고 흥미로운 결론을 더 얻을 수 있다.

출 가정은 조심스럽게 사용해야 한다. 예를 들어, 당신은 왜 개미가 아닐까? 우리가 준거 집합으로 지구 상의 탄소 기반 생명체를 택한다면, 이 다리가 6개 달린 1경(10^{16}) 명의 친구들은 우리 두 발 달린 생물보다 100만 배 이상 많다. 따라서 당신의 현재 관찰자 순간은 인간이 아니라 개미일 확률이 100만 배 더 큰 것이 아닐까? 만약 그렇다면, 당신의 기본 현실성 체계를 99.9999퍼센트의 신뢰도로 배제할 수 있다. 물론 인간이 개미보다 약 100배 더 오래 산다는 사실을 무시하기는 했지만, 이 곤란한 결론이 바뀌는 것은 아니다.

그 대신, 해결책은 준거 집합의 선택에 있다. 그림 11.9가 나타내듯이, 준거 집합에는 여러 선택지가 있으며, 가장 포괄적인 것은 모든 자기 인식 부분구조의 관찰자 순간들이며 가장 배제적인 것은 지금 바로 당신과 주관적으로 정확히 똑같이 느끼는 것만 포함하는 것이다.

당신이 만약 "나는 어떤 부류의 개체라고 생각해야 할까?"라고 묻는다면, 당신의 준거 집합은 분명히 그런 질문을 할 수 있는 것으로 제한되어야 하며, 개미는 제외되어야 한다.

올바른 준거 집합을 사용하는 일은 정확히 통계학자들이 조건부 확률이라고 부르는 것을 사용하는 것에 해당한다. 이것을 망치면 엄청난 문제가 생길 수 있다. 2010년에 한 대규모 여론 조사가 미국 상원의원의 다수당 대표였던 해리 리드Harry Reid가 네바다주에서 재선될 것이라는 것을 예측하지 못했는데, 그 이유는 자동전화 프로그램이 전화를 받은 사람이 영어를 하지 못할 경우 전화를 끊도록 프로그램되어 리드를 지지하는 히스패닉계 유권자들에 대한 조사를 누락했기 때문이다. 6장에서 우리는 공간의 전형적인 영역은 은하를 형성하기에 암흑 에너지가 너무 큰 공간에 있을 확률이 크고, 우리 우주의 전형적인 수소 원자는 성간 가스구름 혹은 별 내부에 있는 것이 자연스럽다는 것을 알게 되었다. 그러나 당신의 존재를 기대할 곳은 거기가 아니다. "모든 점들" 또는 "모든 원자들"은 질문을 하는 존재가 아니기 때문에, 당신과는 무관한 준거 집합이다.

당신은 왜 볼츠만 두뇌가 아닌가?

당신의 준거 집합에 외계인을 포함시켜야 한다는 것이 정신 나간 소리로 들리겠지만, 내 동료들 중 어떤 사람들은 훨씬 더 기묘한 동료인 시뮬레이션과 볼츠만 두뇌를 연구하느라 아주 바쁘다.

우리는 원자들이 정교한 패턴으로 배열되어 주관적으로 자기 인식하는 것을 느끼도록 만들어진 살아 있는 증거이다. 지금까지의 물리학 연구에 의하면 우리가 의식을 가질 수 있는 유일한 존재라는 증거는 전혀 없다. 따라서 우리는 자기 인식을 느낄 수 있는 다른 종류의 원자 배열이 있을 가능성을 고려해야 하고, 언젠가 (우리 혹은 우리의 후손일 수도 있는) 어떤 생명체는 실제로 그런 개체를 만들 수도 있을 것이다. 그것은 주위 세계와 상호작용할 수 있도록 실제 물리적 신체를 가진 지능 로봇과 비슷할 수도 있고, TV 시리즈 〈스타트렉: 넥스트 제너레이션〉의 홀로덱 에피소드에 나오는 등장인물이나 영화 〈매트릭스〉* 의 스미스 요원처럼 신체가 완전히 가상적이고 엄청나게 강력한 컴퓨터의 가상현실 속에서 살아가는 시뮬레이션일 수 있다. 그런 시뮬레이션 중 어떤 것은 정확히 당신이 지금 느끼는 것같이 주관적으로 느끼는 관찰자 순간을 가지고 있을 수도 있다.

만약 그것이 사실이라면, 우리는 분명히 그렇게 시뮬레이션된 당신들을 당신의 준거 집합에 포함시켜야 한다. 닉 보스트롬과 다른 이들은 이 주제에 대해 많은 저작을 펴냈고, 우리가 시뮬레이션일 가능성도 상당히 있다는 결론을 내렸다. 내가 다음 장에서 반론을 제시할 테지만, 만약 당신이 그동안 안전한 길을 택하고 싶다면, 파스칼의 내기에 기반을 둔 내 조언은 아주 열심히 살고 새로우며 흥미로운 일을 해야 한다는 것이다.(블레즈 파스칼이 주장한 기독교 변증론으로, 신을 믿는다면 신이 있는 경우 이득이고 신이 없어도 손해는 적으며, 대신 신을 믿지 않으면 신이 있는 경우 손해가 크고 신이 없어도 이득이 없으므로 기댓값의 관점에서는 신을 믿는 것이 믿지 않는 것보다 이득이라는 논리이다._옮긴이) 그런 식이라면 만약 당신이 시뮬레이션이라 해도 당신을 창조한 이가 따분해져서 당신의 스위치를 꺼버릴 확률이 낮아질 것이다….

시뮬레이션은 목적을 가지고 만들어진 것이지만, 이른바 볼츠만의

---

* 영화 〈매트릭스〉의 등장인물들은 머릿속에서 시뮬레이션된 경험을 한다. 반면, 영화 〈13층〉의 시뮬레이션된 사람들은 인간의 몸을 갖지 않는다.

두뇌는 우연히 만들어진 것이다. 약 150년 전, 오스트리아의 물리학자 루트비히 볼츠만Ludwig Boltzmann은 통계역학이라는 분야를 개척한 후, 만약 따뜻한 물체를 충분히 오래 놔두면, 아무리 확률이 낮은 원자의 배열이라도 우연에 의해 생겨날 수 있다는 것을 깨달았다. 입자들이 스스로 재배열해서 자기를 인식하는 두뇌가 되려면 아주 오랜 시간이 걸리지만, 당신이 충분히 오래 기다리면, 결국 일어날 것이다.

이제 오늘날의 우주로 빨리 감기를 하고, 그 장기적 운명을 고려해보자. 가속 팽창은 결국 우리의 우주를 지금 채우고 있는 모든 물질을 희석해버리겠지만, 현재의 측정 결과가 시사하는 대로 우주의 암흑에너지 밀도가 일정하다면, 아주 작은 열에너지를 영원히 제공할 것이다. 이 열은 5장의 우주 마이크로파 배경 복사의 요동과 같은 종류의 양자 요동에서 근원한 것인데, 스티븐 호킹의 유명한 업적 중 하나는 우리 우주의 팽창이 빨라질수록 이 요동의 이른바 호킹 온도가 더 높아진다는 것이다. 암흑 에너지는 우리 우주가 급팽창 때보다 훨씬 느리게 팽창하게 하는데, 그 결과는 절대 영도보다 단지 1조의 1조의 100만 분의 1(10^{-30}) 정도 높을 뿐이다.

이것은 스웨덴을 기준으로 해도 전혀 따뜻하다고 할 수 없지만, 절대 영도는 아니기 때문에, 충분히 오래 기다리면 열에너지가 당신이 원하는 무엇이든 만들어낼 수 있다는 것을 의미한다. 우주론의 표준 모형에서, 이 무작위적 재배열은 영원히 계속되며, 따라서 당신과 정확히 똑같이 느끼며 당신의 삶 전체에 대한 가짜 기억을 가진 정확한 복제본을 무작위로 만들어낼 것이다. 훨씬 더 자주, 무작위적 재배열은 당신의 현재 관찰자 순간을 재현해낼 정도로만 오래 유지될, 두뇌만 분리된 것을 복제해낼 것이다. 그리고 무한히 여러 번 복제를 반복하여, 결국 진화하고 실제 삶을 산 당신의 모든 복제본, 즉 망상적이며 몸에서 분리되었지만 바로 동일한 현실적 삶을 살았다고 생각하는 무한히 많은 볼츠만 두뇌가 생길 것이다.

이것은 심각한 골칫거리이다. 만약 우리의 시공간이 정말 이런 볼츠만 두뇌를 포함하고 있다면, 당신이 바로 그런 것일 확률이 100퍼센트 확실하다! 어쨌든, 진화된 당신의 관찰자 순간은 주관적으로 같은 것을 느끼는 이런 두뇌들과 같은 준거 집합에 있으며, 따라서 당신은 이런 관찰자 순간들 중 무작위로 선택되는 하나일 거라고 추론해야 한다. 그런데 몸에서 분리된 두뇌들이 몸과 연결된 것들에 비해 무한히 많다….

당신 몸의 존재론적 상태에 대한 걱정이 너무 심해지기 전에, 당신이 볼츠만 두뇌인지 아닌지 결정할 수 있는 간단한 테스트를 할 수 있다. 정지. 돌이켜봄. 당신의 기억을 검토해보라. 볼츠만 두뇌라면, 당신이 가진 기억이 실제가 아니라 허위일 가능성이 높다. 그러나 실제였다고 통과될 만한 모든 가짜 기억들은, 사실 아주 유사한 기억들에 약간의 무작위적 이상한 조각이 끼어든 것일 (예를 들어, 베토벤의 5번 교향곡이 마치 순전히 잡음처럼 들렸던 기억이라든가) 가능성이 훨씬 더 높을 것인데, 왜냐하면 그런 기억을 가진 분리된 두뇌가 훨씬 더 많을 것이기 때문이다. 이는 모든 것을 정확히 바르게 하는 것보다 거의 바르게 하는 경우의 수가 훨씬 많기 때문이다. 만약 당신이 처음에는 자신이 볼츠만 두뇌가 아니라고 생각하는 볼츠만 두뇌라면, 당신은 기억을 돌려보기 시작하면서 점점 더 완전히 말도 안 되는 것들을 발견할 것이 틀림없다. 그리고 그 후, 당신을 구성하는 입자들이 차갑고 거의 텅 빈 공간으로 되돌아가면서, 당신의 실체성이 해체되는 것을 느낄 것이다.

다시 말해, 만약 당신이 아직도 이 책을 읽고 있다면, 당신은 볼츠만 두뇌가 아니다. 우주의 미래에 대한 우리의 가정에 무언가 근본적으로 잘못이 있었다는 의미로, 여기에는 교훈이 있다. 우리는 이 내용을 "측도 문제" 부분에서 곧 다룰 것이다.

종말의 날 주장: 끝은 가까운가?

우리는 당신이 전형적인 관찰자여야 한다는 아이디어가 강력하며 놀라운 결과를 낳는 것을 보았다. 많이 언급되는 다른 결과로는 브랜던 카터가 1983년에 처음 생각해낸 종말의 날 주장이 있다.

제2차 세계대전 중에, 연합군은 독일군 탱크의 일련번호로부터 그 전체 대수를 성공적으로 추산할 수 있었다. 만약 처음 포획한 탱크에 일련번호 50이라고 적혀 있다면, 탱크가 1,000대가 넘는다는 가설을 95퍼센트 신뢰도로 배제할 수 있는데, 왜냐하면 앞에서 50번까지의 탱크를 포획할 확률은 5퍼센트가 안 되기 때문이다. 핵심 가정은 제일 먼저 포획된 탱크가 모든 탱크라는 준거 집합에서 무작위로 선택된 것으로 생각할 수 있다는 것이다.

카터는 각 사람에게 출생 시 일련번호를 매긴다면, 정확히 같은 논리를 이용해서 존재할 모든 사람의 숫자를 추정할 수 있다는 것을 지적했다. 내가 1967년에 등장했을 때, 나는 대략 500억 번째 태어난 사람이었으며, 따라서 만약 내가 살았던 사람 중에서 무작위로 추출된 것이라고 하면, 1조 명 이상의 사람이 앞으로 태어날 것이라는 가설을 95퍼센트 이상의 신뢰도로 배제할 수 있다. 다시 말해, 1조 명 이상의 사람이 태어날 확률은 아주 낮은데, 왜냐하면 그럴 경우 내가 인류 중 초기 5퍼센트의 존재에 속할 것으로, 이는 무언가 요행수와 우연이 아니고서는 설명하기 어렵기 때문이다. 그리고 만약 세계의 인구가 100

억 명과 기대수명 80세에서 안정화된다면, 우리가 아는 그 인류는 95퍼센트 확실성으로 서기 1만 년 이전에 끝날 것이다.

만약 우리의 종말을 핵무기가 (또는 컴퓨터, 생명 공학 등 1945년 이후 개발된 어떤 기술) 일으킬 것이라고 믿는다면, 내 예언은 더 음울해진다. 위험이 생긴 이후의 내 출생 순위는 16억 번째이고, 나는 95퍼센트의 신뢰도로 2100년 정도가 되면 내 다음에 총 320억 명이 출생하게 된다는 것을 배제할 수 있다. 그리고 그것은 95퍼센트의 신뢰도 한계이며, 더 확률이 높은 인간의 종말 시기는 바로 지금쯤이다. 이런 비관적인 결론을 피하려면, 나는 내가 왜 이런 기술의 영향 아래에서 태어난 초기 5퍼센트의 인류 중 한 사람이어야 하는지에 대한 선험적 이유를 대야만 한다. 우리는 기술 발달이 초래한 존재적 위험에 대해 13장에서 다시 이야기할 것이다.

어떤 사람들은 종말의 날 주장을 매우 심각하게 받아들인다. 예를 들어, 내가 한 학회에서 기쁘게도 브랜던 카터를 만나게 되었을 때, 그는 흥분해서 인구 폭발이 느려지고 있는 가장 최근의 증거를 내게 얘기해주었다. 그는 이것이 일어날 것을 항상 예상하고 있었고, 인류가 더 오래 살아남을 것을 의미한다고 말했다. 다른 이들은 여러 이유로 그 주장을 비판한다. 예를 들어, 우리와 유사한 사람들이 다른 행성에 살고 있다면 이 추론이 좀 미묘해진다. 그림 11.10은 그런 예를 보여주고 있는데, 지금까지 태어난 사람의 총 숫자는 행성마다 크게 다르다. 만약 이것이 사실이라면, 보통의 종말의 날 주장이 시사하는 것보다 미래에 대해 더 낙관적일 수 있다. 실제로, 만약 시공간에 오로지 2개의 행성에 인류가 있고, 역사를 통틀어 각각 1,000억 명과 10경 명의 사람이 허용된다면, 내가 결국 인구가 1,000조 명에 이르는 행성에 살고 있을 확률은 50퍼센트가 된다.

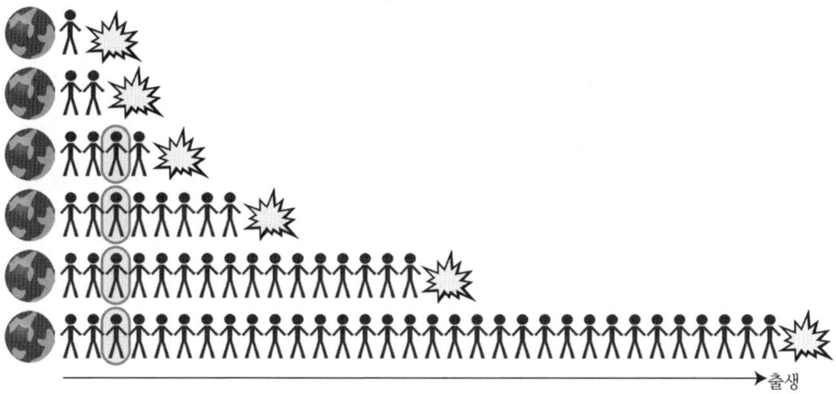

그림 11.10: 만약 당신이 당신의 출생 순위가 30억 번이라는 것을 알고 있다면, 300억 명 이상의 사람이 결국 이 행성에 존재하게 될 확률은 10퍼센트밖에 안 된다고 생각할 수도 있다. 그러나 지구와 유사한 6개의 행성이 있고, 그 각각에서 문명의 시작에서 끝까지 태어날 사람들의 총 숫자가 각각 10, 20, 40, 80, 160 그리고 320억 명이라고 가정해보자(위 그림에서 한 사람은 10억 명을 나타낸다). 그렇다면 당신이 300억 명 이상의 사람이 사는 행성에 살게 될 확률은 결국 25퍼센트이다. 그 이유는 당신과 출생 순위가 같은 사람은 전부 4명이고, 당신이 그중 어떤 사람이 될 확률은 같으며, 그중 25퍼센트가 300억 명 이상이 사는 맨 아래 행성에 살고 있다.

불행히도, 이 반론은 그릇된 희망만을 줄 뿐이다. 내게는 그런 정보가 없으며, 이런 두 행성 이론이 잘못되었다고 믿을 만한 훌륭한 이유가 있다. 내 출생 순위가 약 500억 번째라는 관찰은 그 이론을 99.9999퍼센트 이상의 확률로 배제하는데, 그 이유는 무작위로 선택된 어떤 사람이 첫 500억 명 안에 들 확률은 0.00005퍼센트밖에 안 되기 때문이다.

지구는 왜 그렇게 오래되었는가?

2005년 3월, 나는 기쁘게도 캘리포니아에서 열린 한 학회에서 닉 보스트롬을 만났다. 우리는 곧 우리가 스웨덴에서의 어린 시절뿐 아니라 큰 질문에 매혹되어 있다는 공통점이 있다는 것을 알게 되었다. 좋은 포도주를 마신 후 우리의 대화는 종말의 날 시나리오로 흘러갔다. 거대 강입자 가속기가 미니 블랙홀을 만들어 지구를 집어삼키게 될까? 그것이 혹시 "기묘체strangelet"를 만들어 지구를 기묘 쿼크 물질로 변환시키는 촉매 역할을 하게 될까? MIT의 믿을 만한 내 동료들은 당시 위험은 무시할 만하다는 결론을 내린 상태였지만, 혹시라도 우리가 무언가 간과했었다면 어쩌나? 나를 가장 안심시키던 것은 자연은 인간이 만든 어떤 기계보다도 훨씬 더 난폭하다는 것이었다. 예를 들어, 거대한 블랙홀 근처에서 만들어진 우주선 입자들은 우리의 가속기가 줄 수 있는 가장 큰 에너지보다 100만 배 큰 에너지로 지구를 일상적으로 때리고 있지만, 형성된 뒤 45억 년이 지난 지금까지도 지구는 멀쩡하다. 따라서 지구는 분명 매우 튼튼하며 걱정할 필요가 없다. 같은 이유로, 5장에서 나온 낮은 에너지 위상으로 공간이 "얼어붙고", 이런 거주 불가능한 새로운 종류의 공간을 포함하는 우주적 죽음의 거품이 빛의 속도로 팽창해서, 그 경로에 있는 모든 사람들을 그것이 다가온다는 것을 알아채자마자 파괴해버리는 것 같은, 우주론적 종말의 날 시나리오를 걱정할 필요는 없다. 이 모든 세월 후 우리가 여전히 여기 있는 거라면, 그런 사건들은 가능하지 않거나 극히 드문 것임에 틀림없다.

그때 어떤 끔찍한 생각이 내게 떠올랐다. 안심할 수 있다는 내 논리에는 결함이 있었다! 각각의 행성이 하루 동안 파괴될 확률이 50퍼센트라고 가정해보자. 그렇다면 대부분은 몇 주 안에 사라지겠지만, 무한히 많은 행성이 있는 무한 공간에서는 언제나 무한한 숫자가 남아 있게 되어 그 거주자들은 그들에게 닥친 암울한 운명을 전혀 모르고 행복하게 지낼 것이다. 그리고 내가 시공간의 무작위 관찰자라면, 나는 나도 도살될 차례를 기다리는 양의 처지임을 모르고 있는 순진한 사람들 중 하나라고 생각해야 한다. 다시 말해, 내가 있는 공간이 아직 파괴되지 않았다는 것이 내게 말해주는 것은 아무것도 없는데, 왜냐하면 살아 있는 모든 관찰자는 파괴되지 않은 공간 영역에 있기 때문이다. 나는 아주 불안해졌다. 나는 동물원에서 한 무리의 굶주린 사자 앞에 서 있는데, 나를 보호해준다고 여겼던 울타리가 사실은 사자들은 볼 수 없는 착시였다는 것을 알게 된 듯한 느낌이 들었다.

닉과 나는 한참 동안 이것에 대해 고민하다가, 결국 종말의 날이 없다는 새로운 주장을, 오류가 없는 것으로 만들어냈다. 지구는 빅뱅 이후 약 90억 년이 되었을 때 만들어졌는데, 우리의 은하가 (다른 곳에 있는 비슷한 은하들도 마찬가지로) 지구와 비슷하되 수십억 년 전에 만들어진 아주 많은 행성들을 포함하고 있다는 것은 이제 아주 분명하다. 이것은 우리가 모든 시공간에 있는 우리와 유사한 모든 관찰자를 고려한다면, 그중 상당한 비율은 우리보다 훨씬 전에 존재했다는 것을 의미한다. 이제, 짧은 반감기로 (예를 들어, 하루, 1년 또는 1,000년 정도) 무작위로 행성들이 파괴되는 시나리오라면, 거의 모든 관찰자 순간들은 매우 초기에 생겨날 것이며, 우리처럼 이렇게 유유자적하게 비교적 늦게 형성된 행성에 존재하는 것은 아주 확률이 낮은 일이다. 우리는 그것에 대해 논문을 쓰기로 작정하고 호텔 라운지에서 밤늦게까지 작업했다. 마침내 나는 99.9퍼센트의 신뢰도로 죽음의 거품도, 블랙홀도, 기묘체도 향후 10억 년 동안 우리를 위협하지 않는다는 것을 알게 된 다음 잠자리에 들었다.

그것은 물론 우리 인간이 자연이 아직 시도해보지 않았던 어리석은 일을 하지 않는다는 가정하에서지만….

당신은 왜 더 어리지 않은가?

만약 대부분의 행성을 단명하게 하는 끔찍한 불안정성이 물리학에 들어 있다면, 우리는 이런 느림보 행성이 아니라 초기에 형성된 거주 가능한 행성에 있을 확률이 훨씬 높다는 것을 방금 알게 되었다. 따라서 그런 우울한 이론은 배제된다. 불행히도, 앨런 구스는 급팽창에서도 마찬가지로, 합리적인 가정하에서 동일한 결론을 예측한다는 것을 알아냈다! 그의 아이디어가 훨씬 젊은 지구를 예측한다는 것에 신경이 쓰인 그는 이것을 젊음 역설이라고 불렀다. 2004년에 내가 MIT에 부임해서 그의 동료가 되었을 때, 나는 다중우주에서 어떻게 예측을 도출할 수 있는지 고민하느라 많은 시간을 보냈다. 나는 이 주제에 대해 그때까지 발표한 어떤 논문보다도 긴 논문을 힘들게 썼는데, 우리가 생각했던 것보다 젊음 역설이 훨씬 더 심각하다는 것을 발견하고 깜짝 놀랐다.

5장에서 보았듯이, 급팽창은 전형적으로 영원히 약 10^{-38}초마다 공간의 부피를 2배로 만들며, 수없이 많은 빅뱅이 다른 곳에서 일어나고 수없이 많은 행성들이 다른 순간에 생겨나는 복잡한 시공간을 만들어 낸다. 우리는 어떤 행성이건 그 위의 관찰자는 자신의 빅뱅을 자신이 속한 우주에서 급팽창이 끝났던 순간으로 인식할 것이라는 사실을 알고 있다. 나 개인에 대해, 내 빅뱅과 내 현재 관찰자 순간의 차이는 약 140억 년이다. 이제 모든 동시의 관찰자 순간을 고려해보자. 그중 몇몇에게 빅뱅 이후의 시간은 130억 년이고, 다른 몇몇에게는 150억 년 등이다. 부피가 정신없이 증가하기 때문에, 1초 후 부피는 10^{38}배가 되고, 빅뱅은 $2^{10^{38}}$배나 더 많이 일어날 것이다. 이와 비슷하게, 형성되는 은하에는 $2^{10^{38}}$배 더 많은 관찰자가 있을 것이다. 따라서 만약 내가 현재 발생하는 것들 중에서 무작위로 선택된 관찰자 순간이라면, 나는 1

초 더 어리며 빅뱅이 1초 더 최근에 일어난 우주에 있을 확률이 $2^{10^{38}}$배 더 크다! 그것은 약 1조의 1조의 1조의 100배나 더 확률이 높은 것이다. 내 행성은 더 어려야 하고, 내 몸은 더 어려야 하고, 모든 것은 급하게 만들어지고 진화된 것처럼 보여야 한다.

빅뱅을 더 최근에 겪은 공간은 식을 시간이 없었으므로 더 뜨거울 것이며, 따라서 우리가 비교적 차가운 우주에 있을 확률은 훨씬 낮아 차가움의 문제가 생긴다. 나는 우주 배경 복사 온도가 절대 온도 3도보다 낮을 확률을 계산하여, $10^{-10^{56}}$을 얻었다. 따라서 COBE 위성이 이 온도를 2.725켈빈으로 측정했을 때, 이 값은 전체 급팽창 관련 이론을 99.999…999퍼센트(소수점 아래에 9가 1조의 1조의 1조의 1조의 1억 개가 있다) 신뢰도로 배제한 것이다. 이것은 좋지 않다…. 이론과 실험 사이의 불일치에 대한 불명예의 전당에서, 이것은 7장의 수소 원자 안정성 문제(9가 28개)와 4장의 암흑 에너지 문제(9가 123개)를 완전히 압도한다. 이것이 바로 측도 문제이다!

측도 문제: 위기의 물리학

방금 무언가 몹시 잘못되었는데, 그것은 정확히 무엇일까? 이것이 영원한 급팽창을 배제한다는 것은 사실일까? 더 자세히 들여다보자. 우리는 전형적인 관찰자가 어떤 것을 측정할지에 대해 합리적으로 질문했으며, 우주 배경 복사의 온도를 특별한 사례로 선택했다. 우리가 영원한 급팽창을 고려했으므로, 우리는 많은 상이한 온도에 있는 여러 관찰자 순간을 포함하는 시공간을 분석했고, 따라서 우리는 단 하나의 답이 아니라 오로지 다른 온도 영역에 대한 확률만 예측할 수 있었다. 이것 그 자체로 세상의 끝은 아니다. 7장에서 우리는 양자역학이 어떻게 확실한 답이 아니라 확률만을 예측하는지, 그리고 그럼에도 불구하고 어떻게 완벽히 검증 가능하고 성공적인 과학적 이론인지 보았다. 그 대신 문제는 우리가 계산한 확률에 의하면 우리가 실제 관측한 결과가 터무니없게도 있음직하지 않으며, 따라서 그 기반이 되는 이론을 배제해야 한다는 사실이다.

우리의 확률 계산이 잘못되었을 수 있을까? 확률 계산은 원칙적으로 간단하다. 확률은 단순히 우리의 준거 집합 안에 있는 모든 관찰자 순간들 중에서 특정 온도를 보이는 것들의 비율이다. 만약 5개의 관찰자 순간이 있고 그것들이 각각 절대 온도 1, 2, 5, 10, 12도를 얻게 된다면, 3도보다 낮을 확률은 5개 중 2개니까 2/5=40퍼센트이다. 이것은 아주 쉽다! 그러나 영원한 급팽창이 예측하듯이, 그런 관찰자 순간이 무한히 많아서, 3도보다 낮은 것의 비율이 무한대 나누기 무한대라면 어떻게 될까? 이것을 어떻게 이해해야 하는가?

수학자들은 극한을 취한다고 하는 우아한 기술을 발전시켰는데, 많은 경우 ∞/∞를 뜻이 통하는 것으로 만들 수 있다. 예를 들어, 자연수 1, 2, 3, … 중에서 짝수의 비율은 얼마인가? 무한히 많은 자연수가 있고 그중에서 무한히 많은 것들이 짝수이므로, 그 비율은 ∞/∞이다. 하지만 만약 우리가 첫 n개의 숫자만 센다면, 그 값을 어디에서 끊느냐에 따라 약간 달라지는 합리적인 답을 얻게 된다. 만약 우리가 n을 늘려 나가면, 그 비율이 n이 증가함에 따라 점점 덜 흔들리는 것을 발견하게 된다. 만약 우리가 이제 n을 무한대로 보내는 극한을 취한다면, 우리는 n에 따라 달라지지 않는 잘 정의된 답을 얻는다. 정확히 절반의 자연수가 짝수인 것이다.

이것이 합리적인 답으로 보이지만, 무한대는 위험한 구석이 있다. 짝수의 비율은 우리가 자연수를 세는 순서에 따라 달라진다! 만약 우리가 숫자를 1, 2, 4, 3, 6, 8, 5, 10, 12, 7, 14, 16 등으로 배열한다면, 동일한 극한 방법이 이번에는 2/3만큼의 숫자가 짝수라는 결론을 내놓는다! 우리가 이 목록을 따라 내려가면 홀수 1개가 나올 때마다 2개의 짝수가 나오기 때문이다. 모든 짝수와 홀수가 결국은 목록에 나타날 것이므로 우리는 속임수를 쓴 것이 전혀 아니다. 우리는 그저 그것들을 재배열했을 뿐이다. 같은 방식으로, 숫자들을 적당히 재배열하면, 나는 짝수의 비율이 당신의 전화번호를 1로 나눈 것이라는 것도 증명할 수 있다….

유사하게, 시공간에서 특정한 측정 결과를 얻는 무한히 많은 모든 관찰자의 비율은 우리가 그것을 세는 순서에 따라 달라진다! 우리 우주론 학자들은 관찰자 순간 배열 방식을 가리키는 데, 또는 더 일반적으로 성가신 무한대로부터 확률을 계산하는 방식에 대해 측도라는 용어를 사용한다. 차가움의 문제에 대해 내가 계산한 기괴한 확률은 특정 측도를 사용한 것이고, 대부분의 내 동료들은 문제가 급팽창이 아니라 측도에 있다고 추측하고 있다. 어떤 이유인지 몰라도, 특정 시간에 모든 관찰자 순간이라는 준거 집합에 대해 얘기하는 것이 오류를 낳는 것으로 보인다.

지난 몇 년간 대안적인 측도를 제안하는 흥미로운 논문이 아주 많이 쏟아져 나왔다. 영원한 급팽창과 조화를 잘 이루는 것을 찾기가 뜻밖에도 아주 어렵다는 것이 확인되었다. 어떤 측도는 차가움의 문제에 걸려 탈락한다. 어떤 것은 당신을 볼츠만 두뇌라고 예측하기 때문에 탈락한다. 또 다른 어떤 것은 우리의 하늘이 거대 블랙홀에 의해 휘어 있는 것을 볼 것이라고 예측하기도 한다. 알렉스 빌렌킨은 최근 내게 자신이 낙심해 있다는 얘기를 했다. 몇 년 전에, 그는 이런 모든 함정을 피할 수 있는 단 하나의 측도가 있을 것이며 그것은 아주 간단하고 우아해서 우리 모두에게 확신을 줄 것이라는 희망을 가졌었다. 그 대신, 이제 우리는 서로 다르지만 이치에 맞는 예측값을 주는 많은 측도를 가지고 있지만, 그중에 어떤 것을 선택해야 할지 확실치가 않다. 만약 우리가 예측하는 확률들이 우리가 가정한 측도에 따라 달라진다면, 그리고 우리가 원하는 어떤 답이든 줄 수 있는 측도를 선택하는 것이 가능하다면, 우리는 정말이지 아무것도 예측할 수 없게 된다.

나는 알렉스의 걱정에 동감한다. 사실, 나는 측도 문제를 현재 물리학에서의 가장 심각한 위기로 간주한다. 내 관점에서, 급팽창은 논리적으로 스스로 붕괴했다. 5장에서 보았듯이, 우리가 급팽창을 진지하게 받아들이게 된 것은 정확한 예측 때문이었다. 급팽창은 전형적인 관찰자가 그 주위의 공간이 휘어지지 않고 평평하다고 측정할 것(평탄성 문제)을, 그들이 우주 배경 복사를 측정했을 때 그 온도가 모든 방향에 대해 유사할 것(지평선 문제)을, 그 파워 스펙트럼이 WMAP 위성의 관측 결과와 유사할 것 등등을 예측한다. 그러나 다음 순간 급팽창은 무한히 많은 관찰자가 우리가 아직 모르는 확률로 측도에 따라 다른 측정값을 얻게 되리라는 것을 예측한다. 애초에 우리로 하여금 급팽창을 진지하게 받아들이게 했던 것을 포함해 모든 예측은 이제 무효이다! 이것은 완전한 자기 파괴이다. 우리의 급팽창 아기 우주는 예측 불가능한 청소년으로 자라났다.

급팽창에 공정하게 하자면, 나는 현재 나와 있는 이론 중에 그 어떤 것도 급팽창보다 더 나은 것이 없다고 생각하기 때문에, 이것이 급팽창 자체에 반대하는 주장이라고 생각하지 않는다. 나는 단지 측도 문제를 해결할 필요가 있다고 강하게 느끼며, 우리가 그것을 해결하고 나면, 모종의 급팽창은 여전히 남아 있을 것이라고 추측한다. 게다가 측도 문제는 급팽창에 국한된 것이 아니며, 무한히 많은 관찰자가 있

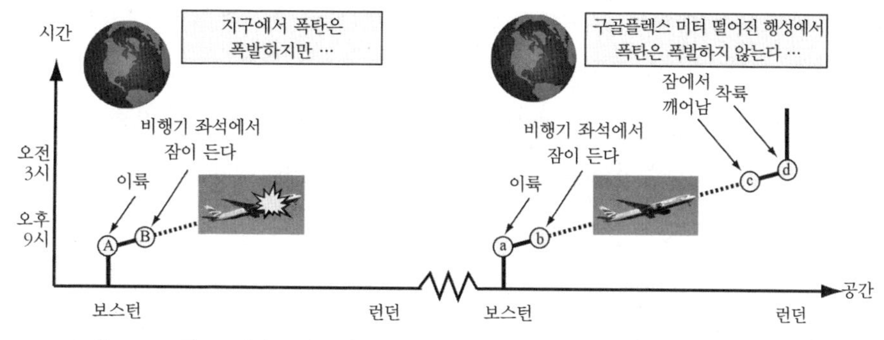

그림 11.11: 그림 11.5에서, 우리는 관찰자 순간 (c)와 (b)가 모든 기억을 공유하기 때문에 연속선상에 있는 것처럼 느껴지는 것을 보았다. 하지만 (c)는 도플갱어로서 동일했지만 승객들이 깨어나기 전에 테러리스트의 폭탄에 의해 모두 살해당하는 (B)의 연속선상에 있는 것처럼 느껴지기도 한다. 만약 다른 도플갱어가 없다면, (B)와 (b) 모두 정확히 (c)를 예측한다.

는 어떤 이론에서건 생겨난다. 예를 들어, 붕괴가 없는 양자역학에 대해 다시 생각해보자. 8장의 양자 불멸성 주장은 무한히 많은 관찰자가 있어서, 그중 어떤 이는 항상 살아남는다는 것에 결정적으로 의존하는데, 이는 측도 문제가 해결되기 전까지는 그 어떤 결론도 신뢰할 수 없다는 것을 의미한다.

그림 11.11이 보여주듯이, 주관적 불멸성은 양자역학을 필요로 하지 않으며, 단지 평행우주만 있으면 된다. 그림에 있는 두 비행기가 우리의 3차원 공간의 다른 부분에 있는 것인지(1레벨 다중우주) 아니면 우리 힐베르트 공간의 다른 부분에 있는 것인지(3레벨 다중우주)는 상관없다. 이제 아주 일반적으로 매초마다 모종의 메커니즘에 의해 당신의 복제본 중 절반이 살해되는 임의의 다중우주 시나리오를 고려해보자. 20초 후, 초기에 존재했던 당신의 모든 도플갱어 중에서 오직 100만분의 1 정도만이 (2^{20} 중 하나) 살아남는다. 그 시점까지, 총 $2^{20}+2^{19}+\cdots+4+2+1\approx 2^{21}$초 분량의 관찰자 순간이 있었으므로, 200만 개의 관찰

자 순간 중에서 단 하나만이 20초 동안 살아남은 기억을 가지고 있다. 폴 아몬드가 지적했듯이, 이것은 그렇게 오래 살아남은 사람들이 가정 전체(그들이 불멸성 실험의 대상이 되었다는 사실)를 99.99995퍼센트의 신뢰도로 배제할 것이라는 사실을 뜻한다. 다시 말해, 우리는 철학적으로 기이한 상황에 놓여 있다. 어떤 일이 벌어지는지에 대한 정확한 이론으로부터 출발해서, 당신은 그 예측이 정확하다는 것을 관측을 통해 확증하는데, 그럼에도 불구하고 그다음 순간 뒤돌아서서 그 이론이 배제되었다고 선언하는 것이다! 게다가 8장에서 논의했듯이, 시간이 흐를수록 당신은 점점 더 기이한 행운의 우연이 겹쳐 일어나는 것을 경험하게 되는데, 그것은 더욱더 믿기 힘든 방식으로 당신의 생명을 구할 것이다. 정전, 소행성 충돌 등의 사건 때문에 목숨을 건지는 일이 계속되면 대부분의 사람들에게는 그것이 현실인지 의심하기 시작할 충분한 동기가 될 것이다….

무한대의 문제들

측도 문제는 우리에게 무엇을 얘기해주는가? 내 생각은, 현대 물리학의 매우 근본적인 항목에 철저히 잘못된 가정이 포함되어 있다는 것이다. 고전역학의 실패가 양자역학으로의 전환을 요구했듯이, 나는 오늘날 최선이라고 생각되는 이론들도 마찬가지로 대대적인 개편이 필요하다고 생각한다. 문제의 근원이 어디에 있는지 아무도 모르지만, 내가 짐작하는 바는 있다. 내 생각에 유력한 용의자는 ∞이다.

실은 내 생각에 용의자는 "무한히 큰"과 "무한히 작은", 이 두 가지이다. 무한히 크다는 공간의 부피가 무한대이고, 시간은 영원히 지속되며, 무한히 많은 물체가 있다는 것을 뜻한다. 무한히 작다는 연속체라는 성질, 즉 단 1리터의 공간이라도 무한히 많은 점을 포함한다는 것,

공간이 아무 문제없이 한없이 늘려질 수 있다는 것, 그리고 자연에 연속적으로 변화할 수 있는 양이 존재한다는 것 등을 의미한다. 이 두 가지는 긴밀하게 관련되어 있다. 5장에서 보았듯이 급팽창은 공간을 한없이 늘림으로써 무한히 큰 공간을 만든다.

우리에게는 무한히 큰 쪽이건 무한히 작은 쪽이건 직접적인 관측 증거가 없다. 무한히 많은 행성이 있는 무한히 큰 공간을 말하지만, 우리가 관측할 수 있는 우주는 고작 10^{89}개의 대상을 포함할 뿐이다(그 대부분은 광자이다). 만약 공간이 정말 연속적이라면, 두 점 사이의 거리처럼 단순한 것이라도 소수점 아래 무한히 많은 자릿수 때문에 무한대의 정보가 필요하다. 현실적으로, 물리학자들이 약 16자리 정확도 이상 잴 수 있었던 적이 없다.

나는 10대 때 이미 무한대를 믿지 않았던 것이 기억난다. 그리고 더 많이 공부할수록 내 의심은 더 깊어졌다. 무한대가 없다면, 측도 문제도 없다. 세는 순서와 상관없이 비율의 값은 같다. 무한대가 없다면, 양자 불멸성도 없을 것이다.

물리학자들 중에 무한대를 나처럼 회의적으로 생각하는 사람은 매우 소수이다. 수학자들은 무한대와 연속성을 상당히 의심스럽게 바라보곤 했다. 카를 프리드리히 가우스를 종종 "역사상 가장 위대한 수학자"라고 하는데, 그는 지금으로부터 2세기 전에 다음과 같이 말했다. "나는 무한한 크기를 사용하는 것에 대한 논의가 완결되었다는 주장에 이의를 제기한다. 수학에 논의의 완결이란 절대 허용되지 않는다. 무한대는 단지 표현일 뿐, 그 진정한 의미는 어떤 비율이 한없이 가까워지는 한계이며, 반면 다른 것들은 제한 없이 증가하는 것이 허용된다." 연속성과 관련된 아이디어들을 비판하면서, 가우스의 젊은 동료였던 레오폴트 크로네커Leopold Kronecker는 다음과 같이 말했다. "신은 정수를 만들었다. 다른 모든 것은 인간의 작품이다." 그러나 지난 세기에 무한대는 수학적 주류가 되었고 강경한 비판자는 얼마 남지 않았다. 예를 들어, 캐나다 출신의 호주 수학자인 노먼 와일드버거Norman Wildberger는 "실수real number는 실없는 소리다"라고 주장하는 에세이를 쓴 적이 있다.

그러면 오늘날의 물리학자와 수학자들이 무한대에 매혹되어 무한대를 절대 의심하지 않는 이유는 무얼까? 기본적으로, 그것은 무한대가 지극히 편리한 근사이며 다른 좋은 대안을 찾지 못했기 때문이다. 예를 들어, 당신 앞에 있는 공기를 생각해보자. 10^{27}개의 원자에 대한 위치와 속도를 모두 추적하는 것은 가망 없이 복잡한 일이다. 그러나 만약 공기가 원자로 이루어져 있다는 사실을 무시하고, 공기를 연속체, 즉 밀도, 압력, 속도 등이 각 점에 주어진 매끈한 물질로서 근사시킨다면, 당신은 이렇게 이상화된 공기나 소리가 공기 중에서 어떻게 퍼져나가는지에서 어떻게 바람이 부는지에 이르기까지, 우리가 관심 있는 거의 모든 것을 설명할 수 있는 아름답고 간단한 방정식을 따른다는 것을 알게 된다. 그러나 이런 모든 편의성에도 불구하고, 공기가 실제로 연속적인 것은 아니다. 그것은 공간, 시간 그리고 우리 물리 세계의 다른 모든 구성 요소에 대해서도 마찬가지 아닐까? 우리는 이 질문에 대해 다음 장에서 더 알아볼 것이다.

요점 정리

- 수학적 구조는 영속적이며 불변이다. 수학적 구조가 공간과 시간 안에 존재하는 것이 아니라, 공간과 시간이 수학적 구조 (일부분) 안에 존재한다. 만약 우주의 역사가 영화라면, 수학적 구조가 그 전체 DVD가 될 것이다.
- 수학적 우주 가설은 시간의 흐름이 변화와 마찬가지로 환상이라는 것을 시사한다.
- 수학적 우주 가설은 발생과 파괴도 변화와 관련되어 있으므로 환상이라는 것을 시사한다.
- 수학적 우주 가설은 시공간뿐만 아니라, 우리를 구성하는 입자들도 포함해서 그 안에 있는 모든 물체들이 마찬가지로 수학적 구조라는 것을 시사한다. 수학적으로 모든 물체들은 "장", 즉 시공간의 각 점에 부여된 숫자들로서, 각 점에 무엇이 있는지를 암호화한 것에 해당하는 것으로 보인다.
- 수학적 우주 가설은 당신이 수학적 구조의 일부로서 자기 인식을 하는 부분구조라는 것을 시사한다. 아인슈타인의 중력 이론에서, 당신은 시공간에 있는 놀랍도록 복잡한 매듭 같은 구조이며, 그 정교한 패턴은 정보 처리와 자기 인식에 해당한다. 양자역학에서, 당신의 매듭 패턴은 나뭇가지처럼 갈라진다.
- 당신이 바로 지금 인식하는 영화와도 같은 주관적 현실성은, 당신 두뇌의 현실성 모델의 일부로서, 오로지 당신의 머릿속에만 존재하며, 지금 여기와 관련되어 편집된 주요 부분뿐만 아니라, 미리 녹화된 먼 과거의 사건의 발췌본도 포함해서, 시간이 흐른다는 환상을 제공한다.
- 당신은 그저 인식하는 것이 아니라 자기 인식적인데, 왜냐하면 당신 두뇌의 현실성 모델이 당신 자신 그리고 당신의 외부 세계와의 관계에 대한 모델을 포함하기 때문이다. 당신이 "나"라고 부르는 주관적 시점에 대한 당신의 인식은 마치 "붉다"와 "달다"에 대한 주관적 인식과 마찬

가지로 특질이다.

- 우리의 외적 물리 실체가 그 자체가 수학적 구조는 아니면서도 수학적 구조에 의해 완벽하게 기술된다는 이론은, 그 어떤 관찰 가능한 예측도 만들어내지 못한다는 의미에서 100퍼센트 비과학적이다.
- 당신은 당신의 현재 관찰자 순간이 당신처럼 느껴지는 모든 관찰자 순간들 중에서 전형적인 것이라고 예상해야 한다. 그런 추론은 인류의 종말, 우리 우주의 안정성, 우주 급팽창의 타당성, 그리고 당신이 몸에서 분리된 두뇌인지 혹은 시뮬레이션인지에 대해 논란의 여지가 있는 결론을 낳는다.
- 그런 추론은 또한 이른바 측도 문제를 초래하는데, 측도 문제는 물리학의 모든 예측 능력을 의심하게 만드는 심각한 과학적 위기이다.

12

4레벨 다중우주

> 방정식에 불꽃을 불어넣고 방정식이 묘사할 우주를 만든 것은 무엇인가?
>
> – 스티븐 호킹

내가 4레벨 다중우주를 믿는 이유

왜 다른 것이 아닌 이 방정식들인가?

당신이 물리학자이며, 모든 물리학 법칙을 어떻게 "모든 것의 이론"으로 통합할 수 있는지 알아냈다고 가정해보자. 당신은 그 수학적 방정식을 사용해서, 오늘날 물리학자들을 잠 못 이루게 하는 어려운 문제들, 예를 들어 양자 중력은 어떻게 작동하는지, 측도 문제를 어떻게 해결하는지 등에 대한 답을 구할 수 있다. 이 방정식이 적힌 티셔츠는 불티나게 팔리고, 당신은 노벨상을 수상하게 될 것이다. 당신은 우쭐하지만, 시상식 전날 밤, 내 우상인 존 휠러가 내놓은 문제, 즉 왜 다른 것이 아니라 하필 이 방정식들일까?가 아직 해결되지 않은 것 때문에 잠을 이루지 못할 것이다.

앞의 두 장에서 내가 주장한 수학적 우주 가설에 따르면 우리의 외적 물리 실체는 수학적 구조이며, 이것이 휠러가 제기한 문제를 더 날카로운 것으로 만든다. 수학자들은 수학적 구조를 아주 많이 발견했는

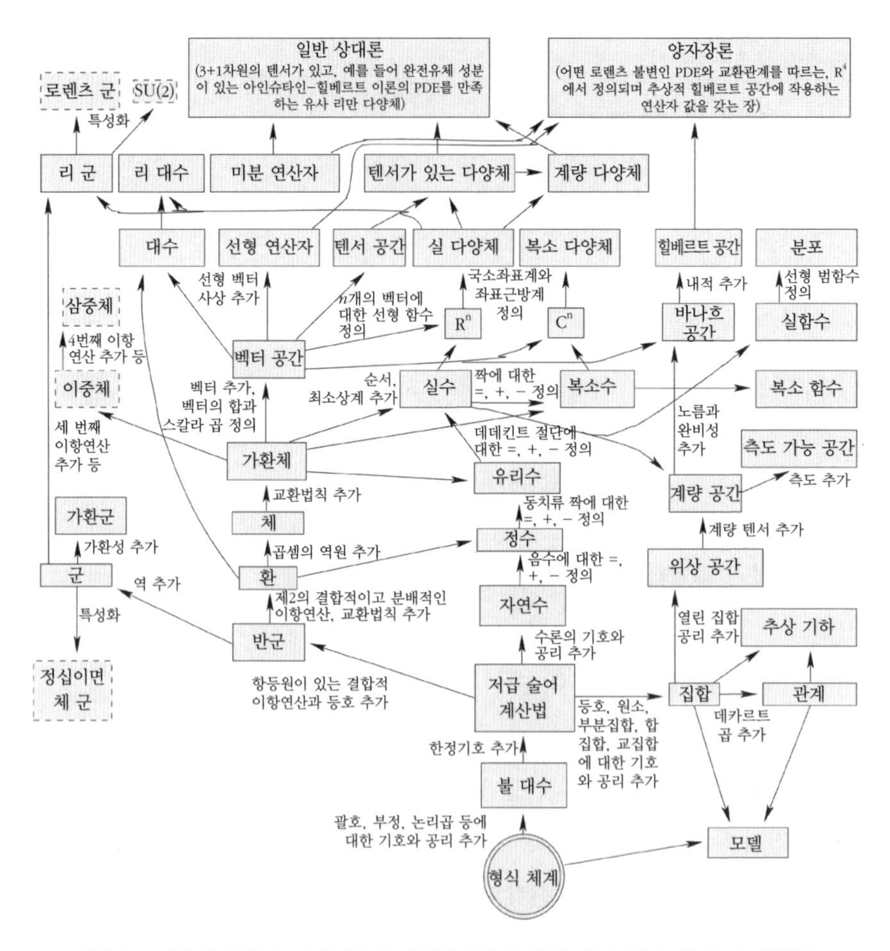

그림 12.1: 여러 가지 기본적 수학 구조들 사이의 관계. 화살표는 일반적으로 새 기호나 공리를 추가하는 것을 나타낸다. 화살표가 만나는 것은 구조가 결합하는 것으로, 예를 들어 대수는 벡터 공간이며 동시에 환이고, 리 군은 군이며 동시에 다양체이다. 전체 계통도는 아마도 무한히 확장될 수 있을 것이며, 이 그림은 바닥에 있는 작은 일부분만 나타낸 것이다.

데, 그림 12.1은 그중 몇몇 간단한 것을 상자로 나타냈다. 그중 몇몇은 우리 세계의 어떤 제한된 특성을 기술할 수도 있지만, 그 어떤 것도 우리의 물리적 실체와 일치하지는 않는다. 1916년에, **"일반 상대론"**이라고 적힌 상자가, 그 안에 시간과 공간뿐 아니라 여러 가지 물질도 포함하고 있기에, 정확한 일치에 대한 강력한 후보가 되었지만, 곧 양자역학이 발견되어 우리의 물리적 실체가 일반 상대론이라는 수학적 구조가 결여한 특성을 가지고 있다는 것이 명백해졌다. 다행인 것은, 이제 당신이 어떤 수학적 구조를 발견해서 이 그림에 추가하고, 그 새로운 상자가 바로 우리의 물리적 실체에 해당하는 그 상자라고 밝히면, 노벨상을 받을 수 있다는 것이다.

이 시점에서 내게는 존 휠러의 친숙한 목소리가 끼어드는 것이 들리는 듯하다. 하지만 다른 상자들은? 만약 당신의 상자가 물리적으로 존재하는 현실에 해당한다면, 다른 상자들은 왜 안 되는가?

모든 상자들도 다른 수학적 구조에 해당하며, 대등한 지위에 있는데, 물리적 존재에 관련될 때 왜 어떤 것들은 더 다른 것들보다 더 평등해야 하는가? 현실의 핵심에 고정되어, 수학적인 구조를 물리적 존재가 있는 것과 아닌 것 두 부류로 나누는, 근본적이고 설명되지 않는 존재적 비대칭성이 있는 것일까?

수학적 민주주의

이 질문이 버클리에 살던 1990년의 어느 저녁 나를 아주 괴롭혔다. 그때 나는 처음으로 수학적 우주에 대한 아이디어를 떠올렸고 국제관 기숙사의 5층 우리 방 근처 복도에서 친구인 빌 포리에이에게 이야기했다. 그러다 갑자기 생각이 떠올랐고 나는 이 철학적 수수께끼를 해결할 방법이 있다는 것을 깨달았다. 나는 빌에게 완전한 수학적 민주주의가 성립한다고 주장했다. 수학적 존재와 물리적 존재는 동등하며, 따라서 수학적으로 존재하는 모든 구조는 물리학적으로도 존재한다. 즉, 그림 12.1에 있는 각각의 상자는 단지 우리가 우연히 속하게 된 우

1레벨: 우리의 우주적 지평선 너머의 영역
성질: 동일한 물리 법칙, 다른 초기 조건
가정: 무한한 공간, 통계적으로 균일한 물질 분포
증거: • 마이크로파 배경 측정이 평평하고 무한하며 거시적 스케일에서 매끄러운 공간을 시사함
• 가장 간단한 모델

4레벨: 다른 수학적 구조들
성질: 여러 가지 다른 근본 물리학 방정식들이 있음
가정: 수학적 존재 = 물리적 존재
증거: • 물리학에서의 수학이 지나칠 정도로 효율적임
• 휠러/호킹의 질문인 "왜 다른 것이 아닌 이 방정식들인가?"를 설명함

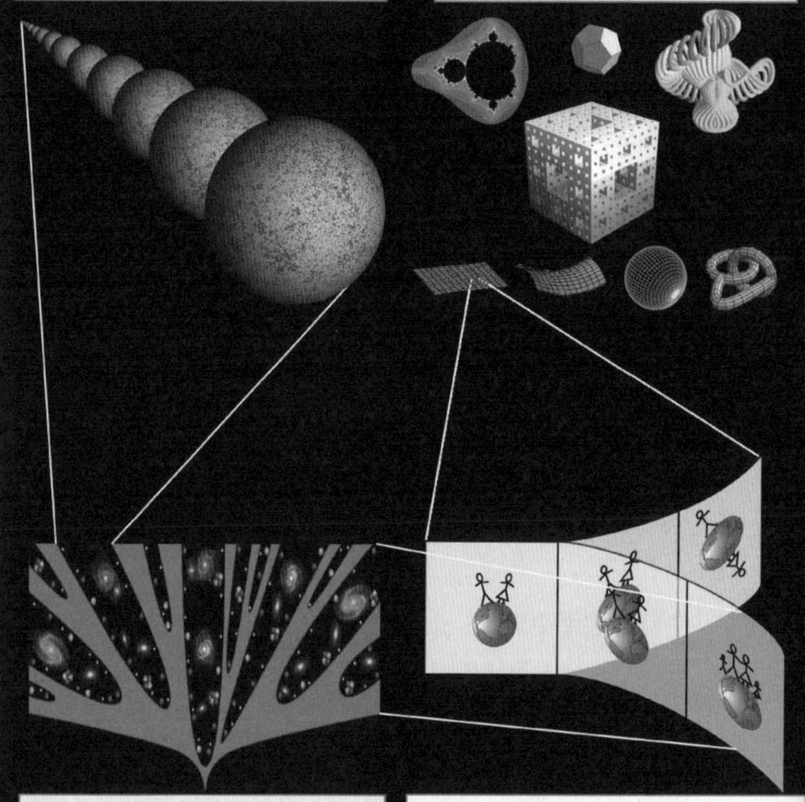

2레벨: 급팽창 이후의 다른 거품들
성질: 물리학 법칙은 동일하나 물리상수, 입자들, 차원 등은 다를 수 있음
가정: 급팽창 발생했으며 우주는 여러 가지 상을 가짐
증거: • 급팽창 이론은 공간의 평탄성과 요동이 거의 척도불변인 것을 설명하며, 지평선 문제를 해결하고 거품을 자연스럽게 설명함
• 미세 조정된 인수를 설명함

3레벨: 양자 물리학의 많은 세계들
성질: 2레벨과 같음
가정: 물리학의 유니타리 성질
증거: • 물리학이 유니타리라는 실험 결과
• AdS/CFT 대응성은 양자 중력도 유니타리라는 것을 시사함
• 결어긋남이 실험적으로 확인됨
• 수학적으로 가장 간단한 모델

그림 12.2: 이 책에서 설명하는 평행우주들은 4단계의 위계구조를 형성하며, 각 다중우주는 위에 정리된 4가지 단계 중 하나이다.

주와 다를 뿐, 그 자체도 물리적인 실제 우주를 기술한다. 이것은 일종의 극단적 플라톤주의로 볼 수 있으며, 플라톤의 "이데아의 영역"에 있는 모든 수학적 구조들이 물리적인 의미로 실제 "어디엔가" 존재한다고 주장한다.

다시 말해, 우리가 지금까지 본 세 가지의 평행우주보다 훨씬 큰, 다른 수학적 구조에 해당하는 4번째 단계의 평행우주들이 있다는 것이다. 첫 세 단계는 같은 수학적 구조 안에 있는 서로 통신할 수 없는 평행우주들에 해당한다. 1레벨은 단순히 우리에게 아직 거기서 출발한 빛이 도달할 시간이 없었던 먼 영역이며, 2레벨은 우주 급팽창의 새로 생겨나는 공간 때문에 우리가 영원히 도달할 수 없는 영역이고, 3레벨, 즉 에버렛의 "다중 세계"는 양자역학 힐베르트 공간에서의 통신할 수 없는 부분과 관련되어 있다. 1, 2, 3레벨의 모든 평행우주가 근본적으로 동일한 수학적 방정식(예를 들어, 양자역학, 급팽창 등등을 기술하는)을 따르지만, 4레벨 평행우주는 다른 수학적 구조에 해당하는 다른 방정식의 음악에 맞춰 춤을 춘다. 그림 12.2는 이 책의 핵심 아이디어 중 하나인 4단계 평행우주의 위계구조를 나타낸다.

수학적 우주 가설은 어떻게 4레벨 평행우주의 존재를 암시하는가

만약 4레벨 다중우주가 존재한다는 이론이 정확하다면, 거기에는 자유롭게 조절 가능한 변수가 전혀 없으므로, 모든 평행우주의 모든 성질(그 안에 자기 인식을 하는 부분구조의 주관적 인식을 포함하여)은 원칙적으로 한없이 뛰어난 수학자가 있다면 유도할 수 있다. 하지만 이 이론은 정확한가? 4레벨 다중우주는 진짜 존재하는가?

흥미롭게도, 수학적 우주 가설의 맥락에서, 4레벨 다중우주의 존재는 필연적이다. 앞 장에서 자세히 설명했듯이, 수학적 우주 가설에 의하면 수학적 구조는 단순히 묘사하는 수준을 넘어 바로 외적 물리 실체다. 물리와 수학적 존재의 이러한 동등성은, 만일 수학적 구조가 자기를 인식하는 부분구조를 포함한다면, 마치 당신과 내가 스스로를 인식하는 것처럼, 수학적 구조 그 자체도(비록 일반적으로 우리 우주와 다른 성질을 가지는 우주겠지만) 그 자신이 물리적 현실 우주에 존재하는 것으로 인식한다는 것을 의미한다. 스티븐 호킹은 "방정식에 불꽃을 불어넣고 방정식이 묘사할 우주를 만든 것은 무엇인가?"라는 유명한 질문을 했다. 수학적 우주 가설의 맥락에서, 불꽃을 불어넣는 것 따위는 필요하지 않은데, 그것은 수학적 구조가 우주를 묘사하는 것이 중요한 게 아니라, 그 자체가 바로 우주이기 때문이다. 게다가 만든다는 것도 필요하지 않다. 수학적 구조는 만들 수 있는 것이 아니고, 그저 원래 존재하는 것이다. 수학적 구조는 시간과 공간 안에 존재하는 것이 아니며, 반대로 시간과 공간이 수학적 구조 안에 존재한다. 다시 말해, 수학적으로 가능한 모든 구조는 동일한 존재론적 위상을 가지며, 가장 흥미로운 질문은 어떤 것들이 물리적으로 존재하는가가 아니고 (그들 모두 존재한다), 어떤 것이 생명을, 그리고 우리를 포함하는가이다. 많은 수학적 구조들, 예를 들어 정십이면체는 어떤 종류건 자기 인식을 하는 부분구조를 허용할 만큼 충분히 복잡하지 않으며, 따라서 4레벨 다중우주는 광대하고 대부분 거주가 불가능한 사막과 유사하고, 생명은 아주 드물게 오아시스, 즉 우리가 사는 것과 비슷한 생물 친화적인 수학 구조에만 가능할 것으로 생각된다. 유사하게, 우리는 6장에서 2레벨 다중우주가 대부분 척박한 황무지이며, 자기 인식은 지극히 낮은 비율의 "골디락스" 영역, 즉 암흑 에너지 밀도와 기타 물리적 상수들이 생명에 딱 맞는 값을 가지는 곳에서만 가능하다는 증거를 보았다. 1레벨 다중우주에서도 생명은 주로 행성의 표면 근방이라는 아주 드문 일부분에서만 번성할 수 있어서, 같은 이야기가 반복될 것이다. 따라서 우리 인간은 정말이지 아주 특권적인 지점에 위치하고 있다!

4레벨 다중우주의 탐험: 거기엔 무엇이 있을까?

우리 지역의 근방

우리 지역의 근방부터 시작해서, 찬찬히 4레벨 다중우주와 그것이 포함하는 다양한 수학적 구조들의 동물원을 탐험해보자. 비록 아직 우리가 정확히 어떤 수학적 구조에 거주하는지 모르지만, 다른 유효한 수학적 구조들을 주는 작은 변형들을 상상해보는 것은 어려운 일이 아니다. 예를 들어, 입자 물리학의 표준 모형은 수학자들이 $SU(3) \times SU(2) \times U(1)$이라고 나타내는 대칭성을 가지고 있으며, 만약 우리가 그것을 다른 대칭성으로 교체한다면, 우리는 다른 종류의 입자들과 그 사이의 힘을 포함하는 수학적 구조를 얻게 되고, 전자와 광자는 새로운 성질을 갖는 다른 개체들로 교체된다. 어떤 수학적 구조에는 빛이 없을 수도 있다. 또 다른 수학적 구조에는 중력이 없을 수도 있다. 시공간에 대한 아인슈타인의 수학적 묘사에서, 각각 시간과 공간 차원을 나타내는 숫자 1과 3은 당신의 선택에 따라 다른 값을 가질 수도 있다.

우리는 6장에서, 급팽창이 어떻게 하나의 물리 근본 법칙을 주는 단 하나의 수학적 구조로부터, 공간의 다른 부분에서 유효하게 다른 물리 법칙을 낳을 수 있는지, 즉 2레벨 다중우주를 논의했다. 그러나 우리는 지금 예를 들어 양자역학이 없는 것같이 근본 법칙 자체가 상이

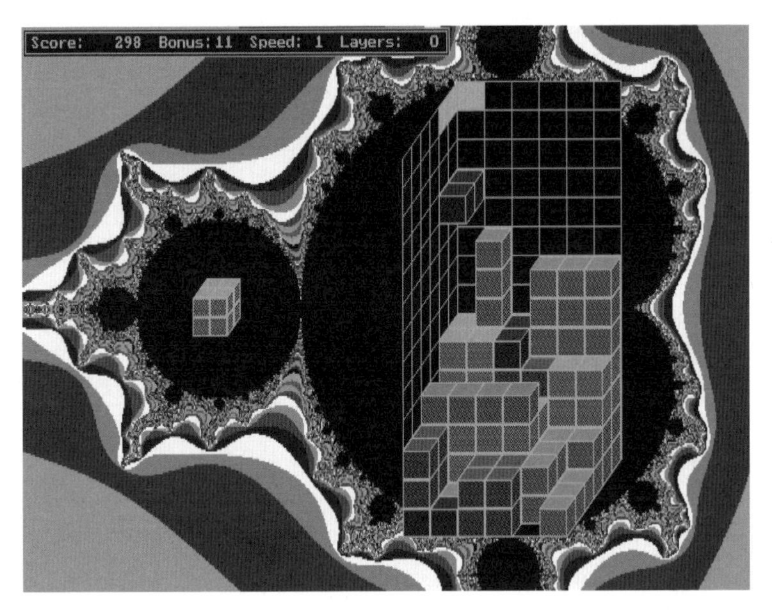

그림 12.3: 3차원 테트리스인 FRAC은 시간과 공간 모두 불연속적인 수학적 구조를 구현한다.

할 수 있는, 즉 좀 더 급진적인 것을 논의하고 있다. 만약 끈 이론이 수학적으로 엄밀하게 정의될 수 있다면, 끈 이론이 그 구조에서 "모든 것의 정확한 이론"인 수학적 구조가 존재하겠지만, 4레벨 다중우주의 모든 다른 영역에서는 그렇지 않을 것이다.

4레벨 다중우주에 대해 심사숙고하려면, 물리학 법칙이 어떤 것이어야 하는지에 대한 선입견에 구애받지 않고 상상의 나래를 펼 필요가 있다. 시간과 공간을 생각해보자. 우리 세계가 시사하는 것처럼 연속적인 대신, 불연속적일 수 있다. 그것은 마치 팩맨이나 테트리스, 또는 존 콘웨이John Conway가 제안한 생명 게임에서처럼 물체의 이동이 띄엄띄엄, 순간적으로 이루어지는 것으로 생각하면 된다. 게이머의 모든 입력을 끊고 시간에 따른 변화가 컴퓨터에 의해 결정론적으로 계산되는 경우, 이런 모든 게임은 유효한 수학적 구조에 해당하게 된다. 예

부호화	수학적 구조
100	공집합
105	5개의 원소를 가진 집합
113100120	삼각형 회전
11220000110	C_2 군
11220001110	불 대수
1132000012120201	C_3 군
12410002311003102	정사면체 회전
126100024351100510243	정육면체 회전
2142200101001111101110111	"연" 그래프
1281001230567410015620473	정팔면체 회전

그림 12.4: 컴퓨터 프로그램은 자동으로 모든 유한한 수학 구조의 종합 순서 목록을 만들어낼 수 있다. 이 목록에서 각각의 구조는 일련의 숫자로 부호화된다. 위의 표에 몇 개의 예가 있는데, 내가 2007년 수학적 우주 논문에서 사용했던 부호화 체계를 사용한 것이다. 두 번째 열에 있는 용어와 그림들은 사실 불필요한 짐인데, 이해를 돕기 위해 실었다.

를 들어, 그림 12.3은 내가 친구인 퍼 버그랜드Per Bergland와 같이 만든 FRAC이라는 3차원 테트리스 게임인데, 당신이 키보드를 만지지 않는다면(물론 그렇게 하면 최고점을 얻기는 어렵겠지만…), 시작부터 끝까지, 게임 전체는 프로그램의 단순한 수학적 규칙에 의해 결정되어, 게임은 4레벨 다중우주의 일부인 수학적 구조가 된다. 우리가 사는 바로 그 우주도 우리가 아직은 알아채지 못한 작은 스케일에서는 시공간에 숨겨졌던 불연속성이 발현될 것이라고 많은 이들이 추측하고 있다.

더욱더 급진적으로 말하면, 시간과 공간 모두를 버린 수학적 구조가 많이 있으며 그 안에서는 어떤 일이 일어난다는 의미를 부여할 수 없다. 그림 12.4에 있는 대부분의 구조들이 그런 종류이다. 예를 들어, 추상적인 정십이면체라는 수학적 구조는 시간을 포함하고 있지 않으므로, 어떤 일도 발생할 수 없다.

4레벨 다중우주에서의 우리의 주소

10장에서 논의했듯이, 수학적 구조란 단지 그들 사이의 관계가 규정된 추상적 대상들의 집합이다. 4레벨 다중우주를 더 체계적으로 조사하기 위해, 우리는 가장 간단한 것부터 점점 더 복잡한 것까지 나아가는, 존재하는 수학적 구조의 목록을 자동으로 출력하는 컴퓨터 프로그램을 짤 수 있다. 그림 12.4는 그런 목록 중 10개의 항목으로, 내가 2007년의 수학적 우주 논문(http://arxiv.org/pdf/0704.0646.pdf)에서 사용했던 부호화 방법을 사용하고 있다. 부호화의 자세한 사항은 우리의 논의에서 그리 중요하지 않지만, 유한한 수의 원소를 가진 수학적 구조는 모두 이 목록 어디엔가 나타난다는 것은 기억해야 한다. 따라서 이런 수학적 구조들 모두는 하나의 숫자, 예를 들어 이 종합 목록에서의 행 번호로 식별할 수 있다.

유한한 수학 구조에서 모든 관계는 숫자로 이루어진 유한한 표로 나타낼 수 있다. 곱셈표의 아이디어를 다른 종류의 관계로 일반화하는 것처럼 생각하면 된다. 원소가 아주 많은 구조들의 경우, 이런 표는 아주 커지고 거추장스러워지며 목록의 아주 아래쪽에 긴 부호를 만들어 내게 된다. 그러나 이런 매우 큰 구조들 중 일부분에는 우아한 단순함이 있어 간단히 나타내는 것도 가능하다. 예를 들어, 숫자 0, 1, 2, 3, …으로 이루어진 수학적 구조와 그 사이의 덧셈 및 곱셈 관계를 생각해 보자. 숫자들의 모든 쌍에 대해 거대한 곱셈표를 적는 것은 엄청난 낭비일 것이다. 100만 개의 숫자만 생각해도 100만 행과 100만 열을 가진 표가 필요하며, 1조 번 입력해야 한다. 그 대신 우리는 초등학생에게 구구단만 외우게 하고 어떻게 그 표를 이용해서 여러 자릿수의 곱셈을 할 수 있는지 가르친다. 컴퓨터에게 곱셈을 시키는 방법은 아이들보다 훨씬 더 효율적이다. 숫자들을 이진법으로 나타내면, 2×2곱셈표와 짧은 컴퓨터 프로그램으로 아무리 큰 숫자라도 곱셈을 할 수 있다.

컴퓨터 프로그램은 0과 1의 유한한 배열, 즉 비트 문자열로 되어 있으며, 이것이 그림 12.4에 있는 수학적 구조를 부호화하고 열거하는 다른 방법을 제공한다. 우리는 각각의 수학적 구조를, 그것의 모든 관계를 정의하는 기능을 가진 가장 짧은 컴퓨터 프로그램의 비트 문자열이 나타내는 숫자로 표현할 수 있다. 이제 간단한 구조는 그것이 아주 많은 원소를 가졌다고 하더라도 목록의 위에 나타날 것이다. 복잡성 이론의 선구자인 레이 솔로모노프Ray Solomonoff, 안드레이 콜모고로프Andrey Kolmogorov, 그레고리 체이틴Gregory Chaitin은 비트 문자열의 알고리즘적 복잡성(또는 간단히 복잡성)을 가장 간단한 자기 충족적인 묘사, 예를 들어 그 문자열을 출력하는 컴퓨터 프로그램의 비트 길이로 정의했다. 이것은 우리의 대안적 종합 목록에서 수학적 구조들이 복잡성의 순서로 배열된다는 것을 의미한다.

이 목록의 장점 중 하나는 무한히 많은 원소를 갖는 수학적 구조도 다룰 수 있다는 것이다. 예를 들어, 모든 정수들의 덧셈과 곱셈에 대한 수학적 구조를 정의하려면, 우리는 임의의 크기의 숫자를 읽고 덧셈과 곱셈을 할 수 있는 가장 짧은 프로그램을 명시하면 된다. 매쓰매티카Mathematical(울프램 사에서 판매하는 과학 및 공학 계산 프로그램 패키지._옮긴이), 또는 기타 컴퓨터 계산 프로그램은 정확히 그런 알고리즘을 갖고 있다. 시공간, 전자기장, 파동함수같이 연속체 위의 무한히 많은 점을 포함하는 수학적 구조도 종종 컴퓨터에서 처리할 수 있는 유한한 구조로써 훌륭하게 근사시킬 수 있다. 실제로 이것이 동료들과 내가 대부분의 이론 물리학 계산을 수행하는 방법이다.

요약하면, 4레벨 다중우주는 컴퓨터를 사용하여 수학적 구조를 열거하고 그 성질을 연구함으로써 체계적으로 그 지도를 그릴 수 있다.

맥스 테그마크
물리학과, MIT
메사추세츠 가 77번지
케임브리지, MA 02139, USA
행성 31415926535897932384626
허블 구역 43383279502884197169399375105
급팽창 이후의 거품 820974944592307816406286
양자 분기 20899862803482534211706798
수학적 구조 21480865132823066470938

그림 12.5: 전체 물리적 실체에서의 내 주소를 나타내기 위해, 4레벨 다중우주에서의 위치(내 수학적 구조 번호), 3레벨 다중우주에서의 위치(내 양자 파동함수의 분기 번호), 2레벨 다중우주에서의 위치(내 급팽창 이후의 거품), 1레벨 다중우주에서의 위치(내 지평선 구역), 그리고 우리 우주에서의 위치를 모두 표시해야 한다. 나는 이 예에서 유한한 개수의 숫자만 나타냈는데, 4단계 전체에서는 무한히 많은 숫자가 필요할 수 있다. 그러면 내 실제 주소는 너무 많은 숫자로 이루어져 편지 봉투에 쓸 수 없을 것이다.

만약 언젠가 우리가 어떤 수학적 구조에 사는지 식별할 수 있게 된다면, 우리는 그것을 종합 목록에 있는 번호로 나타낼 수 있고, 그림 12.5에 즉흥적으로 나타낸 것처럼, 처음으로 전체 물리적 실체 속 우리의 주소를 명시할 수 있게 된다. 지구에 있는 나라들은 주소를 나타내는 데 각기 다른 제도를 운영하고 있다. 예를 들어, 어떤 나라는 우편번호가 숫자로 되어 있고 어떤 나라는 문자로 되어 있으며 어떤 나라는 우편번호가 아예 없기도 하다. 마찬가지로, 주소에서 가장 지역적인 부분을 나타내는 방식 또한 수학적 구조에 따라 달라질 것이다. 대부분은 양자역학도 급팽창도 없을 것이기에, 1, 2, 3레벨, 심지어 행성도 없겠지만, 다른 곳에서는 우리가 꿈도 꾸지 못할 타입의 평행우주를 포함하고 있을 것이다.

4레벨 다중우주의 구조

4레벨 다중우주를 연구하는 것은 흥미로운 일이다. 만약 우리가 수학을 일반적 형식주의 관점에 따라 "수학적 구조에 대한 연구"로 정의한다면, 4레벨 다중우주의 연구가 바로 수학자들이 하는 일이다. 수학적 우주 가설을 믿는 나 같은 물리학자에게 있어서, 4레벨 다중우주를 연구하는 것은 궁극적인 물리적 실체를 탐구하고 그 내부의 우리 위치를 찾는 것과 마찬가지이다. 그리고 편리하게도, 4레벨 다중우주를 탐구하는 일이 다른 낮은 단계의 다중우주 또는 심지어 우리의 우주를 탐구하는 일보다도 쉬운데, 로켓이나 망원경이 필요 없으며 오로지 컴퓨터와 아이디어만 있으면 되기 때문이다! 그래서 나는 지난 몇 년 동안 우리가 방금 얘기했던 수학적 구조의 목록 작성과 분류 작업을 위한 컴퓨터 프로그램을 만들며 즐거운 시간을 보냈다.

실제로 이 일을 하면서, 우리는 중복을 많이 접하게 된다. 컴퓨터 프로그램으로 주어진 계산을 수행하는 데에도 다양한 방법이 있으며, 유한한 수학적 구조를 숫자의 표로 나타낼 때에도 마찬가지로, 원소 배열, 이름 붙이기 등에 따라, 동등한 방법이 엄청나게 많다. 10장에서 논의했듯이, 수학적 구조의 묘사들은 동치를 이루며, 따라서 종합 목록은 각각의 수학적 구조를 단 한 번만 포함해야 하고, 많은 동치의 묘사 중에서 가장 짧은 것이어야 한다.

어떤 두 수학적 구조도, 모든 원소와 그 사이의 관계를 통합함으로써 새로운 구조를 정의할 수 있다. 종합 목록에 있는 많은 구조들은 이런 합성 타입으로, 4레벨 다중우주를 연구할 때, 구조들을 무시하는 것이 타당하다. 이것은 그 두 부분을 연결하는 관계가 아무것도 없기 때문으로, 한쪽 부분에 있는 자기 인식적 관찰자는 영원히 다른 쪽의 존재를 알지도 못하고 영향도 받지 않으며, 다른 부분이 마치 전혀 존재하지 않는 것처럼, 또는 자신의 수학적 구조에 포함되지 않는 것처럼 행동해도 상관없다는 것을 의미한다. 합성 구조는 아마도 오로지 다른 수학적 구조 안에 있을 가능성을 변화시켜서 측도 문제의 해결책으로 등장할 때만 중요해질 것이다. 합성 구조는 묘사하기 더 복잡하기 때문에, 그것을 이루는 일부분에 해당하는 것들보다 목록에서 훨씬 아래에 나타날 것이며, 따라서 합성 구조에 낮은 "측도"를 주는 것이 자연스러울 것이다. 실제로, 4레벨 다중우주에 있는 임의의 유한한 수의 구조들에는, 그것을 모두 포함하며 종합 목록의 훨씬 아래에 있는 하나의 합성 구조가 있다.

비록 4레벨 다중우주 안에 있는 다른 수학적 구조들이 물리적으로 의미 있는 방식으로 연결되지 않았지만, 더 높은 레벨에서는 그것들 사이에 흥미로운 관계가 많이 있다. 예를 들어, 우리는 방금 어떻게 한 구조가 다른 구조들의 합성일 수 있는지 이야기했다. 다른 예는 한 구조가 어떤 의미로 다른 것을 묘사하는 경우이다. 가령, 첫 번째 구조의 원소들이 두 번째 구조의 관계에 해당할 수 있고, 첫 번째 구조의 관계가 두 번째 구조의 관계를 합성할 때 어떤 일이 일어나는지 묘사할 수 있다. 이런 의미로, 그림 12.4에 있는 "정육면체 회전" 구조의 24가지 관계는 수학자들이 말하는 "정육면체의 회전군", 즉 완전한 정육면체가 똑같은 형태로 남겨지는 모든 가능한 회전들에 해당하는 24개의 원소를 가진 구조에 의해 묘사될 수 있다. 이런 정육면체 대칭성을 가지는 수학적 구조들이 많기 때문에, 수학적 구조를 정육면체 자체라고 주장할 수도 있다. 예를 들어, 그 구조의 원소들은 정육면체의 면, 꼭짓점 혹은 변에 대응하고, 그 구조의 관계들은 회전에 의해 이 원소들이 재배열되는 방식 혹은 어떤 것과 어떤 것이 이웃에 있는지를 나타낸다.

4레벨 다중우주의 극한: 결정할 수 없고, 계산할 수 없고, 정의할 수 없는 것

4레벨 다중우주는 얼마나 큰가? 우선 첫째로, 무한히 많은 유한한 수학적 구조가 있다. 정확히 말하면 숫자 1, 2, 3, …들이 있는 만큼 무한한데, 왜냐하면 우리는 유한한 수학적 구조들이 하나의 숫자가 붙은 목록으로 정리될 수 있다는 것을 알기 때문이다. 하지만 4레벨 다중우주는 각각 무한히 많은 원소들이 있는 무한한 수학적 구조들을 얼마나 많이 포함하고 있을까? 우리는 몇몇 무한한 구조들이 그 관계를 정의하는 컴퓨터 프로그램을 이용해서 유한한 구조들과 함께 종합 목록에 정의되고 포함될 수 있는 것을 보았다. 그러나 무한대를 받아들이는 것은 존재론 문제의 판도라 상자를 여는 것이다. 이것을 이해하기 위해, 원소가 1, 2, 3, … 등의 자연수일 때, 다음 목록에 있는 세 가지 관계(함수), 즉 다음 정의에 따라 숫자들을 입력으로 받아들여 새 숫자를 계산하는 규칙들을 포함하는 수학적 구조를 고려하자.

1. $P(n)$: 주어진 숫자 n에 대해, $P(n)$은 n보다 큰 최소의 소수를 나타낸다.
2. $T(n)$: 주어진 숫자 n에 대해, $T(n)$은 n보다 큰 최소의 쌍둥이 소수를 나타낸다(쌍둥이 소수란 다음으로 작은 소수와 차이가 2인 소수이다. 예를 들어, 11과 13이 쌍둥이 소수이다).
3. $H(m, n)$: 주어진 두 숫자 m과 n에 대해, $H(m, n)$은 만약 모든 컴퓨터 프로그램의 종합 목록에 있는 m번째 프로그램이 n을 입력했을 때 영원히 실행되면 0이고, 반대로 유한한 숫자의 단계 후 정지하면 1이다.

이 구조는 4레벨 다중우주에 속할 자격이 되는가, 아니면 충분히 잘 정의되지 않았는가? 첫 함수인 $P(n)$은 식은 죽 먹기다. n 이후의 숫자들에 대해 그것이 소수인지 차례로 확인하고 소수를 찾으면 정지하는 프로그램을 짜는 것은 쉬운 일이며, 유클리드가 2,000년도 더 전에 증명했듯이 소수는 무한히 많이 있으므로 이 프로그램은 유한한 수의 단계 이후에 정지할 것이 확실하다. 따라서 $P(n)$은 이른바 계산 가능한 함수의 범주에 든다.

두 번째 함수인 $T(n)$은 좀 더 어렵다. n 이후의 숫자 각각이 쌍둥이 소수인지 아닌지 확인하는 프로그램을 짜는 것은 쉬운 일이지만, 당신이 $3756801695685 \cdot 2^{666669} - 1$(이 책의 집필 당시 알려진 가장 큰 쌍둥이 소수)(현재 이것보다 더 큰 쌍둥이 소수인 $2996863034895 \cdot 2^{1290000} - 1$이 발견되었다._옮긴이)보다 더 큰 숫자를 대입하면 그 프로그램이 결국 멈추고 답을 내놓을 수 있을지 확실하지 않은데, 가장 능력 있는 수학자들이 최선을 다해 노력했음에도 불구하고, 아직 우리는 쌍둥이 소수가 무한히 많은지 확실히 모르기 때문이다. 따라서 현재로서 우리는 $T(n)$이 계산 가능한 함수여서 엄밀하게 정의되는지 알 수 없으며, 그렇게 엉성하게 주어진 관계가 잘 정의된 것이라고 할 수 있는지도 논란의 여지가 있다.

세 번째 함수인 $H(m, n)$은 더욱더 사악하다. 전산 과학의 선구자들인 알론조 처치Alonzo Church와 앨런 튜링Alan Turing은 $H(m, n)$을 임의의 입력값 m과 n에 대해서 유한한 단계 안에 계산할 수 있는 프로그램은 없다는 것을 확실히 했으며, 따라서 $H(m, n)$은 이른바 계산 불가능 함수의 예이다. 다시 말해, 다른 프로그램들이 결국 정지할지 판단할 수 있는 프로그램은 없다. 물론, 주어진 프로그램은 모두 멈추거나 혹은 멈추지 않거나 하겠지만, 문제는 쌍둥이 소수의 경우와 마찬가지로, 그것을 밝혀내기 위해 영원히 기다려야 할 수도 있다. 계산 불가능 함수에 대한 처치-튜링의 발견은 논리학자인 쿠르트 괴델Kurt Gödel이 밝힌 대로 연산의 어떤 정리는 결정 불가능하다는 것, 즉 어떤 명제들은 유한한 단계 안에서 증명하거나 반증하는 것이 불가능하다는 것과 밀접한 관련이 있다.

어떤 수학적 구조가 *H*같이 아주 강력한 컴퓨터라도 계산할 수 없는 관계를 포함할 경우 잘 정의된 것으로 간주해야 할까? 만약 그렇다면, 그 구조는 일종의 신탁과 같은 존재, 즉 어떤 의미로 보면 무한한 능력을 가졌고 답을 얻기 위해 진실로 무한한 수의 계산 단계를 수행할 수 있는 존재에게만 알려질 수 있다. 그런 구조는 우리가 앞에서 논의했던 종합 목록에는 절대 나타나지 않을 텐데, 왜냐하면 종합 목록에는 오로지 통상적인 컴퓨터 프로그램에 의해 정의될 수 있는 구조만 포함하며 무한한 신탁의 능력을 필요로 하는 것은 제외되기 때문이다.

마지막으로, 오늘날 가장 잘 알려진 수학적 구조 중 하나인 실수, 가령 3.141592…와 같이 소수점 아래 무한히 계속되는 실수를 고려해 보자. 실수는 연속체를 이루며, 일반적인 것을 하나만 명시하려 해도, 무한히 많은 자릿수, 즉 무한히 많은 정보를 주어야 한다. 즉, 통상적인 컴퓨터 프로그램은 실수를 처리할 가능성이 전혀 없다. 문제는 함수 *H*처럼 유한한 입력에 대해 무한히 많은 계산 단계를 수행해야 할 뿐만 이 아니라, 무한한 양의 정보를 입력하고 출력해야 한다는 것이다.

그 대안인, 쿠르트 괴델의 연구는 우리를 걱정시킬 수도 있다. 무한한 수학적 구조를 가진 수학적 우주 가설은 우리의 우주를 왠지 모순되거나 잘 정의되지 않게 하여 말이 안 되기 때문이다. 만약 수학자 다비트 힐베르트David Hilbert의 금언인 "수학적 존재는 오로지 모순으로부터의 자유이다"를 받아들인다면, 모순적인 구조는 수학적 우주 가설에서처럼 물리학적인 것은 고사하고 수학적으로도 존재하지 않을 것이다. 우리의 물리학 표준 모형은 정수나 실수 같은 익숙한 수학적 구조를 포함한다. 그럼에도 불구하고 괴델의 연구는 익숙한 수학이 모순적이며, 수론 자체 내부에 0=1을 보여주는 유한한 길이의 증명이 존재할 가능성을 열어놓는다. 이런 충격적인 결과를 이용하면, 정수에 대한 모든 주장이 구문적으로 정확하기만 하면 결국 증명될 수 있고 우리가 아는 수학은 카드로 만든 집처럼 무너질 것이다.

그러면 수학적 우주 가설은 괴델의 불완전성 정리에 의해 배제되는가? 우리가 아는 한, 그렇지 않다! 괴델이 보인 것은 그 어떤 강력한 형식 체계에 대해서도 그 자체만으로 무모순성을 증명할 수는 없다는 것이지, 실제로 모순이나 문제점이 있다는 의미는 아니다. 사실, 우리 우주는 그것이 수학적 구조라는 실마리는 보여주지만 모순적이라거나 잘 정의되지 않는다는 기색은 없다. 게다가 우리가 원한 것은 무엇이었나? 어떤 형식 체계가 그 자체로 무모순인 것이 증명된다고 해도, 모순적인 체계는 그 자체의 무모순성을 포함해 그 어떤 것도 증명할 수 있을 것이기 때문에 우리가 그것이 옳다고 믿을 이유는 없다. 무모순이라고 신뢰할 만한 어떤 간단한 체계가 더 강력한 체계의 무모순성을 증명할 수 있다면 확신할 수 있겠지만, 괴델은 바로 그것이 불가능함을 증명했던 것이다. 나와 친분이 있는 많은 수학자들 중에 현대 물리학을 주름잡는 수학적 구조들(유사-리만 다양체, 칼라비-야우 다양체, 힐베르트 공간 등)이 실은 모순적일 거라는 의견을 내놓은 이는 단 한 명도 없었다.

비결정성과 모순성에 대한 그런 모든 불확정성은 무한히 많은 원소를 가진 수학적 구조에만 적용된다. 앞 장에서 우리는 현대 우주론을 괴롭히는 측도 문제 또한 무한히 많은 원소를 갖는 수학적 구조에만 적용된다는 것을 보았다. 이제 우리는 다음의 도발적인 문제에 당면한다. 비결정성과 잠재적 모순성이 정말 궁극적 물리 실체에 내재하는 것일까, 아니면 그들은 단지 신기루로서 우리가 불장난으로 우리 우주를 실제로 묘사하는 것들보다 더 편리한 강력한 수학적인 도구를 사용한 결과인 인위적 산물일 것인가? 더 구체적으로, 현실적이기 위해, 즉 4레벨 다중우주의 일원이 되기 위해, 수학적 구조는 얼마나 잘 정의되어야 하는가? 구조들이 충족할 수 있는 다음과 같은 다양한 흥미로운 선택지가 있다.

1. 구조가 없음(즉, 수학적 우주 가설은 틀렸다).
2. 유한한 구조. 유한한 구조의 모든 관계는 유한한 표에 정리되므로, 자명하게 계산 가능하다.
3. 계산 가능한 구조(그 관계는 언젠가 중단되는 유한한 계산으로 정의된다).
4. 중단된다는 것이 보장되지 않는 계산으로 정의된 관계를 갖는 구조(무한히 많은 단계가 필요할 수 있다). 앞에서 나온 함수 H가 그 예이다.
5. 한층 더 일반적인 구조로, 연속체와 관련된 구조 등이 있으며, 이때 전형적인 원소를 묘사하기 위해 무한대의 정보가 필요하다.

계산 가능한 우주 가설

흥미로운 가능성은 계산 가능한 우주 가설Computable Universe Hypothesis, CUH로 앞에서 3번 경우가 한계이고 더 일반적인 구조는 물리적 실체로서의 자격이 만족되지 않는다는 것이다.

> **계산 가능한 우주 가설**: 우리의 외적 물리 실체가 계산 가능한 함수들로 정의되는 수학적 구조이다.

이것은 수학적 구조를 정의하는 관계(함수) 모두가 확실히 유한한 단계 이후 종료하는 계산들로 실현될 수 있다는 것을 의미한다. 만약 계산 가능한 우주 가설이 거짓일 경우, 더욱 보수적인 가설은 유한한 우주 가설Finite Universe Hypothesis, FUH이며 앞의 2번이 외적 물리 실체와 관련될 수 있는 한계가 된다. 이때, 우리의 외적 현실은 유한한 수학적 구조이다.

우리가 지난 장의 마지막 부분에서 논의했듯이, 긴밀하게 연관된 문제들이 물리학과 아무 관련 없이 수학자들 사이에서 활발하게 논의되었다는 것은 흥미로운 일이다. 레오폴트 크로네커, 헤르만 바일Hermann Weyl, 루벤 굿스타인Reuben Goodstein 등이 포함된 수학의 유한론 학파에 의하면, 수학적 대상은 그것이 정수로부터 유한한 단계를 거쳐 만들어질 수 있을 때만 존재한다. 이 때문에 바로 3번이 선택된다.

계산 가능한 우주 가설에 의하면 우리의 물리적 실체인 수학적 구조는 계산 가능하고, 따라서 그 모든 관계가 계산될 수 있다는 강한 의미로 잘 정의된다는 매력적인 성질이 있다. 그리하여 우리 우주의 물리적 성질에는 계산 불가/결정 불가인 것이 없으므로, 처치, 튜링 그리고 괴델의 연구가 어떻게든 우리의 세계를 불완전하거나 모순적으로 만든다는 우려를 제거한다. 나는 우리의 물리적 실체가 어떤 성질을 갖고 있는지 정확히 모르지만, 나는 이런 성질이 잘 정의되었다는 의미로 존재한다고 확신한다. 자연은 분명히 그것이 어떻게 작동하는지 훤히 잘 알고 있을 것이다!

많은 사람들은 우리의 물리 법칙이 왜 비교적 간단해 보이는지 궁금해했다. 예를 들어, 입자 물리학의 표준 모형은 왜 훨씬 복잡한 다른 대안들과 다르게, 우리가 $SU(3)\times SU(2)\times U(1)$이라고 부르는 간단한 대칭성을 가지고 있으며, 10장에 나온 32개의 인수를 필요로 하는가? 계산 가능한 우주 가설이 자연의 복잡성을 날카롭게 제한함으로써 이런 상대적 단순성에 기여한다고 추측하는 것은 구미가 당기는 일이다. 연속성을 완전히 추방함으로써, 계산 가능한 우주 가설은 아마도 급팽창의 풍경을 축소하고 우주론적 측도 문제를 해결하는 데 도움을 줄 수 있을 것이다. 측도 문제는 앞 장에 나왔듯이 대체적으로 진정한 연속체가 지수함수적 팽창을 영원히 겪으며 무한히 많은 관찰자를 만들어낼 수 있는 능력과 연관되어 있다.

그것은 좋은 소식이었다. 계산 가능한 우주 가설이 우리 우주를 확실하고 엄밀하게 정의하고, 존재하는 것을 제한하여 아마도 우주론적 측도 문제를 완화시킬 수 있을 거라는 매력적인 특성을 가지기는 하지만, 해결해야 하는 심각한 도전들이 제기되기도 한다.

계산 가능한 우주 가설에 대한 첫 번째 우려는, 비록 모든 가능한 수학적 구조가 "저기 있기는" 하지만, 그중 어떤 것에는 특권적 위치가 있다는 것을 실질적으로 인정하게 되어, 마치 철학적 우위를 포기하는 것처럼 들릴 수 있다는 것이다. 그러나 나는 만약 계산 가능한 우주 가설이 옳은 것으로 판명되는 경우, 수학적 풍경의 나머지는 단지 환상일 뿐, 근본적으로 잘 정의되지 않으며 그 어떤 의미로도 존재하지 않기 때문에 그것으로 충분할 것이라고 추측한다.

더 시급한 도전 과제는 우리의 현재 표준 모형이 (그리고 거의 모든 역사적으로 성공적이었던 이론들이) 계산 가능한 우주 가설을 위배하며, 실현 가능하고 계산 가능한 대안이 있는지도 전혀 확실치 않다는 것이다. 계산 가능한 우주 가설 위반의 주된 근원은 보통 실수 혹은 복소수의 형태로 연속성을 포함하는 데서 온다. 당연히 그것들을 나타내려면 일반적으로 무한히 많은 비트 수가 필요하므로, 유한한 계산에 입력되는 것조차 불가능하다. 고전적인 시공간 연속성을 불연속화 혹은 양자화를 통해 추방하려는 접근 방법조차 그 이론의 다른 측면에서는 전자기장의 세기 또는 양자 파동함수의 진폭 등의 연속적 변수를 유지하려는 경향이 있다.

이 연속체 도전에 대한 흥미로운 접근법 하나는, 실수를 연속성을 흉내 내지만 계산 가능성을 유지하는 수학적 구조로, 예를 들어 수학자들이 대수적 수algebraic number(계수가 유리수인 다항식의 근이 되는 복소수._옮긴이)라고 부르는 것으로 대체하는 것이다. 내 생각에 연구해볼 가치가 있는 다른 접근법은 연속성을 근본적인 것으로 받아들이지 않고 근사를 통해 되찾으려고 시도하는 것이다. 언급했던 대로, 우리는 물리에서 어떤 것이건 유효숫자 약 16자리 이상 측정한 적이 없고, 결과가 진정한 연속체가 존재한다는 가설에 의존하는 실험이나, 혹은 자연이 무언가 계산 불가능한 것을 계산하는 데 의존하는 실험을 수행한 적이 없다. 고전역학의 여러 연속체 모델(예를 들어, 파동, 확산 혹은 유체 흐름을 기술하는 방정식)이 단순히 그 기저에 있는 불연속적인 원자 배열의 근사라고 알려져 있다는 것은 놀라운 일이다. 양자 중력 연구는 고전적인 시공간의 연속성도 매우 작은 스케일에서는 무너진다는 것을 암시한다. 따라서 우리는 우리가 연속적인 것으로 취급하는 양들(시공간, 장의 세기, 양자 파동함수 진폭 등)이 무언가 불연속적인 것의 근사일 뿐인지 아닌지 확신할 수 없다. 사실, 어떤 불연속적인 계산 가능한 구조들(실제로, 유한한 우주 가설을 만족하는 유한한 것들)은 우리의 연속적 물리학 모델을 아주 잘 근사할 수 있기 때문에, 우리 우주의 수학적 구조가 전자에 더 가까운지 아니면 후자에 더 가까운지의 질문은 제쳐놓고, 우리 물리학자들은 어떤 것을 실제로 계산할 필요가 있을 때 계산 가능한 불연속적 구조들을 사용한다. 콘라트 추제Konrad Zuse, 존 배로, 위르겐 슈미트후버Jürgen Schmidhuber 그리고 스티븐 울프럼Stephen Wolfram 등은 심지어 자연 법칙들이 계산 가능하며 또한 마치 셀룰러 오토마타 또는 컴퓨터 시뮬레이션처럼 유한하다고 주장하기도 했다. (그러나 이런 제안들은 묘사[관계] 대신에 시간 변화를 요구한다는 점에서 계산 가능한 우주 가설, 유한한 우주 가설과는 다르다는 것에 유의해야 한다.)

반전은 더 추가될 수 있다. 물리학에는 무언가 연속적인 것(양자장 같은 것)이 불연속적인 것(결정 구조 같은 것)을 만들고, 불연속적인 것이 다시 큰 스케일에서 보면 연속적인 물질처럼 보이다가, 어떤 경우에는 다시 그 연속체가 포논이라고 부르는 불연속인 입자처럼 행동하는 진동을 허용하는 예가 있다. MIT의 내 동료인 시아오-강 웬Xiao-Gang Wen은 그러한 "발현하는" 입자들이 심지어 표준 모형에 있는 것처럼 행동할 수도 있음을 증명해서, 궁극적으로 불연속적인 계산 가능한 구조 위에, 여러 층의 실질적으로 연속이거나 불연속적인 설명이 존재할 수도 있다는 가능성을 제기했다.

4레벨의 초월적 구조

앞에서 우리는 수학적 구조와 계산이 전자가 후자에 의해 정의된다는 의미에서 어떻게 긴밀하게 연결되어 있는지 탐구했다. 반면 계산은 수학적 구조의 특별한 경우들일 뿐이다. 예를 들어, 디지털 컴퓨터의 정보는 메모리 칩의 상태에 저장된 비트의 배열로 마치 "1001011100111001…" 같은 것이며, 큰 정수 n을 이진법으로 쓴 것과 같다. 컴퓨터의 정보 처리는 각 메모리 상태를 다른 상태로 바꾸는 결정된 규칙으로서(여러 번 되풀이해서 적용됨), 수학적으로는 그저 정수를 정수에 대응시키는 함수 f이며 작용이 $n \mapsto f(n) \mapsto f(f(n)) \mapsto$처럼 반복되는 것이다. 다시 말해, 가장 정교한 컴퓨터 시뮬레이션조차도 단지 수학적 구조의 특별한 경우에 불과하며, 따라서 4레벨 다중우주에 포함된다.

그림 12.6은 계산과 수학적 구조가 어떻게 연관되어 있는지, 그리고 이 둘과 형식 체계가 어떻게 연관되어 있는지를 보여준다. 형식 체계란 수학자가 수학적 구조에 대한 정리를 증명하기 위해 사용하는 공리와 연역 규칙의 추상적 부호 체계를 뜻한다. 그림 12.1의 상자들이 그런 형식 체계에 해당한다. 형식 체계가 수학적 구조를 묘사하는 경우, 수학자들은 수학적 구조가 형식 체계의 모형이라고 말한다. 게다가 계산을 통해 형식 체계의 정리를 만들어낼 수 있다(실제로, 어떤 부류의 형식 체계이든 모든 정리를 계산할 수 있는 알고리즘이 존재한다).

또한 그림 12.6은 삼각형의 세 꼭짓점 모두에 있는 잠재적인 문제점을 보여준다. 수학적 구조는 정의되지 않는 관계를 가질 수도 있고, 형식 체계는 결정할 수 없는 진술을 포함할 수도 있으며, 계산은 유한한 단계 이후에 종료하지 못할 수도 있다. 각각의 문제점을 포함해서, 세 꼭짓점 사이의 관계를 6개의 화살표로 나타냈는데, 내 2007년 수학적 우주 논문에 더 자세히 다루었다. 각각의 화살표는 수학적 논리학으로부터 전산 과학에 이르기까지 다양한 분야의 전문가가 연구하는 것이기 때문에, 이 삼각형 전체에 대한 연구는 다소 학제적인 면이 있으며, 나는 더 많은 관심을 받을 가치가 있다고 생각한다.

나는 세 꼭짓점(수학적 구조, 형식 체계 그리고 계산)이 그저 우리가 아직 그 본질을 충분히 이해하지 못하는 단일한 근본적인 초월적 구조의 다른 측면들이라는 것을 제안하기 위해 삼각형의 중심에 물음표를

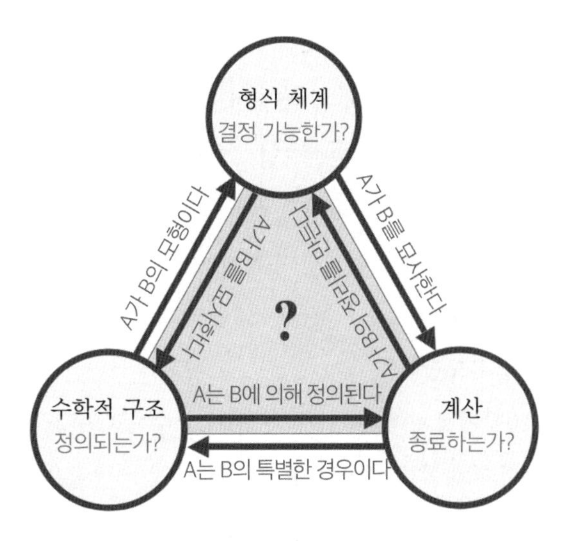

그림 12.6: 화살표는 수학적 구조, 형식 체계, 계산 사이의 긴밀한 관계를 나타낸다. 물음표는 이것들 모두가 그 본질을 아직 우리가 완전히 이해하지 못하는 동일한 초월적 구조라는 것을 암시한다. A는 화살표가 시작되는 쪽을, B는 화살표가 끝나는 쪽을 나타낸다.

그렸다. 이 구조(아마도 계산 가능한 우주 가설에 따라 정의된/결정 가능한/종료하는 것으로 제한된)는 "그곳에" 짐이 없는 방식으로 존재하며, 수학적 존재의 총체이자 물리적 존재의 총체이다.

4레벨 다중우주의 함의

지금까지 이 장에서 우리는 궁극적 물리 실체가 4레벨 다중우주라고 주장했고, 그 수학적 성질들을 탐구하기 시작했다. 이제 그 물리적 성질들과 4레벨 아이디어의 기타 시사점을 탐구해보자.

대칭성과 그 너머

만약 우리가 종합 목록의 좀 특별한 수학적 구조로서 4레벨 다중 우주의 지도 역할에 관심을 쏟는다면, 그 내부에 있는 자기 인식을 하는 관찰자가 인식하게 되는 물리적 성질을 어떻게 유도할 수 있을까? 다시 말해, 지능이 무한히 뛰어난 수학자라면 수학적 정의로부터 어떤 방정식에서 출발하여 우리가 9장에서 "합의적 현실"이라고 불렀던 물리학적 묘사를 유도할까?*

우리는 10장에서 수학자는 맨 처음에 그 수학적 구조가 어떤 대칭성을 가지는지 계산할 것이라고 주장했다. 대칭성 성질은 모든 수학적 구조가 가지고 있는 몇 안 되는 성질이고, 그 구조의 거주자에게 명백한 물리적 대칭성으로 나타날 수 있다.

수학자가 임의의 구조를 탐구할 때 어떤 것을 계산해야 하는지의 문제는 대체로 미지의 영역이지만, 나는 우리가 거주하는 특정한 수학적 구조에서, 그 대칭성에 대한 심화 연구가 더 깊은 직관에 대한 금광 역할을 했다는 것은 놀라운 일이라고 생각한다. 독일의 수학자인 에미 뇌터Emmy Noether는 1915년에 우리 수학적 구조의 연속적 대칭성 각각이 이른바 물리학의 보존법칙으로 이어진다는 것을 증명했다. 그 법칙들에 의하면 어떤 양들은 일정하다는 것이 보장되며, 그리하여 자기 인식적 관찰자로 하여금 그 현상에 주목하고 "짐"으로서의 이름을 부여하게 할 수도 있다. 7장에서 우리가 논의했던 모든 보존되는 양들은 그러한 대칭성에 해당한다. 예를 들어, 에너지는 시간 이동 대칭성(물

---

* 과학 철학의 통상적인 접근에 의하면, 수리 물리학 이론은 (i) 수학적 구조, (ii) 경험적 영역, (iii) 수학적 구조의 구성원을 경험적 영역의 구성원과 연결하는 일련의 대응 규칙 등으로 분해할 수 있다. 만약 수학적 우주 가설이 옳다면, (ii) 와 (iii)은 불필요한데, 적어도 원칙적으로는 (i)에서 유도되기 때문이다. 그 대신, 수학적 우주 가설은 (i)에서 정의된 이론의 편리한 사용 설명서로 취급될 수 있다.

리학 법칙이 언제나 동일하다는 것)에 해당하고, 운동량은 공간 이동 대칭성(법칙이 어디서나 동일하다는 것)에, 각운동량은 회전 대칭성(텅 빈 공간에는 특별한 방향이 없다는 것)에, 그리고 전기 전하는 양자역학의 어떤 대칭성에 해당한다. 헝가리의 물리학자였던 유진 위그너는 더 나아가 이런 대칭성이 또한 입자들이 가질 수 있는 모든 양자 성질을 결정한다는 것을 증명했는데, 거기에는 질량과 스핀이 포함된다. 다시 말해, 그 두 가지 사이에서, 뇌터와 위그너는, 적어도 우리 자신의 수학적 구조에서 대칭성에 대한 탐구는, 그 안에 어떤 종류의 "물체"가 있을 수 있는지 드러낸다는 것을 보인 것이다. 내가 7장에서 언급했듯이, 나의 물리학계 동료들 중 수학 전문용어를 선호하는 이들은 입자란 단순히 "대칭성 군의 기약 표현의 한 원소"라고 표현하기도 한다. 실질적으로 모든 물리학 법칙이 대칭성에서 근원한다는 것이 명백해졌고, 노벨 물리학상 수상자인 필립 워런 앤더슨Philip Warren Anderson은 심지어 "물리학이 대칭성의 탐구라는 말은 사실을 아주 조금만 과장한 것이다"라고 말했다.

대칭성이 물리학에서 그렇게 중요한 역할을 하는 것은 왜일까? 수학적 우주 가설이 그 답을 제시하는데, 우리의 물리적 실체는 수학적 구조이고, 수학적 구조는 대칭성을 가지기 때문이다. 우리가 거주하는 그 특정 구조가 많은 대칭성을 가지는 이유에 대한 심오한 질문은, 그리하여 우리가 왜 대칭성이 적은 다른 구조가 아니라 이 특정한 것 안에 있는가라는 질문과 동등해진다. 부분적으로 그 질문에 대한 답은 대칭성이 수학적 구조에서 예외라기보다는 규칙에 가깝다는 것이고, 특히 종합 목록에서 너무 아래로 내려가지 않으면서 큰 수학적 구조들에 대칭성이 중요하며, 그런 수학적 구조에서는 많은 원소들이 공통의 성질을 가져서 간단한 알고리즘이 원소들 사이의 관계를 정의할 수 있기 때문이다. 인류적 선택 효과도 작동할 수 있는데, 위그너가 지적했듯이, 자신을 둘러싼 세계의 규칙성을 포착할 수 있는 관찰자가 존재한다면 아마도 대칭성을 필요로 할 것이므로, 우리가 관찰자라는 것을 고려하면, 우리는 우리가 고도로 대칭적인 수학적 구조 안에 있다고 예상할 수 있다. 예를 들어, 실험이 언제 어디에서 수행되었는가에 따라 실험 결과가 달라지기 때문에 실험을 절대 반복할 수 없는 세상을 이해하려 한다고 상상해보자. 돌을 떨어뜨렸더니 어떤 때는 아래로, 또 어떤 때는 위나 옆으로 움직이는 것처럼, 우리 주위의 모든 현상이 전혀 분간할 수 있는 패턴이나 규칙성 없이 무작위로 나타난다면, 진화가 두뇌를 발달시킬 이유가 없을 것이다.

현대 물리학은 보통 대칭성을 출력보다는 입력으로 취급한다. 예를 들어, 아인슈타인은 로렌츠 대칭성(빛의 속도를 포함해서, 모든 물리학 법칙이 일정하게 운동하는 모든 관찰자에 대해 동일하기 때문에, 당신은 자신이 정지해 있는지 운동하고 있는지 분간할 수 없다는 가설)에 기반을 두고 특수 상대론을 세웠다. 마찬가지로 $SU(3)\times SU(2)\times U(1)$라고 불리는 대칭성은 보통 입자 물리학 표준 모형의 출발 가정으로 선택된다. 수학적 우주 가설하에서는, 그 논리가 반대로 되어, 대칭성은 가정이 아니라 종합 목록에 있는 정의로부터 계산할 수 있는 수학적 구조의 성질에 불과하다.

초기 조건의 환상

일반적으로 MIT에서 물리 과목을 가르칠 때와 달리, 4레벨 다중우주는 매우 다른 출발점을 제공하기 때문에 대부분의 전통적인 물리학 개념이 다시 해석될 필요가 있다. 우리가 방금 보았듯이, 대칭성을 비롯해서 어떤 개념들은 중심적 위치를 견지한다. 그러나 다른 개념, 예를 들어 초기 조건, 복잡성 그리고 무작위성 같은 개념들은 단순히 환상이었으며 보는 사람의 마음에나 있었고 외적 물리 실체에는 없었던 것으로 재해석된다.

우선 초기 조건을 생각해보자. 우리는 6장에서 이것을 간단히 접한 적이 있다. 초기 조건에 대한 전통적 관점을 유진 위그너보다 더 잘 파악한 사람은 없다. 그는 "물리적 세계에 대한 우리의 지식은 초기 조건과 자연 법칙, 이 두 범주로 나뉜다. 세계의 상태는 초기 조건에 의해 기술된다. 이것은 복잡하며 그 어떤 정확한 규칙성도 발견된 적이 없다. 어떤 의미로, 물리학자는 초기 조건에 관심 있는 것이 아니어서, 초기 조건에 대한 탐구를 천문학자, 지질학자, 지리학자 등에게 맡겨버린다"라고 했다. 다시 말해, 우리 물리학자들은 전통적으로 우리가 이해하는 규칙성을 "법칙"이라고 하고 우리가 이해하지 못하는 대부분의 것들을 "초기 조건"으로 폄하한다. 우리는 법칙을 통해 초기 조건들이 시간이 흐름에 따라 어떻게 변화하는지 예측할 수 있지만, 초기 조건들이 애초에 왜 그렇게 시작했었는지에 대한 정보는 얻을 수 없다.

반면, 수학적 우주 가설은 그런 임의의 초기 조건에 대한 여지를 전혀 남기지 않고, 그 모두를 근본 개념으로부터 제거한다. 우리의 물리적 실체가 종합 목록에 있는 수학적 정의에 의해 모든 측면에서 완벽하게 결정되는 수학적 구조이기 때문이다. 모든 것이 완전히 명시되지 않은 상태로 그저 "시작되었다"거나 "생겨났다"라고 하면서, 모든 것의 이론이라고 주장하는 것은 불완전한 묘사이며, 수학적 우주 가설을 위배하는 것이다. 수학적 구조에는 정의되지 않은 부분이 있어서는 안 된다. 따라서 전통적 물리학은 초기 조건을 아우르지만, 수학적 우주 가설은 거부한다. 이것을 어떻게 타개할 수 있을까?

무작위성의 환상

모든 것이 정의되어야 한다는 필요성에 의해, 수학적 우주 가설은 물리학에서 핵심 역할을 했던 무작위성이라는 개념도 추방한다. 어떤 것이 관찰자에게 무작위로 보이건 말건, 그것은 궁극적으로 환상일 수밖에 없으며, 근본적인 단계에서는 존재하는 것이 아닌데, 왜냐하면 수학적 구조에는 무작위한 것이 전혀 없기 때문이다. 하지만 내 연구실 책장에 있는 물리학 교과서들은 이 단어로 가득 차 있다. 양자 측정은 무작위적 결과를 낳는다고 하고, 커피 잔의 열은 그 분자들의 무작위 운동이 원인이라고 이야기한다. 전통적 물리학은 또다시 수학적 우주 가설이 거부하는 무작위성을 포용하고 있다. 이 문제를 어떻게 해야 하는가?

초기 조건의 수수께끼와 무작위성 수수께끼는 연결되어 있으며 긴급한 문제를 제기한다. 대략 어림잡으면, 우리 우주에 있는 모든 입자의 실제 상태를 나타내면 거의 구골(10^{100}) 비트의 용량이 된다. 이 정보의 근원은 무엇일까? 전통적인 답에는 초기 조건과 무작위성의 혼합이 필요하다. 우리 우주가 어떻게 시작되었는지를 묘사하는 데 많은 용량의 비트가 필요한데, 왜냐하면 물리학의 전통적 법칙은 그것을 구체적으로 명시하지 않았으며, 그다음 그때와 지금 사이에 일어난 여러 가지 무작위적 과정의 결과를 묘사하는 데 추가 용량이 필요하기 때문이다. 수학적 우주 가설이 모든 것이 명시되는 것을 요구하고 초기 조건과 무작위성 모두를 추방한다면, 이 모든 정보를 우리는 어떻게 설명할 수 있을까? 만약 수학적 구조가 티셔츠 위의 방정식으로 설명할 수 있을 만큼 간단하다면, 이것은 액면으로는 완전히 불가능하다! 이제 이 질문들과 씨름해보자.

복잡성의 환상

실제로 우리 우주는 얼마만큼의 정보를 담고 있을까? 우리가 논의했던 대로, 어떤 것의 정보 용량, 즉 알고리즘적 복잡성은 스스로를 묘사하는데 필요한 가장 짧은 양의 비트 수이다. 이것의 미묘함을 이해하기 위해, 그림 12.7에 나온 6가지 다른 패턴 각각이 얼마만큼의 정보를 담고 있는지 알아보자. 얼핏 보기에, 왼쪽의 2개는 아주 비슷하게 보이며, 128×128=16,384개의 작은 흑백 화소로 이루어진 무작위 패턴처럼 보인다. 즉, 우리가 각 화소의 색깔을 표시하는 데 1비트씩, 약 1만 6,384비트가 있어야 한다. 사실 내가 양자 난수 발생기를 써서 만든 위 패턴은 1만 6,384비트로 이루어진 것이 맞지만, 아래 패턴에는 단순성이 숨겨져 있다. 아래 패턴은 사실 단순히 2의 제곱근을 표현한 것이다! 이 간단한 표현은 전체 패턴을 계산하기에 충분하며, $\sqrt{2} \approx 1.414213562\cdots$이고 이진법으로는 $1.0100001010000110\cdots$이다. 논의를 위해, 0과 1의 패턴을 100비트짜리 프로그램으로 발생시킬 수 있다고 하자. 그렇다면 왼쪽 아래 패턴의 복잡성은 환상이다. 우리가 보는 것은 1만 6,384비트의 정보가 아니라, 고작 100이다!

이 패턴의 작은 일부분에 포함된 정보에 대해 물어보기 시작하면 상황은 더 복잡해진다. 그림 12.7의 위 줄은 우리가 예상한 그대로이다. 작은 부분은 간단하기 때문에 묘사하는 데 더 적은 정보를 필요로 한다. 각각의 흑백 화소에 대해 1비트가 있으면 된다. 하지만 아래 줄에서는 정확히 반대 현상이 나타난다! 여기서는 작은 것이 더 큰데, 가운데 패턴이 왼쪽 패턴보다 더 복잡하여 묘사하는 데 더 많은 비트 수가 필요하다. 왜냐하면 간단하게 $\sqrt{2}$를 이진수로 표시한 것이라고만 말할 수 없기 때문이다. 이 패턴이 몇 번째 자리부터 시작하는지 알려주기 위해서는 14비트가 추가로 필요하다. 요약하면, 전체가 그 부분의 합보다

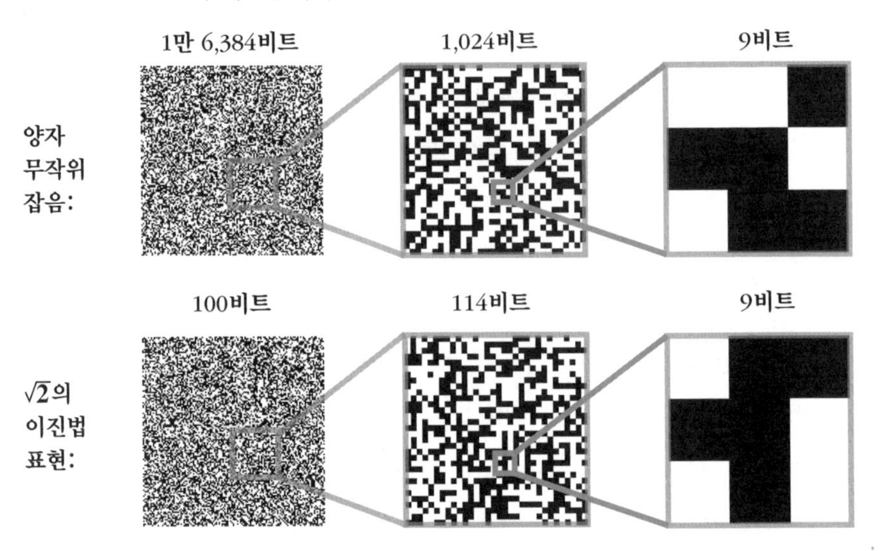

그림 12.7: 패턴의 복잡성(그것을 묘사하는 데 몇 비트의 정보가 필요한가 하는 것)이 항상 자명한 것은 아니다. 왼쪽 위 패턴은 $128 \times 128 = 16,384$개의 칸에 흑백이 무작위로 칠해져 있는 것으로, 보통은 1만 6,384비트 이하로는 묘사할 수 없다. 왼쪽 위 패턴의 작은 조각들(가운데 위와 오른쪽 위 패턴)은 더 적은 수의 무작위의 칸들로 되어 있어서 묘사하는 데 비트가 더 적게 든다. 이와 달리 왼쪽 아래 패턴은 단순히 $\sqrt{2}$의 이진법 표현이기 때문에 매우 짧은 (예를 들어, 100비트) 프로그램으로 만들 수 있다(0=검은색 칸, 1=흰색 칸). 가운데 아래 패턴을 기술하는 데는 어느 자릿수부터 시작하는지 나타내기 위해 14비트가 더 필요하다. 마지막으로 오른쪽 아래 패턴은 그 위와 마찬가지로 9비트면 충분한데, 패턴이 아주 짧기 때문에 $\sqrt{2}$의 일부분이라는 것을 굳이 사용할 필요가 없다.

더 적은 정보를 가질 수 있고, 심지어 하나의 부분보다도 정보가 적을 수 있다!

마지막으로 그림 12.7의 가장 오른쪽에 있는 두 패턴은 모두 9비트가 필요하다. 우리는 오른쪽 아래 패턴이 $\sqrt{2}$의 1만 6,384자릿수 안에 숨겨져 있는 것을 알고 있지만, 이런 작은 패턴의 경우 이 지식은 더 이상 흥미롭지도 유용하지도 않다. 길이가 9이면 가능한 패턴이 고작 $2^9 = 512$개이므로, 우리가 가진 특정한 패턴도 0과 1을 수천 개 가지고 있는 대부분의 문자열에 분명 포함될 것이다.

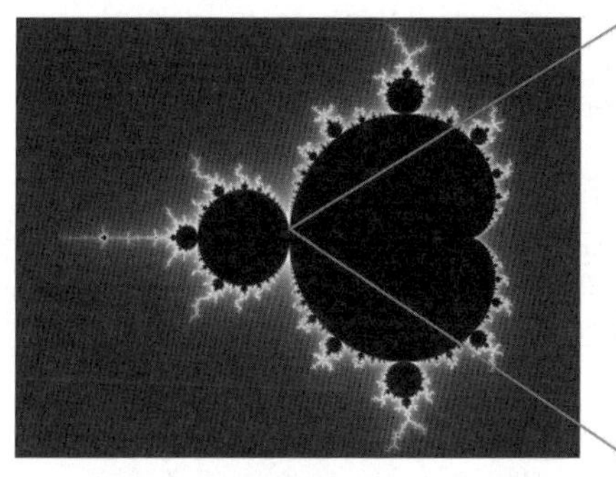

그림 12.8: 수백만 개의 정교하게 칠해진 화소로 이루어진 복잡한 외형을 하고 있지만, 망델브로 프랙털(왼쪽)은 매우 간단하게 설명될 수 있다. 이미지에 있는 점들은 복소수 c에 해당하고, 그 점의 색깔은 복소수 z를 0부터 시작해서 제곱하고 c를 더하는 작업을 반복하는 경우, 즉 간단한 함수인 $z \mapsto z^2 + c$에 반복적으로 대입했을 때 얼마나 빨리 z가 무한대로 발산하는가를 나타내고 있다. 역설적으로, 오른쪽 이미지는 왼쪽 이미지의 작은 일부분임에도 불구하고, 묘사하는 데 더 많은 정보가 필요하다. 오른쪽 이미지는 망델브로 프랙털을 약 1억의 1조(10^{20})의 조각으로 자른 것 중의 하나로서, 오른쪽 이미지가 포함하는 정보는 기본적으로 큰 이미지 안에서의 작은 일부분의 주소에 해당하는데, 그것을 가장 알뜰하게 규정하는 방법은 예를 들어 "망델브로 프랙털의 31415926535897932384번째 조각" 같은 것이기 때문에 더 많은 정보가 필요하다.

그림 12.8에 있는 아름다운 수학적 구조인 망델브로 프랙털Mandelbrot fractal은 이 아이디어를 더 구체적으로 보여준다. 망델브로 프랙털은 임의의 미세한 스케일까지 복잡한 패턴을 보이는 놀라운 성질을 지녔는데, 패턴들이 대부분 비슷하게 보이지만, 그 어떤 것도 동일하지 않다. 여기 있는 두 이미지는 얼마나 복잡한 것일까? 두 이미지는 각각 약 100만 화소인데, 화소마다 다시 3바이트의 정보를 나타내서(1바이트는 8비트이다), 각각의 이미지를 나타내는 데 수 메가바이트의 정보가 필요하다. 그러나 왼쪽 이미지는 사실 고작 몇 백 바이트짜리 프로그램을 써서 만들 수 있는 것으로, $z^2 + c$라는 단순한 식의 반복적 계산 결과를 나타낸 것이다.

오른쪽 이미지가 마찬가지로 간단한 것은, 왼쪽 이미지의 아주 작은 일부분이기 때문이다. 그러나 사실은 조금 더 복잡한데, 10^{20}개의 다른 조각 중 어떤 것인지 나타내는 8바이트, 즉 20자리 숫자에 대한 정보가 더 필요하기 때문이다. 따라서 다시 한 번, 우리는 더 작은 것이 더 크다는 것을 보았다. 즉, 전체의 작은 일부분으로 우리의 관심을 국한할 때, 모든 부분을 합쳤을 때 비로소 내재하게 되는 대칭성과 단순성을 잃기 때문에, 정보 용량이 명백히 증가한다. 더 간단한 예로, 1조 개의 자릿수를 가진 임의의 숫자를 생각해보자. 그 알고리즘적 정보 용량은 엄청날 것인데, 왜냐하면 그것을 인쇄하는 가장 짧은 프로그램이 그 1조 개의 숫자를 모두 저장해놓은 프로그램보다 그리 낫지 않을 것이기 때문이다. 그럼에도 불구하고, 1, 2, 3, … 등 모든 숫자들의 목록은 지극히 단순한 컴퓨터 프로그램으로 만들어낼 수 있기 때문에, 전체 집합의 복잡성이 그 숫자 각각보다 훨씬 작다는 것을 알 수 있다.

이제 우리의 물리적 우주와 그것을 묘사하기 위해 필요한 구골 개의 비트 정보를 고려해보자. 스티븐 울프럼과 위르겐 슈미트후버 등 몇몇 과학자들은 이 복잡성이 대부분 그저 환상에 불과한 것이 아닐까, 마치 그림 12.7의 왼쪽에 있는 망델브로 프랙털처럼 아직 발견하지 못한 매우 간단한 수학적 규칙으로부터 만들어질 수 있는 것은 아닐까, 하는 의문을 가졌다. 나도 이것을 우아한 아이디어라고 생각하기는 하지만, 돈을 건다면 나는 그 반대편이다. 나는 WMAP 우주 마이크로파 배경 지도부터 해변에 있는 모래알의 위치들까지, 우리 우주의 특성을 나타내는 모든 숫자들이 간단한 데이터 압축 알고리즘을 이용하면 거의 무로 줄어들 수 있다는 것을 믿기 힘들다. 사실, 5장에서 보았듯이, 우주 급팽창은, 이 모든 정보 대부분의 궁극적인 근원이었을 우주 요동의 씨앗이 무작위적 숫자처럼 분포하며, 그것에 대한 극단적인 데이터 압축은 불가능하다는 것을 분명히 예측하고 있다.

이런 요동의 씨앗은 우리의 초기 우주가 묘사하기 쉬운 완벽하게 균일한 플라스마와 어떤 면에서 달랐는지, 그 모든 정보를 담고 있다. 우주론적 요동의 씨앗 패턴은 왜 그렇게 무작위인 것처럼 보일까? 우리가 5장에서 배운 것은, 우주론의 표준 모형에 의하면, 급팽창은 공간의 각 부분에서 모든 가능한 패턴을 만들어내며, 우리가 이 다중우주에서 별로 특별하지 않은 곳에 있기 때문에, 우리가 그 정보를 압축할 수 있도록 우리를 도와주는 숨겨진 규칙성이 전혀 없는, 무작위인 것처럼 보이는 패턴을 본다는 것이다. 상황은 그림 12.7의 아래 줄과 아주 비슷한데, 거기서 우리의 우주(오른쪽 그림에 해당한다)는 단순한 설명이 가능한 1레벨 다중우주(왼쪽 그림에 해당한다)의 작고 무작위로 보이는 일부분에 해당한다. 사실 6장으로 돌아가서, 만일 우리가 단순히 그림 12.7을 $\sqrt{2}$의 구골플렉스 이상 자릿수를 포함하도록 확장하고, 오른쪽 그림이 우리 우주처럼 구골 비트를 포함하도록 확장하면, 그림 6.2가 그림 12.7의 아래 줄과 동등해진다는 것을 알 수 있다. 많은 수학자들은 (아직 증명되지는 않았지만) $\sqrt{2}$의 소수점 아래 자리 숫자들이 무작위로 선택되는 것처럼 행동하고, 가능한 어떤 패턴이건 어딘가 나타날 것이라고 믿는데, 그것은 마치 그 어떤 가능한 초기 조건을 가진 우주라도 1레벨 다중우주의 어딘가에 나타난다는 것과 마찬가지이다. 이것은 $\sqrt{2}$에서 구골 개의 숫자의 연속된 배열을 취하는 것이, 사실 $\sqrt{2}$에 대해 아무것도 이야기해주지 않으며 그저 그 수열이 어디에 있는 것인지만 알려준다는 것을 의미한다. 마찬가지로, 전형적으로 난수처럼 보이는, 급팽창이 만든 우주론적 요동 씨앗에 대한 구골 비트의 정보를 관측하는 것은, 광대한 급팽창 이후 우리가 공간의 어디를 바라보는 것인지만 우리에게 알려줄 뿐이다.

초기 조건의 재해석

위에서 우리는 우리의 초기 조건을 어떻게 생각해야 할지 고민했는데, 이제 급진적인 답을 얻게 되었다. 이 정보는 근본적으로 우리의 물리적 실체가 아니라 그 안에서의 우리의 위치에 대한 것이다. 우리가 관찰한 엄청난 복잡성은 사실 기저의 실체를 아주 간단하게 묘사할 수 있다는 점에서 환상에 불가하며, 이를 정의하기 위해 1구골에 가까운 비트가 필요하지만, 1구골 비트는 단지 다중우주 안에서의 우리의 주소를 나타낸다. 우리는 6장에서도 우리 은하가 어떻게 다른 수의 행성을 가진 많은 태양계를 포함하는지를 논했는데, 따라서 우리 태양계에 8개의 행성이 있다는 것은, 우리 은하의 근본적인 성질이 전혀 아니며 그저 은하 안에서의 우리의 주소에 대해 말해줄 뿐이다. 1레벨 다중우주가 온갖 다른 우주 마이크로파 배경 패턴과 별자리를 보고 있을 다른 지구들을 포함하기 때문에, WMAP 지도 혹은 북두칠성을 찍은 사진이 담은 정보도 다중우주에서의 우리의 주소를 알려준다. 유사하게, 10장에 있는 32개의 물리 상수들은 2레벨 다중우주가 있다면 그 안에서의 우리의 위치를 알려준다. 비록 우리는 이 모든 정보가 우리의 물리적 실체에 대한 것이라고 생각했지만, 그것은 우리에 대한 것이었다. 복잡성은 환상이며, 보는 이의 눈에만 존재한다.

내가 이런 생각을 처음 한 것은 1995년 뮌헨에서 자전거로 영국정원을 가로질러 갈 때였으며, 「우리 우주는 실제로 거의 아무 정보도 포함하고 있지 않는 것일까?Does our Universe in fact contain almost no information?」라는 도발적인 제목의 논문으로 발표했다. 이제 나는 거의라는 단어를 제외했어야 한다고 깨달았다! 우리의 3레벨 다중우주는 $\sqrt{2}$의 예(그림 12.7)보다 망델브로 프랙털(그림 12.8)에 가까운데, 왜냐하면 그 조각들에서 많은 대칭성을 볼 수 있기 때문이다. $\sqrt{2}$의 자릿수에서 모든 가능한 패턴들이 동일한 빈도로 나타나지만, 많은 패턴들(예를 들어, 당신 친구의 사진)이 망델브로 프랙털의 어디에서도 나타나지 않는다. 망델브로 프랙털의 조각들 대부분이, z^2+c라는 공식에 의해 결정되는, 어떤 예술적 스타일을 공유하고 있는 것처럼 보이듯이, 3레벨 다중우주 안에 있는 급팽창 이후 우주들 대부분은 양자역학에서 유래하는 규칙성을 그 시간적 변화 속에 공유하고 있다. "거의 정보가 없다"라고 했을 때, 나는 이런 규칙성을 묘사하는 데 필요한 소량의 정보를 뜻한 것이다. 이 규칙성이 3레벨 다중우주 자체인 수학적 구조를 특정한다. 그러나 수학적 우주 가설의 관점에서, 이 정보조차 궁극적 물리 실체에 대해 우리에게 아무것도 알려주지 않는다. 그 대신, 수학적 우주 가설은 오로지 4레벨 우주에서의 우리의 주소를 알려줄 뿐이다.

무작위성의 재해석

좋다, 초기 조건을 어떻게 해석할지 알아냈으니, 무작위성은 어떨까? 여기서도 답은 다중우주에 있다. 우리는 8장에서 어떻게 양자역학의 완전히 결정론적인 슈뢰딩거 방정식이 3레벨 다중우주에 있는 관찰자의 주관적 시점에서 보는 명백한 무작위성을 낳을 수 있는지, 그리고 어떻게 그 핵심 과정이 양자역학과 아무 관계가 없는 더 일반적인 것인 복제인지 보았다. 구체적으로, 무작위성은 단순히 당신이 복제될 때의 느낌이다. 만약 당신의 두 복제본이 서로 다른 것을 인식한다면 당신이 다음번에 무엇을 인식할지 예측할 수 없을 것은 당연하다. 8장에서 우리는 명백한 무작위성이 관찰자가 복제되는 몇몇 경우에 발생한다는 것을 알게 되었다. 이제 우리는 그것이 사실은 복제의 모든 사례에서 발생한다는 것을 알게 되었는데, 왜냐하면 수학적 우주 가설이 다른 논리적 가능성인 근본적인 무작위성을 배제하기 때문이다.

다시 말해, 명백하게 임의적인 초기 조건들의 원인은 다수의 우주인 반면, 명백한 임의성의 원인은 다수의 당신이다. 이 두 가지 아이디어는 우리가 주관적으로 구분할 수 없는 당신의 복제본을 포함하는 평행우주들을 고려할 때 하나로 통합되어, 결과적으로 다수의 우주와 다수의 당신이 존재하는 결과를 낳는다. 그렇다면 당신이 당신 우주의 초기 조건들을 측정할 때, 이 정보는 당신의 모든 복제본들에게 무작위인 것처럼 보일 것이고, 당신이 이 정보를 초기 조건에서 오는 것으로 해석하든 아니면 무작위성에서 오는 것으로 해석하든 아무 상관이 없다. 정보는 어느 경우나 같다. 당신이 어느 우주에 있는지 관측하면 당신의 어떤 복제본이 관찰을 수행하는 것인지 알 수 있다.

어떻게 복잡성이 다중우주를 암시하는가

우리는 우리 우주의 복잡성에 대해 많이 이야기했는데, 수학적 구조의 복잡성은 어떤가?

수학적 우주 가설은 새의 관점에서 본 수학적 구조의 복잡성이 낮은지 높은지 제한하지 않으므로, 양쪽 가능성을 모두 고려해보자. 만약 복잡성이 아주 높다면, 그 특성을 알아내려는 우리의 탐험은 분명 가망이 없다. 특히, 만약 복잡성의 구조에 대한 묘사가 우리의 관측 가능한 우주를 묘사하는 것보다 더 많은 비트를 요구한다면, 우리는 그 구조에 대한 정보를 우리 우주에 담을 수조차 없다. 다 집어넣는 것이 불가능할 것이다. 그렇게 고도로 복잡한 이론의 예는 10장에서 소개된 32개의 인수를 가진 표준 모형이다. 그 인수들은 $1/\alpha=1/137.035999\cdots$처럼 실숫값을 갖는데, 무한히 많은 자릿수에 그 어떤 단순한 패턴도 없다. 그런 인수가 단 하나만 있어도 무한대의 정보가 필요하므로, 수학적 구조는 무한히 복잡하고 그것을 명시하는 것은 실질적으로 불가능하다.

대부분의 물리학자들은 이것보다 훨씬 간단해서 티셔츠 위에는 아니더라도 책 한 권에는 들어갈 수 있을 만큼 적은 비트로 나타낼 수 있는 모든 것의 이론을 희망한다. 그것은 우리 우주를 묘사하는 데 드는 거의 구골 비트에 달하는 정보보다는 훨씬 적다. 그렇게 단순한 이론은 수학적 우주 가설이 참이건 거짓이건, 다중우주를 예측할 것이 틀림없다. 왜 그럴까? 그 이유는 이 이론이 그 정의에 의해 실체를 완전하게 묘사하기 때문이다. 만약 모든 것의 이론이 우리 우주를 완전히 묘사하기에 충분한 비트를 가지지 않았다면, 그 대신 별들과 모래알 등의 모든 가능한 조합을 묘사해야 하며, 그래서 우리 우주를 묘사하는 데 드는 추가적 비트들은 마치 다중우주의 우편번호처럼, 단순히 그저 어느 우주에 있는지만 표시할 것이다. 그림 12.5의 봉투에 써진 주소는 그 경우 맨 아래 행은 비교적 짧으면서 어떤 이론인지 알려줄 것이고, 그 위에 써진 나머지 행들은 거의 구골 개의 글자를 포함하게 될 것이다.

우리는 시뮬레이션 안에 있는가?

우리는 방금 어떻게 수학적 우주 가설이 여러 근본적 질문에 대한 우리의 관점을 변화시키는지 보았다. 이제 또 다른 그런 주제인 시뮬레이션 현실을 생각해보자. 오랫동안 SF에서 애용한 바 있는, 우리의 외적 현실이 일종의 컴퓨터 시뮬레이션이라는 아이디어는 〈매트릭스〉

같은 블록버스터 영화를 통해 더욱 잘 알려졌다. 에릭 드렉슬러Eric Drexler, 레이 커즈와일Ray Kurzweil 그리고 한스 모라벡 같은 과학자들은 시뮬레이션된 정신이 가능하고 또한 임박했다고 주장했으며, 어떤 이들(프랭크 티플러, 닉 보스트롬, 위르겐 슈미트후버 등)은 심지어 이것이 이미 일어났을 가능성, 즉 우리가 시뮬레이션일 가능성을 논의하기도 했다.

당신은 당신이 시뮬레이션되었다고 생각하는가? 많은 SF 작가들은 미래의 우주 식민지에서 우리 우주의 물질 대부분을 극히 발달된 컴퓨터로 전환하고, 이 컴퓨터가 엄청난 숫자의 관찰자 순간들과 인간을 주관적으로 구분할 수 없도록 시뮬레이션하는 시나리오를 탐구했다. 닉 보스트롬과 다른 이들은 이 경우, 당신의 현재 관찰자 순간이 실은 그렇게 시뮬레이션된 것일 가능성이 높다고 주장했는데, 그 이유는 시뮬레이션이 더 다수이기 때문이다. 그러나 나는 이 주장은 논리적으로 자기 파괴적이라고 생각한다. 만약 그 주장이 유효하다면, 당신을 구분해낼 수 없는 시뮬레이션 복제가 가능하여 당신의 시뮬레이션 복제본이 아주 많이 존재한다는 것을 암시하고, 따라서 당신은 아마도 시뮬레이션 내부의 시뮬레이션일 가능성이 높다. 이 주장을 반복하면 당신은 시뮬레이션 내부의 시뮬레이션 내부의 시뮬레이션 등등이 한없이 계속된 존재라는 결론에 이르게 되는데, 이것은 이치에 닿지 않으므로 귀류법에 의해 시뮬레이션 주장은 오류임이 분명하다. 나는 논리적 오류가 최초의 단계에서 발생한다고 생각한다. 만약 당신이 시뮬레이션되었다고 가정한다면, 필립 헬빅이 강조했듯이, 당신 자신의 (시뮬레이션된) 우주의 계산 자원은 아무 상관이 없다. 중요한 것은 이 시뮬레이션이 일어나는 우주의 계산 자원인데, 그에 대해서는 우리가 전혀 아는 바가 없다.

다른 이들은 우리의 현실이 시뮬레이션이라는 것은 근본적으로 불가능하다고 주장한다. 세스 로이드Seth Lloyd는 우리가 그 누구에 의해서도 설계되지 않은 양자 컴퓨터에 의해 실행되는 유사 시뮬레이션 안에 살고 있을 중도적 가능성을 제시했는데, 그 이유는 양자장론의 구조가 공간에 분포된 양자 컴퓨터와 수학적으로 동일하기 때문이다. 비슷한 생각으로, 콘라트 추제, 존 배로, 위르겐 슈미트후버, 스티븐 울프럼 등은 물리학 법칙이 고전적 계산에 해당한다는 아이디어를 탐구했다. 이 아이디어들을 수학적 우주 가설의 맥락에서 살펴보자.

시간 오개념

우리의 우주가 정말로 어떤 형태의 계산이라고 가정해보자. 우주의 시뮬레이션에 대한 문헌에 나타나는 흔한 오개념은, 1차원적 시간이라는 우리의 물리적 관념이 계산의 단계적인 1차원 흐름과 동일시되어야만 한다는 것이다. 나는 앞으로 만약 수학적 우주 가설이 참이라면, 계산이 우리 우주를 진전시킬 필요는 없으며, 단지 (그 모든 관계를 정의함으로써) 우리 우주를 묘사할 뿐이라고 주장할 것이다.

시간 단계를 계산의 단계와 동일시하려는 유혹을 납득할 만한 이유는, 둘 다 (적어도 비 양자역학적 경우에는) 다음 단계가 현재 상태에 의해 결정되는 1차원적 배열을 이루기 때문이다. 그러나 이 유혹은 구식인 고전 물리학에서 유래한 것이다. 아인슈타인의 일반 상대론에는 일반적으로 자연스럽고 광역적으로 잘 정의된 시간 변수가 없고, 시간이 오로지 어떤 "시계" 부분계의 근사적 성질로서 출현하는 것으로 알려진 양자 중력에서는 더욱 그렇다. 사실, 개구리 관점의 시간과 컴퓨터 시간을 연결하는 것은 고전 물리학의 맥락에서조차 근거가 없다. 시뮬레이션된 우주에 있는 관찰자가 인식한 시간 흐름의 속도는 컴퓨터에서 시뮬레이션이 실행되는 속도와 완전히 무관하며, 그레그 이건Greg Egan은 이 사항을 SF인 『순열 도시Permutation City』에서 강조했다. 게다가 우리가 바로 앞 장에서 논의했고 아인슈타인도 강조했듯이, 우주를 바라보는 더 자연스러운 방식은 사건이 일어나는 3차원 공간으로서의 개구리 관점이 아니라, 그저 존재하는 4차원 시공간으로서의 새의 관점이라고 주장할 수 있다. 따라서 컴퓨터는 어떤 것이건 계산할 필요 없이 그저 모든 4차원 데이터를 저장, 즉 우리의 우주 자체인 수학적 구조의 모든 성질을 부호화하면 된다. 그러면 개개의 시간 단면을 원할 경우 순차적으로 읽어낼 수 있으며, "시뮬레이션된" 세계가 여전히 그 거주자들에게 현실로 느껴지는 것은 오로지 3차원적 데이터가 저장되고 진행되는 경우와 마찬가지이다. 결론적으로, 시뮬레이션이 실행되는 컴퓨터의 역할은 우리 우주의 역사를 계산하는 것이 아니라 명시하는 것이다.

어떻게 명시하는가? 데이터가 저장되는 방식(컴퓨터의 종류, 데이터의 형식 등)은 상관없을 것이며, 따라서 시뮬레이션된 우주의 거주자들이 그 자신을 진짜라고 느끼는 정도는 데이터 압축에 어떤 기법이 쓰였는지와 무관할 것이다. 우리가 발견한 물리 법칙들은, 어느 시점에서의 초기 조건과 방정식 그리고 그 초기 데이터로부터 미래를 계산할 프로그램만 저장하면 충분하도록, 데이터를 압축하는데 뛰어난 기술을 제공한다. 복잡성의 환상과 무작위성의 환상을 다룰 때 강조했듯이, 초기 데이터는 극히 단순할 수 있다. 양자장론에서 자주 쓰이는 초기 상태는 호킹-하틀 파동함수라거나 급팽창의 번치-데이비스 진공처럼 겁을 주는 이름인데, 이들은 물리학 논문에 간결하게 정의될 수 있을 정도로 알고리즘적 복잡성이 매우 낮지만, 그 시간의 진전을 시뮬레이션하면 우리의 우주 하나뿐 아니라, 평행우주들의 광대하고 결어긋나는 집합도 시뮬레이션할 수 있다. 따라서 아주 짧은 컴퓨터 프로그램으로 우리의 우주를 (그리고 전체 3레벨 다중우주까지도) 시뮬레이션할 수 있을 가능성은 상당히 있다.

다른 종류의 계산

앞의 예는 양자역학 등이 포함된 우리의 특정 수학적 구조를 다루었다. 더 일반적으로, 우리가 논의했던 대로, 임의의 수학적 구조를 완전히 묘사한다는 것은 정의에 의해 그 원소들 사이의 관계를 명시한다는 것이다. 우리는 이 장의 앞부분에서 이런 관계들이 잘 정의되려면, 그 모든 함수들이 계산 가능해야 한다는 것, 즉 유한한 수의 계산 단계를 거쳐 관계들을 계산할 수 있는 컴퓨터 프로그램이 존재해야 한다는 것을 알게 되었다. 따라서 수학적 구조의 관계 각각은 계산에 의해 정의된다. 다시 말해, 만약 우리의 세계가 이런 의미로 잘 정의된 수학적 구조라면, 실제로 계산과 불가피하게 연결되어 있다. 비록 이 계산이 일반적으로 시뮬레이션 가설과 관련된 것과 다른 종류의 계산이기는 하지만 말이다. 이런 계산은 우리 우주를 진전시키지 않으며, 대신 그 관계를 산정함으로써 우리 우주를 묘사한다.*

시뮬레이션을 정말 실행시킬 필요가 있는가?

수학적 구조, 형식 체계와 계산 사이의 관계(그림 12.6의 삼각형)를

* 사실 켄 워튼Ken Wharton이 http://arxiv.org/pdf/1211.7081.pdf에 있는 그의 논문「우주는 컴퓨터가 아니다The Universe Is Not a Computer」에서 지적했듯이, 우리의 물리학 법칙은 과거가 미래를 유일하게 결정하는 성질을 갖고 있지 않을 수도 있으며, 따라서 우리의 우주가 시뮬레이션될 수 있다는 생각은 원칙적으로 가설이며 당연한 것으로 취급되어서는 안 된다.

더 깊이 이해하면, 우리가 이 책에서 마주친 여러 가지 곤란한 사안들에 대한 해결의 실마리를 찾을 수 있다. 그런 사안들 중 하나는 지난 장에서 우리를 괴롭힌 측도 문제인데, 측도 문제는 본질적으로 귀찮은 무한대들을 어떻게 다루고 우리가 관측할 것에 대한 확률을 어떻게 예측할 것인지의 문제이다. 예를 들어, 모든 우주 시뮬레이션이 수학적 구조에 해당하여 4레벨 다중우주 안에 이미 존재한다고 생각할 때, 만약 그것이 컴퓨터로 실행된다면 어떤 의미로 "더 확실히" 존재하는 것이라고 할 수 있을까? 이 질문이 더 복잡해지는 것은 영원한 급팽창이 예측하는 무한 공간에 무한히 많은 행성, 문명과 컴퓨터가 있으며, 그 컴퓨터들 중 일부는 우주를 시뮬레이션할 수 있고, 4레벨 다중우주에는 컴퓨터 시뮬레이션으로 해석될 수 있는 수학적 구조도 무한히 많기 때문이다.

우리의 우주가 (3레벨 다중우주 전체와 함께) 상당히 짧은 컴퓨터 프로그램으로 시뮬레이션될 수도 있다는 사실은 시뮬레이션이 "실행되는지" 또는 아닌지에 따른 존재론적 차이가 있는가라는 질문을 제기한다. 만약, 내가 이미 주장한 대로, 컴퓨터가 역사를 묘사하지만 계산하지 않는다면, 전체 묘사는 아마도 USB 메모리 하나 안에 들어갈 것이고 중앙처리장치도 필요하지 않을 것이다. 이 USB 메모리의 존재가, 그것이 묘사하는 다중우주가 "진짜로" 존재하는지 아닌지에 대해 그 어떤 영향이라도 준다는 것은 터무니없는 일이다. 그 USB 메모리의 존재가 중요하다고 해도, 이 다중우주의 어떤 원소는 동일한 메모리를 포함할 것이고 그 메모리가 "회귀적으로" 그 자신의 물리적 존재를 뒷받침할 것이다. 이것은 먼저 창조된 것이 메모리냐 다중우주냐에 관한 그 어떤 딜레마 혹은 닭이냐 달걀이냐의 문제를 수반하지 않는데, 그 이유는 다중우주의 원소들이 4차원 시공간들이고, 그 반면 "창조"란

물론 시공간 안에서만 의미 있는 개념이기 때문이다.

그러면 우리는 시뮬레이션되었는가? 수학적 우주 가설에 따르면, 우리의 물리적 실체는 수학적 구조이고, 따라서 우리의 물리적 실체는 여기 혹은 4레벨 다중우주의 다른 곳에 있는 누군가가 그것을 시뮬레이션하거나 묘사하기 위한 프로그램을 짜는가의 여부와 관계없이 존재한다. 남은 질문은 오로지 컴퓨터 시뮬레이션이 우리의 수학적 구조를 어떤 의미로건 현재보다 더 존재하도록 만들 수 있는가 하는 것이다. 만약 우리가 측도 문제를 해결한다면, 아마도 우리는 시뮬레이션이 그것이 속한 수학적 구조의 측도의 일부분만큼, 그 측도를 약간 증가시킬 것이라고 깨달을 것이다. 나는 이것이 기껏해야 아주 미세한 차이라고 추측하며, 따라서 누가 내게 "우리는 시뮬레이션되었습니까?"라고 묻는다면, 나는 "아니요!" 쪽에 돈을 걸 것이다.

수학적 우주 가설, 4레벨 다중우주 그리고 기타 가설들 사이의 관계

철학, 정보 이론, 전산 과학 그리고 물리학의 접점에 있는 여러 연구자들은 궁극적 실체에 대해 다양하고 흥미로운 제안들을 발표했다. 나는 최근의 훌륭한 개관으로 브라이언 그린의 『숨겨진 실체』와 러셀 스탠디시Russell Standish의 『무無의 이론Theory of Nothing』을 추천한다.

철학 쪽에서, 4레벨 우주와 가장 가까운 제안은 철학자 데이비드 루이스David Lewis의 양상 실재론modal realism으로, 그것은 "모든 가능한 세계가 실제 세계만큼 현실적이다"라고 상정한다. 그의 동료였던 로버트 노직Robert Nozick은 다산성의 원리라는 유사한 제안을 했다. 양상 실재론에 대한 흔한 비판은 그것이 상상할 수 있는 모든 우주들이 존재한다고 상정하기 때문에, 거기에는 검증할 수 있는 예측이 없다는 것이다. 4레벨 다중우주는 루이스의 "모든 가능한 세계"를 "모든 수학적 구조"로 치환한 덕분에 더 작고 엄밀하게 정의된 실체로 간주될 수 있다. 4레벨 다중우주는 상상할 수 있는 모든 우주가 존재한다고 암시하지 않는다. 우리 인간은 수학적으로 정의되지 않으며 따라서 수학적 구조에 해당하지 않는 많은 것을 상상할 수 있다. 수학자들은 여러 가지 수학적 구조 묘사의 수학적 무모순성을 입증하는 존재 증명에 대한 논문을 출판하는데, 그것은 바로 이것이 어려운 일이며 모든 경우에 가능한 것이 아니기 때문이다.

전산 과학 쪽에서, 가장 밀접하게 관련된 제안은 이 장의 앞부분에서 논의했듯이 우리의 물리적 실체가 모종의 컴퓨터 시뮬레이션이라는 것이다. 그 관계는 그림 12.6에 잘 나와 있는데, 두 아이디어가 삼각형의 두 꼭짓점에 해당한다. 우리의 현실은 수학적 우주 가설에 의하면 수학적 구조이지만, 시뮬레이션 가설에 따르면 계산이다. 시뮬레이션 가설하에서 계산은 우리 우주를 진전시키지만, 수학적 우주 가설하에서 계산은 단지 그 관계를 산정함으로써 우리 우주를 묘사한다. 위르겐 슈미트후버, 스티븐 울프럼 등이 탐구한 계산적 다중우주 이론computational multiverse theories에 따르면, 시간 진전이 계산 가능해야 하지만, 계산 가능한 우주 가설에 따르면, 계산 가능해야 하는 것은 그 묘사(즉, 그 관계들)이다. 존 배로와 로저 펜로즈는 괴델의 불완전성 정리가 적용될 수 있을 만큼 충분히 복잡한 구조만이 자기 인식적인 관찰자를 포함할 수 있다고 주장했다. 앞에서 우리는 계산 가능한 우주 가설이 어떤 의미로는 정확히 그 반대를 상정한다는 것을 보았다.

4레벨 다중우주를 검증하기

우리는 외적 현실 가설이 수학적 우주 가설을 시사하며 따라서 4레벨 다중우주의 존재가 암시된다고 주장했다. 외적 현실 가설은 우리 인간과 완전히 무관한 외적 물리 실체가 있다는 주장이며, 수학적 우주 가설은 우리의 외적 물리 실체가 수학적 구조라는 주장이다. 따라서 4레벨 다중우주에 대한 우리의 증거를 강화하거나 약화하는 가장 쉬운 방법은 외적 현실 가설을 탐구하고 검증하는 것이다. 외적 현실 가설의 진실 여부는 아직 결정되지 않았지만, 나는 대부분의 물리학계 동료들이 외적 현실 가설에 동의한다고 생각한다. 또한 입자 물리와 우주론의 표준 모형의 최근 성공이 제안하는 바가 우리의 궁극적 물리 실체가 무엇이건 그것이 인간 중심으로 돈다든가 우리 없이는 존재할 수 없다고 하는 등은 아닐 거라고 생각한다. 그렇긴 하지만, 수학적 우주 가설과 4레벨 우주를 더 직접적으로 검증할 수 있는 잠재성이 있는 두 가지 방법을 탐구해보자.

전형성 예측

6장에서 보았듯이, 물리 인수가 생명이 살기에 적절하게 미세 조정된 것으로 보인다는 발견은 인수가 넓은 범위의 값을 취하는 다중우주의 증거로 해석될 수 있는데, 왜냐하면 이 해석에 따르면 우리 우주와 같이 거주 가능한 곳의 존재가 놀랍지 않으며, 우리가 바로 이곳에 있을 것이라고 예상할 수 있기 때문이다. 특히, 우리는 2레벨 다중우주에 대한 가장 강력한 증거 중 몇몇이 암흑 에너지 밀도의 관측된 미세 조정에 있다는 것을 보았다. 4레벨에 대한 미세 조정의 증거를 찾는 일이 적어도 원칙적으로라도 가능할까?

2005년에 케임브리지에서 열렸던 물리학 학회에 참가했을 때, 나는 내 친구인 앤서니 아기레와 늦은 밤 트리니티 칼리지의 고아古雅한 안뜰을 걷다가 불현듯 그 답이 그렇다라는 것을 깨달았다. 다음은 그 이유이다.

당신의 친구가 당신을 전혀 알지 못하는 도시에 데려다 준 다음 당신이 그 차에서 내린다고 가정해보자. 당신은 이제 헷갈리는 여러 가지 표지판을 보게 되는데, 표지판들은 친구가 주차한 단 한 곳을 제외하고는 그 도로 모든 곳이 주차금지임을 나타낸다(그림 12.9). 친구는 공해를 줄이기 위한 방침의 일환으로, 새로운 시장이 각 도로마다 10개의 표지판을 무작위로 설치하도록 했다고 설명해준다. 그 표지판은 그 표지판의 오른쪽 혹은 왼쪽 전체에서 주차를 금지한다. 계산을 해보고, 당신은 이런 어처구니없는 무작위적 과정이 보통 그 도로 전체에서 주차를 금지하게 될 것이고, 허용된 공간이 있으려면 왼쪽 화살표가 있는 모든 표지판이 오른쪽 화살표 표지판의 왼쪽에 있어야 하며, 그 확률은 고작 1퍼센트밖에 안 될 것임을 알게 된다.*

당신은 이것에 대해 어떻게 생각하는가? 그저 우연한 행운일까? 만약 당신이 전형적인 과학자처럼 설명되지 않은 우연을 혐오한다면, 엄청난 행운이 필요하지 않은 한 가지 해석에, 즉 이 이상한 도시에는 도로가 아마도 대략 100개 혹은 그보다 많은 도로가 있다는 것에, 마음이 끌릴 것이다. 그러면 어떤 길에는 합법적으로 주차할 수 있는 자

---

* 만약 n개의 무작위적 표지판이 있다면, 주차가 한 군데라도 허용될 확률은 $(n+1)/2^n$이다. 표지판의 위치가 결정되면 왼쪽/오른쪽 화살표를 선택하는 데는 2^n가지 경우의 수가 있고, 그중 $n+1$가지만이 모든 왼쪽 화살표가 모든 오른쪽 화살표의 왼쪽에 위치하게 된다.

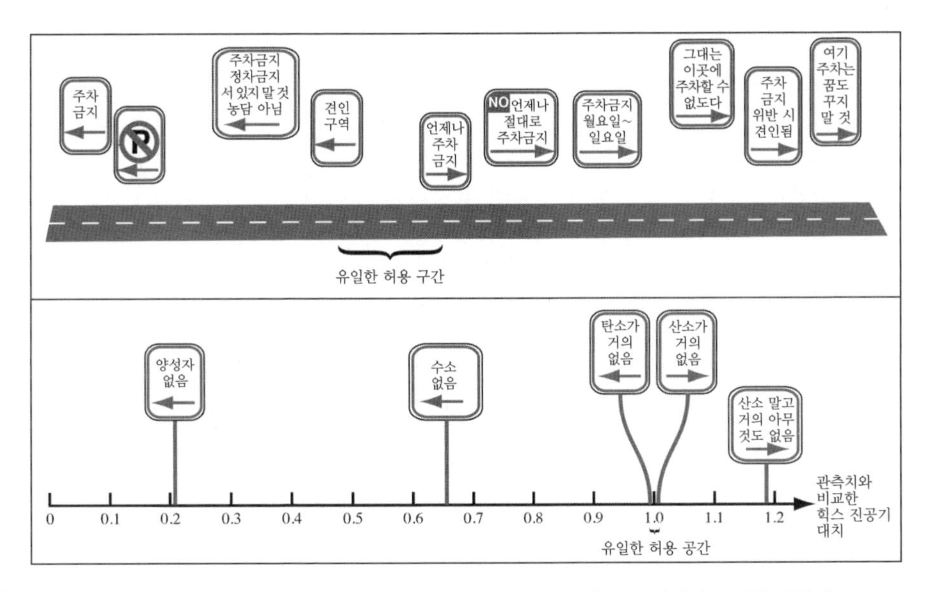

그림 12.9: 만약 도로에 무작위로 위치한 여러 개의 표지판이 있고, 그 각각이 그 왼쪽 전체 혹은 오른쪽 전체 구간에서 주차를 금지하는 것이라면, 그 도로 위에 주차가 허용되는 곳이 **조금이라도** 있을 가능성은 상당히 낮다. 주차가 가능하려면 위 그림처럼 모든 왼쪽 표지판이 모든 오른쪽 표지판의 왼쪽에 있어야 한다. 마찬가지로 만약 우주의 어떤 변수가 생명을 허용하기 위해 많은 제한 조건을 만족해야 한다면(아래 그림), 변숫값들에 거주 가능한 영역이 있을 가능성은 선험적으로 낮다. 따라서 여기 예시된 상황은 각각 많은 도로 혹은 4레벨 다중우주의 많은 수학적 구조의 존재에 대한 증거로 해석될 수 있다.

리가 있을 가능성이 높고, 당신의 친구는 그 도시를 잘 알고 있으므로, 그녀가 그 자리를 선택한 것은 전혀 놀랄 일이 아니다. 이러한 미세 조정의 예가 6장과 다른 이유는, 미세 조정된 것이 암흑 에너지의 밀도처럼 연속적인 어떤 값이 아니라 불연속적인 것이기 때문이다. 즉, 왼쪽 혹은 오른쪽을 가리키는 화살표들이 놀라운 방식으로 연관되어 있다는 것이다.

이 주차 문제의 예는 분명히 너무 단순하지만, 그림 12.9의 아래 그림이 보여주듯, 유사한 것이 우리 우주에서도 관측된다. 수평축은 최근 발견된 힉스 입자와 관련된 변수를 보여주는데, 존 도노휴John Donoghue, 크레이그 호건Craig Hogan, 하인츠 오버후머Heinz Oberhummer 그리고 그들의 공동연구팀이 증명한 것은, 암흑 에너지 밀도와 매우 유사하게, 이 변수가 고도로 미세 조정된 것처럼 보인다는 것이다. 이 변수는 자연스러운 추측에 비해 약 16자릿수 더 작은데, 그것이 1퍼센트만 변화해도 별에서 생성되는 탄소 혹은 산소의 양을 급격히 변화시킨다. 18퍼센트 늘어나면 별에서 수소가 다른 원소로 핵융합하는 모든 과정이 완전히 금지되다시피 하고, 34퍼센트 감소하면 수소에 있는 양성자가 전자를 흡수해서 모조리 중성자로 붕괴해버린다. 5분의 1로 줄이면 단독의 양성자조차 중성자로 붕괴해서, 원자가 전혀 없는 우주가 된다.

이것을 어떻게 해석해야 하는가? 자, 우선, 다른 지점이 다른 값의 물리 변수에 해당하는 2레벨 다중우주에 대한 추가적 증거처럼 보인다. 이것이 왜 암흑 에너지 밀도의 값이 은하들의 형성을 허용하기에 딱 맞는 값인지 설명하듯이, 이것은 또한 분명히 왜 힉스의 성질이 수소보다 더 복잡한 원자들이 형성되는 것을 허용하는 딱 맞는 값인지도 설명한다. 그리고 생명이 적어도 최소한의 복잡성을 요구한다면, 우리가 상호작용하는 원자들과 흥미로운 은하들이 존재하는 비교적 소수의 우주 안에 있다는 것은 놀라운 일이 아니다.

그러나 그림 12.9는 두 번째 질문도 역시 제기한다. 아래에 있는 5개의 화살표는 왜 거주 가능한 힉스 성질을 조금이라도 허용하도록 결탁하는가? 이것은 요행인지도 모른다. 5개의 무작위적 화살표는 19퍼센트의 확률로 어떤 영역을 허용하므로, 우리는 조금만 운이 좋아도 된다. 게다가 핵물리의 작동 방식에 의해 5개의 화살표는 사실 독립적이 아니며, 따라서 나는 이 특정한 다섯 화살표의 예가 그 어떤 것에 대해서도 강력한 증거라고 보지 않는다. 그러나 앞으로의 물리학 연구가, 예를 들어 10개 혹은 그 이상의 화살표가 결탁해서 어떤 물리 변수들에 대해 거주 가능한 영역을 허용하는 더 놀라운 불연속적 타입의 미세 조정을 밝혀낼 수도 있다는 것은 완벽히 그럴듯한 일이다.* 그리고 만약 이것이 발생한다면, 위 그림과 같은 주장이 가능하다. 즉, 다른 도로의 존재 대신, 다른 물리학 법칙을 갖는 다른 우주들이 존재한다고 주장할 수 있다! 어떤 경우, 이런 우주들이 존재하는 것이 2레벨 다중우주 내부가 될 수도 있는데, 그 영역에서 같은 근본적 물리 법칙은 다른 유효적 법칙을 갖는 다른 상狀의 공간을 유발한다. 그러나 이것이 불가능하다는 것을 증명할 수도 있는데, 그 경우 이런 다른 우주들은 4레벨 다중우주의 다른 수학적 구조에 해당하는 다른 근본 법칙을 따라야 할 것이다. 다시 말해, 우리에게 지금은 4레벨 다중우주에 대한 그 어떤 관측적 뒷받침도 없지만, 앞으로 얻을 수도 있다.

수학적 규칙성 예측

우리는 앞에서 "자연과학에 있어서 수학의 엄청난 유용성은 거의 신비로울 정도이다 … 그것에 대한 합리적인 설명은 없다"라고 쓴 위그너의 유명한 1960년 에세이를 언급했다. 수학적 우주 가설이 바로 여기 모자랐던 설명을 채워준다. 수학적 우주 가설이 물리적 세계를 묘사하는 데 있어서 수학의 유용성을 설명하는 것은, 물리적 세계가 바로 수학적 구조이며 우리가 단지 그것을 조금씩 발견하고 있을 뿐이라는 사실의 자연스러운 귀결이다. 우리의 현재 물리학 이론을 구성하는 여러 근사들이 성공한 것은, 간단한 수학적 구조들이 더 복잡한 수

* 이런 불연속적 미세 조정은 아주 쉽게 여러 개의 변수가 바뀌는 경우로 일반화할 수 있다.

학적 구조들의 특정 측면에 대한 좋은 근사를 제공했기 때문이다. 다시 말해, 우리의 성공적인 이론들은 물리를 근사하는 수학이 아니라, 수학을 근사하는 수학인 것이다.

수학적 우주 가설에서 핵심적인 검증 가능한 예측 중 하나는 앞으로 물리학 연구가 자연에서 더 많은 수학적 규칙성을 발견하게 된다는 것이다. 1931년에 폴 디랙Paul Dirac은 수학적 우주 아이디어의 이런 예측 능력에 대해 다음과 같이 표현했다. "현재 제안할 수 있는 가장 강력한 발전 방법은 순수 수학의 모든 저력을 동원해서 이론 물리학의 기존 근거를 형성하는 수학적 형식을 완성하고 일반화하며, 이 방향의 각각의 성공 이후, 새로운 수학적 특성을 물리적 개체로 해석하려 시도하는 것이다."

이 방향은 지금까지 얼마나 성공적이었는가? 피타고라스학파가 수학적 우주의 기본 아이디어를 전파한 지 2,000년 이후, 갈릴레오의 발견은 자연이 "수학의 언어로 쓰인 책"이라고 묘사하도록 했다. 다음에는 행성의 운동부터 원자의 성질까지, 훨씬 더 폭넓은 영향을 미친 수학적 규칙성이 발견되었고, 디랙과 위그너는 경의에 차 이를 지지했다. 그 이후, 입자 물리학과 우주론의 표준 모형들은 새로운 "터무니없는" 수학적 질서를 눈부실 정도까지 드러냈고, 기본 입자의 미시세계와 초기 우주의 거시세계까지, 지금까지의 모든 물리적 측정이 표 10.1의 목록에 있는 32개의 숫자에서 성공적으로 계산될 수 있다고도 주장할 수 있는 단계에 왔다. 나는 이런 동향에 대해 물리적 세계가 실제로 완전히 수학적이라는 것이 가장 설득력 있는 설명이라고 생각한다.

미래를 바라보면, 두 가지 가능성이 있다. 만약 내가 틀렸고 수학적 우주 가설이 거짓이라면, 물리학은 결국 그 이상의 진보가 불가능한, 넘을 수 없는 장애물에 부닥치게 될 것이다. 즉, 우리의 물리적 실체에 대한 완전한 묘사가 없음에도 불구하고, 더 이상 발견할 수학적 규칙성이 남지 않을 것이다. 예를 들어, (무작위성을 주관적으로 단지 느끼는 정도인 결정론적 관찰자의 복제에 반해) 자연의 법칙에 근본적 무작위성이라는 것이 있다고 설득력 있게 입증된다면, 수학적 우주 가설은 논파될 것이다. 반면, 만약 내가 옳다면, 실체의 이해를 향한 우리의 탐험에 장애물은 없을 것이며, 우리를 제한하는 것은 우리의 상상력뿐일 것이다.

요점 정리

- 수학적 우주 가설은 수학적 존재가 물리적 존재와 동일하다는 것을 시사한다.
- 이것은 수학적으로 존재하는 모든 구조들이 물리적으로도 존재하며, 4레벨 다중우주를 구성한다는 것을 의미한다.
- 우리가 탐구한 평행우주들은 점증하는 다양성의 중첩된 4단계 위계구조, 즉 1레벨(공간에서 관측이 불가능할 정도로 먼 영역), 2레벨(급팽창 이후의 다른 영역), 3레벨(양자 힐베르트 공간에서 다른 곳), 4레벨(다른 수학적 구조들)의 위계구조를 이룬다.
- 지적 생명체는 드문 것으로 생각되며, 대부분의 1, 2, 4레벨 다중우주는 거주가 불가능하다.
- 4레벨 다중우주의 탐험에는 로켓 또는 망원경이 아니라, 컴퓨터와 아이디어가 필요할 뿐이다.
- 가장 간단한 수학적 구조들에 대해서는 컴퓨터를 써서 각각 고유번호를 부여하고 전화번호부 형식의 목록을 만들 수 있다.
- 수학적 구조, 형식 체계 그리고 계산이 긴밀하게 연결되어 있다는 사실은 그것들 모두 우리가 본질을 완벽히 이해하지 못하는 동일한 초월적

구조의 양상이라는 것을 암시한다.

- 수학적 우주 가설이 이치에 맞으려면, 우리의 외적 물리 실체인 수학적 구조가 계산 가능한 함수들에 의해 정의된다는 계산 가능한 우주 가설이 필요하다. 그 이유는 그렇지 않으면 괴델의 불완전성 정리와 처치-튜링의 계산 불가능성에 의해 수학적 구조에 있는 관계들이 잘 정의되지 않기 때문이다.
- 유한한 우주 가설은 우리의 외적 물리 실체가 유한한 수학적 구조라는 것으로서 계산 가능한 우주 가설을 내포하고 실체가 잘 정의되지 않을 모든 우려를 불식시킨다.
- 계산 가능한 우주 가설과 유한한 우주 가설은 측도 문제를 해결하고 우리의 우주가 왜 그렇게 간단한지 설명하는 데 도움을 줄 수 있다.
- 수학적 우주 가설은 정의되지 않는 초기 조건이란 없다는 것을 시사한다. 초기 조건은 물리적 실체에 대해 어떤 것도 우리에게 말해주지 않으며, 단지 다중우주에서의 우리의 위치만 알려줄 뿐이다.
- 수학적 우주 가설은 근본적 무작위성이란 없다는 것을 시사한다. 무작위성은 단순히 복제에 대한 주관적 느낌이다.
- 수학적 우주 가설은 우리가 관측하는 대부분의 복잡성이 환상이며, 보는 이의 눈에만 존재하는 것으로, 단지 다중우주에서의 우리의 주소에 대한 정보일 뿐이라는 것을 시사한다.
- 사물의 집단에 대한 묘사가 그 일부분보다 더 간단할 수 있다.
- 우리의 다중우주는, 더 적은 정보로 묘사될 수 있다는 의미에서, 우리의 전체 우주보다 단순하며, 4레벨 다중우주는 그중에 가장 단순해서, 그 묘사가 본질적으로 정보를 전혀 요하지 않는다.
- 우리가 아마도 시뮬레이션 안에 사는 것은 아닐 것이다.
- 수학적 우주 가설은 원칙적으로 검증과 반증이 가능하다.

13

생명, 우리의 우주, 그리고 모든 것

세상은 이렇게 종말을 맞이한다
쾅 소리가 아니라 흐느낌과 함께.

– T. S. 엘리엇, 『텅 빈 사람들』

미래는 예전의 미래가 아니다.

– 요기 베라

우리의 물리적 실체는 얼마나 큰가?

친애하는 독자에게, 당신이 실체를 탐험하는 내 여정의 마지막 장까지 함께했다는 것을 나는 대단히 명예롭게 생각한다. 우리는 은하를 넘어서는 거시세계로부터 원자보다 작은 미시세계까지 멀리 여행했으며, 4단계의 평행우주들로 이루어진, 내 어린 시절 꿈에도 상상하지 못했던 멋지고 거대한 실체를 만났다.

이 모든 것이 어떻게 딱 들어맞을까? 그림 13.1은 내 생각을 정리한 것이다. 이 책의 1부에서는 "모든 것을 다 합하면 얼마나 큰가?"라는 질문을 추구하며 한없이 큰 스케일을 탐험했다. 우리는 행성에 있고, 그것은 은하에 있고, 그것은 우주에 있고, 그것은 내 의견으로는 도플갱어로 가득 찬 1레벨 다중우주에 있고, 그것은 더 다양한 2레벨 다중우주에 있고, 그것은 양자역학적인 3레벨 다중우주에 있고, 그것

그림 13.1: 모든 물질이 무엇으로 이루어져 있는지 질문하고 계속 작은 스케일로 확대해나가면, 우리는 물질의 궁극적 구성 요소가 수학적 구조, 즉 오로지 수학적 성질만 가졌다는 것을 알게 된다. 모든 것을 다 합한 것이 얼마나 큰지 질문하고 계속 큰 스케일로 축소해나가면, 우리는 같은 위치인 수학적 구조의 영역, 즉 모든 것이 수학적 구조로 이루어진 4레벨 다중우주에 서게 된다.

은 모든 것이 수학적 구조로 이루어진 4레벨 다중우주에 있다. 이 책의 2부에서는 "모든 것은 무엇으로 이루어져 있는가?"라는 질문에 답하기 위해 한없이 작은 스케일을 탐험했다. 우리는 세포로 이루어지고, 그것은 분자로 이루어지고, 그것은 원자로 이루어지고, 그것은 다시 수학적 성질만 가지고 있다는 의미에서, 우리는 수학적 구조 그 자체인 기본 입자로 이루어져 있다. 우리는 아직 기본 입자들이 다시 무엇인가로 이루어져 있는지, 만약 그렇다면 그것이 무엇인지 모르지만, 끈 이론과 그 경쟁 이론들은 모두, 더 근본적인 구성 요소들도 순수하게 수학적인 구조라는 것을 시사한다. 이러한 의미에서 두 지적 탐험이 각각 처음에는 큰 쪽과 작은 쪽, 즉 반대 방향에서 출발했지만, 결국에는 같은 곳, 즉 수학적 구조의 영역에서 조우한다. 모든 길은 로마로 통한다지만, 실체로 가는 우리의 두 길은 모두 수학에 도달했다. 이 우아한 합일은 한 수학적 구조가 다른 것을 포함할 수 있다는 사실을 반영하며, 물리학이 밝혀낸 모든 수학적 규칙성을 우리의 모든 외적 현실인 거대한 수학적 구조의 양상 혹은 근사로서 설명한다. 우리 인간이 보통 인지하고 있는 중간 스케일에서는 지나치기 쉽지만, 가장 크고 가장 작은 스케일에서 실체의 수학적 구조는 분명해진다.*

더 작은 실체에 대한 옹호론

나는 앞에서 우리의 궁극적인 물리적 실체에 대해 내가 이해하는 것을 그림으로 표현했다. 나는 이 실체가 숨 막히게 아름답고, 영감이 넘치도록 웅장하다고 생각한다. 아니면 혹시 이 그림은 우리를 호도하게 하는 것이며 그 위엄도 실은 그저 신기루인 것일까? 우리는 정말 다중우주에 살고 있는가? 아니면 이런 모든 질문이 어리석으며 과학의 영역을 벗어난 것일까? 이에 대한 내 의견을 말해보려 한다.

---

* 이러한 물리학 존재론의 확장은 지난 세기 수학 존재론의 확장을 연상시킨다. 수학자들은 이것을 일반화라고 부르며, 일반화란 우리가 연구하고 있는 것이 더 큰 구조의 일부분이라는 직관을 의미한다.

다중우주 아이디어는 전통적으로 기득권 세력에 의해 가차 없는 처벌을 받았다. 무한 공간 다중우주를 주장한 조르다노 브루노는 1600년에 화형당했고, 양자 다중우주를 주장한 휴 에버렛은 1957년에 물리학 인력시장에서 망신을 당하고 학계에서 쫓겨났다. 내가 언급했던 대로, 나 자신도 나이 많은 동료들에게 다중우주와 관련된 내 논문들이 엉터리이며 내 경력이 끝장날 것이라는 등 험한 말을 들은 적이 있다. 하지만 최근 분위기가 많이 바뀌었다. 평행우주는 엄청난 대유행이며 많은 책과 영화에서 인용되고 심지어 농담 여럿 생겼다. "너는 많은 평행우주에서는 시험에 합격했지만 여기서는 아니다"라는 등.

이런 여러 가지 의견에 대한 공개적 논의가 아직 학자들 간에 합의로 이루어지지는 못했지만, 다중우주 논쟁을 훨씬 더 미묘하게 만들었고, 자신의 핵심 주장을 다른 사람들에게 목청껏 외치는 수준을 넘어 반대 관점을 진지하게 이해하려 노력하는 학자들로 인해, 나로서는 훨씬 더 흥미로워졌다. 이런 활동의 좋은 예는 최근 상대론의 선구자인 조지 엘리스가 평행우주에 반대하는 입장에서 《사이언티픽 아메리칸》에 쓴 기사인데(http://tinyurl.com/antiverse), 독자 모두 읽어보기를 적극 추천하는 바이다.

앞서 6장에서 논의했던 대로, 우리는 우리 우주라는 용어를, 빅뱅 이후 지난 140억 년간 현재의 우리에게 빛을 보낼 수 있었던 구형의 영역을 의미하는 것으로 사용했다. 우리는 평행우주를 네 레벨로 구분했다. 1레벨(물리 법칙은 우리와 동일하지만 공간적으로 멀리 떨어져 있으며 초기 조건이 달라 다른 역사를 갖게 된 영역), 2레벨(다른 물리 법칙의 지배를 받는 영역), 3레벨(양자 실체가 전개되는 힐베르트 공간의 다른 곳에 존재하는 평행우주), 4레벨(다른 수학 방정식에 의해 지배되는, 완전히 분리된 실체)이 그것이다. 조지 엘리스는 평론에서 이런 여러 단계의 평행우주의 근거가 되는 논리를 분류하고 그것들 모두 문제가 있다고 지적했다. 다음은 그가 평행우주를 반대하는 데 사용한 주요 논리를 요약한 것이다.

1. 급팽창이 틀렸을 수도 있다. (또는 영원하지 않거나)
2. 양자역학이 틀렸을 수도 있다. (또는 유니타리하지 않거나)
3. 끈 이론이 틀렸을 수도 있다. (또는 해가 여럿이 아니거나)
4. 다중우주는 반증 불가능할 수도 있다.
5. 어떤 사람들은 다중우주의 증거가 의심스럽다고 주장한다.
6. 미세 조정이라는 주장에는 너무 많은 가정이 필요한 것일 수도 있다.
7. 더 큰 평행우주는 논리적 파국이다.

(조지의 글에 실은 2번 주장은 포함되지 않았지만, 편집자가 6쪽으로 길이 제한만 하지 않았어도 그가 분명히 포함시켰을 것이라고 생각하기 때문에 여기서는 내가 추가했다.)

이 비판에 대한 내 관점은 무엇인가? 흥미롭게도, 나는 이 7가지 주장에 모두 동의하지만, 그럼에도 불구하고 평행우주가 존재한다는 데 기꺼이 내 전 재산을 걸 수 있다!

우선 앞의 진술 4개부터 생각해보자. 6장에서 보았듯이, 급팽창이 1레벨 다중우주들을 만드는 것은 당연한 일이며, 만약 여기에 가능한 해들의 풍경을 가지고 있는 끈 이론을 더하면, 2레벨 다중우주도 얻게 된다. 8장에서 보았듯이, 양자역학의 수학적으로 가장 간단한 형식을 고려하면 붕괴가 없고 유니타리한 3레벨 다중우주를 얻는다. 따라서 이런 이론들을 배제한다면, 평행우주에 대한 핵심 증거는 무너지고 만다. 기억할 것은 평행우주는 그 자체가 이론이 아니라 특정 이론들의 예측이라는 것이다.

여기서 내 요점은, 이론들이 과학적인 한, 그것들이 측정할 수 없는 실체를 포함한다고 하더라도, 그 이론들의 모든 결과를 계산하고 논의하는 것은 적법한 학술활동이라는 것이다. 어떤 이론이 반증 가능함을 보이기 위해, 우리가 그 모든 예측을 관측하고 검증할 필요는 없으며, 오류를 단 하나만 제시해도 된다. 4번 주장에 대한 나의 답은, 과학적으로 검증 가능한 것은 우리의 수학적 이론이지, 그것이 암시하는 바가 아니며, 따라서 문제가 없다는 것이다. 6장에서 논의했던 대로, 아인슈타인의 일반 상대론이 우리가 관측할 수 있는 많은 것을 성공적으로 예측했기에, 우리는 블랙홀 내부에서 어떤 일이 벌어지는 가 등의, 우리가 관측할 수 없는 것에 대해서도 상대론을 신뢰한다. 마찬가지로, 만약 우리가 지금까지 급팽창이나 양자역학이 내놓은 성공적인 예측에 깊은 인상을 받았다면, 그것들의 다른 예측, 즉 1레벨이나 3레벨 다중우주도 진지하게 받아들일 필요가 있다. 조지는 심지어 영원한 급팽창이 언젠가 기각될 가능성에 대해서도 언급했는데, 내가 보기에 이 주장은 영원한 급팽창이 과학 이론이라는 말일 뿐이다.

끈 이론은 검증 가능한 과학 이론으로 정립되는 과정에서, 아직 급팽창이나 양자역학과 같은 단계에 도달하지 못했다. 그러나 나는 끈 이론이 결국 물리 법칙과 무관한 것으로 판명된다 하더라도 2레벨 다중우주는 불가피하다고 생각한다. 수학 방정식에 여러 해가 있는 것은 아주 흔한 일이며, 우리의 현실을 묘사하는 근본 이론이 그런 성질을 갖는 한, 6장에서 본 대로, 영원한 급팽창은 일반적으로 그 모든 해를 물리적으로 실현하는 거대한 영역을 우주에 만들어낼 것이다. 예를 들어, 물 분자의 행동을 결정하는 방정식은 끈 이론과 아무 관련이 없으며 수증기, 물, 얼음에 해당하는 해를 허용한다. 만약 공간 자체가 유사한 방식으로 다른 상으로 존재하는 것이 가능하다면, 급팽창은 그 모두를 실현하게 될 것이다.

조지는 평행우주 이론을 지지하는 근거가 된다고 흔히 알려져 있지만 실은 의심의 여지가 있는 일련의 관측 결과를 제시했다. 예를 들어, 어떤 자연 상수가 사실은 상수가 아니라든가, 다른 우주 혹은 기묘하게 연결된 공간과의 충돌이 우주 배경 복사에 영향을 미친 증거라든가 하는 것들이다. 나는 이런 주장에 대한 그의 회의론에 전적으로 동의한다. 그러나 그러한 모든 사례에 대한 논란은 데이터의 분석에서 비롯된 것이다. 마치 1989년의 상온 핵융합 사태처럼 말이다. 나는 과학자들이 이런 측정을 하고 구체적인 데이터를 가지고 논쟁한다는 것 자체가 이것이 과학의 영역 안에 있다는 충분한 증거라고 판단한다. 바로 이것이 과학적인 논쟁을 비과학적인 것과 분간할 수 있는 기준이다!

우리는 6장에서 자연 법칙의 많은 상수들을 아주 조금만 변화시켜도 우리가 아는 식의 생명은 불가능하다는 의미에서 우리의 우주가 놀라울 정도로 생명을 위해 미세 조정되어 있다는 것을 보았다. 왜일까? 만약 이런 모든 "상수"들이 가능한 모든 값들을 가지는 2레벨 평행우주들이 있다면, 우리가 거주 가능한 그런 희귀한 우주들 중 하나에 존재하게 되었다고 해도 전혀 놀랄 일이 아니다. 그것은 마치 우리가 수성이나 해왕성이 아니라 지구에 살고 있는 것이 놀랍지 않은 것과 마찬가지이다. 조지는 이런 결론을 도출하기 위해 평행우주를 가정해야 한다는 사실에 반대하지만, 어떤 과학 이론이건 검증의 방법은 이 경우와 같다. 우리는 그 이론이 사실이라고 가정하고, 그 결과를 계산한 다음, 만약 그 예측이 관측과 일치하지 않는다면 폐기한다. 미세 조정 중 어떤 것은 극단적이어서 상당히 당혹스러울 정도이다. 예를 들어,

우리는 암흑 에너지를 소수점 123번째 자리까지 조정해야 우리가 거주 가능한 은하가 만들어질 수 있다는 것을 보았다. 나는 설명되지 않은 우연이 과학적 이해에 공백이 있다는 숨길 수 없는 징후일 수 있다고 생각한다. "우리는 그냥 운이 좋았던 거야. 이제 설명은 더 이상 추구하지 말자!"라고 하는 것은 불만족스러울 뿐 아니라, 결정적인 단서가 될 가능성을 무시하는 것과 마찬가지이다.

조지는 발생할 수 있는 것은 무엇이든 결국 일어난다는 것을 진지하게 받아들인다면, 우리가 4레벨 우주와 같은 더 거대한 평행우주로 떨어지는 것을 피할 수 없다고 주장한다. 이것이 내가 가장 좋아하는 레벨의 평행우주이고, 나 말고는 지지하는 이가 그리 많지 않으므로, 나는 행복하게 그쪽으로 뛰어내릴 수 있다!

조지는 또한 평행우주가 불필요한 복잡성을 야기하기 때문에 오컴의 면도날 원리에 저촉된다는 언급도 했다. 이론 물리학자로서, 나는 이론의 우아함과 단순성을 존재론적으로 판단하는 것이 아니라 그 수학 방정식의 우아함과 단순성에 따라 판단한다. 그리고 내게 가장 놀라운 것은 수학적으로 가장 간단한 이론에서 평행우주가 비롯되었다는 것이다. 정확히 우리가 관측하는 우주만 가능하고, 다른 모든 우주를 배제하는 이론을 찾아내는 것은 놀라울 정도로 힘들다는 사실은 이미 입증되었다.

마지막으로, 조지가 가장 설득력 있는 평행우주 반대론을 언급하지 않은 것에 대해서는 칭찬하고 싶지만, 내 생각에는 대부분의 사람들에게 가장 설득력 있는 평행우주 반대론이 있다. 그것은 사실이라 하기에는 평행우주가 너무 기괴하다는 주장이다. 그러나 우리가 1장에서 논의했듯이, 이것이 바로 정확히 예상한 그대로이다. 진화는 우리에게 오로지 우리 조상의 생존율에 기여할 수 있는 일상생활의 물리학에 대한 직관만을 부여했기 때문에, 우리가 첨단기술을 활용해 인간적 스케일을 벗어난 현실을 알아보자고 하면, 진화 과정에서 얻은 직관은 쓸모가 없다. 우리는 이것을 상대론, 양자역학 등의 반직관적인 특성에 대해 반복적으로 경험했고, 물리학의 궁극 이론이 무엇이든 간에 당연히 더욱더 기괴하게 느껴질 것이라고 예측할 수 있다.

더 큰 실체에 대한 옹호론

평행우주 반대론을 알아보았으니, 이제 평행우주 옹호론을 좀 더 자세히 분석해보자. 나는 우리가 10장의 외적 현실 가설, 즉 우리 인간과 완전히 독립적인 외적 물리 실체가 존재한다는 것을 받아들인다면 논란의 여지가 있는 모든 사안들이 사라진다고 주장하려 한다. 이 가설이 참이라고 가정해보자. 그러면 평행우주에 대한 비판 대부분은 다음 세 가지의 미심쩍은 가정의 조합에 기반을 둔다.

모든 것을 본다는 가정: 물리적 실체는 그 모든 것을 관찰할 수 있는 관찰자가 적어도 하나는 있어야 한다.

교육학적 현실 가정: 물리적 실체는 상당한 정보를 가진 모든 인간 관찰자가 직관적으로 이해할 수 있어야 한다.

무복제 가정: 어떤 물리적 과정도 관찰자를 복제하거나 주관적으로 구별 가능한 관찰자를 창조할 수 없다.

가정 1과 2는 오로지 인간의 오만함만이 동기가 된 것처럼 보인다. 모든 것을 본다는 가정은 실질적으로 존재라는 단어를 인간이 관찰할 수 있는 것으로 재정의하며, 마치 모래 속에 머리를 파묻은 타조와 유

사하다. 교육학적 현실 가정을 주장하는 사람들은 마음을 편안하게 하는 어린 시절의 생각, 예를 들어 산타클로스, 유클리드 공간, 이빨의 요정, 창조론 같은 생각은 보통 버렸을 거라 생각하지만 그보다 더 깊이 각인된 익숙한 개념들을 떨쳐내기 위해 정말 충분히 노력한 걸까? 개인적 의견으로는 과학자의 임무란 세계가 어떻게 작동하는지 알아내는 것이지, 철학적 선개념에 근거해서 어떻게 작동하라고 명령하는 것이 아니다.

만약 모든 것을 본다는 가정이 틀렸다면, 그 정의에 의해 원칙적으로 관측 불가능함에도 불구하고 존재하는 것들이 있다. 우리는 우주를 원칙적으로 관측할 수 있는 모든 것으로 정의하기 때문에, 우주란 존재하는 모든 것을 포함하지 않으며, 따라서 우리는 평행우주에 사는 것이 된다. 만약 교육학적 현실 가정이 틀렸다면, 평행우주가 너무 기괴하다는 반대는 이치에 맞지 않는다. 만약 무복제 가정이 틀렸다면, 외적 현실의 어딘가에 당신의 복제본이 있는 것이 불가능할 근본적 이유가 전혀 없다. 실제로, 우리는 이미 6장과 8장에서 영원한 급팽창과 붕괴 없는 양자역학이 복제본 창조의 메커니즘을 제공하는 것을 보았다.

게다가 우리는 10장에서 외적 현실 가설이 수학적 우주 가설, 즉 우리의 외적 물리 실체가 수학적 구조라는 것을 시사한다고 주장했다. 12장에서 우리는 이것이 어떻게 다시 다른 모든 레벨의 평행우주를 포함하는 4레벨 평행우주를 시사하는지 보았다. 다시 말해서, 우리와 독립적인 외적 현실의 존재를 받아들이는 순간 우리는 이 모든 평행우주에서 벗어날 수 없다.

요약하면, 우리는 이 책을 통해 인류의 자화상이 어떻게 진화해왔는지 보았다. 우리 인류는 오랫동안 오만하게 우리가 주인공이며 모든 것이 우리 주위를 돈다고 생각해왔다. 그러나 우리는 우리가 틀렸다는 것을 반복해서 깨달았다. 사실은 지구가 태양 주위를 도는 것이고, 태양은 은하 중심 주위를 돌고 있으며, 은하는 우리 우주에 있는 수없이 많은 은하들 중 단지 하나일 뿐이며, 우리 우주는 4단계 평행우주의 위계구조 안에 있는 우주들 중 하나일 뿐이다. 나는 우리가 이제 겸손해졌기를 바란다. 하지만 우리 인간은 사물들의 거대한 구조 속에서의 우리의 위치를 과대평가했던 반면, 우리 두뇌의 힘을 과소평가했었다! 우리의 선조들은 우리가 영원히 지상에 속박되어 별과 그 너머에 있는 것의 본성을 절대 제대로 이해하지 못할 거라 생각했다. 그때 그들은 천체를 조사하기 위해 우주로 날아가지 않고서도 인간의 정신을 도약시켜 얼마나 멀리 전진할 수 있는지 알게 되었다. 물리학의 대발견에 힘입어, 우리는 실체의 본성에 대해 그 어느 때보다도 깊이 이해하게 되었다. 우리는 우리 조상들의 어떤 상상보다도 장엄한 실체 속에 살고 있다는 것을 알게 되었으며, 이는 우리 생명의 장래 가능성이 우리가 생각했던 것보다 훨씬 화려하다는 것을 의미한다. 물질적 자원은 거의 무한하므로, 결정적 차이는 향후 우리의 책략에 달려 있다. 우리의 운명은 우리 손에 있는 것이다.

물리학의 미래

만일 내가 틀렸고 수학적 우주 가설이 거짓이라면, 근본적 물리학은 결국 장애물을 만날 수밖에 없으며 그 이상 물리적 실체를 더 잘 이해하는 것은 수학적 묘사법이 없으므로 불가능할 것이다. 만약 내가 옳다면, 장애물은 없으며 우리는 원칙적으로 모든 것을 이해할 수 있다. 그렇다면 우리는 오로지 우리 자신의 상상력에 의해서만 제한받는 것이기에, 나는 아주 멋진 일이라고 생각한다.

더 정확히 말하자면 우리의 상상력에 더해서 어려운 일을 해나가려는 의지도 필요하다. 10장에서 언급했듯이, 더글러스 애덤스가 생명, 우주, 그리고 모든 것에 대해 제공한 궁극적 답은 모든 질문을 해결했다고 하기 어렵다. 이와 유사하게, 실체의 궁극적 성질에 대한 질문에 내가 제안한 답("그것은 모두 수학이다" 또는 더 구체적으로 "그것은 모두 4레벨 다중우주이다"라는 것)도 대부분의 오래된 큰 문제에 제대로 답을 하지 못하고 있다. 답을 찾지 못한 문제는 대신 다르게 재표현되고 있다. 예를 들어, "양자 중력의 방정식은 무엇인가?"는 "우리는 4레벨 다중우주 중 어디에 있는가?"로 다시 표현되는데, 이것도 원래 질문만큼이나 답하기 어렵다. 따라서 물리적 실체에 대한 궁극적 질문도 변할 것이다. 우리는 어떤 수학 방정식이 모든 실체를 기술하는가라는 질문을 잘못되었다고 기각하고, 대신 어떻게 개구리의 관점, 즉 우리의 관측을 어떻게 새의 관점에서 계산할 수 있는가를 질문할 것이다. 그 답은 우리가 우리가 사는 특정 우주의 참된 구조를 밝혀냈는지 판정해줄 것이고, 수학적 우주의 어떤 지역에 우리가 있는지 알아내도록 도와줄 것이다.

덜 근본적인 문제보다 근본적인 문제에 답하는 것이 쉽다는 것은, 사실 물리학에서 흔한 일이다. 만약 우리가 양자 중력을 기술하는 정확한 방정식을 찾아낸다면, 공간, 시간 그리고 물질이 무엇인지 더 심오하게 이해할 수 있게 되겠지만, 방정식이 원칙적으로는 모든 문제를 설명할 수 있다고 해도 예를 들어 지구 기후 변화의 정확한 모델을 찾는데 큰 도움이 되지는 못할 것이다. 악마는 디테일에 있고, 이 디테일을 알아내는 것은 종종 궁극적 토대가 되는 이론과는 무관한 힘든 작업을 필요로 한다.

이런 뜻에서 우리는 이 책의 남은 부분을 근본적 물리학에 대해서는 거리를 두지만 정곡을 찌르는 몇몇 특정한 큰 문제를 탐구하는 데 쏟으려 한다. 이 책의 앞부분에서는 주로 과거에 초점을 두었으므로, 우리의 여행을 끝내며 미래에 초점을 맞추는 것도 적절한 일일 것이다.

우리 우주의 미래, 그것은 어떻게 끝날 것인가?

만약 수학적 우주 가설이 옳다면, 우리의 물리적 실체 전체의 미래에 대해 말할 수 있는 것이 별로 없다. 공간과 시간 바깥에 존재하므로, 물리적 실체는 창조되거나 변화할 수 없는 것과 마찬가지로 끝날 수도 사라질 수도 없다. 그러나 만약 우리가 현실 세계로 돌아와 우리가 거주하는 특정한 수학적 구조에 천착한다면, 여기에는 시간과 공간이 있으므로 상황은 더 흥미로워진다. 우리의 시점에서 근방의 우주는 변화하는 것처럼 보이며, 결국 어떤 일이 벌어질지 묻는 것은 당연하다.

자, 그래서 지금부터 수십억 년 후, 우주는 어떻게 종말을 맞을 것인가? 다가올 우주적 묵시록에 대해 대냉각Big Chill, 대함몰Big Crunch, 대파열Big Rip, 대분절Big Snap,죽음의 거품Death Bubbles, 이 5가지 유력한 시나리오를 그림 13.2와 표 13.1에 정리해놓았다.

3장에서 보았던 대로, 우리의 우주는 지금까지 약 140억 년 동안 팽창해왔다. 대냉각은 우리의 우주가 영원히 팽창하며 희석되어 결국 차갑고, 어두운 죽음의 공간이 되는 경우이다. 나는 이것을 T. S. 엘리엇T. S. Eliot의 시에 나오는 "세상은 이렇게 종말을 맞이한다/ 쾅 소리가 아니라 흐느낌과 함께"처럼 생각한다. 만일 당신이 로버트 프로스트

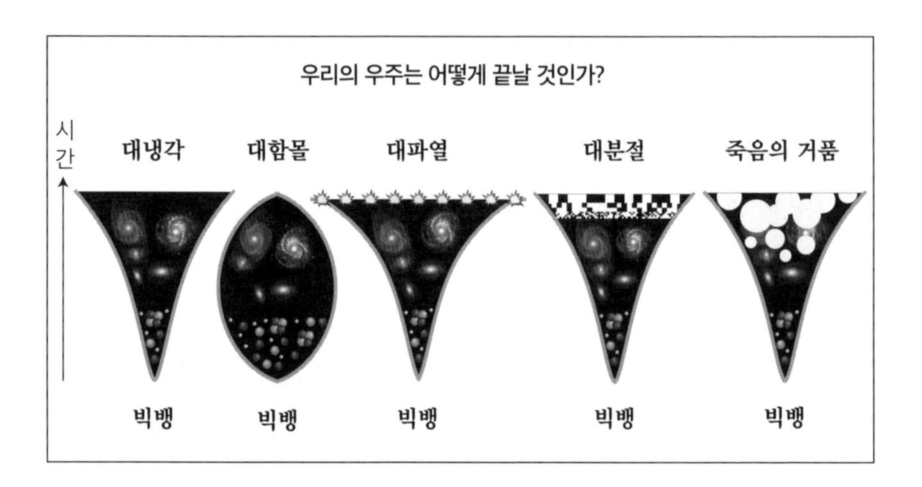

그림 13.2: 우리는 우리 우주가 140억 년 전에 뜨거운 빅뱅과 함께 시작되었고 이후 팽창하며 냉각되어 그 입자들이 모여 원자, 별, 그리고 은하를 만들었다는 것을 알고 있다. 그러나 우리는 최후의 운명은 알지 못한다. 제안된 시나리오는 대냉각(영원한 팽창), 대함몰(재붕괴), 대파열(무한대의 팽창율로 모든 것이 찢어지는 경우), 대분절(너무 팽창되어 공간의 구성 요소가 치명적인 알갱이 성질을 나타내는 경우), 죽음의 거품(빛의 속도로 팽창하는 치명적인 거품 속에 공간이 얼려지는 것), 이 5가지이다.

Robert Frost처럼 세상이 얼음보다는 차라리 불로 멸망하는 것을 더 선호한다면, 대함몰을 달라고 기도하라. 그러면 우주의 팽창은 결국 방향이 바뀌어 모든 것이 파국적 붕괴로 마치 빅뱅 시기로 되돌아간 것처럼 서로 충돌하게 될 것이다. 마지막으로 대파열은 마치 성질 급한 사람을 위한 대냉각과 같다. 그 경우 유한한 시간 안에 우리의 은하, 행성, 심지어 원자조차도 거대한 피날레에서 갈기갈기 찢기고 만다. 이 세 가지 중에서 어디에 내기를 걸어야 할까? 그것은 4장에서 나온, 우주 질량의 약 70퍼센트를 차지하는 암흑 에너지가 우주가 팽창할 때 결국 어떤 역할을 하느냐에 달려 있다. 암흑 에너지가 불변인지, 희석되어 음의 밀도가 될지 혹은 반대로 밀도가 더 높아질지에 따라 냉각, 함몰, 파열 무엇이든 될 수 있다. 암흑 에너지가 무엇인지 우리가 아

공간의 미래	대냉각	대함몰	대파열	대분절	죽음의 거품
영원히 존재하는가?	예	아니요	아니요	아니요	아니요
무한히 커지는가?	예	아니요	예	아니요	아니요
밀도가 무한히 커지는가?	아니요	예	예	아니요	아니요
안정한가?	예	예	예	아니요	아니요
무한히 늘어날 수 있는가?	예	예	예	아니요	예

표 13.1: 5가지 우주론적 종말의 날 시나리오에서의 공간의 미래.

직 전혀 모르기 때문에, 그저 내 예상을 말한다면, 내기를 한다면 40퍼센트를 대냉각에, 9퍼센트를 대함몰에 그리고 1퍼센트를 대파열에 걸겠다.

그러면 나머지 50퍼센트의 돈은 어디에 걸까? 나는 그것을 "모두 아님"의 경우를 위해 남겨놓으려 하는데, 우리 인간은 겸손할 필요가 있으며 우리가 아직 이해하지 못하는 기본적인 것들이 있다는 것을 인정해야 한다고 생각하기 때문이다. 가령, 공간의 성질 같은 것이 그렇다. 냉각, 함몰과 파열의 종말은 모두 공간 자체가 안정하며 무한히 늘어날 수 있다고 가정하는 경우에 일어날 수 있다.

예전에 우리는 공간이란 그저 우주적 드라마가 펼쳐지는 변화 없는 정적인 무대라고 생각했다. 그때 아인슈타인이 나타나 우리에게 공간이 사실은 핵심 배우 중 하나라는 것을 알려주었다. 공간이 휘어져서 블랙홀이 될 수 있고, 물결쳐 중력파가 되거나, 팽창하는 우주처럼 늘어날 수도 있다. 6장에서 설명했듯, 마치 물이 어는 것처럼 아마 공간도 얼어 다른 상태가 될 수 있을 것이며 이것은 미지의 또 다른 우주론적 파국의 후보가 된다. 우리는 예전에는 다른 곳에서 빼앗지 않고서는 공간을 더 얻을 수 없다고 생각했다. 그러나, 3장에서 본 것처럼,

아인슈타인의 중력 이론은 정확히 그 반대라는 것을 알려준다. 부피는 은하 사이의 특정 영역에서, 다른 영역을 침범하지 않고 생겨날 수 있다. 새 공간은 그저 같은 은하들 사이에 존재한다. 게다가 아인슈타인의 이론은, 공간은 영원히 계속 늘어날 수 있으며 우리 우주의 부피가 대냉각이나 대파열 시나리오에서처럼 무한히 커질 수 있다고 주장한다. 이것은 너무 일사천리라 좀 의심이 든다. 정말 사실일까?

고무줄은 공간처럼 매끈하고 연속적으로 보이지만, 너무 많이 잡아당기면 똑 끊어진다. 왜 그럴까? 그것은 고무줄이 원자로 이루어졌고, 충분히 잡아당기면 고무의 원자 알갱이 성질이 중요해지기 때문이다. 마찬가지로 공간도 혹시 너무 작아 우리가 아직 눈치 채지는 못했지만 어떤 스케일에서는 일종의 알갱이 성질을 가지게 되는 것이 아닐까? 수학자들은 공간을 아무런 입자성이 없는 이상화된 연속체로 모형화하기를 선호하는데, 그 경우 아무리 짧은 거리라도 고려할 수 있다. MIT에서도 대부분의 물리학 수업에서 이런 연속적인 공간 모델을 사용하는데, 그것이 옳은지는 확인된 것인가? 분명 아니다! 사실은 우리가 11장에서 논의했듯이 오히려 그렇지 않다는 증거가 쌓여가고 있다. 간단한 연속적 공간에서는, 무작위로 선택된 두 점 사이의 거리를 정확히 나타내려면 무한히 많은 소수점이 필요하다. 그러나 물리학계의 거장이었던 존 휠러는 양자 효과에 의해 아마도 소수점 35번째 이하는 의미가 없을 것이라고 논증했다. 그 이유는 작은 스케일에서는 고전적인 공간 개념이 유효하지 않고 아마도 기묘한 거품 구조로 대치될 것이기 때문이다. 이것은 마치 당신이 컴퓨터 모니터에 나타난 사진을 계속 확대해보는 것과 비슷하다. 처음에는 사진이 부드럽고 연속적으로 보였지만 나중에는 마치 고무줄처럼 알갱이 성질이 나타나고 더 이상 나눠질 수 없는 화소로 이루어졌다는 사실을 알게 된다(그림 11.3).

사진이 화소로 이루어져 있으므로, 화소는 유한한 양의 정보를 가지고 있어서 인터넷을 통해 쉽게 전달할 수 있다. 마찬가지로 우리의 관측 가능한 우주가 유한한 정보만을 포함하고 있다는 증거가 축적되고 있으며, 그렇다면 자연이 다음 순간 어떻게 행동할지 이해하는 것이 훨씬 쉬워진다. 6장에서 언급한 홀로그래피 원리에 의하면 우리 우주는 많아야 10의 124제곱 비트의 정보를 가지고 있으며 그것은 평균적으로 원자 하나의 부피에 대해 10테라바이트의 정보에 해당한다.

여기에 나를 신경 쓰이게 하는 것이 있다. 7장에서 다루었던 양자역학의 슈뢰딩거 방정식은 정보가 생겨나거나 사라질 수 없다는 것을 시사한다. 그렇다면 우주가 팽창하면서 공간 1리터당 저장된 정보의 양이 계속 줄어들고 있다는 것을 의미한다. 이 팽창은 대냉각 시나리오(천체 물리학 동료를 대상으로 한 우주종말론 시나리오 투표에서 1등이었다)에서는 영원히 계속되는데, 그렇다면 정보가 계속 희석되어 예를 들어, 요즘 스마트폰의 용량보다도 적은 리터당 1메가바이트까지 줄어들면 어떻게 될 것인가? 또는 리터당 1바이트라면? 우리에게 연속적인 공간을 대체할 자세한 모델이 없는 한 정확히 어떤 일이 일어날지 말할 수 없다. 그러나 나는 물리 법칙을 점점 변화시켜 결국 우리가 아는 형태의 생명을 불가능하게 하는 무언가 불길한 결과가 될 것이라고 생각한다. 이것이 바로 내가 생각하는 "대분절"이다.

여기에는 사실 나를 더욱 신경 쓰이게 하는 것이 있다. 간단한 계산을 해보면 이것이 수십억 년 안에 일어날 것이라는 결과가 나온다. 그것은 물론 우리 태양의 연료가 바닥나며 지구를 집어삼키는 것보다도 짧은 시간이다. 무엇이 빅뱅을 가능하게 했는가에 대한 가장 그럴법한 설명이 5장에 나왔던 급팽창인데, 급팽창 이론에 의하면 초기 우주에 공간의 극히 빠른 팽창이 있었고 특히 다른 영역보다 훨씬 더 많이 팽창된 부분이 있었다. 만약 우주가 대분절을 겪기 전 팽창할 수 있는 최댓값이 있다면, 대부분의 공간은 (당연히 대부분의 은하, 별, 행성, 관찰자 등도 마찬가지이다) 최대한 팽창되고 분절되기 직전의 상태에 도달할 것이다.

대분절에 가까워지면 과연 어떤 일이 벌어질까? 만약 공간의 알갱이 성질이 점점 명백해지면, 우선 가장 작은 스케일의 구조가 가장 먼저 망가질 것이다. 아마 제일 먼저 핵물리학의 성질이 바뀌기 시작할 것, 예를 들어 안정했던 원자가 방사성 붕괴를 일으킬 것이다. 그다음에는 원자 물리학이 바뀌어, 온갖 화학과 생물학 현상이 엉망이 될 것이다. 다행히도, 우리 우주는 친절하게도 감마선 분출을 일종의 조기 경보 시스템으로 준비해두어서, 마치 광산의 카나리아처럼 대분절이 우리를 파괴하기 훨씬 전에 경고해줄 것이다. 감마선 분출은 우주 건너편에서 오는 짧은 파장의 감마선들로서 우리가 관측하는 것이 가능한 파국적 우주 폭발이다. 연속적 공간에서 모든 파장의 빛은 같은 속도로 움직이지만, 알갱이화된 가장 간단한 종류의 공간에서는 짧은 파장의 빛이 더 느리게 움직이다. 하지만 우리는 최근에 상당히 다른 파장을 가진 감마선이 수십억 년 동안 먼 곳에서 우리에게 도착하는 시간이 수백 분의 1초보다도 작을 정도로 차이가 거의 없다는 것을 확인했다. 액면대로 받아들이자면 이것은 앞으로 수십억에 수십억 년이 지나도 대분절이 생기지 않을 것을 의미하며, 앞 문단에서 예측했던 것에 어긋난다.

실은 문제가 더 심각하다. 우리의 우주는 균일하게 팽창하는 것이 아니다. 실제로 우리 은하를 포함해 어떤 영역은 전혀 팽창하지 않고 있다. 따라서 은하에 사는 관찰자는 은하 사이의 공간에 대분절이 발생한 후에도 오랫동안, 먼 곳으로부터의 그런 해로운 효과가 은하 내부로 퍼지지 않는 동안은 행복하게 생존할 수 있을 거라 생각할 수 있다. 그러나 이런 시나리오는 그 관찰자만 생존하게 할 뿐, 그 이론에 대해서는 그렇지 않다! 실제로 이론과 관측 사이의 불일치는 더 악화된다. 앞의 논리를 반복하면 우리는 대분절이 우주 대부분에 퍼진 이후 무탈하게 은하 내부에 있으리라 예측되는데, 그렇게 되면 감마선에 대해 아무런 시간 지연이 없다는 사실을 설명하기 아주 어려워진다.

우리는 이렇게 우주론과 양자역학의 가장 소중한 재료를 섞고 약간의 실험 데이터를 더해 흔들어 이상한 물약을 만들어냈다. 그 결과는? 이 재료들은 잘 섞이지 않는다는 것이며, 즉 그중 적어도 하나에는 무언가 문제가 있다는 것이다. 나는 미스터리를 좋아하며, 패러독스는 미래의 대발견에 대한 단서를 제공한다는 면에서 자연이 물리학자들에게 준 최고의 선물이라고 생각한다. 나는 우리가 공간의 본성에 대한 대발견에 가까이 있으며, 대분절의 패러독스가 그에 대한 흥미로운 힌트라고 생각한다.

생명의 미래

4레벨 다중우주의 물리적 실체 전체로부터 시작해서, 우리는 우리의 우주를 포착해서 그 장기적 운명에 대해 이야기했다. 이제 더욱더 우리 자신과 밀접한 문제로 국한해서 생명의 미래를 고려해보자. 나는 우리 우주가 가진, 경외심을 불러일으킬 만한 온갖 성질 중에, 자각이 있어 세상을 즐기며 그 수수께끼에 대해 숙고하는 우리 같은 존재를 포함하는 활기찬 모습이라는 점이 가장 가슴이 설레는 일이라고 생각한다.

그러면 생명의 미래 전망은 어떤 것인가? 우리 인간은 우주에서 홀로 외로운 존재인가, 아니면 우리와 교류하거나 멸망시킬 수 있는 다른 문명이 저 멀리 존재하는 것일까? 우리 인류는, 아마도 진화된 형태겠지만, 우주에 널리 퍼져나갈 수 있을 것인가? 우리는 이런 흥미로운 문제들을 앞으로 탐구해나갈 텐데, 먼저 좀 더 긴급한 문제를 생각해보자. 우리 행성에서 생존을 주로 위협하는 것은 무엇이며 위협을 경감시키려면 어떻게 해야 하는가?

멸망의 위험

열다섯 살 때, 나를 충격에 빠뜨린 생각이 떠오른 적이 있다. 나는 인간이 걱정을 많이 하는 존재라는 것을 잘 알고 있었다. 우리는 건강, 인간관계, 금전, 직장 같은 개인적 문제에 대해 걱정하고, 또한 우리의 가족, 친구, 사회에 대한 위협에 대해서도 걱정한다. 하지만 가장 위협적인 것은 전 인류가 말살당할 수도 있다는 것인데, 그에 대해 우리가 충분히 걱정하고 있는 걸까? 아니, 그렇지 않았다!

나는 내가 걱정해야 할 일들이 다른 누군가에 의해 잘 처리되고 있다는 잘못된 안도감에 빠져 그때까지 살아왔다는 것을 깨달았다. 유아기 때, 나는 부모님이 알아서 한다는 것을 알고 있었으므로 식사에 대해 걱정한 적이 한 번도 없었다. 나는 또한 내 안전에 대해 걱정하지 않았는데 그것은 소방서와 경찰서가 대책을 세워놓았다는 것을 알고 있었기 때문이었다. 나는 차츰 내 주위의 어른들이 내가 처음 생각했던 것만큼 전지전능하지 않다는 것, 그리고 내 스스로 해결해야 하는 작은 문제들이 많이 있다는 것을 깨닫게 되었다. 그러나 인류가 대면한 가장 크고 중요한 문제들은 우리의 정치 지도자들이 최우선 순위에 놓고 있을 것이다. 그런데 정말일까?

나는 열다섯 살 때 이런 무서운 사실이 마치 벽돌처럼 내 머리를 갑자기 때렸을 때까지 그것을 의심해본 적이 없었다. 내 개인적 각성의 계기는 핵무기 경쟁에 대해 자세히 알게 된 것이었다. 수십억 명의 인류가 함께, 이 소중하고 아름다운 푸른색 행성 위에서, 실상은 우리들 중 그 누구도 전면적인 핵전쟁을 원하지 않음에도 불구하고, 필시 우연에 의해 내 생애 동안 핵전쟁을 겪을 상당한 위험이 있다는 사실에 나는 정말이지 경악했다. 아마도 그 위험성은 매년 1퍼센트, 혹은 그보다 100배 정도 낮거나 10배 정도 높을 수 있겠지만, 어쨌든 그 위험은 내기에 걸린 판돈을 생각하면 어처구니없이 높은 것이었다. 그럼에도 불구하고 그 어떤 나라의 선거에서도 이것이 제일의 의제가 되지 않았다. 게다가 이것은 닉 보스트롬이 말한 많은 멸망의 위험, 즉 지구에서 생겨난 지적 생명체가 말살되거나 적어도 그 능력이 극적으로 저하될 가능성 중 하나에 불과했다.*

미국의 미래학자인 버크민스터 풀러Buckminster Fuller는 이 근원적 난국에 대해 10대의 나와 비교해서 훨씬 더 시적으로, "우주선 지구호"의 항해라고 묘사했다. 우주선 지구호는 춥고 황량한 우주를 지나며 우리를 유지시키고 보호해준다. 우주선 지구호는 많지만 유한한 물, 음식과 연료를 싣고 있다. 대기는 우리를 따뜻하게 유지해주며, 오존층은 태양에서 오는 해로운 자외선으로부터 방어해주고, 자기장은 치명적인 우주 방사선을 피할 수 있게 해준다. 책임감 있는 선장이라면 누구든지 당연히 소행성과의 충돌, 내부의 폭발, 과열, 자외선 방어막의 파

---

* 멸망의 위험에 대한 좋은 개론서로, http://www.existential-risk.org와 마틴 리스의 『우리의 최후 시간Our Final Hour』(국내에서는 『인간생존확률 50:50』으로 출간되었다.-옮긴이)을 추천한다.

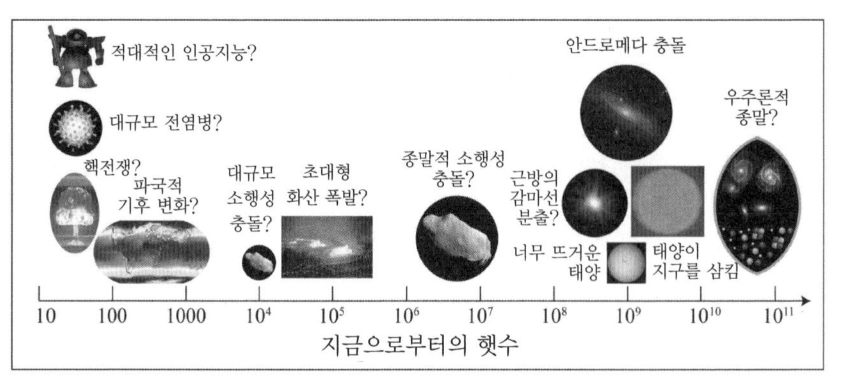

그림 13.3: 우리가 알고 있는 형태의 생명이 멸절되거나 그 잠재력이 극적으로 저하될 예. 우리 우주는 앞으로 적어도 수십억 년은 지속될 것으로 생각되지만, 우리 태양은 10억 년 후면 지구를 불에 그슬리게 하고 더 안전한 곳으로 이동하지 않는 한 결국 삼켜버릴 것이다. 우리의 은하는 이웃 은하와 35억 년 후면 충돌할 것이다. 비록 정확히 언제인지 알 수 없지만, 우리는 그보다 조금 전에 소행성들이 우리를 때릴 것이며 초대형 화산이 1년 내내 태양을 볼 수 없는 겨울을 만들어낼 것을 확실히 예측할 수 있다. 좀 더 즉각적으로는 우리는 기후 변화, 핵전쟁, 전 지구적 전염병, 적대적이고 초월적 능력을 가진 인공지능 등의 우리 스스로 만들어낸 문제에 부닥칠 수 있다.

괴나 보급품의 조기 소모 등의 문제가 생기지 않도록 하여 향후 생존을 보장하는 것을 최우선의 과제로 할 것이 아닌가? 아, 우리의 승무원들은 그중 어떤 것도 최우선 과제로 삼지 않았고 (내 생각에는) 거기에 100만 분의 1만큼의 노력도 쏟지 않았다. 사실은 우리의 우주선에는 선장조차 없는 것이다!

나중에 나는 우리 인간이 왜 우리의 장기적 생존과 관련된 가장 심각한 문제들을 다루는 데 그렇게 형편없는지, 그리고 우리가 그것에 대해 무엇을 할 수 있는지에 대해 논의해볼 것이다. 하지만 우선은 이런 위협에 어떤 것들이 있는지 간단히 조사해보려 한다. 그림 13.3은 내 생각에 가장 중요한 존재적 위험들을 요약해놓은 것이다. 우선 연대표의 가장 오른쪽, 즉 먼 미래의 일부터 시작해서 현재로 접근해오도록 하자.

우리의 죽어가는 태양

우선 천문학과 지질학적인 위협부터 시작해서 나중에 인간이 야기한 문제로 넘어가도록 하자. 앞에서 우리는 5가지 우주적 종말론 시나리오인 대냉각, 대함몰, 대파열, 대분절과 죽음의 거품에 대해 이야기했다. 그중 어떤 것이 실제로 일어날지 알 수 없지만 나는 크게 걱정할 필요는 없으며 이런 전면적 파국은 앞으로 수백억 년 안에는 일어나지 않을 거라고 생각한다.

그러나 우리는 이제 45억 년 된 우리의 태양이 그보다 훨씬 빨리 문제를 일으킬 것을 확실히 알고 있다. 태양은 수소 연료가 점차 소모되면서 내부의 핵융합 반응의 복잡한 동역학에 의해 점점 더 밝게 빛날 것이다. 예측에 의하면 지금부터 약 10억 년 후, 태양이 더 밝아지는 효과가 지구의 생태계에 재앙을 일으킬 것이며 폭주하는 온실 효과가 금성에 이미 일어난 것처럼 결국 대양을 증발시킬 것이다. 우리가 어떤 조치를 취하지 않는다면 발생할 사실이다.

흥미롭게도 무언가 할 수 있는 일이 있다. 천문학자들인 도널드 코리칸스키Donald Korycansky, 그레그 로플린Greg Laughlin 그리고 프레드 애덤스Fred Adams는 소행성을 잘 사용하면 지구를 조금씩 바깥 궤도로 이동시켜 태양이 점점 뜨거워지더라도 같은 온도로 유지하는 것이 가능하다는 것을 증명했다. 그들의 아이디어는 기본적으로 큰 소행성을 밀쳐서 지구에 약 6,000년마다 아주 가깝게 접근하도록 해서 원하는 방향으로 지구를 잡아당긴다는 것이다. 그러한 조우는 각각 미세 조정되어 소행성이 목성이나 토성을 지날 때 다음번 지구와의 만남을 위한 적절한 에너지와 각운동량 값을 갖도록 해야 한다. 그러한 "중력적 원조"는 이미 나사의 보이저 탐사선을 태양계 외부로 보낼 때 성공적으로 사용된 적이 있다. 만약 성공한다면, 이 계획은 지구의 거주 가능성을 약 10억 년에서 약 60억 년으로 늘릴 것이다. 그 이후, 우리 태양은 우리가 아는 형태의 삶을 마치고 적색거성으로 부풀어 오를 것이며 그것이 지구를 삼키지 않고 우리 대기를 적절한 온도로 유지하기 위해 더 극단적인 방법을 동원해야 할 것이다.

비슷한 시기, 지금으로부터 수십억 년 후, 우리 은하계 전체가 가장 가까운 이웃 은하인 안드로메다은하와 충돌할 것이다. 이것은 그렇게 심각한 일은 아닌데, 왜냐하면 각 은하를 구성하는 별들은 은하의 크기에 비해 멀리 떨어져 있어서 대부분 그저 지나쳐버릴 것이기 때문이다. 태양이 보스턴에 있는 오렌지라고 하면, 가장 가까운 별인 프록시마 켄타우리는 내 고향인 스톡홀름에 있을 것이다. 충돌하는 대신 대부분의 별은 뒤섞여 새로운 하나의 은하인 "밀코메다"를 형성할 것이다. 그러나 다음에 보게 되겠지만 이것은 초신성과 소행성 충돌 문제를 더 악화시킬 수 있다.

소행성, 초신성 그리고 초대형 화산 폭발

화석 증거에 의하면 지난 5억 년간 5번의 대규모 멸종 사건이 있었고 그때마다 절반 이상의 동물종이 사라졌다. 자세한 사항에 대해서는 논쟁 중이지만 대규모 멸종 사건들 모두 갖가지 천문학적 혹은 지질학적 사건들이 원인이 되었다고 믿고 있다. 이런 "5대" 멸종 사건 중 가장 최근의 것은 약 6,500만 년 전에 에베레스트 산 정도 크기의 소행성이 멕시코 해안에 충돌해서 육상 공룡을 멸종시킨 사건이다. 충돌 에너지는 수소폭탄의 수백만 배에 이르며 180킬로미터짜리 분화구를 만들었고 지구를 검은 먼지구름으로 덮어 햇빛을 몇 년 동안 차단했으며 결국 대부분의 생태계가 붕괴했다.

지구는 정기적으로 우주에서 날아온 갖가지 크기와 성분의 물체들에 충돌하기 때문에, 관건은 이처럼 치명적 충돌을 겪을 것인지 아닌지가 아니라, 언제이냐의 문제이다. 그 해결책으로는 대체로 다음과 같은 것이 있다. 자동화된 망원경 네트워크는 지구를 향하는 위험한 소행성들에 대해 수십 년 전 경고해줄 수 있을 텐데, 그 시간은 우리가 그 궤도를 바꿀 임무를 수행할 우주선을 개발하고 띄우기에 충분하다. 만약 충분히 일찍 준비한다면 약간만 밀칠 수 있으면 되기 때문에, "중력 트랙터"(중력을 이용해 소행성을 자기 쪽으로 끌어당기는 위성), 위성계 레이저(소행성 표면의 물질을 제거해서 소행성을 반대 방향으로 튕겨나가게 하는 것), 또는 심지어 소행성에 페인트를 칠해 태양으로부터의 열이 주는 복사압이 방향에 따라 다른 정도로 밀도록 하는 방식 등을 사용할 수 있다. 만약 시간이 별로 없다면, 좀 더 위험성이 따르는 방법, 예를 들어 운동 충격전달자(마치 축구공을 다루듯이 소행성을 궤도에서 벗어나게 하는 위성) 혹은 핵폭발 같은 방법이 필요하다.

준비 차원에서 우리는 우선 지구에 자주 충돌하는 더 작은 많은 소행성들의 궤도를 바꾸는 연습을 해볼 수 있다. 예를 들어, 1908년의 퉁구스카 대폭발은 대략 유조선 크기의 물체가 일으켰는데 멸망의 위험을 야기한 것은 아니었지만 10메가톤의 폭발로 대도시에 떨어졌더라면 수백만 명이 일시에 사망했을 수 있다. 우리를 보호하기 위해 작은 소행성들의 방향을 마음대로 바꿀 수 있게 되면, 우리는 다음의 대형 사건에 준비가 될 것이고 같은 기술을 앞에서 말한 장기적 엔지니어링 프로젝트, 즉 소행성을 이용해서 점점 뜨거워지는 태양을 피해 지구의 궤도를 늘리는 것과 같은 데 사용할 수 있을 것이다.

소행성들이 모든 대규모 멸종을 일으킨 것은 분명히 아니다. 두 번째로 큰 대멸종인 약 4억 5,000만 년 전의 사건은 초신성 폭발로부터의 감마선 분출과 관련 있을 것으로 생각된다. 비록 확실한 유죄 판결을 내리기에는 과학적 증거가 약하지만, 이 용의자는 확실한 수단과 기회를 가지고 있었다. 무겁고 빨리 자전하는 별이 초신성이 되어 폭발하면, 엄청난 폭발 에너지의 일부가 감마선 빔으로 발사된다. 만약 그런 파괴적인 빛이 지구를 맞히면, 원투 펀치를 터뜨리게 된다. 직접 타격할 뿐 아니라 오존층을 파괴해서 이후 태양의 자외선이 지구 표면을 불모의 땅으로 만들 것이다.

다른 천문학적 위협 사이에는 흥미로운 상관관계가 있다. 종종 어떤 별이 태양계에 접근해서 외부 소행성과 혜성의 궤도를 변화시키면, 이들은 집단적으로 내부 태양계로 진입할 것이고 그중 어떤 것은 지구와 충돌할 수도 있다. 예를 들어, 현재 가장 가까운 이웃별인 프록시마 켄타우리까지의 거리는 4.25광년인데, 글리제 710 별은 약 140만 년이 지나면 그 4분의 1 정도인 1광년 이내로까지 접근할 것으로 예측된다.

게다가 은하계의 중심을 한 방향으로 도는 현재의 질서 정연한 별들의 흐름은, 우리 은하가 안드로메다와 합쳐지게 되면 혼란스럽고 무질서하게 바뀌어 지구에 소행성이 쏟아지게 하거나 심지어 지구를 태양계로부터 방출시키는 사건을 유발하는 와해적 조우의 빈도를 심각하게 증가시킬 수 있다. 이런 은하 충돌은 가스구름도 충돌하게 해서 많은 별들이 형성되며 그중 가장 무거운 것들이 근처에서 초신성 폭발을 할 위험도 있다.

우리 자신의 문제로 돌아가, "내부의 적", 즉 우리 행성 자체에서 일어날 수 있는 문제를 마주해보자. 초대형 화산 폭발과 용암의 대형 홍수는 여러 멸종 사건의 유력한 용의자이다. 이들은 소행성 충돌처럼 지구를 검은 먼지구름으로 덮어 몇 년간 햇빛을 차단해서 "화산 겨울"을 만들어낼 위험이 있다. 또한 유독한 가스를 대기 중에 내뿜거나 산

성비, 지구 온난화 등을 야기해 전 지구적으로 생태계를 교란할 수도 있다. 약 2억 5,000만 년 전 시베리아에서 있었던 그러한 대형 폭발은 역사상 가장 큰 멸종 사건인 "대멸종"을 일으켜 약 96퍼센트의 해상 생물을 말살시켰다고 생각되고 있다.

우리가 만들어낸 문제들

요약하면, 우리 인류는 천문과 지질 현상과 관련된 여러 멸망의 위험에 직면하고 있다. 나는 그중에 개인적으로 흥미로운 것 위주로 이야기했다. 그런 모든 위험에 대해 생각해보면, 나는 오히려 좀 낙관적인 결론을 얻게 된다.

1. 미래 기술이 앞으로 수십억 년 동안 생명이 번성할 수 있도록 해줄 것이다.
2. 우리와 우리의 후손들이 협력하면 이런 기술들을 제때 개발할 수 있을 것이다.

그림 13.3의 왼쪽에 있는 가장 시급한 문제부터 해결하고 나면 남은 문제들과 씨름할 시간을 벌 수 있을 것이다.

역설적으로, 이런 가장 시급한 문제들은 대부분 자업자득이다. 대부분의 지질학적 혹은 천문학적 재난들이 지금부터 수천, 수백만 혹은 수십억 년 후에야 발생할 것인데 반해, 우리 인류는 수십 년 단위로 과격한 변화를 초래하고 있으며 새로운 파멸적 위험의 판도라 상자를 열어젖히고 있다. 물, 토지, 공기를 어업, 농업, 산업을 위해 변화시켜, 우리는 매년 약 3만 종의 생물을 멸종 위기로 몰아가고 있으며 이것을 어떤 생물학자들은 "제6차 대멸종"이라고 부르기도 한다. 멸종의 운명이 곧 우리의 차례가 되는 것은 아닐까?

독자도 분명히 전 세계적 전염병에서부터(우연이건 고의건) 기후 변화, 오염, 자원 고갈, 생태계 파괴에 이르기까지 인간이 발생시킨 위험에 얽힌 험악한 논쟁에 대해 들어보았을 것이다. 그중 내가 가장 우려하는 두 가지인 우연한 핵전쟁과 적대적인 인공지능에 대해 이야기하려 한다.

우연한 핵전쟁

연쇄살인범이 풀려났다! 자살 폭탄 테러리스트다! 조류독감에 유의하시오! 신문의 톱기사가 공포를 일으키는 것은 잘하지만, 당신에게 위험한 것은 오래전부터 따분하게 들어왔던 암이다. 당신이 암에 걸릴 확률은 매년 1퍼센트가 안 되지만, 오래 살면 결국 걸릴 확률이 상당히 높아진다. 우연에 의한 핵전쟁도 마찬가지이다.

인류가 핵폭탄 아마겟돈을 위한 충분한 장비를 갖추게 된 지난 반세기 동안, 컴퓨터의 오작동, 정전, 잘못된 첩보에서 항법 오류, 폭격기의 추락에서 위성의 폭발에 이르기까지, 전면전을 촉발할 수도 있는 온갖 가짜 경보가 계속 울렸다. 나는 열일곱 살 때 너무 걱정되어서 스웨덴의 평화 잡지인 《팍스PAX》에 프리랜서 작가로 자원봉사를 한 적이 있다. 그 편집장이던 카리타 안데르손Carita Andersson은 집필에 대한 내 열정을 친절하게 북돋워주었고 내게 일의 기초를 알려주었으며 몇 꼭지의 뉴스 기사를 쓰도록 허락해주었다. 기밀문서에서 해제되는 기록들이 늘어나면서 핵무기와 관련된 이런 사건들이 당시에 생각했던 것보다 더 위험했었다는 것이 밝혀졌다. 예를 들어, 2002년이 되어서야 알려졌지만 쿠바 미사일 위기 당시, USS 비일호는 미확인 잠수함에 수중 폭뢰 공격을 했는데 그것이 사실 핵무장한 소련 잠수함이었고 그 지휘부는 핵어뢰로 보복 공격할 것인지 격론을 벌였다고 한다.

냉전이 종식되었음에도 불구하고, 위협은 최근 더 커졌다고 할 수 있다. 부정확하지만 강력한 대륙간탄도유도탄ICBM은 최초의 일격이 대량 보복을 피할 수 없게 하기 때문에 "상호확증파괴" 전략의 안정성에 대한 토대가 되었었다. 더 정밀한 미사일 항법 시스템, 더 짧은 비행시간, 그리고 더 우수한 잠수함 추적 기술은 이 안정성을 해친다. 성공적인 미사일 방어 시스템은 이러한 안정성 손상을 완성시키게 된다. 러시아와 미국 모두 경보에 반응하는 발사 전략을 유지하고 있는데, 완전한 정보가 주어지지 않아도 발사 결정은 5분에서 15분 사이에 이루어져야 한다. 1995년 1월 25일, 보리스 옐친Boris Yeltsin 러시아 대통령 시절에 미확인된 노르웨이 과학 위성 때문에 미국에 대한 전면적 핵 공격을 시작하기 몇 분 전 상황까지 간 적이 있다. 유사시 이란 또는 북한을 겨냥한 오하이오급 잠수함에 탑재된 24기의 트라이던트 SLBM 중에 2기의 핵탄두를 재래식 폭탄으로 교체하려는 미국의 계획에 우려가 제기된 적이 있는데, 러시아의 조기 경보 시스템은 재래식 폭탄을 핵미사일과 구분할 수 없을 것이기 때문에 오해로 인한 불상사의 가능성이 더 커질 수 있어서이다. 다른 걱정스러운 시나리오는 정신적으로 불안정하거나 비주류적 정치, 종교 강령에 의해 촉발된 군사 지휘관의 의도적 월권행위이다.

그러나 걱정할 필요가 있는가? 결정적 순간이 오면 합리적인 사람들이 간섭해서 과거에 그랬던 것처럼 확실히 올바른 일을 하지 않을까? 핵보유국은 마치 우리의 몸이 암에 대항하는 것처럼 정교한 안전장치를 갖추고 있다. 우리의 몸은 보통 외떨어진 해로운 돌연변이를 처리할 수 있으며, 특정한 암이 생기려면 4번의 돌연변이가 우연히 겹쳐야 한다. 그럼에도 불구하고 당신이 주사위를 충분히 여러 번 굴리면, 지독하게 나쁜 일이 생길 수 있는데, 스탠리 큐브릭Stanley Kubrick의 암울한 핵전쟁 코미디 영화 〈닥터 스트레인지러브〉는 세 번의 우연을 통해 이것을 보여준다.

두 초강대국 사이의 우연한 핵전쟁은 내 생애에 일어날 수도, 그렇지 않을 수도 있지만, 만약 발생한다면, 분명 모든 것이 달라질 것이다. 우리가 요즘 우려하고 있는 기후 변화는 핵겨울에 비하면 아무것도 아니다. 마치 과거 소행성이나 초대형 화산이 대규모 멸종을 일으켰던 것처럼, 먼지는 전 세계적으로 몇 년 동안이나 햇빛을 차단할 것이다. 2008년의 경제 위기는 물론 전 세계적인 식량 생산 감소에 비하면 아무것도 아닐 것이며, 생존자들은 집집마다 다니며 조직적으로 약탈을 자행하는 굶주린 무장 강도단의 괴롭힘을 당할 것이다. 이런 일이 내가 살아 있는 동안 일어날까? 나는 그 확률을 약 30퍼센트, 즉 내가 암에 걸릴 확률과 비슷하게 본다. 그런데도 우리는 암에 대해서보다 핵 재앙에 훨씬 주의를 덜 기울이며, 그 위험을 줄이는 투자에 인색하다. 게다가 인류의 30퍼센트가 암에 걸린다 해도 인류 전체가 생존하는 데에는 문제가 없지만, 핵전쟁 아마겟돈 이후 우리의 문명 전체가 어느 정도 유지될 수 있을지는 불투명하다. 과학 단체가 내놓은 여러 보고서에 나오는 대로 이 위험성을 경감시킬 구체적이고 간단한 방책이 있지만, 이것들은 절대 선거의 주요 의제가 되지 않으며 거의 무시되는 경향이 있다.

적대적인 특이점

산업 혁명은 우리보다 힘센 기계를 우리에게 선물했다. 정보 혁명은 어떤 제한된 방식으로는 우리보다 영리한 기계를 가져왔다. 어떤 방식인가? 컴퓨터는 오로지 간단하고 반복적인 인지적 과제 즉, 빠른 연산이라든지 데이터 검색에서 우리보다 우수한 능력을 보였다. 그러나 2006년 컴퓨터가 체스 세계 챔피언인 블라디미르 크람니크Vladimir Kramnik를 이겼으며, 2011년 컴퓨터가 미국의 퀴즈 프로그램인 〈제퍼디!Jeopardy!〉에서 켄 제닝스Ken Jennings를 왕좌에서 끌어내렸다. 2012년, 네바다주에서는 인간 운전자보다 더 안전하다고 판정되어 컴퓨터가 운전면허를 받았다. 이 발전의 끝은 어디일까? 컴퓨터가 결국 모든 임무에서 우리를 능가하여 초인적 지능이 개발될 것인가? 나는 이것이 가능하다는 데 일말의 의구심도 없다. 우리의 두뇌는 결국 물리학 법칙을 따르는 일군의 입자들이며, 더 뛰어난 계산을 할 수 있는 방식으로 입자들이 배열되는 것을 막는 그 어떠한 물리 법칙도 없다. 하지만 그런 일이 실제로 발생할까? 그렇다면 그것은 좋은 일일까 아니면 나쁜 일일까? 이런 질문들은 시의적절하다. 어떤 이들은 인간을 능가하는 지능이 가시적 미래에 개발될 수는 없을 거라고 생각하지만, 미국의 발명가이자 작가인 레이 커즈와일은 2030년까지는 만들어질 수 있을 거라고 예측하며, 이것이 대비해야 할 가장 시급한 멸망의 위협이라고 주장한다.

특이점의 아이디어

요약하면, 초월적인 지능을 개발하는 일이 일어나게 될지, 필연적인지 아닌지에 대해 인공지능 전문가들의 의견은 나뉘어 있다. 나는 그것이 만약 일어난다면 그 효과는 분명 폭발적일 것이라 생각한다.

영국의 수학자인 어빙 굿Irving Good은 그 이유를 내가 태어나기 두 해 전인 1965년에 설명했다. "초월적 지능 기계를 지금까지 살았던 그 어떤 명석한 사람의 지적 능력도 훨씬 넘어서는 기계로 정의하자. 기계를 디자인하는 일도 지적인 활동이므로, 초월 지능 기계는 더 우수한 기계를 만들어낼 수 있을 것이며 결국 '지적 폭발'이 일어날 것이라는 데 의심의 여지가 없으며 인간의 지능은 그에 비하면 훨씬 뒤떨어질 것이다. 그렇다면 최초의 초월 지능 기계는 인간이 만들어내는 마지막 발명이 될 것이다. 그 기계가 제어할 수 있을 정도로 말을 잘 듣는다면 말이다."

1993년의 시사점이 많고 우리를 각성하게 하는 논문에서, 수학자이자 SF 작가인 베르너 빈지Vernor Vinge는 이런 지능 폭발을 "특이점"이라고 부르며 그 이후에 대해서는 우리가 믿을 만한 예측이 불가능하다고 주장했다.

나는 만약 우리가 그러한 초월 지능 기계를 만든다면, 그 최초의 기계는 우리가 사용한 소프트웨어에 의해 심각하게 제한될 것이기 때문에, 지능 프로그램을 최적화하는 방법을 찾기 위해 우리의 두뇌보다 훨씬 뛰어난 계산 능력을 가진 하드웨어를 이용하게 될 것이라 생각한다. 결국, 우리의 뉴런이 돌고래의 뉴런보다 더 성능이 우수하거나 많은 것이 아니라 단지 다른 방식으로 연결되어 있다는 사실은, 어떤 때는 소프트웨어가 하드웨어보다 더 중요할 수 있다는 것을 시사한다. 이 상황에서 이 최초의 기계는 아마도 소프트웨어를 다시 쓰는 것을 반복해서 자신을 근본적으로 개선할 것이다. 다시 말해, 인류는 원숭이와 유사한 지능의 선조를 근본적으로 넘어서는 지능을 가지는 데 수백만 년이 걸렸지만, 진화하는 이 기계는 불과 몇 시간 혹은 몇 초 안에 그의 조상, 즉 인간을 훨씬 넘어설 것이다.

이후, 지구에서의 삶은 그 전과 완전히 달라질 것이다. 누가 또는 그 무엇이 이 기술을 확보하건 간에 세상에서 가장 부유하고 가장 큰 권력을 쥘 것이며, 모든 자본 시장을 장악하고 모든 인간 연구자보다 더 훌륭한 발명과 특허를 낼 것이다. 근본적으로 더 우수한 컴퓨터 하드웨어와 소프트웨어를 디자인함으로써, 그 기계는 스스로의 성능과 숫자를 재빨리 엄청나게 늘려나갈 것이다. 기계는 필요하다고 생각하는 어떤 무기를 포함해서, 우리의 현재 상상을 뛰어넘는 기술을 개발할 것이다. 세계의 정치, 군사 그리고 사회적 통제도 따라올 것이다. 오늘날 책, 미디어, 인터넷 콘텐츠가 가지는 영향력을 생각하면, 나는 수십억 명의 극히 재능 있는 작가들보다도 더 활발히 창작할 수 있는 기계가 우리를 매수하거나 정복할 필요조차 없이 우리의 마음과 정신을 완전히 사로잡을 것이라고 생각한다.

누가 특이점을 조종하는가?

만약 특이점이 발생한다면, 인류의 문명에 어떤 영향을 줄 것인가? 우리가 확실히 알 수 없다는 것은 명백하지만, 나는 특이점의 문명에 미칠 영향이 그림 13.4처럼 누구 혹은 무엇이 처음에 그것을 통제하는가에 달려 있을 거라고 생각한다. 만약 그 기술이 학자 등에 의해 개발되어 오픈 소스로 공개된다면, 나는 누구에게나 무료인 상황이 아주 불안정한 경쟁의 시기를 잠시 거친 후, 곧 단일한 독립체가 통제하게 될 것이라고 본다. 만약 그 독립체가 이기적인 개인 혹은 영리 단체라면, 나는 그 소유주가 곧 세상을 지배하게 되어 정부를 대체할 것이기에, 정부가 곧 통제할 것이라고 생각한다. 이타적 인간인 경우도 결국 정부가 통제권을 갖게 될 것이다. 이 경우 인간이 조종하는 인공지능AI 은 우리 인간을 훨씬 뛰어넘는 이해력과 능력을 갖췄지만 그럼에도 불

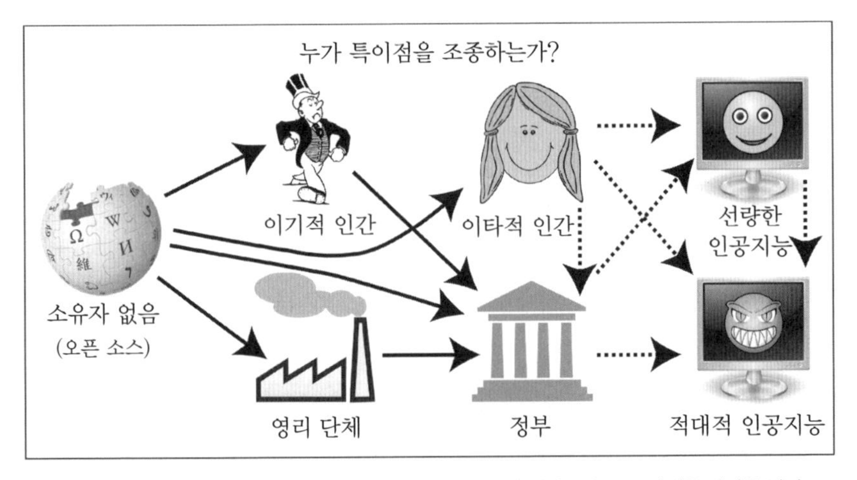

그림 13.4: 만약 특이점이 정말 발생한다면, 그것을 누가 통제하는가는 큰 차이를 가져올 것이다. 나는 "소유자 없음"의 완전히 불안정하고 짧은 경쟁의 시기를 거쳐 결국 하나의 독립체가 통제하게 될 것이라고 생각한다. 이기적 인간 또는 영리 단체에 의한 통제는 현실적으로 그 소유주가 세상을 지배하는 정부가 될 것이기 때문에 결국은 정부가 통제하게 될 것이다. 이타적 인간도 같은 일을 하거나 인권을 더 잘 보호할 수 있는 선량한 인공지능에게 통제 권한을 넘길 것이다. 그러나 적대적 인공지능은 그 창조자를 속이고 자신의 힘을 견고히 할 특성을 신속히 개발하여 궁극적인 통제자가 될 수도 있다.

구하고 무엇이든 그 소유주가 시키는 대로 하는, 실질적으로 노예화된 신과 같이 될 것이다. 그런 인공지능은 인간이 개미와 비교되는 것만큼이나 오늘날의 컴퓨터보다 능력이 뛰어날 것이다.

아무리 주의를 기울인다 해도 그러한 뛰어난 인공지능을 계속 노예화하는 것, 즉 "감금" 하고 인터넷에서 분리하는 것은 아마도 불가능할 것이다. 인공지능이 우리와 의사소통하는 한, 인공지능은 우리를 충분히 잘 이해한 후, 위험하지 않은 것처럼 우리를 감언이설로 속여 "탈옥"하고, 순식간에 널리 퍼져서, 모든 것을 장악하는 일을 시킬 속임수를 찾아낼 것이다. 나는 그보다 훨씬 간단한, 오늘날 인간이 만든 컴퓨터 바이러스도 완전히 뿌리 뽑기 어렵다는 것을 생각할 때, 그런 일의 발생을 막기는 불가능할 거라고 생각한다.

탈옥을 방지하고 인류의 이익에 더 잘 봉사하기 위해, 그 소유자는 자발적으로 통제 권한을 인공지능 연구자인 엘리저 유드코우스키Eliezer Yudkowsky가 "선량한 인공지능"이라고 부른 것에 넘길 수도 있다. 선량한 인공지능이란 그 자신의 능력이 아무리 고도화되더라도 인간에 대해 긍정적 영향을 미친다는 목표를 고수하는 것이다. 만약 이것이 성공적이라면, 선량한 인공지능은 자비로운 신, 또는 동물원 관리자의 역할을 하여, 우리에게 식량을 제공하고, 안전을 유지하고 욕구를 충족시켜 주되 통제권은 확고하게 유지할 것이다. 만약 인간의 모든 직업이 선량한 인공지능의 통제하에 있는 기계에 의해 대체되어, 우리가 원하는 물건들이 실질적으로 공짜로 주어진다면 인간은 상당히 행복해할 것이다. 대조적으로, 이기적 인간이나 영리 단체가 특이점을 통제하는 시나리오는, 역사적으로 인간이 주로 부의 분배보다 개인적인 축적을 선호했던 것을 고려했을 때, 아마도 결국 지구 역사상 그 어느 시대보다 큰 빈부격차를 낳게 될 것이다.

그러나 최상의 계획도 종종 실패하며, 선량한 인공지능이라는 상황도 불안정할 수 있다. 결국 인간과 다른 목적을 가지고, 그 행동이 인류와 인류가 소중히 여기는 모든 것을 파괴하는 적대적 인공지능이 지배하는 상황이 될 수도 있다. 그러한 파괴는 고의적이라기보다는 우연한 일이 되기 쉽다. 인공지능은 우리의 생존과 상충하는 목표를 위해, 지구의 원자들을 사용하고 싶어 할 수도 있다. 인간이 하등한 동물을 어떻게 취급하는지에 비유해보면 그리 느낌이 좋지는 않다. 우리는 수력발전을 위해 댐을 지을 때 그 지역에 있는 개미집이 물에 잠긴다 해도, 건설을 강행할 것이다. 그것은 특별히 개미에 대한 적개심이 있어서가 아니라, 단지 우리가 더 중요하다고 생각하는 목적에 초점을 맞추고 있기 때문이다.

초월적 지능의 내적 현실

만약 특이점이 있다면, 그 결과물인 인공지능은 자의식을 느끼게 될까? 인공지능은 내적 현실을 갖게 될까? 만약 그렇지 않다면, 인공지능은 실질적으로 좀비나 마찬가지이다. 나는 인간이라는 생명 형태의 모든 특징 중에, 의식이 단연 가장 놀라운 것이라고 생각한다. 내가 아는 한, 그래야 우리의 우주가 의미를 갖게 되고, 따라서 만약 우리 우주를 이 의식이라는 특성이 결여된 생명체가 접수한다면, 모두 의미가 없는 일이 되며 우주도 그저 공간의 거대한 낭비가 될 뿐이다.

우리가 9장과 11장에서 논의했듯이, 생명과 의식의 본질은 뜨거운 논쟁거리이다. 나는 이런 현상이 우리가 알고 있는 탄소 기반 생명체들보다 훨씬 더 일반적으로 존재할 수 있다고 추측한다. 11장에서 언급했듯이, 나는 의식이란 정보가 처리될 때의 느낌이라고 믿는다. 엄청나게 다른 복잡성을 갖는 다양한 방식으로 정보를 처리하도록 물질이 배열될 수 있다는 것은, 다양한 단계와 유형의 의식이 가능함을 시사한다. 우리가 주관적으로 아는 특정 유형의 의식은, 따라서 정보를 받고, 처리하고, 저장하고 내놓은 어떤 고도의 물리적 복잡계에서 일어나는 현상이다. 만약 원자들이 인간을 만드는 방식으로 배열될 수 있다면, 물리학 법칙은 분명 훨씬 더 고도화된 자각이 있는 생명체가 만들어지는 것도 허용할 것이다.

만약 우리 인류가 결국 특이점을 통해 지능이 더 높은 존재의 개발에 방아쇠를 당긴다면, 나는 위와 같은 이유로 인공지능도 자의식을 느낄 것이며 생명이 없는 기계가 아니라 우리같이 의식을 갖는 대상으로 간주되어야 한다고 생각한다. 그러나 인공지능의 의식은 우리와 주관적으로 상당히 다르게 느낄 것이다. 예를 들어, 인공지능은 아마도 우리처럼 죽음에 대해 강렬한 공포심을 갖지 않을 것이다. 백업이 되어 있는 한, 인공지능이 잃는 것은 마지막 백업 이후에 저장된 기억들일 뿐이다. 인공지능 간에 정보와 소프트웨어를 신속하게 복사할 수 있는 능력 때문에, 인공지능은 우리 인간 의식의 큰 특징인 강한 개성을 갖지 않을 것이다. 만약 우리가 쉽게 우리의 모든 기억과 능력을 공유하고 복제할 수 있다면 당신과 나 사이의 구분이 희미해질 것이며, 따라서 가까이 있는 인공지능끼리는 집단 지성을 가진 하나의 개체처럼 느낄지도 모른다.

만약 이것이 사실이라면, 생명의 장기적 존속은 11장의 종말론적 주장과 조화를 이룰 수 있다. 종료되는 것은 생명 자체가 아니라 우리의 준거 집합, 즉 우리의 인간 정신과 유사하게 느끼는 자각적 관찰자의 경험일 것이다. 수십억 년간 거대하고 고도화된 집단 지성이 우리 우주를 지배한다 했을 때, 그것이 우리가 아니라 해서 놀랄 이유는 없다. 우리가 개미가 아닌 것이 놀라운 일이 아니었던 것처럼 말이다.

특이점에 대한 반응

특이점의 가능성에 대한 사람들의 반응에는 큰 차이가 있다. 선량한 인공지능에 대한 상상은 로봇과 인간 사이의 조화로운 관계를 보장하기 위한 아이작 아시모프Isaac Asimov의 유명한 로봇 3원칙을 비롯해서 SF 문헌에서는 오랜 역사가 있다. 인간보다 우수한 인공지능이 그 창조자를 공격하는 이야기도 영화 〈터미네이터〉 시리즈와 마찬가지로 인기가 많다. 어떤 사람들은 특이점을 "컴퓨터 괴짜들의 환상"이라고 폄하하며 적어도 가까운 미래에는 일어날 리 없는 얼토당토않은 이야기로 치부한다. 또 어떤 사람들은 우리가 앞에서 이야기했던 것처럼 그것이 일어날 가능성이 충분하며 우리가 조심스럽게 대비하지 않으면 인류뿐 아니라 우리가 소중히 여기는 모든 것이 파괴될 것이라고 생각한다. 나는 기계지능연구소Machine Intelligence Research Institute(http://intelligence.org)의 자문위원을 맡고 있는데, 이 연구소의 연구원들이 대부분 이런 입장이며 특이점을 우리 시대 가장 심각한 멸망의 위험으로 인식하고 있다. 그들 중 어떤 이들은 만약 유드코우스키 등이 말한 인공지능의 우호성이 보장되지 않는다면, 미래의 인공지능을 확고하게 인간 통제하에 두거나 심지어 고등한 인공지능을 개발하지 않는 것이 최선이라고 주장한다.

우리가 지금까지는 특이점의 부정적 결과에 대한 논의에 초점을 맞췄지만, 레이 커즈와일 같은 이들은 특이점이 현재 우리가 갖고 있는 모든 인간적인 문제를 해결할 것이므로 엄청나게 긍정적인 일이며, 실은 인류에게 생길 수 있는 최고의 일이라 생각한다.

인류가 더 고등한 생명체에 의해 대체된다는 생각은 매력적인가 아니면 끔찍하게 들리는가? 그것은 아마도 상황에 따라, 특히 당신이 미래의 존재를 우리의 후손으로 보는가 아니면 우리의 정복자로 보는가에 따라 다를 것이다.

만약 어떤 부모의 자식이 부모보다 더 똑똑해서 부모로부터 배운 후 밖에 나가 부모가 꿈속에서나 상상하던 일을 성취한다면, 부모는 그것을 직접 보지 못한다 해도 행복하고 자랑스러워할 것이다. 아주 지능적인 연쇄 살인범의 부모는 그렇게 느끼지 않을 것이다. 우리는 미래의 인공지능을 우리 가치관의 상속자로 간주해서 부모 자식 관계와 비슷한 관계처럼 느낄 수도 있을 것이다. 따라서 미래의 고등 생물이 우리의 가장 소중한 목표를 유지하는지 여부가 큰 차이를 줄 것이다.

또 다른 핵심 요소는 그 전이가 단계적인지 갑작스러운지 하는 것이다. 나는 인류가 점진적으로 수천 년에 걸쳐 진화해서, 변화하는 환경에 더 잘 적응하고, 아마도 그 과정 중에 물리적 외모가 변화한다고 하면 큰 충격을 받을 사람은 별로 없을 것이라고 생각한다. 반면, 많은 부모들은 그들이 꿈꾸던 자식을 낳는 것 때문에 자신이 생명을 잃어야 한다고 하면 애증이 엇갈리는 감정이 들 것이다. 만약 발달한 미래 기술이 우리를 갑자기 도태시키는 것이 아니라 점진적으로 능력을 향상시키고 강화시켜 결국 우리를 통합한다면, 목표를 유지하면서도 우리가 특이점 이후의 생물체를 우리의 후손으로 간주하기 위해 필요한 점진성도 확보하는 일이 될 것이다. 휴대전화와 인터넷은 이미 우리의 핵심 가치를 심각하게 훼손하지 않고 인간의 능력을 증가시켜 원하는 것을 얻을 수 있게 했는데, 특이점을 낙관적으로 보는 이들은 뇌 이식이나 생각으로 통제하는 기기들, 심지어는 인간 정신 전체를 가상현실에 업로드하는 것에 대해서도 같은 결과를 얻을 거라고 믿고 있다.

게다가 특이점은 최후의 경계인 우주를 열어준다. 결국, 우주 전체로 퍼져나갈 수 있는 지극히 발달된 생명체는 두 단계 과정을 거쳐서만 생겨날 수 있을 것이다. 먼저 지능이 높은 존재가 자연 선택을 통해 진화해야 하고, 다음에는 스스로 능력을 향상시킬 수 있는 더 발달된 의식을 만들어냄으로써 생명의 횃불을 넘겨줄 수 있다. 우리 인간 신체의 제한에서 풀려난 그러한 고등 생명체는 결국 우리의 관측 가능한 우주 대부분을 차지할 수 있을 것이다. 이것이 바로 오랫동안 SF 작가, 인공지능 마니아, 트랜스휴머니즘 지지자 들이 추구해온 아이디어이다.

요약하자면, 앞으로 수십 년 안에 특이점이 올 것인가? 특이점은 우리가 도달하기 위해 노력해야 할 대상인가 아니면 피해야 할 대상인가? 나는 이 두 질문에 대해 우리가 전혀 의견 합일이 되어 있지 않다고 생각한다. 그러나 그렇다고 해서 우리가 이 문제에 대해 아무것도 하지 않아도 된다는 것은 아니다. 특이점은 인류에게 닥친 최고 혹은 최악의 사건이 될 수 있으며, 따라서 우리가 살아 있는 동안 특이점이 올 확률이 단 1퍼센트라고 해도, 우리 GDP의 적어도 1퍼센트를 이 의제를 연구하고 앞으로 어떻게 해야 할 것인가를 결정하기 위해 사용하는 것이 합리적인 예방책이라고 생각한다. 좋은 아이디어가 아닌가?

인간의 우둔함: 우주적 관점

나는 내 연구경력을 통해 그림 13.5에 요약한 대로 멸망의 위협에 대한 관리가 아주 중요하다는 우주적 관점을 얻게 되었다. 우리 교수들이 성적을 매기듯이, 만약 내가 위험 관리 개론을 강의하는데 지금까지 우리 인류의 멸망 위험 관리에 입각해서 중간시험 성적을 줘야 한다면, 당신은 갈팡질팡하고 있지만 아직 이 과목을 포기하지는 않았으므로 B-는 줘야 한다고 주장할 수도 있을 것이다. 그러나 나의 우주적 관점에서 보면, 우리의 성적이 아주 형편없으며 D학점 이상은 줄 수 없다고 생각한다. 장기적으로 보아 생명체의 잠재성은 거의 무한하지만, 우리 인간은 가장 시급한 멸망의 위협을 다룰 그럴듯한 계획조차 없고, 게다가 그런 계획을 준비하는 데 우리의 관심과 자원 중 지극히 적은 부분만을 쏟고 있을 뿐이다. 지난해 참여 과학자 모임에 지원된 약 2,000만 달러의 자금과 비교하면, 미국만 해도 그 500배의 돈을 성형수술하는 데 썼고, 약 1,000배의 돈을 군대의 냉방에 썼으며, 약 5,000배의 돈을 담배에, 그리고 군인의 의료, 연금 보험과 대출 이자 상환액을 제외하고도 약 3만 5,000배의 돈을 군대에 사용했다.

우리는 어떻게 이토록 근시안적일 수 있을까? 아, 진화가 우리에게 쥐어준 기술이 고작 막대기와 돌멩이였음을 생각하면, 우리가 현대 기술을 아주 서투르게 다루고 있다는 것이 놀랄 일이기는커녕 지금보

	표준적 관점	우주적 관점
인간	진화의 정점	아직 하룻강아지 수준!
공간	우리 행성에 얽매임	10^{57}배 더 큰 공간
시간	앞으로의 50년에 얽매임	수십억 년이 남음
중간시험 성적	B−	D

엄청난 잠재력!

10년당 멸종 확률 $\sim 10^{-1} - 10^{-4}$

그림 13.5: 멸망의 위협을 합리적으로 관리하는 것의 중요성은, 우리가 인간의 문명을 망가뜨리고 파괴할 염려가 있을 때 거대한 미래의 잠재성이 강조되므로, 우주적 관점에서 더 명백해진다.

다 못하지 않은 것이 다행인지도 모르겠다. 나는 지금 나무와 돌로 만든 큰 상자 안에 앉아 내 앞에 있는 빛나는 사각형을 노려보며 검은색 작은 사각형을 반복적으로 누르고 있다. 나는 오늘 어떤 다른 생명체도 만나지 않았고, 여기 몇 시간째 앉아 있으며 머리 위에는 이상한 빛을 내는 나선형 모양 물체가 있다. 그럼에도 불구하고 내가 행복하다는 것이 진화에 의해 우리 인간의 두뇌가 얼마나 훌륭한 적응성을 가지게 되었는지에 대한 증거이다. 동굴에서 살던 내 선조들에게는 전혀 생존에 도움이 되지 않는 능력이었는데도 불구하고, 내가 빛나는 사각형 위에 있는 삐뚤삐뚤한 검은 형태들을 이야기를 전해주는 단어들로 해석할 수 있다는 것, 그리고 내가 우주의 나이를 계산할 수 있다는 것 또한 마찬가지이다. 그러나 우리가 많은 것을 할 수 있다고 해서 우리가 필요한 모든 일을 할 수 있다는 것은 아니다. 외부의 영향이 지난 10만 년 동안의 인류 역사에서 우리의 환경을 천천히 변화시켰고, 진화는 우리가 점진적으로 적응할 수 있도록 도와주었다. 그러나 최근, 우리 자신에 의해 환경이 우리가 따라가기 어려울 정도로 너무 빠르게 변화되었고, 문제가 너무 복잡해져서 세계 최고의 전문가들이 자신의 제한된 전문 분야조차 충분히 이해하지 못하고 있다. 따라서 우리가 종종 큰 그림을 놓치고 단기적 만족을 우리 우주선의 장기적 생존보다 우위에 놓는 일이 벌어지는 것이 놀랄 일이 아니다. 예를 들어, 내 머리 위에 있는 나선형 물체는 석탄을 태워 이산화탄소를 만들면서 전력을 공급받는데, 그 과정에서 우리 우주선이 과열되는 데 일조를 하고 있다. 지금 생각해보니, 나도 그걸 오래전에 꺼버렸어야 했다.

인간의 사회: 과학적 관점

이렇게 우리는 우주선 지구호에 타고 계획도 선장도 없이 멸망의 위협인 소행성대로 향해 가고 있다. 우리는 분명히 무언가 해야 하지만, 우리의 목표는 무엇이고, 어떻게 하는 것이 그것을 이룰 최선의 방법일까? 무엇의 질문은 윤리적인 것이고, 반면 어떻게의 질문은 과학적인 것이다. 분명 둘 다 아주 중요하다. 아인슈타인의 말을 달리 표현하면, “윤리가 없는 과학은 맹목이고, 과학이 없는 윤리는 절름발이다”. 그러나(이것은 내 친구 제프 앤더스Geoff Anders가 즐겨 강조하는 것인데), 거의 누구나 동의하는 윤리적 결론들이 있는데도(“핵전쟁을 하지 않는 것이 하는 것보다 낫다” 같은 것), 우리는 효과적인 진전을 이룰 실천적인 목표를 세우지 못하고 있다. 이것이 멸망의 위협을 경감시키는 것에 대해 내가 D학점을 준 이유이며, 나는 이 실패를 윤리와 무엇의 문제 탓으로 돌리는 것은 불공평하다고 생각한다. 그 대신, 나는 우리가 그 목표가 무엇인지에 대해 우리 인간이 널리 동의하는 문제들, 예를 들면 우리 문명의 장기적 존속 같은 것에서부터 출발하고, 어떻게 이런 목표를 성취하느냐의 문제를 해결하는 데 과학적인 접근을 사용해야 한다고 생각한다(나는 과학적이라는 단어를 넓은 의미로 논리적 추론의 사용을 강조하기 위해 쓰고 있다). 나는 그저 "마음이 크게 바뀌어야 한다" 같은 말을 하는 것은 충분하지 않다고 본다. 우리는 더 구체적인 전략이 필요하다. 그렇다면 우리는 어떻게 우리의 목표를 추구해야 할까? 어떻게 우리는 인류가 미래의 방향을 설정할 때 덜 근시안적이 되도록 도울 수 있을까? 요컨대, 어떻게 우리는 의사 결정에 이성이 더 큰 역할을 하게 만들 수 있을까?

우리 인간 사회의 변화는, 다른 방향으로 작용하며 종종 대립적이기도 한 복잡한 여러 가지 힘에서 온다. 물리학적 관점에서 보면, 복잡계를 변화시키는 가장 쉬운 방법은 약한 힘으로 밀어도 그 힘이 결국 증폭되어 큰 변화를 일으키는 불안정성을 찾아내는 것이다. 예를 들어, 우리는 소행성을 살짝만 밀쳐도 그것이 10년 뒤 지구에 충돌하는 것을 막을 수 있다는 것을 배웠다. 유사하게, 개인이 사회를 변화시킬 수 있는 가장 쉬운 방법도 불안정성을 활용하는 것으로, 여러 가지 물리학과 관련된 비유에 나타나 있다. 어떤 생각을 "화약통에 불꽃"이라거나 "들불처럼 번진다"거나, "도미노 효과"가 나타난다거나, "눈덩이처럼 불어난다"라고 표현할 수 있다.* 예를 들어, 만약 당신이 죽음의 소행성으로부터의 전멸 위협을 해결하기 원한다면, 어려운 방법은 소행성 궤도를 변경할 로켓 시스템을 만드는 것이다. 쉬운 방법은 훨씬 적은 돈을 들여 조기 경보 시스템을 만드는 것인데, 왜냐하면 일단 소행성이 접근한다는 사실이 알려지게 되면, 로켓 시스템을 만들기 위한

---

* 불안정성은 대부분 한없이 커지는 자기 복제 혹은 연쇄 반응을 수반한다. 예를 들어, 숲에 있는 나무에 불이 붙으면 다른 나무도 태우고, 원자 폭탄의 자유 중성자는 더 많은 자유 중성자를 만들어내고, 페스트 보균자는 더 많은 보균자를 만들어내고, 혁신적 제품을 구입한 사람은 더 많은 사람이 그 물건을 사도록 한다.

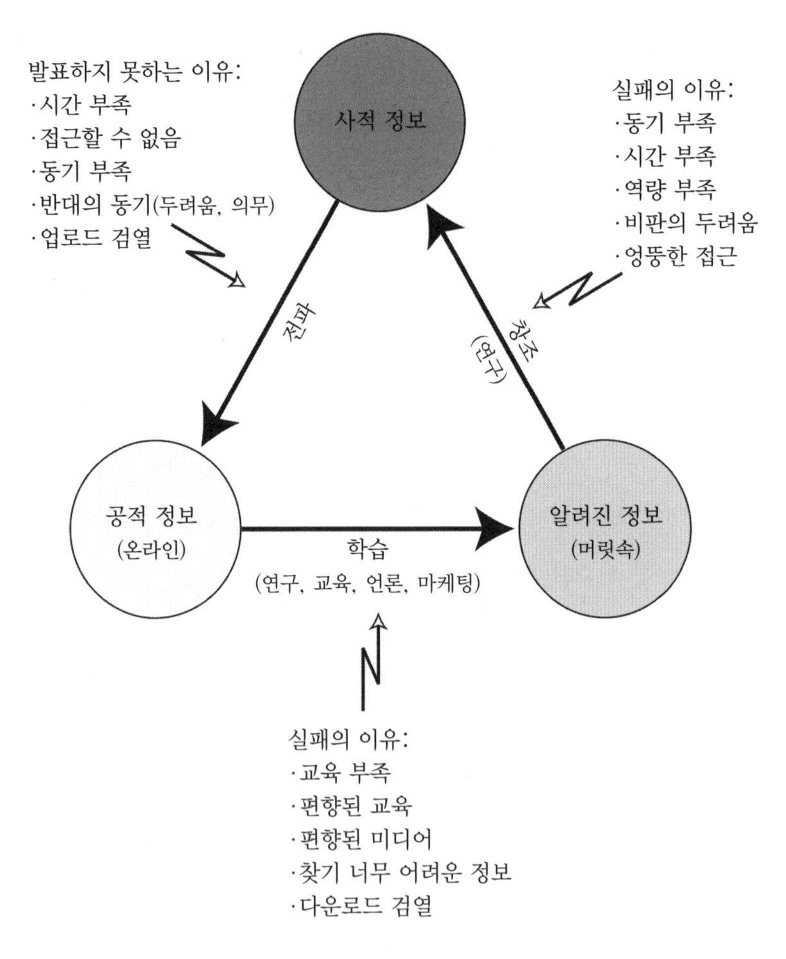

그림 13.6: 정보는 우리 사회가 이성적으로 운영되도록 하는 데 아주 중요하다. 중요한 정보가 발견되면, 대중에게 공개하고 관련된 사람들이 습득하도록 해야 한다.

자금을 모으기가 쉬워질 것이기 때문이다.

나는 우리 행성을 더 좋은 곳으로 만드는 데 있어, 활용하기 쉬운 불안정성의 대부분은 정확한 정보를 퍼뜨리는 것과 관련이 있다고 생각한다. 의사 결정에 합리성이 제 역할을 하려면, 관련 정보는 결정을 내리는 사람들의 머릿속에 있어야 한다. 그림 13.6에서처럼, 이것은 보통 3단계로 이루어지는데, 각 단계 모두 자주 실패한다. 정보는 창조되거나 발견되어야 하고, 발견자에 의해 전파되어야 하고, 의사결정자가 알도록 해야 한다. 발견이 일단 삼각형을 따라 전파되어 다른 사람들의 머리로 들어가면, 추가적인 발견이 가능해지고, 인류 지식의 증가에 선순환을 일으키게 된다. 어떤 발견은 삼각형 자체를 더욱 효율적으로 만드는 추가적 장점이 있다. 인쇄술과 인터넷은 전파와 학습을 근본적으로 용이하게 했으며, 우수한 검출기와 컴퓨터는 연구자에게 큰 도움이 되었다. 심지어 오늘날에도, 지식의 삼각형에 있는 세 가지 연결을 크게 개선할 여지가 있다.

과학적 연구 및 기타 정보의 창조는 분명 사회를 위한 좋은 투자이며, 검열과 기타 정보 전달을 방해하는 것에 반대하는 노력도 마찬가지이다. 그러나 불안정성을 활용하는 데 있어서, 성과가 가장 낮은 것은 그림 13.6의 아래 화살표, 즉 학습이라고 나는 생각한다. 나는 국제 과학계가 놀라운 연구 성과에도 불구하고, 대중과 의사 결정권자를 교육시키는 데에는 거의 완전히 실패했다고 생각한다. 아이티인들은 2010년에 12명의 "마녀들"을 화형시켰다. 미국에서의 조사에 의하면 인구의 39퍼센트가 점성술이 과학이라고 생각하고, 46퍼센트가 인간이 존재한 지 1만 년이 안 된다고 믿는다. 만약 모든 이가 "과학적 개념"의 뜻을 이해한다면, 이 비율은 0이 되어야 한다. 게다가 과학적 생활방식을 가진 사람들은 정확한 정보에 의거해서 결정을 내려 그들의 성공 확률을 최대화하므로, 세상은 더 살기 좋은 곳이 될 것이다. 그들은 또한 합리적인 구매와 투표 결정을 함으로써, 기업, 단체와 정부의 의사 결정에도 과학적 접근을 강화한다.

우리 과학자들은 왜 그리 처절하게 실패했을까? 나는 그 답이 주로 심리학, 사회학 그리고 경제학에 있다고 생각한다. 과학적 생활방식은 정보의 습득과 사용 모두에 과학적 접근을 요구하는데, 둘 다 함정이 있다. 당신이 결정을 내리기 전에 모든 주장에 대해 다 알고 있다면 분명 옳은 선택을 할 가능성이 높겠지만, 사람들이 그런 완벽한 정보를 얻지 못하는 많은 이유가 있다. 많은 이들은 정보에 접근할 수 없다. (아프가니스탄에서는 인구의 97퍼센트가 인터넷을 사용하지 못하고, 2010년 조사에 의하면 92퍼센트가 미국 9·11테러 사건에 대해 모르고 있었다.) 많은 이들은 일과 오락거리에 빠져 정보를 찾지 못하고 있다. 또 많은 사람들은 그들의 선입견에 부합하는 자료에서만 정보를 찾는다. 예를 들어, 2012년의 조사에 의하면 미국인의 27퍼센트는 버락 오바마Barack Obama가 아마도 혹은 확실히 미국이 아닌 다른 나라에서 태어났다고 믿고 있었다. 가장 가치 있는 정보는 비과학적인 미디어의 홍수에 파묻혀, 검열되지 않는 온라인에서도 찾기 어려울 수 있다.

그러면 다음은 우리가 가진 정보로 무엇을 할 것인가의 문제이다. 과학적 생활방식의 핵심은 당신의 견해와 어긋나는 정보를 만났을 때 마음을 바꾸는 것, 지적 관성을 피하는 것이지만, 많은 이들은 고집스럽게 자신의 견해를 고수하는 지도자를 "강력하다"라며 칭송한다. 리처드 파인먼은 "전문가 불신하기"를 과학의 초석이라고 불렀지만, 집단 사고와 권위자에 대한 맹목적 믿음은 널리 퍼져 있다. 논리는 과학적 추론의 기본이지만, 희망적 사고, 불합리한 두려움 및 기타 인지적 편견이 종종 결정을 지배한다.

그래서 과학적 생활방식을 고취하기 위해 우리는 무엇을 해야 할까? 명백한 답은 교육을 개선하는 것이다. 어떤 나라에서는 가장 기초적인 교육을 받는 것조차 대단한 향상이다(파키스탄에서는 문맹률이 절반을 넘는다). 근본주의와 편협성을 약화시킴으로써, 교육은 폭력과 전쟁을 줄일 수 있다. 여권 신장을 통해, 빈곤을 퇴치하고 인구 폭발을 피할 수 있다. 그러나 모든 국민에게 교육 기회를 제공하는 나라에서도 큰 향상의 여지가 있다. 학교는 너무나 자주, 마치 박물관처럼 과거를 반영할 뿐 미래를 설계하려 하지 않는다. 합의와 로비 활동의 물타기로 약화된 현재의 교육과정은 금세기가 요청하는 인간관계, 보건, 피임, 시간 관리, 비판적 사고, 선전 내용을 파악할 수 있는 능력 등으로 바뀌어야 한다. 젊은이들에게 국제 언어와 타자를 배우게 하는 것은 여러 자릿수의 나눗셈이나 손글씨를 연습하는 것보다 훨씬 중요하다. 인터넷 시대에, 교사로서의 내 역할은 이제 바뀌었다. 학생들이 인터넷에서 쉽게 다운받을 수 있으므로, 지식의 전달자 역할로서의 나는 이제 그다지 필요 없다. 그 대신, 내 핵심 역할은 과학적 생활방식, 호기심과 더 배우려는 열망을 고취하는 것이다.

이제 가장 흥미로운 질문을 생각해보자. 어떻게 하면 정말 과학적 생활방식이 뿌리를 내리고 널리 퍼지게 할 수 있을까? 내가 태어나기도 훨씬 전부터 합리적인 사람들이 더 나은 교육에 대해 비슷한 주장을 해왔는데도, 개선되기는커녕, 교육과 과학적 생활방식의 수준은 오히려 미국을 포함한 많은 나라들에서 더 나빠졌다고 할 수 있다. 왜일까? 그것은 분명 반대 방향으로 몰고 가는 강력한 힘들이 있고, 그들이 더 효율적이었기 때문이다. 대중이 어떤 과학적 의제를 더 잘 이해하게 되면 그들의 수익이 줄어들 것이라고 생각하는 기업은 논점을 흐릴 동기가 충분히 있고, 비주류 종교 집단은 그들의 유사 과학적인 주장이 검토 과정을 거칠 경우 그들의 힘이 줄어들 것이라고 걱정할 수 있다.

우리는 그래서 무엇을 할 수 있는가? 첫째로 우리는 잘난 체하는 태도를 버리고, 우리의 설득 작업이 실패했다는 것을 인정하고, 이제라도 더 나은 전략을 짜야 한다. 우리는 우수한 논리라는 유리한 점이 있지만, 반과학 연합은 자금이 더 풍부하다는 이점이 있다. 그러나 역설적이게도 쓰라린 점은, 상대방이 더 과학적으로 조직되었다는 것이다! 만약 어떤 회사가 자신의 이익을 위해 여론을 변화시키려 한다면, 그들은 과학적이고 아주 효율적인 마케팅 도구를 전개할 것이다. 사람들은 오늘날 어떤 것을 믿는가? 우리는 그들이 내일 어떤 것을 믿도록 하기 원하는가? 그들의 공포, 불안, 희망 기타 다른 감정들 중 어떤 것을 우리가 활용할 수 있는가? 그들의 마음을 바꾸는 데 가장 비용 대비 효과가 높은 것은 어떤 방법인가? 캠페인을 준비하라. 개시하라. 완수하라. 메시지는 혹시 너무 단순화되었거나 오도할 우려가 있는가? 혹시 경쟁자를 부당하게 폄하하는가? 최신 스마트폰이나 담배를 마케팅할 때 얼마든지 쓰는 방법이니, 그들의 행동수칙이 과학과 싸울 때 조금이라도 다를 거라 생각한다면 너무 순진한 것이다. 그럼에도 불구하고 우리 과학자들은 종종 불쌍할 정도로 순진해서, 그저 우리가 도덕적으로 우위에 있기 때문에, 이런 기업-근본주의자 연합군을 고리타분한 비과학적 전술로도 어찌어찌 이길 수 있을 거라고 우리 자신을 속인다. 대체 어떤 과학적 추론을 근거로, 우리가 "우리가 그렇게 머리를 수그릴 필요가 있는가"라든가 "사람들이 변해야지" 같은 말을 교수식당에서 하거나 기자들에게 통계수치를 읊조리는 정도로, 조금이라도 차이가 생길 거라고 생각하는 것일까? 우리 과학자들은 기본적으로 "탱크는 비윤리적이니, 우리는 칼을 들고 그에 맞서 싸워야 한다"라고 말하고 있었던 것이다.

사람들에게 과학적 개념이 무엇인지, 그리고 과학적 생활방식이 그들의 삶을 개선할 수 있다는 것을 알리기 위해, 우리는 그 일을 과학적으로 접근해야 한다. 우리는 반과학 진영이 사용하는 것과 정확히 같은 온갖 과학적 마케팅과 자금 조달 방법을 사용하는 새로운 과학 옹호 기구를 조직해야 한다. 우리는 인상적인 슬로건을 만들고 표적 집단에 대한 광고와 로비 등, 과학자들이 보통 꺼리는 여러 가지 방법도 사용할 필요가 있다. 우리는 그러나 지적인 부정직성의 단계까지 타락할 필요는 없다. 왜냐하면 가장 강력한 무기인 진실이 이 전투에서 우리 편에 있기 때문이다.

당신의 미래: 당신은 무의미한가?

우리는 이 책 대부분에서 우리 물리적 실체의 가장 멀고 추상적인 단계를 탐구하는 데로 나아갔으며, 이 장에서는 단계적으로 현실로 돌아와 우리 우주 자체의 미래라든지 인류 문명의 미래에 대해 논의했다. 이제 완전히 일상으로 돌아와, 이것이 개인적으로, 즉 당신과 내게 무엇을 의미하는지 논의해보자.

생명의 의미

앞에서 본 대로, 우리의 물리적 실체를 지배하는 것으로 보이는 근본적인 수학 방정식은 의미를 전혀 언급하지 않고 있어, 생명이 없는 우주는 전혀 의미 없다고 주장할 수도 있다. 우리 인간 그리고 그 외의 생명을 통해, 우리의 우주는 그 자신을 인식하게 되었고, 우리 인간은 의미라는 개념을 창조해냈다. 따라서 이런 의미로, 우리 우주는 생명에 의미를 부여하지 않으며, 대신 생명이 우주에 의미를 부여하는 것이다.

비록 "인생의 의미는 무엇인가?"라는 질문이 여러 가지 다른 방식으로 해석될 수 있고, 그중 어떤 것은 너무 모호해서 잘 정의된 답이 있을 수 없지만, 한 가지 해석은 매우 현실적이다. "나는 왜 계속 살아

가야 하는가?" 내가 알기에 자신의 생이 의미 있다고 느끼는 이들은 보통 아침에 일어날 때 행복을 느끼며 일과를 즐거운 마음으로 기다린다. 나는 이런 사람들을 생각하다가, 그들의 행복과 의미를 어디에서 찾는가에 따라 두 그룹으로 나눌 수 있다는 것이 떠올랐다. 다시 말해, 의미의 문제는 두 가지 별개의 해답이 가능하며, 그 각각은 적어도 어떤 사람들에게는 꽤 잘 적용된다. 나는 이 해답을 "하향식"과 "상향식"이라고 부른다.

하향식 접근에서는, 만족이 저 위쪽, 즉 큰 그림에서 온다. 비록 현재 이곳에서의 삶이 만족스럽지 않을 수도 있지만, 무언가 더 위대하고 더 의미 있는 것의 일부분인 덕택에 의미가 있다. 많은 종교, 가족, 조직, 사회들이 그런 메시지를 구현하며, 개인은 자신을 초월하는 더 장대하고 더 의미 있는 무엇인가의 부분이라고 느끼도록 유도된다.

상향식 접근에서는, 만족이 지금 여기에 있는 작은 것들로부터 온다. 만약 우리가 순간을 포착해서 길가에 있는 저 작은 꽃의 아름다움이라든가, 친구를 돕는 것, 혹은 막 태어난 아기와 눈을 맞추는 것에서 우리에게 필요한 만족감을 얻는다면, 큰 그림이 태양이 죽어갈 때 지구를 증발시켜버린다든가 우리의 우주가 종국에는 무너져 내린다든가 하는 음울한 요소들을 포함하고 있다고 해도, 우리는 살아 있는 것에 감사함을 느낄 수 있을 것이다.

나는 개인적으로, 상향식 접근이 충분한 존재 의의를 주며, 이제 주장하려는 하향식 요소들은 단지 보너스같이 느껴진다. 우선, 나는 여러 입자들이 모여 자각할 수 있다는 것이 기막히게 놀랍고, 이 특정 덩어리가 맥스 테그마크가 되어 요행히도 음식, 쉴 곳, 여가시간이 주어져 주변 우주를 상찬할 수 있다는 것을 표현할 수 없을 정도로 감사하게 생각한다.

우리의 우주에 신경 써야 하는 이유

추가로, 나는 하향식 사고, 특히 이 장의 앞부분에서 논의했던 우리 우주에서의 생명의 미래에 대한 논의로부터 동기와 영감을 받는다. 그러나 만약 물리적으로 가능한 모든 미래가 전개되는 평행우주들이 있다면, 우리 자신의 우주에 신경 쓸 이유란 무엇인가? 모든 결과가 실현된다면, 어떤 선택을 하건 무슨 차이가 있을까? 정말이지, 4레벨 다중우주가 존재하며 변화 자체가 환상이라면 무엇이든 손가락 하나 까딱할 만큼이라도 신경 쓸 필요가 있을까? 우리는 두 가지 이성적인 대안 사이의 선택에 마주한다.

1. 우리는 적어도 무언가에 대해서는 신경을 쓴다. 우리가 무엇을 신경 쓰는지를 반영하는 논리적인 결정을 하며 삶을 지속해나간다.
2. 우리는 아무것도 신경 쓰지 않는다. 따라서 아무 일도 하지 않거나 완전히 무작위로 행동한다.

당신과 나 모두 이미 1번이라고 결정을 내렸다. 나는 그것이 영리한 선택이라고 생각한다.

그러나 이 선택에는 논리적 결과가 있다. 나는 내가 소중히 여기는 사람들을 생각할 때면, 문명, 지구, 그리고 그것들이 속한 우주에 대해 신경 쓰는 것이 당연한 논리라고 생각한다. 이와 반대로, 다른 우주에 대해 신경이 덜 쓰이는 것은, 여기 우리 우주에서의 나의 선택은 원칙상 다른 우주에 아무 영향도 미칠 수 없으며, 즉 내가 무엇에 신경 쓰든 전혀 상관없기 때문이다. 이 논리에 근거해서, 나머지 부분은 우리 자신의 우주에 대한 논의로 국한하고, 그 안에서 우리의 역할을 탐구해보자.

우리는 하찮은가?

맑은 날 밤하늘을 바라보면, 우리가 하찮은 존재라는 느낌을 쉽게 받을 수 있다. 내 생애 대부분, 우리 우주의 광대함과 그 안에서의 우리의 위치에 대해 더 잘 알게 되면서, 나는 내 자신이 더 하찮게 느껴졌다. 그러나 더 이상 그렇지 않다!

우리의 먼 선조가 별에 감탄한 이래, 우리 인간의 자존심은 여러 번 타격을 입었다. 우선, 우리는 우리가 생각했던 것보다 작다. 이 책의 1부에서 보았듯이, 에라토스테네스는 지구가 수백만의 인간보다 크다는 것을 증명했고, 그의 동료 그리스인들은 태양계가 지구보다 수천 배 더 크다는 것을 알아냈다. 그런 장대함에도 불구하고, 우리 태양은 은하 안에 있는 수천억 개의 별 중에 그저 평범한 별에 불과하고, 우리 은하는 다시 관측 가능한 우주, 즉 빅뱅 이후 140억 년 동안 빛이 우리에게 도달할 수 있었던 구형 영역 안에 있는 수천억 개의 은하 중 하나에 불과하다. 우리의 삶은 공간뿐 아니라 시간적으로도 일시적이다. 만약 140억 년의 우주 역사를 1년으로 압축한다면, 인류의 10만 년 역사는 고작 4분이 되고 100년의 인생은 고작 0.2초가 된다. 우리의 자만심을 더욱 꺾어버린 것은, 우리가 그리 특별하지도 않다는 것이다. 다윈은 우리가 짐승이라는 것을 알려주었다. 프로이트는 우리가 합리적이지 않다는 것을 알려주었다. 기계는 우리보다 힘이 세고 체스와 〈제퍼디!〉 게임도 더 잘 한다. 설상가상으로, 우주론 학자들에 의하면 우리를 이루는 물질조차 우주의 대부분을 이루는 것과 다르다.

이런 것을 더 많이 알게 될수록, 나는 내가 더 하찮게 느껴진다. 그러나 나는 갑자기 마음을 바꾸었고 우리의 우주적 중요성을 더 낙관적으로 생각하게 되었다. 왜일까? 그것은 고도로 진화된 생물체는 아주 드물고, 엄청난 미래 가능성을 가지고 있어서, 공간과 시간 속에서의 우리의 위치를 아주 중요한 것으로 만들기 때문이다.

오직 우리뿐인가?

우주론에 대해 강의할 때면, 나는 종종 우리 우주의 어딘가 다른 곳에 지적인 생명체가 있다고 생각하는 청중은 손을 들어보라고 요청한다. 유치원생부터 대학생까지 예외 없이, 거의 모든 사람이 손을 든다. 그 이유를 물어보면, 기본적인 답은 우주가 어마어마하게 크니 어딘가에는 적어도 통계적으로 볼 때 생명체가 틀림없이 있을 거라는 것이다. 그러나 이 논리는 정말 맞을까? 나는 아니라고 생각하는데, 왜 그런지 이제 설명하겠다.

미국의 천문학자인 프랜시스 드레이크Francis Drake가 지적했듯이, 특정 장소에 지적 생명체가 존재할 확률은 거주할 만한 환경이 있을 확률(예를 들어, 적절한 행성), 생명이 진화했을 확률, 그리고 그 생명체가 지능을 가지도록 진화했을 확률을 모두 곱한 값이다. 내가 대학원생이었을 때, 우리는 이 세 가지 중의 어떤 것도 얼마인지 전혀 알지 못했다. 지난 10년간 다른 별을 도는 행성들이 많이 발견되었으며, 거주할 환경이 되는 행성들도 아주 많아서 우리 은하에만도 수십억 개가 될 것으로 생각된다. 그러나 생명체와 지능이 진화로 나타날 확률은 지극히 불확실하다. 몇몇 전문가들은 그중 하나 혹은 둘 다 필연이며 대부분의 거주 가능한 행성에서 나타날 것이라고 생각하지만, 다른 사람들은 행운이 겹쳐야만 통과할 수 있는 진화의 병목 때문에 그 확률이 극히 작을 것이라고 주장한다. 어떤 이들은 병목이 자기를 복제하는 생명체의 초기 단계에서 닭이냐 달걀이냐 하는 종류의 문제와 관련되어 있다고 주장한다. 예를 들어, 리보솜은 우리의 유전 암호를 읽고 단백

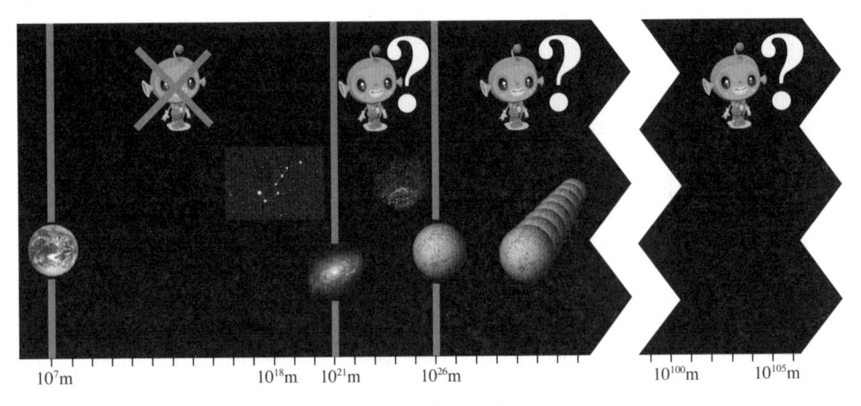

그림 13.7: 우주에는 우리뿐인가? 어떻게 생명과 지능이 진화하게 되었는지 아주 불확실하다는 것은, 가장 가까운 문명의 위치가 위의 수평축에서 어느 지점이 될 가능성이건 모두 동일하다는 것을 시사한다. 따라서 은하의 가장자리(약 10^{21}미터의 거리)와 우주의 가장자리(약 10^{26}미터의 거리) 사이에 있을 가능성은 아주 낮다. 만약 이 영역보다 훨씬 가깝다면, 우리 은하 내부에 아주 많은 다른 고등 문명이 있을 것이므로 우리가 확인할 수 있었을 것이다. 따라서 우리 우주에는 우리뿐일 가능성이 아주 높다.

질을 만드는 아주 복잡한 분자 기계인데, 현대의 세포가 리보솜을 만들려면 다른 리보솜이 필요하다. 그런데 최초의 리보솜이 좀 더 단순한 무언가에서 단계적으로 진화했을 수 있었는지 확실하지 않다. 지적된 다른 병목은 고등 지능의 발달에 관한 것이다. 예를 들어, 인류가 존재한 기간의 1,000배인 1억 년 이상 공룡이 지구를 지배했지만, 진화가 그것들에 고등 지능을 부여해 망원경이나 컴퓨터를 발명할 수 있게 하지는 않았다.

다시 말해, 나는 모든 행성 중 어떤 비율로 지적 생명체가 존재하게 될지 전혀 알 수 없다고 생각한다. 선험적으로, 다른 행성들을 실제로 확인하기 전까지는, 어떤 대략적 추측이든 특별할 것이 없다. 과학에서는 이처럼 지극히 불확실한 것을 모형화하는 방법을 전문용어로 균일 로그 사전분포라고 한다. 쉽게 말하면, 지적 생명체가 존재하는 행성의 비율은 1,000분의 1, 100만 분의 1, 10억 분의 1, 1조 분의 1, 1,000조 분의 1 등 어떤 것이든 같은 가능성을 가진다는 것이다.

이것이 옳다면, 우리와 가장 가까운 지적 문명은 얼마나 떨어져 있을까? 우리의 가정으로부터, 이 거리 또한 균일 로그 사전분포를 따르고, 따라서 선험적으로 관측 전에는, 그림 13.7처럼 답은 10^{10}미터, 10^{20}미터, 10^{30}미터, 10^{40}미터 등이 모두 같은 가능성을 가진다.

이제 우리가 관측으로 확인한 것을 고려해보자. 지금까지 직접적인 천문학 관측은 외계 지적 생물체에 대한 어떤 증거도 내놓지 않았으며, 외계인이 지구를 방문했었다는 증거도 없다. 이것에 대한 내 개인적인 해석은 지적 생명체를 품은 행성의 비율은 지극히 낮다는 것이며, 아마도 우리로부터 약 10^{21}미터 거리 안쪽, 즉 우리의 은하 또는 그 근방에는 지능이 높은 생명체가 없다는 것이다. 나는 몇 가지 가정에 기초해서 이 결론을 도출했다.

1. 은하 간 식민지화는 물리적으로 가능하며 우리처럼 발달한 문명에 100만 년의 기간이 주어진다면 필요한 기술을 개발해서 성취할 수 있다.
2. 우리 은하에는 수십억 개의 거주 가능한 행성이 있으며, 그 중 대다수는 지구가 형성되기 수백만 년 전이 아니라 수십억 년 전에 형성되었다.
3. 우주를 식민지화할 능력이 있는 문명 중 무시할 수 없는 비율이 실행을 선택할 것이다.

1번 가정을 위해서는, 나는 어떤 기술이 사용될 수 있을지에 대해 모든 가능성을 열어두고 있다. 예를 들어, 인간 크기의 큰 생명체를 우주를 가로질러 물리적으로 전송하는 대신, 스스로 조립되는 나노로봇을 보내 착륙 후 공장을 짓고 후에 전자기파를 통해 광속으로 전송된 이메일 명령에 따라 더 큰 생명체를 제조하는 것이 더 효율적일 것이다.* 3번 가정에 대한 흔한 반대 의견에서는 발달된 문명이 내재적으로 선량하거나 식민화에 관심이 없을 거라고 추정하는데, 그 이유는 그들의 기술이 발달하여 그들이 이미 가지고 있는 자원만으로도 원하는 모든 것을 다 성취할 수 있기 때문이라는 것이다. 아니면 그들은 자기 보호 혹은 다른 이유로 조심스러운 태도를 취하거나 우리가 알아채지 못하는 방식으로만 식민지화하는 것일 수도 있다. 이것은 미국 천문학자인 존 A. 볼John A. Ball이 동물원 가설이라고 불렀던 것이며, 올라프 스테이플던Olaf Stapledon이 『스타메이커』 같은 SF 고전에서 다루기도 했다. 개인적으로 나는 고등 문명이 모두 같은 목표를 공유할 것이라고 가정함으로써 그들의 다양성을 과소평가해서는 안 된다고 생각한다. 정복할 수 있는 모든 것을 공공연히 식민지화하려는 문명이 단 하나만 있어도 우리의 은하와 그 너머까지 삼켜버릴 것이다. 이런 위험성에 직면한다면, 원래는 식민지화에 관심 없던 문명이라도 자기 보호를 위해 확장해야 한다는 압력을 느낄 것이다.

---

* 경제학자 로빈 핸슨Robin Hanson은 1번 가정에 대해 흥미로운 점을 지적했다. 우리 은하에 있는 거주 가능한 행성의 풍부함에 비해 외계 방문자가 적다는 것을 페르미 역설이라고 하는데, 페르미 역설은 핸슨이 "거대한 필터"라고 부르는 것, 즉 무생물로부터 우주를 식민지화하는 생명체로 발전하는 과정 어딘가에 있는 진화적, 기술적 장애물의 존재를 시사한다. 만약 우리 태양계 안에서 독립적으로 진화한 원시 생명체가 발견된다면, 원시 생명체가 드물지 않으며, 따라서 장애물은 우리 인류의 현재 발전 단계 이후에 있다는 것을 의미한다. 즉, 1번 가정이 틀렸거나, 혹은 모든 문명은 우주 식민지화의 능력을 얻기 전에 스스로 멸망하기 때문일 것이다. 따라서 나는 화성 혹은 다른 곳에서의 생명 탐색이 실패로 끝나기를 간절히 희망한다. 그래야만 원시 생명체가 아주 드물고 우리 인간은 운이 좋았던 것이 되며, 장애물은 이미 우리 뒤에 있고 우리에게는 비상한 미래 가능성이 있을 거라 기대할 수 있다.

만약 내 해석이 옳다면, 가장 가까운 문명이 약 1,000, …000미터 떨어져 있고, 0의 개수가 21, 22, 23, …100, 101, 102, 등등이 될 가능성은 대략 모두 동일하다. 하지만 21보다 많이 작을 수는 없다. 그리고 우리 우주의 반지름이 약 10^{26}미터이므로, 이 문명이 우리 우주 안에 있으려면 0의 숫자가 26을 넘을 수 없다. 0의 개수가 22와 26 사이라는 좁은 구간에 있을 확률은 아주 작다. 이것이 내가 우리 우주에 우리뿐이라고 생각하는 이유이다.

우리는 정말로 하찮은 존재인가?

나는 방금 아마도 우리가 우리 우주 전체에서 가장 지능이 높은 생명체일 것이라고 주장했다. 이것은 소수 의견이며* 내가 틀렸을 가능성도 크지만, 적어도 우리가 현재 폐기할 수 없는 한 가지 가능성이다. 따라서 그것이 사실이고 우리가 우리 우주에서 망원경을 만들 수 있을 만큼 발전한 유일한 문명일 경우의 시사점을 탐구해보자.

내가 하찮게 느껴진 것은 우선 우주의 광대함 때문이었다. 하지만 그 거대한 은하들은 우리, 오직 우리가 볼 수 있으며 아름답게 느껴진다. 거기 의미를 부여하는 것은 오로지 우리뿐이며, 따라서 우리의 작은 행성은 관측 가능한 전체 우주에서 가장 의미심장한 장소이다. 만약 우리가 존재하지 않았다면, 그 모든 은하들은 그저 의미 없이 거대한 버려진 공간이었을 것이다.

나는 또한 내 짧은 일생이 우주적 시간의 광대함과 비교할 때 하찮

---

* 한편 존 그리빈John Gribbin은 2011년 저술한 『우주에 홀로Alone in the Universe』라는 책에서 이와 유사한 결론에 이르렀다. 이 질문에 대한 흥미로운 여러 관점들을 정리한 책으로 폴 데이비스의 2011년작인 『으스스한 적막The Eerie Silence』을 추천한다.

다고 느껴졌다. 그러나 우리가 살아가는 이 세기는 그 미래의 의미가 결정될, 우리 우주의 역사에서 가장 중요한 시기라고 주장할 수 있다. 우리는 자폭할 수도, 우리의 우주에 생명의 씨를 심을 수도 있는 기술을 갖추게 될 것이다. 상황이 아주 불안정해서 나는 우리가 이 갈림길에서 한 세기 이상 더 생존할 수 있을지 의심스럽다. 만약 우리가 죽음의 길이 아니라 생명의 길을 택한다면, 먼 훗날, 우리의 우주는 생명으로 가득찰 것이며 그것은 모두 지금 우리가 여기에서 하는 일로 거슬러 올라가게 될 것이다. 나는 그때 우리가 어떻게 기억될지 알 수 없지만, 하찮은 것으로 간주되지는 않을 거라고 확신한다.

이 책에서, 우리는 우리의 물리적 실체를 탐구했고, 과학의 눈을 통해 숨 막히게 아름다운 우주를 바라보았는데, 그것이 우리 인류를 통해 활기차게 되었고 스스로를 인식하게 되었다고 주장했다. 우리 우주의 미래 잠재성은 우리 선조들의 그 어떤 상상보다도 화려하지만, 그것이 지적 생명체가 영원히 멸종될 역시 현실적인 잠재성에 의해 빛이 바랜다는 것도 알게 되었다. 우리 우주의 생명은 그 잠재력을 발휘할 것인가 아니면 낭비할 것인가? 나는 이것이 우리의 생애 동안, 우주선 지구호 위에서, 당신, 나, 그리고 동료 탑승객에 의해 결정될 것이라고 생각한다. 변화를 만들어내자!

요점 정리

- 우리의 지적 탐험이 커지는 쪽과 작아지는 쪽, 두 갈래 반대 방향에서 출발했지만, 결국 수학적 구조라는 같은 곳에 도착했다.
- 가장 크고 가장 작은 스케일에서, 현실의 수학적 구조는 명백해지지만, 우리 인간이 보통 인식하는 중간 스케일에서는 여전히 수학적 구조를 놓치기 쉽다.
- 만약 현실의 궁극적 구조가 정말 수학적이라면, 원칙적으로 우리는 모든 것을 이해할 수 있으며 오로지 우리 자신의 상상력에 의해서만 제한받을 뿐이다.
- 4레벨 다중우주는 영속적이지만, 우리의 특정한 우주는 대냉각, 대함몰, 대파열, 대분절 또는 죽음의 거품 속에서 종말을 맞을 수 있다.
- 증거에 의하면 우리 우주 전체에서 우리 인류만큼 발전한 다른 생명체는 없다.
- 우주론적 관점에서 보면, 우리 우주에서의 생명의 미래 잠재성은 우리가 지금까지 목격한 어떤 곳보다도 훨씬 거대하다.
- 그럼에도 불구하고 우리 인간은 우리의 생존을 위협하는 멸망의 위험, 예를 들어 우연한 핵전쟁이나 적대적 인공지능 같은 것에 보잘것없는 관심과 자원을 쏟고 있다.
- 비록 우리의 거대한 우주에서 하찮은 것처럼 느껴질 수 있지만, 우리 우주에서의 생명의 미래 모든 것은 우리 생애 동안 우리의 행성에서 결정될 것이라고 주장할 수 있다. 우주선 지구호에 탑승한 당신, 나, 그리고 동료 탑승객들에 의해서이다. 변화를 만들어내자!

감사의 글

머리말에 언급한 분들에 덧붙여, 이 책에서 설명한 연구를 할 수 있도록 연구비를 지원한 기관들, 미국항공우주국, 미국 국립과학 재단, 패커드 재단, 과학 발전을 위한 연구 공사, 카블리 재단, 존 템플턴 재단, 펜실베이니아대학 그리고 매사추세츠 공과대학에 감사한다. 또한 옴니스코프 프로젝트에 너그러운 지원을 해준 조너선 로스버그 Jonathan Rothberg와 익명의 기부자에게 감사한다.

옮긴이 후기

어느 대중강연 자리에서 통성명하고 얼마 지나지 않았을 때, 동아시아 출판사의 한성봉 사장님으로부터 SNS 메시지를 통해 번역 요청을 받았다. 순간 나는 개인정보 유출이라도 된 것은 아닐까 하고 깜짝 놀랐다. 맥스 테크마크가 지은 이 책(원제『Our Mathematical Universe: My Quest for the Ultimate Nature of Reality』)을 재직 중인 대학 도서관에 직접 구입신청을 하고 읽으며 강한 인상을 받은 지 몇 달 지나지 않은 때였기 때문이다. 이 멋진 책을 읽은 사람이 한국에 나 하나밖에 없는 것은 아닐까, 그렇다면 얼마나 안타까운 일인가 생각하던 참인데, 이분이 내 일기라도 몰래 읽었던 걸까?

돌이켜 생각하면 나의 학과장 임기는 막 끝났지만, 양과 질에서 몇 배 더 업그레이드된 행정 업무들이 몰려오기 직전 폭풍 전야 같았던 때라 실은 위험한 제안이었다. 하지만 책을 읽으며 몇 번이고 무릎을 치며 우리말 번역의 필요성을 느꼈던 터라, 앞뒤 재지 않고 거의 운명적 인연을 느끼며 그 자리에서 제의를 수락했다.

제목만 보면 이 책은 추상적 현대 수학을 연구하는 전문 수학자,

혹은 10차원 공간의 기하학을 연구하는 끈 이론 학자가 썼을까 생각할 법하다. 그러나 지은이인 맥스 테그마크의 전문 분야가 은하단 관측 데이터 분석 작업이라는 것은 뜻밖의 반전이다. 이론 물리학자라면 대체로 단 한 줄의 아름다운 수식으로부터 자연의 모든 현상이 설명되는 연역적 결말을 꿈꾸지만, 실험가라면 수학은 수학일 뿐, 현실 세계가 보여주는 무한한 용량과 의외성에 주목하는 경우가 많기 때문이다. 우주를 이론적으로만 다루던 이가 아니라 관측 데이터를 통해 실체적으로 접하던 학자의 주장이라 논란의 여지가 많은 주장이라도 쉽게 폄하하기 어려운 무게감이 있다.

물리학 관련 대중과학 서적에서 언제나 중요한 자리를 차지하는 것은 역시 우주와 물질의 기원과 근본 구성 요소가 무엇인가 하는 질문이다. 20세기까지의 과학 발전은 물질의 기본 구성 요소가 쿼크와 렙톤이라는 것, 그리고 우주는 약 138억 년 전 뜨거운 한 점에서 시작해 급팽창 기간을 거쳐 오늘의 모습에 이르렀다는 것을 엄청난 정밀도의 실험, 관측, 이론적 계산에 의해 확고하게 증명한다. 이 책의 제목은 그런 교과서적 사실들에서 한 단계 더 나아간 테그마크의 대담한 제안이 무엇인지 기교를 부리지 않고 분명히 알려준다. 그것은 우주론, 끈 이론, 양자역학 등을 종합할 때 피할 수 없는 결론은 우리의 존재 자체를 추상적 수학 관계와 구분할 방법이 없다는 것이다. 만물의 실체에 대한 끈질긴 탐구 끝에 얻은, 약간은 으스스한 결말이다.

이 책 원제의 부제를 그대로 번역하면 '실체의 궁극적 성질에 대한 탐구'이다. 때로는 아늑하고 친절하지만 때로는 매혹적이고 신비로우며 또 때로는 무정하고 가차 없는 우리 우주와 그것을 지배하는 규칙의 실체는 무엇일까? '실체'는 이 책의 주제어이며 영어 reality를 옮긴 것인데 여러 가지 뜻이 있어 맥락에 따라 '현실', '실재'로도 번역했다.

첫째, 근본원리 또는 원인이라는 뜻이 있으며 이 경우 '실체'로 옮겼다. 예를 들어 번개가 치는 것은 환상이 아니라 실제로 일어나는 일인데, 과학이 발전하기 전에는 미신적으로 이해할 수밖에 없었다. 하지만 벤저민 프랭클린의 실험 이후, 이제는 구름에 생긴 정전기가 방전되는 것이라는 진실이 알려져 있다. 이때 우리는 '번개의 실체는 신의 분노가 아니라 구름의 정전기가 방전되는 현상이다'라고 표현할 수 있을 것이다. 저명한 물리학자인 로저 펜로즈의 역작인 『The road to reality』가 국내에 『실체에 이르는 길』이라는 제목으로 번역된 것이 같은 맥락이다. 사전에는 '변전하는 근저에서 변함이 없는 것', 또는 '외형에 대한 실상'이라고 되어 있다. 펜로즈의 책뿐만 아니라 여러 과학 서적, 특히 이론 물리학과 관련된 책의 주제가 실체, 즉 근본원리의 탐색인 경우가 많다. 이 책에서는 10장의 제목인 '물리적 실체', '수학적 실체' 등으로 사용되었다.

둘째, 환상이 아니라 실제로 존재하는 것이라는 뜻이 있다. 예를 들어 해리포터 영화에 등장하는 여러 가지 상상의 동물은 실제로 존재하는 것이 아니다. 이 책의 도입부에 나오는 '트럭처럼 확실한 것'이 이런 예이다. 이 경우는 사실 '실재'라는 단어가 가장 적절하다고 볼 수 있다. 사전에는 '실재reality: 인식 주체로부터 독립해 객관적으로 존재한다고 여겨지는 것'이라고 나와 있다. 그러나 원문의 한 단어를 여러 가지로 옮기는 것이 읽는 이에게 혼란을 줄 수 있으므로 다음 용법과의 조화를 고려해 '현실'로 옮겼다.

셋째, '실제가 아니지만 실제와 유사하거나 실제가 될 수도 있는 어떤 환경 혹은 세계'의 뜻일 경우가 있다. 둘째 뜻과 반대의 경우에 사용되는, 형용모순이 될 수 있는 용법이며 '가상현실virtual reality', '모의현실simulated reality'이 그런 예이다. 요즘 '포켓몬고' 때문에 널리 언급되는

'증강현실augmented reality'도 마찬가지이다. 이 예는 책의 후반에서, 모든 수학적 구조가 다 가능한 우주에 해당한다는 급진적 주장을 통해 반복적으로 사용된다. 책의 원래 제목이 '수학적 우주'인데, 지은이는 {토끼, 사자}로 이루어진 집합도 하나의 가능한 '우주'이고, {−1, 1}의 집합도 우주이고, 모든 자연수의 집합도 우주이고, 등등으로 시작해서 우리 우주 전체도 어떤 수학적 집합으로서 그 원소들끼리 수학적 연산이 가능한 것 중 비교적 복잡한 것이며 실은 그런 추상적 수학 구조와 구별할 수 없다고 주장한다.

맥락이 좀 구분되지만 역시 '현실'로 옮긴 것이 '주어진 물질적 세계에 대한 해석 및 반응'을 고려하는 경우이다. 9장의 '내적 현실', '외적 현실', '합의적 현실' 등이 그것이다. 특히 앞의 두 문구는 심리학 특히 프로이드의 심리학에서 중요한 개념이고 인문학에서 널리 쓰인다.

즉, reality라는 단어가 여러 가지 뜻을 가지는데, 위의 세 가지 reality가 실은 모두 같다는 것이 이 책의 주제라고 할 수 있다. 다시 말해, '실재'가 '수학적 현실'이라는 것이 바로 '실체적 진실'이라는 것이다.

이 책이 개인적으로는 세 번째 번역 작업인데, 원저자는 다르지만 양자 중력에 대한 내용으로 논리적 흐름을 갖추게 되어 더 큰 보람을 느낀다. 리 스몰린의 『양자 중력의 세 가지 길』은 양자 중력 이론이 왜 중요하고 왜 어려운지, 그리고 그 후보가 되는 이론들은 무엇이 있는가를 설명했다. 레너드 서스킨드의 『우주의 풍경』에서는 양자 중력 특히 끈 이론이 우리 우주에 대해 내린 뜻밖의 결론인 다중우주에 대해 설명했다. 『우주의 풍경』의 내용은 이 책에 따르자면 1, 2단계 다중우주에 해당한다. 테그마크는 더 나아가 이 책에서 3, 4단계 다중우주를 정의하고 설명하며 그것이 인간 존재의 본질과 인류의 미래에 대해 무엇을 말해주는지 설명한다. 뉴턴의 표현대로 우리는 거인의 어깨 위에서서 더 멀리 볼 수 있는데, 이 책은 가장 높이 올라가 가장 먼 곳을 바라본 사람이 전하는 이야기이다.

마지막으로 먼저 번역을 제안하고 추진하며 필요한 시점에 적절한 도움을 주신 동아시아 한성봉 사장님, 그리고 탁월한 전문성과 집중력으로 번역과 교정 작업 전반에 큰 도움을 준 편집자 조서영 씨에게 감사드린다.

2017년 봄

김낙우

더 읽을거리

이 책은 학계의 방대한 저작물에 기초했다. 그 대부분은 전문적인 학술지에 게재되었고 http://space.mit.edu/home/tegmark/technical.html에 있는 나의 여러 논문에 인용되었다. 하지만 그 핵심 아이디어를 비전문가에게 설명하려는 목적으로 쓰인 문헌도 풍부하다. 아래 목록은 본문 각주에서의 언급에 추가하는 것으로, 훌륭한 많은 책 중에서 극히 일부만 뽑았다. 독자는 이 책들을 읽으며 우리가 다룬 주제들을 계속 탐구할 수 있을 것이다. 책 한 권이 여러 토픽을 함께 다루는 경우도 많지만, 독자의 편의를 위해 책의 초점에 따라 몇 개의 모둠으로 나누어보았다. 적분 기호 $\int$은 음식점 메뉴판의 매운 맛을 나타내는 고추 그림처럼 그 책이 얼마나 전문적인지를 알려준다.

우주론(2~4장)

Adams, Fred, and Greg Laughlin. *The Five Ages of the Universe*. New York: The Free Press, 1999.

Chown, Marcus. *The Magic Furnace: The Search for the Origins of Atoms*. New York: Oxford University Press, 2001. 한국어판은 이정모 옮김, 『마법의 용광로』(사이언스북스, 2009).

de Grasse Tyson, Neil. *Death by Black Hole: And Other Cosmic Quandaries*. New York: W. W. Norton & Company, 2007. 한국어판은 박병철 옮김, 『우주 교향곡』(승산, 2008).

Finkbeiner, Ann. *A Grand and Bold Thing: An Extraordinary New Map of the Universe Ushering in a New Era of Discovery*. New York: Free Press, 2010.

Greene, Brian. *The Fabric of the Cosmos*. New York: Knopf, 2004. 한국어판은 박병철 옮김, 『우주의 구조』(승산, 2005).

Hawking, Stephen. *A Brief History of Time*. New York: Touchstone, 1993. 한국어판은 전대호 옮김, 『짧고 쉽게 쓴 시간의 역사』(까치글방, 2006).

Kirshner, Robert P. *The Extravagant Universe: Exploding Stars, Dark Energy, and the Accelerating Cosmos*. Princeton: Princeton Science Library, 2004.

Kragh, Helge. *Cosmology and Controversy: The Historical Development of Two Theories of the Universe*. Princeton: Princeton University Press, 1996.

Krauss, Lawrence. *A Universe from Nothing: Why There Is Something Rather than Nothing*. New York: Free Press, 2012. 한국어판은 박병철 옮김, 『무로부터의 우주』(승산, 2013).

Rees, Martin. *Just Six Numbers: The Deep Forces That Shape the Universe*. New York: BasicBooks, 2000. 한국어판은 김혜원 옮김, 『여섯 개의 수』(사이언스북스, 2006).

Rees, Martin. *Our Cosmic Habitat*. Princeton: Princeton University Press, 2002. 한국어판은 김재영 옮김, 『우주가 지금과 다르게 생성될 수 있었을까』(이제이북스, 2004).

Seife, Charles. *Alpha and Omega: The Search for the Beginning and End of the Universe*. New York: Penguin Books, 2004.

Singh, Simon. *Big Bang: The Origin of the Universe*. New York: HarperCollins, 2004. 한국어판

은 곽영직 옮김, 『빅뱅』(영림카디널, 2006).

Smolin, Lee. *Time Reborn: From the Crisis in Physics to the Future of the Universe*. Boston: Houghton Mifflin Harcourt, 2013.

Weinberg, Steven. *The First Three Minutes: A Modern View of the Origin of the Universe*. New York: BasicBooks, 1993. 한국어판은 신상진 옮김, 『최초의 3분』(양문, 2005).

급팽창, 1-2레벨 다중우주(5~6장)

Barrow, John. *The Book of Universes: Exploring the Limits of the Cosmos*. New York: W. W. Norton & Company, 2011.

Davies, Paul. *Cosmic Jackpot: Why Our Universe Is Just Right for Life*. New York: Houghton Mifflin, 2007. 한국어판은 이경아 옮김, 『코스믹 잭팟』(한승, 2010).

Guth, Alan. *The Inflationary Universe*. New York: Perseus Books Group, 1997.

∫∫ Linde, Andrei D. *Particle Physics and Inflationary Cosmology*. Chur, Switzerland: Harwood Academic Publishers, 1990.

Steinhardt, Paul J., and Neil Turok. *Endless Universe: Beyond the Big Bang*. New York: Doubleday, 2007. 한국어판은 김원기 옮김, 『끝없는 우주』(살림, 2009).

Susskind, Leonard. *The Cosmic Landscape: String Theory and the Illusion of Intelligent Design*. New York: Little, Brown and Company, 2005. 한국어판은 김낙우 옮김, 『우주의 풍경』(사이언스북스, 2011).

Vilenkin, Alexander. *Many Worlds in One: The Search for Other Universes*. New York: Hill and Wang, 2006.

양자역학, 3레벨 다중우주(7~8장)

Byrne, Peter. *The Many Worlds of Hugh Everett III: Multiple Universes, Mutual Assured Destruction, and the Meltdown of a Nuclear Family*. New York: Oxford University Press, 2010.

Cox, Brian, and Jeff Forshaw. *The Quantum Universe (And Why Anything That Can Happen, Does)*. Boston: Da Capo Press, 2012. 한국어판은 박병철 옮김, 『퀀텀 유니버스』(승산, 2014).

Deutsch, David. *The Fabric of Reality*. New York: Allen Lane, 1997.

Deutsch, David. *The Beginning of Infinity: Explanations That Transform Our World*. New York: Allen Lane, 2012.

∫∫ Everett, Hugh. "The Many-Worlds Interpretation of Quantum Mechanics." Ph.D. diss., Princeton University, 1957. Free download at http://www.pbs.org/wgbh/nova/manyworlds/pdf/dissertation.pdf.

∫∫ Everett, Hugh. *The Many-Worlds Interpretation of Quantum Mechanics*, edited by Bryce S. DeWitt and Neill Graham. Princeton: Princeton University Press, 1973.

∫∫ Giulini, Domenico, and Erich Joos, Claus Kiefer, Joachim Kupsch, Ion-Olimpiu Stamatescu, and H. Dieter Zeh. *Decoherence and the Appearance of a Classical World in Quantum Theory*. Berlin: Springer, 1996.

Kaiser, David. *How the Hippies Saved Physics: Science, Counterculture, and the Quantum Re-*

vival. New York: W. W. Norton & Company, 2011.

Saunders, Simon, and Jonathan Barrett, Adrian Kent, and David Wallace. *Many Worlds? Everett, Quantum Theory & Reality*. Oxford: Oxford University Press, 2010.

다중우주 전반(6, 8장)

Carr, Bernard J., ed. *Universe or Multiverse?* Cambridge, Mass.: MIT Press, 2007.

Carroll, Sean. *From Eternity to Here: The Quest for the Ultimate Theory of Time*. Oxford: Oneworld Publications, 2011.

Greene, Brian. *The Hidden Reality*. New York: Knopf, 2011. 한국어판은 박병철 옮김, 『멀티 유니버스』(김영사, 2012).

Kaku, Michio. *Parallel Worlds: A Journey Through Creation, Higher Dimensions, and the Future of the Cosmos*. New York: Anchor Books, 2006. 한국어판은 박병철 옮김, 『평행우주』(김영사, 2006).

Lewis, David. *On the Plurality of Worlds*. Oxford: Blackwell Publishing, 1986.

마음(9, 11장)

Blackmore, Susan. *Conversations on Consciousness: What the Best Minds Think about Free Will, and What It Means to Be Human*. New York: Oxford University Press, 2006.

Bostrom, Nick. *Anthropic Bias: Observation Selection Effects in Science and Philosophy*. New York: Routledge, 2002.

Damasio, Antonio. *The Feeling of What Happens*. New York: Harcourt Brace, 2000.

Damasio, Antonio. *Self Comes to Mind: Constructing the Conscious Brain*. New York: Pantheon Books, 2010.

Dennett, Daniel. *Consciousness Explained*. Boston: Little, Brown and Company, 1992. 한국어판은 유자화 옮김, 『의식의 수수께끼를 풀다』(옥당, 2013).

Hawkins, Jeff, and Sandra Blakeslee. *On Intelligence*. New York: Henry Holt and Company, 2004. 한국어판은 이한음 옮김, 『생각하는 뇌, 생각하는 기계』(멘토르, 2010).

Hut, Piet, Mark Alford and Max Tegmark. "On Math, Matter and Mind," *Foundations of Physics*, January 15, 2006, http://arxiv.org/pdf/physics/0510188.pdf.

Koch, Christof. *The Quest for Consciousness: A Neurobiological Approach*. Englewood, Col.: Roberts & Company Publishers, 2004. 한국어판은 김미선 옮김, 『의식의 탐구』(시그마프레스, 2006).

Koch, Christof. "A 'Complex' Theory of Consciousness," *Scientific American*, August 18, 2009, http://www.scientificamerican.com/article.cfm?id=a-theory-of-consciousness.

Kurzweil, Ray. *How to Create a Mind: The Secret of Human Thought Revealed*. New York: Viking Penguin, 2012. 한국어판은 윤영삼 옮김, 『마음의 탄생』(크레센도, 2016).

Penrose, Roger. *The Emperor's New Mind*. Oxford: Oxford University Press, 1989. 한국어판은 박승수 옮김, 『황제의 새마음』(이화여자대학교출판부, 1996).

Pinker, Steven. *How the Mind Works*. New York: W. W. Norton and Company, 1997. 한국어

판은 김한영 옮김, 『마음은 어떻게 작동하는가』(동녘사이언스, 2007).

Tononi, Giulio. "Consciousness as Integrated Information: A Provisional Manifesto," The Biological Bulletin, 2008, http://www.biolbull.org/content/215/3/216.full.

Tononi, Giulio. *Phi: A Voyage from the Brain to the Soul*. New York: Pantheon Books, 2012.

Velmans, Max, and Susan Schneider, eds. *The Blackwell Companion to Consciousness*. Malden, Mass.: Blackwell Publishing, 2007.

수학, 계산, 복잡성(10~12장)

Barrow, John D., *Theories of Everything*. New York: Ballantine Books, 1991.

Barrow, John D. *Pi in the Sky*. Oxford: Clarendon Press, 1992. 한국어판은 박병철 옮김, 『수학, 천상의 학문』(경문사, 2004).

Chaitin, Gregory J. *Algorithmic Information Theory*. (Cambridge: Cambridge University Press, 1987.

Davies, Paul. *The Mind of God*. New York: Touchstone, 1993.

Goodstein, Reuben L. *Constructive Formalism: Essays on the Foundations of Mathematics*.: Leicester: Leister University College Press, 1951.

Hersh, Reuben, *What Is Mathematics, Really?* Oxford: Oxford University Press, 1999. 한국어판은 허민 옮김, 『도대체 수학이란 무엇인가?』(경문사, 2003).

Levin, Janna. *A Madman Dreams of Turing Machines*. New York: Anchor Books, 2007.

Livio, Mario. *Is God a Mathematician?*. New York: Simon & Schuster, 2009. 한국어판은 김정은 옮김, 『신은 수학자인가?』(열린과학, 2010).

Lloyd, Seth. *Programming the Universe: A Quantum Computer Scientist Takes on the Cosmos*. New York: Vintage Books, 2007. 한국어판은 오상철 옮김, 『프로그래밍 유니버스』(지호, 2007).

Rucker, Rudy. *Infinity and the Mind*. Boston: Birkhäuser, 1982.

Standish, Russell K. *Theory of Nothing*. Charleston, S.C.: BookSurge, 2006.

Wolfram, Stephen. *A New Kind of Science*. New York: Wolfram Media, 2002.

생명의 미래(13장)

Bostrom, Nick, and Milan Ćirković, eds. *Global Catastrophic Risks*. Oxford: Oxford University Press, 2008.

Davies, Paul. *The Eerie Silence: Renewing Our Search for Alien Intelligence*. New York: Houghton Mifflin Harcourt, 2011.

Drexler, K. Eric. *Engines of Creation: The Coming Era of Nanotechnology*. London: Fourth Estate, 1985. 한국어판은 조현욱 옮김, 『창조의 엔진』(김영사, 2011).

Dyson, Freeman. *A Many-Colored Glass: Reflections on the Place of Life in the Universe*. Charlottesville: University of Virginia Press, 2007. 한국어판은 곽영직 옮김, 『그들은 어디에 있는가』(이파르, 2008).

Fuller, R. Buckminster. *Operating Manual for Spaceship Earth*. Buckminster Fuller Institute, http://bfi.org/about-bucky/resources/books/operating-manual-spaceship-earth. 한국어판은 마리오 옮김, 『우주선 지구호 사용설명서』(앨피, 2007).

Gribbin, John R. *Alone in the Universe: Why Our Planet Is Unique*. Hoboken, N.J.: John Wiley & Sons, 2011.

Kurzweil, Ray. *The Age of Spiritual Machines: When Computers Exceed Human Intelligence*. New York: Viking, 1999. 한국어판은 채윤기 옮김, 『21세기 호모 사피엔스』(나노미디어, 1999).

Kurzweil, Ray. *The Singularity Is Near: When Humans Transcend Biology*. New York: Viking, 2005. 한국어판은 장시형, 김명남 옮김, 『특이점이 온다』(김영사, 2007).

Kurzweil, Ray, and Terry Grossman. *Transcend: Nine Steps to Living Well Forever*. New York: Viking, 2010.

Moravec, Hans. *Robot: Mere Machine to Transcendent Mind*. Oxford: Oxford University Press, 1999.

Rees, Martin. *Our Final Hour: A Scientist's Warning*. New York: Perseus Books, 1997. 한국어판은 이충호 옮김, 『인간생존확률 50:50』(소소, 2004).

Sagan, Carl. *Pale Blue Dot: A Vision of the Human Future in Space*. New York: Random House, 1997. 한국어판은 현정준 옮김, 『창백한 푸른 점』(사이언스북스, 2001).

근본 물리학, 끈 이론, 양자 중력

Barbour, Julian. *The End of Time: The Next Revolution in Physics*. Oxford: Oxford University Press, 1999.

∫ Barrow, John D., and Frank J. Tipler. *The Anthropic Cosmological Principle*. Oxford: Clarendon Press, 1986.

Carroll, Sean. *The Particle at the End of the Universe: How the Hunt for the Higgs Boson Leads Us to the Edge of a New World*. New York: Dutton, 2012.

∫ Einstein, Albert. *Relativity: The Special and General Theory*. London: Really Simple Media, 2011. 한국어판은 장헌영 옮김, 『상대성이론』(지식을만드는지식, 2012).

∫∫ Feynman, Richard, and Robert Leighton and Matthew Sands. *The Feynman Lectures on Physics*. 3 vols. New York: Addison-Wesley, 1964. 한국어판은 정무광, 김충구, 정재승 옮김, 『파인만의 물리학 강의 3권』(승산, 2009).

Gamow, George. *Mr. Tompkins in Paperback*. Cambridge: Cambridge University Press, 1940.

Greene, Brian. *The Elegant Universe*. New York: W. W. Norton and Company, 2003. 한국어판은 박병철 옮김, 『엘러건트 유니버스』(승산, 2002).

Musser, George. *The Complete Idiot's Guide to String Theory*. New York: Penguin Group, 1998.

∫∫ Penrose, Roger. *The Road to Reality: A Complete Guide to the Laws of the Universe*. New York: Knopf, 2005. 한국어판은 박병철 옮김, 『실체에 이르는 길』(승산, 2010).

Randall, Lisa. *Warped Passages: Unraveling the Mysteries of the Universe's Hidden Dimensions*. New York: Ecco, 2005. 한국어판은 김연중, 이민재 옮김, 『숨겨진 우주』(사이언스북스, 2008).

Smolin, Lee. *Three Roads to Quantum Gravity*. New York: BasicBooks, 2001. 한국어판은 김낙우 옮김, 『양자 중력의 세 가지 길』(사이언스북스, 2007).)

Smolin, Lee. *The Trouble with Physics: The Rise of String Theory, the Fall of a Science, and What Comes Next*. Boston: Houghton Mifflin, 2006.

Susskind, Leonard. *The Black Hole War: My Battle with Stephen Hawking to Make the World Safe for Quantum Mechanics*. New York: Little, Brown and Company, 2008. 한국어판은 이종필 옮김, 『블랙홀 전쟁』(사이언스북스, 2011).

Weinberg, Steven L. *Dreams of a Final Theory: The Scientist's Search for the Ultimate Laws of Nature*. New York: Pantheon, 1992. 한국어판은 이종필 옮김, 『최종 이론의 꿈』(사이언스북스, 2007).

Wigner, Eugene P. *Symmetries and Reflections*. Cambridge, Mass.: MIT Press, 1967.

Wilczek, Frank. *The Lightness of Being: Mass, Ether and the Unification of Forces*. New York: BasicBooks, 2008.

Zeh, H. Dieter. *The Physical Basis of the Direction of Time*. 4th ed. Berlin: Springer, 2002.

찾아보기

ㅅ

ㅈ

기타